面向“十二五”高职高专精品规划教材·土建系列

建筑工程计量与计价
(第2版)

王永正　主　编

曹　睿　陈　瑶　参　编
张君率　王　莉

清华大学出版社
北　京

内容简介

本书全面介绍了编制工程计量与计价涉及的相关概念、造价组成原理以及计量计价的依据、步骤、方法。主要内容包括工程计量与计价的费用构成、工程计量与计价定额预算基价的编制与应用、建筑面积的计算、基础工程定额的计量与计价、主体工程的定额计量与计价、装饰装修工程的定额计量与计价、建设工程工程量清单计价规范介绍、基础工程清单计量与计价、主体工程清单计量与计价、装饰装修工程清单计量与计价等。

本书可作为高职高专建筑工程技术专业、建筑工程造价专业、建筑工程管理、房地产经营与估价专业等教学用书，也可作为建筑工程相关专业及岗位培训教材，还可供建设工程经营与管理和技术人员学习与参考。

图书在版编目(CIP)数据

建筑工程计量与计价/王永正主编. —2版. —北京：清华大学出版社，2016（2019.8重印）
(面向“十二五”高职高专精品规划教材・土建系列)
ISBN 978-7-302-44665-1

Ⅰ. ①建… Ⅱ. ①王… Ⅲ. ①建筑工程—计量—高等职业教育—教材 ②建筑造价—高等职业教育—教材 Ⅳ. ①TU723.3

中国版本图书馆CIP数据核字(2016)第180333号

责任编辑：韩　旭　桑任松
封面设计：刘孝琼
责任校对：周剑云
责任印制：李红英
出版发行：清华大学出版社
　　网　　址：http://www.tup.com.cn, http://www.wqbook.com
　　地　　址：北京清华大学学研大厦A座　　**邮　　编：**100084
　　社 总 机：010-62770175　　**邮　　购：**010-62786544
　　投稿与读者服务：010-62776969, c-service@tup.tsinghua.edu.cn
　　质量反馈：010-62772015, zhiliang@tup.tsinghua.edu.cn
　　课件下载：http://www.tup.com.cn, 010-62791865
印 装 者：北京九州迅驰传媒文化有限公司
经　　销：全国新华书店
开　　本：185mm×260mm　　**印　张：**29.75　　**字　数：**720千字
版　　次：2013年9月第1版　2016年9月第2版　　**印　次：**2019年8月第2次印刷
定　　价：59.00元

产品编号：069913-01

前　言

本书是根据教育部颁布的“关于全面提高高等职业教育教学质量的若干意见”中关于“加强素质教育，强化职业道德，明确培养目标”“加大课程建设与改革的力度，增强学生的职业能力”的要求编写的。高职高专教育土建类专业教学指导委员会土建施工类专业分委员会根据当前高职高专建筑工程技术、建筑工程造价专业的现状和教学改革的形势，对于教材开发提出了总体要求，即建设高水平、有特色的教材。本书反映课程改革的先进理念和实践的指导思想，同时通过对教材的创新进行了深入的探讨。在借鉴同类教材成功经验的基础上，关注专业的改革和发展动向，结合工程实际案例进行编写，突出工程应用能力的培养，体现素质教育。本书充分体现“以全面素质为基础，以能力为本位”“以企业需求为基本依据，以就业为导向”“适应企业技术发展，体现教学内容的先进性和前瞻性”和“以学生为主体，体现教学组织的科学性和灵活性”的原则和编写目标，简化理论阐述，重实用、重案例，使学生能尽快达到编制建筑工程计量与计价的技能要求，以期做到学以致用。

为了紧密联系建筑工程计量与计价在建筑工程生产实践中的实际情况，根据建筑行业的相关标准计量规范发生了调整和变化的形势，故按照国家住房和城乡建设部新颁布的《建设工程工程量清单计价规范》(GB 50500—2013)、《房屋建筑与装饰工程计量规范》(GB 50854—2013)、《通用安装工程计量规范》(GB 50856—2013)、《建筑工程建筑面积计算规范》(GB/T 50353—2013)和《建筑施工组织设计规范》(GB/T 50502—2009)，天津市有关部门颁布的《天津市建筑工程预算基价》(DBD29-101—2012)、《天津市装饰装修工程预算基价》(DBD29-201—2012)、《天津市安装工程预算基价》(DBD29-301—2012)，以及国家住房和城乡建设部、财政部关于印发《建筑安装工程费用项目组成》的通知(建标〔2013〕44 号)等文件，对第 1 版的《建筑工程计量与计价》进行修订，按照新标准规范和要求编写了这本《建筑工程计量与计价(第 2 版)》，以适应教学与实践紧密结合的要求。本书在编写过程中坚持理论与实践、目前与将来相结合的原则，对于学习建筑工程计量与计价的学生以及从事建筑工程计量与计价的工作人员均有一定的参考价值。

全书由天津国土资源和房屋职业学院王永正老师主编，参加编写的还有天津国土资源和房屋职业学院的曹睿、陈瑶、王莉和张君率等老师。具体的编写分工为：王永正负责编写课程导入、学习情境 1、学习情境 2、学习情境 3、学习情境 7 及学习情境 4、学习情境 5 和学习情境 6 的第一个任务以及本书附录，并对全书进行了统筹；曹睿负责编写学习情境 6(任务 6.2～6.4)，陈瑶负责编写学习情境 10，王莉负责编写学习情境 4(任务 4.2～4.4)和学习情境 8，张君率负责编写学习情境 5(任务 5.2～5.4)和学习情境 9。在此对在本书编写过程中的全体合作者和帮助者表示衷心的感谢！

由于编者的业务水平有限，编写过程中不免有错误之处，敬请专家、同行和广大读者批评指正。

编　者

目　　录

学习情境 1　工程计量与计价的费用构成

情境描述	结合一个建设项目建设过程中涉及的建设阶段中的建筑工程计量与计价内容，介绍建设工程中的相关概念、费用构成和确定建设工程费用中的人工单价、材料单价和机械台班单价的方法
教学目标	(1) 理解工程建设中的概念； (2) 认识建设工程的实施过程与工程计量与计价； (3) 掌握建设工程费用的构成； (4) 掌握人工单价、材料基价、机械台班单价的确定方法
主要教学内容	(1) 工程建设中的概念； (2) 建设工程的实施过程与工程计量与计价； (3) 建设工程费用的构成； (4) 人工单价、材料基价、机械台班单价的确定

任务 1.1　建设工程费用的确定

一、建设工程中的工程计量与计价

建设工程费用是指对基本建设工程从宏观和微观上，在动工兴建之前，事先对其所需要的物化劳动和活劳动的耗费进行周密的计算，即以货币指标确定基本建设工程从筹建到正式建成投产或竣工验收各阶段所需的全部建设费用的经济文件，是建设工程全部完成后作为商品进入或准备进入流通领域用以进行交换的货币表现，习惯上又称之为工程造价。把工程造价的确定计算过程称为建设工程计量与计价。针对建筑工程进行的工程量计算和费用计算过程，即建筑工程计量与计价。

建筑工程一般都是由土建工程、装饰装修工程、给排水工程、电气照明工程、煤气工程、通风工程和消防工程等多专业单位工程所组成。因此，各单位工程计量与计价的编制要根据不同的预算基价及相应的计价文件、编制要求等来进行。

本书主要介绍建筑工程中的土建工程(建筑工程)和装饰装修工程的计量与计价。

(一)建设工程造价文件的编制目的

建筑工程造价文件的编制，根据用途的不同可分为建设单位编制的工程造价和建筑工程承包单位编制的工程造价，两者编制的目的和作用是不同的。

1. 建设单位编制建筑工程造价的目的和作用

建设单位编制建筑工程造价，是指建设单位或其委托单位依据批准的施工图设计文件、一般的施工方案、现行建筑工程预算基价、建筑材料市场价格和主管部门规定的其他取费规定进行工程量计算和编制的单位工程或单项工程建设费用(即确定工程造价)的文件。经审定批准的这种建筑工程造价有以下目的和作用。

(1) 它是确定建筑安装工程造价及建设银行拨付工程款或贷款的依据，如果工程造价超过设计概算时，应由建设单位会同设计部门一起进行核准，并对原设计概算进行修改。

(2) 它是建设单位确定工程量清单、招标项目标的和招标控制价的依据。

(3) 它是建设单位与施工承包单位进行招标/投标、签订承包工程合同、办理工程拨款及竣工结算的依据。

此种建筑工程造价编制的内容主要包括工程量清单、招标项目标底、招标控制价等。

2. 建筑工程承包单位编制建筑工程造价的目的和作用

建筑工程承包单位编制建筑工程造价，是指建筑承包单位依据批准的施工图设计文件、结合本企业确定的施工方案、现行建筑工程预算基价、本企业的定额、建筑材料市场价格和主管部门规定的其他取费规定进行计算和编制的单位工程或单项工程建设费用(即确定工程造价)的文件。经审定批准的这种建筑工程造价有以下目的和作用。

(1) 它是建筑工程投标单位确定投标报价的依据。

(2) 它是建筑工程承包单位编制施工生产计划、统计建筑安装工作量和实物量，向施工班组进行承包指标分解的依据；也是编制各种人工、机具、成品、半成品材料供应计划的依据。

(3) 它是建筑工程总包单位向专业承包单位确定分包施工任务和限额领料的依据。

(4) 它是实施计件工资的重要依据。

(5) 它是施工企业考核工程成本、进行经济核算的依据。

(6) 它是督促和加强施工管理，控制和降低工程计划成本的有力措施。

此种建筑工程造价的内容主要包括投标项目的投标报价、中标项目内部控制成本、项目实施中需要的工料机消耗量等。

由于此种工程造价是在考虑节约措施原则下进行编制的，只要施工管理人员严格按照给出的各项指标控制用工、用料及机械台班数，就能保证降低成本措施的实施，提高施工管理水平和企业效益。

两者的共同点就是都需要按照工程量计算规则和施工图纸进行工程量计算，确定直接工程费、工程措施项目费用、间接费、利润和税金。本课程重点进行以上项目的学习和训练。

(二)建筑工程计量与计价造价文件的编制内容及步骤

建筑工程计量与计价在本课程中指的是在建设工程施工开工前或建筑工程项目施工招标前，按照建设单位和相关部门的要求编制的建筑工程计量与计价文件。

根据目前我国建筑工程项目施工招投标的实际情况，编制建筑工程计量与计价有两种方法，即施工图预算(定额计价方法)和工程量清单计价(清单计价方法)。定额计价方法可编制招标项目的标底和投标报价；清单计价方法可编制建设工程项目工程量清单、招标控制价和投标报价。

1. 施工图计量与计价(定额计价方法)

1)　施工图预算(定额计价方法)的概念

施工图预算是指根据已经批准的施工图纸，在既定的施工方案前提下，依据现行的计量与计价定额(预算基价)、费用定额和其他有关文件编制计算的建筑工程造价文件。

定额计价方法(也称定额计价法)是按照建设项目所在地的建筑工程预算基价及工程量计算规则的要求编制建筑工程造价的方法。当项目属非国有资金投资或非国有资金投资为主的工程建设项目，可采用定额计价法计价。此法也是工程建设单位和承包单位在进行项目招标中确定分部分项费用、施工措施费、工程造价的基本方法。

2)　施工图预算(定额计价法)文件的内容

其包括封面、编制说明、工程量计算、分部分项工程计价、施工措施费计算、施工管理费计算、规费计算、利润和税金计算。

3)　定额计价法的编制步骤

(1)　熟悉施工图纸和施工说明书。

(2)　搜集各种编制依据及资料。

(3)　学习并掌握建设项目所在地当期《建设工程预算基价》内容及有关规定。

(4)　确定分部分项工程并计算工程量。

(5)　整理工程量，套用定额并计算定额直接工程费和主要材料用量。

(6)　计算其他各项费用(措施费、管理费、规费、利润)。

(7)　按照计价程序计算建筑工程含税造价。

(8)　进行校核，填写编制说明，装订，签章及审批。

4)　定额计价计量方法

这是按照建筑工程或装饰装修工程预算基价的工程量计算规则的规定来计算工程量的方法。

5)　定额计价方法

将上述计算的工程量套用建筑工程或装饰装修工程预算基价，并按照建筑工程或装饰装修工程预算基价计价办法，计算出分部分项工程费用、措施项目等费用，最后按照计价程序计算工程造价的方法就是定额计价方法。

2. 工程量清单计价(清单计价方法)

1)　工程量清单计价的概念

清单计价方法(也称清单计价法)是按照《建设工程工程量清单计价规范》(GB 50500—

2013)标准及《房屋建筑与装饰工程计量规范》(GB 50854—2013)的要求进行建筑工程造价编制的方法。当项目属国有资金投资或非国有资金投资为主的工程建设项目，应采用清单计价法计价；当项目属非国有资金投资或非国有资金投资为主的工程建设项目，可采用清单计价法计价。这也是工程建设单位和承包单位在进行工程项目招标中确定工程量清单、招标控制价和承包单位确定投标报价的方法。

建筑工程项目的工程量清单由招标人在工程项目招标文件中给出工程量清单和要求，投标人根据招标人提供的工程量清单确定各分部分项工程费、措施项目费、其他项目费和规费、税金所需的全部费用的工程计量与计价的编制方法就是清单计价法。

投标人在投标报价时应考虑各种不利的施工条件、自身的技术能力和管理水平、市场材料和设备的价格变化等风险。所报的价格应该是综合价格，也就是包括完成所给工程数量的项目要发生的全部直接成本、间接成本乃至规费、利润和税金。一旦中标，所报的综合单价无特殊理由将不会改动。工程结算时，工程数量按照合同要求一般允许按照实际发生的数量上下调整，工程总价也会随着上下调整的工程数量乘以相对不变动的综合单价上下调整。

2) 工程量清单计价文件

其包括封面、编制说明、分部分项工程工程量计算、分部分项工程综合单价确定与计价、措施费计算、其他费用计算、规费计算和税金计算、造价汇总。

3) 清单计价方法的编制步骤

(1) 熟悉施工图纸和施工说明书。

(2) 搜集各种编制依据及资料。

(3) 学习并掌握《建设工程工程量清单计价规范》(GB 50500—2013)、《房屋建筑与装饰工程计量规范》(GB 50854—2013)中工程量清单项目及计算规则的内容和有关规定。

(4) 确定工程项目清单计算工程量。

(5) 确定各分部分项工程的综合单价。

(6) 计算其他各项费用。

(7) 确定建筑工程措施项目费用、规费、税金。

(8) 进行建筑工程造价汇总。

(9) 进行校核，填写编制说明，装订，签章及审批。

4) 清单计价计量方法

清单计价计量方法是以《建设工程工程量清单计价规范》(GB 50500—2013)、《房屋建筑与装饰工程计量规范》(GB 50854—2013)规定的房屋建筑与装饰工程工程量清单项目及计算规则计算工程量的方法。工程量清单包括分部分项工程项目清单、措施项目清单、其他项目清单、规费项目清单和税金项目清单。

5) 工程量清单计价方法

工程量清单计价方法是指依据《建设工程工程量清单计价规范》(GB 50500—2013)规定，依据确定的工程量清单确定分部分项工程综合单价确定计价、措施费计算、其他费用计算、规费计算、税金计算和工程造价汇总的方法。

(三)建设工程造价文件的编制依据

1. 施工图预算的编制依据

(1) 施工图设计和资料。施工图设计文件资料是编制预算的主要工作对象。它包括经审批、会审后的设计施工图，设计说明书及设计选用的国家标准、地方标准和各种标准图集、构件、门窗图集、配件图集等。

(2) 相关的预算基价、工程量清单计价规范及其有关文件。预算基价、工程量清单计价规范及其有关文件是编制工程概、预算的基本资料和计算标准。它包括现在执行的预算基价、工程量清单计价规范、地区的材料预算价格及其他有关计价文件。

(3) 施工组织设计资料(施工方案)。经批准的施工组织设计(施工方案)是确定单位工程具体施工方法(如支挡土、设置工作面、进行地下降水等)、施工规范选用、施工工艺要求、施工进度计划、施工现场总平面布置等的主要施工技术文件，这类资料在计算工程量、选套预算基价、工程量清单综合单价计算及其有关费用计算中都有重要作用。

(4) 建设单位与施工单位的工程合同内容或在材料、设备、加工订货方面的分工也是建筑工程造价编制的依据。

(5) 建设工程招标文件及项目信息资料。招标文件中提出的要求，招标文件答疑会记录，考察施工现场情况，当期建筑市场造价信息资料等。

(6) 工具书等辅助资料。在编制建筑工程造价工作中，有一些工程量直接计算比较繁琐也较易出错，为提高工作效率、简化计算过程，编制人员往往需要借助五金手册、材料手册，或把常用各种标准配件预先编制成工具性图表，在编制建筑工程造价时直接查用。特别对一些较复杂的工程，收集所涉及的辅助资料不应忽视。

2. 清单计价中工程量清单的编制依据

(1) 《建设工程工程量清单计价规范》(GB 50500—2013)及相关计量规范。
(2) 国家或省级、行业建设主管部门颁发的计价依据和办法。
(3) 建设工程设计文件。
(4) 与建设工程项目有关的标准、规范、技术资料。
(5) 招标文件及其补充通知、答疑纪要。
(6) 施工现场情况、工程特点及常规施工方案。
(7) 其他相关资料。

3. 清单计价中招标控制价的编制依据

(1) 《建设工程工程量清单计价规范》(GB 50500—2013)及相关计量规范。
(2) 国家或省级、行业建设主管部门颁发的计价定额和计价办法。
(3) 建设工程设计文件及相关资料。
(4) 招标文件中的工程量清单及有关要求。
(5) 与建设项目相关的标准、规范、技术资料。
(6) 工程造价管理机构发布的工程造价信息；工程造价信息没有发布的参照市场价。
(7) 其他相关资料。

4. 清单计价中投标报价的编制依据

(1) 《建设工程工程量清单计价规范》(GB 50500—2013)及相关计量规范。
(2) 国家或省级、行业建设主管部门颁发的计价办法。
(3) 企业定额，国家或省级、行业建设主管部门颁发的计价定额。
(4) 招标文件、工程量清单及其补充通知、答疑纪要。
(5) 建设工程设计文件及相关资料。
(6) 施工现场情况、工程特点及拟定的投标施工组织设计或施工方案。
(7) 与建设项目相关的标准、规范等技术资料。
(8) 市场价格信息或工程造价管理机构发布的工程造价信息。
(9) 其他相关资料。

5. 工程竣工结算的编制依据

(1)《建设工程工程量清单计价规范》(GB 50500—2013)及相关计量规范。
(2) 施工合同。
(3) 工程竣工图纸及资料。
(4) 双方确认的工程量。
(5) 双方确认追加(减)的工程价款。
(6) 双方确认的索赔、现场签证事项及价款。
(7) 投标文件。
(8) 招标文件。
(9) 其他依据。

【拓展学习1】 基本建设的有关概念

(一)基本建设概述

1. 基本建设的概念

基本建设是指投资建造固定资产和形成物质基础的经济活动，凡是固定资产扩大再生产的新建、改建、扩建、恢复工程及设备购置活动均称为基本建设。

基本建设实质上是形成新的固定资产的经济活动，是实现社会扩大再生产的重要手段。

2. 基本建设的内容

(1) 建筑工程，包括建筑物、构筑物、给排水、电器照明、暖通、园林和绿化等工程。
(2) 设备安装工程，包括机械设备安装和电气设备安装工程。
(3) 设备、工具、器具的购置。
(4) 勘察与设计，即地质勘察、地形测量和工程设计。
(5) 其他基本建设工作，如征用土地、培训工人、生产准备等。

3. 建设项目及其分类

(1) 按建设项目的建设性质不同，可将建设项目分为新建、扩建、改建、迁建和恢复

等建设项目。

(2) 按建设项目在国民经济中的用途不同，可将建设项目分为生产性建设项目和非生产性建设项目。

(3) 按建设规模大小不同，可将建设项目分为大型、中型和小型建设项目，或限额以上和限额以下建设项目。

(4) 按行业性质和特点不同，可将建设项目分为竞争性项目、基础性项目和公益性项目。

(二)基本建设项目的划分

1) 建设项目

建设项目一般是指在一个总体设计或初步设计范围内，由一个或若干个互相有内在联系的单项工程所组成的，经济上实行统一核算、行政上具有独立的组织形式、实行统一管理的建设工程总体。

2) 单项工程

单项工程是建设项目的组成部分，一个项目可以由一个单项工程组成，也可以由若干单项工程组成。单项工程是具有独立的设计文件，建成后能独立发挥生产能力或效益的工程。单项工程一般由土建工程、装饰装修工程、给排水工程、电器照明工程、暖通工程、园林和绿化工程及消防工程等各单位工程组成。

3) 单位工程

单位工程是单项工程的组成部分，是指具有独立设计，可以独立施工，但竣工后一般是不能独立发挥生产能力和效益的工程。

4) 分部工程

分部工程是单位工程的组成部分。它是按工程部位、使用的材料、设备的种类及型号、工种等的不同来划分的。

5) 分项工程

分项工程是分部工程的组成部分。按照不同的施工方法、不同的材料、不同的构造及规格将一个分部工程更细致地分解为若干个分项工程。

(三)基本建设的程序

基本建设的程序如图 1-1 所示。

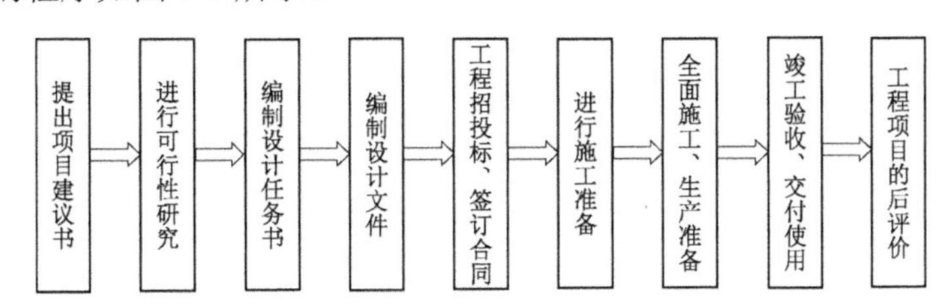

图 1-1　基本建设的程序

(四)工程造价的相关概念

1. 建设项目总投资

建设项目总投资是指投资主体为获取预期收益，在选定的建设项目上投入所需的全部

资金的经济行为。

2. 固定资产投资

固定资产投资是投资主体为了特定目的，达到预期收益的资金垫付行为。

3. 建设工程造价

建设工程造价是指一个建设工程项目预计开支或实际开支的全部固定资产投资费用，即是建设工程项目按照确定的建设内容、建设规模、建设标准、功能要求和使用要求等全部建成并验收合格交付使用所需的全部费用。

4. 建筑安装工程造价

建筑安装工程造价又称建筑安装工程价格，它是建设工程造价的主要组成部分，是建设单位支付给施工单位的全部费用，是建筑安装工程产品作为商品进行交换所需的货币量。

5. 工程造价的特点

(1) 工程造价的大额性。
(2) 工程造价的个别性、差异性。
(3) 工程造价的动态性。
(4) 工程造价的层次性。
(5) 工程造价的兼容性。

6. 工程造价的计价特性

(1) 计价的单件性。
(2) 计价的多次性。
(3) 计价的组合性。
(4) 计价方法的多样性。
(5) 计价依据的复杂性。

7. 工程造价形成的基本原理

依据工程项目的分解与组合。

8. 工程造价计价的基本方法

(1) 直接费(工料)单价——定额计价方法。
(2) 综合单价——工程量清单计价方法。

(五)工程造价按项目所处不同的建设阶段有不同的表现形式

1. 在投资决策阶段，工程造价的表现形式

在项目建议书和可行性研究阶段，依据现有的市场、技术、环境、经济等资料和一定的方法，对建设项目的投资数额进行的估计，即为投资估算。

2. 在工程设计阶段，工程造价的表现形式

(1) 设计概算。设计概算是在初步设计阶段，由设计单位根据设计文件、概算定额或

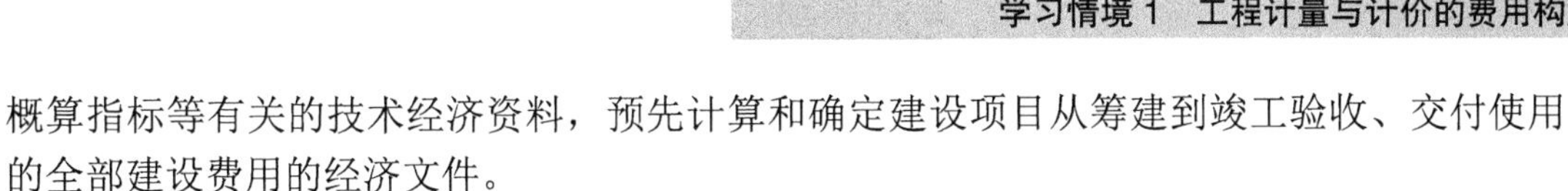

概算指标等有关的技术经济资料，预先计算和确定建设项目从筹建到竣工验收、交付使用的全部建设费用的经济文件。

(2) 修正概算。修正概算是对于有技术设计阶段的项目在技术设计资料完成后，对技术设计图纸进行造价的计价和分析。

设计概算是设计方案优化的经济指标，经过批准的概算造价，即成为控制拟建项目工程造价的最高限额，成为编制建设项目投资计划的依据。

3. 施工图预算

施工图预算是施工图设计预算的简称。它是在施工图设计完成后，根据施工图设计图纸、预算消耗定额等资料编制的、反映建筑安装工程造价的文件。

4. 在招投标与签订承包合同阶段，工程造价的表现形式

投标报价：实行招投标的工程，投标人在投标报价前应对工程造价进行计价和分析，计价时根据招标文件的内容要求，自己企业采用的消耗定额及费用成本和有关资源要素价格等资料确定工程造价；然后根据拟定的投标策略报出自己的投标报价。投标报价是投标书的一个重要组成部分，它也是工程造价的一种表现形式，是投标人根据自己的消耗水平和市场因素综合考虑后确定的工程造价。

5. 承包合同价

招投标制表现为同一工程项目有若干个投标人各自报出自己的报价，通过竞争选择价格、技术和管理水平均较好的投标人为中标人，并以中标价(中标人的报价)作为签订工程承包合同的依据。

对于非招标的工程，在签订承包合同前，承包人也应先对工程造价进行计价，编制拟建工程的预算书或报价单，或者发包人编制工程预算，然后承、发包双方协商一致，签订工程承包合同。

工程承包合同是发包和承包交易双方根据招、投标文件及有关规定，为完成商定的建筑安装工程任务，明确双方权利、义务关系的协议。在承包合同中，有关工程价款方面的内容、条款构成的合同价是工程造价的另一种表现形式。

6. 在工程实施阶段，工程造价的表现形式

工程结算价：是承包商在工程实施过程中，根据承包合同的有关内容和已经完成的合格工程数量计算的工程价款，以便与业主办理工程进度款的支付(即中间结算)。工程价款结算可以采用多种方式，如按月的定期结算，或按工程形象进度分不同阶段进行结算，或是工程竣工后一次性结算。工程的中间结算价实际上是工程在实施阶段已经完成部分的实际造价是承包项目实际造价的组成部分。

7. 工程竣工结算价

不论是否进行过中间结算，承包商在完成合同规定的全部内容后，应按要求与业主进行工程的竣工结算。竣工结算价是在完成合同规定的单项工程、单位工程等全部内容，按照合同要求验收合格后，并按合同中约定的结算方式、计价单价、费用标准等，核实实际工程数量，汇总计算承包项目的最终工程价款。因此，竣工结算价是确定承包工程最终实

际造价的经济文件，以它为依据办理竣工结算后，就标志着发包方和承包方的合同关系和经济责任关系的结束。

8. 在竣工验收阶段，工程造价的表现形式

竣工决算：在建设项目或单项工程竣工验收，准备交付使用时，由业主或项目法人全面汇集在工程建设过程中实际花费的全部费用的经济文件。竣工决算反映的造价是正确核定固定资产价值，办理交付使用，考核和分析投资效果的依据。

建设阶段和工程计量与计价的关系如图 1-2 所示。

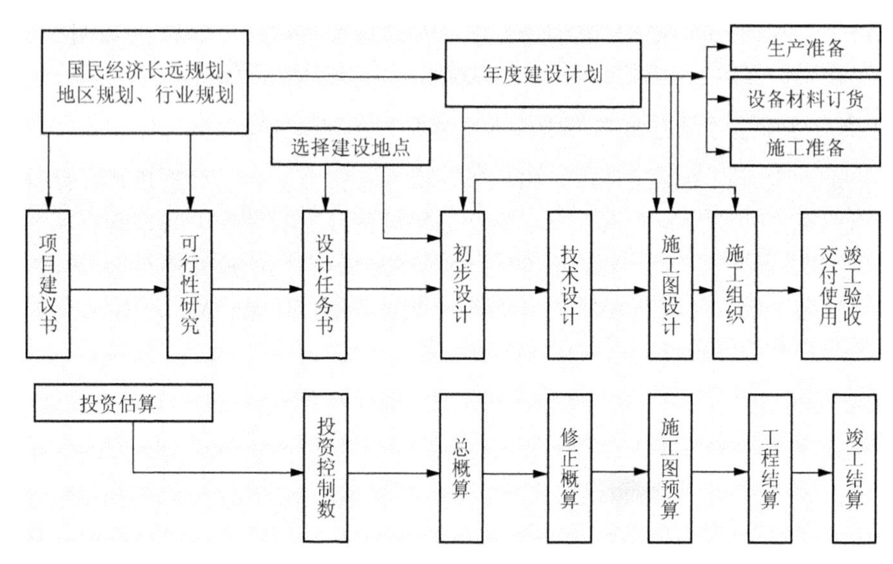

图 1-2　建设阶段和工程计量与计价的关系

(六)影响建筑工程计量与计价的因素

1. 工程项目本身的功能、特征、等级及其所处的水文、地质、气象和技术经济条件

工程项目是根据工程建设业主的特定要求，在特定条件下进行设计的，因此建筑工程产品的形态、功能多样，各具特色。每项工程的设计标准、造型、结构形式等各不相同，建造过程中消耗的生产资料和劳动量也不同，即使是同一类型的工程，由于建设地区或同一地区坐落的地点不同，则其水文地质条件或气象条件或当地的资源、技术、经济条件的不同，必然导致施工方法、施工组织方案等的不同，因而会使建筑工程在建造过程中的生产资料和劳动量消耗存在差异。

2. 计量与计价依据的影响

计量与计价依据是工程造价确定过程中依据的基础资料，如人工、材料、机械资源要素消耗定额是一个基础性的计价依据。作为承包人，工程计价时依据的是反映企业技术水平和管理水平的消耗定额——企业定额；作为发包人，为确定项目投资额，计价时依据的是反映社会平均消耗水平的概、预算定额。不同的建造商投标同一工程项目，他们都按各自企业消耗定额和费用标准计价，各自的报价也会有所差别，由此业主可以选择技术水平、管理水平高，信誉好，报价合理的建造商，以此形成良性竞争秩序。

3. 合同类型的影响

工程项目的业主方和承包方通过协商在合同中明确了双方在工程建设方面的权利和义务关系。由于工程项目有大小，技术有难易，施工条件有好坏，反映在工程建设过程中不可预见的风险有高低，为了规避、分担或转化风险，在工程合同中，有关工程造价和费用的合同条款将直接决定工程结算造价。由此看来，采用不同的合同类型，建设工程造价的计算及其结果也不尽相同。

4. 工程建设各个参与方的造价管理活动及其效果的影响

在工程项目的整个建设过程中，不仅要对工程造价计价，同时也应对工程造价的形成过程进行实时的管理和控制，以保证工程项目按照预定的功能要求、技术标准、质量等级完成时，不超过计划的造价目标。

工程建设的各个阶段都应进行工程造价的计算确定，同时工程建设的各参与方，特别是项目业主方和项目承包方在建设的全过程中，应对造价目标进行严格的监督、管理、控制，以保证造价目标的实现。

5. 市场因素的影响

市场因素主要有两个方面：一方面是供求状况；另一方面是竞争状况。

1)　市场供求及其生产要素的价格水平的影响

项目在生产建设过程中需要的生产要素的供应状况直接影响着工程造价。市场是一只无形的手，物资的市场价格不仅受供求关系的影响，更重要的是还有许多因素会不同程度地影响着市场价格，任何资源要素的价格波动都会带动相应的产成品或商品价格的变化。

2)　竞争状况的影响

工程项目的业主方和承包方是买卖关系，作为卖方的承包方面对的通常是一个竞争的市场，多家有承包能力的承包人会同时投标同一个工程项目，作为买方的业主方会择优选择价格较低、其他各项指标均较好的企业作为自己的承建商，这样使得工程造价因素成为投标人是否能中标的关键因素。投标者为了使自己处于有利的竞争地位，会根据竞争态势的不同、竞争策略的不同报出对自己有利的竞争价格，因此，投标报价有可能是在按特定计价程序、方法计算造价的基础上，经竞争形势分析和竞争策略调整后的价格。

6. 其他因素

其他影响因素较多。例如，建设行政主管部门的规定，国家的法律、法规、价格政策，外汇政策，固定资产投资规模、投资结构，金融政策等。

总之，工程造价的影响因素较多，无论是投资决策阶段的估算造价，还是工程竣工后的实际结算造价，都是大量影响因素综合作用的结果，因此在工程造价的确定计算中，应全面、综合地考虑各种因素的影响，确定既能反映工程实际消耗，又能有效控制投资额，提高竞争力的工程造价。

二、建设工程费用的组成

(一)世界银行、国际咨询工程师联合会确定的工程造价构成

世界银行、国际咨询工程师联合会(FIDIC)确定的工程造价由以下 4 项构成。

(1) 项目直接建设成本，包括土地、场内外设施、工艺设备仪表、服务等费用。

(2) 项目间接建设成本，包括项目管理、开工试车、业主行政性费用、生产前费用、运费及保险费、地方税。

(3) 应急费，包括未明确项目准备金(即估算时可能肯定要发生潜在项目费用)和不可预见准备金(即由于物质、社会、经济的变化而准备的费用)。

(4) 成本上升费用，即价格变化引起的上升费用。

(二)国际建筑安装工程费用的构成

国际建筑安装工程费用的构成为以下 6 项之和。

(1) 材料费，包括原价、运杂费、税金、运输损耗及采购保管费、预涨费等。

(2) 施工机械费，包括自有机械费用、租赁机械费用。

(3) 管理费用，包括工程现场管理费用、公司管理费用。

(4) 利润。

(5) 开办费，包括施工用水费和电费、土地清理费、周转材料摊销费、临时设施费、其他开办费。

(6) 人员工资，包括基本工资、加班费、津贴、招聘解雇费、预涨工资。

(三)我国建设项目总投资及其他费用项目组成

根据 2006 年制订的《建设项目总投资及其他费用项目组成规定》，建设项目总投资及其费用包括如表 1-1 所示的内容。

表 1-1　建设项目总投资及其他费用项目组成规定

<table>
<tr><th colspan="5">费用项目名称</th><th>资产类别归并
(项目经济评价)</th></tr>
<tr><td rowspan="18">建设项目总投资</td><td rowspan="18">建设投资</td><td rowspan="2">第一部分：工程费用</td><td>(1) 建筑安装工程费</td><td>直接费、间接费、利润、税金</td><td rowspan="16">固定资产费用</td></tr>
<tr><td>(2) 设备购置费</td><td>工具器具及生产家具购置费、设备购置费</td></tr>
<tr><td rowspan="16">第二部分：(3)工程建设其他费用</td><td>建设用地费</td><td></td></tr>
<tr><td>建设管理费</td><td rowspan="12">与项目建设有关的其他费用</td></tr>
<tr><td>可行性研究费</td></tr>
<tr><td>研究试验费</td></tr>
<tr><td>勘察设计费</td></tr>
<tr><td>工程监理费</td></tr>
<tr><td>环境影响评价费</td></tr>
<tr><td>劳动安全卫生评价费</td></tr>
<tr><td>场地准备及临时设施费</td></tr>
<tr><td>引进技术和引进设备其他费</td></tr>
<tr><td>工程保险费</td></tr>
<tr><td>市政公用设施费</td></tr>
<tr><td>特殊设备安全监督检验费</td></tr>
<tr><td>联合试运转费</td><td rowspan="3">与未来企业生产经营有关的其他费用</td></tr>
<tr><td>专利及专有技术使用费</td><td>无形资产费用</td></tr>
<tr><td>生产准备及开办费</td><td>其他资产费用(递延资产)</td></tr>
</table>

续表

<table>
<tr><th colspan="5">费用项目名称</th><th>资产类别归并
(项目经济评价)</th></tr>
<tr><td rowspan="5">建设项目总投资</td><td rowspan="2">建设投资</td><td rowspan="2">第三部分：预备费用</td><td>(4) 基本预备费</td><td rowspan="2"></td><td rowspan="2">固定资产费用</td></tr>
<tr><td>(5) 价差预备费</td></tr>
<tr><td colspan="3">(6) 建设期利息</td><td rowspan="2"></td><td rowspan="2">固定资产费用</td></tr>
<tr><td colspan="3">(7) 固定资产投资方向调节税 (暂停征收)</td></tr>
<tr><td colspan="3">(8) 铺底流动资金</td><td></td><td></td></tr>
</table>

注：1. (1)+(2)+(3)+(4)为静态投资部分(含因工程量误差引起的造价增减)(以某个基准年月计算的价格)；(5)+(6)+(7)+(8)为动态投资部分。

2. (4)的基本预备费中包含：初步设计概算内难以预料的费用，如变更、地基处理费用；自然灾害费用；鉴定隐蔽工程及修复费用。

(5)的价差预备费 $P_{\mathrm{F}}=\sum I_{\mathrm{t}}\,[(1+f)^{t}-1]$，包含：建设期工料机价差费；其他费用调整；利率、汇率变化等增加的费用。

3. (8)的流动资产=应收账款+现金+预付款+存货。

式中：应收账款=年经营成本÷年周转次数

现金=(年工资福利费+年其他费) ÷年周转次数

存货=外购原材料费+产成品+在产品

经营成本=总成本费用-折旧费-简维费-摊销费-利息支出

产成品=年经营成本÷年周转次数

在产品=(年工资福利费+年其他制造费用+年外购原材料动力费+年维修费)÷年周转次数

总成本费用=生产成本+管理费用+财务费用+销售费用

三、建筑安装工程费用组成

根据《建筑安装工程费用项目组成》的通知(建标〔2013〕44 号)的内容要求，建筑安装工程费用项目组成调整的主要内容如下：

(1) 建筑安装工程费用项目按费用构成要素组成划分为人工费、材料费、施工机具使用费、企业管理费、利润、规费和税金(见附件 1)。

(2) 为指导工程造价专业人员计算建筑安装工程造价，将建筑安装工程费用按工程造价形成顺序划分为分部分项工程费、措施项目费、其他项目费、规费和税金(见附件 2)。

(3) 按照国家统计局《关于工资总额组成的规定》，合理调整了人工费构成及内容。

(4) 依据国家发展和改革委员会、财政部等九部委发布的《标准施工招标文件》的有关规定，将工程设备费列入材料费；原材料费中的检验试验费列入企业管理费。

(5) 将仪器仪表使用费列入施工机具使用费；大型机械进出场及安拆费列入措施项目费。

(6) 按照《中华人民共和国社会保险法》的规定，将原企业管理费中劳动保险费中的职工死亡丧葬补助费、抚恤费列入规费中的养老保险费；在企业管理费中的财务费和其他中增加担保费用、投标费、保险费。

(7) 按照《中华人民共和国社会保险法》和《中华人民共和国建筑法》的规定，取消原规费中危险作业意外伤害保险费，增加工伤保险费、生育保险费。

(8) 按照财政部的有关规定，在税金中增加地方教育费附加。

附件 1　建筑安装工程费用项目组成(按费用构成要素划分)

建筑安装工程费按照费用构成要素划分：由人工费、材料(包含工程设备，下同)费、施工机具使用费、企业管理费、利润、规费和税金组成。其中人工费、材料费、施工机具使用费、企业管理费和利润包含在分部分项工程费、措施项目费、其他项目费中。

1. 人工费

人工费是指按工资总额构成规定，支付给从事建筑安装工程施工的生产工人和附属生产单位工人的各项费用。内容包括以下几项。

(1) 计时工资或计件工资：是指按计时工资标准和工作时间或对已做工作按计件单价支付给个人的劳动报酬。

(2) 奖金：是指对超额劳动和增收节支支付给个人的劳动报酬，如节约奖、劳动竞赛奖等。

(3) 津贴补贴：是指为了补偿职工特殊或额外的劳动消耗和因其他特殊原因支付给个人的津贴，以及为了保证职工工资水平不受物价影响支付给个人的物价补贴。如流动施工津贴、特殊地区施工津贴、高温(寒)作业临时津贴、高空津贴等。

(4) 加班加点工资：是指按规定支付的在法定节假日工作的加班工资和在法定工作日工作时间外延时工作的加点工资。

(5) 特殊情况下支付的工资：是指根据国家法律、法规和政策规定，因病、工伤、产假、计划生育假、婚丧假、事假、探亲假、定期休假、停工学习、执行国家或社会义务等原因按计时工资标准或计时工资标准的一定比例支付的工资。

2. 材料费

材料费是指施工过程中耗费的原材料、辅助材料、构配件、零件、半成品或成品、工程设备的费用。内容包括以下几项。

(1) 材料原价：是指材料、工程设备的出厂价格或商家供应价格。

(2) 运杂费：是指材料、工程设备自来源地运至工地仓库或指定堆放地点所发生的全部费用。

(3) 运输损耗费：是指材料在运输装卸过程中不可避免的损耗。

(4) 采购及保管费：是指为组织采购、供应和保管材料、工程设备的过程中所需要的各项费用，包括采购费、仓储费、工地保管费、仓储损耗。

工程设备是指构成或计划构成永久工程一部分的机电设备、金属结构设备、仪器装置及其他类似的设备和装置。

3. 施工机具使用费

施工机具使用费是指施工作业所发生的施工机械、仪器仪表使用费或其租赁费。

1) 施工机械使用费

以施工机械台班耗用量乘以施工机械台班单价表示，施工机械台班单价应由下列 7 项费用组成。

(1) 折旧费：是指施工机械在规定的使用年限内，陆续收回其原值的费用。

(2) 大修理费：是指施工机械按规定的大修理间隔台班进行必要的大修理，以恢复其正常功能所需的费用。

(3) 经常修理费：是指施工机械除大修理以外的各级保养和临时故障排除所需的费用。包括为保障机械正常运转所需替换设备与随机配备工具附具的摊销和维护费用，机械运转中日常保养所需润滑与擦拭的材料费用及机械停滞期间的维护和保养费用等。

(4) 安拆费及场外运费：安拆费是指施工机械(大型机械除外)在现场进行安装与拆卸所需的人工、材料、机械和试运转费用以及机械辅助设施的折旧、搭设、拆除等费用；场外运费是指施工机械整体或分体自停放地点运至施工现场或由一施工地点运至另一施工地点的运输、装卸、辅助材料及架线等费用。

(5) 人工费：是指机上司机(司炉)和其他操作人员的人工费。

(6) 燃料动力费：是指施工机械在运转作业中所消耗的各种燃料及水、电等的费用。

(7) 税费：是指施工机械按照国家规定应缴纳的车船使用税、保险费及年检费等。

2) 仪器仪表使用费

仪器仪表使用费是指工程施工所需使用的仪器仪表的摊销及维修费用。

4. 企业管理费

企业管理费是指建筑安装企业组织施工生产和经营管理所需的费用。内容包括以下几项。

(1) 管理人员工资：是指按规定支付给管理人员的计时工资、奖金、津贴补贴、加班加点工资及特殊情况下支付的工资等。

(2) 办公费：是指企业管理办公用的文具、纸张、账表、印刷、邮电、书报、办公软件、现场监控、会议、水电、烧水和集体取暖降温(包括现场临时宿舍取暖降温)等费用。

(3) 差旅交通费：是指职工因公出差、调动工作的差旅费、住勤补助费，市内交通费和误餐补助费，职工探亲路费，劳动力招募费，职工退休、退职一次性路费，工伤人员就医路费，工地转移费以及管理部门使用的交通工具的油料、燃料等费用。

(4) 固定资产使用费：是指管理和试验部门及附属生产单位使用的属于固定资产的房屋、设备、仪器等的折旧、大修、维修或租赁费。

(5) 工具用具使用费：是指企业施工生产和管理使用的不属于固定资产的工具、器具、家具、交通工具和检验、试验、测绘、消防用具等的购置、维修和摊销费。

(6) 劳动保险和职工福利费：是指由企业支付的职工退职金、按规定支付给离休干部的经费，集体福利费、夏季防暑降温、冬季取暖补贴、上下班交通补贴等。

(7) 劳动保护费：是企业按规定发放的劳动保护用品的支出，如工作服、手套、防暑降温饮料以及在有碍身体健康的环境中施工的保健费用等。

(8) 检验试验费：是指施工企业按照有关标准规定，对建筑以及材料、构件和建筑安装物进行一般鉴定、检查所产生的费用，包括自设试验室进行试验所耗用的材料等费用。不包括新结构、新材料的试验费，对构件做破坏性试验及其他特殊要求检验试验的费用和建设单位委托检测机构进行检测的费用，对此类检测发生的费用，由建设单位在工程建设其他费用中列支。但对施工企业提供的具有合格证明的材料进行检测不合格的，该检测费用由施工企业支付。

(9) 工会经费：是指企业按《中华人民共和国工会法》规定的全部职工工资总额比例

计提的工会经费。

(10) 职工教育经费：是指按职工工资总额的规定比例计提，企业为职工进行专业技术和职业技能培训，专业技术人员继续教育、职工职业技能鉴定、职业资格认定以及根据需要对职工进行各类文化教育所发生的费用。

(11) 财产保险费：是指施工管理用财产、车辆等的保险费用。

(12) 财务费：是指企业为施工生产筹集资金或提供预付款担保、履约担保、职工工资支付担保等所发生的各种费用。

(13) 税金：是指企业按规定缴纳的房产税、车船使用税、土地使用税、印花税等。

(14) 其他：包括技术转让费、技术开发费、投标费、业务招待费、绿化费、广告费、公证费、法律顾问费、审计费、咨询费、保险费等。

5. 利润

利润是指施工企业完成所承包工程获得的盈利。

6. 规费

规费是指按国家法律、法规规定，由省级政府和省级有关权力部门规定必须缴纳或计取的费用。包括以下几项。

1) 社会保险费

(1) 养老保险费：是指企业按照规定标准为职工缴纳的基本养老保险费。

(2) 失业保险费：是指企业按照规定标准为职工缴纳的失业保险费。

(3) 医疗保险费：是指企业按照规定标准为职工缴纳的基本医疗保险费。

(4) 生育保险费：是指企业按照规定标准为职工缴纳的生育保险费。

(5) 工伤保险费：是指企业按照规定标准为职工缴纳的工伤保险费。

2) 住房公积金

住房公积金是指企业按规定标准为职工缴纳的住房公积金。

3) 工程排污费

工程排污费是指企业按规定缴纳的施工现场工程排污费。

其他应列而未列入的规费，按实际发生计取。

7. 税金

税金是指国家税法规定的应计入建筑安装工程造价内的营业税、城市维护建设税、教育费附加以及地方教育附加。

税金计算公式为

$$税金=(税前造价+利润)\times 税率(\%)$$

(1) 纳税地点在市区的企业税率计算式为

$$税率(\%)=\frac{1}{1-3\%-(3\%\times 7\%)-(3\%\times 3\%)-(3\%\times 3\%)}-1=3.51\%$$

(2) 纳税地点在县城、镇的企业税率计算式为

$$税率(\%)=\frac{1}{1-3\%-(3\%\times 5\%)-(3\%\times 3\%)-(3\%\times 3\%)}-1=3.44\%$$

(3) 纳税地点不在市区、县城、镇的企业税率计算式为

$$\text{税率}(\%)=\frac{1}{1-3\%-(3\%\times1\%)-(3\%\times3\%)-(3\%\times3\%)}-1=3.31\%$$

附件 2　建筑安装工程费用项目组成(按造价形成划分)

建筑安装工程费按照工程造价形成由分部分项工程费、措施项目费、其他项目费、规费、税金组成，分部分项工程费、措施项目费、其他项目费包含人工费、材料费、施工机具使用费、企业管理费和利润。

1. 分部分项工程费

分部分项工程费是指各专业工程的分部分项工程应予列支的各项费用。

1) 专业工程

专业工程是指按现行国家计量规范划分的房屋建筑与装饰工程、仿古建筑工程、通用安装工程、市政工程、园林绿化工程、矿山工程、构筑物工程、城市轨道交通工程、爆破工程等各类工程。

2) 分部分项工程

分部分项工程是指按现行国家计量规范对各专业工程划分的项目，如房屋建筑与装饰工程划分的土石方工程、地基处理与桩基工程、砌筑工程、钢筋及钢筋混凝土工程等。

各类专业工程的分部分项工程划分见现行国家或行业计量规范。

2. 措施项目费

措施项目费是指为完成建设工程施工，发生于该工程施工前和施工过程中的技术、生活、安全、环境保护等方面的费用。内容包括以下几项。

(1) 安全文明施工费。

① 环境保护费：是指施工现场为达到环保部门要求所需要的各项费用。

② 文明施工费：是指施工现场文明施工所需要的各项费用。

③ 安全施工费：是指施工现场安全施工所需要的各项费用。

④ 临时设施费：是指施工企业为进行建设工程施工所必须搭设的生活和生产用的临时建筑物、构筑物和其他临时设施的费用，包括临时设施的搭设、维修、拆除、清理费或摊销费等。

(2) 夜间施工增加费：是指因夜间施工所发生的夜班补助费、夜间施工降效、夜间施工照明设备摊销及照明用电等费用。

(3) 二次搬运费：是指因施工场地条件限制而发生的材料、构配件、半成品等一次运输不能到达堆放地点，必须进行二次或多次搬运所发生的费用。

(4) 冬雨季施工增加费：是指在冬季或雨季施工需增加的临时设施、防滑、排除雨雪，人工及施工机械效率降低等费用。

(5) 已完工程及设备保护费：是指竣工验收前，对已完工程及设备采取的必要保护措施所发生的费用。

(6) 工程定位复测费：是指工程施工过程中进行全部施工测量放线和复测工作的费用。

(7) 特殊地区施工增加费：是指工程在沙漠或其边缘地区、高海拔、高寒、原始森林等特殊地区施工增加的费用。

(8) 大型机械设备进出场及安拆费：是指机械整体或分体自停放场地运至施工现场或由一个施工地点运至另一个施工地点，所发生的机械进出场运输及转移费用及机械在施工现场进行安装、拆卸所需的人工费、材料费、机械费、试运转费和安装所需的辅助设施的费用。

(9) 脚手架工程费：是指施工需要的各种脚手架搭建、拆卸、运输费用以及脚手架购置费的摊销(或租赁)费用。

措施项目及其包含的内容详见各类专业工程的现行国家或行业计量规范。

3. 其他项目费

(1) 暂列金额：是指建设单位在工程量清单中暂定并包括在工程合同价款中的一笔款项。用于施工合同签订时尚未确定或者不可预见的所需材料、工程设备、服务的采购，施工中可能发生的工程变更、合同约定调整因素出现时的工程价款调整以及发生的索赔、现场签证确认等的费用。

(2) 计日工：是指在施工过程中，施工企业完成建设单位提出的施工图纸以外的零星项目或工作所需的费用。

(3) 总承包服务费：是指总承包人为配合、协调建设单位进行的专业工程发包，对建设单位自行采购的材料、工程设备等进行保管以及施工现场管理、竣工资料汇总整理等服务所需的费用。

任务 1.2 人工单价、材料基价、机械台班单价的确定

一、人工单价的确定

人工单价又称日工资单价，是指每个工日人工的价格。人工费的计算是工日消耗量乘以日工资单价。

人工单价(日工资单价)按以下方法进行确定，即

$$人工费=\sum(工日消耗量\times日工资单价)$$

$$\begin{aligned}日工资单价=&[生产工人平均月工资(计时、计件)+平均月(奖金+津贴补贴+\\&特殊情况下支付的工资)]/年平均每月法定工作日\end{aligned} \tag{1-1}$$

式(1-1)主要适用于施工企业投标报价时自主确定人工费，也是工程造价管理机构编制计价定额确定定额人工单价或发布人工成本信息的参考依据。

$$人工费=\sum(工程工日消耗量\times日工资单价) \tag{1-2}$$

日工资单价是指施工企业平均技术熟练程度的生产工人在每工作日(国家法定工作时间内)按规定从事施工作业应得的日工资总额。

工程造价管理机构确定日工资单价应通过市场调查、根据工程项目的技术要求，参考实物工程量人工单价综合分析确定，最低日工资单价不得低于工程所在地人力资源和社会保障部门所发布的最低工资标准的：普工 1.3 倍、一般技工 2 倍、高级技工 3 倍。

工程计价定额不可只列一个综合工日单价，应根据工程项目技术要求和工种差别适当

划分多种日人工单价，确保各分部工程人工费的合理构成。

式(1-2)适用于工程造价管理机构编制计价定额时确定定额人工费，是施工企业投标报价的参考依据。

例 1-1 由劳动定额已知砌砖分项工程中，砌砖班组需配备六级工 1 人、五级工 2 人、四级工 6 人、三级工 4 人、二级工 1 人。已知三级工的工资等级系数为 1.364，四级工的工资等级系数为 1.591，一级工月基本工资为 440 元/月。试计算该分项工程的日基本工资标准。

解 平均技术等级=$\frac{6\times1+5\times2+4\times6+3\times4+2\times1}{1+2+6+4+1}=3.9$(级)

3.9 级工的工资等级系数=1.364+(1.591−1.364)×(3.9−3)=1.568

3.9 级工的月基本工资标准=1.568×440=689.92(元/月)

3.9 级工的日基本工资标准=$\frac{689.92}{21}$=32.82(元/天)

法定工作日=(365 日−52 个周六周日−11 个法定假日)/12=21(天)

平均月基本工资标准=一级工月工资标准×平均工资等级的工资等级系数

二、材料单价的确定

(一)材料费

$$材料费=\sum(材料消耗量\times材料单价)$$

$$材料单价=\{(材料原价+运杂费)\times[1+运输损耗率(\%)]\}\times[1+采购保管费率(\%)]$$

材料单价是指材料的预算价格，是计算材料费的基础。材料费等于各种材料消耗量与对应的材料单价相乘的合计。

材料单价按以下方法进行确定。

1. 材料原价

对同一种材料，若因生产厂家不同而有几种原价时，应根据不同来源地材料的供应数量及相应单价，采取加权平均的方法计算材料的原价，即

$$材料加权平均原价=\frac{\sum 各来源地材料原价\times相应材料数量}{材料总数量}$$

$$材料加权平均原价=\sum 某产地材料原价\times\frac{某产地材料数量}{材料总数量}$$

2. 包装费

原价含包装费时不能计算包装费，而且应减去包装材料的回收值。

$$包装品回收价值=包装品原价\times回收率\times回收折价率$$

原价不含包装费时，要计算包装费，也应减去包装材料的回收值。

$$包装费=\frac{包装品原价\times(1-回收率\times回收折价率)+使用期间维修费}{周转使用次数}$$

$$材料加权平均运费=\frac{\sum 不同运输方式材料运费\times相应材料数量}{材料总数量}$$

3. 材料运杂费

材料运杂费是指材料自来源地运至工地仓库或指定堆放地点所发生的除运输损耗以外的全部费用。外埠运费，是指材料从来源地至本市中心仓库或货站的运输费、装卸费和入库费。市内运费，是指材料从本市中心仓库或货站至工地仓库的出库费、装卸费、运输费。

对同一种材料，若因运输工具、运距不同而有几种运杂费时，同样应按加权平均的方法计算材料的平均运费，即

$$\text{材料加权平均运费}=\frac{\sum \text{不同运输方式材料运费}\times\text{相应材料数量}}{\text{材料总数量}}$$

4. 运输损耗费

运输损耗费是指材料在运输、装卸过程中不可避免的损耗等费用。

运输损耗费=(原价+运杂费+包装费)×途耗率

5. 采购及保管费

采购及保管费是指为组织采购、供应和保管材料过程中所需的各项费用，包括采购费、仓储费、工地保管费、仓储损耗费等。

材料采购及保管费=(材料原价+运杂费+包装费+运输损耗费)×采购及保管费率

6. 检验试验费

检验试验费是指对建筑材料、构件和建筑安装物进行一般鉴定、检查所发生的费用，包括自设试验室进行试验所耗用的材料和化学药品等费用。不包括新结构、新材料的试验费和建设单位对具有出厂合格证明的材料进行检验，对构件做破坏性试验及其他特殊要求检验试验的费用。

$$\text{检验试验费}=\sum(\text{单位材料量检验试验费}\times\text{材料消耗量})$$

例 1-2 某工程采购同一标号的硅酸盐水泥，拟从甲、乙、丙三地进货，甲地水泥出厂价 330 元/吨，运输费 30 元/吨，进货 100 吨；乙地水泥出厂价 340 元/吨，运输费 25 元/吨，进货 150 吨；丙地水泥出厂价 320 元/吨，运输费 35 元/吨，进货 250 吨。已知采购及保管费率为 2%，运输损耗费平均为 5 元/吨，试确定该批水泥每吨的计量与计价价格。

解 水泥原价=$\dfrac{330\times100+340\times150+320\times250}{100+150+250}$=328(元/吨)

水泥平均运杂费=$\dfrac{30\times100+25\times150+35\times250}{100+150+250}=31$(元/吨)

包装回收值=0.13×50%×20=1.3(元/吨)

水泥运输损耗费=5(元/吨)

水泥采购及保管费=(328+31+5)×2%=7.28(元/吨)

水泥预算价格=328+31+5+7.28−1.3=370.01(元/吨)

(二)工程设备费

$$\text{工程设备费}=\sum(\text{工程设备量}\times\text{工程设备单价})$$

工程设备单价=(设备原价+运杂费)×[1+采购保管费率(%)]

三、机械台班单价的确定

施工机械台班使用费是工程造价的主要组成部分，它的正确计算将有利于正确确定工程造价，促使企业合理使用资金，加强施工机械的管理水平，提高劳动生产率。

施工机械台班使用费，即施工机械台班预算价格，是以“台班”为计量单位，是指一台施工机械在一个台班中(按 8 小时计)为使机械正常运转所支出和分摊的各种费用之和。

施工机械使用费=∑(施工机械台班消耗量×机械台班单价)

台班单价=台班折旧费＋台班大修费＋台班经常修理费＋台班安拆费及场外运费＋台班人工费＋台班燃料动力费＋台班养路费及车船使用税

施工机械台班单价的组成和计算，包括两类费用，分别介绍如下。

(一)第一类费用(不变费用)

1. 台班折旧费

台班折旧费是指施工机械在规定的使用年限内，陆续收回其原值及购置资金的时间价值除以总台班数。

机械预算价格=机械出厂价×(1+购置附加费率)+供销部门手续费+一次运杂费

机械残值率是指机械报废后的残余价值占机械原值的百分比。一般情况下，运输机械为 2%，特大、大型机械为 3%，中、小型机械为 4%，掘进机械为 5%。

耐用总台班就是机械从开始投入使用到报废前所使用的总台班数。

耐用总台班=使用周期(大修周期)×大修理间隔台班

2. 台班大修理费

台班大修理费是指施工机械按规定的大修理间隔台班进行必要的大修理，以恢复其正常功能所需的费用除以间隔总台班数。

大修理间隔台班是指机械设备从开始投入使用起至第一次大修(或自上次大修起至下次大修)止的使用台班数。

使用周期(即大修周期)是指机械设备在正常施工作业条件下，其寿命期(即耐用总台班数)按规定确定的大修理次数。

使用周期=寿命期大修理次数+1

耐用总台班、大修理间隔台班、使用周期均以《全国统一施工机械技术经济定额》(以下简称《技术经济定额》)中规定的数据计算。

台班大修理费=一次大修理费用×(使用周期−1)/耐用总台班

一次大修理费是指机械按规定的修理范围、内容，进行检修而发生的各项费用，如更换的配件、消耗材料、机械和人工及送修运杂费等。

3. 台班经常修理费

台班经常修理费是指施工机械除大修理以外的各级保养和临时故障排除所需的费用。包括为保障机械正常运转所需替换设备与随机配备工具附具的摊销和维护费用，机械运转中日常保养所需润滑与擦拭的材料费用及机械停滞期间的维护和保养费用等分摊到每个台

班费用。

台班经常修理费可按台班大修理费乘以系数 K 确定，即

$$台班经常修理费=台班大修理费\times K$$

系数 K 可在《建筑安装工程机械台班费用定额》的附表中查得，如额定载重量为 5 吨的汽车的系数为 5.61。

4. 台班安拆费及场外运输费

台班安拆费是指施工机械在现场进行安装与拆卸所需的人工、材料、机械和试运转费用以及机械辅助设施的折旧、搭设、拆除等费用；场外运输费是指施工机械整体或分体自停放地点运至施工现场或由一施工地点运至另一施工地点的运输、装卸、辅助材料及架线等费用除于使用总台班数。

(二)第二类费用(可变费用)

1. 台班机上人工费

台班机上人工费是指机上司机(司炉)和其他操作人员的工作日人工费及上述人员在施工机械规定的年工作台班以外的人工费。

2. 台班燃料动力费

台班燃料动力费是指施工机械在运转作业中台班所消耗的固体燃料(煤、木柴)、液体燃料(汽油、柴油)及水、电等费用。

$$台班燃料动力费=台班耗用的燃料动力数量\times燃料或动力的预算单价$$

耗用的燃料动力数量的计算方法如下。

(1) 台班燃料消耗包括机械启动、运转的燃料消耗以及附加用燃料和油料过滤等的消耗。

(2) 台班电力消耗指电动机械本身运转时的电力消耗以及其他动力线路电力损耗。

3. 车船使用税

车船使用税是指施工机械按照国家规定和有关部门规定应缴纳的车船使用税、保险费及年检费等费用除以年工作总台班数。

例 1-3 现有 5 吨载重汽车的资料如下，若不计养路费及车船使用税，试计算其台班使用费。

预算价格为 71846 元，年工作台班为 240 台班，折旧年限为 8 年，大修理间隔台班为 950 台班，人工费单价为 22.4 元/日，使用周期为 2 年，人工消耗为 1.25 工日/班，一次大修理费为 16653.44 元，柴油预算价格为 2.17 元/公斤，经常维修费系数 K 为 5.61，柴油消耗量为 32.19 公斤/台班，机械残值率为 2%。

解 计算第一类费用。

(1) 耐用总台班为：950×2=1900(台班)

(2) 机械台班折旧费为：71846×(1−2%)÷1900=37.06(元/台班)

(3) 台班大修理费为：16653.44×(2−1)÷1900=8.76(元/台班)

(4)　经常修理费为：

由台班经常修理费=台班大修理费×K 可知：8.76×5.61=49.14(元/台班)

第一类费用小计：37.06+8.76+49.14=94.96(元/台班)

计算第二类费用。

(1)　台班人工费为：22.47×1.25=28.09(元/台班)

(2)　台班柴油费为：2.17×32.19=69.85(元/台班)

第二类费用小计：28.09+69.85=97.94(元/台班)

5 吨载重汽车台班使用费为 94.96+97.94=192.9(元/台班)

施工机械使用费由完成设计文件规定的全部工程内容所需定额机械台班消耗数量乘以机械台班单价(或租赁单价)计算而得。

如果是使用租赁机械，则租赁机械台班费是指根据施工需要向其他企业或租赁公司租用施工机械所发生的台班租赁费。在投标工作的前期，应进行市场调查，调查的内容包括租赁市场可供选择的施工机械种类、规格、型号、完好性、数量、价格水平以及租赁单位信誉度等，并通过比较选择拟租赁的施工机械的种类、规格、数量及单位，并以施工机械台班租赁价格作为机械台班单价。

习　　题

1-1　建设项目费由哪些项目组成？

1-2　建筑安装费由哪些项目组成？

1-3　人工费、材料费、机械费的组成内容是什么？

1-4　某工程用 32.5 号硅酸盐水泥，拟从甲、乙、丙三地进货，甲地的水泥出厂价为 320 元/吨，运输费为 35 元/吨，进货 150 吨；乙地的水泥出厂价为 350 元/吨，运输费为 20 元/吨，进货 100 吨；丙地的水泥出厂价为 340 元/吨，运输费为 30 元/吨，进货 250 吨。已知采购及保管费率为 2%，运输损耗费平均为 10 元/吨，包装袋每个回收值为 0.2 元，回收率为 50%。试确定该批水泥每吨的预算价格。

学习情境2　工程计量与计价定额预算基价的编制与应用

情境描述	结合工程计量与计价中使用的定额，通过讲授施工定额、预算定额的编制与应用，从而准确进行定额的选用、换算和编制补充定额
教学目标	(1) 理解建筑工程定额概念、分类、作用； (2) 熟悉施工定额的组成； (3) 掌握劳动定额、材料消耗定额、机械台班消耗定额的编制； (4) 掌握建筑工程预算定额编制及应用
主要教学内容	(1) 建筑工程定额的概念、分类、作用； (2) 施工定额的组成； (3) 劳动定额的编制； (4) 材料消耗定额的编制； (5) 机械台班消耗定额的编制； (6) 建筑工程预算定额编制及应用

任务2.1　建筑工程定额

一、建筑工程定额的定义、性质与作用

(一)定额的定义

建筑工程定额是指在正常的施工条件下，完成一定计量单位的合格产品所必需的劳动力、材料、机械台班和资金消耗的标准数量。

定额是指在正常的施工条件、先进合理的施工工艺和施工组织的条件下，采用科学的方法制定每完成一定计量单位的质量合格产品所必须消耗的人工、材料、机械设备及其价值的数量标准。

正常的施工条件、先进合理的施工工艺和施工组织，就是指生产过程按生产工艺和施工验收规范操作，施工条件完善，劳动组织合理，机械运转正常，材料储备合理。在这样的条件下，采用科学的方法对完成单位产品进行的定员(定工日)、定质(定质量)、定量(定数量)、定价(定资金)，同时还规定了应完成的工作内容、达到的质量标准和安全要求等。

实行定额的目的是力求用最少的人力、物力和财力的消耗，生产出符合质量标准的合格建筑产品，取得最好的经济效益。

(二)定额的性质

定额具有科学性、系统性、统一性、指导性、群众性、相对稳定性和时效性等性质。

1. 定额的科学性

定额的科学性表现在定额是在认真研究客观规律的基础上，遵循客观规律的要求，实事求是地运用科学的方法制定的，是在总结广大工人生产经验的基础上根据技术测定和统计分析等资料，并经过综合分析研究后制定的。定额还考虑了已经成熟推广的先进技术和先进的操作方法，正确反映当前生产力水平的单位产品所需要的生产消耗量。

2. 定额的系统性

建设工程定额是相对独立的系统。它是由多种定额结合而成的有机整体。它的结构复杂，有鲜明的层次和明确的目标。建设工程是一个庞大的实体系统，定额是为这个实体系统服务的。建设工程本身的多种类、多层次就决定了以它为服务对象的定额的多种类、多层次。建设工程都有严格的项目划分，如建设项目、单项工程、单位工程、分部分项工程；在计划和实施过程中有严密的逻辑阶段，如可行性研究、设计、施工、竣工交付使用以及投入使用后的维修。与此相适应，必然形成定额的多种类、多层次。

3. 定额的统一性

定额的统一性主要是由国家对经济发展有计划的宏观调控职能决定的。为了使国民经济按照既定的目标发展，就需要借助某些标准、定额、规范等，对建设工程进行规划、组织、调节、控制。而这些标准、定额、规范必须在一定范围内是一种统一的尺度，才能实现上述职能，才能利用它对项目的决策、设计方案、投标报价、成本控制进行比选和评价。为了建立全国统一建设市场和规范计价行为，《建设工程工程量清单计价规范》(GB 50500—2013)标准及《房屋建筑与装饰工程计量规范》(GB 50854—2013)统一了分部分项工程项目名称、计量单位、工程量计算规则、项目编码。

4. 定额的指导性

定额的指导性表现在有利于市场公平竞争、优化企业管理、确保工程质量和施工安全的工程计价标准，规范工程计价行为，为建设单位编制设计概算、施工图预算、竣工结算、编审工程量清单和确定招标控制价提供依据；是编制概算定额、估算指标的基础；是投标单位计算投标报价的参考；是投标管理部门和造价管理部门核定投标报价与成本价对比的基础。

5. 定额的群众性

定额的群众性是指定额编制要依靠群众，贯彻事事要依靠群众。定额的编制采用工人、技术人员和定额专职人员相结合的方式，使得定额能从实际水平出发，既保持一定先进性，又能把群众的长远利益和当前利益、职工的劳动效率和工作质量，兼顾国家、企业和劳动者个人三者的物质利益，充分调动职工的积极性，才能完成和超额完成工程任务。

6. 定额的相对稳定性和时效性

建设工程定额中的任何一种定额都是一定时期技术发展和管理水平的反映，因而在一段时间内都表现为稳定的状态，当生产力向前发展了，定额就要重新编制和进行修订。一般周期为 4～6 年。保持定额的稳定性是有效地贯彻定额所必需的。定额的不稳定也会给定额的编制工作带来极大的困难。

(三)建筑工程定额的作用

建筑工程定额作为加强建设工程项目经营管理、组织施工、决定分配的工具，主要作用表现如下。

(1) 定额是建设工程计划管理、宏观调控的依据。

(2) 定额是评价优选工程设计方案的依据。

(3) 定额是衡量劳动生产率的尺度。

(4) 定额是招投标活动中编制标底(招标控制价)、投标报价的重要依据。

(5) 定额是施工企业组织和管理施工的重要依据。

(6) 定额是施工企业和项目实行经济责任制，贯彻按劳分配原则，实行经济核算的依据。

(7) 定额是总结、分析和改进施工方法的重要手段。

二、建筑工程定额的分类

建筑工程定额是根据一定时期的管理体制和管理制度，根据不同定额的用途和适用范围，由指定的机构按照一定的程序制定的，并按照规定的程序审批和颁发执行。

(一)按定额反映的物质消耗内容分类(按生产要素分类)

1. 劳动消耗定额

劳动消耗定额简称劳动定额，又称人工定额，是完成一定的合格产品(工程实体或劳务)规定活劳动消耗的数量标准。

2. 机械消耗定额

机械消耗定额又称机械台班定额，是指为完成一定合格产品(工程实体或劳务)规定的施工机械消耗的数量标准。

3. 材料消耗定额

材料消耗定额简称材料定额，是指完成一定合格产品所需消耗材料的数量编制。

劳动消耗定额、机械消耗定额和材料消耗定额是工程建设定额的“三大基础定额”，是组成所有使用定额消耗内容的基础。

(二)按定额的编制程序和用途分类

1. 施工定额

施工定额是施工企业组织生产和加强管理在企业内部使用的一种定额，具有企业生产

定额的性质，反映企业的施工水平、装备水平和管理水平。它由劳动定额、机械消耗定额和材料消耗定额 3 个相对独立的部分组成，是建筑工程定额中的基础性定额，是编制预算定额的依据。它反映社会平均先进水平。

2. 预算定额

预算定额(预算基价)是计算工程造价和计算工程中劳动、机械台班、材料消耗量使用的一种计价性的定额。预算定额是国家授权部门根据社会平均生产力发展水平和生产效率水平编制的一种社会标准，属于社会性定额。从编制程序看，预算定额是编制概算定额的依据。

3. 概算定额

概算定额是编制扩大初步设计概算时，计算和确定工程概算造价、计算劳动、机械台班、材料需要量所使用的定额。它是用于编制概算指标的依据。

4. 概算指标

概算指标是在 3 个设计阶段的初步设计阶段，编制工程概算，计算和确定工程的初步设计概算造价，计算劳动、机械台班、材料需要量时所采用的一种定额。

5. 投资估算指标

投资估算指标是在项目建议书和可行性研究阶段编制投资估算、计算投资需要量时使用的一种定额。它可分 3 级，即建设项目指标、单项工程指标和单位工程指标，是以概算定额和预算定额为基础编制的。

(三)按投资的费用性质分类

1. 建筑工程定额

建筑工程定额是建筑工程的施工定额、预算定额、概算定额和概算指标的统称。建筑工程定额在整个工程建设定额中是一种非常重要的定额，在定额管理中占有突出的地位。

2. 设备安装工程定额

设备安装工程定额是安装工程施工定额、预算定额、概算定额和概算指标的统称。

3. 工器具定额

工器具定额是为新建或扩建项目投产运转首次配置的工器具的数量标准。

4. 工程建设其他费用定额

工程建设其他费用定额是独立于建筑安装工程、设备和工器具购置之外的其他费用开支的标准。

(四)按专业性质分类

(1) 建筑工程定额。
(2) 安装工程定额。
(3) 房屋修缮工程定额。

(4)　市政工程定额等。

(五)按主编单位和管理权限分类

1. 全国统一定额

全国统一定额是由国家建设行政主管部门，综合全国工程建设中技术和施工组织管理的情况编制，并在全国范围内执行的定额。

2. 行业统一定额

行业统一定额是考虑到各行业部门工程技术特点以及施工生产和管理水平编制的定额。

3. 地区统一定额

地区统一定额包括省、自治区、直辖市定额。地区统一定额主要是考虑地区性特点和全国统一水平做适当调整、补充编制的定额。

4. 企业定额

企业定额是指由施工企业考虑本企业具体情况，参考国家、部门或地区定额的水平制定的定额。

5. 补充定额

补充定额是指随着设计、施工技术的发展现行定额不能满足需要的情况下，为了补充缺项所编制的定额。

任务 2.2　施工定额的编制

一、施工定额的组成和作用

(一)施工定额的组成

施工定额是指正常的施工条件下，以施工过程为标定对象而规定的单位合格产品所需消耗的劳动力、材料、机械台班的数量标准。施工定额是直接用于施工管理中的一种定额，它是由地区主管部门或企业根据全国统一劳动定额、机械台班使用定额和材料消耗定额结合地区特点而制定的一种定额。有些地区就直接使用全国统一劳动定额和机械台班使用定额。

施工定额组成的内容包括劳动定额、机械台班使用定额和材料消耗定额 3 个部分。

(二)施工定额的作用

施工定额有以下几方面作用。

(1)　施工定额是企业计划管理工作的基础，是编制施工组织设计、施工作业计划、劳动力、材料、机械台班使用计划的依据。

(2)　施工定额是编制单位工程施工预算，加强企业成本管理和经济核算的依据。

(3) 施工定额是施工队向工人班组签发施工任务书和限额领料单，考核工料消耗的依据。

(4) 施工定额是计算劳动报酬与奖励，贯彻按劳分配，推行经济责任制，实行内部经济包干、签发包干合同的依据。

(5) 施工定额是开展社会主义劳动竞赛，制定评比条件的依据。

(6) 施工定额是编制预算定额的基础。

编制和用好施工定额并充分发挥其作用，对于促进施工企业内部施工组织管理水平的提高，加强经济核算，提高劳动生产率，降低工程成本，提高经济效益，都具有十分重要的意义。

二、劳动定额的概念及表现形式

(一)劳动定额的概念

劳动定额，也称人工定额。它是在正常的施工技术组织条件下，完成单位合格产品所必需的劳动消耗量的标准。这个标准是国家和企业对工人在单位时间内完成产品的数量和质量的综合要求。

(二)劳动定额的表现形式

劳动定额的表现形式可分为时间定额和产量定额两种。

1. 时间定额

时间定额是指在一定的生产技术和生产组织条件下，某工种、某种技术等级的工人班组或个人，完成符合质量要求的单位产品所必需的工作时间。定额时间包括工人的有效工作时间(准备与结束、基本工作时间、辅助工作时间)、不可避免的中断时间和工人必需的休息时间。

时间定额以工日为单位，每个工日工作时间按现行制度规定为 8 小时，其计算方法为：

单位产品时间定额(工日)=1÷每工产量

=小组成员工日数总和÷台班产量

2. 产量定额

产量定额是指在一定的生产技术和生产组织条件下，某工种、某种技术等级的小组或个人，在单位时间内(工日)应完成合格产品的数量。

产量定额的单位为产品的单位，其计算方法为

每工产量=产量定额=1÷时间定额

或

产量定额=小组成员工日数总和÷时间定额

3. 时间定额与产量定额的关系

时间定额与产量定额的关系是两者互为倒数：

时间定额×产量定额=1

或

$$时间定额=1÷产量定额$$

4. 劳动定额的表达方式

(1) 单式表示法。只列出时间定额。

(2) 复式表示法。分子表示时间定额，分母表示产量定额。

(3) 综合表示法。综合定额表示完成同一产品中的各单项(工序或工种)定额的综合。

按工序综合的一般用“综合”表示，按工种综合的一般用“合计”表示，计算方法为

综合时间定额(工日)=各单项(工序)时间定额的总和

综合产量定额=1÷综合时间定额

例如，一砖厚混水内墙，塔式起重机做垂直和水平运输，每立方米砌体的综合时间定额是 0.972 工日，它是由砌砖 0.458 工日、运输 0.418 工日、调制砂浆 0.096 工日，3 个工序的时间定额之和得来的，即

综合时间定额=0.458+0.418+0.096=0.972(工日)

同样，综合时间定额×综合产量定额=1

即：0.972×1.03=1

综合产量定额=1÷0.972=1.03(m^3)

5. 时间定额与产量定额的作用

(1) 时间定额的作用是：计算总工日、核算工资、编制进度计划、计算分项工期。

(2) 产量定额的作用是：小组分配施工任务、考核劳动效率、签发施工任务单。

三、劳动定额的编制原则和依据

(一)制定劳动定额的基本原则

1. 劳动定额的水平应是平均先进水平

劳动定额的水平，就是定额所规定的劳动消耗量的标准。一定历史条件下的定额水平，是社会生产力水平的反映，同时又能促进社会生产力的发展。所以定额的水平不能简单地采用先进企业或先进个人的水平，也不能采用后进企业的水平，而应采用平均先进水平，这一水平低于先进企业或先进个人的水平，又略高于平均水平，多数工人或多数企业经过努力可以达到或超过，少数工人可以接近的水平。

确定这一水平，要全面调查研究、分析比较并反复研究平衡。既要反映已经成熟并得到推广的先进技术和经验，同时又必须从实际出发、实事求是；既不挫伤工人的积极性又起到促进生产的作用，使定额水平确实合理可行。要实现定额的平均先进水平应处理好产品数量与质量的关系，合理确定劳动组织，明确劳动对象和劳动手段。

2. 定额应简明适用

简明适用是指定额项目齐全，粗细适度，步距大小适当，文字通俗易懂，计算方法简便，易于掌握，便于利用。

项目齐全，是指在施工中常用项目和已成熟或已普遍推广的新工艺、新技术、新材料都应编入定额中去，以扩大定额的适用范围。

定额项目的划分，应根据定额的用途，确定其项目的粗细程度。但应做到粗而不漏、细而不繁，以工序为基础适当进行综合。对主要工种、项目和常用项目要细一些，定额步距小些；对次要工种或不常用的项目可粗一些，定额步距大一些。

另外，注意名词术语应为全国通用，计量单位选择应符合通用原则等。

3. 专业与群众结合，以专业人员为主

定额的编制要贯彻专业与群众结合、以专业人员为主的原则。

(二)编制劳动定额的依据

编制劳动定额的依据如下。

(1) 国家有关经济政策和劳动制度。

(2) 全国统一劳动定额及地方补充劳动定额和材料消耗定额。

(3) 建筑安装工程施工验收规范，质量检查评定标准，技术安全操作规程。

(4) 现场测定资料和有关统计资料。

(5) 建筑安装工人技术等级标准。

(6) 有关的技术资料，如标准图、半成品配合比。

(7) 现场测试资料等。

(三)施工过程分析

1. 施工过程的分类

施工过程，按其使用的工具、设备的机械化程度不同，分为手工施工过程(或手动施工过程)、机械施工过程和机手并动施工过程；根据施工过程组织上的复杂程度不同，可以分为工序、工作过程和综合工作过程。

(1) 工序。工序是指在组织上不可分开、在技术操作上属于同一类型的施工过程。工序的基本特点是工人、工具及材料均不发生变化。在工作时，若其中一个条件有了改变，就表明已由一个工序转入了另一个工序。例如，钢筋制作这项施工过程，是由调直(冷拉)、切断、弯曲工序组成。当冷拉完成后，钢筋由冷拉机转入切断机并开始工作时，工具改变了，冷拉工序就转入了切断工序。

(2) 工作过程。工作过程是由同一工人或同一小组完成的，在技术操作上互相联系的工序组合。其特点是人员编制不变，而材料和工具可以变换。例如，门窗油漆，属于个人工作过程；5 人小组砌砖，属于小组工作过程。

(3) 综合工作过程。又称复合施工过程，是同时进行的、在组织上有直接关系的、为完成一个最终产品结合起来的各个工作过程的综合，如墙面抹灰工程是由搅拌砂浆、运砂浆、抹灰等工作过程组成的一个综合工作过程。

2. 施工过程的影响因素

施工过程的主要影响因素可归纳为以下三大类。

1)　技术因素

(1)　产品的类别、规格、技术特征和质量要求。

(2)　所用材料、半成品、构配件的类别、规格、性能和质量。

(3)　所用工具、机械设备的类别、型号、性能和完好情况。

各项技术因素数值的组合，构成了每一个施工过程的特点。同时各个施工过程因其技术因素不同，某单位产品的工时消耗也随之变化。

2)　组织因素

(1)　施工组织与管理水平。

(2)　施工方法。

(3)　劳动组织。

(4)　工人技术水平、操作方法及劳动态度。

(5)　工资分配形式和开展劳动竞赛情况。

进行施工过程的技术因素和组织因素的分析研究，对于确定定额的技术组织条件和单位合格产品工时消耗标准是十分重要的。同时在生产过程中可以充分利用有利因素，克服不利因素，以减少工时消耗，促进劳动生产率的提高。

3)　其他因素

如酷暑、大风、雨雪、冰冻及水电供应情况等。此类因素与施工技术、管理人员和工人无直接关系，一般不作为确定工时消耗的依据。

四、劳动定额的编制方法

(一)工人工作时间的分析

工人工作时间分析框图如图 2-1 所示。

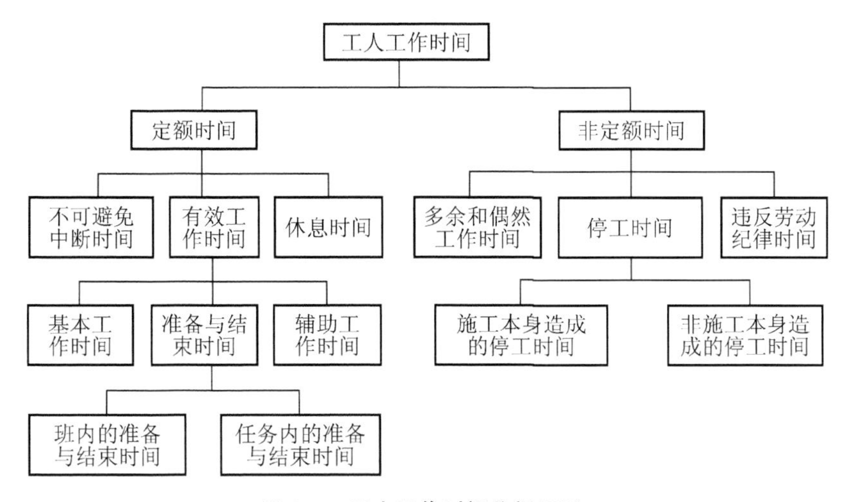

图 2-1　工人工作时间分析框图

1. 定额时间

定额时间是指工人在正常的施工条件下，完成一定数量的产品所必须消耗的工作时间。

它包括有效工作时间、不可避免的中断时间和必要的休息时间。

(1) 有效工作时间，是指与完成产品有直接关系的工作时间消耗。它包括准备与结束时间、基本工作时间和辅助工作时间。

(2) 不可避免中断时间，是指由于施工工艺特点所引起的工作中断所消耗的时间。例如，由于材料或现浇构件等的工艺性质，如混凝土养护、墙底粉刷后的通风过程等。

(3) 必要的休息时间，是指在施工过程中，工人为了恢复体力所必需的暂时休息，以及工人生理上的要求(如喝水、大小便等)所必须消耗的时间。

2. 非定额时间

(1) 多余和偶然工作时间，是指在正常的施工条件下不应发生的时间消耗，以及由于意外情况引起的工作所消耗的时间，如质量不符合要求而返工所造成的多余的时间消耗。

(2) 停工时间，是指在施工过程中，由于施工或非施工本身的原因造成停工的损失时间。前者是由于施工组织和劳动组织不善，材料供应不及时，施工准备工作没做好而引起的停工时间。后者是由于外部原因，如水电供应临时中断以及由于气候条件(如大雨、风暴、酷热等)所造成的停工时间。

(3) 违反劳动纪律时间，指工人不遵守劳动纪律而造成的损失时间，如迟到、早退、私自离开工作岗位、工作时间聊天等。

上述非定额时间，在确定单位产品用工时间标准时都不予考虑。

(二)制定劳动定额的常用方法

劳动定额常用的方法有 4 种，即经验估工法、统计分析法、比较类推法和技术测定法。

1. 经验估工法

经验估工法，是根据老工人、施工技术人员和定额员的实践经验，并参照有关技术资料，结合施工图纸、施工工艺、施工技术组织条件和操作规程等进行分析、座谈讨论、反复研究制定定额的方法。

因参加估工的人员经验和水平的不同，往往会提出不同的数据，这就需要根据统筹法原理进行优化，以确定出平均先进的定额指标。

计算公式为

$$t=(a+4m+b)/6$$

式中：t——定额优化时间(平均先进水平)；

a——先进作业时间(乐观估计)；

m——一般的作业时间(最大可能)；

b——后进作业时间(保守估计)。

例 2-1 用经验估工法确定某一个施工过程单位合格产品工时消耗，通过座谈讨论估计出了 3 种不同的工时消耗，分别是 0.45、0.6、0.7，计算其定额时间。

解 $t=(0.45+4\times0.6+0.7)/6=0.59$

经验估工法具有制定定额工作过程较短、工作量较小、省时、简便易行等特点。但是其准确性在很大程度上取决于参加估工人员的经验，有一定的局限性。因而它只适用于产品品种多、批量小、不易计算工作量的施工(生产)作业。

2. 统计分析法

统计分析法是把过去一定时期内实际施工中的同类工程或生产同类产品的实际工时消耗和产量的统计资料(如施工任务书、考勤报表和其他有关的统计资料)，与当前生产技术组织条件的变化结合起来，进行分析研究制定定额的方法。

统计分析法简便易行，较经验估工法有较多的原始统计资料，更能反映实际施工水平。它适合于施工(生产)条件正常、产品稳定、批量大、统计工作制度健全的施工(生产)过程。

在使用统计分析法时，采用二次平均法进行对原始统计资料的统计分析。其步骤如下：

(1) 剔除原始统计资料中的不合理数据。

(2) 计算各数据的平均值，即

$$t=(t_1+t_2+t_3+\cdots+t_n)/n$$

(3) 计算平均先进值(二次平均)，即

$$T=(T_1+T_2+T_3+\cdots)/M$$

式中：T_1、T_2、T_3…——小于等于平均值的数；

M——不大于平均值的数字个数；

T——计算的平均先进值。

3. 比较类推法

比较类推法，也称典型定额法。它是以同类型工序、同类型产品定额典型项目的水平或技术测定的实耗工时为标准，经过分析比较，以此类推出同一组定额中相邻项目定额的一种方法。

采用这种方法编制定额时，对典型定额的选择必须恰当，通常采用主要项目和常用项目作为典型定额比较类推。用来对比的工序、产品的施工(生产)工艺和劳动组织的特征，必须是“类似”或“近似”，具有可比性的。这样可以提高定额的准确性。

这种方法简便，工作量小，适用于产品品种多、批量小的施工(生产)过程。

比较类推法常用的方法有比例数示法和坐标图示法两种。

1) 比例数示法

比例数示法是在选择好典型定额项目后，经过技术测定或统计资料确定出它的定额水平，以及和相邻项目的比例关系，再根据比例关系计算出同一组定额中其余相邻项目水平的方法。公式为

$$t=pt_0$$

式中：t——比较类推相邻定额项目的时间定额；

t_0——典型项目的时间定额；

p——比例关系。

例 2-2　选一类土上口宽 0.5m 以内地槽为典型项目，经测定其时间定额为 0.167 工日，又知挖二类土用工是挖一类土用工的 1.43 倍。试计算出挖二类土、上口宽在 0.5m 以内地槽的时间定额。

解　二类土的时间定额(地槽上口宽 0.5m 以内)为：0.167×1.43=0.239(工日)

2) 坐标图示法

它是以横坐标表示影响因素值的变化，纵坐标表示产量或工时消耗的变化。选择一组

同类型的典型定额项目(一般为 4 项)，并用技术测定或统计资料确定出各典型定额项目的水平，在坐标图上用“点”表示，连接各点成一曲线，即影响因素与工时(产量)之间的变化关系。当知道横坐标某一影响值时，从曲线上即找出所需项目纵坐标的定额数量标准。

4. 技术测定法

技术测定法，是指在正常的施工条件下对施工过程各工序时间的各个组成要素进行现场观察测定，分别测定出每一工序的工时消耗，然后对测定的资料进行整理、分析、计算来制定定额的一种方法。

根据施工过程的特点和技术测定的目的、对象和方法的不同，技术测定法又分为测时法、写实记录法、工作日写实法和简易测定法等 4 种。

1) 测时法

测时法主要用来观察研究施工过程某些重复的循环工作的工时消耗，不研究工人休息、准备与结束及其他非循环的工作时间，主要适用于施工机械。可为制定劳动定额提供单位产品所必需的基本工作时间的技术数据，按使用秒表和记录时间的方法不同，测时法又分选择测时和接续法测时两种。

(1) 选择测时。选择测时是指不连续测定施工过程的全部循环组成部分，而是有选择地进行测定。测时开始时，立即开动秒表，过程终止，立即停表，并将测时的数据记录在表格中。下一个组成部分开始时再将秒表清零重新记录。观察结束后进行资料分析、整理，求出平均修正值。

(2) 接续法测时。接续法测时是对施工过程循环的组成部分进行不间断的连续测定，不能遗漏任何一个循环的组成部分。其特点是，在工作进行中，一直不停止秒表，根据各组成部分之间的定时点，记录它的终止时间。一般来说，观测次数越多，所获得组成部分延续时间越正确。

2) 写实记录法

写实记录法，是研究各种性质的工作+时间消耗的方法。通过对基本工作时间、辅助工作时间、不可避免的中断时间、准备与结束时间、休息时间以及各种损失时间的写实、记录，可以获得分析工时消耗和制定定额的全部资料。观察方法较简便，易于掌握，并能保证必需的精度，在实际工作中得到广泛应用。

按记录时间的方法不同，分为数示法、图示法和混合法 3 种。

(1) 数示法。数示法指测定时直接用数字记录时间，填写在数示法写实、记录表中。这种方法可同时对两个以内的工人进行测定，适用于组成部分较少且比较稳定的施工过程。记录时间的精确度为 5～10s(注：单位的符号 s 表示秒；min 表示分钟；h 表示小时；d 表示天)。

(2) 图示法。图示法是指用图表的形式记录时间，用线段表示施工过程各个组成部分的工时消耗的一种方法。适用于表示 3 人以内共同完成某一产品的施工过程，记录时间精度要求为 0.5～1min。此法具有比数示法记录技术简单、时间记录一目了然、整理和分析方便等优点，所以常被采用。

(3) 混合法。这是用图示法的表格、记录施工过程各个组成部分的延续时间，用数示法的表格、记录完成各个组成部分的人数，适用于同时表示 3 人以上工作时的集体写实、

记录，用以确定施工过程各组成部分的工时消耗和工人人数的方法。

3)　工作日写实法

工作日写实法，是对工人在整个工作班内的全部工时利用情况，按时间消耗的顺序进行实地的观察、记录和分析研究的一种测定方法。根据工作日写实的记录资料，可以分析哪些工时消耗是合理的、哪些工时消耗是无效的，并找出工时损失的原因，拟定措施，消除引起工时损失的因素，从而进一步促进劳动生产率的提高。因此，工作日写实法是一种应用广泛而行之有效的方法。

4)　简易测定法

简易测定法，是简化技术测定的方法，但仍保持了现场实地观察记录的基本原则。在测定时，它只测定定额时间中的基本工作时间，而其他时间则借助《定额工时消耗规范》获得所需的数据，然后利用计算公式，计算和确定出定额指标。它的优点是方法简便、容易掌握且节省人力和时间。企业编制补充定额常用这种方法。其计算公式为

$$定额时间=基本工作时间/(1-规范时间\%)$$

式中，基本工作时间可用简易测定法获得；规范时间可查《定额工时消耗规范》。

例 2-3　设测定一砖厚的基础墙，现场测得每立方米砌体的基本工作时间为 140 工分，试求其时间定额与产量定额。

解　查《定额工时消耗规范》得知：

准备与结束时间占工作班时间的 5.45%。

休息时间占工作班时间的 5.84%。

不可避免的中断时间占工作班时间的 2.49%。

时间定额=140/(1−5.45%−5.84%−2.49%)=140/0.8622=162.4(工分)

折合成工日，则时间定额为：162.4/480=0.34(工日)

每工产量=1/0.34=2.94(m^3)

总之，以上 4 种测定方法可以根据施工过程的特点以及测定的目的分别选用。但应遵循的基本程序是：预先研究施工过程，拟定施工过程的技术组织条件，选择观察对象，进行计时观察，拟定和编制定额。同时还应注意与比较类推法、统计分析法、经验估工法结合使用。

任务 2.3　材料消耗定额的编制

一、材料消耗定额的概念及作用

(一)材料消耗定额的概念

在合理和节约使用材料的条件下，生产单位合格产品所必须消耗的一定品种、规格的原材料、燃料、半成品、配件和水、电、动力等资源(统称为材料)的数量标准，称为材料消耗定额。它是企业核算材料消耗、考核材料节约或浪费的指标。

在建筑工程中，材料消耗量的多少，对产品价格和工程成本有着直接的影响。材料消

耗定额在很大程度上影响着材料的供应和合理使用。

建筑材料一般分为以下两类。

(1) 实体消耗材料，是指直接构成建筑工程实体所消耗的材料。

(2) 周转性材料，是指在施工中多次使用而逐渐消耗的工具性材料，如脚手架、模板、挡土板等。

(二)直接性材料消耗定额的组成

单位合格产品所必须消耗的材料数量由两部分组成。

(1) 合格产品上的净用量，就是用于合格产品的实际数量。

(2) 在生产合格产品过程中合理的损耗量，就是指材料从现场仓库领出到完成合格产品的过程中的合理损耗数量。因此，它包括场内搬运的合理损耗、加工制作的合理损耗和施工操作的合理损耗等。

所以单位合格产品中某种材料的消耗量等于该材料的净用量和损耗量之和，即

$$材料消耗量=材料净用量+材料损耗量$$

计入材料消耗定额内的损耗量为不可避免的损耗量，是在采用规定材料规格，采用先进操作方法和正确选用材料品种的情况下不可避免的损耗量。

某种产品使用某种材料的损耗量的多少，常用损耗率来表示，即

$$材料损耗率=\frac{材料的损耗量}{材料的净用量}\times 100\%$$

材料的消耗量可表示为

$$材料消耗量=材料净用量/(1-损耗率)$$

产品中的材料净用量可以根据产品的设计图纸计算求得，只要知道了生产某种产品的某种材料的损耗率，就可以计算出该单位产品的材料消耗数量。

(三)材料消耗定额的作用

材料是完成产品的物化劳动过程的物质条件。在建筑工程产品中，所用的材料品种繁多，耗用量大，在一般的工业与民用建筑中，材料费用占整个工程造价的 60%～70%，因此，合理使用材料，降低材料消耗，对于降低工程成本具有举足轻重的意义。材料消耗定额就是材料消耗的数量标准，它是企业管理、加强经济核算的一个重要工具。它的具体作用有以下几个。

(1) 材料消耗定额是企业确定材料需要量和储备量的依据。

(2) 材料消耗定额是企业编制材料需用量计划的基础。

(3) 材料消耗定额是施工队对工人班组签发限额领料的依据，也是考核、分析班组材料使用情况的依据。

(4) 材料消耗定额是实行材料核算，推行经济责任制，促进材料合理使用的重要手段。

二、直接性材料消耗定额的编制方法

工程需要直接构成实体消耗材料，为直接性消耗材料。

在施工中直接消耗材料可分为两类：一类是在节约与合理使用材料的条件下，完成合格产品所必须消耗的材料数量；另一类是可以避免的材料损失。材料消耗定额不应包括可以避免的材料损失。

制定材料消耗定额有两种方法：一种是参照预算定额材料部分逐项核查选用；另一种是自行编制材料消耗定额。其基本方法有观察法、试验法、统计法和计算法 4 种。

(一)观察法

观察法是在合理与节约使用材料的条件下，对施工过程实际完成产品的数量与所消耗的各种材料数量，进行现场观察、测定，再通过分析、整理和计算确定建筑材料消耗定额的方法。在制定材料的损耗定额时，常采用此种方法。因为只有通过现场观察，才能测定区别出哪些属于不可避免的损耗、哪些属于可以避免的损耗(它不应计入定额内)。

采用观察法，所选用的观察对象应符合下列要求。

(1)　建筑物应该是有代表性的。

(2)　施工方法符合技术规范的要求。

(3)　材料品种、规格、质量符合设计和技术规范要求。

(4)　被观察的班组在技术操作水平、工程质量、生产效率和节约使用材料等方面有较好的成绩。

(二)试验法

试验法是通过专门的试验仪器和设备，在实验室内进行观察和测定的工作，再通过整理计算出材料消耗定额的方法。其优点是能够更深入、详细地研究各种因素对材料消耗的影响，从中得到比较准确的数据。其缺点是难以估计在现场施工中，外界因素对材料消耗的影响。一般情况下，混凝土和砂浆配合比用量等往往需要通过实验室的试验才能确定出科学数据。

(三)统计法

统计法是指在施工过程中，对分部分项工程拨付材料数量、竣工后的材料剩余数量和完成产品数量，进行统计、分析研究确定材料消耗定额的方法。这种方法简便易行，不需组织专人观测和试验。但应注意统计资料的真实性和系统性，并注意和其他方法结合使用，以提高所拟定额的精确程度。

(四)计算法

计算法是指根据施工图纸和其他技术资料，用理论计算公式制定材料消耗定额的方法。计算法主要适用于构件、板状、块状和卷筒状产品的材料(如砖块、钢材、玻璃、油毡等)的消耗定额。因为只要根据设计图纸及材料规格和施工及验收规范，就可以通过公式计算这些材料消耗数量。

1. 计算 $1m^3$ 砖砌体材料的消耗量

设 $1m^3$ 砖砌体净用量中，标准砖为 A 块，砂浆为 Bm^3，则 $1m^3=A\times$一块砖带砂浆体积，则 $1m^3$ 砖砌体砖的净块数为

$$A=\frac{\text{表示墙厚的砖数}\times 2}{(0.24+0.01)\times(0.053+0.01)\times\text{墙厚}}$$

此处的 1/2、1、2 砖墙称为表示墙厚的砖数。

则 1m^3 砖砌体砖的损耗量为 $A/(1-\text{砖的损耗率})$，则 1m^3 砖砌体中砂浆的净用量为：$B=1-A\times0.24\times0.115\times0.053$；砂浆的消耗量为：$B/(1-\text{砂浆损耗率})$。

例 2-4 计算 1.5 标准砖外墙每立方米砌体中砖和砂浆的消耗量(砖和砂浆损耗率均为 1%)。

解 砖的净用量：$A=\dfrac{1.5\times 2}{(0.24+0.01)\times(0.053+0.01)\times 0.365}=522(\text{块})$

砖的消耗量：$522/(1-1\%)=527(\text{块})$

砂浆的净用量：$B=1-522\times0.24\times0.115\times0.053=0.236(\text{m}^3)$

砂浆的消耗量：$0.236/(1-1\%)=0.238(\text{m}^3)$

2. 计算 100m² 块料面层材料的消耗量

块料面层系指瓷砖、陶瓷锦砖、预制水磨石块、大理石、花岗岩等块材。定额中的计量单位通常为 100m^2。其计算公式为

$$\text{面砖的净用量}=\frac{100}{(\text{块料长}+\text{灰缝})\times(\text{块料宽}+\text{灰缝})}$$

$$\text{面砖的消耗量}=\text{面砖净用量}/(1-\text{损耗率})$$

例 2-5 某彩色地面砖规格为 200mm×200mm×5mm，灰缝为 1mm，结合层为 20mm 厚 1∶2 水泥砂浆。试计算 100m^2 地面中面砖和砂浆的消耗量(面砖和砂浆损耗率均为 1.5%)。

解 面砖净用量：$\dfrac{100}{(0.2+0.001)\times(0.2+0.001)}=2475(\text{块})$

面砖的消耗量：$2475/(1-1.5\%)=2512(\text{块})$

灰缝砂浆的净用量：$(100-2475\times0.2\times0.2)\times0.005=0.005(\text{m}^3)$

结合层砂浆净用量：$100\times0.02=2(\text{m}^3)$

砂浆的消耗量：$(0.005+2)/(1-1.5\%)=2.035(\text{m}^3)$

上述 4 种办法应根据所标定的材料不同，分别采用其中一种或两种以上的方法结合使用。

三、周转性材料定额消耗量的确定

周转性材料在施工中不是一次性消耗完，而是随着周转次数的增加逐渐消耗，不断补充。因此，周转性材料的定额消耗量应按多次使用、分次摊销的方法计算，且考虑回收因素。

现浇钢筋混凝土构件模板摊销量的计算如下。

$$\text{摊销量}=\text{周转使用量}-\text{回收量}$$

$$\text{周转使用量}=\frac{\text{一次使用量}+\text{一次使用量}\times(\text{周转次数}-1)\times\text{补损率}}{\text{周转次数}}$$

一次使用量＝每10m³混凝土和模板的接触面积

×每平方米接触面积模板用量/(1−损耗率)

$$补损率=\frac{平均每次损耗量}{一次使用量}\times 100\%$$

对于施工定额，有

$$回收量=一次使用量\times\frac{1-补损率}{周转次数}$$

对于预算定额，有

$$回收量=一次使用量\times\frac{1-补损率}{周转次数}\times\frac{回收折价率}{1+施工管理费率}$$

回收折价率=50%，施工管理费率=18.2%。

例 2-6　某工程有钢筋混凝土方形柱 10m³，经计算其混凝土模板接触面积为 119m²，每 10m² 模板接触面积需木模板板材 0.525m³，操作损耗为 5%。已知模板周转次数为 5，每次周转补损率为 15%。试计算模板的摊销量。

解　一次使用量为 $119+\frac{0.525}{10}/(1-5\%)=6.56(\text{m}^3)$

周转使用量为 $\frac{6.56+6.56\times(5-1)\times15\%}{5}=2.099(\text{m}^3)$

回收量为 $6.56\times\frac{1-15\%}{5}\times\frac{50\%}{1+18.2\%}=0.472(\text{m}^3)$

摊销量=周转使用量－回收量=2.099－0.472=1.627(m³)

预制钢筋混凝土构件模板摊销量的计算：

预制构件模板每次安装、拆卸损耗很小，在计算模板摊销量时，不考虑补损和回收，可按多次使用、平均分摊的方法计算。计算公式为

$$摊销量=\frac{一次使用量}{周转次数}$$

任务 2.4　机械台班消耗定额的编制

一、机械台班消耗定额的概念及组成

在建筑施工中，有些工程项目是由人工完成的，有些工程是由机械完成的，有些则由机械和人工共同完成。在人工完成的产品中所必须消耗的就是人工时间定额。由机械完成的或由人工机械共同完成的产品，就有一个完成单位合格产品机械台班消耗的工作时间。

在合理使用机械和合理的施工组织条件下，完成单位合格产品所必须消耗的机械台班数量的标准，就称为机械台班消耗定额，也称为机械台班使用定额。

如果一台机械工作一个工作班(即 8 小时)，称为一个台班；如果两台机械共同工作一个工作班，或者一台机械工作两个工作班，则称为两个台班。

二、机械台班使用定额的表示形式

1. 机械时间定额

机械时间定额就是在正常的施工条件和劳动组织的条件下，使用某种规定的机械，完成单位合格产品所必须消耗的台班数量，即

机械时间定额=1/机械每台班产量(台班)

2. 机械台班产量定额

机械台班产量定额就是在正常的施工组织和劳动组织条件下，某种机械在一个台班时间内必须完成的单位合格产品的数量，即

机械台班产量定额=1/机械时间定额

所以，机械的时间定额与机械台班产量定额之间互为倒数。

3. 机械和人工共同工作时的人工定额(见图 2-2)

图 2-2　机械和人工共同工作时的人工定额

例如，用塔式起重机安装 6 层高房屋的预制梁(梁重 4 吨以内)，一个台班内机械台班消耗定额的表现形式(单位为根)如图 2-3 所示。

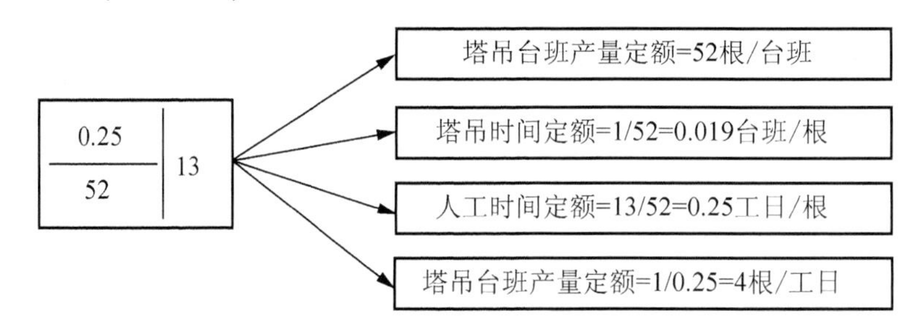

图 2-3　一个机械台班消耗定额的表现形式

三、机械台班消耗定额的编制方法

(一)机械时间分析

在机械化施工过程中，对工作时间消耗的分析和研究，除了要对工人工作时间的消耗进行分类研究外，还需要分类研究机械工作时间的消耗。

机械工作时间的消耗分为定额时间和非定额时间两大类，如图 2-4 所示。

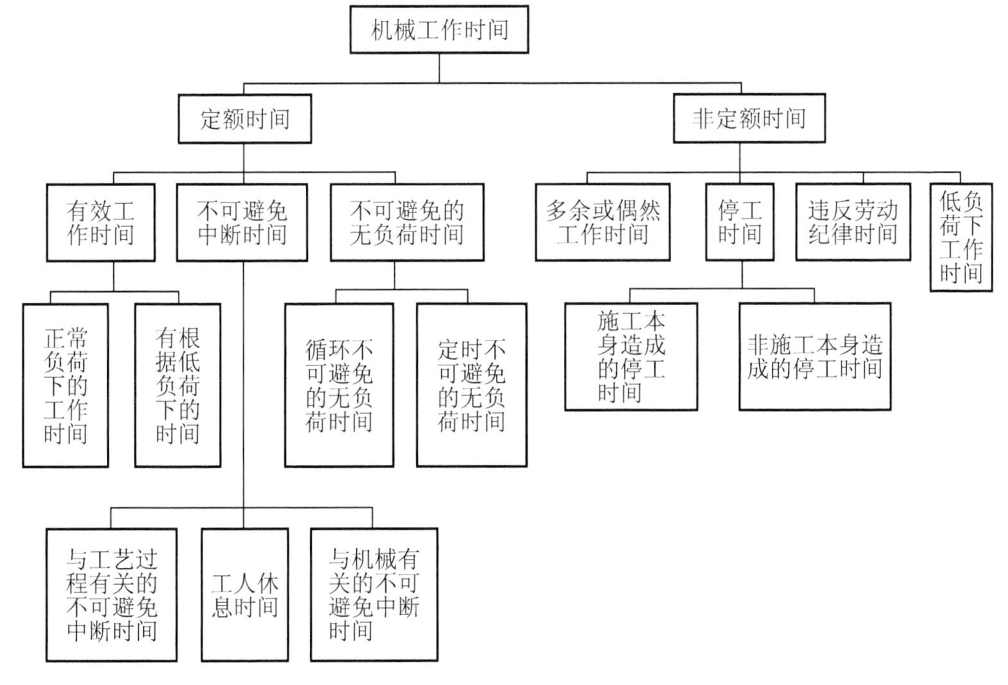

图 2-4　机械时间分析框图

(二)机械台班消耗定额的编制步骤和方法

1. 拟定正常施工条件

机械正常施工条件的拟定，主要根据机械施工过程的特点并充分考虑力学性能及装置的不同。这是拟定机械消耗定额的一个非常主要的影响因素。

拟定机械工作正常条件，主要是拟定工作地点的合理组织和合理的工人编制。

工作地点的合理组织，就是对施工地点机械和材料的放置位置、工人从事操作的场所，作出科学、合理的平面布置和空间安排。它要求施工机械和操作机械的工人在最小范围内移动，但又不阻碍机械运转和工人操作；应使机械的开关和操作装置尽可能集中地安装在操作工人的近旁，以节省工作时间和减轻劳动强度；应最大限度发挥机械的效能，减少工人的手工操作。

拟定合理的工人编制，就是根据施工机械的性能和设计能力、工人的专业分工和劳动工效，合理确定操纵机械的工人和直接参加机械化施工过程的工人的编制人数。

2. 确定机械净工作 1h 生产率

建筑机械可分为循环和连续动作两种类型，在确定净工作 1h(即 1 小时)生产率时则应分别对这两类不同机械进行研究。

1)　循环动作机械

循环动作机械净工作 1h 生产率取决于该机械净工作 1h 的正常循环次数(n)和每一次循环中所生产的产品数量(m)。

确定循环次数(n)，首先必须确定每一循环的正常延续时间，而每一循环的延续时间等

于该循环各组成部分正常延续时间之和。一般应通过技术测定确定(个别情况下也可依据技术规范确定)，在观察中要根据各种不同的因素，确定相应的正常延续时间。对于某些机械工作循环的组成部分，必须将相关的、循环的、不可避免的无负荷及中断时间包括进去；对于某些同时进行的动作，应扣除其重叠的时间，如挖土机“提升斗臂”与“回转斗臂”的重叠时间。这样，净工作机械正常的循环次数，可由下列公式计算(时间单位：min)，即

$$n=60/(t_1+t_2+t_3+t_4+t_1-t_1'-t_2')$$

式中：t'——组成部分重叠工作时间。

机械每一次循环所生产的产品数量(m)，同样可以通过计时观察求得，即

$$循环动作机械净工作1h生产率=nm$$

2) 连续动作机械

连续动作机械的净工作 1h 生产率的确定，主要是根据力学性能来确定。在一定的条件下，净工作 1h 生产率通常是一个比较稳定的数值。确定方法是通过试验或实际观察，得出一定时间(1h)内完成的产品数量(m)，然后，按下式计算，即

$$N_h=m/t_h$$

在某些情况下，由于难以精确地确定机械的正常负荷、产品数量或工作对象的加工程度，就使得确定连续动作机械净工作 1h 的正常生产率成为一项较为复杂的工作。因此，为了保证机械净工作 1h 生产率的可靠性，在运用观察法的同时，还应以机械说明书等有关资料的数据为参考依据，最后分析取定。

3. 确定机械利用系数 K_B

确定施工机械的正常利用系数，是指机械在工作班内对工作时间的利用率。机械的利用系数和机械在工作班内的工作状况有着密切的关系。所以，要确定机械的正常利用系数，首先要拟定机械工作班的正常工作状况，保证合理利用工时。

确定机械正常利用系数 K_B，要计算工作班正常状况下准备与结束工作，机械启动、机械维护等工作所必须消耗的时间，以及机械有效工作的开始与结束时间。从而进一步计算出机械在工作班内的纯工作时间和机械正常利用系数。

4. 机械台班产量

机械台班产量定额(台班)等于该机械净工作 1h 的生产率乘以工作班的连续时间 T(一般都是 8h)再乘以台班时间利用系数，计算式为

$$N_{台班}=N_hTK_B$$

对于某些一次循环时间大于 1h 的机械施工过程，就不必先计算净工作 1h 生产率了，可以直接用一次循环时间 t(h)，求出台班循环次数(T/t)，再根据每次循环的产品数量(m)，确定其台班产量定额。其计算公式为

$$N_{台班}=mK_BT/t$$

例 2-7 某搅拌机混凝土的正常生产率是 $7.5m^3/h$，工作班内净工作时间为 7.2h，试确定机械时间定额。

解 机械利用系数=7.2/8=0.9

机械台班产量=7.5×8×0.9=54(m^3)

则搅拌 $1m^3$ 混凝土机械时间定额=1/54=0.019(台班)。

任务 2.5　建筑工程预算定额的编制及应用

一、建筑工程预算定额的概念与作用

预算定额是确定一定计量单位的分项工程或结构构件的人工、材料和机械台班消耗的数量标准。

其作用体现在以下几个方面。

(1) 预算定额是编制单位估价汇总表的依据。

(2) 预算定额是编制施工图预算，确定工程造价的依据。

(3) 在招投标制中，预算定额是编制标底和报价的依据。

(4) 预算定额是拨付工程价款和进行工程竣工结算的依据。

(5) 预算定额是编制施工组织设计，确定劳动力、材料、成品、半成品及施工机械台班使用量的依据。

(6) 预算定额是施工企业进行经济核算和经济活动分析的依据。

(7) 预算定额是编制概算定额和概算指标的基础。

二、预算定额基价与施工定额的关系

预算定额基价以施工定额为依据进行编制，但两者的用途不同、定额水平不同、项目划分不同，如图 2-5 所示。

1. 两者的用途不同

施工定额是施工企业内部管理的依据，是编制施工组织设计、施工作业计划和劳动力、材料、机械使用及进行内部核算的依据。

预算定额主要用于建筑工程的计量与计价，是进行对外经济核算和进行招投标的依据。

2. 两者的定额水平不同

施工定额确定的各项消耗指标是考虑平均先进水平。

预算定额确定的各项指标和价值指标，是用于定额使用区域建设项目工程管理和控制的，考虑的是社会平均水平。

3. 两者的项目划分不同

施工定额在确定定额分项时，是以施工过程或工序为研究对象确定的，故划分得比较细，分项工程要多一些。预算定额基价是在施工定额的基础上，结合工程项目情况进行综合和扩大工作内容确定的。因此，一般预算定额基价中的一项包括施工定额中的若干项。

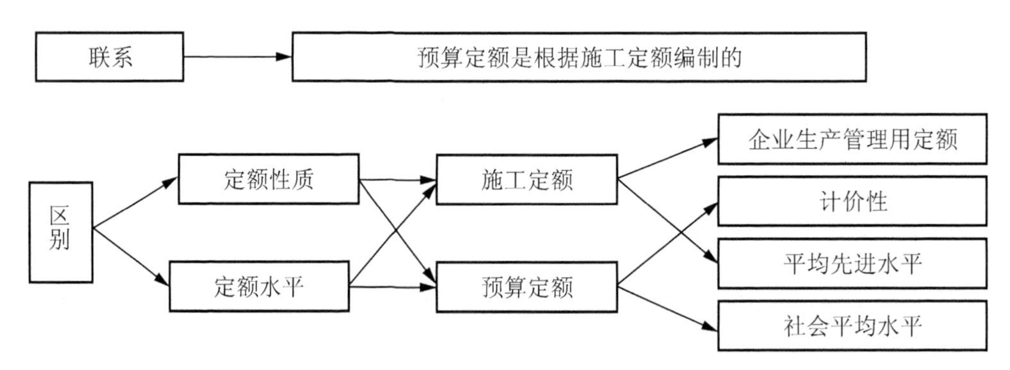

图 2-5　预算定额与施工定额的关系

三、建筑工程预算定额的编制原则和依据

1. 建筑工程定额基价的编制原则

(1) 按照社会平均水平进行编制，建筑工程定额基价适用于地方行政区域内工业与民用的新建与扩建工程，是在合理工期内、正常条件下、采用常规的施工方法和施工工艺以及合理的施工组织和机械配置，完成单位合格产品所需要的人工、材料、机械台班及相应管理费用的消耗量标准，它反映了本市社会平均消耗量水平。

(2) 简明、适用，通俗、易懂，严谨、准确。

(3) 统一性与差别性相结合。即按照全国统一定额的要求，也要结合地方的特点，来确定地方的建筑工程预算定额基价。

(4) 专家编审责任制。建筑工程定额基价的编制，是一项专业性、政策性很强的工作，通过专家队伍的人员进行编制控制管理，才能把握准确的尺度。

2. 编制依据

其编制与施工定额基本相似，此外，还包括现行设计规范和以往颁发的预算定额。

四、预算定额基价的内容

预算定额基价主要由总说明、建筑面积计算规则、分部说明、定额项目表和附录、附件等 5 个部分组成。

1. 总说明

总说明主要阐述了定额的编制原则、指导思想、编制依据、适用范围及定额的作用。同时说明了编制定额时已经考虑和没有考虑的因素、使用方法及有关规定等。因此，使用定额前应首先了解和掌握总说明。

2. 建筑面积计算规则

建筑面积计算规则规定了计算建筑面积的范围和计算方法，同时也规定了不能计算建筑面积的范围。

3. 分部说明

分部说明主要介绍了分部工程所包括的主要项目及工作内容、编制中有关问题的说明、执行中的一些规定、特殊情况的处理及各分项工程量计算规则等。它是定额基价的重要组成部分，也是执行定额和进行工程量计算的基准，必须全面掌握。

4. 定额项目表

定额项目表是预算定额的主要构成部分，一般由工程内容(分节说明)、定额单位、项目表和附注组成。在项目表中，人工表现形式是按工日数或合计工日数表示的，材料栏内只列主要材料消耗量，零星材料以“其他材料费”表示，凡需机械的分部分项工程列出施工机械台班数量，即分项工程人工、材料、机械台班的定额指标。在定额项目表中还列有根据上述 3 项指标和取定的人工工资标准、材料预算价格和机械台班费等，分别计算出的人工费、材料费和机械费及其汇总的基价(总价)。其计算式为

定额总价(预算价值)=人工费+材料费+机械费

其中：

人工费=合计工日×每工单价

材料费=∑(材料用量×相应材料预算选价)+其他材料费

机械费=∑(机械台班用量×相应机械台班费选价)

“附注”列在项目表下部，是对定额表中某些问题的进一步说明和补充。

5. 附录、附件

其包括砂浆及特种混凝土配合比、现场搅拌混凝土基价、材料价格、施工机械台班价格、地模及金属制品价格、间接费、利润和税金、工程价格计算程序等。

五、建筑工程预算定额的编制程序

(一)制订预算定额的编制方案

预算定额的编制方案应包括：建立编制定额的机构；确定编制进度；确定编制定额的指导思想、编制原则；明确定额的作用；确定定额的适用范围和内容等。

(二)划分定额项目、确定工程的工作内容

预算定额项目的划分是以施工定额为基础，进一步考虑其综合性。应做到项目齐全、粗细适度、简明适用。在划分定额项目的同时，应将各个工程项目的工作内容范围予以确定。

(三)确定各个定额项目的消耗指标

定额项目各项消耗指标的确定，应在选择计量单位、确定施工方法、计算工程量及含量测算的基础上进行，分述如下。

1. 选择定额项目的计量单位

预算定额项目的计量单位应使用方便，有利于简化工程量的计算，并与工程项目内容

相适应，能反映分项工程最终产品形态和实物量。

计量单位一般应根据结构构件或分项工程形体特征及变化规律来确定。

通常，当一个物体的 3 个度量(长、宽、高)都会发生变化时，选用立方米为计量单位，如土方、砖石、混凝土等工程。

当物体的 3 个度量(长、宽、高)中有两个度量经常发生变化时，选用平方米为计量单位，如地面、屋面、抹灰、门窗等工程。

当物体的截面形状基本固定，长度变化不定时，选用延长米、公里为计量单位，如线路、管道工程等。

当分项工程无一定规则而构造又比较复杂时，可按个、块、套、座、吨(t)等为计量单位。

2. 确定施工方法

不同的施工方法会直接影响预算定额中的工日、材料、机械台班的消耗指标，在编制预算定额时，必须以本地区的施工(生产)技术组织条件、施工验收规范、安全技术操作规程以及已经成熟和推广的新工艺、新结构、新材料和新的操作法等为依据，合理确定施工方法，使其正确反映当前社会生产力的水平。

3. 计算工程量及含量测算

工程量计算应根据已选定的有代表性的图纸、资料和已确定的定额项目计量单位，按照工程量计算规则进行计算。

计算中应特别注意预算定额项目的工程内容范围及其综合的劳动定额各个项目，在其已确定的计量单位中所占的比例，即含量测算。它需要经过若干份施工图纸的测算和部分现场调查后综合确定。例如，全国预算定额一砖厚内墙子目，其每 $10m^3$ 砖砌体中，综合了单、双面清水墙各占 20%，混水墙占 60%。通过含量测算，才能保证定额项目综合合理，使定额内工日、材料、机械台班消耗相对准确。

4. 确定人工、材料、机械台班的消耗量指标

1) 人工消耗指标的确定

人工消耗指标的组成：预算定额项目的人工消耗指标包括基本工和其他工两部分。

(1) 基本工。基本工是指完成某个分项工程所需的主要用工。在定额中通常以不同的工种分别列出，如砌筑各种砌体的基本工包括砌砖、调制砂浆和运砖、运砂浆的用工；还包括属于预算项目工作内容范围内的一些基本用工，如砌砖旋、垃圾道、预留抗震孔、墙体抹找平层等用工。

(2) 其他工。其他工是辅助基本工消耗的工日。按其工作内容不同又分为以下 3 类。

① 人工幅度差用工。它是指在劳动定额中未包括的，而在正常施工情况下不可避免的，但又无法计量的用工，如施工过程中各工种工序搭接、交叉配合所需的停歇时间、工程检查、隐蔽工程验收及场内工作操作地点的转移而影响工人操作的时间及少量的零星用工等。

② 超运距用工。它是指超过劳动定额规定的材料、半成品运距的用工。

③ 辅助用工。它是指材料需要在现场加工的用工，如筛沙子、淋石灰膏用工等。

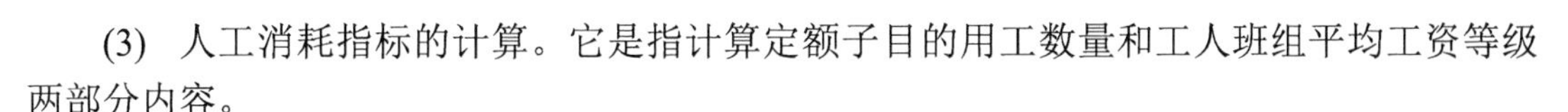

(3) 人工消耗指标的计算。它是指计算定额子目的用工数量和工人班组平均工资等级两部分内容。

① 预算定额项目用工数量的计算。它是在劳动定额相应子目的人工工日基础上，经过综合，加上人工幅度差计算出来的。基本计算公式为

基本工用工数量=$\sum$(工序或工作过程工程量×时间定额)

超运距用工数量=$\sum$(超运距材料数量×时间定额)

其中：超运距=预算定额规定的运距-劳动定额规定的运距

辅助工用工数量=$\sum$(加工材料的数量×时间定额)

人工幅度差(工日)=(基本用工+超运距用工+辅助用工)×人工幅度差系数

预算定额人工消耗量=基本用工+超运距用工+辅助用工+人工幅度差

② 工人平均工资等级的计算。在确定预算定额项目的平均工资等级时，应首先计算出各种用工的工资等级系数和工资等级总系数，然后计算出定额项目各种用工的平均工资等级系数，最后求出预算定额用工的平均工资等级。

其计算公式为

劳动小组成员平均工资等级系数=$\sum$(某一等级的工人数量×相应等级工资系数)÷小组上人总数

某种用工的工资等级总系数=某种用工的总工日×相应小组成员平均工资等级系数

幅度差平均工资等级系数=幅度差所含各种用工工资等级总系数之和÷幅度差总工日

幅度差工资等级总系数=某种幅度差用工的总工日×相应小组成员平均工资等级系数

定额项目用工的平均工资等级系数=各种用工工资等级总系数÷用工的总工日

2) 材料消耗指标的确定

(1) 预算定额内的材料，按其使用性质、用途和用量大小划分为以下 4 类。

① 主要材料，是指直接构成工程实体的材料。

② 辅助材料，也是直接构成工程实体，但相对密度较小的材料。

③ 周转性材料，又称工具性材料。施工中多次使用但并不构成工程实体的材料。

④ 次要材料，是指用量小，价值不大，不便计算的零星用材料，可用估算法计算，以“其他费用”来表示。

(2) 材料消耗指标的确定方法。关于材料消耗定额的编制方法，在施工定额的编制中已论述了 4 种方法，此处不再重复。

当采用计算法确定材料消耗指标时，首先应计算出材料的净用量，然后确定材料的损耗率，最后计算出材料的消耗量，并结合测定的资料，综合确定出材料消耗指标。

(3) 机械台班消耗指标的确定。

(4) 预算定额机械台班消耗指标的编制方法。

① 预算定额机械台班消耗指标，应根据全国统一劳动定额中的机械台班产量编制。

② 以手工操作为主的工人班组所配备的施工机械，如砂浆、混凝土搅拌机、垂直运输用塔式起重机，为小组配用，应以小组产量计算机械台班。

③ 机动施工过程，如机械化土石方工程、机械打桩工程、机械化运输及吊装工程所用的大型机械及其他专用机械，应在劳动定额中的台班定额的基础上另加机械幅度差。

(5) 机械幅度差。机械幅度差是指在劳动定额(机械台班量)中未曾包括的，而机械在合理的施工组织条件下所必需的停歇时间。在编制预算定额时应予以考虑。其内容包括以下几项。

① 施工机械转移工作面及配套机械互相影响损失的时间。

② 在正常的施工情况下，机械施工中不可避免的工序间歇。

③ 检查工程质量影响机械操作的时间。

④ 临时水、电线路在施工中移动位置所发生的机械停歇时间。

⑤ 工程结尾时，工作量不饱满所损失的时间。

机械幅度差系数，一般根据测定和统计资料取定。大型机械幅度差系数规定为：土方机械为 1.25；打桩机械为 1.33；吊装机械为 1.3；其他分项工程机械，如木作、蛙式打夯机、水磨石机等专用机械均为 1.1。

(6) 预算定额机械台班消耗指标的计算方法。以手工操作为主的工人班组所配用的机械，其台班量的计算，应按工人小组日产量计算台班量，不另增加机械幅度差。计算公式为

分项定额机械台班使用量=预算定额计量单位值÷小组总产量

小组总产量=小组总人数×$\sum$(分项计算取定的比例×劳动定额每工综合产量)

例 2-8 一砖厚的内墙，定额单位为 10m^3，经含量测算分项比例为：单、双面清水各占 20%，混水占 60%，瓦工小组 22 人，配砂浆 200L 搅拌机和塔式起重机各一台(2～6t)，分别计算预算定额机械台班用量。

解 如全国统一劳动定额，计算小组产量。

双面清水墙，每工综合产量定额为 1.01m^3。

单面清水墙，每工综合产量定额为 1.04m^3。

混水内墙，每工综合产量定额为 1.24m^3。

则小组总产量=22×(0.2×1.01+0.2×1.04+0.6×1.24)=25.39(m^3)

再按小组总产量计算机械台班量：

200L 砂浆搅拌机台班量=10÷25.39=0.39(台班)

2～6t 塔式起重机台班量=10÷25.39=0.39(台班)

机械化施工过程，机械台班用量的计算，应按机械台班产量计算，并另加机械幅度差，计算公式为

分项工程定额机械台班使用=预算定额计量单位值×机械幅度差系数÷机械台班产量

(四)编制预算定额表

编制预算定额表是指将计算确定出的各项目的消耗量指标填入已设计好的预算定额项目空白表中。

在预算定额表格的人工消耗部分，应列出用工数量及工资标准。

在预算定额表格的机械台班消耗部分，应列出主要机械名称。主要机械台班消耗定额，以“台班”为计量单位。

在预算定额表格的材料消耗部分，应综合列出不同规格的主要材料名称。计量单位以实物量表示。材料应包括主要材料和次要材料的数量。次要材料合并列入，用“其他材料

费”表示，其计量单位以金额“元”表示。

在预算定额表格的基价部分，应分别列出人工费、材料费、机械费，同时还应合计出基价。

(五)修改定稿、颁发执行

初稿编出后，应通过用新编定额初稿与现行的和历史相应定额进行对比的方法，对新定额进行水平测定，单项定额水平测定；预算造价水平测定；同施工现场工料消耗水平比较；然后根据测算的结果，分析影响新编定额水平提高或降低的原因，从而对初稿做合理的修订。

在测算和修改的基础上，组织有关部门进行讨论，征求意见，最后修订定稿，连同编制说明书呈报主管部门审批。

六、建筑工程预算定额基价的应用

在使用预算定额基价以前，首先要认真阅读预算定额的总说明、分项工程说明及附录等。预算定额的使用方法，一般可分为定额的套用、定额的调整与换算和编制补充定额 3 种情况。

(一)定额的套用

1. 直接套用

在选择套用定额项目时，当工程项目的设计要求、材料做法、技术特征和技术组织条件与定额项目的工作内容和统一规定一致时可直接套用。这是编制施工图预算的普遍做法。

2. 相应定额项目的套用

在编制定额时，对工程的某些项目的工作内容与定额项目的工作内容基本一致时，在定额的说明中规定，可套用定额中的相关项目。

直接选套定额项目的方法步骤如下。

(1) 根据施工图纸设计的工程项目内容，从定额目录中查出该工程项目所在定额基价手册中的页数及其部位。

(2) 判断施工图纸设计的工程项目内容与定额规定的内容是否一致。当完全一致(或虽然不一致，但定额规定不允许换算或调整)时，即可直接套用定额基价。但是，在套用定额基价前，必须注意分项工程的名称、规格、计量单位与定额规定的名称、规格、计量单位相一致。

(3) 将定额编号和定额基价中人工费、材料费和施工机械使用费分别填入建筑工程预算表内。

(4) 确定工程项目预算价值。一般可按下式进行计算，即

工程项目预算价值=工程项目工程量调相应定额基价

例 2-9　某装饰工程玻璃砖隔墙工程量为 296.24m^2，试确定其预算价值。

解 (以某部现行全国室内装饰工程预算定额为例)：

(1) 从定额基价手册目录中查出玻璃砖隔墙的定额项目，在定额基价手册中第××页，其部位为该页第××子项目。

(2) 通过判断可知，玻璃砖隔墙分项工程内容符合定额规定的内容，即可直接套用定额项目。

(3) 从定额表中查得玻璃砖隔墙 100m^2 的定额基价为 3376. 89 元，其中人工费为 815.00 元、材料费为 2555.35 元、机械费为 6.54 元；定额编号为 3-27-57 或 3-57。

(4) 确定玻璃砖隔墙的预算价值：

玻璃砖隔墙的预算价值为 3376.89×296.24/100=10003.70(元)。

(二)定额的调整与换算

1. 预算定额项目不完全价格的补充

定额项目的综合单价，是由人工费、材料费和机械费组成。其中，材料、成品、半成品的类型和规格较多，因此单价也有所不同。例如，定额中的钢筋混凝土分部，由于混凝土的标号不同、单价各异，致使每个定额项目的材料费不同，因此在定额表中只列出混凝土的用量而不列单价，进而造成综合单价成为不完全价格。在使用时必须补充缺项的材料(成品、半成品)的预算价格后方能使用，将定额项目的不完全价值补充成完全价值的计算公式为

定额项目的完全预算价值=定额相应子目的不完全预算价值+缺项材料(成品、半成品)的预算价格×相应材料(成品、半成品)的定额用量

式中，“缺项材料的预算价格”应查与定额配套使用的材料预算价格、定额的附录等，如定额附录中的混凝土配合比表。

2. 套用换算后的定额项目

施工图纸设计的工程项目内容，与所选套的相应定额项目规定内容不一致时，如果定额规定允许换算或调整时，则应在定额规定范围内进行换算或调整，套用换算后的定额项目。对换算后的定额项目编号应加括号，并在括号右下角注明“换”字，以示区别，如$(6\text{-}250)_{换}$。

3. 套用补充定额项目

施工图纸中的某些工程项目，由于采用了新结构、新构造、新材料和新工艺等原因，在编制预算定额基价手册时尚未列入。同时，也没有类似定额基价项目可供借鉴。在这种情况下，确定建筑工程预算造价，必须编制补充定额基价项目，报请工程造价管理部门审批后执行。套用补充定额基价项目时，应在定额基价编号的分部工程序号后注明“B”字。

4. 定额项目的换算方法

在确定某一工程项目单位预算价值时，如果施工图纸设计的工程项目内容与所套用对应定额项目内容的要求不完全一致，且定额规定允许换算，则应按定额规定的换算范围、内容和方法进行定额换算。因此，定额项目的换算就是将定额项目规定的内容与设计要求的内容，取得一致的换算或调整过程。

各专业、地方现行的工程预算定额基价中的总说明、分部工程说明和定额项目表中附注内容中都有所规定：对于某些工程项目的工程量，定额基价(或其中的人工费)，材料品种、

规格和数量增减，装饰砂浆配合比不同，使用机械、脚手架、垂直运输原定额需要增加系数等方面，均允许进行换算或调整。

1)　工程量换算

工程量的换算是依据建筑工程预算定额基价中的规定，将施工图纸设计的工程项目工程量，乘以定额基价中规定的调整系数。换算后的工程量一般可按下式进行计算，即

换算后工程量=按施工图纸计算的工程量调定额规定的调整系数

2)　系数增减换算法

由于施工图纸设计的工程项目内容，与定额基价规定的相应内容不完全相符，定额基价规定，在允许范围内，采用增减系数调整定额基价或其中的人工费、机械使用费等。

系数增减换算法的方法和步骤如下。

(1)　根据施工图纸设计的工程项目内容，从定额基价手册目录中查出工程项目所在定额中的页数及其部位，并判断是否需要增减系数，调整定额项目。

(2)　如需调整，从定额项目表中查出调整前定额基价和定额人工费(或机械使用费等)，并从定额总说明、分部工程说明或附注内容中查出相应调整系数。

(3)　计算调整后的定额基价，一般可按下式进行计算，即

调整后定额基价=调整前定额基价+定额人工费(或机械费)调相应调整系数

(4)　写出调整后的定额编号。

(5)　计算调整后的预算价值，一般可按下式进行计算，即

调整后的预算价值=工程项目工程量×调整后的定额基价

3)　材料价格换算法

由于建筑材料的市场价格与相应定额预算价格不同，而引起定额基价的变化。为此，必须进行换算。

材料价格的换算方法和步骤如下。

(1)　根据施工图纸设计的工程项目内容，从定额基价手册目录中查出工程项目所在定额的页数及其部位，并判断是否需要定额基价换算。

(2)　如需换算，则从定额项目表中查出工程项目相应的换算前定额基价、材料预算价格和定额消耗量。

(3)　从建筑装饰材料市场价格信息资料中查出相应的材料市场价格。

(4)　计算换算后的定额基价，一般按下式进行计算，即

换算后的定额基价=换算前的定额基价+换算材料定额消耗量×(换算材料市场价格-换算材料预算价格)

(5)　写出换算后的定额编号。

(6)　计算换算后的预算价值，一般可按下式进行计算，即

换算后的预算价值=工程项目工程量×调相应的换算后定额基价

4)　材料用量换算法

由于施工图纸设计的工程项目的主材用量与定额规定的主材消耗量不同，而引起定额基价的变化。为此，必须进行定额基价换算。其换算的方法和步骤如下：

(1)　根据施工图纸设计的工程项目内容，从定额基价手册目录中查出工程项目所在定额基价手册中的页数及其部位，并判断是否需要定额换算。

(2) 从定额项目表中，查出换算前的定额基价、定额主材消耗量和相应的主材预算价格。

(3) 计算工程项目主材的实际用量和定额单位实际消耗量。一般可按下式进行计算，即

主材实际用量=主材设计净用量×(1+损耗率)

(4) 计算换算后的定额基价，一般可按下式进行计算，即

换算后的定额基价=换算前的定额基价±(定额单位主材实际消耗量−定额单位主材定额消耗量)×调相应主材预算价格

(5) 写出换算后的定额编号。

(6) 计算换算后的预算价值。

5) 材料种类换算法

由于施工图纸设计的工程项目，所采用的材料种类与定额规定的材料种类不同，而引起定额基价的变化。定额规定，必须进行换算。其换算的方法和步骤如下。

(1) 根据施工图纸设计的工程项目内容，从定额基价手册目录中查出工程项目所在定额基价手册中的页数及其部位，并判断是否需要进行定额换算。

(2) 如需换算，从定额项目表中查出换算前的定额基价、换算出材料定额消耗量及相应的定额预算价格。

(3) 计算换入材料定额计量单位消耗量，并查出相应的市场价格。

(4) 计算定额计量单位换入材料费，即

换入材料费=换入材料市场价格×相应材料定额单位消耗量

换出材料费=换出材料预算价格×相应材料定额消耗量

(5) 计算换算后的定额基价，即

换算后的定额基价=换算前的定额基价±(换入材料费−换出材料费)

(6) 写出换算后定额编号。

(7) 计算换算后的预算价值。

6) 材料规格换算法

由于施工图纸设计的工程项目的主材规格，与定额规定的主材规格不同，而引起定额基价的变化。定额规定必须进行换算；与此同时，也应进行价差调整。其换算与调整的方法和步骤如下。

(1) 根据施工图纸设计的工程项目内容，从定额基价手册目录中查出工程项目所在定额页数及其部位，并判断是否需要定额换算。

(2) 如需换算应从定额项目表中查出换算前定额基价，需要换算的主材定额消耗量及相应的预算价格。

(3) 根据施工图纸设计的工程项目内容，计算应换算的主材实际用量和定额单位实际消耗量。一般有两种计算方法。

① 虽然主材规格不同，但两者的消耗量不变。此时，必须按定额规定的消耗量执行。

② 因规格改变，引起主材的实际用量发生变化。要计算设计规格的主材实际用量和定额单位实际消耗量。

(4) 从建筑材料市场价格信息资料中，查出施工图纸采用的主材相应的市场价格。

(5) 计算定额计量单位两种不同规格主材费的差价。

差价=定额计量单位图纸规格主材费−定额计量单位定额规格主材费

定额计量单位图纸规格主材费=定额计量单位图纸规格主材实际消耗量×调相应主材市场价格

定额计量单位定额规格主材费=定额规格主材消耗量×调相应的主材定额预算价格

(6) 计算换算后的定额基价，即

换算后定额基价=换算前定额基价+差价

(7) 写出换算后定额编号。

(8) 计算换算后的预算价值。

7) 砂浆配合比换算法

由于砂浆配合比不同，引起相应定额基价的变化。定额规定必须进行换算。其换算的方法和步骤如下。

(1) 根据施工图纸设计的工程项目内容，从定额基价手册目录中查出工程项目所在定额基价手册中的页数及其部位；并判断施工图纸设计的砂浆配合比与定额规定的砂浆配合比是否一致，如不一致则应按定额规定的换算范围进行换算。

(2) 从定额基价手册附录的“定额配合比”表中查出工程项目与其相应定额规定不相一致，需要进行换算的两种不同配合比砂浆每立方米的预算价格，并计算两者的价差。

(3) 从定额项目表中查出工程项目换算前的定额基价和相应的砂浆的定额消耗量。

(4) 计算换算后的定额基价，即

换算后的定额基价=换算前的定额基价±应换算砂浆定额消耗量×两种不同配合比砂浆预算价格价差

(5) 写出换算后的定额编号。

(6) 计算换算后的预算价值。

习　　题

2-1　用经验估工法确定某一个施工过程单位合格产品工时消耗，通过相关工程技术人员和有经验老工人座谈讨论估计出了 3 种不同的工时消耗，分别是 0.6h、0.85h、0.9h，计算其定额时间。

2-2　在编制某分项工程劳动定额时，通过统计并剔除不合理数据后的时间消耗为 60min、70min、65min、60min、70min、75min、55min、60min、70min、75min。试采用二次平均法计算分项工程劳动定额时间消耗。

2-3　利用典型定额法编制定额时间，已知测定出一类土上口宽在 0.5m、1.0m 和 3.0m 以内各项目的时间定额分别为 0.167、0.144 和 0.133。测定出一类土和二、三、四类土的比例关系。试计算出二、三、四类土各项目的时间定额并填入表 2-1 内。

表 2-1　挖地槽、地沟时间定额确定表

项　目	比例系数	时间定额/(工日/m)		
		0.5m 以内	1.0m 以内	3.0m 以内
一类土	1.0	0.167	0.144	0. 133
二类土	1.43			
三类土	2.75			
四类土	3.75			

2-4　某工程捣制混凝土独立基础，模板接触面积为 $50m^2$，查“混凝土构件模板接触面积及使用参考表”得知：一次使用模板量为每 $10m^2$ 需板材 $0.36m^3$、方材 $0.45m^3$ 。模板周转 6 次，每次周转损耗 16.6%；支撑周转 9 次，每次周转损耗 11.1%。计算混凝土模板一次使用量和摊销量。

2-5　已知砌筑一标准砖墙的技术资料如下。

(1)　完成 $1m^3$ 砖墙需要基本工作时间 12h，辅助工作时间、准备和结束时间、不可避免的中断时间和必需的休息时间分别占工作班延续时间的 3%、3%、2%和 15%。人工幅度差系数为 5%。

(2)　砖墙采用 M5 水泥砂浆，砂浆实体积与虚体积之间的折算系数为 1.07，砖和砂浆的损耗率均为 1.5%，完成 $1m^3$ 砖墙水的消耗量为 $0.85m^3$。

(3)　砂浆使用 400L 砂浆搅拌机现场搅拌，已知上料需 180s，搅拌需 70s，卸料需 20s，不可避免的中断时间为 10s，机械利用系数为 0.8，机械幅度差系数为 12%。

要求：①　计算 $1m^3$ 砖墙砌筑的人工、材料、机械施工定额。

②　计算砌筑 $1m^3$ 砖墙的人工、机械的预算定额。

学习情境3　建筑面积的计算

情境描述	结合实际讲述建筑面积的组成，建筑面积涉及术语，联系实际中的办公楼、宿舍楼、教学楼、图书馆、综合楼、住宅等讲解建筑面积的计算规定
教学目标	(1) 理解建筑面积的组成； (2) 掌握建筑面积计算的规定； (3) 掌握不计算建筑面积的范围
主要教学内容	(1) 建筑面积计算的概念与术语； (2) 建筑面积计算的范围； (3) 不计算建筑面积的范围

任务3.1　建筑面积计算的概念与术语

一、建筑面积的概念

建筑面积是建筑物外墙勒脚以上各层结构外围水平面积之和。

结构外围是指不包括外墙装饰抹灰层的厚度，因而建筑面积应按图纸尺寸计算，而不能在现场量取。

建筑面积的组成框图如图3-1所示。

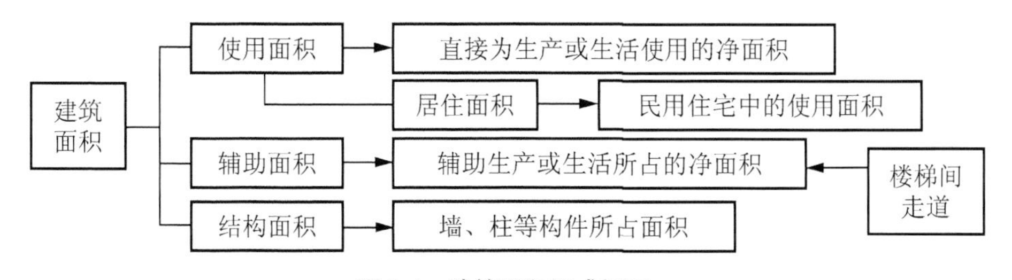

图3-1　建筑面积组成框图

二、建筑面积的规范术语

建筑物组成如图 3-2 所示。

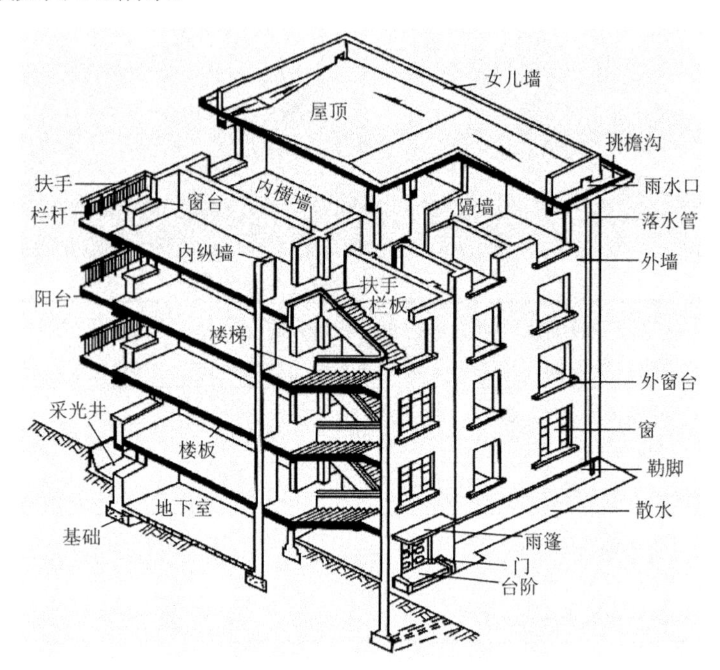

图 3-2 建筑物的组成

(1) 建筑面积(construction area)：建筑物(包括墙体)所形成的楼地面面积。

(2) 自然层(floor)：按楼地面结构分层的楼层。

(3) 结构层高(structure story height)：楼面或地面结构层上表面至上部结构层上表面之间的垂直距离。

(4) 围护结构(building enclosure)：围合建筑空间的墙体、门、窗。

(5) 建筑空间(space)：以建筑界面限定的、供人们生活和活动的场所。

(6) 结构净高(structure net height)：楼面或地面结构层上表面至上部结构层下表面之间的垂直距离。

(7) 围护设施(enclosure facilities)：为保障安全而设置的栏杆、栏板等围挡。

(8) 地下室(basement)：室内地平面低于室外地平面的高度超过室内净高的 1/2 的房间。

(9) 半地下室(semi-basement)：室内地平面低于室外地平面的高度超过室内净高的 1/3，且不超过 1/2 的房间。

(10) 架空层(stilt floor)：仅有结构支撑而无外围护结构的开敞空间层。

(11) 走廊(corridor)：建筑物中的水平交通空间。

(12) 架空走廊(elevated corridor)：专门设置在建筑物的二层或二层以上，作为不同建筑物之间水平交通的空间。

(13) 结构层(structure layer)：整体结构体系中承重的楼板层。

(14) 落地橱窗(french window)：突出外墙面且根基落地的橱窗。

(15) 凸窗(飘窗)(bay window)：凸出建筑物外墙面的窗户。

(16) 檐廊(eaves gallery)：建筑物挑檐下的水平交通空间。

(17) 挑廊(overhanging corridor)：挑出建筑物外墙的水平交通空间。

(18) 门斗(air lock)：建筑物入口处两道门之间的空间。

(19) 雨篷(canopy)：建筑出入口上方为遮挡雨水而设置的部件。

(20) 门廊(porch)：建筑物入口前有顶棚的半围合空间。

(21) 楼梯(stairs)：由连续行走的梯级、休息平台和维护安全的栏杆(或栏板)、扶手以及相应的支托结构组成的作为楼层之间垂直交通使用的建筑部件。

(22) 阳台(balcony)：附设于建筑物外墙，设有栏杆或栏板，可供人活动的室外空间。

(23) 主体结构(major structure)：接受、承担和传递建设工程所有上部荷载，维持上部结构整体性、稳定性和安全性的有机联系的构造。

(24) 变形缝(deformation joint)：防止建筑物在某些因素作用下引起开裂甚至破坏而预留的构造缝。

(25) 骑楼(overhang)：建筑底层沿街面后退且留出公共人行空间的建筑物。

(26) 过街楼(overhead building)：跨越道路上空并与两边建筑相连接的建筑物。

(27) 建筑物通道(passage)：为穿过建筑物而设置的空间。

(28) 露台(terrace)：设置在屋面、首层地面或雨篷上的供人室外活动的有围护设施的平台。

(29) 勒脚(plinth)：在房屋外墙接近地面部位设置的饰面保护构造。

(30) 台阶(step)：联系室内外地坪或同楼层不同标高而设置的阶梯形踏步。

任务 3.2　建筑面积计算的范围

(1) 建筑物的建筑面积应按自然层外墙结构外围水平面积之和计算(见图 3-3)。结构层高在 2.20m 及以上的应计算全面积；结构层高在 2.20m 以下的应计算 1/2 面积。

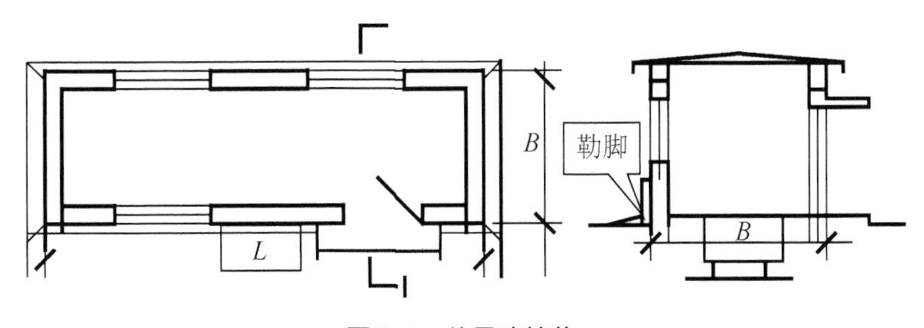

图 3-3　单层建筑物

(2) 建筑物内设有局部楼层时，对于局部楼层的二层及以上楼层，有围护结构的应按其围护结构外围水平面积计算，无围护结构的应按其结构底板水平面积计算，且结构层高在 2.20m 及以上的应计算全面积，结构层高在 2.20m 以下的应计算 1/2 面积，如图 3-4 所示。

(3) 对于形成建筑空间的坡屋顶(见图 3-5)，结构净高在 2.10m 及以上的部位应计算全面积；结构净高在 1.20～2.10m 内的部位应计算 1/2 面积；结构净高在 1.20m 以下的部位不应计算建筑面积。

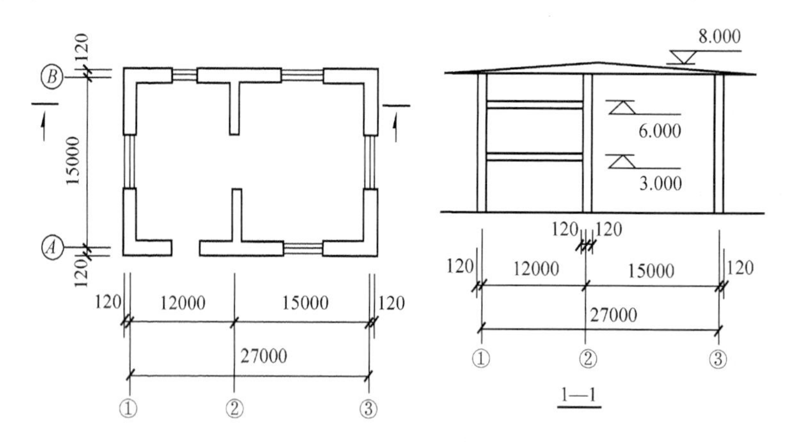

图 3-4　单层有局部楼层

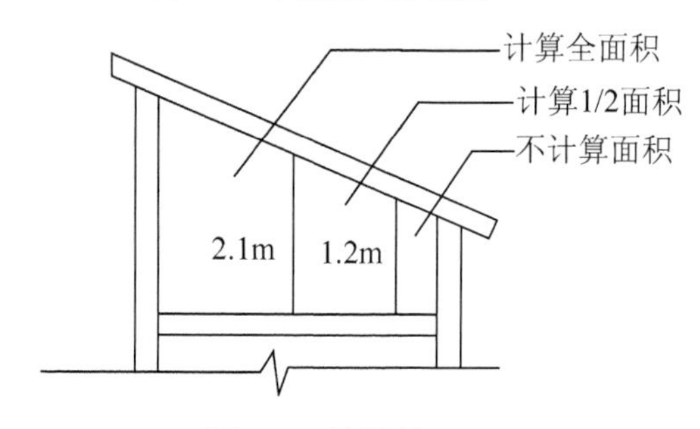

图 3-5　坡屋顶

建筑面积 S=(27+0.24)×(15+0.24)+(12+0.24)×(15+0.24)×3/2=694.95(m^2)

(4) 对于场馆看台下的建筑空间，结构净高在 2.10m 及以上的部位应计算全面积；结构净高在 1.20～2.10m 内的部位应计算 1/2 面积；结构净高在 1.20m 以下的部位不应计算建筑面积。室内单独设置的有围护设施的悬挑看台，应按看台结构底板水平投影面积计算建筑面积。有顶盖无围护结构的场馆看台应按其顶盖水平投影面积的 1/2 计算面积。

(5) 地下室、半地下室应按其结构外围水平面积计算(见图 3-6)。结构层高在 2.20m 及以上的应计算全面积；结构层高在 2.20m 以下的应计算 1/2 面积。出入口外墙外侧坡道有顶盖的部位，应按其外墙结构外围水平面积的 1/2 计算面积。

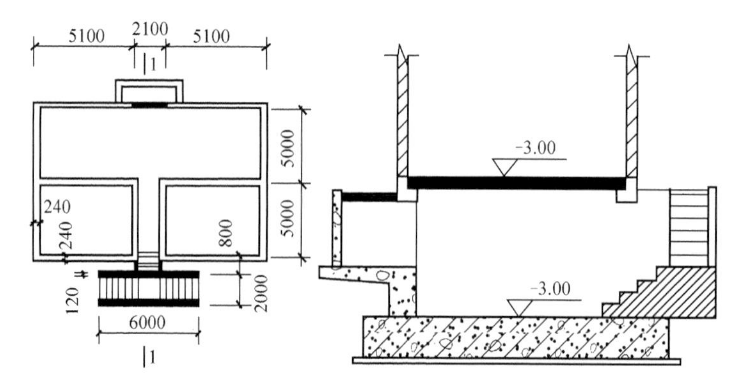

图 3-6　地下室

例 3-1　计算图 3-6 所示建筑物的建筑面积。

解　S=地下室建筑面积+出入口建筑面积

地下室建筑面积：$S=(12.30+0.24)\times(10.00+0.24)=128.41(\mathrm{m}^2)$

出入口建筑面积：$S=(2.10\times0.80+6.00\times2.00)\div2=6.84(\mathrm{m}^2)$

$S=128.41+6.84=135.25(\mathrm{m}^2)$

(6)　建筑物架空层及坡地建筑物吊脚架空层(见图 3-7)，应按其顶板水平投影计算建筑面积。结构层高在 2.20m 及以上的应计算全面积；结构层高在 2.20m 以下的应计算 1/2 面积。

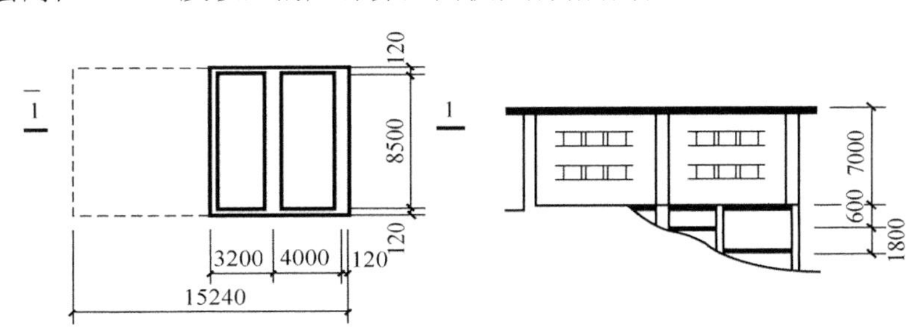

图 3-7　吊脚楼

例 3-2　计算图 3-7 所示建筑物的建筑面积。

解　$S=8.74\times4.24+15.24\times8.74\times2=303.45(\mathrm{m}^2)$

(7)　建筑物的门厅、大厅应按一层计算建筑面积，门厅、大厅内设置的走廊应按走廊结构底板水平投影面积计算建筑面积(见图 3-8)。结构层高在 2.20m 及以上的应计算全面积；结构层高在 2.20m 以下的应计算 1/2 面积。

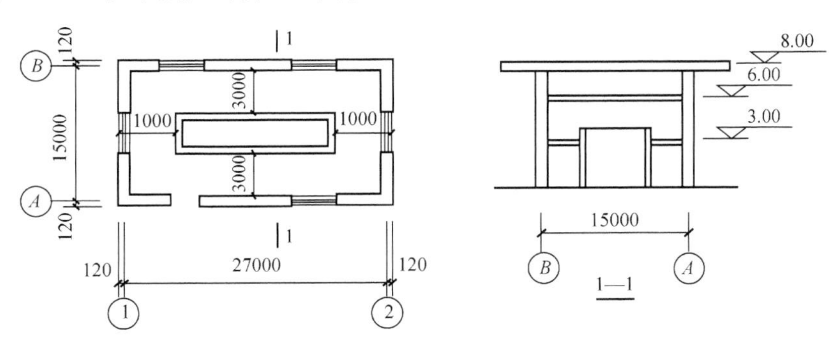

图 3-8　大厅回廊

例 3-3　计算图 3-8 所示建筑物的建筑面积。

解　$S_{楼层}=(27+0.24)\times(15+0.24)\times3/2=622.71(\mathrm{m}^2)$

$S_{回廊}=3.0\times(27+0.24)\times2+1.0\times(15.0-0.24-3.0\times2)\times2=180.96(\mathrm{m}^2)$

$S=S_{楼层}+S_{回廊}=622.71+180.96=803.67(\mathrm{m}^2)$

(8)　对于建筑物间的架空走廊，有顶盖和围护设施的，应按其围护结构外围水平面积计算全面积；无围护结构、有围护设施的，应按其结构底板水平投影面积计算 1/2 面积，如图 3-9 所示。

(9)　对于立体书库、立体仓库、立体车库，有围护结构的，应按其围护结构外围水平面积计算建筑面积；无围护结构、有围护设施的，应按其结构底板水平投影面积计算建筑面积。无结构层的应按一层计算，有结构层的应按其结构层面积分别计算。结构层高在 2.20m

及以上的应计算全面积；结构层高在 2.20m 以下的应计算 1/2 面积。

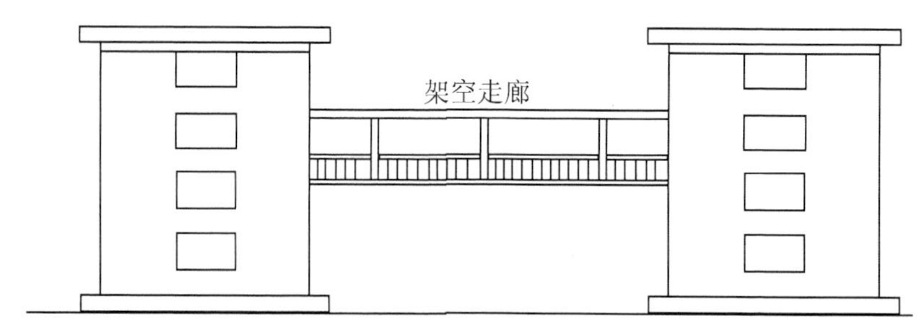

图 3-9　架空走廊

(10) 有围护结构的舞台灯光控制室，应按其围护结构外围水平面积计算。结构层高在 2.20m 及以上的应计算全面积；结构层高在 2.20m 以下的应计算 1/2 面积。

(11) 附属在建筑物外墙的落地橱窗，应按其围护结构外围水平面积计算。结构层高在 2.20m 及以上的应计算全面积；结构层高在 2.20m 以下的应计算 1/2 面积。

(12) 窗台与室内楼地面高差在 0.45m 以下且结构净高在 2.10m 及以上的凸(飘)窗，应按其围护结构外围水平面积计算 1/2 面积。

(13) 有围护设施的室外走廊(挑廊)，应按其结构底板水平投影面积计算 1/2 面积；有围护设施(或柱)的檐廊，应按其围护设施(或柱)外围水平面积计算 1/2 面积，如图 3-10 所示。

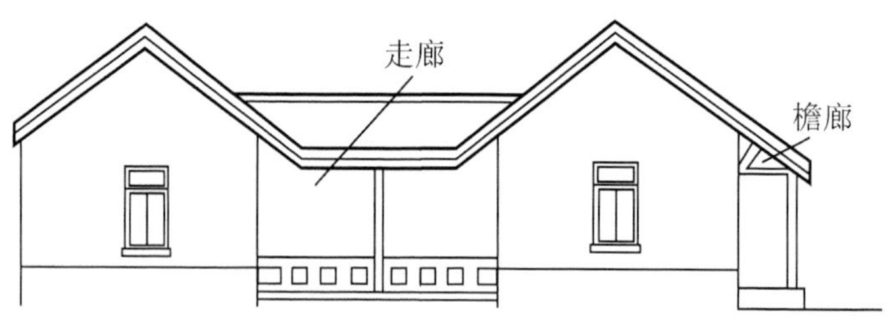

图 3-10　走廊、檐廊

(14) 门斗应按其围护结构外围水平面积计算建筑面积，且结构层高在 2.20m 及以上的应计算全面积；结构层高在 2.20m 以下的应计算 1/2 面积。

(15) 门廊应按其顶板的水平投影面积的 1/2 计算建筑面积；有柱雨篷应按其结构板水平投影面积的 1/2 计算建筑面积；无柱雨篷的结构外边线至外墙结构外边线的宽度在 2.10m 及以上的，应按雨篷结构板的水平投影面积的 1/2 计算建筑面积。

(16) 设在建筑物顶部的、有围护结构的楼梯间、水箱间、电梯机房等(见图 3-11)，结构层高在 2.20m 及以上的应计算全面积；结构层高在 2.20m 以下的应计算 1/2 面积。

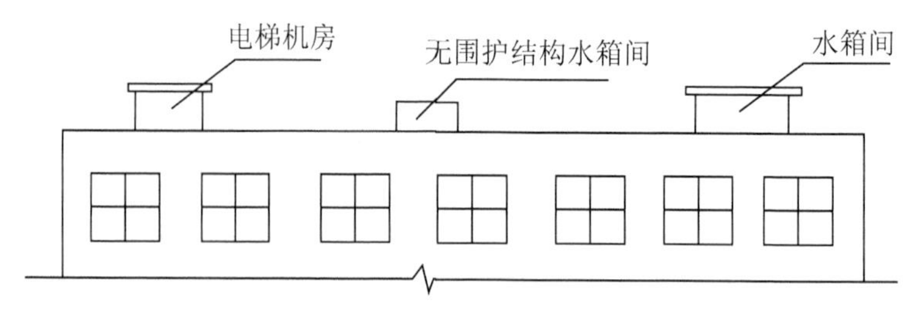

图 3-11　屋顶电梯机房水箱间

(17) 围护结构不垂直于水平面的楼层，应按其底板面的外墙外围水平面积计算。结构净高在 2.10m 及以上的部位，应计算全面积；结构净高在 1.20～2.10m 内的部位，应计算 1/2 面积；结构净高在 1.20m 以下的部位，不应计算建筑面积。

(18) 建筑物的室内楼梯、电梯井、提物井、管道井、通风排气竖井、烟道，应并入建筑物的自然层计算建筑面积。有顶盖的采光井应按一层计算面积，且结构净高在 2.10m 及以上的应计算全面积；结构净高在 2.10m 以下的应计算 1/2 面积(见图 3-12)。

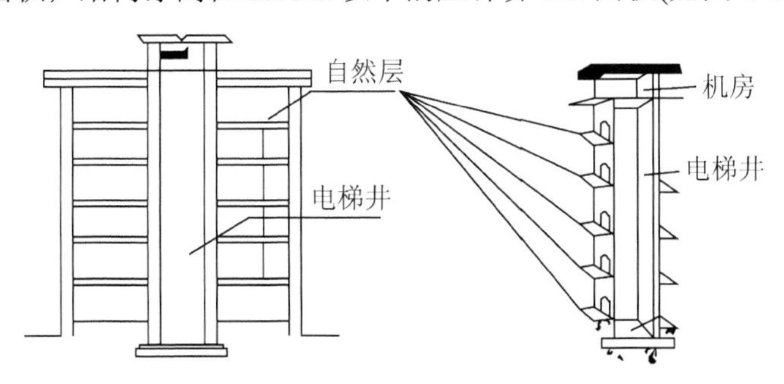

图 3-12　自然层

(19) 室外楼梯应并入所依附建筑物自然层，并应按其水平投影面积的 1/2 计算建筑面积。

(20) 在主体结构内的阳台(见图 3-13)，应按其结构外围水平面积计算全面积；在主体结构外的阳台，应按其结构底板水平投影面积计算 1/2 面积。

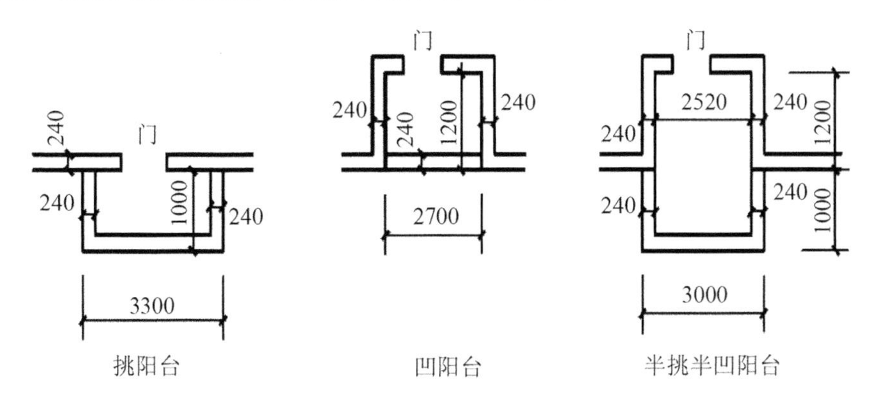

图 3-13　阳台

(21) 有顶盖无围护结构的车棚、货棚、站台、加油站、收费站等，应按其顶盖水平投影面积的 1/2 计算建筑面积。

(22) 以幕墙作为围护结构的建筑物，应按幕墙外边线计算建筑面积。

(23) 建筑物的外墙外保温层，应按其保温材料的水平截面积计算，并计入自然层建筑面积。

(24) 与室内相通的变形缝，应按其自然层合并在建筑物建筑面积内计算。对于高低联跨的建筑物，当高低跨内部连通时，其变形缝应计算在低跨面积内。

(25) 对于建筑物内的设备层、管道层、避难层等有结构层的楼层，结构层高在 2.20m 及以上的应计算全面积；结构层高在 2.20m 以下的应计算 1/2 面积。

高低联跨的建筑物(见图 3-14)，应以高跨结构外边线为界分别计算建筑面积；其高、低跨内部连通时，其变形缝应计算在低跨面积内。

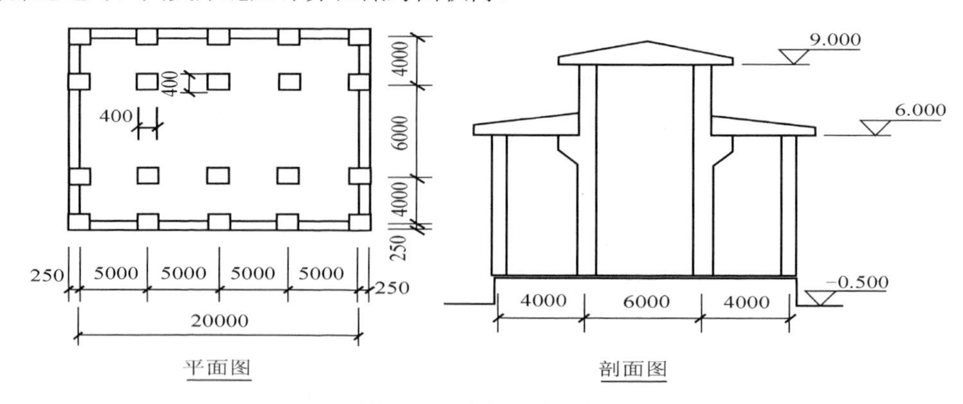

图 3-14　高低联跨厂房

例 3-4　计算图 3-14 所示建筑物的建筑面积。

解　$S_{高跨}=(20+0.5)\times(6+0.4)=131.2(m^2)$

$S_{右低跨}=(20+0.5)\times(4+0.25-0.2)=83.3(m^2)$

$S_{左低跨}=(20+0.5)\times(4+0.25-0.2)=83.3(m^2)$

$S=S_{高跨}+S_{右低跨}+S_{左低跨}=131.2+83.3+83.3=297.26(m^2)$

任务 3.3　不计算建筑面积的范围

(1) 与建筑物内不相连通的建筑部件。

(2) 骑楼、过街楼底层的开放公共空间和建筑物通道。

(3) 舞台及后台悬挂幕布和布景的天桥、挑台等。

(4) 露台、露天游泳池、花架、屋顶的水箱及装饰性结构构件。

(5) 建筑物内的操作平台、上料平台、安装箱和罐体的平台。

(6) 勒脚、附墙柱、垛、台阶(见图 3-15)、墙面抹灰、装饰面、镶贴块料面层、装饰性幕墙，主体结构外的空调室外机搁板(箱)、构件、配件，挑出宽度在 2.10m 以下的无柱雨篷和顶盖高度达到或超过两个楼层的无柱雨篷。

(7) 窗台与室内地面高差在 0.45m 以下且结构净高在 2.10m 以下的凸(飘)窗，窗台与室内地面高差在 0.45m 及以上的凸(飘)窗。

(8) 室外爬梯、室外专用消防钢楼梯。

(9) 无围护结构的观光电梯。

(10) 建筑物以外的地下人防通道，独立的烟囱、烟道、地沟、油(水)罐、气柜、水塔、储油(水)池、储仓、栈桥等构筑物。

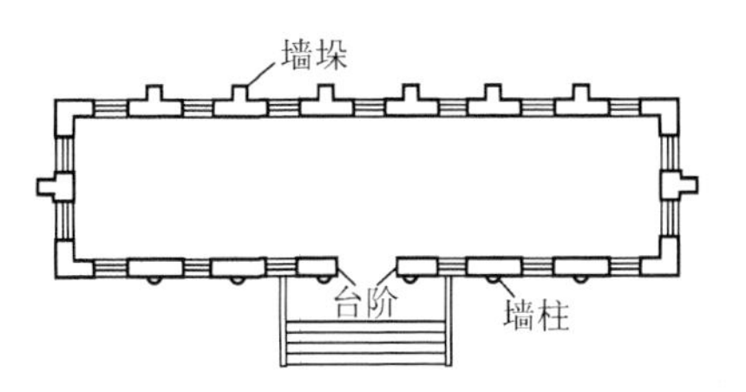

图 3-15　墙垛、台阶

习　　题

计算图 3-16 所示建筑的建筑面积。

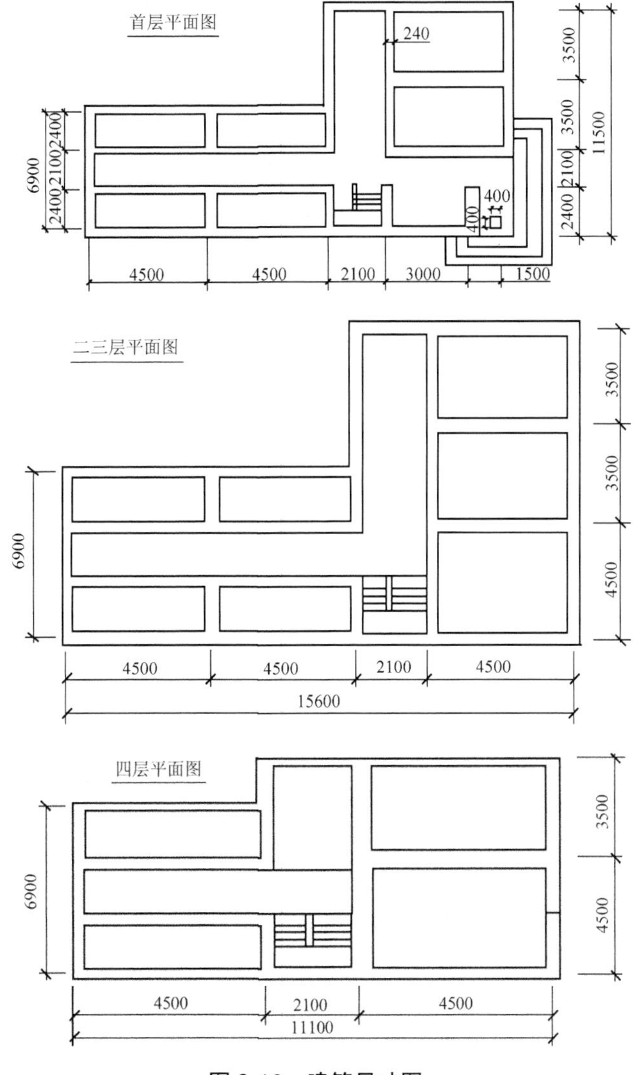

图 3-16　建筑尺寸图

学习情境4　基础工程的定额计量与计价

情境描述	针对实际工程项目，从基础工程的列项、工程量计算、分部分项工程计价、施工措施费计价；定额计价汇总并进行计算基础建筑工程计量与计价，完全以工作过程为导向
教学目标	(1) 了解基础工程的施工流程； (2) 掌握基础工程的工程量列项要求和工程量计算规则； (3) 掌握能够进行建筑工程计量与计价基价的套用方式； (4) 掌握基础工程施工措施费的工程量计算规则； (5) 掌握基础工程各项费用的计算要求； (6) 能够按照计价程序计算基础工程造价
主要教学内容	(1) 基础施工图纸和说明要求等； (2) 基础工程的施工流程； (3) 基础工程的定额计价工程量列项； (4) 基础工程工程量的计算规则要求； (5) 选用计价基价，计算分部分项工程费用； (6) 按照施工方案和要求、计量与计价基价确定措施项目费用； (7) 确定建筑工程规费、利润和税金； (8) 选用定额计价程序

任务 4.1　基础工程的工艺流程

基础是墙和柱子下面的放大部分，它直接与土层相接触，承受建筑物的全部荷载，并将这些荷载连同本身的重量一起传给地基。

地基是基础下面的土层，不是房屋建筑的组成部分。地基承受建筑物的全部荷载，其中具有一定的地耐力，直接支承基础，持有一定承载能力的土层称为持力层；持力层以下的土层称为下卧层。

一、基础的类型

(一)按材料分类

基础按材料的不同可分为砖基础(见图 4-1)、毛石基础(见图 4-2)、混凝土基础(见图 4-3)、毛石混凝土基础、灰土基础和钢筋混凝土基础(见图 4-4)(扩展基础：柱下条形基础(见图 4-5)和墙下桩基础、柱下桩基础(见图 4-6)以及钢筋混凝土承台基础)。

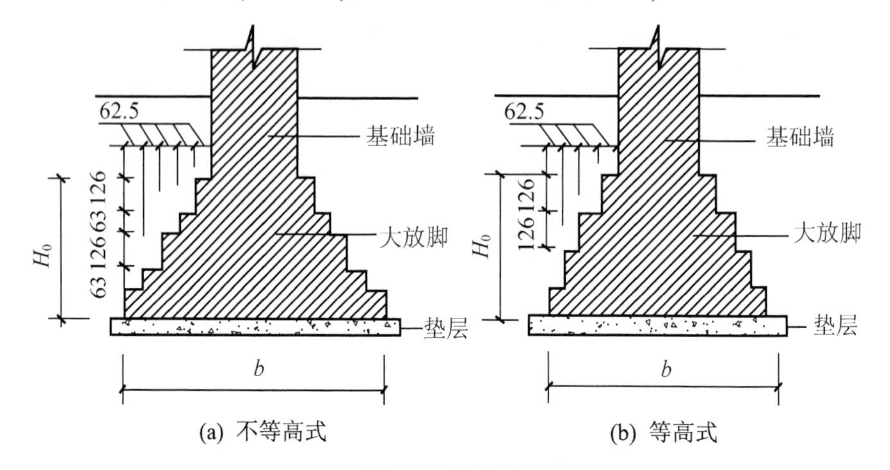

图 4-1 砖基础

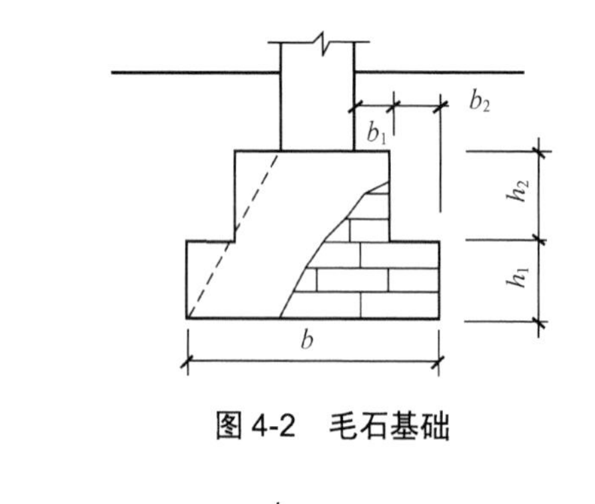

图 4-2 毛石基础

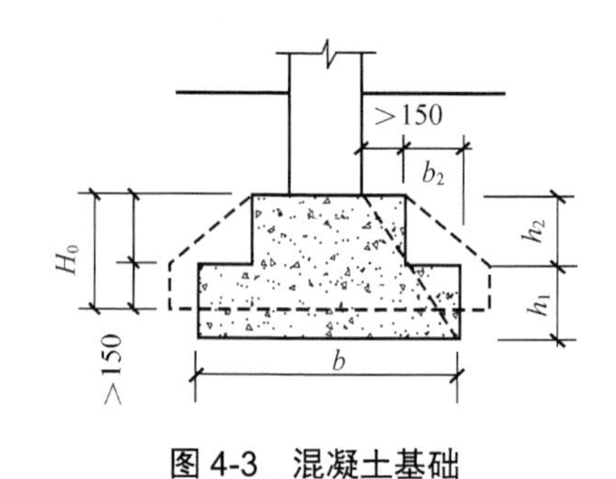

图 4-3 混凝土基础

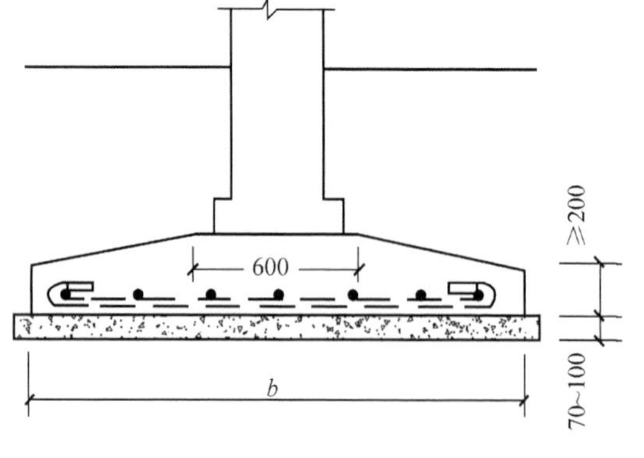

图 4-4 钢筋混凝土基础

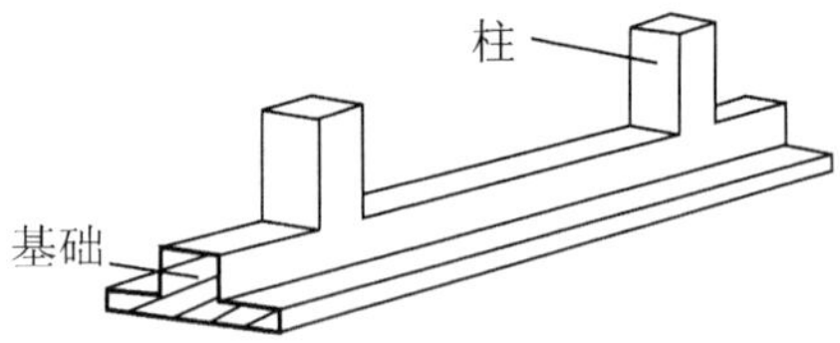

柱
基础

图 4-5 柱下条形基础

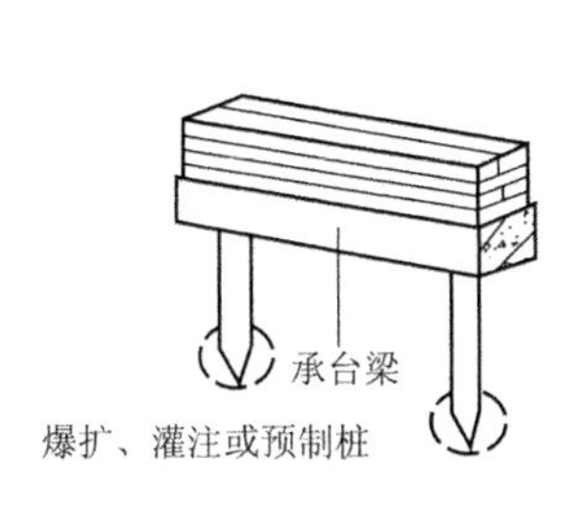

(a) 墙下桩基础

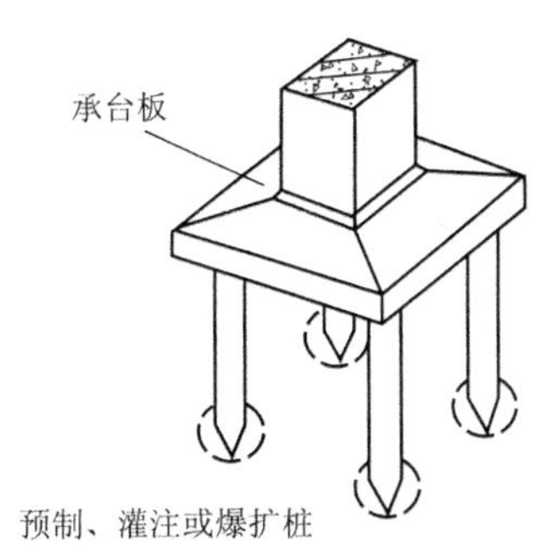

(b) 柱下桩基础

图 4-6　桩基础

(二)按构造形式分类

基础按构造形式的不同可分为条形基础、独立基础和满堂基础等。

1. 条形基础

这种基础是连续的带形，也称带形基础。有墙下条形基础和柱下条形基础。

(1) 墙下条形基础。一般用于多层混合结构的承重墙下，低层或小型建筑常用砖、混凝土等刚性条形基础。如果上部为钢筋混凝土墙，或地基较差、荷载较大时，可采用钢筋混凝土条形基础(见图 4-7)。

(2) 柱下条形基础。因为上部结构为框架结构或排架结构，荷载较大或荷载分布不均匀，地基承载力偏低，为增加基底面积或增强整体刚度，以减少不均匀沉降，可将柱下基础沿一个方向连续设置成条形基础(见图 4-7)。

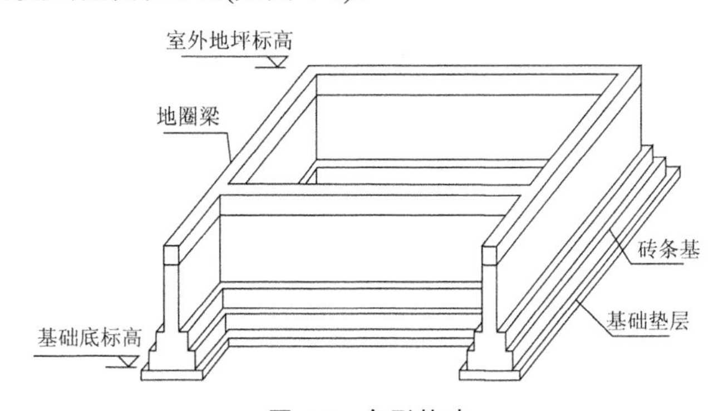

图 4-7　条形基础

无筋扩展基础：由砖、毛石、混凝土或毛石混凝土、灰土和三合土等材料制成的墙下条形基础或井字格基础，如图 4-8 所示。

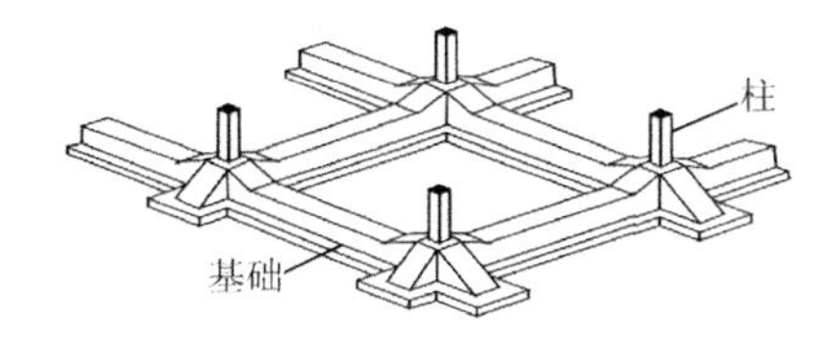

图 4-8　井字格基础

2. 独立基础

独立基础呈独立的块状，形式有台阶形、锥形、杯形等(见图 4-9)。独立基础主要用于柱下，将柱下扩大形成独立基础。

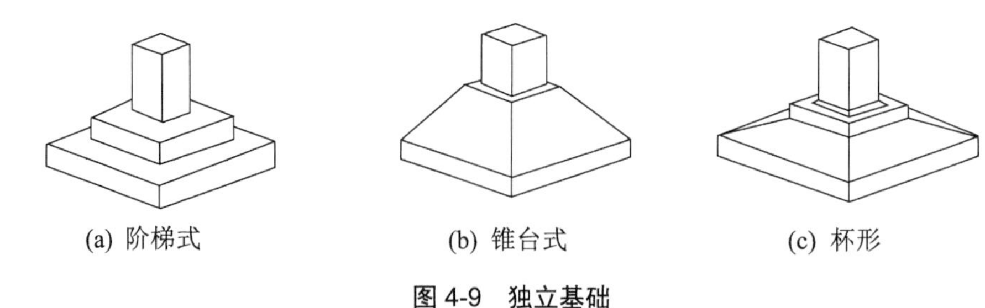

图 4-9 独立基础

3. 满堂基础

满堂基础类型较多，常见的有板式、梁板式、筏片基础和箱式基础，如图 4-10 所示。

满堂基础整体性好，具有提高地基承载力和调整地基不均匀沉降的能力，广泛用于多层高层住宅、办公楼等民用建筑中。

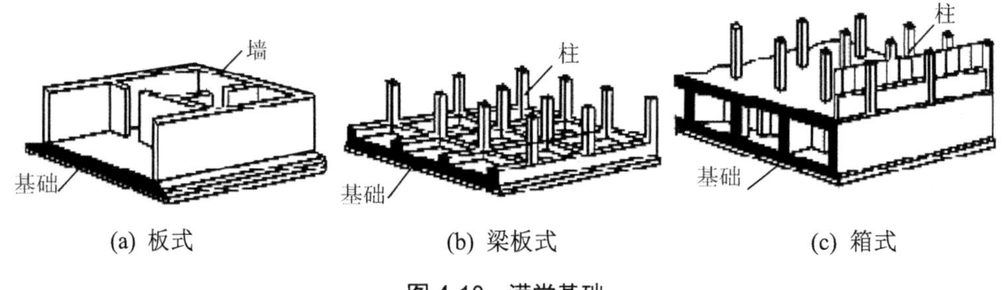

图 4-10 满堂基础

当建筑设有地下室且基础埋深较大时，可将地下室做成整浇的钢筋混凝土箱形基础，它能承受很大的弯矩，可用于特大荷载的建筑，如图 4-10(c)所示。

(三)按基础的传力情况分类

按基础传力情况不同，可分为刚性基础和柔性基础两种。

采用砖、毛石、混凝土、灰土等抗压强度好而抗弯、抗剪等强度很低的材料做基础时，基础底宽应根据材料的刚性角来决定。刚性角是基础放宽的引线与墙体垂直线之间的夹角。凡受刚性角限制的基础就是刚性基础(见图 4-11)。

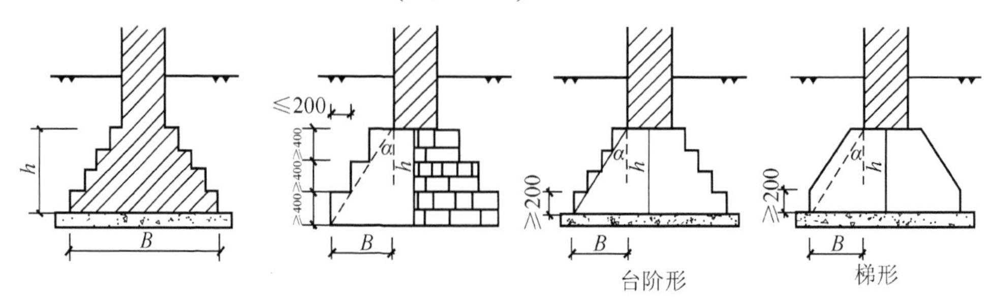

图 4-11 刚性基础

刚性基础常用于地基承载力较好、压缩性较小的中、小型民用建筑。

刚性基础因受刚性角限制，当建筑物荷载较大或地基承载能力较差时，如按刚性角逐步放宽，则需要很大的埋置深度，这在土方工程量及材料使用上都很不经济。

在这种情况下宜采用钢筋混凝土基础，以承受较大的弯矩，基础就可以不受刚性角的限制。

用钢筋混凝土建造的基础，不仅能承受压应力，还能承受较大的拉应力，不受材料的刚性角限制，故称为柔性基础(见图 4-12)。

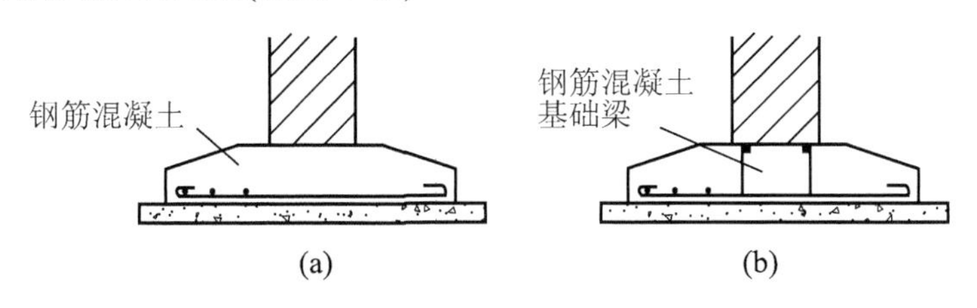

图 4-12　柔性基础

二、地下室的防潮和防水构造

地下室由于经常受到下渗地表水、土壤中的潮气和地下水的侵蚀，因此，地下室设计中要解决防潮、防水问题。

(1) 地下室防潮。这是在地下室外墙外面设置防潮层。具体做法是：在外墙外侧先抹 20mm 厚 1∶2.5 水泥砂浆(高出散水 300mm 以上)，然后涂冷底子油一道和热沥青两道(至散水底)，最后在其外侧回填隔水层。北方常用 2∶8 灰土，南方常用炉渣，其宽度不少于 500mm，如图 4-13 所示。

地下室顶板和底板中间位置应设置水平防潮层，使整个地下室防潮层连成整体，以达到防潮目的。

(2) 地下室防水。常用的地下室垂直防水层有 3 种，即沥青卷材防水、防水混凝土防水和弹性材料防水，如图 4-14 所示。

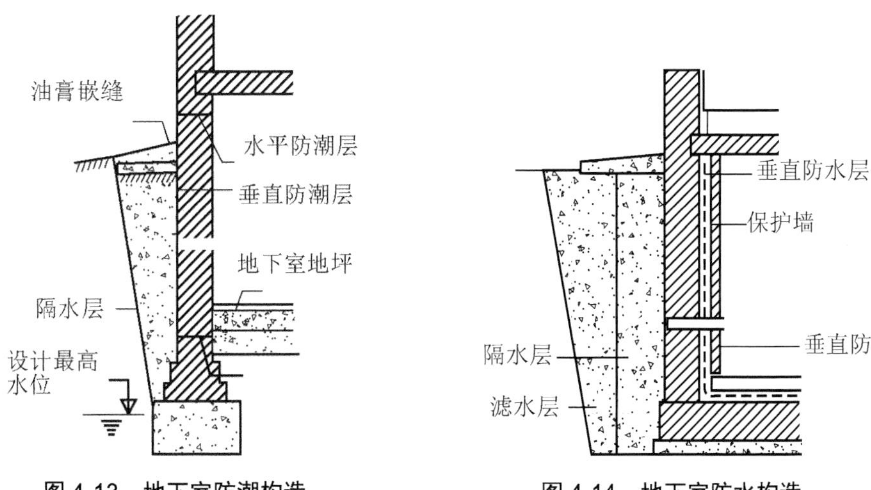

图 4-13　地下室防潮构造　　图 4-14　地下室防水构造

三、土方工程的施工工艺流程

基础阶段的施工过程：地下障碍物清除→抄平放线→打支护桩→打工程桩→打大口井→试桩→大口井降水→第一次土方开挖冠梁→桩头处理→冠梁施工→第二次土方开挖→桩头处理→混凝土垫层→底板内大口井封井→垫层底板防水施工→支底板周边模板→绑扎基础底板钢筋及墙、柱插筋→隐蔽工程验收→浇筑底板混凝土→养护、拆模→绑扎剪力墙、柱钢筋→隐蔽工程验收→支剪力墙、柱模板→支梁底模板→绑扎梁钢筋→隐蔽工程验收→支梁、楼板模板→绑扎楼板钢筋→隐蔽工程验收→浇筑柱、墙、梁、板混凝土→养护、拆模→砌基础墙→地下室外墙防水施工→防水保护层施工→基础回填土。

1. 人工土方的工艺流程

工艺流程：确定开挖的顺序和坡度→沿灰线切出槽边轮廓线→分层开挖→修整槽边→清底。

根据基础和土质以及现场出土等条件，要合理确定开挖顺序，再分段分层平均开挖。

开挖各种槽坑的方法及步骤如下。

(1) 浅条形基础。一般黏性土可自上而下分层开挖，每层深度以 60cm 为宜，从开挖端部逆向倒退按踏步型挖掘。碎石类土先用镐翻松，正向挖掘，每层深度视翻土厚度而定，每层应清底和出土，然后逐步挖掘。

(2) 浅管沟。与浅的条形基础开挖基本相同，仅沟帮不切直修平。标高按龙门板上平往下返出沟底尺寸，当挖土接近设计标高时，再从两端龙门板下面的沟底标高上返 50cm 为基准点，拉小线用尺检查沟底标高，最后修整沟底。

(3) 开挖放坡的坑(槽)和管沟时，应先按施工方案规定的坡度粗略开挖，再分层按坡度要求做出坡度线，每隔 3m 左右做出一条，以此线为准进行铲坡。深管沟挖土时，应在沟帮中间留出宽度为 80cm 左右的倒土台。

(4) 开挖大面积浅基坑时，沿坑三面同时开挖，挖出的土方装入手推车或翻斗车，由未开挖的一面运至弃土地点。

(5) 开挖基坑(槽)或管沟，当接近地下水位时，应先完成标高最低处的挖方，以便在该处集中排水。开挖后，在挖到距槽底 50cm 以内时，测量放线人员应配合抄出距槽底 50cm 平线；自每条槽端部 20cm 处每隔 2～3m，在槽帮上钉水平标高小木橛。在挖至接近槽底标高时，用尺或事先量好的 50cm 标准尺杆，随时以小木橛上平，校核槽底标高。最后由两端轴线(中心线)引桩拉通线，检查距槽边尺寸，确定槽宽标准，据此修整槽帮，最后清除槽底土方，修底铲平。

(6) 基坑(槽)管沟的直立帮和坡度，在开挖过程和敞露期间应防止塌方，必要时应加以保护。

在开挖槽边弃土时，应保证边坡和直立帮的稳定。当土质良好时，抛于槽边的土方(或材料)应距槽(沟)边缘 0.8m 以外，高度不宜超过 1.5m。在柱基周围、墙基或围墙一侧，不得堆土过高。

(7) 开挖基坑(槽)的土方，在场地有条件堆放时，一定留足回填需用的好土，多余的土方应一次运至弃土处，避免二次搬运。

(8) 土方开挖一般不宜在雨季进行；否则工作面不宜过大。应分段、逐片地分期完成。

2. 机械土方的工艺流程

工艺流程：确定开挖的顺序和坡度→分段、分层平均下挖→修边和清底。

开挖基坑(槽)或管沟时，应合理确定开挖顺序、路线及开挖深度。

(1) 采用推土机开挖大型基坑(槽)时，一般应从两端或顶端开始(纵向)推土，把土推向中部或顶端，暂时堆积，然后再横向将土推离基坑(槽)的两侧。

(2) 采用铲运机开挖大型基坑(槽)时，应纵向分行、分层按照坡度线向下铲挖，但每层的中心线地段应比两边稍高一些，以防积水。

(3) 采用反铲、拉铲挖土机开挖基坑(槽)或管沟时，其施工方法有两种。

① 端头挖土法。挖土机从基坑(槽)或管沟的端头以倒退行驶的方法进行开挖。自卸汽车配置在挖土机的两侧装运土。

② 侧向挖土法。挖土机一面沿着基坑(槽)或管沟的一侧移动，自卸汽车在另一侧装运土。

(4) 挖土机沿挖方边缘移动时，机械距离边坡上缘的宽度不得小于基坑(槽)或管沟深度的 1/2。如挖土深度超过 5m 时，应按专业性施工方案确定。

(5) 土方开挖宜从上到下分层、分段依次进行。随时做成一定坡势，以利泄水。

① 在开挖过程中，应随时检查槽壁和边坡的状态。深度大于 1.5m 时，根据土质变化情况，应做好基坑(槽)或管沟的支撑准备，以防塌陷。

② 开挖基坑(槽)和管沟，不得挖至设计标高以下，如不能准确地挖至设计基底标高时，可在设计标高以上暂留一层土不挖，以便在抄平后由人工挖出。

暂留土层：一般铲运机、推土机挖土时为 20cm 左右；挖土机用反铲、正铲和拉铲挖土时以 30cm 左右为宜。

③ 在机械施工挖不到的土方，应配合人工随时进行挖掘，并用手推车把土运到机械挖到的地方，以便及时用机械挖走。

(6) 修帮和清底。在距槽底设计标高 50cm 槽帮处，抄出水平线，钉上小木橛，然后用人工将暂留土层挖走。同时由两端轴线(中心线)引桩拉通线(用小线或铅丝)，检查距槽边尺寸，确定槽宽标准，以此修整槽边。最后清除槽底土方。

① 槽底修理铲平后，进行质量检查验收。

② 开挖基坑(槽)的土方，在场地有条件堆放时，一定留足回填需用的好土；多余的土方应一次运走，避免二次搬运。

3. 钎探的工艺流程

工艺流程：放钎点线→就位打钎(记录锤击数)→拔钎→(检查孔深)→灌砂。

按钎探孔位置平面布置图放线；孔位钉上小木桩或洒上白灰点。

(1) 人工打钎。将钎尖对准孔位，一人扶正钢钎，一人站在操作凳子上，用大锤打钢钎的顶端；锤举高度一般为 50～70cm，将钎垂直打入土层中。

(2) 机械打钎。将触探杆尖对准孔位，再把穿心锤会在钎杆上，扶正钎杆，拉起穿心锤，使其自由下落，锤距为 50cm，把触探杆垂直打入土层中。

(3) 记录锤击数。钎杆每打入土层 30cm 时记录一次锤击数。

(4) 拔钎。用麻绳或铅丝将钎杆绑好，留出活套，套内插入撬棍或铁管，利用杠杆原理将钎拔出。每拔出一段将绳套往下移一段，依此类推，直至完全拔出为止。

(5) 移位。将钎杆或触探器搬到下一孔位，以便继续打钎。

(6) 灌砂。打完的钎孔，经过质量检查人员和有关工长检查孔深与记录无误后，即可进行灌砂。灌砂时，每填入 30cm 左右可用木棍或钢筋棒捣实一次。灌砂有两种形式：一种是每孔打完或几孔打完后及时灌砂；另一种是每天打完后统一灌砂一次。

4. 人工回填土的工艺流程

工艺流程：基坑(槽)底地坪上清理→检验土质→分层铺土、耙平→夯打密实→检验密实度→修整找平验收。

填土前应将基坑(槽)底或地坪上的垃圾等杂物清理干净。

(1) 检验回填土的质量有无杂物，粒径是否符合规定，以及回填土的含水量是否在控制的范围内；如含水量偏高，可采用翻松、晾晒或均匀掺入干土等措施；如遇回填土的含水量偏低，可采用预先洒水润湿等措施。

(2) 回填土应分层铺摊。每层铺土厚度应根据土质、密实度要求和机具性能确定。一般蛙式打夯机每层铺土厚度为 200～250mm；人工打夯不大于 200mm。每层铺摊后，随即耙平。

(3) 回填土每层至少用夯打 3 遍。打夯应一夯压半夯，夯夯相接，行行相连，纵横交叉。并且严禁采用水浇使土下沉的“水夯”法。

(4) 深浅两基坑(槽)相连时，应先填夯深基础；填至浅基坑相同的标高时，再与浅基础一起填夯。如必须分段填夯时，交接处应填成阶梯形，梯形的高宽比一般为 1∶2。上下层错缝距离不小于 1.0m。

(5) 基坑(槽)回填应在相对两侧或四周同时进行。基础墙两侧标高不可相差太多，以免把墙挤歪；较长的管沟墙，应采用内部加支撑的措施，然后再在外侧回填土方。

(6) 回填房心及管沟时，为防止管道中心线位移或损坏管道，应用人工先在管子两侧填土夯实，并应由管道两侧同时进行，直至管顶 0.5m 以上时，在不损坏管道的情况下，方可采用蛙式打夯机夯实。在抹带接口处，防腐绝缘层或电缆周围应回填细粒料。

(7) 回填土每层填土夯实后，应按规范规定进行环刀取样，测出干土的质量密度；达到要求后，再进行上一层的铺土。

(8) 修整找平。填土全部完成后，应进行表面拉线找平，凡超过标准高程的地方，及时依线铲平；凡低于标准高程的地方，应补土夯实。

5. 机械回填土的工艺流程

工艺流程：基坑底地坪上清理→检验土质→分层铺土→分层碾压密实→检验密实度→修整找平验收。

(1) 填土前应将基土上的洞穴或基底表面上的树根、垃圾等杂物等处理完毕，清除干净。

(2) 检验土质。检验回填土料的种类、粒径、有无杂物、是否符合规定以及土料的含水量是否在控制范围内；如含水量偏高，可采用翻松、晾晒或均匀掺入干土等措施；如遇填料含水量偏低，可采用预先洒水润湿等措施。

(3) 填土应分层铺摊。每层铺土的厚度应根据土质、密实度要求和机具性能确定。

(4) 碾压机械压实填方时，应控制行驶速度，一般不应超过以下规定。

平碾：2km/h；羊足碾：3km/h；振动碾：2km/h。

碾压时，轮(夯)迹应相互搭接，防止漏压或漏夯。长宽比较大时，填土应分段进行。每层接缝处应做成斜坡形，碾迹重叠。重叠 0.5～1.0m，上下层错缝距离不应小于 1m。

(5) 填方超出基底表面时，应保证边缘部位的压实质量。填土后，如设计不要求边坡修整，宜将填方边缘宽填 0.5m；如设计要求边坡修平拍实，宽填可为 0.2m。

(6) 在机械施工碾压不到的填土部位，应配合人工推土填充，用蛙式或柴油打夯机分层夯打密实。

(7) 回填土方每层压实后，应按规范规定进行环刀取样，测出干土的质量密度，达到要求后，再进行上一层的铺土。

(8) 填方全部完成后，表面应进行拉线找平，凡超过标准高程的地方应及时依线铲平；凡低于标准高程的地方应补土找平夯实。

四、打桩工程的施工工艺流程

1. 钢筋混凝土预制桩的工艺流程

工艺流程：就位桩机→起吊预制桩→稳桩→打桩→接桩→送桩→中间检查验收→移桩机至下一个桩位。

(1) 就位桩机。打桩机就位时，应对准桩位，保证垂直稳定，在施工中不发生倾斜、移动。

(2) 起吊预制桩。先拴好吊桩用的钢丝绳和索具，然后应用索具捆住桩上端吊环附近处，一般不宜超过 30cm，再启动机器起吊预制桩，使桩尖垂直对准桩位中心，缓缓放下插入土中，位置要准确；再在桩顶扣好桩帽或桩箍，即可除去索具。

(3) 稳桩。桩尖插入桩位后，先用较小的落距冷锤 1～2 次，桩入土一定深度，再使桩垂直稳定。10m 以内短桩可目测或用线坠双向校正；10m 以上或打接桩必须用线坠或经纬仪双向校正，不得用目测。桩插入时垂直度偏差不得超过 0.5%。桩在打入前，应在桩的侧面或桩架上设置标尺，以便在施工中观测、记录。

(4) 打桩。用落锤或单动锤打桩时，锤的最大落距不宜超过 1.0m；用柴油锤打桩时，应使锤跳动正常。

① 打桩宜重锤低击，锤重应根据工程地质条件、桩的类型、结构、密集程度及施工条件选用。

② 打桩顺序根据基础的设计标高，先深后浅；依桩的规格宜先大后小，先长后短。由于桩的密集程度不同，可自中间向两个心向对称进行或向四周进行，也可由一侧向单一方向进行。

(5) 接桩。

① 在桩长不够的情况下，采用焊接接桩，其预制桩表面的预埋件应清洁，上下节之间的间隙应用铁片垫实焊牢；焊接时，应采取措施，减少焊缝变形；焊缝应连续焊满。

② 接桩时，一般在距地面 1m 左右时进行。上下节桩的中心线偏差不得大于 10mm，节点折曲矢高不得大于 1‰桩长。

③ 接桩处入土前，应对外露铁件再次补刷防腐漆。

(6) 送桩。设计要求送桩时，则送桩的中心线应与桩身吻合一致才能进行送桩。若桩顶不平，可用麻袋或厚纸垫平。送桩留下的桩孔应立即回填密实。

(7) 中间检查验收。每根桩打到贯入度要求，桩尖标高进入持力层，接近设计标高时，或打至设计标高时，应进行中间验收。在控制时，一般要求最后 3 次 10 锤的平均贯入度不大于规定的数值，或以桩尖打至设计标高来控制，符合设计要求后，填好施工记录。如发现桩位与要求相差较大时，应会同有关单位研究处理。然后移桩机到新桩位。

2. 水泥浆护壁钻孔桩的工艺流程

工艺流程：钻孔机就位→钻孔→注泥浆→下套管→继续钻孔→排渣→清孔→吊放钢筋笼→射水清底→插入混凝土导管→浇筑混凝土→拔出导管→插桩顶钢筋。

(1) 钻孔机就位。钻孔机就位时，必须保持平稳，不发生倾斜、位移，为准确控制钻孔深度，应在机架上或机管上作出控制的标尺，以便在施工中进行观测、记录。

(2) 钻孔及注泥浆。调直机架挺杆，对好桩位(用对位圈)，开动机器钻进，出土，达到一定深度(视土质和地下水情况)停钻，孔内注入事先调制好的泥浆，然后继续进钻。

(3) 下套管(护筒)。钻孔深度到 5m 左右时，提钻下套管。

① 套管内径应大于钻头 100mm。

② 套管位置应埋设正确和稳定，套管与孔壁之间应用黏土填实，套管中心与桩孔中心线偏差不大于 50mm。

③ 套管埋设深度。在黏性土中不宜小于 1m，在砂土中不宜小于 1.5m，并应保持孔内泥浆面高出地下水位 1m 以上。

(4) 继续钻孔。防止表层土受震动坍塌，钻孔时不要让泥浆水位下降，当钻至持力层后，设计无特殊要求时，可继续钻深 1m 左右，作为插入深度。施工中应经常测定泥浆相对密度。

(5) 孔底清理及排渣。

① 在黏土和粉质黏土中成孔时，可注入清水，以原土造浆护壁。排渣泥浆的相对密度应控制在 1.1～1.2。

② 在砂土和较厚的夹砂层中成孔时，泥浆相对密度应控制在 1.1～1.3；在穿过砂夹卵石层或容易坍孔的土层中成孔时，泥浆的相对密度应控制在 1.3～1.5。

(6) 吊放钢筋笼。钢筋笼放前应绑好砂浆垫块；吊放时要对准孔位，吊直扶稳，缓慢下沉，钢筋笼放到设计位置时，应立即固定，防止上浮。

(7) 射水清底。在钢筋笼内插入混凝土导管(管内有射水装置)，通过软管与高压泵连接，开动泵水即射出。射水后孔底的沉渣即悬浮于泥浆之中。

(8) 浇筑混凝土。停止射水后，应立即浇筑混凝土，随着混凝土不断增高，孔内沉渣将浮在混凝土上面，并同泥浆一同排回储浆槽内。

① 水下浇筑混凝土应连续施工；导管底端应始终埋入混凝土中 0.8～1.3m；导管的第一节底管长度应不小于 4m。

② 混凝土的配制。在选择施工配合比时，混凝土的试配强度应比设计强度提高 10%～15%，水灰比不宜大于 0.6。有良好的和易性，在规定的浇筑期间内，坍落度应为 16～22cm；在浇筑初期，为使导管下端形成混凝土堆，坍落度宜为 14～16cm。水泥用量一般为 350～400kg/m^3。砂率一般为 45%～50%。

(9) 拔出导管。混凝土浇筑到桩顶时，应及时拔出导管。但混凝土的上顶标高一定要符合设计要求。

(10) 插桩顶钢筋。桩顶上的插筋一定要保持垂直插入，有足够锚固长度和保护层，防止插偏和插斜。

(11) 同一配合比的试块，每班不得少于 1 组。每根灌注桩不得少于 1 组。

3. 螺旋钻孔桩的工艺流程

成孔工艺流程：钻孔机就位→钻孔→检查质量→孔底清理→孔口盖板→移钻孔机。

浇筑混凝土工艺流程：移盖板测孔深、垂直度→放钢筋笼→放混凝土溜洞→浇筑混凝土(随浇随振)→插桩顶钢筋。

(1) 钻孔机就位。钻孔机就位时必须保持平稳，不发生倾斜、位移，为准确控制钻孔深度，应在机架上或机管上作出控制的标尺，以便在施工中进行观测、记录。

(2) 钻孔。调直机架挺杆，对好桩位(用对位圈)，开动机器钻进、出土，达到控制深度后停钻、提钻。

(3) 检查成孔质量，主要包括以下内容。

① 钻深测定。用测深绳(锤)或手提灯测量孔深及虚土厚度。虚土厚度等于钻孔深的差值。虚土厚度一般不应超过 10cm。

② 孔径控制。钻进遇有含石块较多的土层，或含水量较大的软塑黏土层时，必须防止钻杆晃动引起孔径扩大，致使孔壁附着扰动土和孔底增加回落土。

(4) 孔底土清理。钻到预定的深度后，必须在孔底处进行空转清土，然后停止转动；提钻杆，不得曲转钻杆。孔底的虚土厚度超过质量标准时，要分析原因，采取措施进行处理。进钻过程中散落在地面上的土，必须随时清除运走。

(5) 移动钻机到下一桩位。经过成孔检查后，应填好桩孔施工记录。然后盖好孔口盖板，并要防止在盖板上行车或走人。最后再移走钻机到下一桩位。

(6) 浇筑混凝土。具体步骤及要点如下。

① 移走钻孔盖板。再次复查孔深、孔径、孔壁、垂直度及孔底虚土厚度。有不符合质量标准要求时，应处理合格后再进入下道工序。

② 吊放钢筋笼。钢筋笼放入前应先绑好砂浆垫块(或塑料卡)；吊放钢筋笼时，要对准孔位，吊直扶稳，缓慢下沉，避免碰撞孔壁。钢筋笼放到设计位置时，应立即固定。遇有两段钢筋笼连接时，应采取焊接，以确保钢筋的位置正确，保证层厚度符合要求。

③ 放溜筒浇筑混凝土。在放溜筒前应再次检查和测量钻孔内虚土厚度。浇筑混凝土时应连续进行，分层振捣密实，分层高度以捣固的工具而定，一般不得大于 1.5m。

④ 混凝土浇筑到桩顶时，应适当超过桩顶设计标高，以保证在凿除浮浆后桩顶标高符合设计要求。

⑤ 撤溜筒和桩顶插钢筋。混凝土浇到距桩顶 1.5m 时，可拔出溜筒，直接浇灌混凝土。

桩顶上的钢筋插铁一定要保持垂直插入，有足够的保护层和锚固长度，防止插偏和插斜。

⑥ 混凝土的坍落度一般宜为 8～10cm；为保证其和易性及坍落度，应注意调整砂率和掺入减水剂、粉煤灰等。

⑦ 同一配合比的试块，每班不得少于一组。

4. 人工成孔桩的工艺流程

工艺流程：放线定桩位及高程→开挖第一节桩孔土方→支护壁模板放附加钢筋→浇筑第一节护壁混凝土→检查桩位(中心)轴线及标高→架设垂直运输架→安装电动葫芦(卷扬机或木辘轳)→安装吊桶、照明装置、活动盖板、水泵、通风机等→开挖吊运第二节桩孔土方(修边)→先拆第一节支第二节护壁模板(放附加钢筋)→浇第二节护壁混凝土→检查桩位(中心)轴线→逐层往下循环作业→开挖扩底部分→检查验收→吊放钢筋笼→放混凝土溜筒(导管)→浇筑桩身混凝土(随浇随振)→插桩顶钢筋。

(1) 放线定桩位及高程。在场地三通一平的基础上，依据建筑物测量控制网的资料和基础平面布置图，测定桩位轴线方格控制网和高程基准点。确定好桩位中心，以中点为圆心，以桩身半径加护壁厚度为半径画出上部(即第一步)的圆周。撒石灰线作为桩孔开挖尺寸线。孔位线定好之后，必须经有关部门进行复查，办好预检手续后方可开挖。

(2) 开挖第一节桩孔土方。开挖桩孔应从上到下逐层进行，先挖中间部分的土方，然后扩及周边，有效地控制开挖孔的截面尺寸。每节的高度应根据土质好坏、操作条件而定，一般以 0.9～1.2m 为宜。

(3) 支护壁模板放附加钢筋。为防止桩孔壁坍方，确保安全施工，成孔应设置井圈，其种类有素混凝土和钢筋混凝土两种。以现浇钢筋混凝土井圈为好，与土壁能紧密结合，稳定性和整体性能均佳，且受力均匀，可以优先选用。在桩孔直径不大，深度较浅而土质又好，地下水位较低的情况下，也可以采用喷射混凝土护壁。护壁的厚度应根据井圈材料、性能、刚度、稳定性、操作方便、构造简单等要求，并按受力状况，以最下面一节所承受的土侧压力和地下水侧压力，通过计算确定。

护壁模板采用拆上节、支下节重复周转使用。模板之间用卡具、扣件连接固定，也可以在每节模板的上下端各设一道圆弧形的、用槽钢或角钢做成的内钢圈作为内侧支承，防止内模因受胀力而变形。不设水平支承，以方便操作。

第一节护壁以高出地坪 150～200mm 为宜，便于挡土、挡水。桩位轴线和高程均应标定在第一节护壁上口，护壁厚度一般取 100～150mm。

(4) 浇筑第一节护壁混凝土。桩孔护壁混凝土每挖完一节以后应立即浇筑混凝土。人工浇筑，人工捣实，混凝土强度一般为 C20，坍落度控制在 100mm，确保孔壁的稳定性。

(5) 检查桩位(中心)轴线及标高。每节桩孔护壁做好以后，必须将桩位十字轴线和标高测设在护壁的上口，然后用十字线对中，吊线坠向井底投时，以半径尺杆检查孔壁的垂直平整度。随之进行修整，井深必须以基准点为依据，逐根进行引测。保证桩孔轴线位置、标高、截面尺寸满足设计要求。

(6) 架设垂直运输架。第一节桩孔成孔以后，即着手在桩孔上口架设垂直运输支架。支架有木搭、钢管吊架、木吊架或工字钢导轨支架几种形式；要求搭设稳定、牢固。

(7) 安装电动葫芦或卷扬机。在垂直运输架上安装滑轮组和电动机或穿(卷)扬机的钢丝

绳，选择适当位置安装卷扬机。如果是试桩和小型桩孔，也可以用木吊架、木辘轳或人工直接借助粗麻绳作提升工具。地面运土用手推车或翻斗车。

(8) 安装吊桶、照明、活动盖板、水泵和通风机。

① 在安装滑轮组及吊桶时，注意使吊桶与桩孔中心位置重合，作为挖土时直观上控制桩位中心和护壁支模的中心线。

② 井底照明必须用低压电源(36V、100W)、防水带罩的安全灯具。桩口上设围护栏。

③ 当桩孔深大于 20m 时，应向井下通风，加强空气对流。必要时输送氧气，防止有毒气体的危害。操作时上下人员轮换作业，桩孔上人员密切注视观察桩孔下人员的情况，互相响应，切实预防安全事故的发生。

④ 当地下水量不大时，随挖随将泥水用吊桶运出。地下渗水量较大时，吊桶已满足不了排水，先在桩孔底挖集水坑，用高程水泵沉入抽水，边降水边挖土，水泵的规格按抽水量确定。应日夜三班抽水，使水位保持稳定。地下水位较高时，应先采用统一降水的措施，再进行开挖。

⑤ 桩孔口安装水平推移的活动安全盖板，当桩孔内有人挖土时，应掩好安全盖板，防止杂物掉下砸人。无关人员不得靠近桩孔口边。吊运土时，再打开安全盖板。

⑥ 开挖吊运第二节桩孔土方(修边)，从第二节开始，利用提升设备运土，桩孔内人员应戴好安全帽，地面人员应拴好安全带。吊桶离开孔口上方 1.5m 时，推动活动安全盖板，掩蔽孔口，防止卸土的土块、石块等杂物坠落孔内伤人。吊桶在小推车内卸土后，再打开活动盖板，下放吊桶装土。

⑦ 先拆除第一节支第二节护壁模板，放附加钢筋，护壁模板采用拆上节支下节依次周转使用。如往下孔径缩小，应配备小块模板进行调整。模板上口留出高度为 100mm 的混凝土浇筑口，接口处应捣固密实。拆模后用混凝土或砌砖堵严，水泥砂浆抹平，拆模强度达到 1MPa。

⑧ 浇筑第二节护壁混凝土。混凝土用串桶送来，人工浇筑，人工插捣密实。混凝土可由试验确定掺入早强剂，以加速混凝土的硬化。

(9) 检查桩位中心轴线及标高。以桩孔口的定位线为依据，逐节校测。

(10) 逐层往下循环作业，将桩孔挖至设计深度，清除虚土，检查土质情况，桩底应支承在设计所规定的持力层上。

(11) 开挖扩底部分。桩底可分为扩底和不扩底两种情况。挖扩底桩应先将扩底部位桩身的圆柱体挖好，再按扩底部位的尺寸、形状自上而下削土扩充成设计图纸的要求；如设计无明确要求，扩底直径一般为(1.5～3.0)d。扩底部位的变径尺寸为 1∶4。

(12) 检查验收。成孔以后必须对桩身直径、扩头尺寸、孔底标高、桩位中线、井壁垂直、虚土厚度进行全面测定。做好施工记录，办理隐蔽验收手续。

(13) 吊放钢筋笼。钢筋笼放入前应先绑好砂浆垫块，按设计要求一般为 70mm(钢筋笼四周，在主筋上每隔 3～4m 设一个ϕ20mm 耳环，作为定位垫块)；吊放钢筋笼时，要对准孔位，直吊扶稳、缓慢下沉，避免碰撞孔壁。钢筋笼放到设计位置时，应立即固定。遇有两段钢筋笼连接时，应采用焊接(搭接焊或帮条焊)，双面焊接，接头数按 50%错开，以确保钢筋位置正确、保护层厚度符合要求。

(14) 浇筑桩身混凝土。桩身混凝土可使用粒径不大于 50mm 的石子，坍落度为 80～

100mm，机械搅拌。用溜槽加串桶向桩孔内浇筑混凝土。混凝土的落差大于2m，桩孔深度超过12m时，宜采用混凝土导管浇筑。浇筑混凝土时应连续进行，分层振捣密实。一般第一步宜浇筑到扩底部位的顶面，然后浇筑上部混凝土。分层高度以捣固的工具而定，但不宜大于1.5m。

(15) 混凝土浇筑到桩顶时，应适当超过桩顶设计标高，以保证在剔除浮浆后桩顶标高符合设计要求。桩顶上的钢筋插铁一定要保持设计尺寸，垂直插入，并有足够的保护层。

五、基础混凝土工程的施工工艺流程

(一)素混凝土的工艺流程

工艺流程：槽底或模板内清理→混凝土拌制→混凝土浇筑→混凝土振捣→混凝土养护。

(1) 槽底或模板内清理。在地基或基土上清除淤泥和杂物，并应有防水和排水措施。对于干燥土应用水润湿，表面不得留有积水。在支模的板内清除垃圾、泥土等杂物，并浇水润湿木模板，堵塞板缝和孔洞。

(2) 混凝土拌制。后台要认真按混凝土的配合比投料：每盘投料顺序为：石子→水泥→砂子(掺合料)→水(外加剂)。严格控制用水量，搅拌要均匀，最短时间不少于90s。

(3) 混凝土浇筑。

① 混凝土的下料口距离所浇筑的混凝土表面高度不得超过2m。如自由倾落超过2m时，应采用串桶或溜槽。

② 混凝土的浇筑应分层连续进行，一般分层厚度为振捣器作用部分长度的1.25倍，最大不超过50cm。

(4) 用插入式振捣器应快插慢拔，插点应均匀排列，逐点移动，顺序进行，不得遗漏，做到振捣密实。移动间距不大于振捣棒作用半径的1.5倍。振捣上一层时应插入下层5cm，以清除两层间的接缝。平板振捣器的移动间距，应能保证振捣器的平板覆盖已振捣的边缘。

(5) 混凝土不能连续浇筑时，一般超过2h应按施工缝处理。

(6) 浇筑混凝土时，应经常注意观察模板、支架、管道、预留孔和预埋件有无走动情况。当发现有变形、位移时，应立即停止浇筑，并及时处理好，再继续浇筑。

(7) 混凝土振捣密实后，表面应用木抹子搓平。

(8) 混凝土的养护。混凝土浇筑完毕后，应在12h内加以覆盖并浇水，浇水次数应能保持混凝土有足够的润湿状态。养护期一般不少于7昼夜。

(9) 雨、冬期施工时，露天浇筑混凝土应编制季节性施工方案，采取有效措施，确保混凝土的质量。

(二)防水混凝土的工艺流程

工艺流程：作业准备→混凝土搅拌→运输→混凝土浇筑→养护。

(1) 混凝土搅拌。搅拌投料顺序：石子→砂→水泥→U.E.A膨胀剂→水。

投料先干拌0.5～1min再加水。水分3次加入，加水后搅拌1～2min(比普通混凝土搅拌时间延长0.5min)。混凝土搅拌前必须严格按试验室配合比通知单操作，不得擅自修改。散装水泥、砂、石车过磅秤，在雨季，砂必须每天测定含水率，调整用水量。现场搅拌坍

落度控制在 6～8cm，泵送商品混凝土坍落度控制在 14～16cm。

(2) 运输。混凝土运输供应保持连续均衡，间隔不应超过 1.5h，夏季或运距较远可适当掺入缓凝剂，一般掺入 2.5‰～3‰的木钙(即木质素磺酸钙)为宜。运输后如出现离析，在浇筑前要进行二次拌和。

(3) 混凝土浇筑。应连续浇筑，宜不留或少留施工缝。

① 底板一般按设计要求不留施工缝或留在后浇带上。

② 墙体水平施工缝留在高出底板表面不少于 200mm 的墙体上，墙体如有孔洞，施工缝距孔洞边缘不宜少于 300mm，施工缝形式宜用凸缝(墙厚大于 30cm)或阶梯缝、平直缝加金属止水片(墙厚小于 30cm)，施工缝宜做企口缝，并用 B.W 止水条处理，垂直施工缝宜与后浇带、变形缝相结合。

③ 在施工缝上浇筑混凝土前，应将混凝土表面凿毛，清除杂物，冲净并湿润，再铺一层 2～3cm 厚水泥砂浆(即原配合比去掉石子)或同一配合比的减石子混凝土，浇筑第一步的高度为 40cm，以后每步浇筑 50～60cm，严格按施工方案规定的顺序浇筑。混凝土自高处自由倾落不应大于 2m，如高度超过 3m，要用串桶、溜槽下落。

④ 应用机械振捣，以保证混凝土密实，振捣时间一般以 10s 为宜，不应漏振或过振，振捣延续时间应使混凝土表面浮浆、无气泡、不下沉为止。铺灰和振捣应选择对称位置开始，防止模板走动，结构断面较小、钢筋密集的部位严格按分层浇筑、分层振捣的要求操作，浇筑到最上层表面，必须用木抹找平，使表面密实、平整。

(4) 养护。常温(20～25℃)浇筑后 6～10h 苫盖浇水养护，要保持混凝土表面湿润，养护不少于 14d。

(5) 冬期施工。水和砂应根据冬期施工方案规定加热，应保证混凝土入模温度不低于 5℃，采用综合蓄热法保温养护，冬期施工掺入的防冻剂应选用经认证的产品。拆模时混凝土表面温度与环境温度差不大于 15℃。

(三)桩承台的工艺流程

钢筋绑扎工艺流程：核对钢筋半成品→钢筋绑扎→预埋管线及铁活→绑好砂浆垫块。

支模工艺流程：确定组装钢模板方案→组装钢模板→模板预检。

混凝土浇筑工艺流程：搅拌混凝土→浇筑→振捣→养护。

1. 钢筋绑扎

(1) 核对钢筋半成品。应先按设计图纸核对加工的半成品钢筋，对其规格、形状、型号、品种经过检验，然后挂牌堆放好。

(2) 钢筋绑扎。钢筋应按顺序绑扎，一般情况下，先长轴后短轴，由一端向另一端依次进行。操作时按图纸要求划线、铺铁、穿箍、绑扎，最后成形。

(3) 预埋管线及铁活。预留孔洞位置应正确，桩伸入承台梁的钢筋、承台梁上的柱子、板墙插铁，均应按图纸绑好，扎结牢固(应采用十字扣)或焊牢，其标高、位置、搭接锚固长度等尺寸应准确，不得遗漏或位移。

(4) 受力钢筋搭接接头位置应正确。其接头相互错开，上铁在跨中，下铁应尽量在支座处；每个搭接接头的长度范围内，搭接钢筋面积不应超过该长度范围内钢筋总面积的 1/4。所有受力钢筋和箍筋交接处全部绑扎，不得跳扣。

(5) 绑砂浆垫块。底部钢筋下的砂浆垫块，一般厚度不小于 50mm，间隔 1m，侧面的垫块应与钢筋绑牢，不应遗漏。

2. 安装模板

(1) 确定组装钢模板方案。应先制订出承台梁组装钢模板的方案，并经计算确定对拉螺栓的直径、长度、位置和纵横龙骨、连杆点的间距及尺寸，遇有钢模板不符合模数时，可另加木模板补缝。

(2) 组装钢模板。安装组合钢模板，组合钢模板由平面模板及阴、阳角模板拼成。其纵横肋拼接用的 U 形卡、插销等零件，要求齐全牢固、不松动、不遗漏。

(3) 模板预检。模板安装后，应对断面尺寸、标高、对拉螺栓、连杆支承等进行预检，均应符合设计图纸和质量标准的要求。

3. 混凝土浇筑

(1) 搅拌。按配合比称出每盘水泥、砂子、石子的重量以及外加剂的用量。操作时要每车过磅秤，先倒石子接着倒水泥，后倒砂子并加水搅拌。外加剂一般随水加入。第一盘搅拌要执行开盘批准的规定。

(2) 浇筑、桩头、槽底及帮模(木模时)应先浇水润湿。承台梁浇筑混凝土时，应按顺序直接将混凝土倒入模中；如甩槎超过初凝时间，应按施工缝要求处理。若用塔机吊斗直接卸料入模时，其吊斗出料口距操作面高度以 30～40cm 为宜，并不得集中在一处倾倒。

(3) 振捣。应沿承台梁浇筑的顺序方向，采用斜向振捣法，振捣棒与水平面倾角约 30°。棒头朝前进方向，插棒间距以 50cm 为宜，防止漏振。振捣时间以混凝土表面翻浆出气泡为准。混凝土表面应随振随按标高线，用木抹子搓平。

(4) 留接槎。纵横接连处及桩顶一般不宜留槎。留槎应在相邻两桩中间的 1/3 范围内，甩搓处应预先用模板挡好，留成直槎。继续施工时，接槎处混凝土应用水先润湿并浇浆，保证新旧混凝土接合良好；然后用原强度等级混凝土进行浇筑。

(5) 养护。混凝土浇筑后，在常温条件下 12h 内应覆盖浇水养护，浇水次数以保持混凝土湿润为宜，养护时间不少于 7 昼夜。

六、基础砌筑工程的施工工艺流程

砖基础砌筑工程的工艺流程：拌制砂浆→确定组砌方法→排砖撂底→砌筑→抹防潮层。

1. 拌制砂浆

(1) 砂浆配合比应采用重量比，经试验确定，水泥计量精度为±2%，砂、掺合料的计量精度为±5%。

(2) 宜用机械搅拌，投料顺序为：砂→水泥→掺合料→水，搅拌时间不少于 1.5min。

(3) 砂浆应随拌随用，一般水泥砂浆和水泥混合砂浆须在拌成后 3h 和 4h 内使用完，不允许使用过夜砂浆。

(4) 基础按一个楼层，每 250m^3 砌体，各种砂浆，每台搅拌机至少做一组试块(一组 6 块)，如砂浆强度等级或配合比变更时，还应制作试块。

2. 确定组砌方法

(1) 组砌方法应正确，一般采用满丁满条。

(2) 里外咬槎，上下层错缝，采用“三一”砌砖法(即一铲灰、一块砖、一挤揉)，严禁用水冲砂浆灌缝的方法。

3. 排砖撂底

(1) 基础大放脚的撂底尺寸及收退方法必须符合设计图纸规定。如一层一退，里外均应砌丁砖；如二层一退，第一层为条砖，第二层砌丁砖。

(2) 大放脚的转角处，应按规定放七分头，其数量为一砖半厚墙放 3 块，二砖墙放 4 块，以此类推。

4. 砌筑

(1) 砖基础砌筑前，基础垫层表面应清扫干净，洒水湿润。先盘墙角，每次盘角高度不应超过 5 层砖，随盘随靠平、吊直。

(2) 砌基础墙应挂线，二四墙(厚度为 240mm 的墙)反手挂线，三七以上墙(指厚度为 370mm 及以上的墙)应双面挂线。

(3) 基础标高不一致或有局部加深部位，应从最低处往上砌筑，应经常拉线检查，以保持砌体通顺、平直，防止砌成“螺丝”墙。

(4) 基础大放脚砌至基础上部时，要拉线检查轴线及边线，保证基础墙身位置正确。同时还要对照皮数杆的砖层及标高，如有偏差时，应在水平灰缝中逐渐调整，使墙的层数与皮数杆一致。

(5) 暖气沟挑檐砖及上一层压砖，均应用丁砖砌筑，灰缝要严实，挑檐砖标高必须正确。

(6) 各种预留洞、埋件、拉结筋按设计要求留置，避免后剔凿而影响砌体质量。

(7) 变形缝的墙角应按直角要求砌筑，先砌的墙要把舌头灰刮尽；后砌的墙可采用缩口灰，掉入缝内的杂物随时清理。

(8) 安装管沟和洞口过梁的型号、标高必须正确，底灰饱满；如坐灰超过 20mm 厚，用细石混凝土铺垫，两端搭墙长度应一致。

5. 抹防潮层

将墙顶活动砖重新砌好，清扫干净，浇水湿润，随即抹防水砂浆，当设计无规定时，一般厚度为 15～20mm，防水粉掺量为水泥重量的 3%～5%。

【拓展学习 2】 工程量计算流程和注意的问题

(一)工程量的概念

工程量是把设计图纸的内容转化为按照定额的分项工程或结构构件项目划分的以物理计量单位和自然计量单位表示的实物数量。

(二)工程量的计算方法

1. 计算工程量的顺序

1) 同一分部不同分项工程计算顺序

(1) 一般按施工顺序或按定额编排的顺序计算工程量。

(2) 按施工顺序计算工程量，是指计算项目按工程施工顺序自下而上，由外向内，并结合定额手册中定额项目排列的顺序依次进行各分项工程量的计算。

2) 同一分部同一分项工程计算顺序

(1) 按顺时针方向计算。

从平面图左上角开始，按顺时针方向逐步计算，绕一周回到左上角。

适用范围：外墙、外墙基础、楼地面、天棚、室内装修等。

(2) 先横后竖，先上后下，先左后右。

以平面图上横竖方向分别从左到右或从上到下逐步计算。

适用范围：内墙、内墙基础和各种间隔墙。

(3) 按轴线编号顺序计算。

此方法适用于计算内外墙挖地槽、内外墙基础、内外墙砌体、内外墙装饰等。

(4) 按图纸上的构配件编号分类依次计算。

此法按照各类不同的构配件，如柱基、柱、梁板、门窗和金属构件等的自身编号分别依次计算。

2. 运用统筹法计算工程量

1) 统筹法的基本原理

统筹法是一种计划和管理方法，是运筹学的一个分支，在 20 世纪 50 年代由我国著名数学家华罗庚教授首创。

统筹法主要应用于建筑工程量计算中，其目的是快速、准确地计算工程量，通过分析工程量计算过程中各分项工程数据间的逻辑关系，找出共用的数据并计算出来，以供相关工程量计算中使用，从而达到快速、准确计算工程量的目的。通常“三线一面”即外墙外边线 $L_{外}$、外墙中心线 $L_{中}$、内墙净长线 $L_{净}$、底层建筑面积 $S_{底}$，在计算工程量时重复使用较多，故工程量计算中的“三线一面”作为工程量的计算基数。即计算分项工程量前，先计算出基数，将与此基数相关的所有分项工程量连续地算完。统筹计算程序，合理安排计算顺序是指工程量计算时，应遵循数学逻辑关系，后面计算需用到的数据应提前计算出，后面计算尽量使用前面已经算出的结果。

统筹法计算工程量的基本要点：统筹程序，合理安排；利用基数，连续计算；一次算出，多次使用；联系实际，灵活机动。

2) 基数计算及应用

(1) 外墙外边线 $L_{外}$。

计算式：图纸上当为 3 道尺寸线时，按每道外墙最外边的尺寸线长度计算；如仅有轴线尺寸，则每道外墙外边线 $L_{外}$=两端部轴线间的距离+两端轴线外部墙体的厚度；如外墙有折角则折角部位算至轴线。

应用外墙外边线 $L_{外}$ 计算的内容：外墙中心线 $L_{中}$、建筑面积、勒脚、腰线、外墙抹灰、

散水、挑檐、天沟等工程量。

(2) 外墙中心线$L_{中}$，即

每道外墙的外墙中心线$L_{中}$=外墙外边线$L_{外}$-两端部墙体厚度和的一半

当外墙厚度一致时，有

外墙中心线$L_{中}$=外墙外边线$L_{外}$-4 倍的外墙厚度

应用外墙中心线$L_{中}$计算的内容：外墙基地槽、基础垫层、基础砌筑、墙基防潮层、地梁、外墙等工程量。

(3) 内墙净长线$L_{净}$。

每道内墙的内墙净长线$L_{净}$=轴线长度-两端部墙体轴线内墙体厚度和

每道内墙槽的内墙净长线$L_{净槽}$=轴线长度-两端部墙体轴线内地槽宽度和

每道内墙垫层的内墙净长线$L_{净垫}$=轴线长度-两端部墙体轴线内垫层宽度和

每道内墙混凝土基础的内墙净长线$L_{净基}$=轴线长度-两端部墙体轴线内混凝土基础宽度和

每道内墙砖基础的内墙净长线$L_{净基}$=轴线长度-两端部墙体轴线内砖基础宽度和

应用内墙净长线$L_{净}$计算的内容：内墙基地槽、基础垫层、基础、墙基防潮层、地梁、内墙、内墙身抹灰、楼地面工程、天棚工程等工程量。

(4) 底层建筑面积$S_{底}$，即

$S_{底}$=建筑底层平面勒脚以上结构外围水平面积

应用底层建筑面积$S_{底}$计算的内容：平整场地、地面、楼面、屋面和顶棚等分项工程。

3) 应用统筹法计算应注意的问题

(1) 以上述及的统筹法工程量计算顺序不能与定额套用顺序相混淆，定额套用顺序应按定额分部编排顺序进行。

(2) 分项工程列项时，应详细书写其工程特征内容，包括做法、厚度、深度、周长、材料强度等级、配合比、材料规格和类型、构件形状等。

(3) 计算结构工程量时，尽可能地计算出与之相联系的装饰装修工程量的计算数据。

(4) 灵活、准确运用常用数据。

(5) 熟练使用计算器的连乘方法、部分清除键 C 的用法。

(6) 室内外有高差时，在计算出基础工程量的同时，应一次算出埋入室外设计地面以下的基础体积，以方便基础回填土工程量的计算。

(7) 内墙地槽和其下垫层工程量计算中，应使用$L_{内槽}$。

(8) 横墙较密的住宅开挖地槽需留设工作面和放坡时，应注意挖空气的现象，若计算出的工程量大于大开挖体积，应按大开挖体积确定挖地槽工程量。

(9) 混凝土和钢筋混凝土工程量计算中，应使用 Excel 表格进行，同时嵌入墙内的混凝土构件体积应一并算出。

(10) 楼地面工程与天棚工程的工程量应一起计算。

(11) 屋面工程量计算中，应注意乘屋面坡度系数。另外，凡属屋面施工图内的分项工程，应全部在本分部计算，如屋面找平层、保温层、防水层、架空隔热板、女儿墙、压顶、天沟等。

(12) 工料分析与定额套用应同时进行，以免重复翻阅同一定额而浪费时间。

4) 利用统筹法计算单位工程中各分部工程工程量

可按图 4-15 所示的顺序进行。

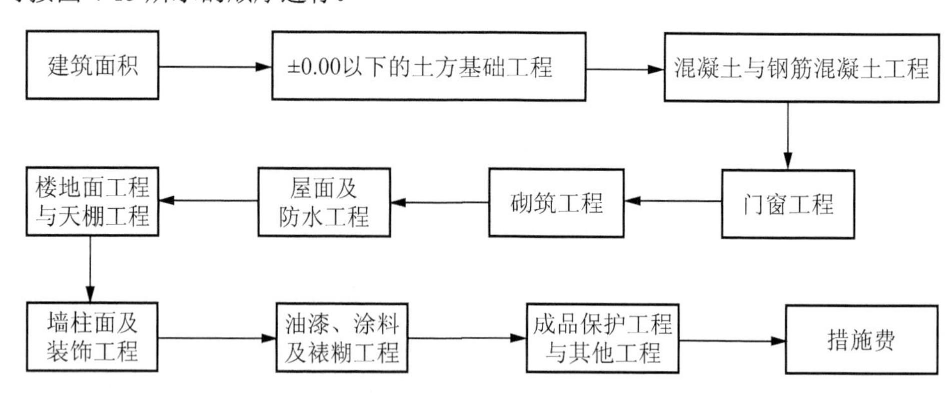

图 4-15 统筹法计算顺序

(三)工程量计算基本要求

1. 计算口径要一致

计算工程量时，根据施工图列出的分项工程口径与预算基价中(《建设工程工程量清单计价规范》(GB 50500—2013)、《房屋建筑与装饰工程计量规范》(GB 50854—2013))相应分项工程的口径相一致，因此，在划分项目时一定要熟悉预算基价中该项目所包括的工程内容，如楼面工程，清单项目中包括了垫层、结合层、找平层、面层。因此在确定项目时，垫层和找平层就不应另列项目重复计算。

2. 计量单位要一致

按施工图纸计算工程量时，各分项工程的工程量计量单位，必须与预算基价中相应项目的计算单位一致，不能凭个人主观臆断随意改变。例如，现浇钢筋混凝土构造柱预算基价的计量单位是立方米，工程量的计量单位也应该是立方米。另外，还要正确掌握同一计量单位的不同含义，如阳台栏杆与楼梯栏杆虽然都是以延长米为计量单位，但按预算基价的含义，前者是指图示长度，而后者是指水平投影长度乘以系数。

3. 严格执行预算基价中的工程量计算规则

在计算工程量时，必须严格遵照工程量计算规则(《建设工程工程量清单计价规范》(GB 50500—2013)、《房屋建筑与装饰工程计量规范》(GB 50854—2013))，以免造成工程量计算中的误差，从而影响工程造价的准确性。计算墙体工程量时应按立方米计算，并扣除门窗、洞口所占的体积，不扣除 $0.3m^2$ 以内的孔洞所占的体积，扣除混凝土构件的体积。

4. 计算必须要准确

在计算工程量时，计算底稿要整洁，数字要清楚，项目部位要注明，计算精度要一致。工程量的数据一般精确至小数点后两位，钢材、木材及使用贵重材料的项目可精确至小数点后 3 位。

5. 计算时要做到不重、不漏

为防止工程量计算中的漏项和重算，一般把整个工程划分为若干个分部工程，即基础

工程、地下室工程、结构工程(包括现浇及预制钢筋混凝土工程、砖石工程、门窗工程、脚手架工程及屋面工程)、内装修工程、外装修工程、建筑配件及其他项目，在划分各分部工程的基础上，再严格按照预算基价项目划分各分项工程分别计算。

6. 正确处理各工程量间的计算顺序

正确处理好各工程量间的相互关系和计算顺序，可以提高计算速度和准确性，尽量使用前面的计算结果为后面的工程计算服务。

(四)工程量计算的步骤

1. 熟悉施工图

(1) 熟悉房屋的开间、进深、跨度、层高、总高。
(2) 弄清建筑物各层平面和层高是否有变化及其室内外高差。
(3) 图纸上有门窗表、混凝土构件表和钢筋下料长度表时，应选择 1～2 种构件校核。
(4) 了解屋面做法是刚性还是柔性。
(5) 了解内墙面、楼地面、天棚和外墙面的装饰做法。
(6) 核对图中尺寸是否正确，仔细阅读大样详图。
(7) 图中若有建筑面积时，必须校核，不能直接取用。

2. 计算建筑基数

基数是基础性数据的简称，在计算分项工程工程量时，有些数据需要经常用到，这些数据就是基数。常用的建筑基数有 $L_{外}$、$L_{中}$、$L_{内}$、$S_{底}$。

3. 列出分项工程的名称

对于不同的分部工程，应按施工图列出其所包含的分项工程的项目名称，以方便工程量的计算。

4. 列表计算工程量

列表顺序可根据列项顺序结合套用定额基价顺序进行，以便于定额基价的套用计算。

任务 4.2　基础工程的计量与计价项目列项

一、基础工程计量与计价项目确定的依据和原则

(一)计量计价项目的确定依据

1. 施工图纸

施工图纸包括基础平面图、基础剖面图、基础详图及设计说明。

2. 施工过程

一般没有打桩工程的项目，基础施工流程为：平整场地→挖土→槽底钎探→混凝土垫

层→钢筋混凝土基础→砖基础→防潮层→回填土。

(二)定额计价项目的划分原则

基础部分计量计价项目基本与施工项目相同。

二、基础工程计量与计价项目的确定方法

基础工程计量计价项目的确定可参照表 4-1 所列的项目和说明要求进行。

表 4-1　基础工程计量计价项目列项参考

序 号	分项工程名称	说 明
1	场地平整	施工现场先填土后挖土时无此项目
2	挖土	按照人工或机械挖土方、挖地槽分别列项
3	槽底钎探	按照人工或机械钎探槽坑底面积确定
4	混凝土垫层	模板按照措施项目另列项目
5	钢筋混凝土基础	按照不同的基础类型，即条形基础、满堂基础、独立基础、杯形基础、桩承台分别列项，其按照不同基础类型的模板、钢筋另列项目
6	砌筑基础	按照不同的砌筑材料进行分别列项
7	防潮层	防水砂浆或柔性防潮层分别列项
8	地圈梁、地梁、混凝土加筋带	按照不同混凝土标号类型分别列项，其模板、钢筋另列项目
9	回填土	包括室内回填土及室外回填土
10	地基强夯	地基处理时
11	基础处理	当基础垫层以下有设计要求，进行填垫土、石屑或石子处理时要计算
12	基础防水	适用于带地下室工程
13	设备基础	按混凝土垫层、钢筋混凝土基础分别列项，其模板、钢筋另列项目
14	场地填土	自然地坪低于设计室外地坪时
15	地下连续墙	当用地下室时可能有此项
16	振冲灌注碎石	地基处理时
	措施项目	
17	锚杆支护	基础开挖时
18	基础排水	当挖土深度超过地下水位时，考虑此项目，按抽水机、集水井分别列项
19	土钉支护	基础开挖时
20	基础脚手架	满堂基础或砖基础，混凝土基础高度超过 1.2m 时
21	混凝土构件模板	垫层、基础、地梁、地圈梁等混凝土构件模板

任务 4.3　基础工程的定额计量

一、土方工程的工程量计算规则

(一)场地平整的工程量计算规则

场地平整：指厚度在±30cm 以内的就地挖填找平，其工程量按建筑物首层建筑面积计算。平整场地与挖土方、填土方之间关系示意图如图 4-16 所示。

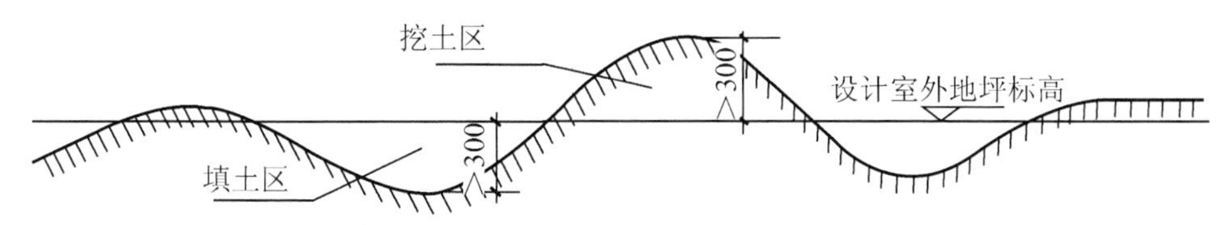

图 4-16　平整场地与挖土方、填土方之间的关系示意图

例 4-1　某单层建筑物外墙轴线尺寸如图 4-17 所示，墙厚均为 240mm，轴线坐中。试计平整场地工程量。

解　平整场地工程量=首层建筑面积：

$S = S_1 - S_2 - S_3 - S_4 = 20.34 \times 9.24 - 3 \times 3 - 13.5 \times 1.5 - 2.76 \times 1.5$

$= 154.552(\text{m}^2)$

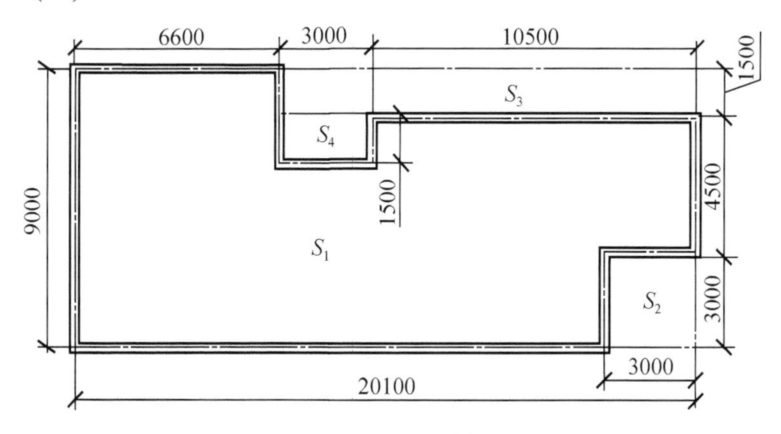

图 4-17　某单层建筑物

(二)挖土的工程量计算规则

1. 定额编制说明

根据《天津市建筑工程预算基价》的相关规定，有以下几点说明。

(1)　挖土工程，凡槽底宽度在 3m 以内且符合下列两条件之一者为挖地槽(见图 4-18)。

①　槽的长度是槽底宽度的 3 倍以上。

② 槽底面积在 $20m^2$ 以内。

不符合上述挖地槽条件的挖土为挖土方。

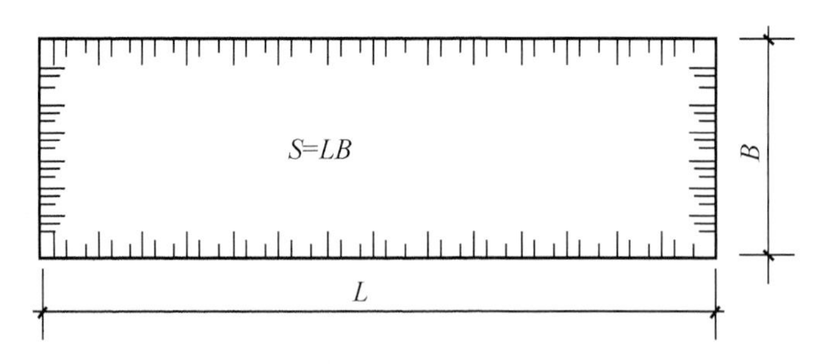

图 4-18 挖土方地槽区分示意图

若 $B\leqslant3m$ 且 $L>3B$，则为挖地槽；若 $B>3m$ 或 $S>20m^2$，则为挖土方。

土方开挖(包括回填)一律以挖掘前的天然密实体积为准计算。

(2) 垂直方向处理厚度在±30cm 以内的就地挖填找平属于平整场地，处理厚度超过30cm 属于挖土或填土工程。

(3) 湿土与淤泥(或流砂)的区分。地下静止水位以下的土层为湿土，具有流动状态的土(或砂)为淤泥(或流砂)。

(4) 基础垫层与混凝土基础按混凝土的厚度划分，混凝土的厚度在 12cm 以内者为垫层，执行垫层子目；混凝土厚度在 12cm 以上者为混凝土基础，执行混凝土基础子目。

(5) 土壤及岩石类别的鉴别方法如表 4-2 所列。

表 4-2 土壤及岩石类别鉴别方法

类 别	土壤、岩石名称及特征	鉴别方法
一般土	① 潮湿的黏性土或黄土； ② 软的盐土和碱土； ③ 含有建筑材料碎料或碎石、卵石的堆土和种植土； ④ 中等密实的黏性土和黄土； ⑤ 含有碎石、卵石或建筑材料碎料的潮湿的黏性土或黄土	用尖锹并同时用镐开挖
砂砾坚土	① 坚硬的密实黏性土或黄土； ② 含有碎石卵石(体积占 10%～30%、重量在 25kg 以内的石块)中等密实的黏性土或黄土； ③ 硬化的重壤土	全部用镐挖掘，少许用撬棍挖掘

2. 人工挖地槽的计算规则

人工挖地槽按体积以立方米计算。其中，地槽长度、外墙地槽按槽底中心线长计算；内墙地槽按槽底净长线计算；深度按图 4-19 和图 4-20 所示槽底面至室外地坪尺寸取定。现将各种地槽体积计算公式列举如下。

(1) 当挖地槽不放坡、不支挡土板时，按下式计算挖地槽，即

$$V=(a+2c)hL$$

式中：V——人工挖地槽工程量；

a——垫层宽度；

c——工作面宽度；

h——挖土深度，按自然地坪至槽底计算；

L——地槽长度，外墙地槽按外墙槽底中心线计算，内墙地槽按内墙槽底净长计算。

工作面增加宽度见表 4-3。

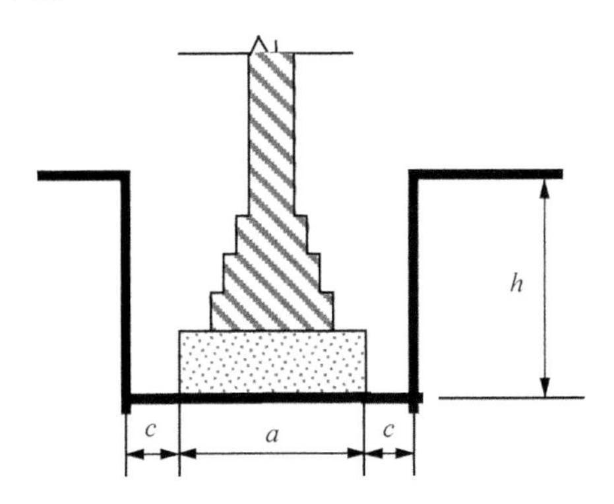

图 4-19　挖地槽不放坡、不支挡土板示意图

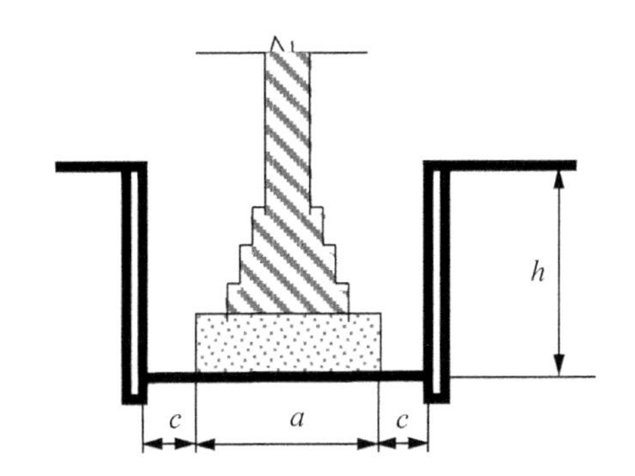

图 4-20　挖地槽不放坡、支挡土板示意图

表 4-3　工作面增加宽度表

基础工程施工项目	每边增加工作面/cm	基础工程施工项目	每边增加工作面/cm
毛石基础	15	混凝土基础或基础垫层需要支模板	30
带挡土板的挖土	10	使用卷材或防水砂浆做垂直防潮层	80

(2)　当挖地槽不放坡、支挡土板时，按下式计算挖地槽，即

$$V=(a+2c+2\times\text{挡土板厚度})hL$$

(3)　当挖地槽需要放坡时(见图 4-21)，按下式计算挖地槽，即

$$V=(a+2c+kh)hL$$

式中：a——基础底宽；

c——工作面宽度；

k——放坡系数；

h——挖土深度；

L——地槽长度。

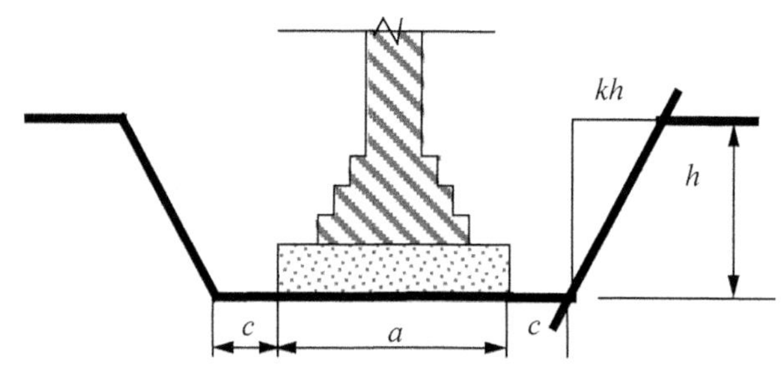

图 4-21　挖地槽放坡示意图

- 土壤的类别和挖土的深度——决定是否放坡。
- 土壤的类别和施工方法——决定放坡坡度的大小。

放坡系数表见表 4-4。

表 4-4　放坡系数表

土　质	起始深度/m	人工挖土	机械挖土	
			在坑内作业	在坑外作业
一般土	1.40	1∶0.43	1∶0.30	1∶0.72
砂砾坚土	2.00	1∶0.25	1∶0.10	1∶0.33

例 4-2　某工程如图 4-22 和图 4-23 所示，土质为一般土。试计算条形钢筋混凝土基础土石方工程量。

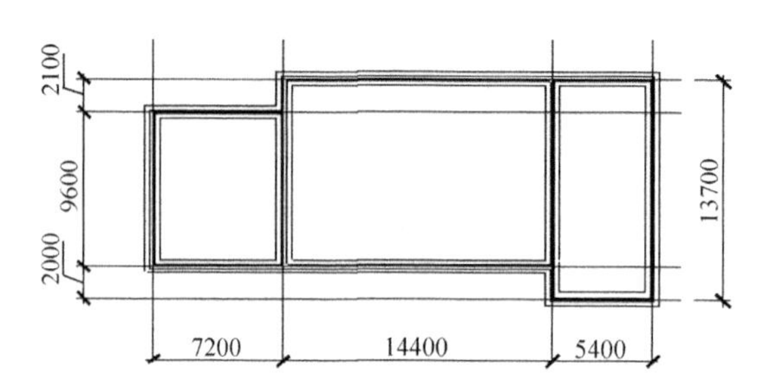

图 4-22　基础平面图

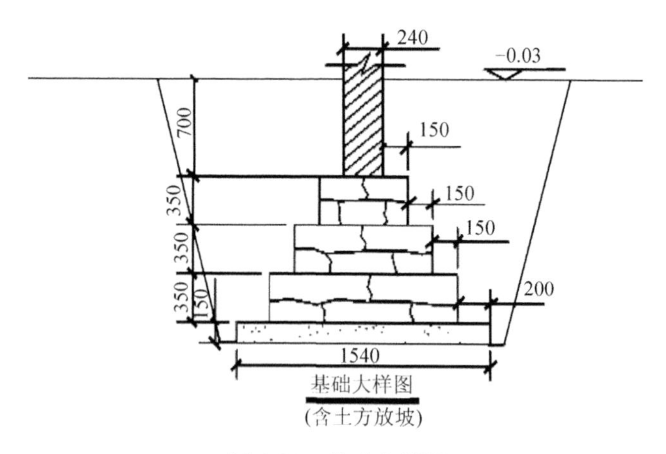

图 4-23　基础大样图

解 (1) 开挖深度：H=0.7+0.35+0.35+0.35+0.15=1.90(m)

(2) 放坡深度：h=1.9>1.40，所以需要放坡。

(3) 沟槽断面积：S= [(1.54+2×0.3+0.43×1.9)×1.9]=5.618(m^2)

(4) 沟槽长：$L_{中}$=(7.2+14.4+5.4+13.7)×2=81.40(m)

$L_{净}$=9.6−(1.54+0.6)+9.6+2.1−(1.54+0.6)=17.02(m)

(5) 挖工程量=(81.4+17.02)×5.618=552.92(m^3)

3. 人工挖土方的计算规则

人工挖土方工程量按图 4-24 所示尺寸以立方米计算(包括工作面尺寸)，现将各种情况的土方体积公式列举如下。

(1) 不放坡时，不放坡的基坑、土方分为长方形(见图 4-24(a))与圆形(见图 4-24(b))。

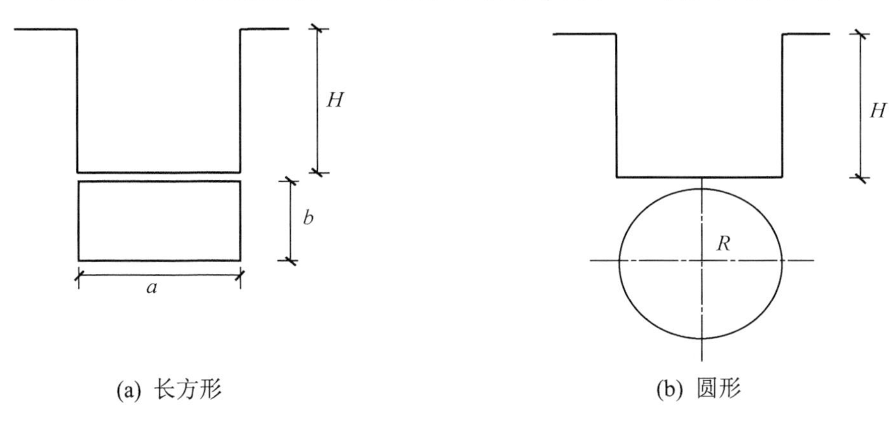

(a) 长方形　　(b) 圆形

图 4-24 不放坡基坑、土方工程量尺寸

长方形基坑、土方工程量计算公式为

$$V=abH$$

式中：V——人工挖基坑、土方体积；

a——基坑或土方长度；

b——基坑或土方宽度；

H——基坑或土方深度，按室外地坪至坑底计算。

圆形基坑、土方工程量计算公式为

$$V=\pi R^2 H$$

式中：R——基坑半径。

(2) 放坡时(见图 4-25)，按下式计算挖土方，即

$$V=\left(a+2c+kh\right)\left(b+2c+kh\right)h+\frac{1}{3}k^2h^3$$

式中：a——基坑或土方底面长度；

b——基坑或土方底面宽度；

c——工作面宽度；

k——放坡系数；

h——挖土深度。

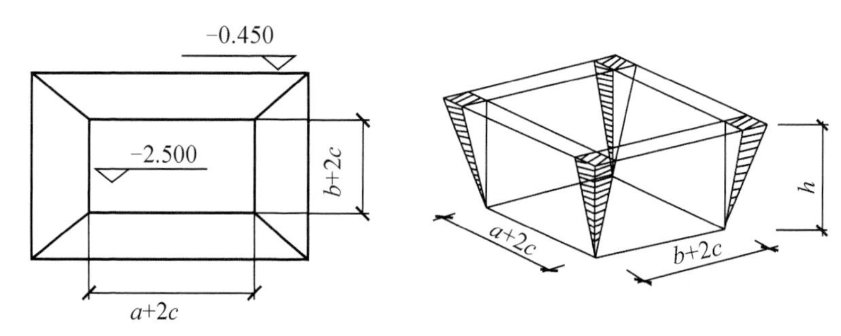

图 4-25　放坡挖土方工程量尺寸

圆形基坑、土方挖土工程量计算公式为

$$V=\pi H\frac{R^2+r^2+Rr}{3}$$

4. 机械土方

(1) 用推土机填土，推平不压实者，每立方米折成虚方 1.20m^3。

(2) 机械平整场地、场地原土碾压按图示尺寸以平方米计算。

(3) 场地填土碾压以立方米计算，原地平为耕植土者，填土总厚度按设计厚度增加 10cm。

管沟土方按设计图示以管道中心线长度计算(不扣除检查井所占长度)。有管沟设计时，平均深度以沟垫层底表面标高至交付施工场地标高计算；无管沟设计时，直埋管深度应按管底外表面标高至交付施工场地标高的平均高度计算。

5. 挖室内管沟

凡带有混凝土垫层或基础，砖砌管沟墙、混凝土沟盖板者，如需反刨槽的挖土工程量，应按设计图示的混凝土垫层或基础的宽度乘以深度，以立方米计算。

6. 原土打夯、槽底钎探工程量

以槽底面积计算。

7. 排水沟挖土按施工组织设计计算

并入挖土工程量内。

8. 原土打夯、槽底钎探工程量

以槽底面积计算。

9. 支挡土板工程量

以槽的垂直面积计算，支挡土板后，不得再计算放坡。

10. 运土、泥、石

采用机械铲推、运土方时，其运距按下列方法计算：推土机推土运距按挖方区中心至填方区中心的直线距离计算。铲运机运土运距按挖方区中心至卸土区中心距离加转向距离 45m 计算。自卸汽车运土运距按挖方区中心至填方区中心之间的最短行驶距离计算，需运

至施工现场以外的土石方，其运距需考虑城市部分路线不得行驶货车的因素，以实际运距为准。

(三)石方工程

(1) 石方开挖按设计图示尺寸以体积计算。

(2) 管沟石方按设计图示以管道中心线长度计算(不扣除检查井所占长度)。有管沟设计时，平均深度以沟垫层底表面标高至交付施工场地标高计算；无管沟设计时，直埋管深度应按管底外表面标高至交付施工场地标高的平均高度计算。

(四)土、石方回填

按设计图示尺寸以体积计算。

(1) 场地回填。回填面积乘以平均回填厚度。

(2) 室内回填。主墙间净面积乘以回填厚度。

(3) 基础回填。挖方体积减去设计室外地坪以下埋设的基础体积(包括基础垫层及其他构筑物)。

(4) 管沟回填。挖土体积减去垫层和管径大于 500mm 的管道体积。管径超过 500mm 以上时，按表 4-5 的规定扣除管道所占体积计算。

表 4-5　各种管道应减土方量表　　单位：m^3/m

管道直径/mm	501～600	601～800	801～1000	1001～1200	1201～1400	1401～1600
钢管	0.21	0.44	0.71			
铸铁管	0.24	0.49	0.77			
钢筋混凝土管	0.33	0.60	0.92	1.15	1.35	1.55

(5) 挖地槽原土回填的工程量，可按地槽挖土工程量乘以系数 0.6 计算。

(五)逆作暗挖土方工程的工程量

按围护结构内侧所包净面积(扣除混凝土柱所占面积)乘以挖土深度计算。

二、打桩工程的工程量计算规则

1. 现场振动沉管灌注桩的计算规则

现场振动沉管灌注混凝土桩、砂桩的体积，按设计桩长度与设计超灌长度之和乘以套管下端喇叭口外径(混凝土桩尖按桩尖最大外径)断面面积计算。

2. 预制桩的计算规则

(1) 打预制钢筋混凝土方桩(见图 4-26)工程量，按桩断面乘以全桩长度以立方米计算，桩尖的虚体积不扣除。混凝土管桩以米计算，混凝土管桩基价中不包括空心填充所用的工料。

(2) 送桩(见图 4-27)工程量，按桩截面乘以送桩深度以立方米计算。送桩深度为打桩机机底至桩顶之间的距离(按自然地面至设计桩顶距离另加 50cm 计算)。

(3) 打钢板桩及打导桩、安拆导向夹木的工程量一律按设计轴线以延长米计算。

(4) 打、拔钢板桩工程量以吨计算。

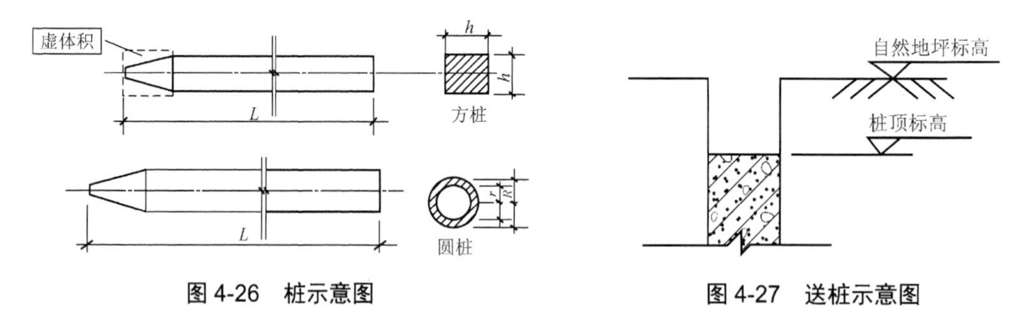

图 4-26　桩示意图　　　　图 4-27　送桩示意图

(5) 打试桩工程的人工、机械、材料消耗量按实际发生计算。

(6) 轨道式打桩机的 90° 调面，按次计算。

3. 钢筋混凝土钻孔灌注桩的计算规则

(1) 钢筋混凝土钻孔灌注桩钻孔和泥浆运输的体积按室外自然地坪至桩底的长度乘以桩断面面积计算。

(2) 钢筋混凝土钻孔灌注桩灌注混凝土的体积按设计桩长与设计超灌长度之和乘以桩断面面积计算。

(3) 打灌注混凝土桩的钢筋笼子制作，按设计钢筋用量以吨为单位计算。

4. 其他桩的计算规则

(1) 静力压桩工程项目根据设计要求，按预制桩长度以米计算。

(2) 水泥搅拌桩和高压旋喷桩的体积，按设计桩长乘以设计桩截面面积计算。

5. 地基与边坡处理的计算规则

(1) 强夯地基工程量按实际夯击面积计算，设计要求重复夯击者，应累计计算。在强夯工程的施工时，如设计要求有间隔期时，应根据设计要求的间隔期计算机械停滞费。

(2) 锚杆支护的钻孔分不同孔径以米计算。

(3) 锚杆的制作与安装按照设计要求的杆径和长度计算其质量，以吨为单位。

(4) 锚孔灌浆按照设计要求孔径以米计算。

(5) 围檩安拆按吨计算。

(6) 锚头制作安装、张拉、锁定按套计算。

6. 地下连续墙的计算规则

(1) 地下连续墙的混凝土导墙按照设计图示尺寸以体积计算，导墙所涉及的挖土、砖模、钢筋按照相应分部的计算规则计算。

(2) 地下连续墙的成槽按照设计要求的墙高乘以墙厚以体积计算。

(3) 地下连续墙的清底置换和安拔接头管按照施工方案规定以段计算。

(4) 水下混凝土灌注，按地下连续墙的中心线长度乘以高度再乘以混凝土厚度，以立

方米计算。

三、基础混凝土工程的工程量计算规则

(一)项目的界定

(1) 基础垫层与混凝土基础按混凝土的厚度划分，混凝土的厚度在 12cm 以内者执行垫层子目；厚度在 12cm 以外者执行基础子目。

(2) 有梁式带形基础，其梁高(指基础扩大顶面以上部分的高度)与梁宽之比在 4∶1 以内的按有梁式带形基础计算；超过 4∶1 时，其基础底板按无梁式基础计算，以上部分按墙计算。

(3) 满堂基础分为无梁式和有梁式。如底板下有打桩者，仍执行本基价，其中桩头处理按第一分部中有关规定执行。

(4) 桩承台基价中包括剔凿高度在 10cm 以内的桩头剔凿用工，剔凿高度超过 10cm 时，按第一分部有关规定计算，本分部中包括的剔凿用工不扣除。

(二)混凝土垫层的工程量计算规则

混凝土垫层(模板另列项目计算)的工程量按图示尺寸以体积计算，即

混凝土垫层工程量=垫层长×垫层宽×垫层厚

其中：对于带形基础垫层长，外墙垫层长取外墙垫层中心线，内墙垫层长取内墙垫层净长，独立、满堂红等基础垫层长按图示尺寸；垫层宽和厚按图示尺寸。

(三)钢筋混凝土基础的工程量计算规则

钢筋混凝土基础(模板、钢筋另列项目计算)的工程量按图示尺寸以体积计算。带形基础、独立基础、杯形基础、满堂基础、桩承台基础应分别列项计算工程量。

1. 带形基础

(1) 无梁式带形基础(见图 4-28)。

无梁式带形基础工程量=基础长×截面面积

式中：基础长——外墙基础取外墙基础中心线，内墙基础取内墙基础净长。

截面面积=$Bh_1+(B+b)h_2\div2$

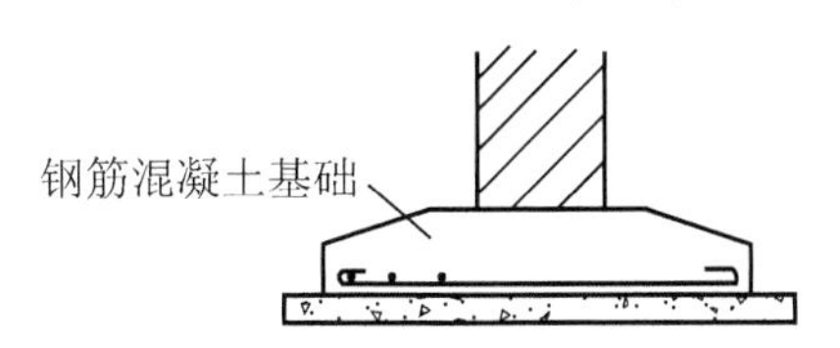

图 4-28　无梁式带形基础

(2) 有梁式带形基础(见图 4-29)。有梁式带形基础，其梁高(指基础扩大顶面以上部分的高度)与梁宽之比在 4∶1 以内的按有梁式带形基础，超过 4∶1 时，其基础底板按无梁式基础计算，以上部分按墙计算。

有梁式带形基础计算方法同无梁式，有

$$截面面积= Bh_1+(B+b)h_2\div2+bh_3$$

对于基础的 T 形连接部位，有

$$V_T=V_1+V_2$$
$$V_1=Lbh_3$$
$$V_2=h_2L(2b+B)/6$$

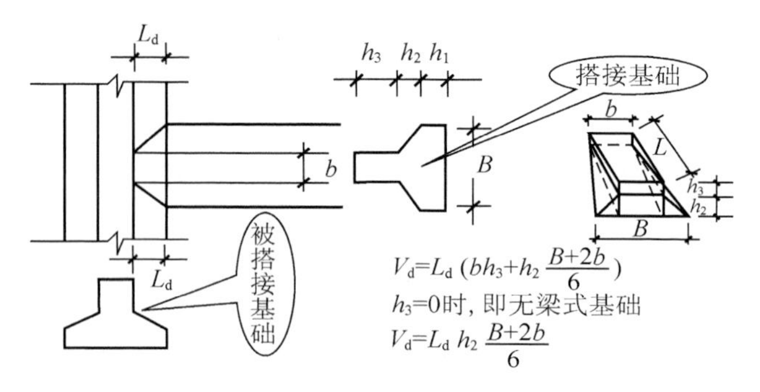

图 4-29　有梁式带形基础示意图

2. 独立基础

(1) 阶梯形基础(见图 4-30)，有

$$V=\sum 各阶(长\times宽\times高)$$

(2) 锥台形基础(见图 4-31)，有

$$V = abh + \frac{h_1}{6}\left[ab + \left(a + a_1\right) + \left(b + b_1\right) + a_1b_1\right]$$

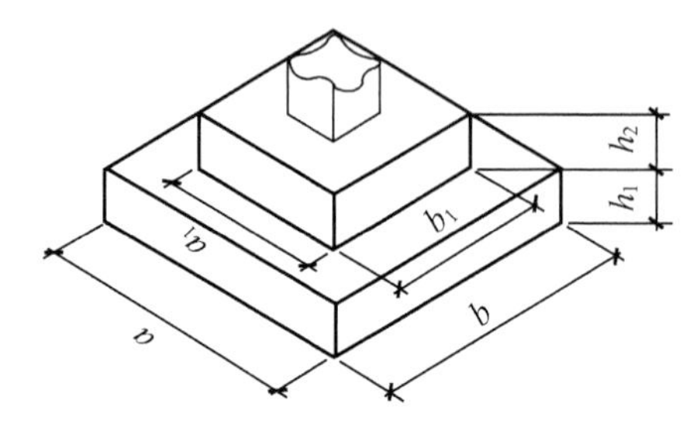

图 4-30　阶梯形基础示意图

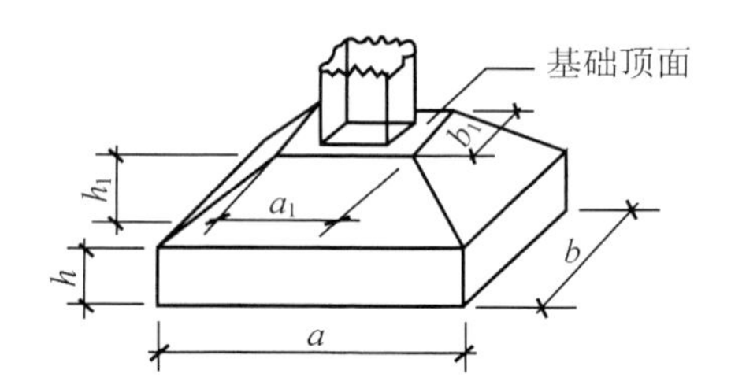

图 4-31　锥台形基础示意图

3. 杯形基础

杯形基础(见图 4-32)体积由 4 部分构成，即上部矩形体积 V_1、下部矩形体积 V_2、基础杯颈部分体积 V_3 和杯口槽体积 V_4。因此，有

$$V=V_1+V_2+V_3-V_4$$

其中，基础杯颈部分体积为

$$V_3 = \frac{1}{3}H \times (S_1 + S_2) \times \sqrt{S_1S_2}$$

式中：H——杯颈部分高度；

S_1——上底面积；

S_2——下底面积。

杯口槽体积计算同杯颈部分体积。

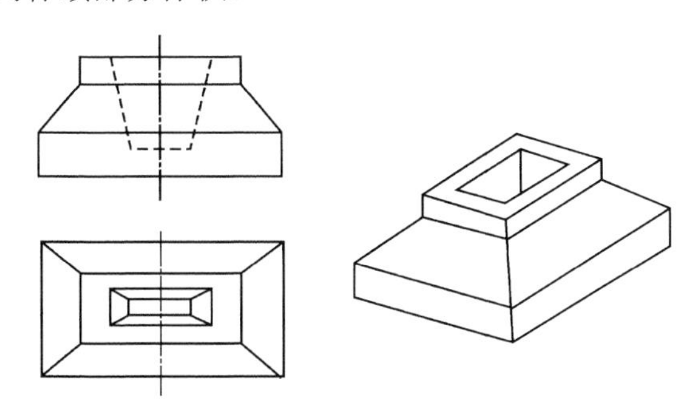

图 4-32　杯形基础示意图

4. 满堂基础

有梁式满堂基础如图 4-33 所示。

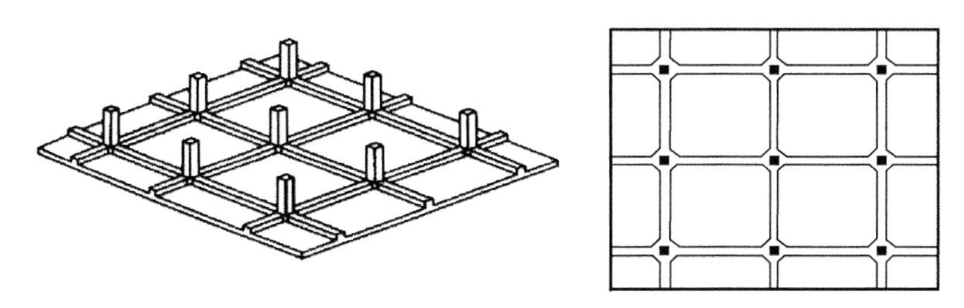

图 4-33　有梁式满堂基础示意图

有梁式满堂基础体积=(基础板面积×板厚)+(梁截面面积× 梁长)

无梁式满堂基础体积=底板长×底板宽×板厚

5. 桩承台基础

桩承台基础(见图 4-34)截面形式多种多样，其工程量按设计图示尺寸以实体积计算。基价中包括剔凿高度在 10cm 以内的桩头剔凿用工。

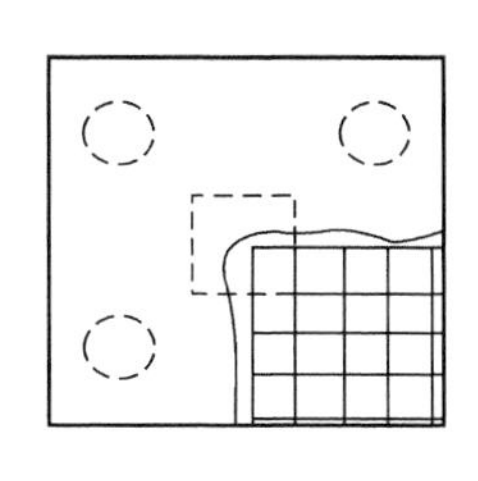

(a) 矩形承台

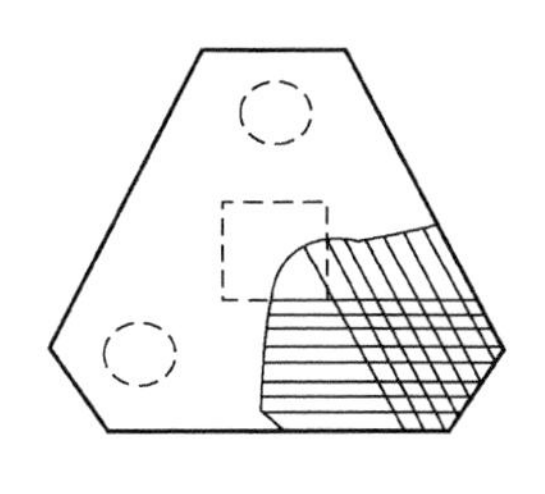

(b) 三桩承台

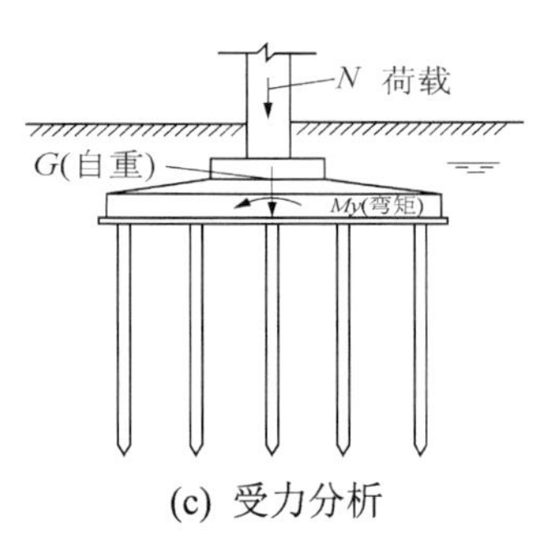

(c) 受力分析

图 4-34　桩承台基础示意图

例 4-3 试计算图 4-35 所示独立基础的工程量。垫层为 C10 的素混凝土，独立基础为 C40 的钢筋混凝土(基础双向尺寸相同)，土质为一般土。

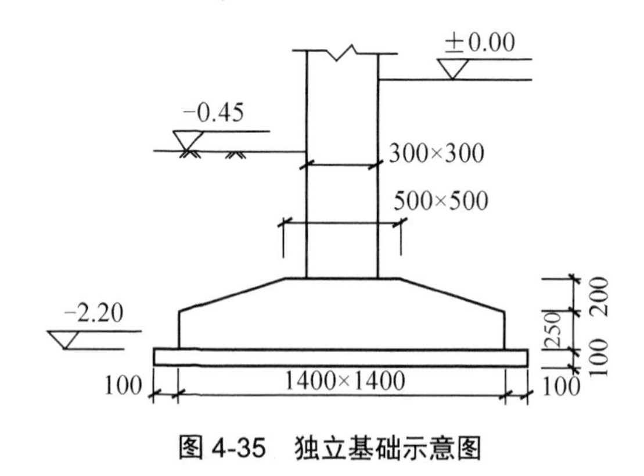

图 4-35 独立基础示意图

解 人工挖土方：工程量为$(1.6+2\times0.3+0.43\times1.85)^2\times1.85+1/3\times0.43^2\times1.85^3=17(m^3)$

混凝土垫层：工程量为 $1.6\times1.6\times0.1=0.256(m^3)$

C40 基础：工程量为$[1.4\times1.4\times0.25+0.2\div6\times(0.5\times0.5+1.4\times1.4+1.9\times1.9)]\times30=0.684(m^3)$

四、基础砌筑工程的工程量计算规则

1. 基础与墙(柱)身的划分

(1) 基础与墙(柱)身使用同一种材料时，以首层设计室内地坪为界，设计室内地坪以下为基础，以上为墙(柱)身。

(2) 基础与墙(柱)身使用品种不同材料时，按不同材料的变化处为分界线。

(3) 页岩标砖、石围墙，以设计室外地坪为界线，设计室外地坪以下为基础，以上为墙身。

2. 工程量计算规则

页岩标砖基础、毛石基础按设计图示尺寸以体积计算。包括附墙垛基础宽出部分体积，扣除钢筋混凝土地梁(圈梁)、构造柱所占体积，不扣除基础大放脚 T 形接头处的重叠部分及嵌入基础内的钢筋、铁件、管道、基础砂浆防潮层和单个面积 $0.3m^2$ 以内的孔洞所占体积，靠墙暖气沟的挑檐不增加。基础长度：外墙按中心线长度；内墙按净长计算。砌基础大放脚增加断面面积按表 4-6 计算。

表 4-6 砌基础大放脚增加断面计算表 单位：m^2

放脚层数	增加断面		放脚层数	增加断面	
	等 高	不 等 高		等 高	不 等 高
一	0.01575	0.01575	四	0.15750	0.12600
二	0.04725	0.03938	五	0.23625	0.18900
三	0.09450	0.07875	六	0.33075	0.25988

砖基础工程量=(基础墙面积+大放脚增加断面面积)×基础墙长−构造柱及地梁体积

式中：基础墙长——外墙按外墙中心线长度计算，内墙按内墙基础净长计算。

基础墙面积=实砌高度×计算厚度

实砌高度=混凝土基础上皮至首层地面−减地圈梁厚−减防水砂浆厚

厚度按表 4-7 计算。

表 4-7　标准砖墙的厚度

砖数(厚度)	1/4	1/2	3/4	1	1.5	2	2.5	3
计算厚度/mm	53	115	180	240	365	490	615	740

大放脚增加断面面积=方格数×方格面积

等高大放脚如图 4-36 所示，其中尺寸 62.5×126 为一个方格，方格面积=0.0625×0.126=0.007875(m^2)。

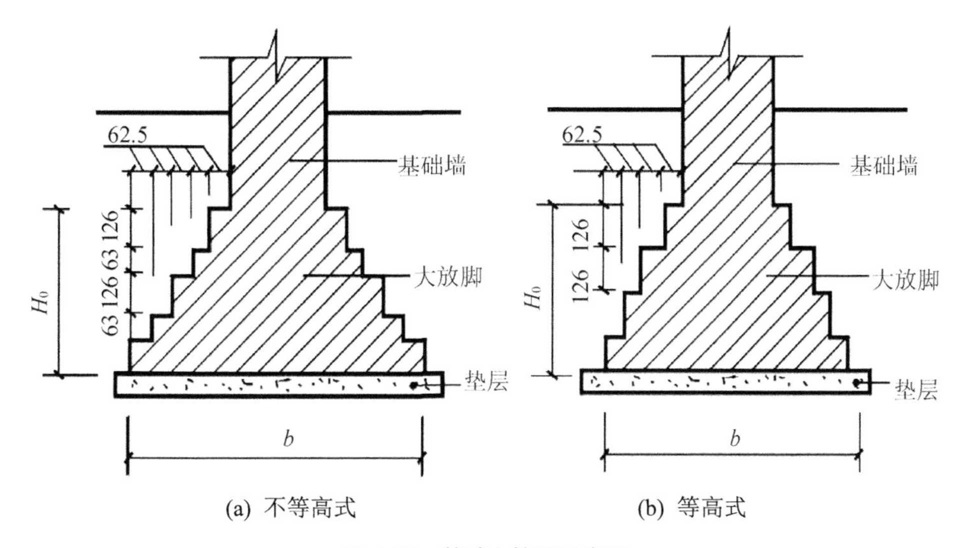

(a) 不等高式　　(b) 等高式

图 4-36　基础大放脚示意图

砖基础大放脚增加断面面积可按表 4-6 计算。

例 4-4　根据图 4-37 所示基础施工图的尺寸，试计算砖基础的工程量(基础墙厚为 240mm，其做法为 3 层等高大放脚)。

解　基础与墙身由于采用同一种材料，以室内地坪为界，基础高度为 1.8m。根据计算规则的要求，有

外墙砖基础长：$L = [(4.5+2.4+5.7)+(3.9+6.9+6.3)]\times2 = 59.4$(m)

内墙砖基础长：$L= (5.7-0.24)+(8.1-0.24)+(4.5+2.4-0.24)+(6+4.8-0.24)+(6.3-0.12+0.12)=$ 36.84 (m)

查表 4-6 得：3 层等高大放脚增加断面面积为 0.0945m^2。

则砖基础的工程量为：$V=(0.24\times1.8+0.0945)\times(59.4+36.84)= 50.6$(m³)

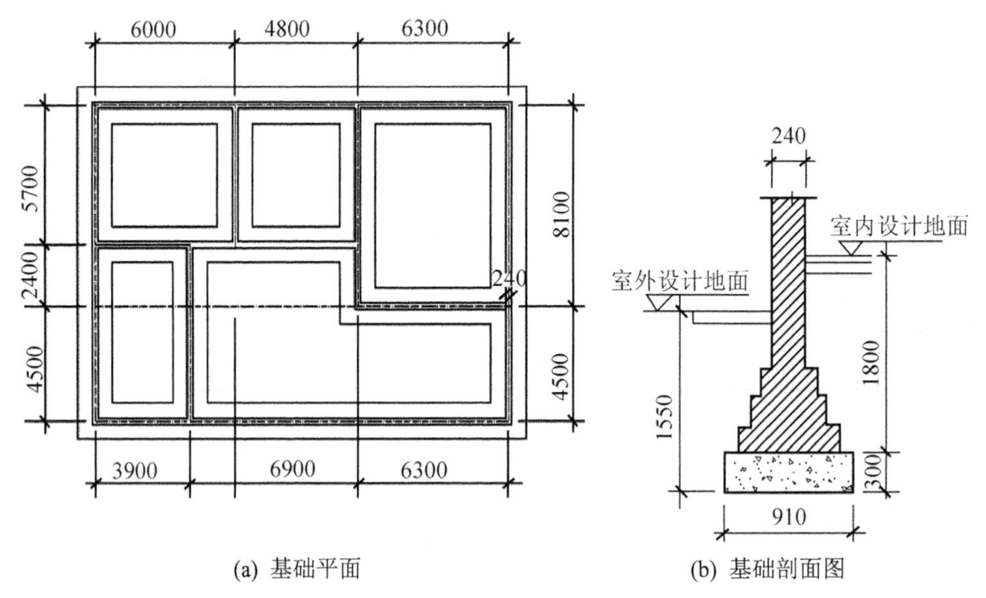

(a) 基础平面　　(b) 基础剖面图

图 4-37　基础图

五、其他工程的工程量计算规则

1. 防潮层的工程量计算规则

防潮层可分为水泥砂浆防潮层(工程量按实抹面积计算)和钢筋混凝土地圈梁(按图示尺寸以体积计算，模板、钢筋另列项目计算)。

2. 地基强夯的工程量计算规则

强夯地基工程量按实际夯击面积计算，设计要求重复夯击者，应累计计算。在强夯工程施工时，如设计要求有间隔期时，应按设计要求的间隔期计算机械停滞费。

3. 基础处理的工程量计算规则

基础处理指在混凝土垫层以下填土、石屑或砂子等材料，其工程量应按不同分层材料以体积计算，分别套用预算基价。

4. 基础防水的工程量计算规则

基础防水用在有地下室的工程中，其工程量按图示尺寸以面积计算。

5. 设备基础的工程量计算规则

(1) 框架式设备基础，分别按基础、柱、梁、板等相应基价计算，楼层上的钢筋混凝土设备基础按有梁板子目计算。

(2) 设备基础的钢制螺栓固定架应按铁件以吨计算；木制设备螺栓套按个计算。

设备基础如图 4-38 所示。

(3) 设备基础二次灌浆按体积以立方米计算。

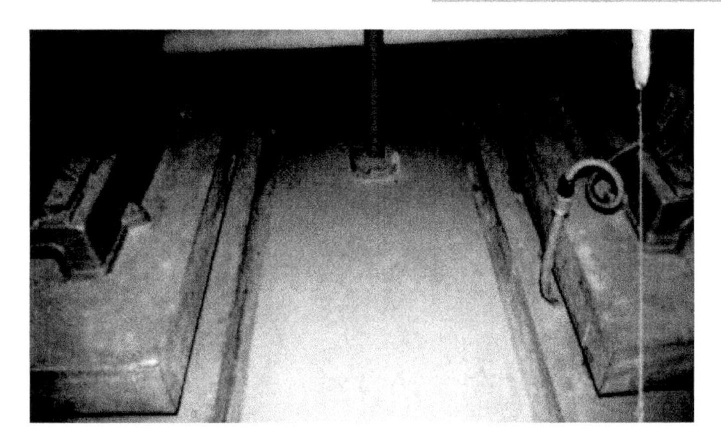

图 4-38　设备基础

6. 地基填土的工程量计算规则

地基回填工程量按回填面积乘以平均回填厚度以体积计算。

7. 地下连续墙的工程量计算规则

地下连续墙的混凝土导墙按照设计图示尺寸以体积计算，导墙所涉及的挖土、砖模、钢筋应分别列项计算工程量；地下连续墙的成槽按照设计要求的墙高乘以墙厚以体积计算；清底置换和安拔接头管按施工规定方案以段计算；水下混凝土灌注按地下连续墙的中心线长度乘以高度再乘以混凝土厚度以体积计算。

8. 锚杆支护的工程量计算规则

锚杆支护的钻孔分不同孔径以米计算；锚杆的制作与安装按照设计要求的杆径和长度计算其质量，以吨为单位；钻孔灌浆按设计要求孔径以米计算；围檩安拆按吨计算；锚头制作安装、张拉、锁定按套计算。

9. 振冲灌注碎石的工程量计算规则

碎石桩的体积，按设计规定的桩长(包括桩尖不扣除桩尖虚体积)乘以钢管管箍外径截面面积计算。

10. 基础排水的工程量计算规则

基础排水，当挖土深度超过地下水位时，抽水机和集水井应分别列项计算。

基础集水井以座计算，大口径按累计井深以米计算；抽水机抽水以台班计算，昼夜连续作业时，一昼夜按 3 台班计算。

11. 土钉支护的工程量计算规则

按施工组织设计规定的钻孔入土(岩)深度以米计算。

12. 基础脚手架的工程量计算规则

基础脚手架(满堂基础或砖基础、混凝土基础高度超过 1.2m 时应列此项)工程量按槽底面积计算。套用钢筋混凝土基础脚手架基价。

13. 混凝土模板的工程量计算规则

混凝土构件按照垫层、带形基础、独立基础、满堂基础、基础梁、地圈梁、加筋带等按照其体积计算模板工程量。

任务4.4　基础工程的定额计价

一、基础工程分部分项工程费的计算

1. 定额基价的选用

(1) 直接套用定额基价。当分项工程的设计要求与定额基价内容完全相同时，可以直接套用。判定方法：将施工图纸设计的工程内容、技术特征、施工方法和材料规格等与定额基价内容进行一一对照。

(2) 换算定额单价。当分项工程的设计要求与定额内容不完全相同但定额有要求时，可以根据定额基价说明或计算规则或附录、附注、附表在规定的范围内进行换算。

(3) 编制补充定额基价。当分项工程的实际要求无法直接套用定额基价，也无法进行定额基价换算时，应编制补充定额基价。

2. 分部分项工程计价

分部分项工程计价表见表4-8。

$$\text{基础工程的分项工程计价}=\sum(\text{分部分项工程量}\times\text{选定相应定额单价})$$

表4-8　分部分项工程计价(预算子目)

序号	定额编号	子目名称	单位	工程量	单价	合价	其中/元				工日合计
							人工费	材料费	机械费	管理费	
合　计											

注：以下为填表说明。
序号——分项工程的序号。
定额编号——分项工程查找对应的定额编号。
子目名称——分项工程名称(一般填定额中的项目)。
单位——扩大定额单位，如$100m^2$、$10m^3$等。
工程量——计算出的分项工程的工程量除以扩大定额单位。
单价——定额预算基价中的总价。
合价——用表中的单价乘以表中的工程量。
人工费——用定额预算基价中的人工费乘以表中的工程量。
材料费——用定额预算基价中的材料费乘以表中的工程量。
机械费——用定额预算基价中的机械费乘以表中的工程量。
管理费——用定额预算基价中管理费乘以表中的工程量。
工日合计——用定额中的综合工乘以表中的工程量。

二、基础工程措施费的计算

1. 施工组织措施费的内容

其包括安全文明施工措施费(含环境保护、文明施工、安全施工、临时设施)、冬雨季施工增加费、夜间施工措施费、非夜间施工照明费、二次搬运措施费、竣工验收存档资料编制费等。

2. 施工组织措施费的计算

(1) 安全文明施工措施费(含环境保护费、文明施工、安全施工、临时设施)按照表 4-9 采用超额累进计算法计算，其中人工费占 16%。

表 4-9　安全文明施工措施费

类　型	分部分项工程费中人工费、材料费、机械费合计/万元				
	≤2000	≤3000	≤5000	≤10000	>10000
	环境保护费、文明施工、安全施工、临时设施/%				
住宅	4.16	3.37	3.0	2.29	2.08
公建	2.97	2.41	2.14	1.63	1.49
工业建筑	2.42	1.96	1.74	1.33	1.21
其他	2.37	1.92	1.71	1.30	1.19

(2) 冬雨季施工增加费：冬雨季施工增加费=计算基数×0.9%。

计算基数为分部分项工程费中人工费、材料费、机械费及可以计量的措施项目费中人工费、材料费、机械费合计，其中人工费占 55%。

(3) 夜间施工增加费：每工日夜间施工增加费按 29.81 元计算。

其中人工费占 90%。

(4) 非夜间施工照明费：非夜间施工照明费=封闭作业工日之和×80%×13.81 元/工日人工费占 78%。

(5) 二次搬运措施费按现场总面积与新建工程首层建筑面积的比例，以预算基价中材料费合计为基数乘以相应的二次搬运措施费费率计算，见表 4-10。

表 4-10　二次搬运措施费费率

序号	1	2	3	4	5
施工现场总面积/新建工程首层建筑面积	>4.5	3.5～4.5	2.5～3.5	1.5～2.5	<1.5
二次搬运措施费费率	0.0%	1.3%	2.2%	3.1%	4.0%

(6) 竣工验收存档资料编制费以直接工程费合计为基数乘以系数计算(参考系数 0.1%)。直接工程费合计是指分部分项工程工程量清单计价表或施工图预算计价表的人工费、材料费和施工机械费合计。

三、基础工程其他费用的计算

1. 规费的计算

规费是指政府和有关权力部门规定必须缴纳的费用。规费以直接费中的人工费合计为基数，费率按44.21%计算。

直接费人工费=预算子目计价人工费合计+施工措施费人工费合计

2. 利润的计算

利润是指施工企业完成所承包工程获得的盈利。利润中包含的施工装备费按表4-11和表4-12所列比例计提，投标报价时不参与报价竞争。

表4-11　建筑工程利润率

单位：%

工程类别	一类	二类	三类	四类
利润率	12.0	10.0	7.5	4.5
其中：施工装备费费率	3.0	3.0	2.0	1.0

表4-12　建筑工程类别划分标准

项　目			一　类	二　类	三　类	四　类
单层厂房	跨度/m		>27	>21	>12	≤12
	面积/m^2		>4000	>2000	>800	≤800
	檐高/m		>30	>20	>12	≤12
多层厂房	主梁跨度/m		≥12	>6	≤6	
	面积/m^2		>8000	>5000	>3000	<3000
	檐高/m		>36	>24	>12	≤12
住宅	层数/层		>24	>15	>6	≤6
	面积/m^2		>12000	>8000	>3000	<3000
	檐高/m		>67	>42	>17	≤17
公共建筑	层数/层		>20	>13	>5	≤5
	面积/m^2		>12000	>8000	>3000	<3000
	檐高/m		>67	>42	>17	≤17
构筑物	烟囱	高度/m	>75	>50	≤50	
	水塔	高度/m	>75	>50	≤50	
	筒仓	高度/m	>30	>20	≤20	
	储池	容积/m^3	>2000	>1000	>500	<500
独立地下车库	层数/层		>2	2	1	1
	面积/m^2		>10000	>5000	>2000	<2000

注：(1) 以上各项工程分类标准均按单位工程划分。

(2) 工业建筑、民用建筑，凡符合标准表中两个条件方可执行本类标准(构筑物除外)。

(3) 凡建筑物带地下室者，应按自然层计算层数。

(4) 工业建设项目及住宅小区的道路、下水道、花坛等按四类标准执行。

(5) 凡政府投资的行政性用房以及政府投资的非营利工程，最高按三类执行。

(6) 凡施工单位自行制作兼打桩工程，桩长小于20m为三类，桩长大于20m为二类。

3. 税金的计算

税金是指国家税法规定的应计入建筑工程造价内的营业税、城市维护建设税、教育费附加及防洪工程维护费。税金以税前总价为基数，工程项目所在地在市区的按3.51%计算，工程项目所在地不在市区的按3.44%计算。

四、基础工程的计价程序

工程造价的计价程序如表4-13所列。

表4-13　工程造价的计价程序(建筑工程)

序　号	费用项目名称	计算方法
(1)	施工图预算子目计价合计	∑(工程量×编制期预算基价)
(2)	其中：人工费	∑(工程量×编制期预算基价中人工费)
(3)	施工措施费合计	∑施工措施项目计价
(4)	其中：人工费	∑施工措施项目计价中人工费合计
(5)	小计	(1)+(3)
(6)	其中：人工费小计	(2)+(4)
(7)	规费	(6)×44.21%
(8)	利润	(6)×相应利润率
(9)	税金	[(5)+(7)+(8)]×相应税率
(10)	含税造价	(5)+(7)+(8)+(9)

五、基础工程计量与计价案例(按照附录一综合楼图纸计算)

1. 基础分部分项工程量实例计算(见表 4-14)

表 4-14　基础分部分项工程量实例计算

序号	定额编号	项目名称	工程内容	单位	工程量计算式	计算结果
1	1-1	场地平整	人工平整场地	m^2	(42.6+0.1)×(13.8+0.1)=593.53	593.53
2	1-21	挖土机挖一般土	挖土机大开挖土方	m^3	H=1.8−0.3=1.5 K=0.43 V=(42.8+0.85+0.108+0.4+0.025+2×0.1+2×0.3+0.43×1.5)×(14+0.8+0.8+2×0.1+2×0.3+0.43×1.5)×1.5+1/3×0.43^2×1.5^3=1166.8	1166.8
3	1-11	槽底钎探	槽底钎探	m^2	(42.8+0.85+0.108+0.4+0.025+2×0.1+2×0.3)×(14+0.8+0.8+2×0.1+2×0.3)=737.72	737.72
4	1-71	C10 混凝土垫层	C10 素混凝土厚度 10 cm	m^3	1—1：(0.8+0.2)×(0.8+0.2)×0.1×4=0.4 2—2：(2.2+0.2)×(0.8+0.2)×0.1×4=0.96 3—3：[1/2×(0.462+0.2+2.2+0.2) ×(1.505+0.1)+(2.2+0.2)×(0.508+0.1)]×0.1×9=3.52 4—4：(2.2+0.2)×(2.2+0.2)×0.1×3=1.728 5—5：(2.2+0.2)×(3.224+0.2)×0.1×2=1.64 6—6：(3.6+0.2)×(2.2+0.2)×0.1×2=1.824 地梁垫层： [(11.9−0.2×2)+(10.5−0.2×2)+(7.865−0.2×2)+(8.89−0.2×2)+(7.865−0.2×2)+(8.4−0.2×2)]×0.45×0.1+(9−0.2×2) ×0.45×0.1+0.45×0.24/2×0.1×2=4.91 (29.8−0.2×7) ×0.5×0.1+0.5×0.27/2×0.1×8=1.47 (25.4−0.2×7) ×0.5×0.1=1.2 (51.59−0.2×9) ×0.5×0.1=2.49	20.14

续表

序号	定额编号	项目名称	工程内容	单位	工程量计算式	计算结果
5	4-9	桩承台基础	C30 现浇混凝土桩承台基础	m^3	CT1：0.8×0.8×0.6×4=1.536 CT2：2.2×0.8×0.6×4=4.224 CT3：[1/2×(0.462+2.2) ×(1.105+0.4)+2.2×0.508] ×0.65×9=18.24 CT4：2.2×2.2×0.65×3=9.438 CT5：2.2×3.224×0.65×2=9.22 CT6：3.6×2.2×0.65×2=10.296 合计：52.95	52.95
6	3-1	砖基础	页岩标砖基础，现场搅拌砂浆	m^3	L=(42.8−0.5×8)×3+(14−0.5×3)×3+(14−0.6×3)×5+(13.8−0.15×2+0.06×2−0.24)×3+(1.55+0.2+1.65+0.2+1.6−0.15−0.05+0.03×2)=259.38 V=0.24×0.88×259.38=54.78 应扣除的构造柱：0.2×0.2×0.88×43+0.2×0.5×0.88×8=1.86 54.78−1.86=52.92	52.92
7	4-24	基础梁	C30 钢筋混凝土基础地梁	m^3	DL1：[(6.5−0.55−0.4)+(7.3−0.4−0.55)] ×0.25×0.55=1.64 (①轴) [(6.5−0.55−1.1)+(7.3−1.1−0.55)] ×0.25×0.55=1.44 (②轴) [13.8−(1.505−0.15)×2−3.225] ×0.25×0.55=1.08 (③轴) (13.8−1.3−1.3−2.2)×0.25×0.55+0.25×0.144/2×2=1.26 (⑧轴) [13.8−(1.505−0.15)×2−2.2] ×0.25×0.55=1.22 (⑦轴) [13.8−(1.505−0.15)×2−3.225] ×0.25×0.55=1.08 (⑥轴) [(6.5−1.3−1.8)+(1.55+0.2+1.65+0.2+1.6+0.1−0.15×2)] ×0.25×0.55=1.155 DL2：[(42.8−0.1−0.55−0.8−2.2×4−2.2−0.55) ×0.3×0.55+0.3×0.173/2×8] ×2=10.25 DL3：[42.8−1.25−0.8−2.2×5−(5.3−1.1×2)−1.505+0.025] ×0.3×0.55=4.19 DL4：[(13.8−0.15×2−0.3) ×2+(5.3−2.2)+(7.3−0.15×2)+(14+0.05−1.505−3.6+0.05−1.505)+(13.8−1.3×2−3.6)] ×0.3×0.55=8.51 合计：31.83	31.83
8	1-59	回填土	原土回填	m^3	1166.8−20.14−52.95−0.24×0.8×259.38−31.83−0.5×0.5×(1.1−0.3)×6−0.5×0.5×(1.05−0.3)×3−0.5×0.6×(1.05−0.3)×15=1006.68	1006.68

2. 基础分部分项工程计价(预算子目)(见表 4-15)

表 4-15 基础分部分项工程计价

序号	定额编号	子目名称	单位	工程量	单价	合价	其中/元				工日合计
							人工费	材料费	机械费	管理费	
1	1-1	人工平整场地	100m^2	5.9353	519.87	4674.62	2856.60			228.98	46.83
2	1-21	挖土机挖一般土	1000 m^3	1.1668	4342.07	5982.11	1127.41		3585.70	353.21	18.48
3	1-11	槽底钎探	100m^2	7.3772	380.84	4256.42	2601.05			208.48	42.64
4	1-71	C10 混凝土垫层	10 m^3	2.014	4938.78	11455.83	1605.70	8175.89	33.90	131.21	26.32
5	4-9	桩承台基础	10m^3	5.295	6431.68	40475.63	8133.91	24649.02	25.89	1246.92	105.64
6	3-1	砖基础	10m^3	5.292	4722.46	29219.83	4963.16	19177.89	274.13	571.85	64.46
6	4-24	基础梁	10m^3	3.183	5588.48	20311.52	2502.38	14873.08	25.27	387.40	32.50
7	1-49	回填土	10m^3	100.668	161.43	23673.77	13509.65		1343.92	1195.94	221.47
合计						140049.73	37299.86	66875.88	5288.81	4323.99	558.34

3. 基础措施项目(见表 4-16)

表 4-16　基础措施项目

序号	定额编号	子目名称	单位	工程量	单价	合价	其中/元				工日合计
							人工费	材料费	机械费	管理费	
1	13-1	混凝土垫层模板	$10m^3$	2.014	934.60	2561.76	1087.10	628.49	23.42	163.42	14.12
2	13-12	桩承台基础模板	$10m^3$	5.295	1185.05	8132.84	2919.24	2704.63	204.86	446.10	37.91
3	13-22	基础梁模板	$10m^3$	3.183	4324.43	17982.77	6703.24	5536.80	498.87	1025.75	87.06

4. 施工图预(结)算计价表(见表 4-17)

表 4-17 施工图预(结)算计价表

专业工程名称：______________

序号	编码	项目名称	计量单位	工程量	金额/元		
					单价	合价	其中：人工费
1	1-1	人工平整场地	$100m^2$	5.9353	519.87	4674.62	2856.60
2	1-21	挖土机挖一般土	$1000m^3$	1.1668	4342.07	5982.11	1127.41
3	1-11	槽底钎探	$100m^3$	7.3772	380.84	4256.42	2601.05
4	1-71	C10 混凝土垫层	$10m^3$	2.014	4938.78	11455.83	1605.70
5	4-9	桩承台基础	$10m^3$	5.295	6431.68	40475.63	8133.91
6	3-1	砖基础	$10m^3$	5.292	4722.46	29219.83	4963.16
7	4-24	基础梁	$10m^3$	3.183	5588.48	20311.52	2502.38
8	1-49	回填土	$10m^3$	100.668	161.43	23673.77	13509.65
本页小计						140049.73	37299.86
本表合计[结转至施工图预(结)算计价汇总表]							140049.73

5. 基础施工措施费(一)计价(见表 4-18)

表 4-18 基础施工措施费(一)计价　　单位：元

序号	定额编号	措施费名称	计算基础	人工费	合价
一		措施项目(一)计价		520.18	3380.87
1		安全文明施工措施费	分部分项工程费中的人工费、材料费、机械费合计	520.18	3251.10
2		冬雨季施工增加费			
3		夜间施工增加费			
4		非夜间施工照明费			
5		二次搬运措施费			
6		竣工验收存档资料编制费	分部分项工程费中的人工费、材料费、机械费和可计量措施项目费中的人工费、材料费、机械费		129.77

6. 基础施工措施费(二)计价(见表 4-19)

表 4-19　基础施工措施费(二)计价

单位：元

序号	定额编号	措施费名称	计算基础	人工费	合价
		措施项目(二)计价		10709.58	28677.37
1		施工排水、降水措施费			
2		脚手架措施费			
3		混凝土模板及支架措施费			
	13-1	支拆现浇混凝土垫层模板		1087.10	2561.76
	13-12	支拆现浇钢筋混凝土桩承台基础模板		2919.24	8132.84
	13-22	支拆现浇混凝土基础梁模板		6703.24	17982.77
4		混凝土泵送费			
5		垂直运输费			
合计施工措施费(一)计价与施工措施费(二)计价合计				11229.76	32058.24

7. 基础定额计价程序汇总(见表 4-20)

表 4-20　基础定额计价程序汇总

序号	费用名称	计算基础	计 算 式	金额/元
(1)	施工图预算子目计价合计	定额直接费	∑(工程量×编制期预算基价)	140049.73
(2)	其中：人工费	人工费	∑(工程量×编制期预算基价中人工费)	37299.86
(3)	施工措施费合计	施工措施项目费用合计	∑施工措施项目计价	32058.24
(4)	其中：人工费	人工费	∑施工措施项目计价中人工费合计	11229.76
(5)	小计	(1)+(3)	(1)+(3)	172107.97
(6)	其中：人工费小计		(2)+(4)	48529.62
(7)	规费	(2)+(4)	(6)×44.21%	21454.95
(8)	利润	(5)+(7)	[(5)+(7)]×7.5%	12908.10
(9)	税金	(5)+(7)+(8)	[(5)+(7)+(8)]×3.51%	7247.13
(10)	含税造价		(5)+(7)+(8)+(9)	213718.15

习　　题

4-1　什么条件下采用人工挖土方定额？

4-2　人工凿石沟槽、基坑定额有无深度限制？如果超深怎么进行定额？

4-3　桩基础工程定额有哪些内容?

4-4　砖基础与砖墙的分界在哪里?

4-5　某工程打预制方桩 160 根，设计桩长 12m(其中桩尖长 0.15m)，桩截面 400mm×400mm。试计算打桩工程量。

4-6　如图 4-39 所示，计算现浇钢筋混凝土杯形基础(方底)工程量。

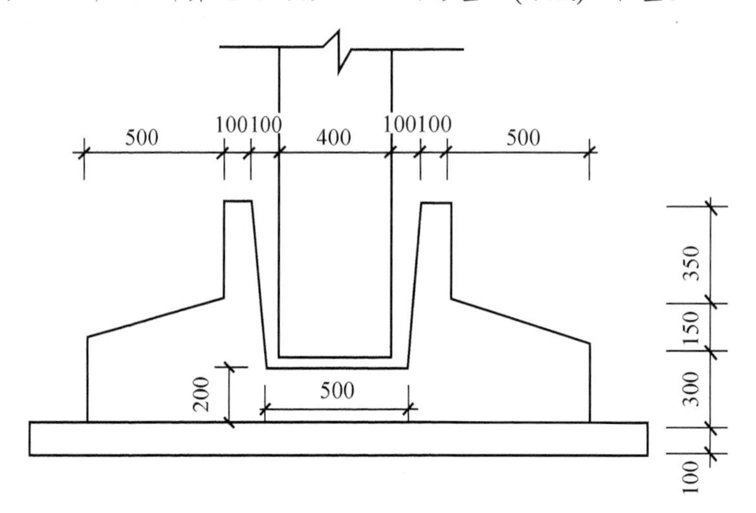

图 4-39　杯形基础

4-7　按照附录二“综合练习用图”、附录四“定额计价法实训手册”要求进行工程量项目列项、计算工程量，并进行工程计价。

学习情境 5　主体工程的定额计量与计价

情境描述	针对实际工程项目，从主体工程的列项、工程量计算、分部分项工程计价、施工措施费计价。定额计价汇总并进行计算主体工程计量与计价，完全以工作过程为导向
教学目标	(1) 了解主体工程的施工流程； (2) 掌握主体工程的工程量列项要求和工程量计算规则； (3) 掌握主体工程计量与计价基价的套用方式； (4) 掌握主体工程施工措施费的工程量计算规则； (5) 掌握主体工程各项费用的计算要求； (6) 能够按照计价程序计算主体工程造价
主要教学内容	(1) 主体施工图纸和说明要求等； (2) 主体工程的施工流程； (3) 主体工程的定额计价工程量列项； (4) 主体工程工程量的计算规则要求； (5) 选用计价基价计算分部分项工程费用； (6) 按照施工方案和要求、计量与计价基价确定措施项目费用； (7) 确定主体工程规费利润和税金； (8) 选用定额计价程序

任务 5.1　主体工程的工艺流程

主体工程构件一般包括墙体、柱、梁、板、楼梯、门窗(在装饰工程中)、阳台、雨篷、屋面及防水等部件。

一、主体工程的结构构造

(一)墙体的分类

1. 按承重情况分类

按承重情况可将墙体分为承重墙、非承重墙。

(1)　承重墙：凡直接承受上部屋顶、楼板传来的荷载的墙。

(2) 非承重墙：凡不承受上部传来的荷载的墙。非承重墙包括隔墙、填充墙和幕墙等。

2. 按施工方法分类

按施工方法可将墙体分为叠砌墙、板筑墙、装配式板材墙。

(1) 叠砌墙：指将各种加工好的块材用砂浆按一定的技术要求砌筑而成的墙体。

(2) 板筑墙：指直接在墙体部位竖立模板，在模板内夯筑黏土或浇筑混凝土，经振捣密实而成的墙体。

(3) 装配式板材墙：指将工厂生产的大型板材运至现场进行机械化安装而成的墙。

3. 其他分类

墙体按材料分，可分为黏土砖、炉渣砖、灰砂砖、粉煤灰砖等；按形状分，可分为实心砖、空心砖和多孔砖等。

普通实心砖的规格为 240mm×115mm×53mm，如图 5-1 所示。

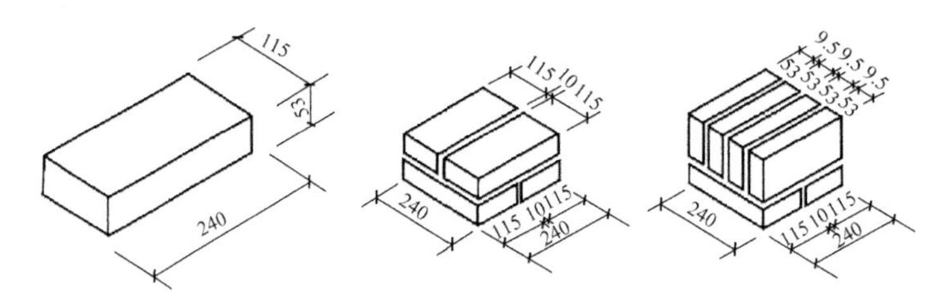

图 5-1 普通实心砖

为适应建筑模数及节能的要求等，近年来开发了许多砖型，如空心砖、多孔砖等，如图 5-2 所示。

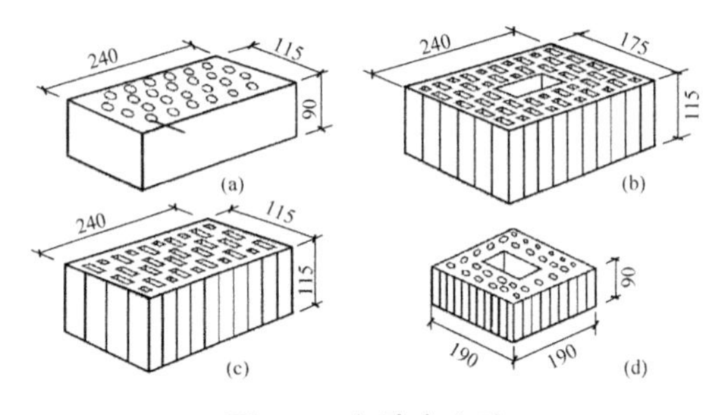

图 5-2 多孔空心砖

砂浆：由胶凝材料(水泥、石灰)和填充料(砂、矿渣、石屑等)混合加水搅拌而成。

作用：将砖块粘接成砌体，提高墙体的强度、稳定性以及具有保温、隔热、隔声、防潮等性能。

常用的砌筑砂浆有水泥砂浆、混合砂浆、石灰砂浆 3 种。

(二)砖墙简介

1. 实心砖墙

这是一种用普通实心砖砌筑的实体墙。

常见的砌筑方式，有全顺式、每皮丁顺相间式、一顺一丁式及两平一侧式等，如图 5-3 所示。

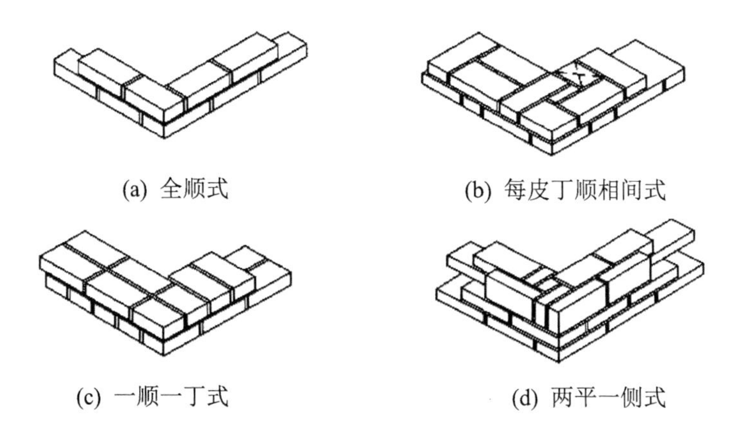

(a) 全顺式　(b) 每皮丁顺相间式　(c) 一顺一丁式　(d) 两平一侧式

图 5-3　砖墙砌法

实心砖墙体的厚度除应满足强度、稳定性、保温隔热、隔声及防火等功能方面的要求外，还应与砖的规格尺寸相配合，如图 5-4 所示。

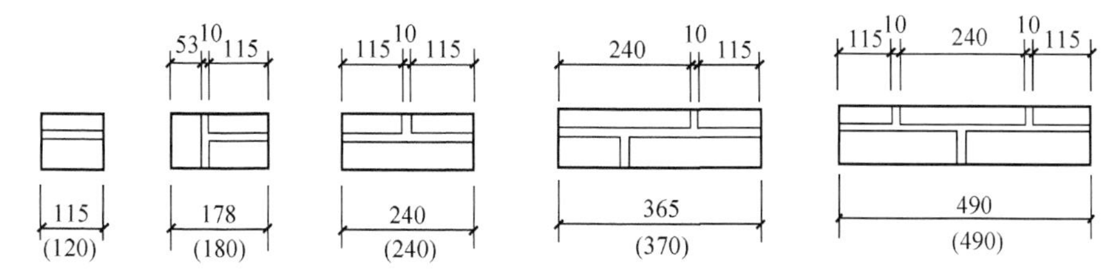

图 5-4　墙厚与砖规格的关系

2. 空斗墙

这是一种用实心砖侧砌，或平砌与侧砌相结合砌成的空体墙。

眠砖：是指平砌的砖；斗砖：是指侧砌的砖。

无眠空斗墙：全由斗砖砌筑成的墙(见图 5-5(a))。

有眠空斗墙：每隔 1～3 皮斗砖砌一皮眠砖的墙(见图 5-5(b)、(c))。

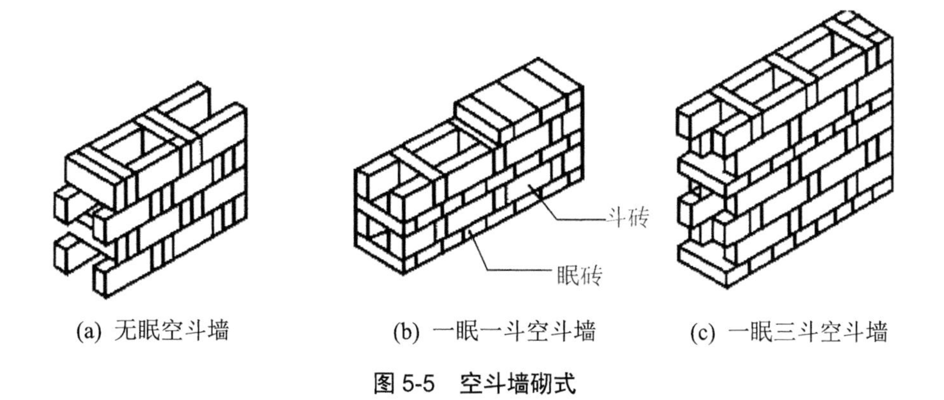

(a) 无眠空斗墙　(b) 一眠一斗空斗墙　(c) 一眠三斗空斗墙

图 5-5　空斗墙砌式

空斗墙加固部位示意图如图 5-6 所示。

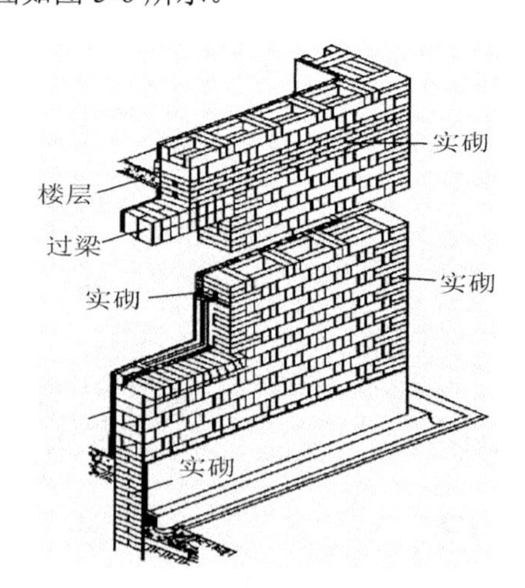

图 5-6 空斗墙加固示意图

3. 空心砖墙

这是用各种空心砖砌筑的墙体，有承重和非承重两种。

砌筑承重空心砖墙一般采用竖孔的黏土多孔砖，因此也称为多孔砖墙。

砌筑方式：全顺式、一顺一丁式和丁顺相间式，DM 型多孔砖一般多采用整砖顺砌的方式，上下皮错开 1/2 砖。如出现不足一块空心砖的空隙，则用实心砖填砌。多孔砖墙砌法如图 5-7 所示。空花墙示意图如图 5-8 所示。

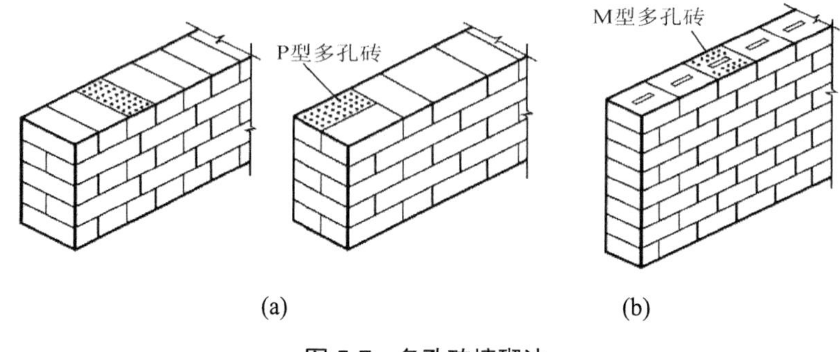

图 5-7 多孔砖墙砌法

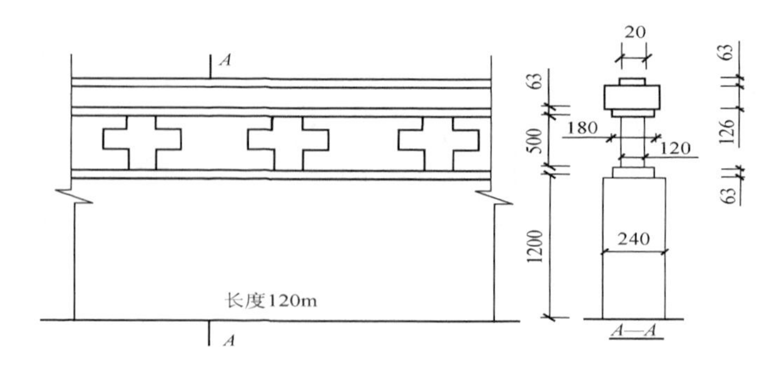

图 5-8 空花墙示意图

4. 组合砖墙

组合砖墙是用砖和轻质保温材料组合构成的既承重又保温的墙体。按保温材料的设置位置不同，可分为外保温墙、内保温墙和夹心墙，如图 5-9 所示。

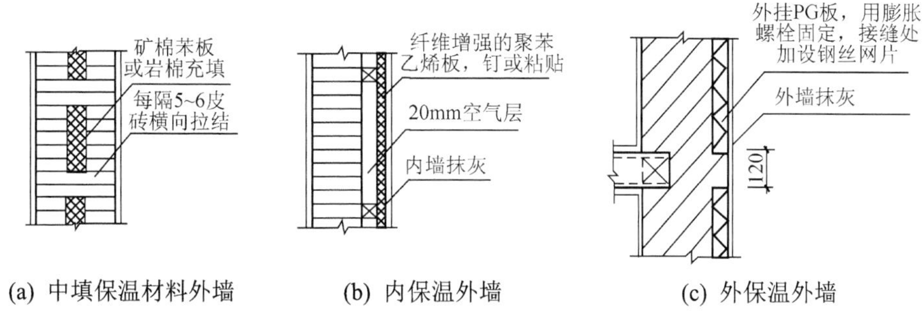

图 5-9　组合墙构造

(三)墙体的细部构造

墙体细部构造包括墙身防潮层、勒脚、散水、窗台、门窗过梁、圈梁和构造柱等，如图 5-10 所示。

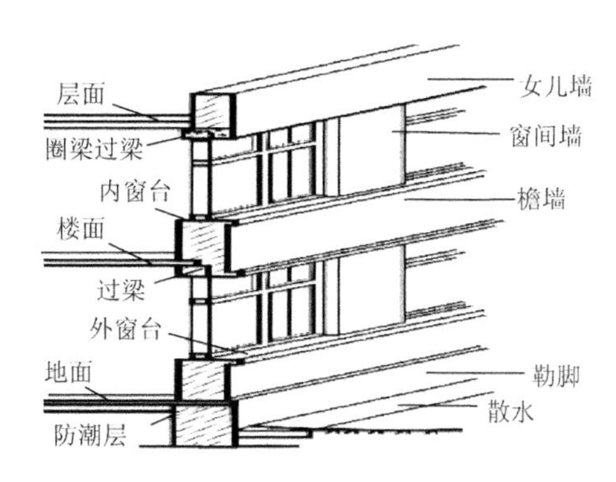

图 5-10　外墙构造

1. 墙身防潮层

在墙脚铺设防潮层，以防止土壤中的水分由于毛细作用上升使建筑物墙身受潮，提高建筑物的耐久性，保持室内干燥、卫生。

墙身水平防潮层的做法有 3 种，即油毡防潮层(见图 5-11(a))、砂浆防潮层(见图 5-11(b))和细石混凝土防潮层(见图 5-11(c)、(d))。

墙身垂直防潮层的具体做法是在垂直墙面上先用水泥砂浆找平，再刷冷底子油一道、热沥青两道或采用防水砂浆抹灰防潮。

2. 勒脚

勒脚是指外墙接近室外地面的部分。

作用：①防止外界机械性碰撞对墙体的损坏；②防止屋檐滴下的雨、雪水及地表水对墙的侵蚀；③美化建筑外观。

做法：抹水泥砂浆、水刷石、斩假石；或外贴面砖、天然石板(见图 5-12)。

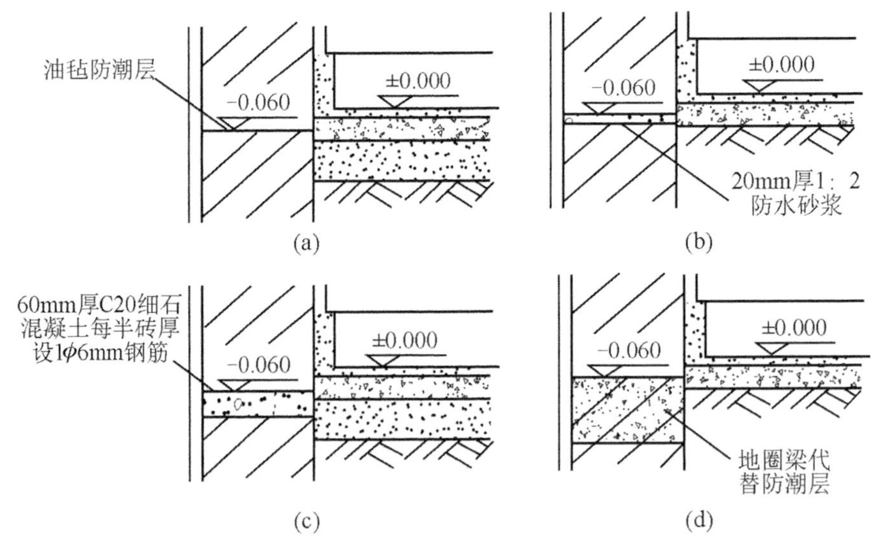

图 5-11　墙身防潮层做法

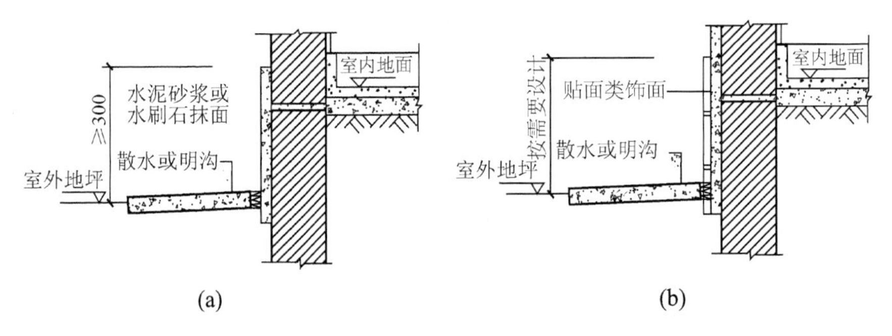

图 5-12　勒脚

3. 散水

散水是指靠近勒脚下部的水平排水坡。

明沟：在外墙四周或散水外缘设置的排水沟。

做法：散水的做法通常是在基层土壤上现浇混凝土(见图 5-13)或用砖、石铺砌，水泥砂浆抹面。明沟通常采用素混凝土浇筑，也可用砖、石砌筑，并用水泥砂浆抹面。

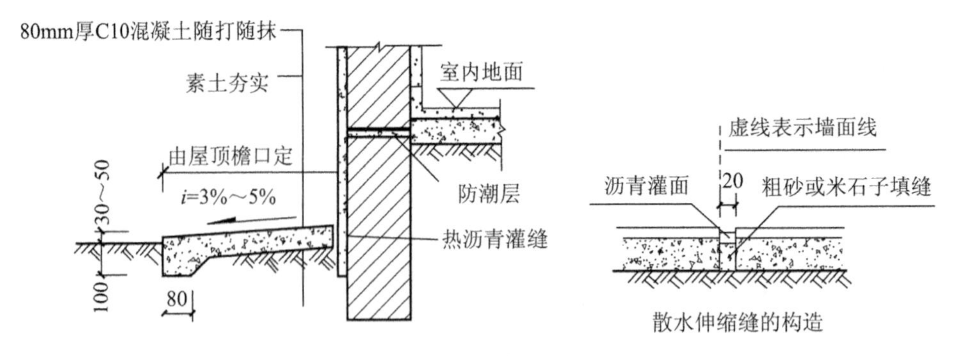

图 5-13　散水

4. 过梁

过梁是指为支承门窗洞口上部墙体荷载，并将其传给洞口两侧的墙体所设置的横梁。目前常用的有钢筋砖过梁和钢筋混凝土过梁两种形式。

(1) 钢筋砖过梁。在门窗洞口上部砂浆层内配置钢筋的平砌砖过梁，如图 5-14 所示。

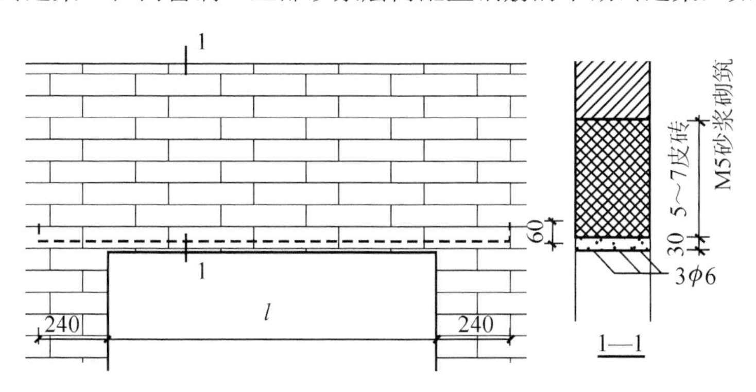

图 5-14　钢筋砖过梁

(2) 钢筋混凝土过梁。这是采用较普遍的一种，既可现浇也可预制。其断面形式有矩形和 L 形两种，如图 5-15 所示。

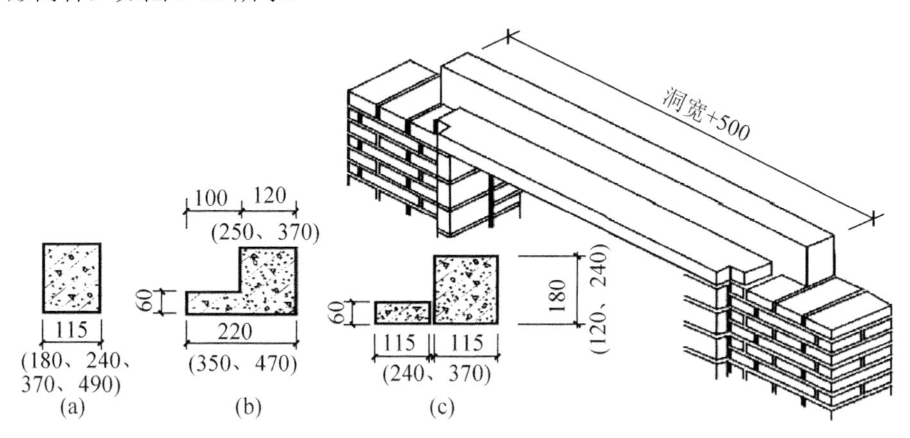

图 5-15　钢筋混凝土过梁

5. 圈梁

圈梁是指沿建筑物外墙、内纵墙及部分横墙设置的连续而封闭的梁。

作用：提高建筑物的整体刚度及墙体的稳定性，减少由于地基不均匀沉降而引起的墙体开裂，提高建筑物的抗震能力。

6. 构造柱

构造柱是指先砌墙后浇钢筋混凝土柱，构造柱与墙的连接处宜砌成马牙槎，并沿墙高每隔 500mm 设 2ϕ6mm 的水平拉结钢筋连接，每边伸入墙内不少于 1000mm(见图 5-16)；柱截面应不小于 180mm×240mm；混凝土的强度等级不小于 C15；构造柱下端应锚固于基础或基础圈梁内；构造柱应与圈梁连接。

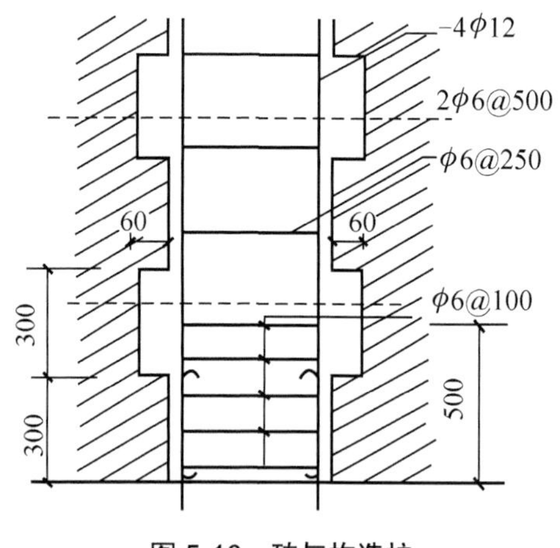

图 5-16　砖与构造柱

(四)梁板式楼板

它由板、次梁、主梁组成楼板。

板支承在次梁上，次梁支承在主梁上，主梁支承在墙或柱上。所有的板、梁都是在支模后整体浇筑而成(见图 5-17)。

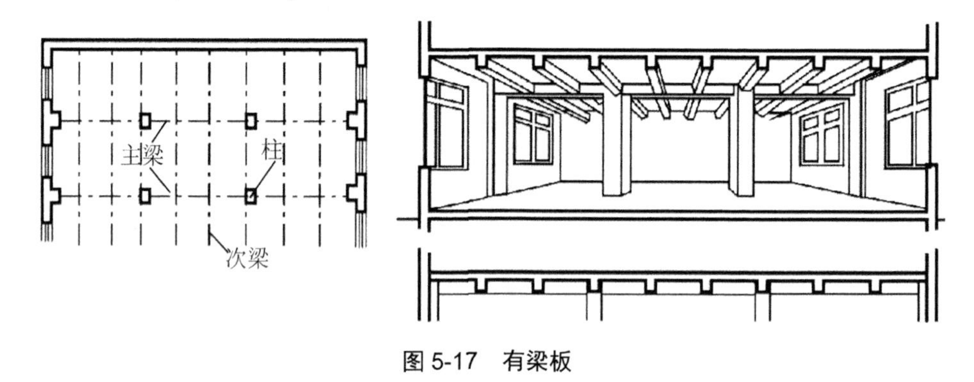

图 5-17　有梁板

当房间的形状近似方形，跨度在 10m 左右时，常沿两个方向交叉布置等距离、等截面梁，形成井式梁板(见图 5-18)。

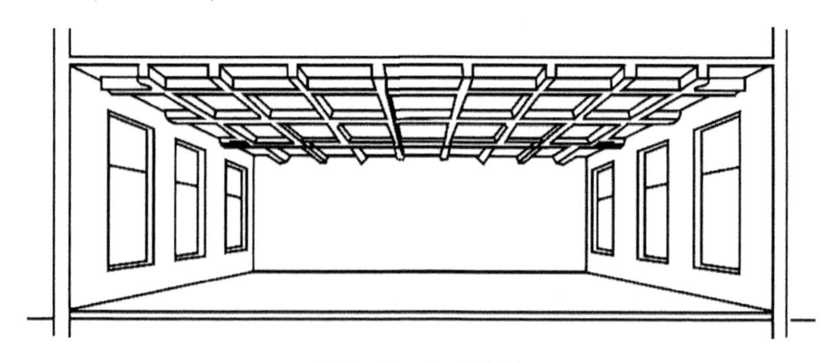

图 5-18　井式梁板

无梁板如图 5-19 所示，压型钢板如图 5-20 所示。

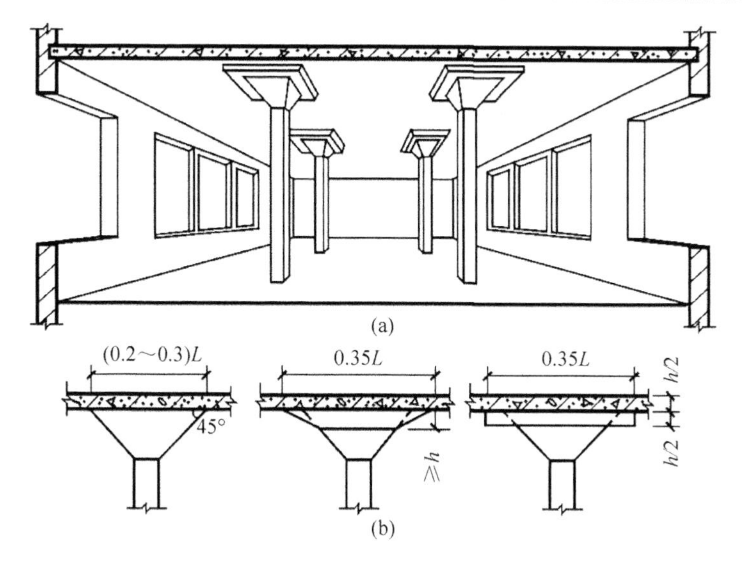

图 5-19　无梁板

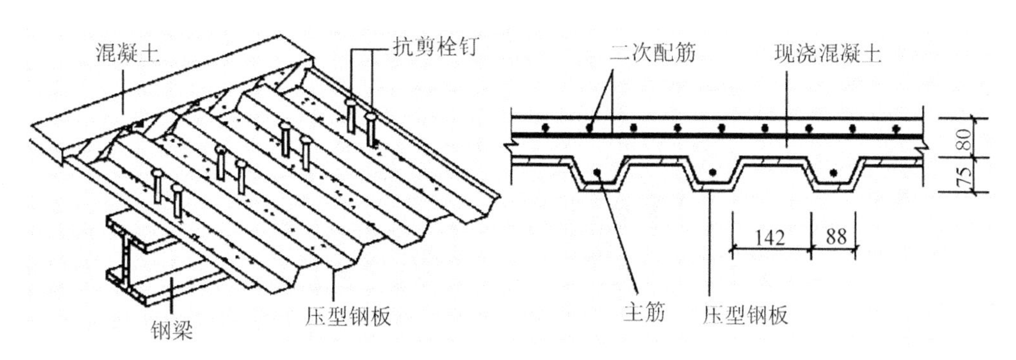

图 5-20　压型钢板

(五)楼梯

楼梯一般由楼梯段、楼层平台、楼梯井、栏杆(栏板)和扶手组成(见图 5-21)。

楼梯段：这是楼梯的主要使用和承重部分，它由若干个连续的踏步组成。

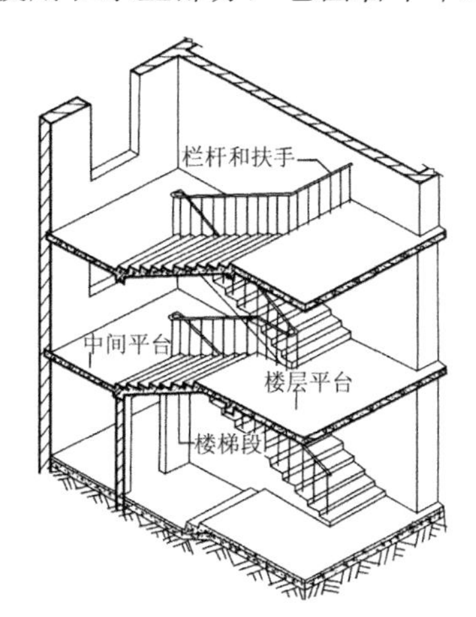

图 5-21　楼梯组成

楼层平台：楼梯段两端的水平段，主要用来解决楼梯段的转向问题，并使人们在上下楼层时能够缓冲休息。

楼梯井：相邻楼梯段和平台所围成的上下连通的空间。

栏杆(栏板)和扶手：设置在楼梯段和平台临空侧的围护构件，应有一定的强度和安全度，并应在上部设置供人们手扶持用的扶手。

按照楼梯的主要材料来划分，可将楼梯分为钢筋混凝土楼梯、钢楼梯、木楼梯等。

按照楼梯在建筑物中所处的位置来划分，可将楼梯分为室内楼梯和室外楼梯。

按照楼梯的使用性质来划分，可将楼梯分为主要楼梯、辅助楼梯、疏散楼梯、消防楼梯等。

按照楼梯的形式来划分，可将楼梯分为单跑楼梯、双跑折角楼梯、双跑平行楼梯、双跑直楼梯、三跑楼梯、四跑楼梯、双分式楼梯、双合式楼梯、八角形楼梯、圆形楼梯、螺旋形楼梯、弧形楼梯、剪刀式楼梯、交叉式楼梯等(见图 5-22)。楼梯栏杆和栏板构造如图 5-23 所示。

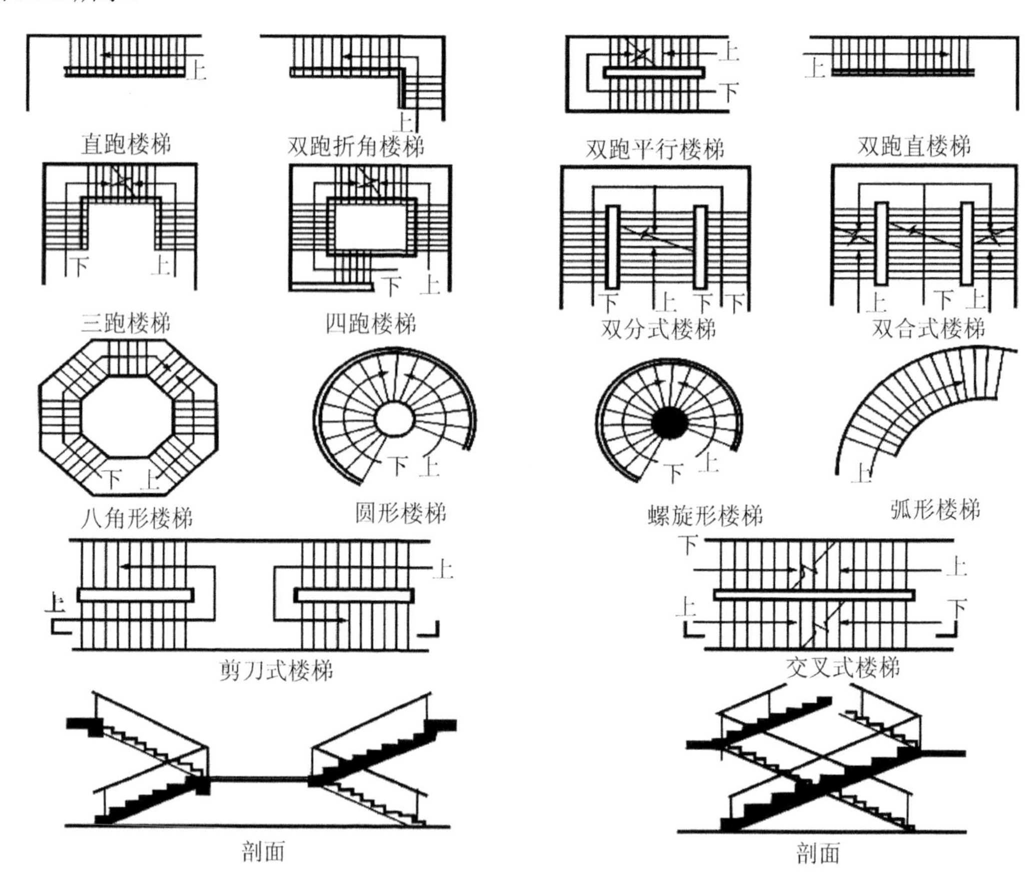

图 5-22　楼梯的形式

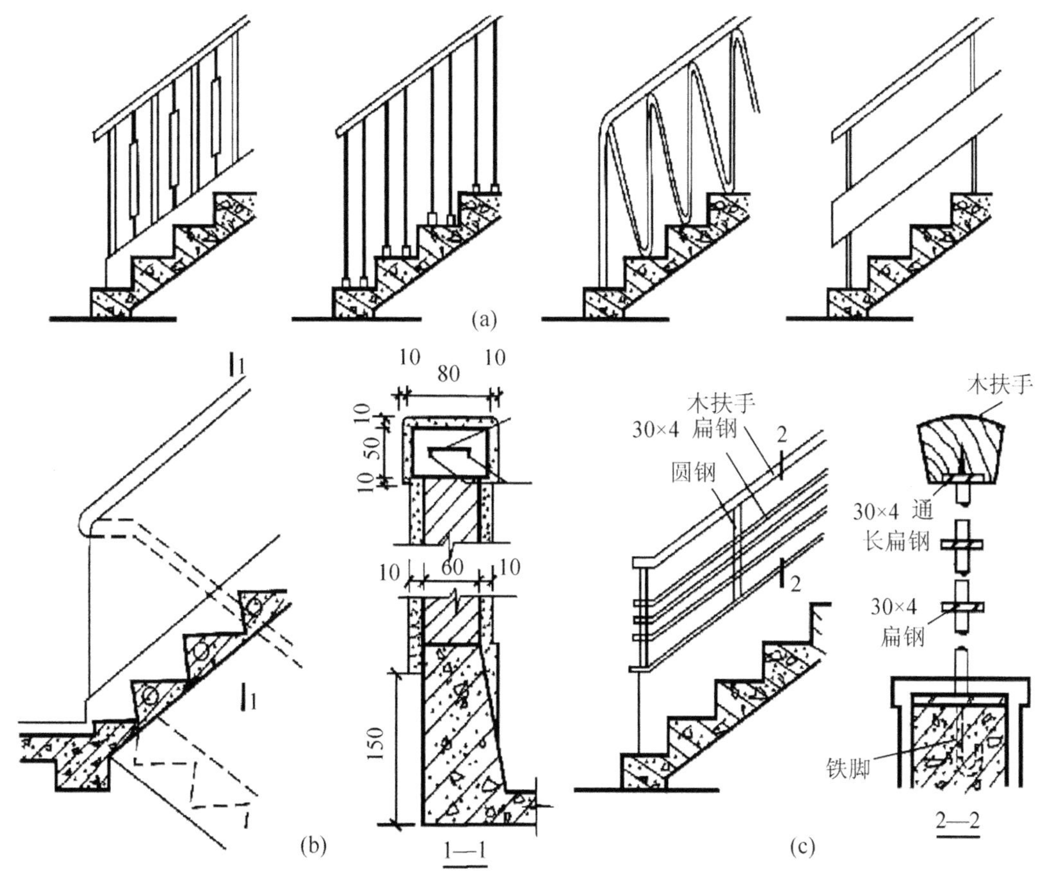

图 5-23　楼梯栏杆和栏板构造

(六)台阶与坡道

台阶与坡道如图 5-24 所示。

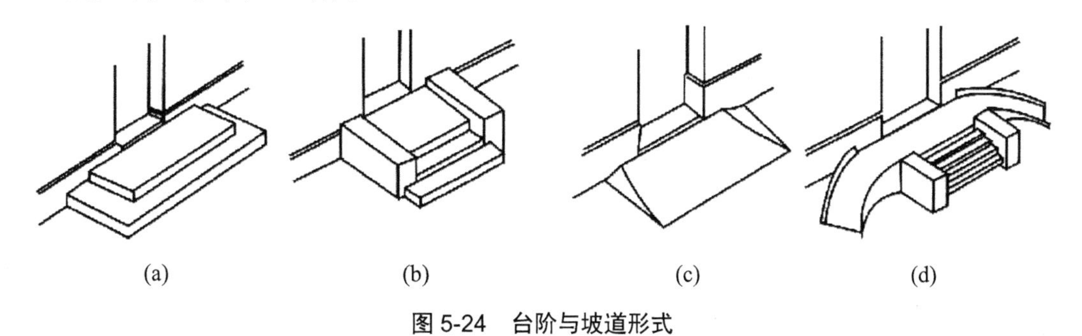

图 5-24　台阶与坡道形式

(七)屋面及防水

屋顶的类型有以下几种。

(1) 平屋顶。它是指屋面排水坡度不大于 10%的屋顶，常用的坡度为 2%～3%(见图 5-25)。

平屋顶排水形式如图 5-26 所示，屋面排水实例如图 5-27 所示。

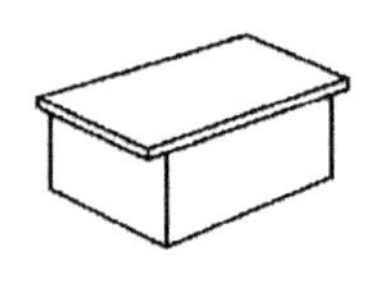

挑檐平屋顶

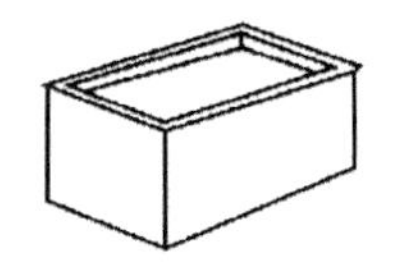

女儿墙平屋顶

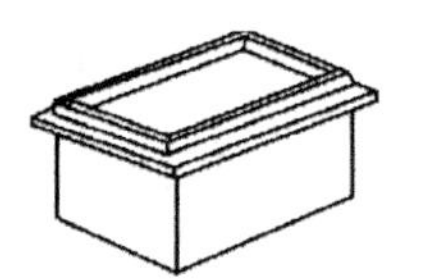

挑檐女儿墙平屋顶

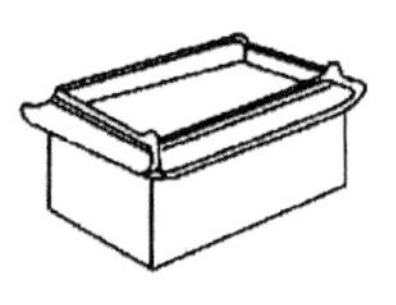

高顶平屋顶

图 5-25　平屋面形式

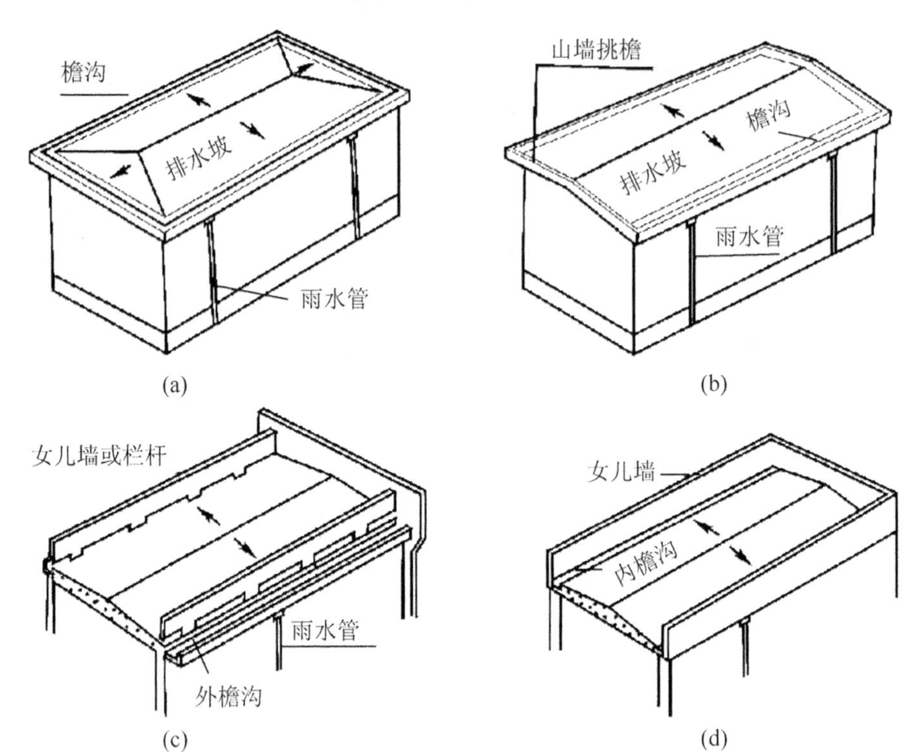

图 5-26　平屋顶排水形式

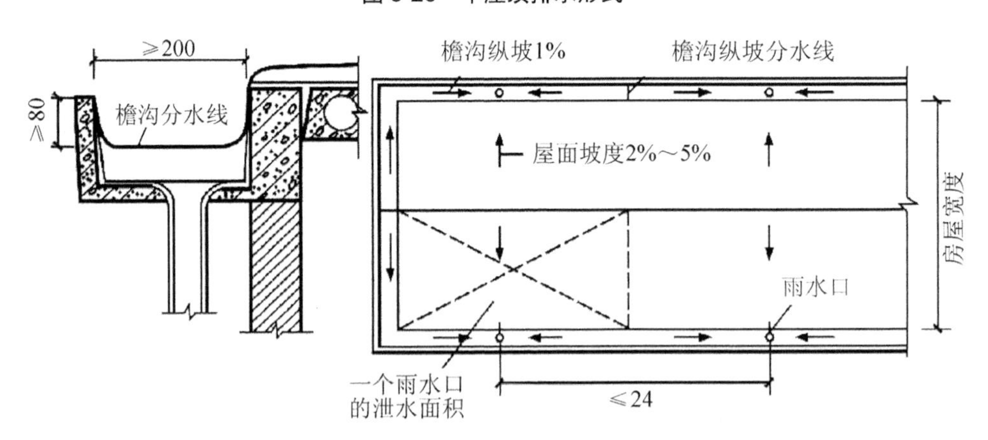

图 5-27　屋面排水实例

(2) 坡屋顶。它是指屋面排水坡度在 10%以上的屋顶(见图 5-28)。

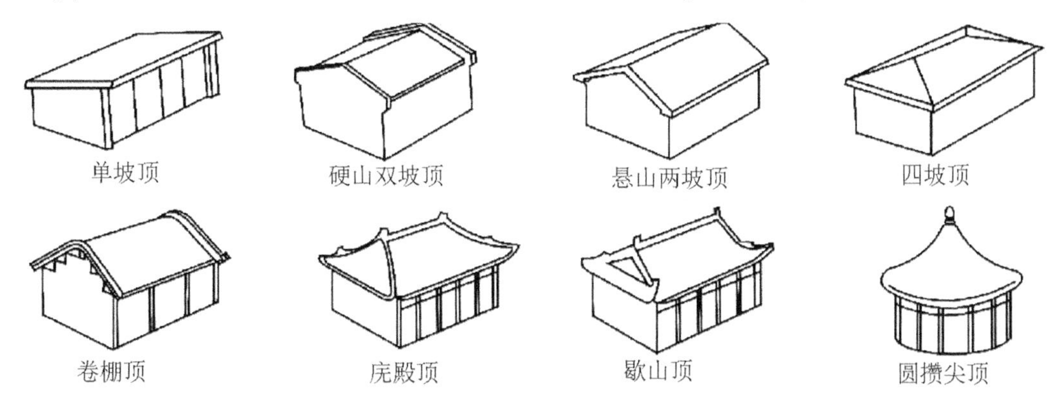

图 5-28　坡屋顶

(3) 曲面屋顶。一般适用于大跨度的公共建筑中(见图 5-29)。其屋面防水构造如图 5-30 所示。

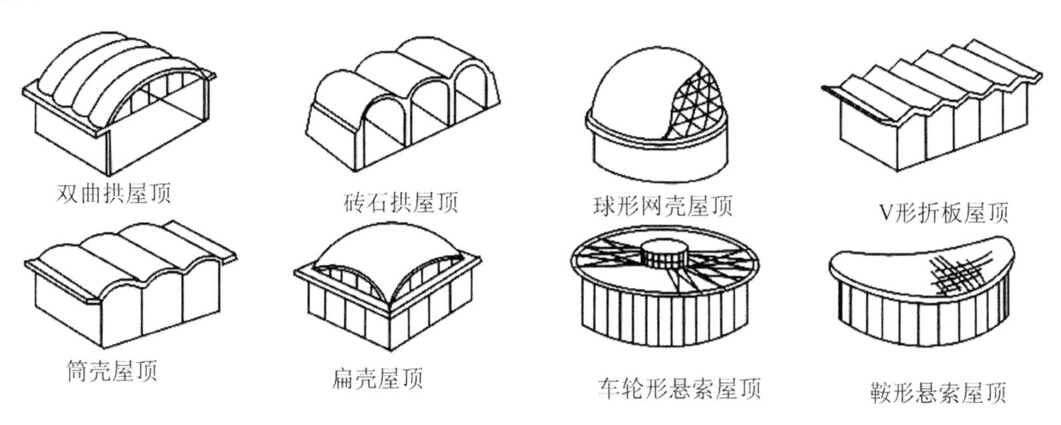

图 5-29　曲面屋顶

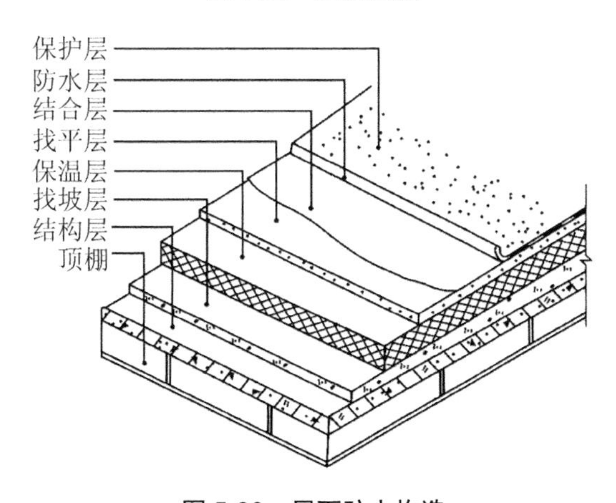

图 5-30　屋面防水构造

(4) 泛水。它是指屋面防水层与突出构件之间的防水构造(见图 5-31)。

采用钢筋混凝土屋面板作为屋顶的结构层，上面固定挂瓦条挂瓦，或用水泥砂浆、麦

秸泥等固定平瓦(见图 5-32)。

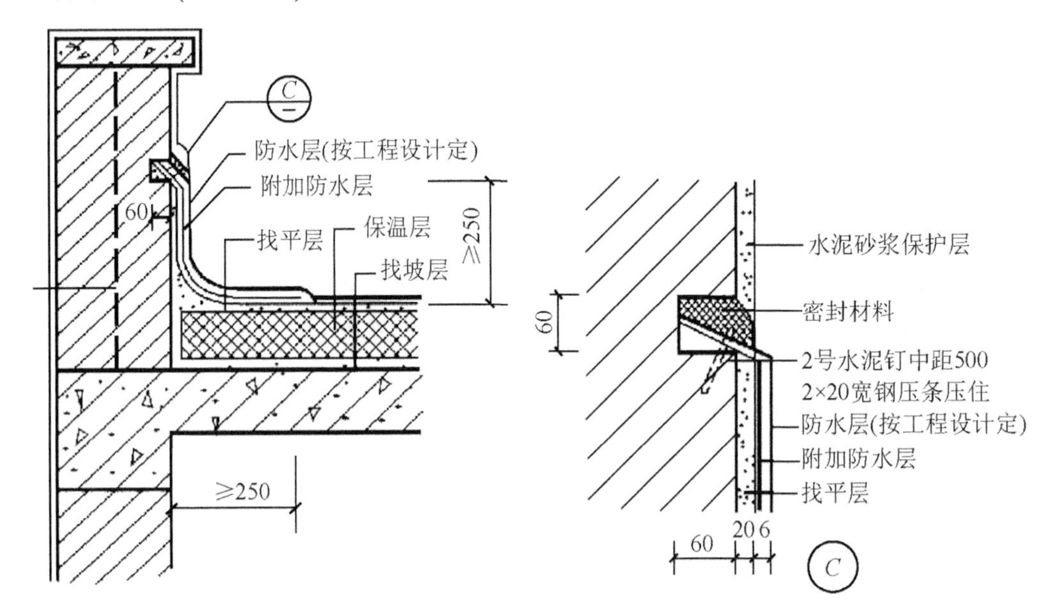

图 5-31　泛水构造

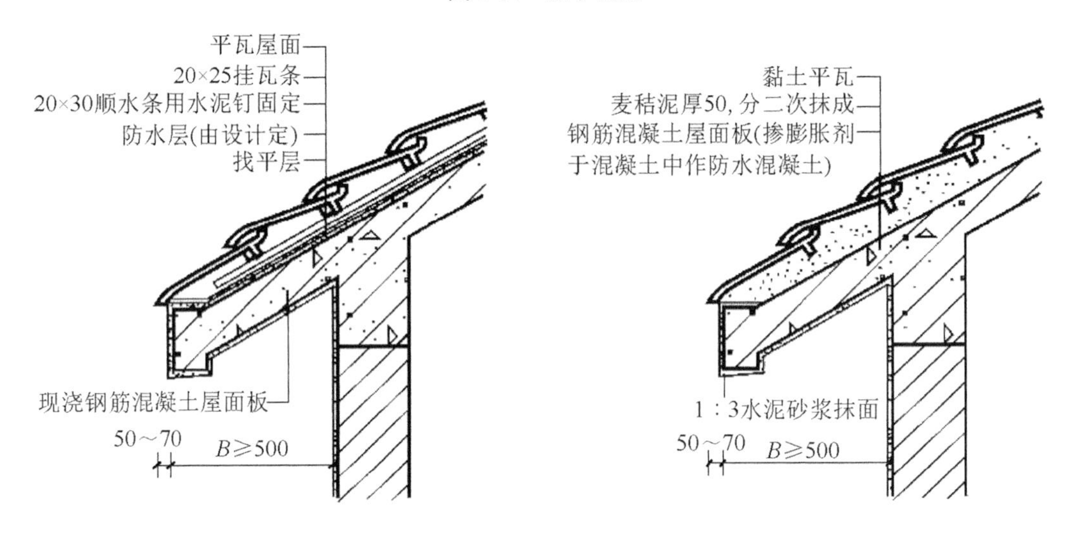

图 5-32　瓦屋面构造

(八)木构架结构

木构架结构是我国古代建筑的主要结构形式，它一般由立柱和横梁组成屋顶和墙身部分的承重骨架，檩条把一排排梁架联系起来，形成整体骨架(见图 5-33)。

这种结构形式的内、外墙填充在木构架之间，不承受荷载，仅起分隔和围护作用。构架交接点为榫齿接合，整体性及抗震性较好；但消耗木材量较多，耐火性和耐久性均较差，维修费用高。

横墙承重：将横墙顶部按屋面坡度大小砌成三角形，在墙上直接搁置檩条或钢筋混凝土屋面板，支承屋面传来的荷载，又叫硬山搁檩(见图 5-34)。

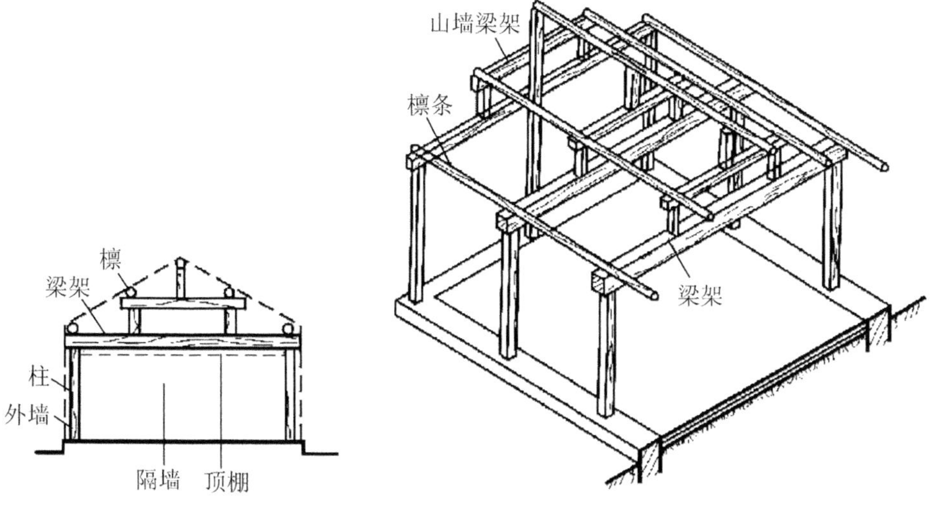

图 5-33　木屋架构造

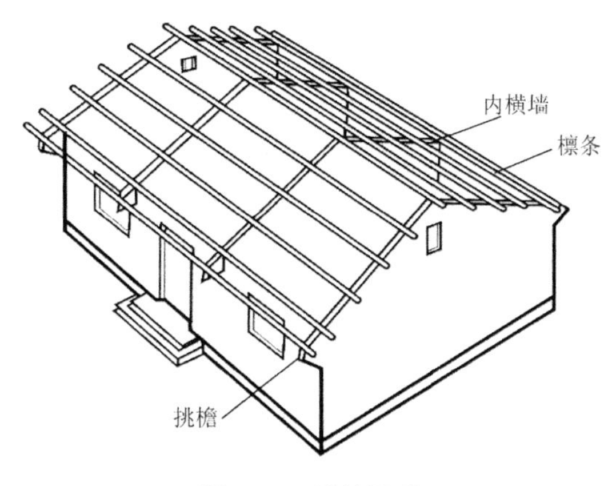

图 5-34　横墙承重

屋架承重：与横墙承重相比，可以省去横墙，使房屋内部有较大的空间，增加了内部空间划分的灵活性(见图 5-35)。

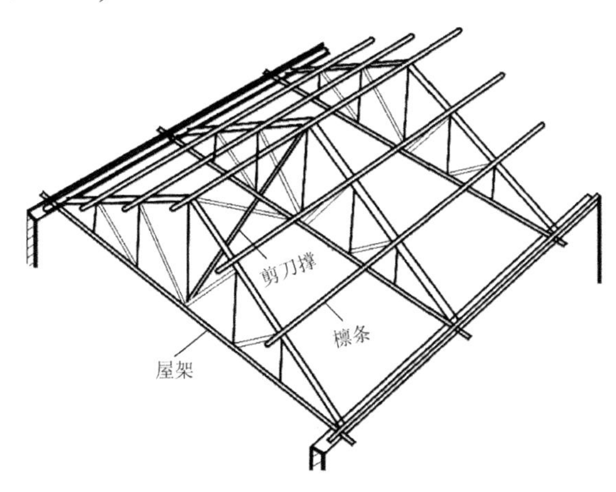

图 5-35　屋架承重

二、主体阶段的施工过程

1. 主体混凝土工程的施工过程

绑扎剪力墙、柱钢筋→隐蔽工程验收→支剪力墙、柱模板→竖向构件模板验收→支梁底模板→绑扎梁钢筋→隐蔽工程验收→支梁、楼板模板→绑扎楼板钢筋→隐蔽工程验收→浇筑墙、柱、梁、板混凝土→养护→放线→拆模(28 天后)。

2. 主体砌体工程的施工过程

墙体放线→立皮数杆→砌块排列→铺砂浆→砌块就位→校正→砌筑镶砖→竖缝灌浆→勒缝→构造柱、圈梁浇注→砌块排列→铺砂浆→砌块就位→校正→砌筑镶砖→竖缝灌浆→勒缝→7 天后斜砌砖。

3. 屋面防水工程的工艺流程

清理基层→涂刷基层处理剂→铺保温层→铺贴卷材附加层→铺贴卷材→热熔封边→蓄水试验→防水保护层。

三、主体现浇混凝土工程的施工工艺流程

(一)砖混结构的混凝土工艺流程

作业准备→混凝土的搅拌→混凝土的运输→混凝土的浇筑、振捣→混凝土的养护。

1. 混凝土的搅拌

(1) 根据测定的砂、石含水率，调整配合比中的用水量，雨天应增加测定次数。

(2) 根据搅拌机每盘各种材料用量及车皮重量，分别固定好水泥(散装)、砂、石各个磅秤的标量。磅秤应定期核验、维护，以保证计量的准确。计量精度：水泥及掺合料为±2%，骨料为±3%；水、外加剂为±2%。搅拌机棚应设置混凝土配合比标牌。

(3) 正式搅拌前搅拌机先空车试运转，正常后方可正式装料搅拌。

(4) 砂、石、水泥(散装)必须严格按需用量分别过秤，加水也必须严格计量。

(5) 投料顺序：一般先倒石子，再倒水泥，后倒砂子，最后加水。掺合料在倒水泥时一并加入。若掺外加剂则与水同时加入。

(6) 搅拌第一盘混凝土，可在装料时适当少装一些石子或适当增加水泥和水量。

(7) 混凝土搅拌时间，400L 自落式搅拌机一般不应少于 1.5min。

(8) 混凝土坍落度一般控制在 5～7cm，每台班应测两次。

2. 混凝土的运输

(1) 混凝土自搅拌机卸出后，应及时用翻斗车、手推车或吊斗运至浇筑地点。运送混凝土时，应防止水泥浆流失。若有离析现象，则应在浇筑地点进行人工二次拌和。

(2) 混凝土以搅拌机卸出后到浇筑完毕的延续时间，当混凝土为 C30 及其以下，气温高于 25℃时不得大于 90min，C30 以上时不得大于 60min。

3. 混凝土的浇筑、振捣

(1) 构造柱根部施工缝处，在浇筑前宜先铺 5cm 厚与混凝土配合比相同的水泥砂浆或减石子混凝土。

(2) 浇筑方法。用塔吊吊斗供料时，应先将吊斗降至距铁盘 50～60cm 处，将混凝土卸在铁盘上，再用铁锹灌入模内，不应用吊斗直接将混凝土卸入模内。

(3) 浇筑混凝土构造柱时，先将振捣棒插入柱底根部，使其振动再灌入混凝土，应分层浇筑、振捣，每层厚度不应超过 60cm，边下料边振捣，一般浇筑高度不宜大于 2m，如能确保浇筑密实，也可每层一次浇筑。

(4) 混凝土振捣。振捣构造柱时，振捣棒尽量靠近内墙插入。振捣圈梁混凝土时，振捣棒与混凝土面应成斜角，斜向振捣。振捣板缝混凝土时，应选用 ϕ30mm 小型振捣棒。振捣层厚度不应超过振捣棒的 1.25 倍。

(5) 浇筑混凝土时，应注意保护钢筋位置及外砖墙、外墙板的防水构造，不使其损害，由专人检查模板、钢筋是否变形、移位；螺栓、拉杆是否松动、脱落；发现漏浆等现象，指派专人检修。

(6) 表面抹平。圈梁、板缝混凝土每振捣完一段，应随即用木抹子压实、抹平。表面不得有松散混凝土。

4. 混凝土的养护

混凝土浇筑完 12 小时以内，应对混凝土加以覆盖并浇水养护。常温时每日至少浇水两次，养护时间不得少于 1 天。

5. 填写混凝土施工记录并制作混凝土试块

略

(二)剪力墙结构的施工工艺流程

工艺流程：作业准备→混凝土的搅拌→混凝土的运输→混凝土的浇筑、振捣→拆模、养护。

1. 混凝土的搅拌

采用自落式搅拌机，加料顺序宜为：先加 1/2 用水量，然后加石子、水泥、砂搅拌 1min，再加剩余 1/2 用水量继续搅拌，搅拌时间不少于 1.5min，掺外加剂时搅拌时间应适当延长。各种材料计量准确，水泥、水、外加剂为±2%，骨料为±3%。雨期应经常测定砂、石含水率，以保证水灰比准确。

2. 混凝土的运输

混凝土从搅拌地点运至浇筑地点，延续时间尽量缩短，根据气温宜控制在 0.5～1 小时。当采用商品混凝土时，应充分搅拌后再卸车，不允许任意加水，混凝土发生离析时，浇筑前应二次搅拌，已初凝的混凝土不应使用。

3. 混凝土的浇筑、振捣

(1) 墙体浇筑混凝土前，在底部接槎处先浇筑 5cm 厚与墙体混凝土成分相同的水泥砂浆或减石子混凝土。用铁锹均匀入模，不应用吊斗直接灌入模内。第一层浇筑高度控制在50cm 左右，以后每次浇筑高度不应超过 1m；分层浇筑、振捣。混凝土下料点应分散布置。墙体连续进行浇筑，间隔时间不超过 2 小时。墙体混凝土的施工缝宜设在门洞过梁跨中 1/3 区段。当采用平模时或留在内纵横墙的交界处，墙应留垂直缝。接槎处应振捣密实。浇筑时随时清理落地灰。

(2) 洞口浇筑时，使洞口两侧浇筑高度对称均匀，振捣棒距洞边 30cm 以上，宜从两侧同时振捣，防止洞口变形。大洞口下部模板应开口，并补充混凝土及振捣。

(3) 外砖内模、外板内模大角及山墙构造柱应分层浇筑，每层不超过 50cm，内、外墙交界处加强振捣，保证密实。外砖内模应采取措施，防止外墙鼓胀。

(4) 振捣。插入式振捣器移动间距不宜大于振捣器作用半径的 1.5 倍，一般应小于50cm，门洞口两侧构造柱要振捣密实，不得漏振。每一振点的延续时间，以表面呈现浮浆和不再沉落为达到要求，避免碰撞钢筋、模板、预埋件、预埋管、外墙板空腔防水构造等，发现有变形、移位，各有关工种相互配合进行处理。

(5) 墙上口找平。混凝土浇筑振捣完毕，将上口甩出的钢筋加以整理，用木抹子按预定标高线将表面找平。预制模板安装宜采用硬架支模，上口找平时，使混凝土墙上表面低于预制模板下皮标高 3～5cm。

4. 拆模、养护

常温时混凝土强度大于 1MPa，冬期时掺防冻剂，使混凝土强度达到 4MPa 时拆模，保证拆模时墙体不粘模、不掉角、不裂缝，及时修整墙面、边角。常温及时喷水养护，养护时间不少于 7 天，浇水次数应能保持混凝土湿润。

5. 冬期施工

(1) 室外日平均气温连续 5 天稳定低于+5℃，即进入冬期施工。

(2) 原材料的加热、搅拌、运输、浇筑和养护等，应根据冬期施工方案施工。掺防冻剂混凝土出机温度不得低于 10℃，入模温度不得低于 5℃。

(3) 冬期注意检查外加剂掺量，测量水及骨料的加热温度以及混凝土的出机温度、入模温度，骨料必须清洁，不得含有冰雪等冻结物，混凝土搅拌时间比常温延长 50%。

(4) 混凝土养护做好测温记录，初期养护温度不得低于防冻剂的规定温度，当温度降低到防冻剂的规定温度以下时，强度不应小于 4MPa。

(5) 拆除模板及保温层，应在混凝土冷却至 5℃以后，拆模后混凝土表面温度与环境温度差大于 15℃时，表面应覆盖养护，使其缓慢冷却。

(三)现浇框架结构混凝土浇筑的施工工艺流程

工艺流程：作业准备→混凝土的搅拌→混凝土的运输→柱、梁、板、剪力墙、楼梯的混凝土浇筑与振捣→养护。

1. 作业准备

浇筑前应将模板内的垃圾、泥土等杂物及钢筋上的油污清除干净，并检查钢筋的水泥砂浆垫块是否垫好。如使用木模板时应浇水使模板湿润。柱子模板的扫除口应在清除杂物

及积水后再封闭。确保剪力墙根部松散混凝土已剔除干净。

2. 混凝土的搅拌

(1) 根据配合比确定每盘各种材料用量及车辆重量，分别固定好水泥、砂、石各个磅秤标准。在上料时每车过磅，骨料含水率应经常测定，及时调整配合比用水量，确保加水量准确。

(2) 装料顺序。一般先倒石子，再装水泥，最后倒砂子。如需加粉煤灰掺合料时，应与水泥一并加入。如需掺外加剂(减水剂、早强剂等)时，粉状应根据每盘加入量预加工装入小包装袋内(塑料袋为宜)，用时与粗、细骨料同时加入；液状应按每盘用量与水同时装入搅拌机搅拌。

(3) 搅拌时间。为使混凝土搅拌均匀，自全部拌和料装入搅拌筒中起到混凝土开始卸料止。

(4) 混凝土开始搅拌时，由施工单位主管技术部门、工长组织有关人员，对出盘混凝土的坍落度、和易性等进行鉴定，检查是否符合配合比通知单要求，经调整合格后再正式搅拌。

3. 混凝土的运输

混凝土自搅拌机中卸出后，应及时送到浇筑地点。在运输过程中，要防止混凝土离析、水泥浆流失、坍落度变化及产生初凝等现象。如混凝土运到浇筑地点有离析现象时，必须在浇筑前进行二次拌和。

泵送混凝土时必须保证混凝土泵连续工作，如果发生故障，停歇时间超过 45min 或混凝土出现离析现象，则应立即用压力水或其他方法冲洗管内残留的混凝土。

4. 混凝土浇筑与振捣的一般要求

(1) 混凝土自吊斗口下落的自由倾落高度不得超过 2m，浇筑高度如超过 3m 时必须采取措施，用串桶或溜管等。

(2) 浇筑混凝土时应分段、分层连续进行，浇筑层高度应根据结构特点、钢筋疏密决定，一般为振捣器作用部分长度的 1.25 倍，最大不超过 50cm。

(3) 使用插入式振捣器应快插慢拔，插点要均匀排列，逐点移动，按顺序进行，不得遗漏，做到均匀振实。移动间距不大于振捣作用半径的 1.5 倍(一般为 30～40cm)。振捣上一层时应插入下层 5cm，以消除两层间的接缝。表面振动器(或称平板振动器)的移动间距，应保证振动器的平板覆盖已振实部分的边缘。

(4) 浇筑混凝土应连续进行。如必须间歇，其间歇时间应尽量缩短，并应在前层混凝土凝结之前，将次层混凝土浇筑完毕。间歇的最长时间应按所用水泥品种、气温及混凝土凝结条件确定，一般超过 2 小时应按施工缝处理。

(5) 浇筑混凝土时应经常观察模板、钢筋、预留孔洞、预埋件和插筋等有无移动、变形或堵塞情况，发现问题应立即处理，并应在已浇筑的混凝土凝结前修整完好。

5. 柱的混凝土浇筑

(1) 柱浇筑前底部应先填以 5～10cm 厚与混凝土配合比相同减石子砂浆，柱混凝土应分层振捣，使用插入式振捣器时每层厚度不大于 50cm，振捣棒不得触动钢筋和预埋件。除上面振捣外，下面要有人随时敲打模板。

(2) 柱高在 3m 之内，可在柱顶直接下灰浇筑，超过 3m 时应采取措施(用串桶)或在模板侧面开门子洞安装斜溜槽分段浇筑。每段高度不得超过 2m，每段混凝土浇筑后将门子洞模板封闭严实，并用箍箍牢。

(3) 柱子混凝土应一次浇筑完毕，如需留施工缝时应留在主梁下面。无梁楼板应留在柱帽下面。在与梁板整体浇筑时，应在柱子浇筑完毕后停歇 1～1.5 小时，使其获得初步沉实，再继续浇筑。

(4) 浇筑完后，应随时将伸出的搭接钢筋整理到位。

6. 梁、板的混凝土浇筑

(1) 梁、板应同时浇筑，浇筑方法应由一端开始用“赶浆法”，即先浇筑梁，根据梁高分层浇筑成阶梯形，当达到板底位置时再与板的混凝土一起浇筑，随着阶梯形不断延伸，梁板混凝土浇筑连续向前进行。

(2) 和板连成整体高度大于 1m 的梁，允许单独浇筑，其施工缝应留在板底以下 2～3cm 处。浇捣时，浇筑与振捣必须紧密配合，第一层下料慢些，梁底充分振实后再下第二层料，用“赶浆法”保持水泥浆沿梁底包裹石子向前推进，每层均应振实后再下料，梁底及梁帮部位要注意振实，振捣时不得触动钢筋及预埋件。

(3) 梁柱节点钢筋较密时，浇筑此处混凝土时宜用小粒径石子同强度等级的混凝土浇筑，并用小直径振捣棒振捣。

(4) 浇筑板混凝土的虚铺厚度应略大于板厚，用平板振捣器垂直浇筑方向来回振捣，厚板可用插入式振捣器顺浇筑方向拖拉振捣，并用铁插尺检查混凝土厚度，振捣完毕后用长木抹子抹平。施工缝处或有预埋件及插筋处用木抹子找平。浇筑板混凝土时不允许用振捣棒铺摊混凝土。

(5) 施工缝位置。宜沿次梁方向浇筑楼板，施工缝应留置在次梁跨度的中间 1/3 范围内。施工缝的表面应与梁轴线或板面垂直，不得留斜槎。施工缝宜用木板或钢丝网挡牢。

(6) 施工缝处须待已浇筑混凝土的抗压强度不小于 1.2MPa 时，才允许继续浇筑。在继续浇筑混凝土前，施工缝混凝土表面应凿毛，剔除浮动石子，并用水冲洗干净后，先浇一层水泥浆，然后继续浇筑混凝土，应细致操作振实，使新旧混凝土紧密结合。

7. 剪力墙的混凝土浇筑

(1) 如柱、墙的混凝土强度等级相同时，可以同时浇筑，反之宜先浇筑柱混凝土，预埋剪力墙锚固筋，待拆柱模后，再绑剪力墙钢筋、支模、浇筑混凝土。

(2) 剪力墙浇筑混凝土前，先在底部均匀浇筑 5cm 厚与墙体混凝土成分相同的水泥砂浆，并用铁锹入模，不应用料斗直接灌入模内。

(3) 浇筑墙体混凝土应连续进行，间隔时间不应超过 2 小时，每层浇筑厚度控制在 60cm 左右，因此必须预先安排好混凝土下料点位置和振捣器操作人员数量。

(4) 振捣棒移动间距应小于 50cm，每一振点的延续时间以表面呈现浮浆为度，为使上下层混凝土结合成整体，振捣器应插入下层混凝土 5cm。振捣时注意钢筋密集处及洞口部位，为防止出现漏振，须在洞口两侧同时振捣，下灰高度也要大体一致。大洞口的洞底模板应开口，并在此处浇筑振捣。

(5) 混凝土墙体浇筑完毕之后，将上口甩出的钢筋加以整理，用木抹子按标高线将墙上表面混凝土找平。

8. 楼梯的混凝土浇筑

(1) 楼梯段混凝土自下而上浇筑，先振实底板混凝土，达到踏步位置时再与踏步混凝土一起浇捣，不断连续向上推进，并随时用木抹子(或塑料抹子)将踏步上表面抹平。

(2) 施工缝位置。楼梯混凝土宜连续浇筑完，多层楼梯的施工缝应留置在楼梯段1/3的部位。

9. 养护

混凝土浇筑完毕后，应在12小时以内加以覆盖和浇水，浇水次数应能保持混凝土有足够的润湿状态，养护期一般不少于7昼夜。

(四)预制混凝土框架构建安装的施工工艺流程

工艺流程：柱子的吊装(校正→定位→焊接)→梁的吊装(校正→主筋焊接)→梁、柱节点核心区的处理→板的安装→剪力墙的施工。

1. 柱子的吊装

(1) 按结构吊装方案规定的顺序进行吊装，一般沿纵轴方向往前推进，逐层分段流水作业，每个楼层从一端开始，以减少反复作业，当一道横轴线上的柱子吊装完成后，再吊下一道横轴线上的柱子。

(2) 清理柱子安装部位的杂物，将松散的混凝土及高出定位预埋钢板的粘接物清除干净，检查柱子轴线、定位板的位置、标高和锚固是否符合设计要求。

(3) 对预吊柱子伸出的上下主筋进行检查，按设计长度将超出部分割掉，确保定位小柱头平稳地坐落在柱子接头的定位钢板上。将下部伸出的主筋调直、理顺，保证同下层柱子钢筋搭接时贴靠紧密，便于施焊。

(4) 柱子起吊。柱子吊点位置与吊点数量由柱子长度、断面形状决定，一般选用正扣绑扎，吊点选在距柱上端600mm处，卡好特制的柱箍，在柱箍下方锁好卡环钢丝绳，吊装机械的钩绳与卡环相钩区用卡环卡住，吊绳应处于吊点的正上方。慢速起吊，待吊绳绷紧后暂停上升，及时检查自动卡环的可靠情况，防止自行脱扣，为控制起吊就位时不来回摆动，在柱子下部挂好溜绳，检查各部连接情况，无误后方可起吊。

(5) 柱子就位。当柱子吊起距地500mm时稍停，去掉保护柱子主筋的垫木及支腿，清理柱头泥污，然后经信号员指挥，将柱子吊运到楼层就位。就位时，缓慢降落到安装位置的正上方，停住，核对柱子的编号，调整方位，由两人控制，使定位小柱头全方位吻合无误，方可落到安装位置上。柱子对号核对剪力墙插铁(钢筋)的方向，定向入座完毕，随之在四边挂好花篮螺栓，斜拉绳，加设临时支承固定，确保安全。

(6) 校正及定位。

(7) 脱钩之前必须将主筋及柱头定位，点焊固定好，防止因支承不牢，拉紧花篮螺栓彼此配合不协调，造成柱子翻倒。

(8) 调整主筋、焊接。对在吊装过程中被碰撞的钢筋，在焊接前要将主筋调直、理顺，使上下主筋位置正确，互相靠紧，便于施焊。当采用帮条焊时，应当用与主筋级别相同的钢筋；当采用搭接焊时，应满足搭接长度的要求，分上、下两条双面焊缝。施焊时要求用两台电焊机，对角、对称、等速起弧，收弧基本同步。采用断续焊，防止热影响导致应力不均，产生过大的变形，避免烧伤混凝土及主筋。小柱头定位钢板顶四面围焊。焊接完毕进行自检。质量符合焊接规程规定，填写施工记录，注明焊工代号。柱子主筋焊完以后，待焊缝冷却，方可撤去支承。这时要复查纠偏：用经纬仪和线坠复查柱子的垂直度，控制在允许偏差范围以内，发现超偏差，可用倒链进行校正，不得用大锤、撬棍猛砸、硬撬而损伤主筋。

2. 梁的吊装

(1) 起吊就位。按施工方案规定的安装顺序，将有关型号、规格的梁配套码放，弹好两端的轴线(或中线)，调直、理顺两端伸出的钢筋。在柱子吊完的开间内，先吊主梁再吊次梁，分间扣楼板。

(2) 梁校正及主筋焊接。就位支顶稳固以后，对梁的标高、支点位置进行校正。整理梁头钢筋与相对应的主筋互相靠紧后，便于焊接。为了控制梁的位移，应使梁两端中心线的底点与柱子顶端的定位线对准，如果误差不大，可用撬棍轻微拨动使之对准；当误差较大时，不许用撬棍生拨硬撬；否则会影响柱子垂直度的变化。应将梁重新吊起，稍离支座，操作人员分别从两头扶稳，目测对准轴线，落钩要平稳，缓慢入座，再使梁底轴线对准柱顶轴线。梁身垂直偏差的校正是从两端用线坠吊正，互报偏差数，再用撬棍将梁底垫起，用铁片支垫平稳严实，直至两端的垂直偏差均控制在允许范围之内，注意在整个校正过程中，必须同时用经纬仪观察柱子的垂直有无变化。如因梁安装使柱子的垂直偏差超出允许值，必须重新进行调整。当梁的标高及支点位置校正合适、支顶牢固，即可焊接，焊接质量应符合要求。

3. 梁、柱节点核心区的处理

(1) 梁、柱核心区的做法要符合设计图纸及建筑物抗震构造图集要求。箍筋采用预制焊接封闭箍，整个加密区的箍筋间距、直径、数量、135° 弯钩、平直部分长度等，均应满足设计要求及施工规范的规定。在叠合梁的上铁部位应设置 1 根 ϕ12mm 焊接封闭定位箍，用来控制柱子主筋上下接头的正确位置。

(2) 边、角、封顶柱的节点。梁和柱主筋的搭接锚固长度和焊缝，必须满足设计图纸和抗震规范的要求。顶层边角柱接头部位梁的上钢筋除去与梁的下钢筋搭接焊之外，其余上钢筋要与柱顶预埋锚固筋焊牢。柱顶锚固筋应对角设置焊牢。

(3) 节点区混凝土的强度等级应比柱混凝土强度等级提高 10MPa。柱接头捻缝用干硬性混凝土(重量比为 1∶1∶1 的干硬性豆石混凝土)，宜用浇注水泥配制，水灰比控制在 0.3，其强度比柱混凝土强度提高 10MPa。捻缝前先将接缝清理干净；用麻绳、麻袋蓄水充分湿润；两侧面用模板挡住。两人同时对称用偏口錾子操作，随填随捻实。施工完应养护 7 天，防止出现收缩裂缝。在上层结构安装前，应将柱子接头部位施工完毕。

节点区也可浇筑掺 UEA 的补偿收缩混凝土，其强度等级也应比柱混凝土强度等级提高 10MPa，其配合比和浇筑方法应征得设计部门同意。

4. 板(楼板或屋面板)的安装

可采用硬架支模或直接就位方法。

(1) 划板位置线。在梁侧面按设计图纸划出板及板缝位置线，标出板的型号。

(2) 板就位。将梁或墙上皮清理干净，检查标高，复查轴线。将所需板吊装就位。有关板安装内容详见预应力圆孔板安装工艺标准。

5. 剪力墙的施工

应在本楼层的梁、柱、板全部安装完成之后，随之在空腹梁内穿插竖向钢筋，并将水平筋与柱内预埋插铁(钢板)焊牢。接头位置应符合施工规范的规定。按施工组织设计要求支好模板，浇筑混凝土振捣密实，加强养护。

四、主体砌筑工程的施工工艺流程

(一)砖墙砌筑的工艺流程

工艺流程：作业准备→砖的浇水→砂浆的搅拌→砌砖墙→验评。

1. 砖的浇水

黏土砖必须在砌筑前一天浇水湿润，一般以水浸入砖四边 1.5cm 为宜，含水率为 10%～15%，常温施工不得用干砖上墙；雨季不得使用含水率达饱和状态的砖砌墙；冬期浇水有困难，必须适当增大砂浆稠度。

2. 砂浆的搅拌

砂浆配合比应采用重量比，计量精度水泥为±2%，砂、灰膏控制在±5%以内。宜用机械搅拌，搅拌时间不少于 1.5min。

3. 砌砖墙

(1) 组砌方法。砌体一般采用一顺一丁(满丁、满条)、梅花丁或三顺一丁砌法。砖柱不得采用先砌四周后填心的包心砌法。

(2) 排砖撂底(干摆砖)。一般外墙第一层砖撂底时，两山墙排丁砖，前后檐纵墙排条砖。根据弹好的门窗洞口位置线，认真核对窗间墙、垛尺寸，看其长度是否符合排砖模数，如不符合模数时，可将门窗口的位置左右移动。若有破活，七分头或丁砖应排在窗口中间、附墙垛或其他不明显的部位。移动门窗口位置时，应注意暖卫立管安装及门窗开启时不受影响。另外，在排砖时还要考虑在门窗口中边的砖墙合拢时也不出现破活。所以排砖时必须做全盘考虑，前后檐墙排第一皮砖时，要考虑甩窗口后砌条砖，窗角上必须是七分头才是好活。

(3) 选砖。砌清水墙应选择棱角整齐、无弯曲、无裂纹、颜色均匀、规格基本一致的砖。敲击时声音响亮，焙烧过火变色、变形的砖可用在基础及不影响外观的内墙上。

(4) 盘角。砌砖前应先盘角，每次盘角不要超过 5 层，新盘的大角，及时进行吊、靠。如有偏差要及时修整。盘角时要仔细对照皮数杆的砖层和标高，控制好灰缝大小，使水平

灰缝均匀一致。大角盘好后再复查一次，平整和垂直完全符合要求后，再挂线砌墙。

(5) 挂线。砌筑一砖半墙必须双面挂线，如果长墙几个人均使用一根通线，则中间应设几个支线点，小线要拉紧，每层砖都要穿线看平，使水平缝均匀一致，平直通顺；砌一砖厚混水墙时宜采用外手挂线，可照顾砖墙两面平整，为下道工序控制抹灰厚度奠定基础。

(6) 砌砖。砌砖宜采用一铲灰、一块砖、一挤揉的“三一”砌砖法，即满铺、满挤操作法。砌砖时砖要放平。里手高，墙面就要张；里手低，墙面就要背。砌砖一定要跟线，“上跟线，下跟棱，左右相邻要对平”。水平灰缝厚度和竖向灰缝宽度一般为10mm，但不应小于8mm，也不应大于12mm。为保证清水墙面主缝垂直，不游丁走缝，当砌完一步架高时，宜每隔2m水平间距，在丁砖立楞位置弹两道垂直立线，可以分段控制游丁走缝。在操作过程中，要认真进行自检，如有偏差，应随时纠正，严禁事后砸墙。清水墙不允许有三分头，不得在上部任意变活、乱缝。砌筑砂浆应随搅拌随使用，一般水泥砂浆必须在3小时内用完，水泥混合砂浆必须在4小时内用完，不得使用过夜砂浆。砌清水墙应随砌随划缝，划缝深度为8～10mm，深浅一致，墙面清扫干净。混水墙应随砌随将舌头灰刮尽。

(7) 留槎。外墙转角处应同时砌筑。内、外墙交接处必须留斜槎，槎子长度不应小于墙体高度的2/3，槎子必须平直、通顺。分段位置应在变形缝或门窗口角处，隔墙与墙或柱不同时砌筑时，可留阳槎加预埋拉结筋。沿墙高按设计要求每50cm预埋ϕ6mm的钢筋两根，其埋入长度从墙的留槎处算起，一般每边均不小于50cm，末端应加90°弯钩。施工洞口也应按以上要求留水平拉结筋。隔墙顶应用立砖斜砌挤紧。

(8) 木砖预留孔洞和墙体拉结筋。木砖预埋时应小头在外大头在内，数量按洞口高度决定。洞口高在1.2m以内，每边放两块；高1.2～2m，每边放3块；高2～3m，每边放4块。预埋木砖的部位一般在洞口上边或下边四皮砖，中间均匀分布。木砖要提前做好防腐处理。钢门窗安装的预留孔，硬架支模、暖卫管道，均应按设计要求预留，不得事后剔凿。墙体拉结筋的位置、规格、数量、间距均应按设计要求留置，不应错放、漏放。

(9) 安装过梁、梁垫。安装过梁、梁垫时，其标高、位置及型号必须准确，坐灰饱满。如坐灰厚度超过2cm时，要用豆石混凝土铺垫，过梁安装时，两端支承点的长度应一致。

(10) 构造柱做法。凡设有构造柱的工程，在砌砖前先根据设计图纸将构造柱位置进行弹线，并把构造柱插筋处理顺直。砌砖墙时，与构造柱连接处砌成马牙槎。每一个马牙槎沿高度方向的尺寸不宜超过30cm(即五皮砖)。马牙槎应先退后进。拉结筋按设计要求放置，设计无要求时，一般沿墙高50cm设置两根ϕ6mm的水平拉结筋，每边深入墙内不应小于1m。

(二)中型砌块的工艺流程

工艺流程：墙体放线→砌块排列→制备砂浆→铺砂浆→砌块就位与校正→砌块浇水→砌筑镶砖→竖缝灌砂浆→勒缝。

1. 墙体放线

砌体施工前，应将基础面或楼层结构面按标高找平，依据砌筑图放出第一皮砌块的轴线、砌体边线和洞口线。

2. 砌块排列

按砌块排列图在墙体线范围内分块定尺、划线。排列砌块的方法和要求如下。

(1) 砌块砌体在砌筑前，应根据工程设计施工图，结合砌块的品种、规格、绘制砌体砌块的排列图，经审核无误，按图排列砌块。

(2) 砌块排列应从地基或基础面、±0.00 面排列，排列时尽可能采用主规格的砌块，砌体中主规格砌块应占总量的 75%～80%。

(3) 砌块排列上、下皮应错缝搭砌，搭砌长度一般为砌块的 1/2，不得小于砌块高的 1/3，也不应小于 150mm，如果搭错缝长度满足不了规定的压搭要求，则应采取压砌钢筋网片的措施，具体构造按设计规定。

(4) 外墙转角及纵横墙交接处，应将砌块分皮咬槎，交错搭砌，如果不能咬槎时，则按设计要求采取其他的构造措施；砌体垂直缝与门窗洞口边线应避开同缝，且不得采用砖镶砌。

(5) 砌体水平灰缝厚度一般为 15mm，如果加钢筋网片的砌体，则水平灰缝厚度为 20～25mm，垂直灰缝宽度为 20mm。大于 30mm 的垂直缝，应用 C20 的细石混凝土灌实。

(6) 砌块排列尽量不镶砖或少镶砖，必须镶砖时，应用整砖平砌，且尽量分散，镶砌砖的强度不应小于砌块强度等级。

(7) 砌块墙体与结构构件位置有矛盾时，应先满足构件布置。

3. 制备砂浆

按设计要求的砂浆品种、强度制备砂浆，配合比应由试验确定，采用重量比，计量精度为水泥±2%，砂、灰膏控制在±5%以内，应采用机械搅拌，搅拌时间不少于 1.5min。

4. 铺砂浆

将搅拌好的砂浆，通过吊斗、灰车运至砌筑地点，在砌块就位前，用大铲、灰勺进行分块铺灰，较小的砌块量大，铺灰长度不得超过 1500mm。

5. 砌块就位与校正

砌块砌筑前一天应进行浇水湿润，冲去浮尘，清除砌块表面的杂物后方可吊运就位。砌筑就位应先远后近、先下后上、先外后内；每层开始时，应从转角处或定位砌块处开始；应吊砌一皮、校正一皮，皮皮拉线控制砌体标高和墙面平整度。

砌块安装时，起吊砌块应避免偏心，使砌块底面能水平下落；就位时由人手扶控制，对准位置，缓慢下落，经小撬棒微撬，用托线板挂直、核正为止。

6. 砌筑镶砖

用普通黏土砖镶砌前后一皮砖，必须选用无横裂的整砖，顶砖镶砌，不得使用半砖。

7. 竖缝灌砂浆

每砌一皮砌块，就位校正后，用砂浆灌垂直缝，随后进行灰缝的勒缝(原浆勾缝)，深度一般为 3～5mm。

(三)空心砖墙的工艺流程

工艺流程：施工准备→排砖撂底→拌制砂浆→砌空心砖墙→验评。

(1) 砌筑前将基础墙或楼面清扫干净，洒水湿润。

(2) 根据设计图纸各部位尺寸，排砖撂底，使组砌方法合理，便于操作。

(3) 拌制砂浆。

① 砂浆配合比应用重量比，计量精度为：水泥±2%，砂及掺合料±5%。

② 宜用机械搅拌，投料顺序为：砂→水泥→掺合料→水，搅拌时间不少于 1.5min。

③ 砂浆应随拌随用，水泥或水泥混合砂浆一般在拌和后 3～4 小时用完，严禁用过夜砂浆。

④ 每一楼层或 250m^3 砌体的各种强度等级的砂浆，每台搅拌机至少应作一组试块(每组 6 块)，砂浆材料、配合比变动时，还应制作试块。

(4) 砌空心砖墙体。

① 组砌方法应正确，上、下错缝，交接处咬槎搭砌，掉角严重的空心砖不宜使用。

② 水平灰缝不宜大于 15mm，应砂浆饱满，平直通顺，立缝用砂浆填实。

③ 空心砖墙在地面或楼面上先砌三皮实心砖，空心砖墙砌至梁或楼板下，用实心砖斜砌挤紧，并用砂浆填实。

④ 空心砖墙按设计要求设置构造柱、圈梁、过梁或现浇混凝土带。

⑤ 各种预留洞、预埋件等，应按设计要求设置，避免后剔凿。

⑥ 空心砖墙门窗框两侧用实心砖砌筑，每边不少于 24cm。

⑦ 转角及交接处同时砌筑，不得留直槎，斜槎高不大于 1.2m。

⑧ 拉通线砌筑时，随砌、随吊、随靠，保证墙体垂直、平整，不允许砸砖修墙。

(四)料石砌体的工艺流程

工艺流程：作业准备→试排撂底→砂浆搅拌→砌料石→验评。

(1) 砌筑前应对弹好的线进行复查，位置、尺寸应符合设计要求，根据进场石料的规格、尺寸、颜色进行试排、撂底，确定组砌方法。

(2) 砂浆拌制。

① 砂浆配合比应用重量比，水泥计量精度在±2%以内。

② 宜采用机械搅拌，投料顺序为：砂子→水泥→掺合料→水。搅拌时间不少于 90s。

③ 应随拌随用，拌制后应在 3 小时内使用完毕，如气温超过 30℃，应在 2 小时内用完，严禁用过夜砂浆。

④ 砂浆试块。基础按一个楼层或 250m^3 砌体每台搅拌机做一组试块(每组 6 块)，如材料配合比有变动时还应做试块。

(3) 料石砌筑。

① 组砌方法应正确，料石砌体应上、下错缝，内外搭砌，料石基础第一皮应用丁砌。坐浆砌筑，踏步形基础，上级料石应压下级料石至少 1/3。

② 料石砌体水平灰缝厚度，应按料石种类确定，细料石砌体不宜大于 5mm；半细料石砌体不宜大于 10mm；粗料石砌体不宜大于 20mm。

③　料石墙长度超过设计规定时，应按设计要求设置变形缝，料石墙分段砌筑时，其砌筑高低差不得超过 1.2m。

五、屋面工程的施工工艺流程

1. 屋面保温的工艺流程

工艺流程：基层清理→弹线找坡→管根固定→隔气层施工→保温层铺设→抹找平层。

(1)　基层清理。预制或现浇混凝土结构层表面，应将杂物、灰尘清理干净。

(2)　弹线找坡。按设计坡度及流水方向，找出屋面坡度走向，确定保温层的厚度范围。

(3)　管根固定。穿结构的管根在保温层施工前，应用细石混凝土塞堵密实。

(4)　隔气层施工。2～4 道工序完成后，设计有隔气层要求的屋面，应按设计做隔气层，涂刷均匀且勿漏刷。

(5)　保温层铺设。

①　松散保温层铺设。

②　板块状保温层铺设。

③　整体保温层。

2. 卷材屋面防水的工艺流程

工艺流程：基层清理→沥青熬制配料→喷刷冷底子油→铺贴卷材附加层→铺贴屋面第一层油毡→铺贴屋面第二层油毡→铺设保护层。

(1)　基层清理。防水屋面施工前，将验收合格的基层表面的尘土、杂物清扫干净。

(2)　沥青熬制配料。

①　沥青熬制。先将沥青破成碎块，放入沥青锅中逐渐均匀加热，加热过程中随时搅拌，熔化后用笊篱(漏勺)及时捞清杂物，熬至脱水无泡沫时进行测温，建筑石油沥青熬制温度应不高于 240℃，使用温度不低于 190℃。

②　冷底子油配制。熬制的沥青装入容器内，冷却至 110℃，缓慢注入汽油，随注入随搅拌，至其全部溶解为止，配合比(重量比)为汽油 70%、石油沥青 30%。

③　沥青玛琋脂配制。按照《屋面工程技术规范》(GB 50345—2012)附录 A 中的规定执行，沥青玛琋脂配合成分必须经试验确定配料，每班应检查玛琋脂耐热度和柔韧性。

(3)　喷刷冷底子油。沥青油毡卷材防水屋面在粘贴卷材前，应将基层表面清理干净，喷刷冷底子油，大面喷刷前，应将边角、管根、雨水口等处先喷刷一遍，然后大面积喷第一遍，待第一遍涂刷冷底子油干燥后，再喷刷第二遍，要求喷刷均匀无漏底，干燥后方可辅贴卷材。

(4)　铺贴卷材附加层。沥青油毡卷材屋面，在女儿墙、檐沟墙、天窗壁、变形缝、烟囱根、管道根与屋面的交接处及檐口、天沟、斜沟、雨水口、屋脊等部位，按设计要求先做卷材附加层。

(5)　铺贴屋面第一层油毡。

①　铺贴油毡的方向。应根据屋面的坡度及屋面是否受震动等情况，坡度小于 3%时，

宜平行于屋脊铺贴；坡度在3%～15%时，平行或垂直于屋脊铺贴；当坡度大于15%或屋面受震动，卷材应垂直于屋脊铺贴。

② 铺贴油毡的顺序。高低跨连体屋面，应先铺高跨后铺低跨，铺贴应从最低标高处开始往高标高的方向滚铺，浇油应沿油毡滚动的横向呈蛇形操作，铺贴操作人员用两手紧压油毡卷向前滚压铺设，应用力均匀，以将浇油挤出、粘实、不存空气为度，并将挤出沿边油刮去以平为度；粘贴材料厚度宜为1～1.5mm。冷玛瑞脂厚度宜为0.5～1mm。

③ 铺贴各层油毡搭接宽度。长边不小于70mm，短边不小于100mm。若第一层油毡采用花、条空铺方法，其搭接长边不小于100mm，短边不小于150mm。

(6) 铺贴屋面第二层油毡。油毡防水层若为5层做法，即两毡三油，做法同第一层。第一层与第二层油毡错开搭接缝不小于250mm。搭接缝用玛瑞脂封严；设计无板块保护层的屋面，应在涂刷最后一道玛瑞脂时(厚度宜为2～3mm)随涂随将豆石保护层撒在上面，注意撒得均匀并粘接牢固。

(7) 铺贴屋面第三层油毡。油毡防水层若为7层做法，操作同第一层，第三层油毡与第二层油毡错开搭接缝。

(8) 铺贴油毡卷材防水层细部构造。

① 无组织排水檐口。在800mm宽范围内卷材应满粘，卷材收头应固定封严。

② 突出屋面结构处防水做法。屋面与突出屋面结构的连接处，铺贴在立墙上的卷材高度应不小于250mm，一般可用叉接法与屋面卷材相互连接，将上端收头固定在墙上，如用薄钢板泛水覆盖时，也应将卷材上端先固定在墙上，然后再做钢板(白铁)泛水，并将缝隙用密封材料嵌封严密。

③ 水落口卷材防水做法。内部排水铸铁雨水口，应牢固地固定在设计位置，安装前应清除铁锈，刷好防锈漆，水落口连接的各层卷材应牢固地粘贴在杯口上，压接宽度不小于100mm。水落口周围500mm范围泛水不小于5%；基层与水落口杯接触处应留20mm宽、20mm深凹槽，用玛瑞脂嵌填密实。

④ 伸出屋面管道根部做法。根部周围做成圆锥台，管道与找平层相接处留凹槽，嵌密封材料，防水层收头处用钢丝箍紧，并嵌密封材料。

(9) 铺设卷材防水屋面保护层。一般油毡屋面铺设绿豆砂(小豆石)保持层，豆石须洁净，粒径为3～5mm为佳，要求材质耐风化，涂刷2～3mm厚的沥青玛瑞脂，均匀撒铺豆石，要求将豆石粘接牢固。

任务5.2 主体工程的定额计量与计价项目列项

主体工程的定额计量计价项目确定依据如下。

1. 施工图纸

其包括主体各层结构平面图、剖面图、屋顶平面图、局部详图及设计说明。

2. 施工过程及施工方案

一般砖混结构工程的项目，施工程序为：砌墙→构造柱→圈梁→钢筋混凝土梁板→钢

筋混凝土楼梯→阳台雨篷等→屋面保温防水→其他项目。

一般钢筋混凝土框架结构工程的项目，施工程序为：柱→梁→钢筋混凝土板→钢筋混凝土楼梯→阳台雨篷等→砌维护墙→屋面保温防水→其他项目。

一般钢筋混凝土框剪结构工程的项目，施工程序为：剪力墙→柱→梁→钢筋混凝土板→钢筋混凝土楼梯→阳台雨篷等→顶层板→砌维护墙→屋面保温防水→其他项目。

3. 建筑工程预算(定额)基价的工程量计算规则

(1) 定额计价项目划分原则。主体部分计量计价项目基本与施工项目相同。

(2) 主体工程定额计量与计价项目的确定方法。主体工程定额计量计价项目的确定可参照表 5-1 所列的项目和说明要求进行。

表 5-1　主体工程计量计价项目列项参考表

序　号	分项工程名称	说　明
(一)	砌筑工程	
1	砌砖墙	按照不同厚度的墙体体积和列项计算
2	砌单砖墙	按 1/2 砖标准砖墙列项
3	砌块墙	不同材质分别列项
4	砌砖柱	不同材质分别列项
5	零星砌体	不同材质分别列项
6	外墙勾缝	不同材质分别列项
(二)	厂库房大门、特种门及木结构	
1	厂库房大门、特种门	按不同材料进行列项
2	木结构	按不同构件进行列项
(三)	混凝土及钢筋混凝土工程	
1	现浇混凝土墙	(1) 直形墙、弧形墙分别列项； (2) 按不同墙厚度另列模板项目，钢筋另列项目
2	现浇混凝土柱	(1) 矩形柱、构造柱、异形柱、圆形柱分别列项； (2) 按不同柱截面周长另列模板项目，钢筋另列项目
3	现浇混凝土梁	(1) 矩形梁、异形梁、弧形梁、圈梁、过梁分别列项； (2) 模板、钢筋另列项目
4	现浇混凝土板	(1) 有梁板、无梁板、平板分别列项； (2) 按不同类型板及厚度、钢筋另列模板项目
5	现浇混凝土楼梯	(1) 直形、弧形楼梯分列项目； (2) 模板、钢筋另列项目
6	现浇混凝土压顶	按照混凝土不同标号列项；模板、钢筋另列项目
7	现浇栏板	按照混凝土不同标号列项；模板、钢筋另列项目
8	现浇挑檐、天沟	按照混凝土不同标号列项；模板、钢筋另列项目
9	现浇雨篷、阳台	按照混凝土不同标号列项；模板、钢筋另列项目
10	小型构件	按照混凝土不同标号列项；模板、钢筋另列项目
11	现场预制混凝土构件制作	(1) 按不同构件及类型分别列项； (2) 模板、钢筋另列项目
12	预制混凝土构件安装	(1) 按不同构件及类型分别列项； (2) 基价包括灌缝找平、空心板包堵孔
13	预制混凝土构件场外运输	适用于构件厂生产预制构件列项

续表

序　号	分项工程名称	说　明
14	预制混凝土构件场内运输	当混凝土构件的堆放地或预制点超过塔吊服务半径时
15	钢筋	(1) 现浇混凝土构件、预制混凝土构件钢筋分别列项； (2) 现浇或预制不同类型构件钢筋合并列项计算； (3) 钢筋按不同种类及规格分别列项
16	预埋铁件	按照重量列项计算
17	混凝土泵送费	采用混凝土泵浇注混凝土构件体积列项
18	加固筋	混凝土构件与其他构件之间的拉接筋按重量列项计算
19	钢筋特种接头	按不同类型接头分别列项
(四)	屋面及防水工程	
1	瓦屋面	按不同做法分别列项
2	卷材屋面	按不同材质和做法分别列项
3	伸缩缝	按不同材质和做法分别列项
4	找平层	按不同材质和做法分别列项
5	保温层	按不同材质和做法分别列项
6	雨水管	按不同材质和做法分别列项
7	雨水斗	按不同材质和做法分别列项
8	铸铁落水口	按不同材质和做法分别列项
9	弯头	按不同材质和做法分别列项
10	阳台出水口	按不同材质和做法分别列项
11	墙体保温	按不同做法分别列项
12	木结构工程	
(五)	金属结构工程	
1	钢柱	按不同质量、不同形式分别列项
2	钢梁	按不同质量、不同类型分别列项
3	普通钢屋架	按不同质量、不同类型分别列项
4	轻型钢屋架	按不同类型分别列项
5	金属钢架	按不同质量、不同类型分别列项
6	钢楼梯	按不同质量、不同类型分别列项
7	钢箅子	按不同质量、不同类型分别列项
8	钢盖板	按不同质量、不同类型分别列项
9	U 形爬梯	按不同质量、不同类型分别列项
10	阳台晒衣钩	按不同质量、不同类型分别列项
(六)	措施项目(二)	按照能够计算工程量确定的列项
1	综合脚手架	适用于檐高 20m 以内单层建筑物及多层建筑物所搭设脚手架等

续表

序　号	分项工程名称	说　明
2	里脚手架	围墙及砌筑高度超过 1.2m 的基础墙和屋顶烟囱
3	电梯安装脚手架	按座列项
4	水平防护架	在临街建筑物施工时列项
5	垂直防护架	在临街建筑物施工时列项
6	挂安全网	按照立面和水平列项
7	浇注混凝土高度超过 3.6m 增价	梁、板、柱、墙分别列项
8	建筑物垂直运输费	按项目施工组织设计安排列项
9	地下工程垂直运输费	按项目施工组织设计安排列项
10	塔式起重机基础	按项目施工组织设计安排列项
11	塔式起重机安拆费	按项目施工组织设计安排列项
12	施工电梯安拆费	按项目施工组织设计安排列项
13	土方机械进出场费	按项目施工组织设计安排列项
14	施工电梯进出场费	按项目施工组织设计安排列项
15	超高工程附加费	适用于檐高大于 20m 的建筑物
16	混凝土、钢筋混凝土模板工程量	按照混凝土构件项目列项

任务 5.3　主体工程的定额计量

一、主体砌筑工程的工程量计算规则

1. 说明

(1) 本分部包括砌墙、其他砌体、墙面勾缝等。

(2) 基础与墙(柱)身的划分。

① 基础与墙(柱)身使用同一种材料时，以首层设计室内地坪为界，设计室内地坪以下为基础，以上为墙(柱)身。

② 基础与墙(柱)身使用品种不同材料时，按不同材料的变化处为分界线。

③ 页岩标砖、石围墙，以设计室外地坪为界线，设计室外地坪以下为基础，以上为墙身。

2. 工程量计算规则

(1) 实心页岩标砖墙、空心砖墙、毛石墙、各类砌块墙等墙体均按设计图示尺寸以体积计算。扣除门窗洞口、过人洞、空圈、嵌入墙内的钢筋混凝土柱、梁、圈梁、挑梁、过梁及凹进墙内的壁龛、管槽、暖气槽、消火栓箱所占体积。不扣除梁头、板头、檩头、垫木、木楞头、檐缘木、木砖、门窗走头、页岩标砖墙内页岩标砖平碹、页岩砖拱券、页岩标砖过梁、加固钢筋、木筋、铁件、钢管及单个面积 0.3m² 以内的孔洞所占体积。凸出墙面的腰线、挑檐、压顶、窗台线、虎头砖、门窗套的体积亦不增加，凸出墙面的页岩标砖垛并入墙体体积内。

附墙烟囱(包括附墙通风道)按其外形体积计算，并入所依附的墙体体积内。

① 墙长度。外墙按中心线，内墙按净长计算(见图 5-36)。

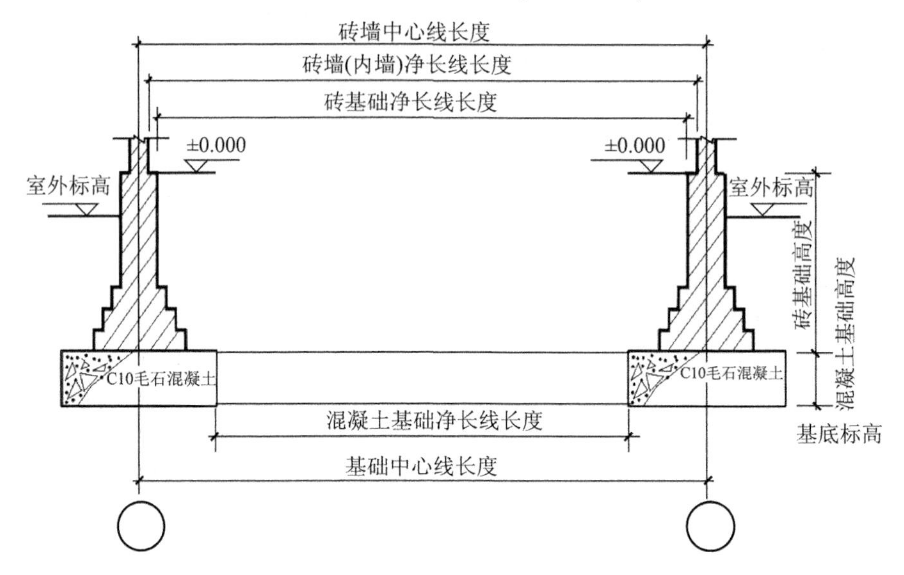

图 5-36　两墙之间长度关系

② 墙高度。墙高度计算如图 5-37 所示。

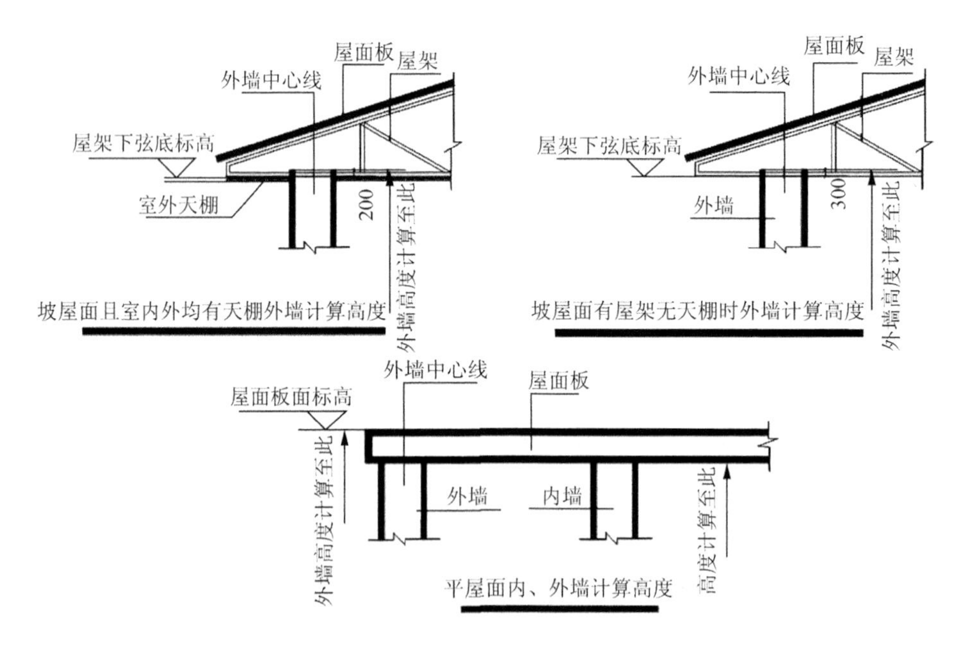

图 5-37　墙高的确定

a. 外墙。斜(坡)屋面无檐口天棚者算至屋面板底；有屋架且室内外均有天棚者算至屋架下弦底另加 200mm；无天棚者算至屋架下弦底另加 300mm，出檐宽度超过 600mm 时，按实砌高度计算；平屋面算至屋面板底。

b. 内墙。位于屋架下弦者算至屋架下弦底；无屋架者算至天棚底另加 100mm；有钢筋混凝土楼板隔层者算至楼板顶；有框架梁时算至梁底(见图 5-38)。

c. 女儿墙。从屋面板上表面算至女儿墙顶面(如有混凝土压顶时算至压顶下表面)。

d. 内、外山墙。按其平均高度计算。

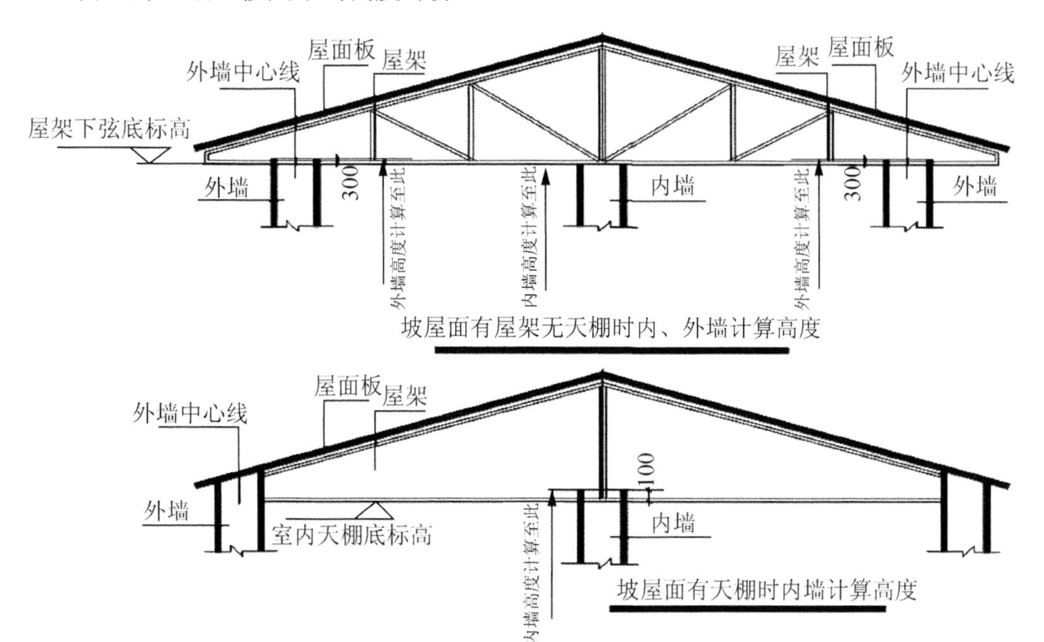

图 5-38　屋架下的墙高确定

e. 围墙。高度从基础顶面起算至压顶上表面(如有混凝土压顶时算至压顶下表面)，与墙体为一体的页岩标砖砌围墙柱并入围墙体积内计算。

f. 砌地下室墙不分基础和墙身，其工程量合并计算，按砌墙基价执行。

③　页岩标砖墙厚度按表 5-2 计算。

表 5-2　页岩标砖墙标准厚度

墙厚/砖	1/4	1/2	3/4	1	3/2	2	5/2	3
计算厚度/mm	53	115	180	240	365	490	615	740

(2)　框架间砌体，分别按内、外墙以框架间的净空面积乘以墙厚以体积计算。

(3)　空花墙按设计图示尺寸以空花部分外形体积计算，不扣除空洞部分体积。

(4)　实心页岩标砖柱、页岩标砖零星砌体按设计图纸尺寸以体积计算。扣除混凝土及钢筋混凝土梁垫、梁头、板头所占面积。页岩标砖柱不分柱基和柱身，其工程量合并计算，按页岩标砖柱基价执行。

(5)　石柱按设计图示尺寸以体积计算。

(6)　其他砌体均按图示尺寸以实体积计算。

(7) 弧形阳角页岩标砖加工按延长米计算。

(8) 附墙烟囱、通风道水泥管按设计要求以延长米计算。

(9) 墙面勾缝按墙面垂直投影面积计算，应扣除墙面和墙裙抹灰面积，不扣除门窗套和腰线等零星抹灰及门窗洞口所占面积，但垛、门窗洞口和顶面的勾缝亦不增加。

(10) 独立柱、房上烟囱勾缝，按图示外形尺寸以平方米计算。

例 5-1 一小型住宅如图 5-39 所示，为现浇钢筋混凝土平顶砖墙结构，室内净高 3.0m，门窗均用平拱砖过梁，外门 M1 洞口尺寸为 1.2m×2.4m，内门 M2 洞口尺寸为 1.0m×2.3m，窗洞高均为 1.5m，C1 宽 1.1m，C2 宽 1.61m，C3 宽 1.81m，内外墙均为 1 砖混水墙，用 M2.5 水泥混合砂浆砌筑。试求砌筑工程量。

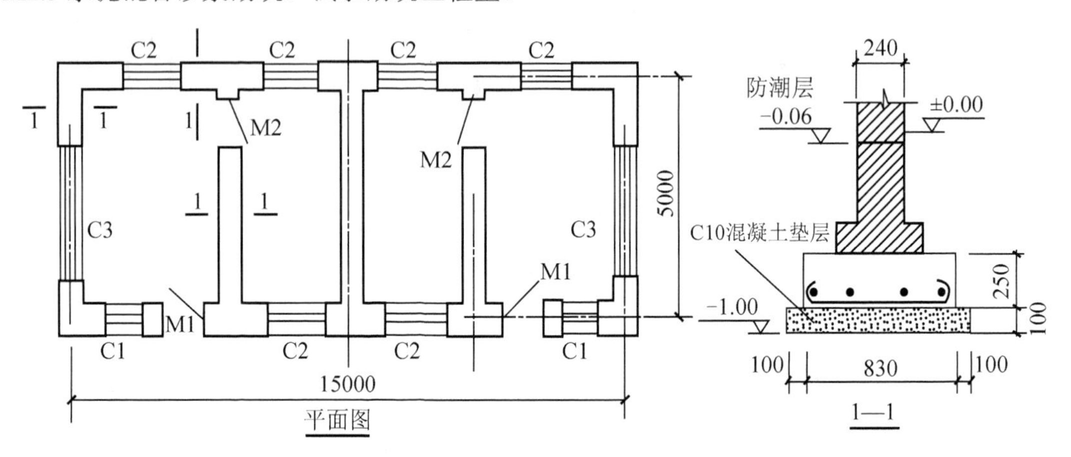

图 5-39 小型住宅尺寸

解 ① 计算应扣除的工程量。

外门 M1：$1.2\times2.4\times2\times0.24=1.38(m^3)$

内门 M2：$1.0\times2.3\times2\times0.24=1.10(m^3)$

窗：$(1.8\times2+1.1\times2+1.6\times6)\times1.5\times0.24=5.544(m^3)$

砖平拱过梁：

M1：$(1.2+0.1)\times0.24\times0.24\times2=0.150(m^3)$

M2：$(1.0+0.1)\times0.24\times0.24\times2=0.127(m^3)$

窗：$(1.8\times2+0.1\times2)\times0.365\times0.24+(1.1+0.1)\times2\times0.24\times0.24$

$+(1.6+0.1)\times6\times0.365\times0.24=1.365(m^3)$

共扣减的工程量：

$1.38+1.10+5.544+0.150+0.127+1.365=9.67(m^3)$

② 计算砖墙毛体积。

墙长：

外墙：$(15+5)\times2=40(m)$

内墙：$(5-0.24)\times3=14.28(m)$

总长：$40+14.28=54.28(m)$

墙高内外墙均为 3.0m，砖墙毛体积：$54.28\times3.0\times0.24=39.08(m^3)$

③ 砌筑工程量。

内外砖墙：39.08−9.67=29.41(m^3)

砖平拱：0.150+0.127+1.365=1.64(m^3)

砖基础：54.28×(0.24×0.65+0.01575)=9.32(m^3)

二、厂库房大门、特种门、木结构工程的工程量计算规则

1. 说明

(1) 本分部包括厂库房大门，特种门，围墙铁丝门，铁窗栅，成品钢门、窗安装，门窗钉防寒条、木材面包镀锌薄钢板、门窗场外运费，屋架，屋面木基层，木构件等。

(2) 本分部项目中凡综合刷油者，除已注明者外，均为底油一遍，调和漆两遍。如设计做法与基价不同时，允许换算。

2. 工程量计算规则

(1) 本分部中除全板钢门、半截百叶钢门、全百叶钢门、密闭钢门、铁栅门按吨计算以外，其他各种门、窗均按框外围面积计算。

(2) 冷藏门门樘框架及筒子板以筒子板面积计算。

(3) 各种钢门项目，如需安装玻璃时，玻璃安装应按安玻璃部分的框外围面积计算，套用相应基价子目。

(4) 木材面包镀锌薄钢板按展开面积计算。

(5) 木屋架、钢木屋架分不同的跨度按设计图示数量以榀计算。屋架的跨度应以上、下弦中心线两交点之间的距离计算。

瓦屋面承重体系如图 5-40 所示。

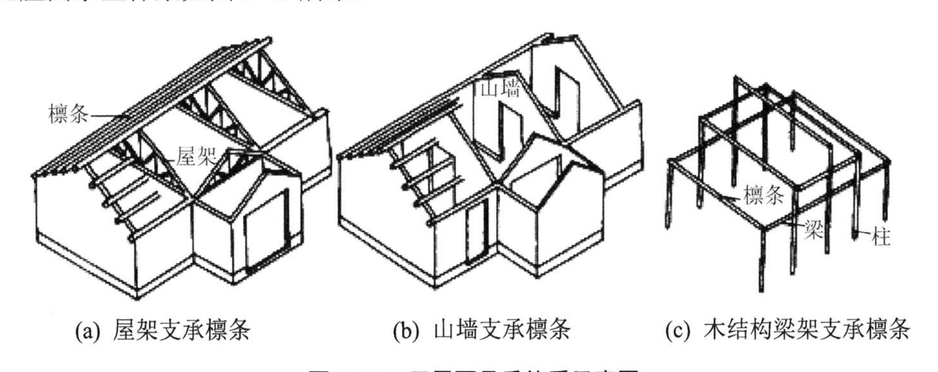

图 5-40　瓦屋面承重体系示意图

(6) 封檐板、封檐盒按檐口外围长度计算。搏风板，每个大刀头增加长度 50cm。

封檐板：指钉在前后檐口的木板(见图 5-41)。

搏风板：指山墙部分与封檐板连接成“人”字形的木板。

大刀头：又叫勾头板，指搏风板两端的刀形板。

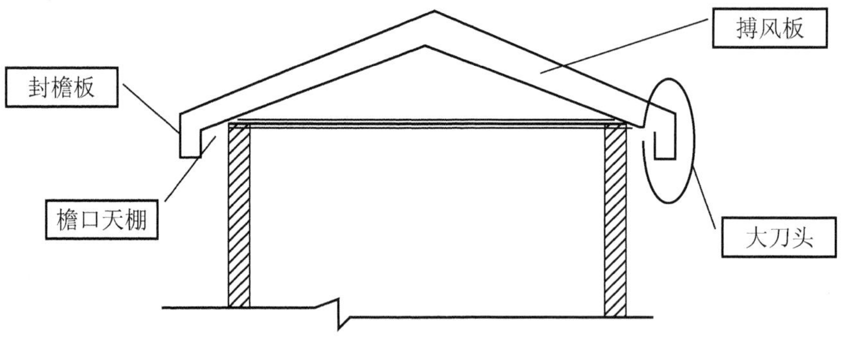

图 5-41　封檐板示意图

例 5-2　如图 5-42 所示，求风檐板及搏风板工程量。

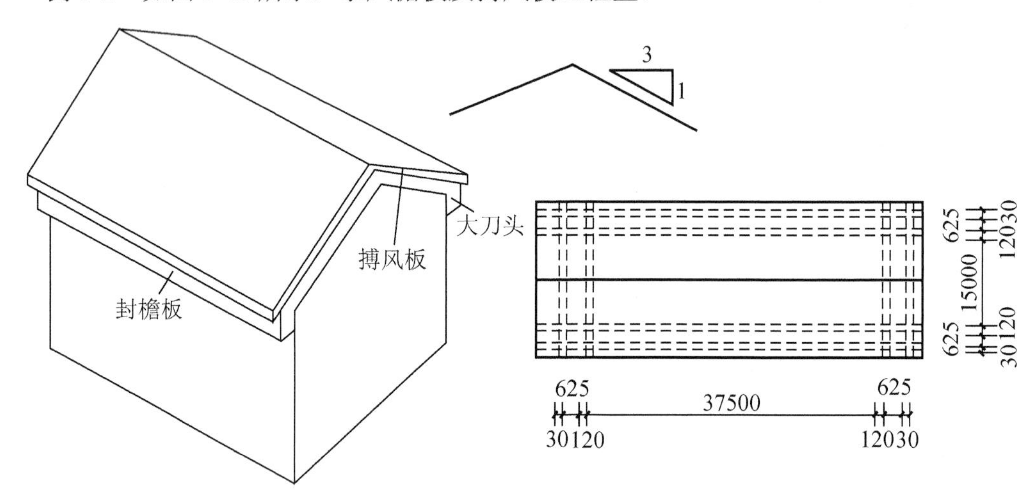

图 5-42　封檐板示意图

解　风檐板工程量=(37.5+0.15×2+0.625×2)×2=78.1(m)

搏风板工程量=(15+0.15×2+0.625×2)×1.0541×2+0.625×4

=34.89+2.5

=37.39(m)

(7) 屋架风撑及挑檐木按立方米计算。

(8) 檩木按设计规格以立方米计算。垫木、托木已包括在基价内，不另计算。简支檩长度设计未规定者，按屋架或山墙中距增加 20cm 接头计算；两端出山墙长度算至搏风板；连续檩接头长度按总长度增加 5%计算。

(9) 椽子、屋面板按屋面斜面积计算。不扣除屋面烟囱及斜沟部分所占的面积。天窗挑檐重叠部分按实增加。

(10) 木楼梯按设计图示尺寸以水平投影面积计算。不扣除宽度小于 300mm 的楼梯井，其踢脚板、平台和伸入墙内部分不另计算。

(11) 木搁板按平方米计算。基价内未考虑金属托架，如采用金属托架者，应另行计算。

(12) 黑板及布告栏，均按框外围尺寸以垂直投影面积计算。

(13) 上人孔盖板、通气孔、信报箱安装按个计算。

三、主体混凝土及钢筋混凝土工程的工程量计算规则

(一)说明

(1) 本分部包括现浇混凝土，预制混凝土制作，升板工程，钢筋工程，预制混凝土构件拼装、安装，预制混凝土构件运输等。

(2) 项目的界定。

① 预制楼板及屋面板间板缝，下口宽度在 2cm 以内的，包括在构件安装子目内，但板缝内如有加固钢筋另行计算。下口宽度在 2～15cm 以内的，执行补缝板子目；下口宽度在 15cm 以外的，执行平板子目。

② 小型构件，系指每件体积在 $0.05m^3$ 以内，且在本学习情境中未列项目的构件。

③ 短肢剪力墙结构中墙与柱的划分，截面长度与厚度之比大于 3 时执行混凝土墙基价；不大于 3 时执行混凝土柱基价(截面长度以该截面最长尺寸为准，包括深入侧面混凝土部分)。

(二)工程量计算规则

1. 现浇混凝土的计算规则

(1) 现浇混凝土柱按设计图示尺寸以体积计算。其柱高(见图 5-43)有以下几种情况。

① 有梁板的柱高，应自柱基上表面(或楼板上表面)至上一层楼板上表面之间的高度计算。

② 无梁板的柱高应自柱基上表面(或楼板上表面)至柱帽下表面之间的高度计算。

③ 框架柱的柱高应自柱基上表面至柱顶高度计算。

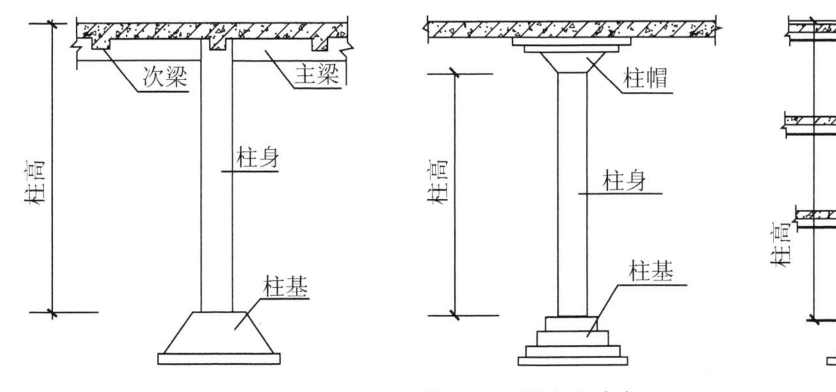

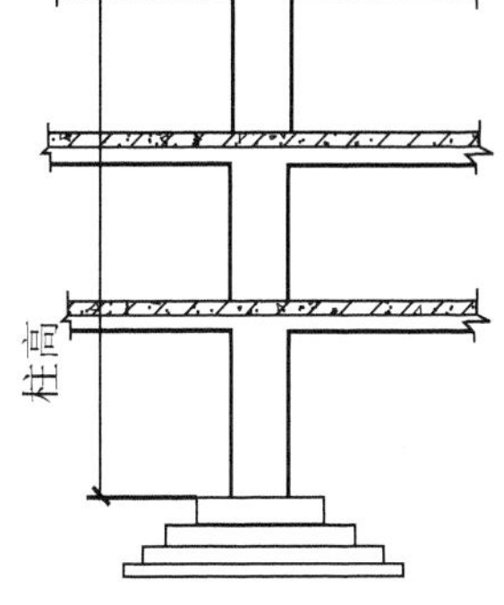

图 5-43　柱高的确定

④ 构造柱断面尺寸按每面马牙槎增加 3cm 计算。柱高按全高扣除与其相交的钢筋混凝土梁、板的高度计算。计算方法如图 5-44 所示。

⑤ 依附柱上的牛腿和升板的柱帽并入柱身体积计算(见图 5-45)。

(2) 现浇混凝土梁按设计图示尺寸以体积计算。伸入墙内的梁头、梁垫并入梁体积内。梁与柱连接时，梁长算至柱侧面，主梁与次梁连接时，次梁长算至主梁侧面(见图 5-46)。

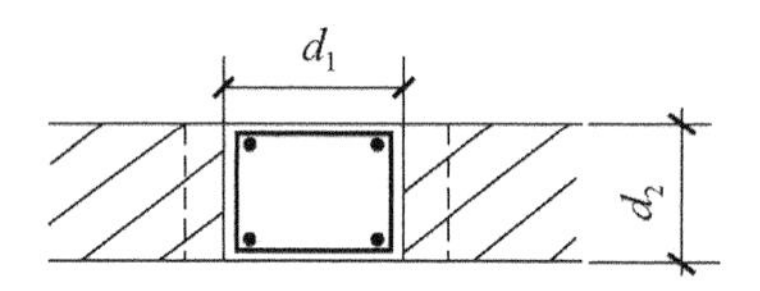

一字形：$S=(d_1+0.06)\times d_2$

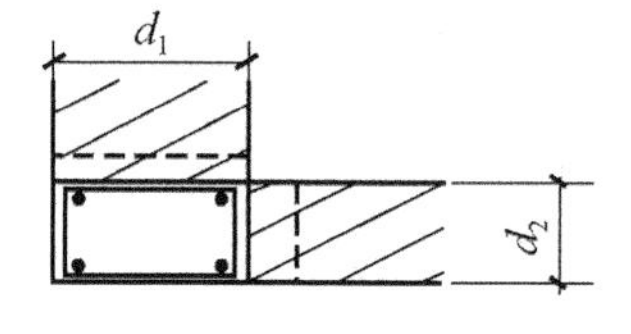

L形：$S=(d_1+0.03)\times d_2+0.03d_1$

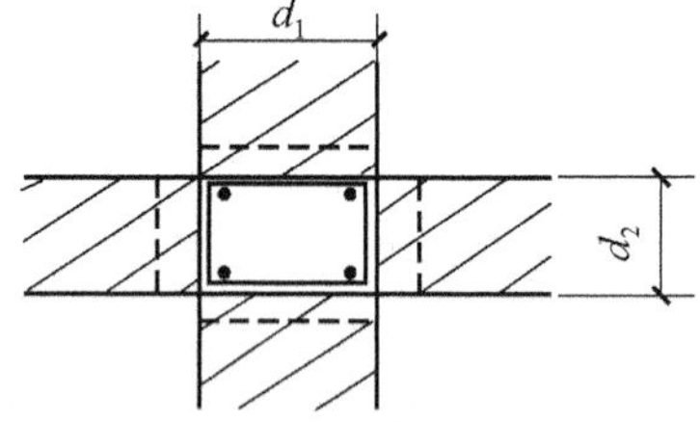

十字形：$S=(d_1+0.06)\times d_2+0.06d_1$

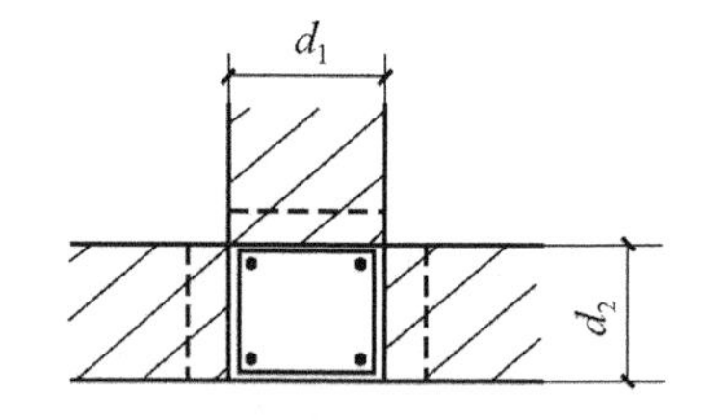

T形：$S=(d_1+0.06)\times d_2+0.03d_1$

图 5-44　构造柱截面图

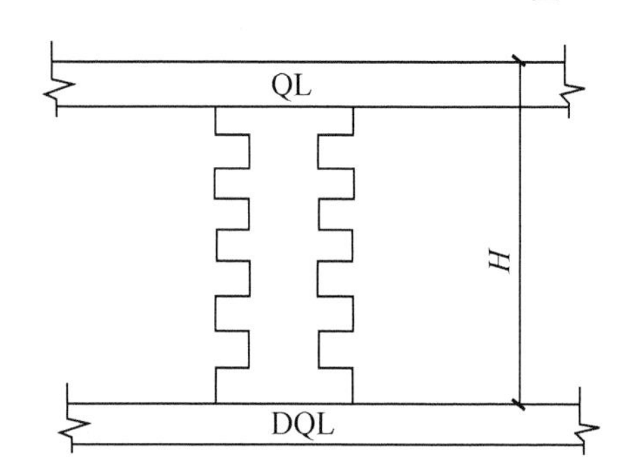

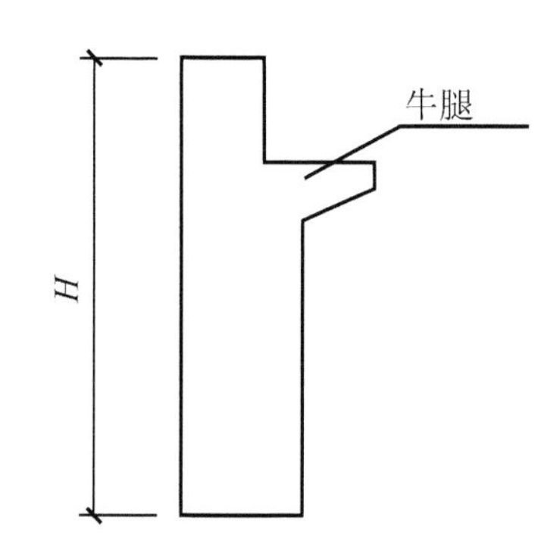

图 5-45　构造柱剖面、牛腿柱示意图

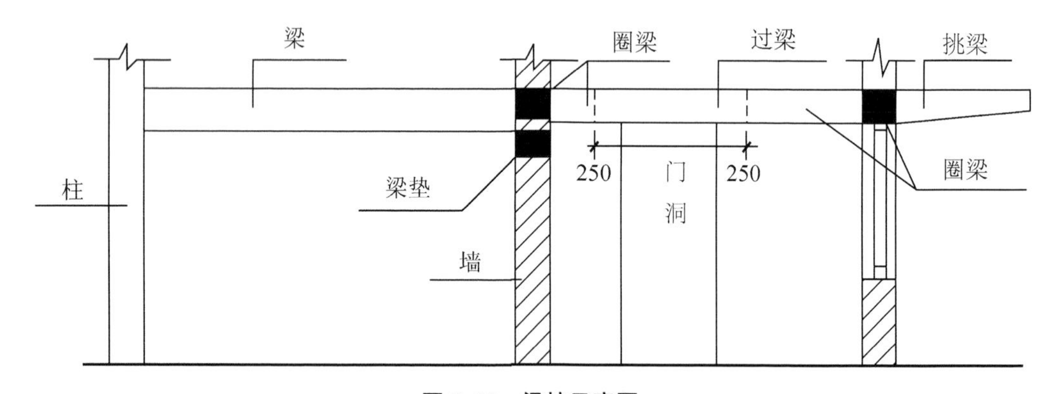

图 5-46　梁柱示意图

① 凡加固墙身的梁均按圈梁计算。

② 圈梁与梁连接时，圈梁体积应扣除伸入圈梁内的梁的体积。

③ 在圈梁部位挑出的混凝土檐，其挑出部分在 12cm 以内的并入圈梁体积内计算；挑出部分在 12cm 以外的，以圈梁外皮为界限，挑出部分套用挑檐天沟子目。

(3) 现浇混凝土墙按设计图示尺寸以体积计算。扣除门窗洞口及单个面积在 0.3m 以外

的孔洞所占体积，墙垛及突出墙面部分并入墙体体积内计算。

(4) 现浇混凝土板按设计图示尺寸以体积计算。不扣除单个面积在 $0.3m^2$ 以内的孔洞所占体积。各类板伸入墙内的板头并入板体积内计算，薄壳板的肋、基梁并入薄壳体积内计算。

① 凡不同类型的楼板交接时，均以墙的中心线为分界。

② 有梁板(包括主、次梁与板)按梁、板体积之和计算。

现浇有梁板混凝土=板长度×宽度×厚+主梁及次梁体积

主梁及次梁体积=主梁长度×主梁宽度×肋高+次梁净长度×次梁宽度×肋高

③ 无梁板按板和柱帽体积之和计算(见图 5-47)。

板工程量=图示长度×宽度×板厚+附梁及柱帽体积

④ 压型钢板上现浇混凝土板，按图示结构尺寸的水平投影面积计算。

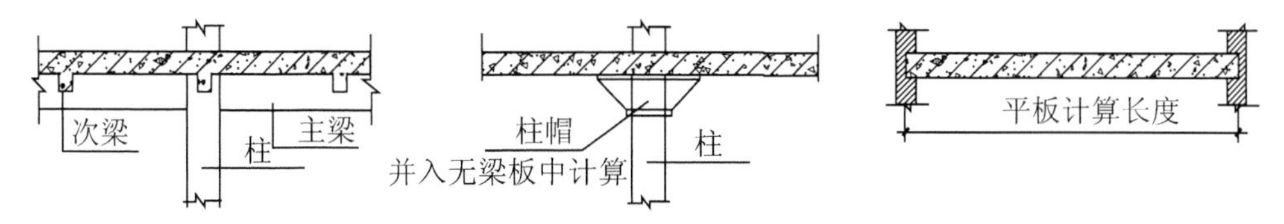

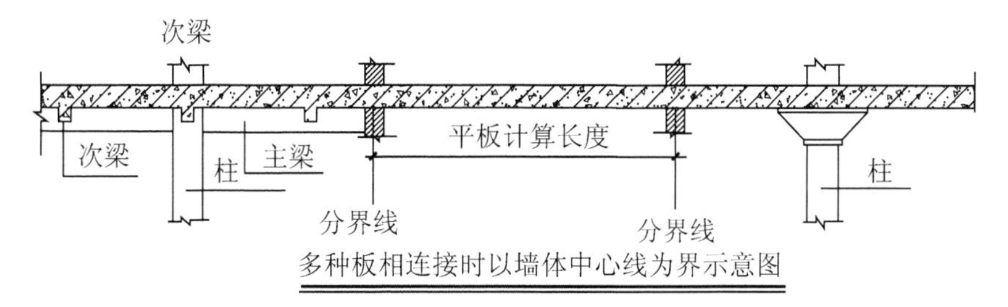

图 5-47 梁板示意图

⑤ 现浇钢筋混凝土板坡度在 10° 以内，按基价相应子目执行；坡度在 10° 以外 30° 以内，相应基价子目中人工工日乘以系数 1.1；坡度在 30° 以外 60° 以内，相应基价子目中人工工日乘以系数 1.2；坡度在 60° 以外，按现浇混凝土墙相应基价子目执行。

例 5-3 某现浇钢筋混凝土有梁板如图 5-48 所示，混凝土为 C25，计算有梁板的工程量，确定定额项目。

解 ①现浇板工程量=2.6×3×2.4×3×0.12=4.49(m^3)

②板下梁工程量=0.25×(0.5−0.12)×2.4×3×2+0.2×(0.4−0.12)×(2.6×3−0.25×3)×2+0.25×0.50×0.12×4+0.20×0.40×0.12×4=2.28(m^3)

有梁板工程量=4.49+2.28=6.77(m^3)

(5) 现浇混凝土楼梯按设计图示尺寸以水平投影面积计算。不扣除宽度小于 500mm 的楼梯井，伸入墙内部分不计算(见图 5-49)。

① 楼梯的水平投影面积包括踏步、斜梁、休息平台、平台梁以及楼梯与楼板连接的梁(楼梯与楼板的划分以楼梯梁的外侧面为分界)(见图 5-50)。

② 当整体楼梯与现浇楼板无楼梯梁连接时，以楼梯的最后一个踏步边缘加 300mm 为界。

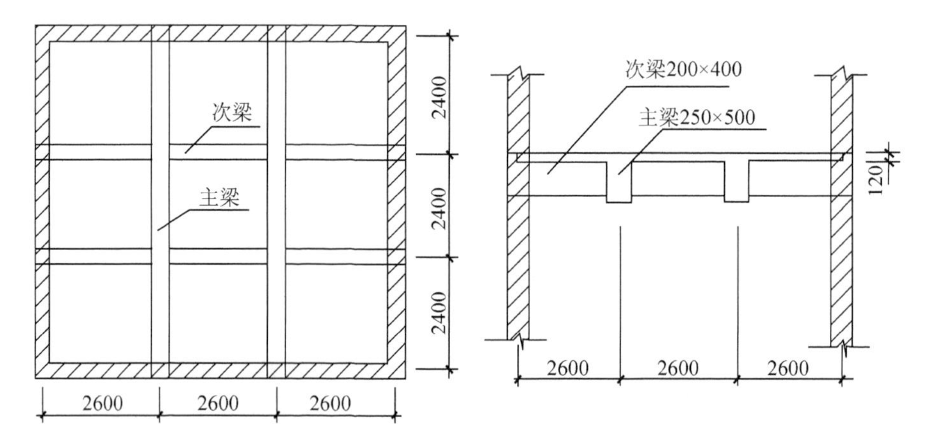

图 5-48　有梁板示意图

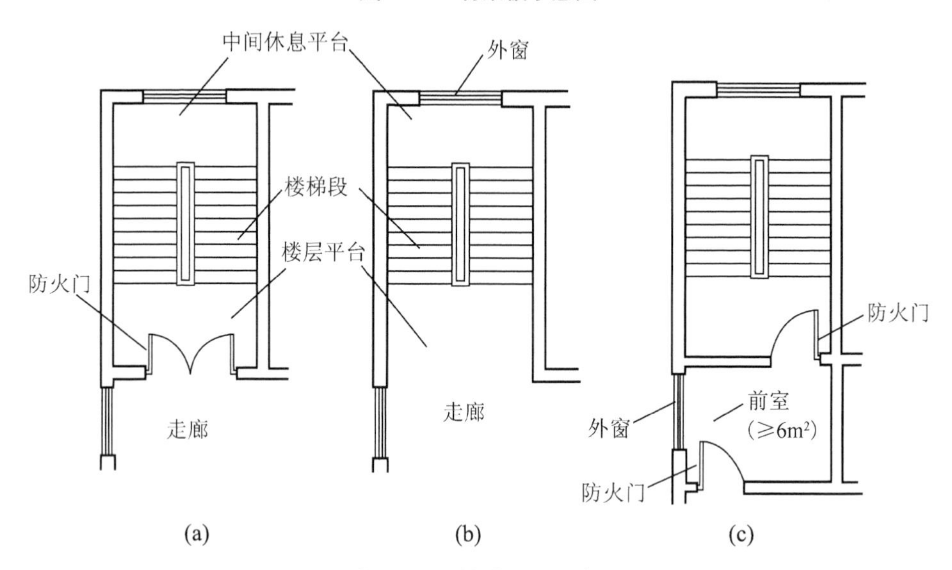

图 5-49　楼梯平面形式

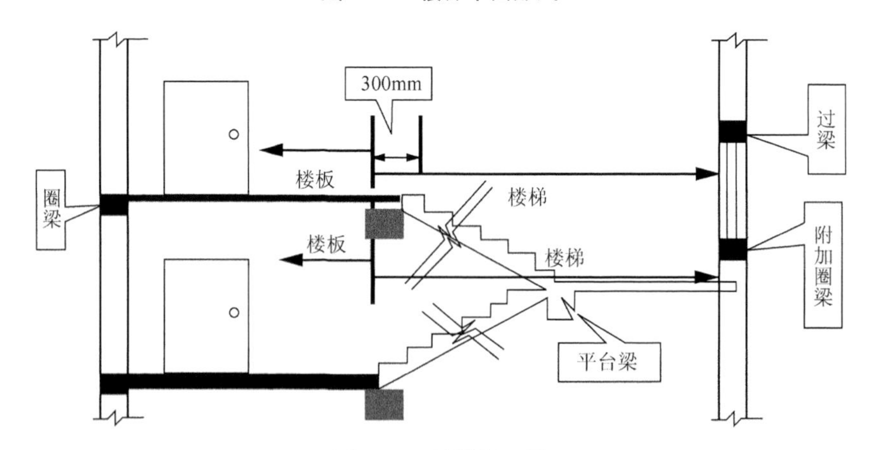

图 5-50　楼梯剖面图

(6) 现浇钢筋混凝土栏板按立方米计算(包括伸入墙内的部分)，楼梯斜长部分的栏板长度可按其水平长度乘系数 1.15 计算。

(7) 天沟、挑檐板按设计图示尺寸以体积计算(见图 5-51)。挑檐、天沟(见图 5-52)与现浇屋面板连接时，按外墙皮为分界线；与圈梁连接时，按圈梁外皮为分界线。

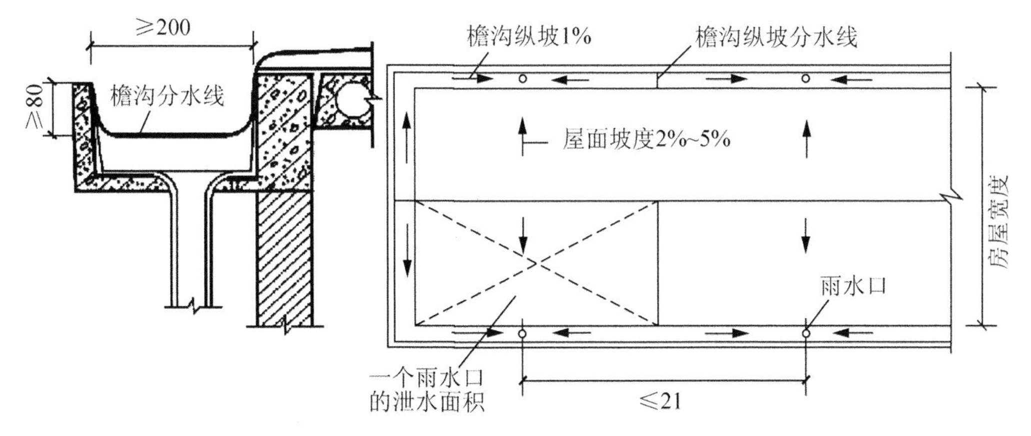

图 5-51　天沟、挑檐板示意图

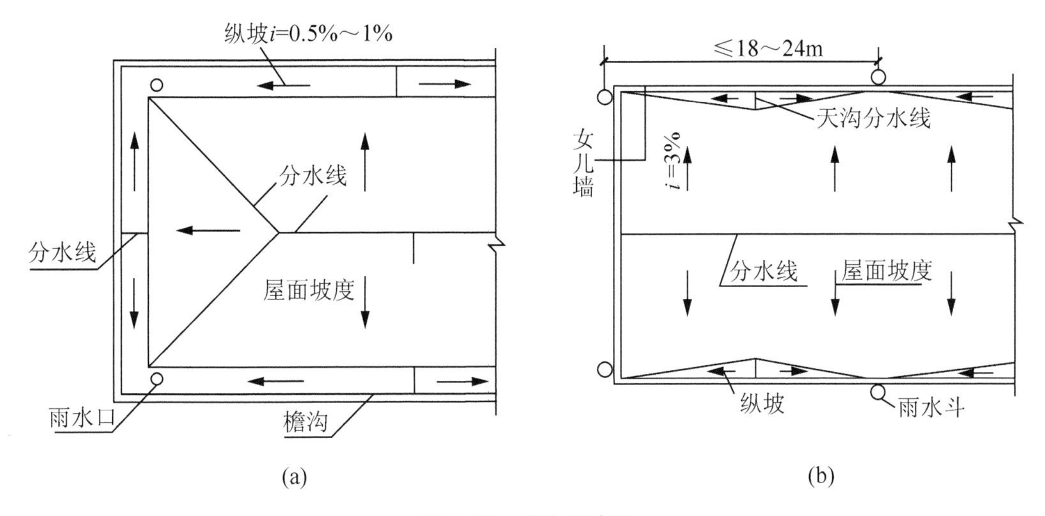

图 5-52　天沟示意图

(8) 雨篷、阳台板按设计图示尺寸以墙外部分体积计算。包括伸出墙外的牛腿和雨篷反挑檐的体积。嵌入墙内的梁应按相应子目另列项目计算。凡墙外有梁的雨篷，执行有梁板基价。

(9) 现浇混凝土门框、框架现浇节点、小型池槽、零星构件按设计图示尺寸以体积计算。

(10) 现浇混凝土扶手、压顶按设计图示尺寸以立方米计算。

2. 预制混凝土制作的计算规则

(1) 预制混凝土柱按设计图示尺寸以体积计算。柱上的钢牛腿按铁件计算。

(2) 预制混凝土梁按设计图示尺寸以体积计算。

(3) 预制混凝土屋架按设计图示尺寸以体积计算。

(4) 预制混凝土板按设计图示尺寸以体积计算。不扣除单个尺寸 300mm×300mm 以内的孔洞所占体积。

(5) 预制混凝土烟道、通风道、檩条、支承、天窗上下挡、零星构件、地沟盖板等按设计图示尺寸以体积计算。不扣除单个尺寸 300mm×300mm 以内的孔洞所占体积，扣除烟道、通风道的孔洞所占体积。

(6) 预制混凝土漏空花格按图示外围尺寸以平方米计算。

(7) 预制混凝土楼梯按设计图示尺寸以体积计算。扣除空心踏步板空洞体积。

3. 升板工程的计算规则

(1) 升板式楼板制作可分为无梁楼板和复合楼板两项。复合楼板的混凝土肋形楼板制作，按楼板的实际体积计算，不包括填充料体积，加气混凝土填充料按加气混凝土体积计算。

(2) 升板工程的楼板提升按楼板外形体积计算，复合楼板提升的工程量为混凝土肋形楼板和加气混凝土填充料的总体积(见图 5-53)。

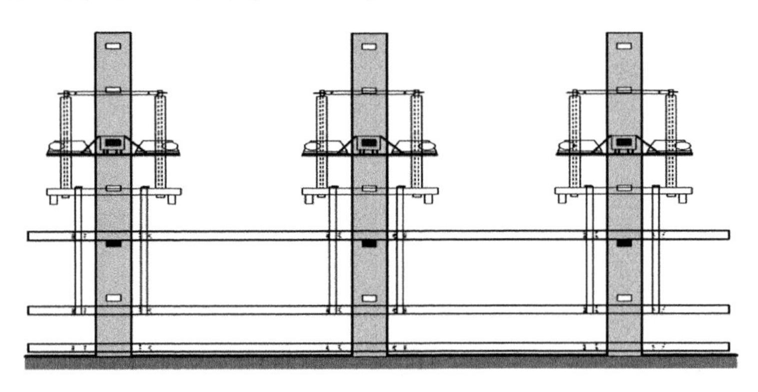

图 5-53 升板工程示意图

4. 钢筋工程的计算规则

(1) 现浇混凝土钢筋、预制构件钢筋、钢筋网片，按设计图示钢筋长度乘以单位理论质量计算。

钢筋铁件工程常用公式数据表见表 5-3。

$$钢筋重量(kg)=0.00617\times D_2(mm)\times L(m)$$

$$钢板重量(kg)=7.85\times 厚度(mm)\times 面积(m^2)$$

弯钩增加长度：90° 为 3.9d，斜弯钩为 5.9d；180° 为 6.25d。

$$箍筋分布筋根数=\frac{箍筋配置范围长度}{箍筋间距}+1$$

$$箍筋长度=箍筋内(外)包周长度+调整值(mm)$$

表 5-3 箍筋调整表 单位：mm

直径	ϕ4～5	ϕ6	ϕ8	ϕ10～12
量外包	40	50	60	70
量内包	80	100	120	150～170

钢筋下料长度=构件外包长度−保护层厚度+弯起增加长度+弯折长度+弯钩长度

圈梁混凝土工程量=圈梁长 1×圈梁高×圈梁宽

其中：

圈梁长 1=圈梁外墙设置中心线长度+圈过梁内墙设置净长线长度−门窗洞口过梁设置长度

圈梁主钢筋总长=(圈梁长 2+T 形接头锚固长度×接头数)×主筋根数

圈梁长 2=圈梁外墙设置中心线长度+圈过梁内墙设置净长线长度

例 5-4　求图 5-54 所示钢筋的工程量。

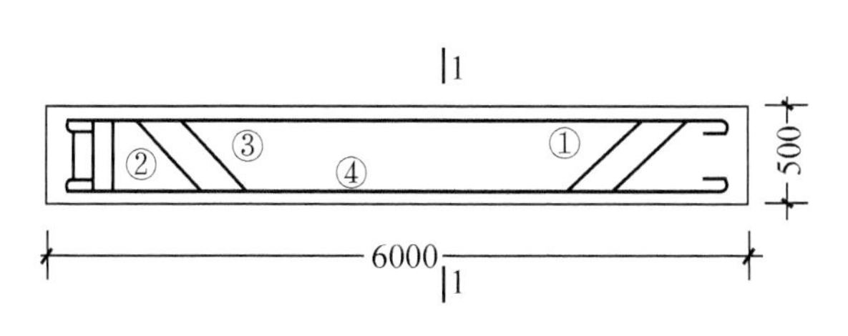

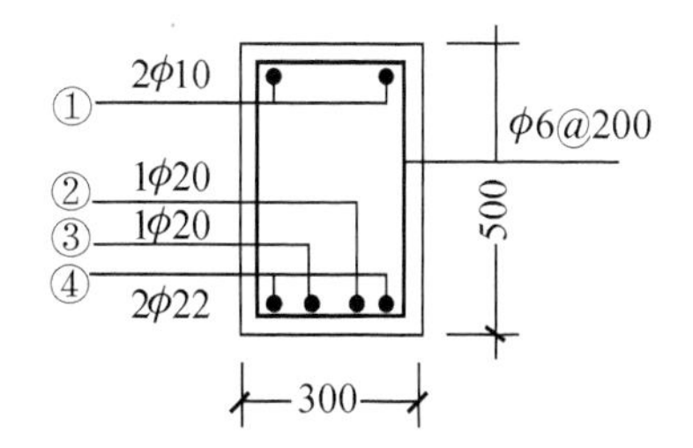

图 5-54　梁配筋图

解　①　筋φ10mm　钢筋长度=(6.00−0.025×2+12.5×0.01)×2(钢筋根数)=12.15(m)

②　筋φ20mm(弯起筋)　钢筋长度=6.00−0.025×2+0.41×0.45×2+12.5×0.02=6.569(m)

③　筋φ20mm(同②筋)　钢筋长度=6.00−0.025×2+0.41×0.45×2+12.5×0.02=6.569(m)

④　筋φ22mm　钢筋长度=(6.00−0.025×2×12.5×0.022)×2=12.45(m)

⑤　箍筋φ6mm　钢筋长度=(0.3+0.5) ×2×[(6.00−0.025×2)/0.2+1]=1.6×31=49.6(m)

(2)　先张法预应力钢筋按设计图示钢筋长度乘以单位理论质量计算。

(3)　后张法预应力钢筋、预应力钢丝、预应力钢绞线按设计图示钢筋(丝束、绞线)长度乘以单位理论质量计算。

①　低合金钢筋两端均采用螺杆锚具时，钢筋长度按孔道长度减 0.35m 计算，螺杆另行计算。

②　低合金钢筋一端采用镦头插片、另一端采用螺杆锚具时，钢筋长度按孔道长度计算，螺杆另行计算。

③　低合金钢筋一端采用镦头插片、另一端采用帮条锚具时，钢筋长度按孔道长度增加 0.15m 计算；两端均采用帮条锚具时，钢筋长度按孔道长度增加 0.3 m 计算。

④　低合金钢筋采用后张混凝土自锚时，钢筋长度按孔道长度增加 0.35m 计算。

⑤　低合金钢筋(钢绞线)采用 JM、XM、QM 型锚具，孔道长度在 20m 以内，钢筋长度增加 1m 计算；孔道长度在 20 m 以外，钢筋(钢绞线)长度按孔道长度增加 1.8m 计算。

⑥　碳素钢丝采用锥形锚具，孔道长度在 20m 以内，钢丝束长度按孔道长度增加 1m 计算；孔道长度在 20m 外，钢丝束长度按孔道长度增加 1.8m 计算。

⑦　碳素钢丝束采用镦头锚具，钢丝束长度按孔道增加 0.35m 计算。

(4)　螺栓、预埋铁件按设计图示尺寸以质量计算。

(5)　钢筋气压焊、电渣压力焊、冷挤压接头、螺纹套筒接头等钢筋特殊接头按个计算。

(6)　钢筋冷挤压接头基价中，不含无缝钢管价值。无缝钢管用量应按设计要求计算，损耗率为 2%。

(7) 混凝土内植圆钢筋，区别不同的钢筋规格，分别按实际钻孔深度以m计算。

四、屋面工程的工程量计算规则

1. 说明

(1) 本分部包括找平层，瓦屋面，卷材屋面，涂膜及渗透结晶防水，彩色压型钢板屋面、屋脊、内外天沟，薄钢板、瓦楞铁皮屋面及排水等。

(2) 水泥瓦、黏土瓦的规格与基价不同时，除瓦的数量可以换算外，其余工、料均不宜调整。

(3) 卷材屋面不分屋面形式，如平屋面、锯齿形屋面、弧形屋面等，均执行同一子目。刷冷底子油一遍已综合在预算基价内，不另行计算。

(4) 局部增加层数时，另计增加部分，套用每增减一毡一油预算基价。

2. 工程量计算规则

(1) 屋面抹水泥砂浆找平层的工程量与卷材屋面相同。

(2) 瓦屋面、型材屋面(包括挑檐部分)均按设计图示尺寸水平投影面积乘以屋面坡度系数(见屋面坡度系数表)以斜面积计算(见表5-4)。不扣除房上烟囱、风帽底座、风道、屋面小气窗和斜沟等所占面积。而屋面小气窗出檐与屋面重叠部分的面积亦不增加，但天窗出檐部分重叠的面积计入相应的屋面工程量内。瓦屋面的出线、披水、梢头抹灰、脊瓦加腮等人工及材料均已综合在基价内，不另行计算。

表5-4 屋面坡度系数表

坡度			延尺系数	偶延尺系数	坡度			延尺系数	偶延尺系数
B/A (A=1)	$B/2A$	角度α	C	D	B/A (A=1)	$B/2A$	角度α	C	D
1	1/2	45°	1.4142	1.7321	0.40	1/5	21° 48′	1.0770	1.4697
0.75		36° 52′	1.2500	1.6008	0.35		19° 17′	1.0594	1.4569
0.70		35°	1.2207	1.5779	0.30		16° 42′	1.0440	1.4457
0.666	1/3	33° 40′	1.2015	1.5620	0.25		14° 02′	1.0308	1.4362
0.65		33° 01′	1.1926	1.5564	0.20	1/10	11° 19′	1.0198	1.4283
0.60		30° 58′	1.1662	1.5362	0.15		8° 32′	1.0112	1.4221
0.577		30°	1.1547	1.5270	0.125		7° 8′	1 0078	1.4191
0.55		28° 49′	1.1413	1.5170	0.100	1/20	5° 42′	1.0050	1.4177
0.50	1/4	26° 34′	1.1180	1.5000	0.083		4° 45′	1.0035	1.4166
0.45		24° 14′	1.0966	1.4839	0.066	1/30	3° 49′	1 0022	1.4157

屋面屋脊工程量计算公式为

等两坡屋面工程量=(房满外宽度+外檐宽度×2)×外檐总长度×延尺系数

等四坡屋面=(两斜梯形水平投影面积+两斜三角形水平投影面积)×延尺系数

或

等四坡屋面=屋面水平投影面积×偶延尺系数

等两坡正斜脊工程量=外檐总长度+两外檐之间总宽度×延尺系数×山墙端数

等四坡正斜脊工程量=外檐总长度−外檐总宽度+外檐总宽度×偶延尺系数×2

屋面防水工程量=设计总长度×总宽度×坡度系数+弯起部分面积

(3) 彩色压型钢板屋脊盖板、内天沟、外天沟按图示尺寸以延长米计算。

(4) 卷材屋面。

① 斜屋顶(不包括平屋顶找坡)的屋面按图示尺寸的水平投影面积乘以屋面坡度延尺系数按斜面积以平方米计算。

② 平屋顶按水平投影面积计算，由于屋面泛水引起的坡度延长在基价内综合考虑。

③ 计算卷材屋面的工程量时，不扣除房上烟囱、风帽底座、风道、屋面小气窗和斜沟所占面积，其根部弯起部分不另行计算。屋面的女儿墙、伸缩缝和天窗等处的弯起部分，并入屋面工程量内。天窗出檐部分重叠的面积应按图示尺寸以平方米计算，并入卷材屋面工程量内。如图纸未注明尺寸，伸缩缝、女儿墙可按 25cm、天窗处按 50cm 计算。

(5) 涂膜屋面的工程量计算同卷材屋面。涂膜屋面的油膏嵌缝、玻璃布盖缝、屋面分隔缝，以延长米计算。

(6) 水泥基渗透结晶防水剂按喷涂部位的面积计算。

(7) 屋面排水管按设计图示尺寸以展开长度计算。如设计未标注尺寸，以檐口下坡算至设计室外地坪以上 15cm 为止，下端与铸铁弯头连接者，计算至接头处。

(8) 屋面天沟、檐沟按设计图示尺寸以面积计算。薄钢板和卷材天沟按展开面积计算。

例 5-5　求图 5-55 所示卷材平屋面的工程量。

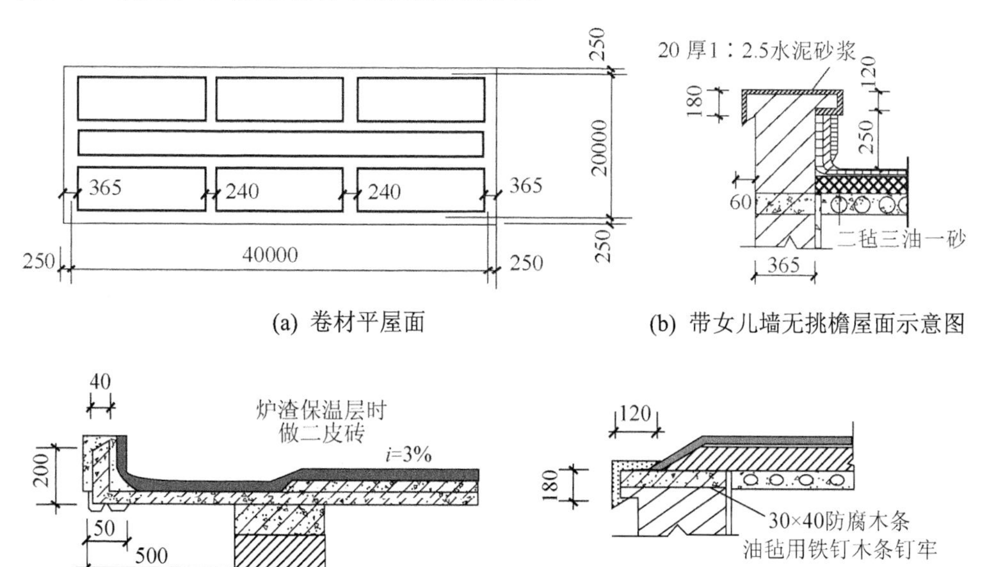

图 5-55　例 5-5 用图

解　由图 5-55(b)可知

带女儿墙无挑檐屋面工程量=屋面层建筑面积−女儿墙厚度×女儿墙中心线+弯起部分

$=(40+0.25\times2)\times(20+0.25\times2)-0.365\times[(40.5+20.5)\times2-0.365\times4]$
$+0.25\times[(40.5+20.5)\times2-0.365\times8]$
$=815.42(m^2)$

由图 5-52 (c)可知

带挑檐天沟的屋面工程量=屋面层建筑面积+($L_{外}$ +檐宽×4)×(檐宽+翻起高度)

$=(40+0.25\times2)\times(20+0.25\times2)+[(40.5+20.5)\times2+0.5\times4]\times(0.5+0.2)$
$=917.45(m^2)$

由图 5-55(d)可知

无女儿墙无天沟屋面工程量=屋面层建筑面积−($L_{外}$ +0.06×4)×0.06

$=(40+0.25\times2)\times(20+0.25\times2)-[(40.5+20.5)\times2-0.06\times4]\times0.06$
$=822.94(m^2)$

或$=(40+0.25\times2-0.12)\times(20+0.25\times2-0.12)=822.94(m^2)$

(9) 屋面伸缩缝按设计图示以长度计算。

(10) 檐头钢筋压毡条按延长米计算。

(11) 混凝土板刷沥青一道按平方米计算。

(12) 屋面排水相关项目中薄钢板、UPVC 雨水斗、铸铁落水口、铸铁、UPVC 弯头、短管、铅丝网球按个计算。

五、金属工程的工程量计算规则

1. 说明

(1) 本分部包括钢柱、吊车梁、制动梁，钢桁架，钢网架(焊接型)，檩条、支承、拉杆、平台、扶梯、支架，压型钢板墙板，金属零件，金属结构探伤与除锈，金属结构构件运输，金属结构构件拼装、金属结构构件刷防火涂料等 10 节；共 143 条基价子目。

(2) 构件制作是按焊接为主考虑的，对构件局部采用螺栓连接时，已考虑在基价内不再换算，但如遇有以铆接为主的构件时，应另行补充基价子目。

(3) 防火涂料基价中已包括高处作业的人工费及高度在 3.6m 以内的脚手架费用，如在 3.6m 以上作业时，另按施工措施项目分部的有关规定计算脚手架。

2. 工程量计算规则

(1) 构件制作、安装、运输的工程量，均按图示钢材尺寸以吨计算，所需的螺栓、电焊条、铆钉等的重量已包括在基价材料消耗量内，不另增加。不扣除孔眼、切肢、切边的重量。计算不规则或多边形钢板重量时均按矩形面积计算。

(2) 计算钢柱工程量时，依附于柱上的牛腿及悬臂梁的主材重量，应并入柱身主材重量计算。

(3) 钢管柱上的节点板、加强环、内衬管、牛腿等并入钢管柱工程量内。

(4) 计算吊车梁工程量时，在吊车梁旁的制动梁和制动板的主材重量，应分别计算，执行制动梁子目。

(5) 计算墙架工程量时，包括墙架柱、墙架梁及连系拉杆的主材重量。

(6) 平台、操作台、走道休息台的工程量均应包括钢支架在内一并计算。

(7) 踏步式、爬式扶梯工程量均应包括楼梯栏杆、围栏及平台一并计算。

(8) 压型钢板墙板按设计图示尺寸以铺挂面积计算。不扣除单个 $0.3m^2$ 以内的孔洞所占面积，包角、包边、窗台泛水等不另加面积。

(9) 金属结构刷防火涂料，按展开面积计算。钢材的展开面积可按金属结构钢材总重量乘以不同厚度主材展开面积的系数计算。

例 5-6　某钢支架如图 5-56 所示，求钢支承制作工程量。

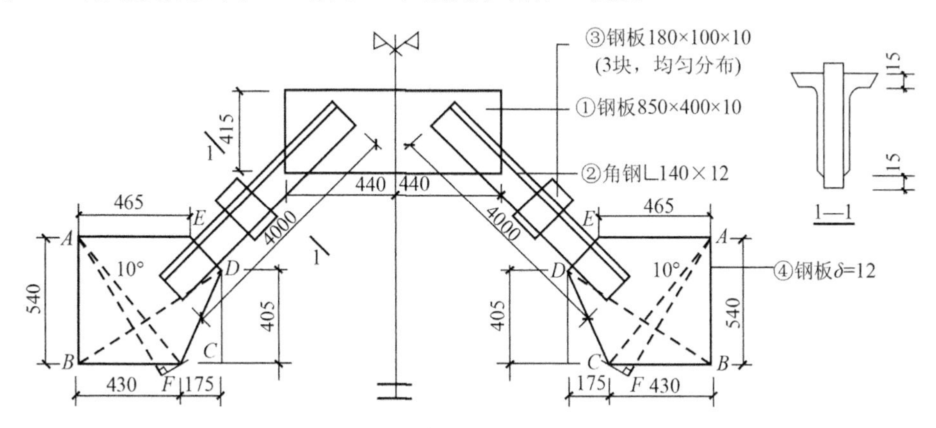

图 5-56　某工程钢支架示意图

解　工程量计算：

角钢(∟140×12)：4.0×2×2×29.5=472.0(kg)

钢板(δ=10)：0.85×0.4×78.5=26.7(kg)

钢板(δ=10)：0.18×0.1×3×2×78.5=8.478(kg)

钢板(δ=12)：(0.175+0.43)×0.54×2×94.2=61.55(kg)

工程量合计：472.0+26.7+8.478+61.55=568.73(kg)

例 5-7　根据图 5-57 所示柱间支架尺寸，求柱间支承制作工程量。

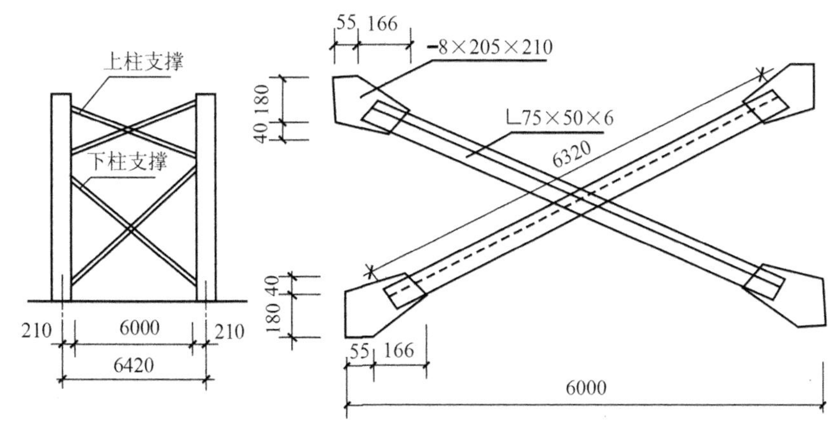

图 5-57　柱间支架示意图

解 角钢每米重=0.00795×厚×(长边+短边−厚)=0.00795×6.42×(75+50−6.42)
=6.05(kg/m)

钢板重量=7.85×8=62.8(kg/m²)

钢支承工程量：角钢：6.32×2×6.05=76.47(kg)

钢板：(0.205×0.21×4)×62.8=10.81(kg)

柱间支承制作工程量=76.47+10.81=87.28(kg)

例 5-8 钢栏杆如图 5-58 所示，求钢栏杆制作工程量。

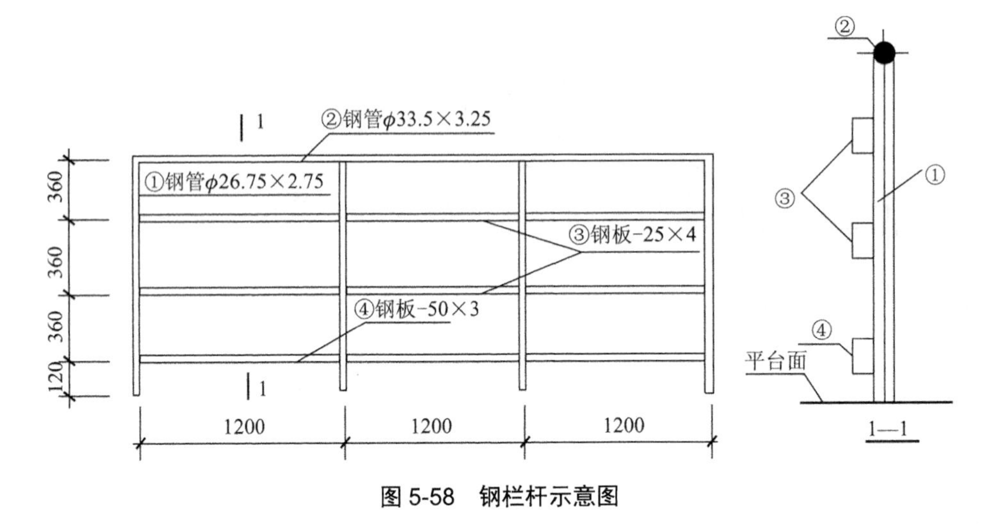

图 5-58 钢栏杆示意图

解 工程量计算：

钢管(φ26.75×2.75)工程量=(0.12+0.36×3)×4×1.63=7.82(kg)

钢管(φ33.5×3.25)工程量=1.2×3×2.42=8.71(kg)

扁钢(−25×4)工程量=1.2×6×0.785=5.65(kg)

扁钢(−50×3)工程量=1.2×3×1.18=4.25(kg)

工程量合计：7.82+8.71+5.65+4.25=26.43(kg)

六、防腐、保温、隔热工程的工程量计算规则

(一)说明

(1) 本分部包括防腐、保温、隔热工程等 2 节；共 214 条基价子目。

(2) 防腐。

① 整体面层、隔离层适用于平面、立面的防腐耐酸工程，包括沟、坑、槽。

② 块料面层以平面砌为准，砌立面者按平面砌相应项目，人工费、管理费分别乘以系数 1.38，踢脚线人工费、管理费分别乘以系数 1.56，其他不变。

③ 砂浆、胶泥的配合比如设计要求与基价不同时，允许调整，但人工费、砂浆消耗量、机械费及管理费不变。

④ 整体面层的砂浆厚度，允许按比例换算，人工费、机械费、管理费不调整。

⑤ 本分部各种面层均不包括踢脚线。

(二)工程量计算规则

1. 防腐工程的计算规则

(1) 防腐工程项目区分不同防腐材料种类及其厚度，按设计图示尺寸以实铺面积计算。应扣除凸出地面的构筑物、设备基础等所占面积，砖垛等突出墙面部分按展开面积计算并入墙面防腐工程量内。

(2) 踢脚线按实铺长度乘以高度以面积计算，扣除门洞口所占的面积，增加门洞口侧壁面积。

2. 隔热、保温工程的计算规则

(1) 保温隔热层区分不同保温隔热材料，除另有规定者外，均按设计图示尺寸以实铺面积计算。

(2) 保温隔热层的厚度按隔热材料(不包括胶结材料)净厚度计算。

(3) 地面隔热层按围护结构墙体间净面积乘以设计厚度以体积计算，不扣除柱、垛所占体积。

地面保温层工程量=(主墙间净长度×主墙间净宽度−应扣面积)×设计厚度

顶棚保温层工程量=主墙间净长度×主墙间净宽度×设计厚度+柱帽保温层体积

(4) 屋面保温层除了屋面保温板以面积计算外，其余均按图示尺寸的面积乘以平均厚度以体积计算。不扣除烟囱、风帽及水斗、斜沟所占面积。

屋面保温层平均厚度及屋面保温层工程量计算公式为

屋面保温层平均厚度=保温层宽度×坡度÷4+最薄处厚度

屋面保温层平均厚度如图 5-59 所示。

屋面保温层工程量=保温层设计长度×设计宽度×平均厚度

屋面保温层平均厚度=最薄处厚度+保温层宽度÷2×坡度÷2

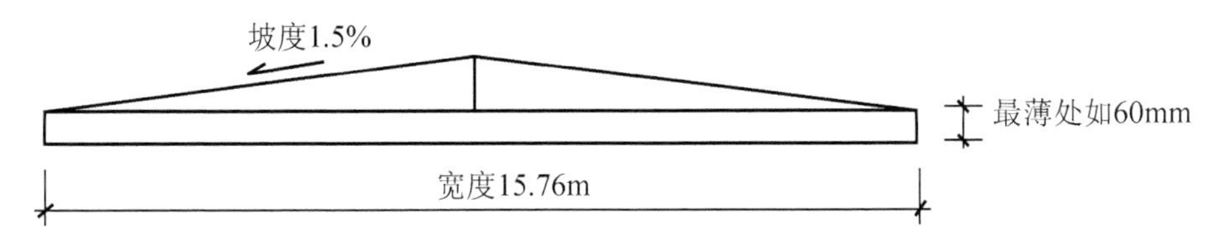

图 5-59　屋面保温层平均厚度

例 5-9　屋面做法同例 5-5，计算保温层工程量。

解　保温层平均厚度=(1/2×15.76×1.5%)/2+0.06=0.1191(m)

保温层工程量=(50−0.24)×(16−0.24)×0.1191=93.4003(m^3)

(5) 墙体隔热层，外墙按隔热层中心线，内墙按隔热层净长乘以图示尺寸的高度及厚度以体积计算。应扣除冷藏门洞口和管道穿墙洞口所占的体积。

(6) 外墙外保温按设计图示尺寸以实铺展开面积计算，即

墙体保温层工程量=(外墙保温层中心线长度×设计高度−洞口面积)×厚度
+内墙保温层净长度×设计高度−洞口面积)×厚度+洞口侧壁体积

(7) 柱保温隔热层按图示柱的隔热层中心线的展开长度乘以图示尺寸的高度及厚度以

体积计算，即

柱保温层工程量=保温层中心线展开长度×设计高度×厚度

(8) 其他保温隔热。

① 池槽隔热层按图示池槽保温隔热层的长、宽及其厚度以体积计算。其中池壁按墙面计算，池底按地面计算。

② 门洞口侧壁周围的隔热部分，按图示隔热层尺寸以体积计算，并入墙面的保温隔热工程量内。

③ 柱帽保温隔热层按图示尺寸以体积计算，并入天棚保温隔热工程量内。

七、措施项目工程量计算

(一)脚手架措施费

1. 说明

(1) 本分部包括单层建筑综合脚手架，多层建筑综合脚手架和单项脚手架等。

(2) 脚手架措施费是指施工需要的各种脚手架搭、拆、运输费用及脚手架的摊销费用。

① 凡单层建筑，执行单层建筑综合脚手架基价；二层及二层以上的建筑执行多层建筑综合脚手架基价；地下室部分执行地下室脚手架基价。

② 单层建筑综合脚手架适用于檐高20m以内的单层建筑工程。

③ 综合脚手架基价中包括内外墙砌筑脚手架及混凝土浇捣用脚手架。

④ 各项脚手架基价中均不包括脚手架的基础加固，如需加固时，加固费按实计算。基础加固是指脚手立杆下端以下或金属脚手底座下皮以下的一切做法。

⑤ 执行综合脚手架基价，有下列情况者，另按单项脚手架基价计算。

a. 满堂基础及高度(指垫层上皮至基础顶面)超过1.2m的混凝土或钢筋混凝土基础。

b. 砌筑高度超过1.2m的屋顶烟囱、管沟墙及砖基础。

c. 临街建筑物的水平防护架和垂直防护架。

d. 电梯安装。

⑥ 凡不适宜使用综合脚手架的工程项目，可套用相应的单项脚手架基价。

⑦ 罩棚脚手架，按单层建筑综合脚手架的相应基价乘以系数0.6计算。

2. 工程量计算规则

(1) 综合脚手架按建筑面积以平方米计算。

建筑物的檐高应以设计室外地坪至檐口滴水的高度为准，如有女儿墙者，其高度算至女儿墙顶面。

(2) 带挑檐者，其高度算至挑檐下皮，多跨建筑物如高度不同时，应分别按不同高度计算，同一建筑有不同结构时，应以建筑面积比例较大者为准，前后檐高度不同时，以较高的高度为准。

(3) 执行综合脚手架基价的工程，其中另列单项脚手架基价计算的项目，按下列计算方法执行。

① 满堂基础及高度(指垫层上皮至基础顶面)超过 1.2m 的混凝土或钢筋混凝土基础的脚手架按槽底面积计算，套用钢筋混凝土基础脚手架基价。

② 砌筑高度超过 1.2m 的屋顶烟囱，按外围周长另加 3.6m 乘以烟囱出顶高度以面积计算，执行里脚手架基价。

③ 砌筑高度超过 1.2m 的管沟墙及基础，按砌筑长度乘高度以面积计算，执行里脚手架基价。

④ 水平防护架，按建筑物临街长度另加 10m，乘搭设宽度，以平方米计算。

⑤ 垂直防护架，按建筑物临街长度乘建筑物檐高，以平方米计算。

⑥ 电梯安装脚手架按座计算。

(4) 单独斜道与上料平台以外墙面积计算，其中门、窗、洞口面积不扣除。

(5) 立挂式安全网按架网部分的实挂长度乘以实挂高度计算；挑出式安全网按挑出的水平投影面积计算。

(6) 烟囱脚手架的高度，以自然地坪至烟囱顶部的高度为准，工程量按不同高度以座计算，地面以下部分脚手架已包括在基价内。

(7) 水塔脚手架的高度以自然地坪至塔顶的高度为准，工程量按不同高度以座计算；水塔脚手架按相应的烟囱脚手架人工费乘以系数 1.11 计算，管理费乘以系数 1.075 计算，其他不变。

(8) 储仓、储水(油)池脚手架分两项计算，池外脚手架以平方米计算。套用双排外脚手架基价，计算公式为

$$S_{圆形}=(外径+1.8m)\times 3.14\times 高$$

$$S_{方形}=(周长+3.6m)\times 高$$

池内脚手架按池底水平投影面积计算，不扣除柱子所占面积，套用满堂脚手架基价。

(9) 凡不适宜使用综合脚手架基价的建筑物，可按以下规定计算，执行单项脚手架基价。

① 砌墙脚手架，按墙面垂直投影面积计算。外墙脚手架长度按外墙外边线计算，内墙脚手架长度按内墙净长计算。高度按自然地坪至墙顶的总高计算(山尖高度算至山尖部位的 1/2)。

② 檐高 15m 以外的建筑外墙砌筑，按双排外脚手架计算。双排外脚手架应按外墙垂直投影面积计算，扣除墙上的门、窗、洞口的面积。

③ 檐高 15m 以内的建筑，室内净高在 4.5m 以内者，外墙砌筑，按里脚手架以平方米计算。

④ 室内净高在 4.5m 以外者檐高 16m 以内的单层建筑物的外墙的砌筑，按单排外脚手架计算，但有下列情况之一者，按双排外脚手架以平方米计算。

a. 框架结构的填充墙。

b. 外墙门、窗口面积占外墙总面积(包括门、窗口在内)40%以外。

c. 外檐混水墙占外墙总面积(包括门、窗口在内)20%以外。

d. 墙厚小于 24 cm。

e. 凡外墙砌筑脚手架按里脚手架计算者，应同时计算上料平台，单独斜道。

(10) 竖立砖石柱的脚手架，按单排外脚手架基价执行，其工程量按柱截面的周长另加 3.6m，再乘以柱高以平方米计算。

(11) 围墙脚手架按里脚手架执行，其高度以自然地坪至围墙顶面，长度按围墙中心线计算，不扣除大门面积。

(二)混凝土、钢筋混凝土模板及支架措施费

1. 说明

(1) 本分部包括现浇混凝土模板措施费、预制混凝土模板措施费、预应力钢筋混凝土模板措施费、升板工制板措施费、钢滑模设备安拆及场外运费、构筑物混凝土模板措施费和浇筑混凝土高度超过 3.6m 增价等 7 节；共 197 条基价子目。

(2) 混凝土、钢筋混凝土模板及支架措施费是指混凝土施工过程中需要的各种钢模板、木模板、支架等的支、拆、运输费用及模板、支架的摊销费用。

① 现浇及预制混凝土基价中模板的配制是按正常的施工工艺条件考虑的，如因设计原因需使用其他模板时可另行补充。

② 组合钢模、木模的场外运输已综合在基价中。大钢模和定型钢模的场外运输和幢号间转移费用，按实际发生的运输量计算。每个筒子模场外运费为 710.74 元(其中：机械费 569.45 元，管理费 141.29 元)，每块平模场外运费为 386.49 元(其中：机械费 259.34 元，管理费 127.15 元)，幢号间转移费按场外运费乘以系数 0.5 计算。

③ 大钢模的大修费和小修费已综合在钢模单价中。

基价中模板铁件系指模板的周转铁件。施工中必须埋入混凝土不能拔出的支模铁件、螺栓，可按施工组织设计用量与基价含量对比后调整。

④ 预制构件拆(剔)模、清理用工已包括在模板子目总工日中。

2. 工程量计算规则

(1) 混凝土、钢筋混凝土模板及支架按照设计施工图图示混凝土体积计算。

(2) 混凝土滑模设备的安拆费及场外运费按建筑物标准层的建筑面积以平方米计算。

(3) 浇筑高度超过 3.6m 的增价是以混凝土柱、梁、板、墙的图示体积以立方米计算，分别套用基价子目。

(4) 现浇混凝土板坡度在 10° 以内，按基价相应子目执行；坡度在 10° ～30° 内，相应基价中钢支承含量乘以系数 1.3，人工及管理费乘以系数 1.1；坡度在 30° ～60° 内，相应基价子目中钢支承含量乘以系数 1.5，人工及管理费乘以系数 1.2；坡度在 60° 以上，按现浇混凝土墙相应基价子目执行。

(三)垂直运输费

1. 说明

(1) 本分部包括建筑物垂直运输、构筑物垂直运输、地下工程垂直运输等 3 节；共 29 条基价子目。

(2) 垂直运输费是指工程施工时为完成劳动力和材料的垂直运输以及施工部位的工作人员与地面联系所采取措施发生的费用。

(3) 建筑物垂直运输。

① 多跨建筑物当高度不同时，按其应计算垂直运输的总工日，根据不同檐高的建筑面积所占比例划分。

② 檐高 3.6m 以内的单层建筑，不计算垂直运输机械费。

③ 建筑物垂直运输基价中塔吊是按建筑物底面积每 650m^2 设置一台塔吊考虑的。如受设计造型尺寸所限，其构件吊装超越吊臂杆作业能力范围必须增设塔吊时，每工日增加费用如表 5-5 所示。

表 5-5　每工日增加费用表　　单位：元

结构类型	机械费	管理费	合　计
混合结构	1.27	0.06	1.33
框架结构	1.34	0.06	1.40
滑模结构	0.94	0.04	0.98
其他结构	1.28	0.06	1.34

④ 凡檐高在 20～40m 内，且实际使用 200t 以内自升式塔式起重机的工程，符合下列条件之一的，每工日增加 2.51 元(其中：机械费 2.4 元，管理费 0.11 元)。

a. 由于现场环境条件所限，只能在新建建筑物一侧立塔，建筑物外边线最大宽度大于 25m 的工程。

b. 两侧均可立塔，建筑物外边线最大宽度大于 50m 的工程。

(4) 构筑物垂直运输。构筑物中储水(油)池的地上部分，自设计室外地坪至顶板上皮的高度超过 3.6m 时，可按地下工程垂直运输子目执行。

(5) 地下工程垂直运输。

① 地下工程垂直运输系指自设计室外地坪至槽底的深度超过 3m，且该项基价中人工工日又带有“()”的混凝土及砌筑工程。

② 地下工程垂直运输由包括混凝土材料和不包括混凝土材料两部分组成。其中不包括混凝土材料的垂直运输子目，适用于使用混凝土输送泵的工程。

2. 工程量计算规则

(1) 建筑物垂直运输。

① 建筑物垂直运输按不同檐高，以基价子目中不带“( )”的总工日计算，凡基价子目

的工日有“( )”者不计算。

② 建筑物檐高以设计室外地坪至檐口滴水高度为准，如有女儿墙者，其高度算至女儿墙顶面，带挑檐者算至挑檐下皮。突出主体建筑屋顶的电梯间、水箱间等不计入檐口高度之内。

(2) 地下工程垂直运输。地下工程垂直运输的工程量按设计室外地坪以下的全部混凝土与砌体的体积，以立方米为单位分别计算。

(3) 构筑物垂直运输。构筑物垂直运输以座计算，基价设置限值高度和每增1m高度两种子目。每超过限值高度1m时，按每增加1m子目计算，尾数不小于0.5m者，按1m计算，不足1m时，舍去不计算。

(四)大型机械设备进出场及安拆费

1. 说明

(1) 本分部包括塔式起重机基础、大型机械设备安拆费、大型机械进出场费等3节；共38条基价子目。

(2) 大型机械设备进出场及安拆措施费是指机械整体或分体自停放场地运至施工现场或由一个施工地点运至另一个施工地点，所发生的机械进出场运输及转移费用及机械在施工现场进行安装、拆卸所需的人工费、材料费、机械费、试运转费和安装所需的辅助设施费用。

① 大型机械场外包干运费。

a. 包干运费按台次计算，运费中已包括往返运费。

b. 包干运费只适用于外环线以内的工程。

c. 包干运费中已包括了臂杆、铲斗及附件、道木、道轨的运费。

d. 10t以内汽车式起重机，不计取场外开行费。10t以外汽车式起重机，每次场外开行费按其台班单价的25%计算。

e. 机械运输路途中的台班费，不另计取。

② 塔式起重机基础及轨道铺拆费。

a. 轨道铺拆以直线形为准，如铺设弧线形时，基价乘以系数1.15。

b. 固定式基础适用于混凝土体积在10m^{3}以内的塔吊基础，如超出者按实际计算。

c. 固定式基础如需打桩时，打桩费用另行计算。

③ 大型机械现场的行驶路线需修整铺垫时，其人工修整可按实际计算。若使用路基箱、钢板铺垫时，不分块数和使用时间，以工地为单位计取场外包干运费1799.97元(其中：机械费1664.11元，管理费135.86元)；工地使用折旧费276.94元，幢号之间的运输按场外包干运费的60%计取。使用道木铺垫按15次摊销，使用碎石零星铺垫按一次摊销。

④ 大型机械安拆费。

a. 机械安拆费是安装、拆卸的一次性费用。

b. 轨道式打桩机的安拆费中，已包括轨道的安拆费用。

c. 自升塔安拆费是以塔高45m确定的，如塔高超过45m时，每增高10m安拆费增加20%。

2. 工程量计算规则

(1) 大型机械设备进出场及安拆措施费按批准的施工组织设计规定的大型机械设备进出场次数及安装拆卸台次计算。

(2) 大型机械场外包干运费。

① 包干运费按施工方案以台次计算。

② 自行式压路机的场外运费，按实际场外开行台班计算。

③ 外环线以外的工程或由专业运输单位承运者，场外运费按实际发生费用计算。

(3) 塔式起重机基础及轨道铺拆费。

① 轨道式塔吊路基碾压、铺垫、铺道安拆费，按塔轨的实铺长度以米计算。

② 固定式基础混凝土体积按照设计图示尺寸以立方米计算。

(4) 大型机械安拆费。

① 机械安拆费按施工方案规定的次数计算。

② 塔吊分二次立的，按相应项目的安拆费乘以系数1.2。

(五)超高工程附加费

1. 说明

(1) 此处包括单层建筑物超高工程附加费和多层建筑物超高工程附加费。

(2) 超高工程附加费是指建筑物檐高超过20m施工时，由于人工、机械降效所增加的费用。

(3) 多层建筑物檐高不同者，应分别计算建筑面积，前后檐高度不同时，以较高的檐高为准。

(4) 同一建筑物由多种结构组成，应以建筑面积较大的为准。

2. 计算规则

(1) 超高工程附加费以首层地面以上全部建筑面积计算。

(2) 地下室工程位于设计室外地坪以上部分超过层高一半者，其建筑面积可并入计取超高工程附加费的总面积中。

任务5.4　主体工程定额计价

一、主体工程分部分项工程费的计算

(1) 定额基价选用(与基础工程分部分项工程费计算方法相同)。

(2) 分部分项工程计价(与基础工程分部分项工程费计算相同)，即

$$主体工程的分项工程计价=\sum(分部分项工程量\times选定相应定额单价)$$

分部分项工程计价表(预算子目)与基础工程计价表计算方法相同。

二、主体工程组织措施费的计算

(1) 主体施工组织措施费。包括安全文明施工措施费(含环境保护、文明施工、安全施工、临时设施)、冬雨季施工增加费、夜间施工措施费、非夜间施工照明费、二次搬运措施费、竣工验收存档资料编制费等。

(2) 主体施工组织措施费计算与基础工程的计算方法相同。

三、主体工程其他费用的计算

按照主体施工阶段发生的专业工程暂估(结算)价、暂列金额项目、索赔及现场签证汇总、预算选用工料价格、结算工料机价格调整等费用的实际情况或招标文件的规定进行计算，表格形式按照基础工程其他费用计算中的表格形式使用。

四、主体工程规费、利润、税金的计算

主体工程规费、利润、税金的确定及建筑工程的分类与基础工程计算方法相同。

五、主体工程的计价程序

其与基础工程计价程序相同。

六、主体工程计量与计价案例

按照附录一综合楼图纸进行计算。

1. 主体分部分项工程量实例计算

主体分部分项工程量实例计算见表 5-6。

表 5-6　主体分部分项工程量计算

序号	定额编号	项目名称	单位	工程量计算式	计算结果
1	4-20	钢筋混凝土矩形柱	m^3	①-1.2～4.1m KZ1：0.5×0.5×5.3×2=2.65；KZ2：0.5×0.5×5.3×4=5.3 KZ3：0.5×0.5×5.3×2=2.65；KZ3a：0.5×0.5×5.3×1=1.325 KZ4：0.5×0.5×5.3×3=3.975；KZ4a：0.5×0.5×5.3×1=1.325 KZ5：0.5×0.5×5.3×1=1.325；KZ6：0.5×0.5×5.3×4=5.3 KZ7：0.5×0.5×5.3×2=2.65；KZ8：0.5×0.5×5.3×2=2.65 KZ9：0.5×0.5×5.3×2=2.65；小计：31.8 ②4.1～7.7m KZ1：0.5×0.5×3.6×4=3.6；KZ2：0.5×0.5×3.6×2=1.8 KZ3：0.5×0.5×3.6×7=6.3；KZ3a：0.5×0.5×3.6×1=0.9 KZ4：0.5×0.5×3.6×1=0.9；KZ5：0.5×0.5×3.6×2=1.8 KZ6：0.5×0.5×3.6×1=0.9；小计：16.2 ③7.1～11.4m KZ1：0.5×0.5×4.3×4=4.3；KZ1a：0.5×0.5×4.3×1=1.075 KZ2：0.5×0.5×4.3×3=3.225；KZ3：0.5×0.5×4.3×8=8.6 KZ4：0.5×0.5×4.3×2=2.15；小计：19.35 ④11.4～11.45m KZ1：0.5×0.5×0.05×12=0.15；KZ2：0.5×0.5×0.05×1=0.0125；小计：0.1625 ⑤11.4～11.525m KZ2：0.5×0.5×0.125×1=0.0313；小计：0.0313 ⑥11.4～14.3m KZ2：0.5×0.5×2.9×1=0.725；小计：0.725 ⑦11.4～14.7m KZ1：0.5×0.5×3.3×1=0.825；KZ2：0.5×0.5×3.3×2=1.65；小计：2.475 合计：70.744	70.744

续表

序号	定额编号	项目名称	单位	工程量计算式	计算结果
2	4-39	钢筋混凝土有梁板	m^3	梁体积： ①4.1m 梁的工程量 WKLY1：0.25×0.6×(13.8−0.4×2−0.5) =1.875 WKLY2：0.25×0.6×(13.8−0.4×2−0.5) =1.875 KLY1：0.25×0.8×(13.8−0.4×2−0.5)=2.5 KLY2：0.25×0.8×(13.8−0.5×2−0.6)=2.44 KLY3：0.25×0.8×(13.8−0.5×2−0.6)=2.44 KLY4：0.25×0.8×(13.8−0.5×2−0.6)=2.44 KLY5：0.25×0.8×(13.8−0.5×2−0.6)=2.44 KLY6：0.25×0.8×(13.8−0.5×2−0.6)=2.44 KLX7：0.25×0.6×(5.9×2−0.4−0.5−0.25)+0.3×0.7×(7.8+5.3+6.3+5.7×2−0.4−0.5×4−0.25)=6.186 KLX8：0.25×0.6×(5.9×2−0.4−0.5−0.25)+0.3×0.7×(7.8+5.3+6.3+5.7×2−0.4−0.5×4−0.25)= 6.186 KL7：0.25×0.6×(5.9×2−0.4−0.5−0.25)+0.3×0.7×(7.8+5.3+6.3+5.7×2−0.4−0.5×4−0.25)= 6.186 LX1：0.2×0.4×(3.25−0.125)=0.25；LX3：0.25×0.4×(3.25−0.125)=0.3125 LX4：0.2×0.4×(6.3−0.125−0.25+0.15+1.8−0.125)=0.62 LY1：0.25×0.6×(13.8−0.2×2−0.3)×2=3.93 LY2：0.25×0.7×(13.8−0.2×2−0.3) =2.2925 LY3：0.25×0.7×(13.8−0.2×2−0.3) =2.2925 LY4：0.25×0.7×(7.3−0.2−0.25) =1.1988 LY5：0.25×0.7×(6.5−0.2−0.05) =1.0938 LY6：0.25×0.7×(13.8−0.2×2−0.3)×2 =4.585 小计：53.58 ②7.7m 梁的工程量 KLY1：0.25×0.7×(13.8−0.4×2−0.5)=2.1875	326.94

续表

序号	定额编号	项目名称	单位	工程量计算式	计算结果
2	4-39	钢筋混凝土有梁板	m^3	KLY2：0.25×0.7×(13.8−0.4×2−0.5)=2.1875 KLY3：0.25×0.7×(13.8−0.4×2−0.5)=2.1875 KLY4：0.25×0.7×(13.8−0.4×2−0.5)=2.1875 KLY5：0.25×0.7×(13.8−0.4×2−0.5)=2.1875 KLY6：0.25×0.7×(13.8−0.4×2−0.5)=2.1875 KLX1：0.25×0.6×(30.8−0.25−0.4−0.5×4)=4.2225 KLX2：0.25×0.6×(30.8−0.25−0.4−0.5×4)=4.2225 KLX3：0.25×0.6×(30.8−0.25−0.4−0.5×4)=4.2225 LX1：0.25×0.4×(3.25−0.1−0.25)=0.29　　LY1：0.25×0.6×(13.8−0.15×2−0.25)=1.9875 LY2：0.25×0.6×(13.8−0.15×2−0.25)=1.9875 LY3：0.25×0.6×(13.8−0.15×2−0.25)=1.9875 LY4：0.25×0.6×(13.8−0.15×2−0.25)×2=3.975 小计：36.02 ③11.4m 梁的工程量 WKLY1：0.25×0.6×(13.8−0.4×2−0.5)=1.875 KLY1：0.25×0.6×(13.8−0.4×2−0.5)=1.875 KLY2：0.25×0.6×(13.8−0.4×2−0.5)×3=5.625 WKLY2：0.25×0.6×(13.8−0.4×2−0.5)=1.875 WKLX1：0.25×0.5×(30.8−0.25−0.4−0.5×4)=3.5188 KLX1：0.25×0.5×(30.8−0.25−0.4−0.5×4)=3.5188 WKLX2：0.25×0.5×(30.8−0.25−0.4−0.5×4)=3.5188 LY1：0.25×0.5×(13.8−0.15×2−0.25)=1.6563 LY2：0.25×0.5×(13.8−0.15×2−0.25)=1.6563 LY3：0.25×0.5×(13.8−0.15×2−0.25)=1.6563 LY4：0.25×0.5×(13.8−0.15×2−0.25)×2=3.3125	326.94

续表

序号	定额编号	项目名称	单位	工程量计算式	计算结果
2	4-39	钢筋混凝土有梁板	m^3	小计：30.09 ④顶层处： WKLY1：0.25×0.5×(13.8−0.4×2−0.5)×4×1.118=6.99 WKLX1：0.25×0.5×(30.8−0.25−0.4−0.5×4)×1.118=3.93 LY1：0.25×0.5×(13.8−0.15×2−0.25)×1.118=1.85 LY2：0.25×0.5×(13.8−0.15×2−0.25)×2×1.118=3.7 LY3：0.25×0.5×(13.8−0.15×2−0.25)×1.118=1.85 LY4：0.25×0.5×(13.8−0.15×2−0.25)×1.118=1.85 LX1：0.25×0.4×(4.8−0.5)×2×1.118=0.96　LX2：0.25×0.4×(4.5−0.25)×2×1.118=0.95 小计：22.08 板体积： ①4.1m 板的工程量 1 轴至 3 轴—*A* 轴至 *C* 轴 [(2.825−0.15)×(6.5−0.15)+(2.825−0.125)×(6.5−0.15) +(2.825−0.15)×(7.3−0.25−0.15)+(2.825−0.125)×(7.3−0.25−0.15)+(2.825−0.125)×(6.5−0.15)+(2.825−0.125)×(6.5−0.15)+(2.825−0.125)×(7.3−0.25−0.15)+(2.825−0.125)×(7.3−0.25−0.15)−0.25×0.25×3−0.25×0.125×6]×0.1=14.24 3 轴至 4 轴—*A* 轴至 *C* 轴 [4.975×(6.5−0.2−0.05)+4.975×(7.3−0.25−0.2)−0.2×0.25×3]×0.13+[(2.575−0.15)×(6.5−0.2−0.05)+(2.575−0.15)×(7.3−0.25−0.2)−0.3×0.1×3]×0.1=11.62 4 轴至 5 轴—*A* 轴至 *C* 轴 [(3.25−0.1)×(6.5−0.2−0.2−0.05)+(1.8−0.1)×(6.5−0.2−0.05)+(2.27−0.25)×(3.25−0.1)+(7.3−0.25−0.2−0.2)×(1.8−0.1)−0.2×0.15×5]×0.1=4.72 5 轴至 6 轴—*B* 轴至 *C*轴 [(6.3−0.1−0.15−0.25)×(6.5−0.05−0.2)−0.2×0.1×2−0.05×0.2×2]×0.1=3.62	326.94

续表

序号	定额编号	项目名称	单位	工程量计算式	计算结果
2	4-39	钢筋混凝土有梁板	m^3	5 轴至 6 轴—*A* 轴至 *B* 轴 [(1.95−0.25)×(6.3−0.15−0.1−0.25)+(7.3−1.95−0.2−0.2)×(2.175−0.15)−0.2×0.1]×0.1+[(6.3−2.175−0.25−0.1)×(7.3−1.95−0.2−0.2)−0.2×0.15]×0.11=4.04 6 轴至 8 轴—*A* 轴至 *C* 轴 [(5.7×2−0.25−0.25×3−0.15)×(13.8−0.2−0.3−0.2)−0.2×0.25×5−0.2×0.125×6]×0.1=13.39 小计：51.63 ②7.7m 板的工程量 3 轴至 4 轴—*A* 轴至 *C* 轴 [(7.8−0.25−0.15)×(13.8−0.15−0.25−0.15)−0.25×0.25×3−0.25×0.1×3]×0.1=9.78 4 轴至 8 轴—*B* 轴至 *C* 轴 [(5.3+6.3+5.7×2−0.1−0.25×7−0.15)×(6.5−0.15)−0.25×0.15×2−0.25×0.125×8−0.2×0.25×2−0.05×0.25×2−0.25×0.25×2]×0.1=13.28 4 轴至 8 轴—*A* 轴至 *B* 轴 [(1.8+6.3+5.7×2−0.25×6−0.15)×(7.3−0.15−0.25)+(3.25−0.1)×(2.27−0.25)−0.25×0.125×4−0.25×0.25−0.2×0.25−0.05×0.25]×0.1=12.93; 小计：35.99 ③11.4m 板的工程量 [(30.8−0.25×9−0.15)×(13.8−0.15×2−0.25)−0.25×0.25×6−0.25×0.1×3−0.25×0.15×3−0.25×0.125×12−0.25×0.05×3−0.25×0.2×3]×0.1=37.52 小计：37.52 ④顶层板的工程量 {[(30.8+0.2+0.5)×(13.8+0.2+0.5)−4.8×0.5×2−4.5×0.5×2−4.8×2.1−4.5×2.1]×1.118+2.2361×2.4/2×2×2.1+(2.2361×2.4/2+2.2361×2.1/2)×2.1}×0.12=60.03 小计：60.03 有梁板工程量 53.58+36.02+30.09+22.08+51.63+35.99+37.52+60.03=326.94	326.94

续表

序号	定额编号	项目名称	单位	工程量计算式	计算结果
3	4-51	钢筋混凝土楼梯	m^2	首层：(1.575×2)×5.75−1.575×(5.75−1.8−0.3)=12.36 二层：(1.575×2)×(1.6+3.06+0.3)=15.62； 三层：(1.575×2)×(1.6+3.06+0.3)=15.62	43.6
4	4-53	钢筋混凝土雨篷	m^3	C25 混凝土雨篷： (2.2×1.35×2+3.8×1.35+1.9×1.35+1.7×1.35+1.9×1.35+1.9×1.35+1.7×1.35+1.85×1.35+1.9×1.35×2+1.9×1.25)×0.1=3.34	3.34
5	4-67	混凝土散水	m^2	(14.4+0.3×2+2.1×2)×0.6+(14.4+0.3×2+7.1×2)×0.6=29.04	29.04
6	4-63	细石混凝土台阶	m^2	(42.96−0.18×2+0.1−1)×0.6×2=50.04	50.04
7	4-69	混凝土坡道	m^3	(1+2.6)×1.5×0.1425×2=1.539	1.539
8	3-9	砌砖墙	m^3	首层： 外墙炉渣混凝土空心砌块墙 *A* 轴—①至③轴、*C* 轴—①至③轴：(5.9−0.4−0.25+5.9−0.25×2)×0.2×(4.1−0.6)×2=14.91 *A* 轴—③至⑧轴、*C* 轴—③至⑧轴 (7.8−0.25×2+5.3−0.25×2+6.3−0.25×2+5.7−0.25×2+5.7−0.25−0.4)×0.2×(4.1−0.7)×2=38.284 ⑧轴—*A* 至 *C* 轴：(7.3−0.5−0.25+6.5−0.35−0.5)×0.2×(4.1−0.8)=8.052 ⑦轴—*A* 至 *C* 轴：(7.3−0.4−0.25+6.5−0.25−0.4)×0.2×(4.1−0.6)=8.75 扣除门窗洞口构造柱所占体积 FM 甲 1：1.8×2.4×2=8.64；FM 乙 1：1.2×2.4×1=2.88；M1224：1.2×2.4×10=28.8 FC 甲 1：1.2×2.5×3=9；FC 乙 1：1.2×2.5×1=3；C2725：2.7×2.5×4=27	117.59

续表

序号	定额编号	项目名称	单位	工程量计算式	计算结果
8	3-9	砌砖墙	m^3	C1225=1.2×2.5×14=42；洞 2：0.55×0.65×0.16=0.0572；洞 3：0.75×0.45×0.14=0.0473 构造柱(外墙)：(0.2+0.06)×(0.2+0.06)×3.4×35 个=8.044 首层外墙的工程量 =14.91+38.284+8.052+8.75−(8.64+2.88+28.8+9+3+27+42)×0.2−0.0572−0.0473−8.044=37.58 二层外墙炉渣混凝土空心砌块墙 *A* 轴—③至⑧轴、*C* 轴—③至⑧轴 (7.8−0.25−0.25+5.3−0.25−0.25+6.3−0.25−0.15+5.7×2−0.35−0.5−0.4)×0.2×(3.6−0.6)×2=33.78 ③轴—*A* 至 *C* 轴 ⑧轴—*A* 至 *C* 轴：(13.8−0.4−0.5)×0.2×(3.6−0.7)×2=18.06 扣门窗扣除门窗洞口所占体积：C1020=1.0×2.0×32=64×0.2=12.8 二层外墙的工程量=33.79+18.06−12.8=39.05 三层外墙炉渣混凝土空心砌块墙 *A* 轴—③至⑧轴、*C* 轴—③至⑧轴 (7.8−0.25−0.25+5.3−0.25−0.25+6.3−0.25−0.15+5.7×2−0.35−0.5−0.4)×0.2×(3.6−0.6)×2=33.78 ③轴—*A* 至 *C* 轴 ⑧轴—*A* 至 *C* 轴：(13.8−0.4−0.5)×0.2×(3.6−0.7)×2=18.06 扣门窗扣除门窗洞口所占体积 C1017=1.0×1.7×32=54.4×0.2=10.88 3 层外墙的工程量=33.79+18.06−10.88=40.96 外墙的工程量=37.58+39.05+40.96=117.59	117.59
9	8-175	聚苯保温板	m^3	屋面 1：{[(30.8+0.2+0.5)×(13.8+0.2+0.5)−4.8×0.5×2−4.5×0.5×2−4.8×2.1−4.5×2.1]×1.118+ 2.2361×2.4/2×2×2.1+(2.2361×2.4/2+2.2361×2.1/2)×2.1}×0.06=30.02 屋面 2：[(5.9×2−0.25−0.1)×(13.8−0.1×2)+(5.9×2−0.25−0.1+13.8−0.1×2)×2×0.25]×0.06=10.1	40.12

续表

序号	定额编号	项目名称	单位	工程量计算式	计算结果
10	7-2	1∶3水泥砂浆找平层	m^2	屋面 1：[(30.8+0.2+0.5)×(13.8+0.2+0.5)−4.8×0.5×2−4.5×0.5×2−4.8×2.1−4.5×2.1]×1.118+2.2361×2.4/2×2×2.1+(2.2361×2.4/2+2.2361×2.1/2)×2.1=500.25 屋面 2:(5.9×2−0.25−0.1)×(13.8−0.1×2)+(5.9×2−0.25−0.1+13.8−0.1×2)×2×0.25=168.25 屋面 3：2.2×1.35×2+3.8×1.35+1.9×1.35+1.7×1.35+1.9×1.35+1.9×1.35+1.7×1.35+1.85×1.35+1.9×1.35×2+1.9×1.25=33.4	701.9
11	7-21	SBS 防水层	m^2	屋面 1：[(30.8+0.2+0.5)×(13.8+0.2+0.5)−4.8×0.5×2−4.5×0.5×2−4.8×2.1−4.5×2.1]×1.118+2.2361×2.4/2×2×2.1+(2.2361×2.4/2+2.2361×2.1/2)×2.1=500.25； 屋面 2: (5.9×2−0.25−0.1)×(13.8−0.1×2)+(5.9×2−0.25−0.1+13.8−0.1×2)×2×0.25=168.25	668.5
12	7-5	陶土瓦屋面	m^2	屋面 1：[(30.8+0.2+0.5)×(13.8+0.2+0.5)−4.8×0.5×2−4.5×0.5×2−4.8×2.1−4.5×2.1]×1.118+2.2361×2.4/2×2×2.1+(2.2361×2.4/2+2.2361×2.1/2)×2.1=500.25	500.25
13	7-55	UPVC 雨水管	m	(4.2+0.015+2.45)×2+(11.4+0.015+2.45)×2=41.06	41.06
14	7-70	UPVC 弯头	个	4	4
15	7-63	UPVC 雨水斗	个	4	4

2. 主体分部分项工程计价(预算子目)

主体分部分项工程计价表如表 5-7 所示。

表 5-7　主体分部分项工程计价表

序号	定额编号	子目名称	单位	工程量	单价	合价	其中/元				工日合计
							人工费	材料费	机械费	管理费	
1	4-20	钢筋混凝土矩形柱	$10m^3$	7.0744	6299.02	44561.79	10082.93	32871.69	56.17	1550.99	130.95
2	4-39	钢筋混凝土有梁板	$10m^3$	32.694	5598.05	183022.65	25023.33	153861.56	261.55	3876.20	324.98
3	4-51	钢筋混凝土楼梯	$10m^2$	4.36	1589.82	6931.62	1675.24	4984.18	13.56	258.64	21.76
4	4-53	钢筋混凝土雨蓬	$10m^3$	0.334	6592.83	2202.01	524.65	1594.06	2.65	80.64	6.81
5	4-67	砼散水	$100m^2$	0.2904	4215.74	1224.25	412.78	736.11	10.14	65.22	5.36
6	4-69	混凝土坡道	$10m^3$	0.1539	5600.44	861.91	213.07	616.32	0.00	32.51	2.77
7	4-63	细石混凝土台阶	$100m^2$	0.5004	12100.37	6055.03	2321.48	3346.59	26.78	360.15	30.15
8	3-9	砌砖墙	$10m^3$	11.759	5182.34	60939.14	14215.46	43964.78	1093.23	1665.66	184.62
9	8-175	聚苯保温板	$10m^3$	4.012	7436.41	29834.88	5125.05	23945.06	0.00	764.77	66.56
10	7-2	1:3 水泥砂浆找平层	$100m^2$	7.019	1279.38	8979.97	3350.87	5116.71	242.37	270.02	43.52
11	7-21	SBS 防水层	$100m^2$	6.685	5512.28	36849.59	1693.51	35025.86	0.00	130.22	21.99
12	7-55	UPVC 雨水管	100m	0.4106	11297.15	4638.61	1014.88	3545.70	0.00	78.03	13.18
13	7-5	陶土瓦屋面	$100m^2$	5.0025	2641.72	13215.20	1737.22	11344.42	0.00	133.57	22.56
14	7-70	UPVC 弯头	10 个	0.4	731.03	292.41	40.35	248.96	0.00	3.10	0.52
15	7-63	UPVC 雨水斗	10 个	0.4	1227.09	490.84	96.71	386.69	0.00	7.44	1.26
合计						400099.87	67527.53	321588.70	1706.45	9277.16	876.98

3. 主体措施项目

主体措施项目表如表 5-8 所示。

表 5-8　主体措施项目

序号	定额编号	子目名称	单位	工程量	单价	合价	其中/元				工日合计
							人工费	材料费	机械费	管理费	
1	12-9	搭拆多层建筑综合脚手架(框架结构,檐高 20m 以内)	$100m^2$	14.8051	1152.24	17059.03	10259.93	4590.17	644.91	1564.01	133.25
2	13-18	矩形柱模板(周长 1.8m 以外)	$10m^3$	7.0744	4169.53	29496.92	15121.67	10792.85	1261.51	2320.90	196.39
3	13-43	有梁板模板(10cm 以内)	$10m^3$	26.287	6952.69	182765.36	92825.18	64937.56	10609.17	14393.45	1205.52
4	13-44	有梁板模板(10cm 以外)	$10m^3$	6.407	5238.86	33565.38	17064.60	11931.69	1924.34	2645.90	221.62
6	13-68	支拆现浇混凝土台阶模板	$100m^2$	0.5004	3870.66	1936.88	1098.42	609.21	81.87	165.40	14.03
7	13-69	支拆现浇混凝土散水模板	$100m^2$	0.2904	477.74	138.74	78.26	41.85	6.61	12.02	1.02
8	13-70	支拆现浇混凝土坡道模板	$10\ m^3$	0.1539	583.1	89.74	50.96	27.27	3.72	7.79	0.66
9	13-58	支拆现浇混凝土雨蓬模板	$10m^3$	0.334	14729.75	4919.74	2088.30	2370.47	142.08	318.88	27.12
10	13-56	支拆现浇混凝土直线形整体楼梯模板(4-48)	$10m^2$	4.36	1751.82	7637.94	3568.70	3360.82	167.34	541.08	46.35
11	13-191	浇制混凝土柱高度超过 3.3m 增价(每超高 1m)	$10m^3$	7.0744	83.89	593.47	408.55	111.49	11.88	61.55	5.31
12	13-192	浇制混凝土梁高度超过 3.3m 增价(每超高 1m)	$10m^3$	14.177	1143.84	16216.22	11080.03	1092.62	2273.99	1769.57	143.90
13	13-194	浇制混凝土板高度超过 3.3m 增价(每超 高 1m)	$10m^3$	18.517	613.4	11358.33	8141.37	1443.03	531.81	1242.12	105.73
14	14-5	混凝土泵送费(±0.00 以上、标高 70m 以下)	$10m^3$	42.1	331.77	13967.52	0.00	0.00	13288.44	679.07	0.00
15	15-1	建筑物垂直运输(檐高 20m 以内)	工日	2210.376	3.93	8686.78	0.00	0.00	8266.81	419.97	0.00

4. 施工图预(结)算计价表

施工图预(结)算计价表见表 5-9。

表 5-9　施工图预算计价表

专业工程名称：______________

序号	定额编号	项目名称	计量单位	工程量	金额/元		
					单价	合价	其中：人工费
1	4-20	钢筋混凝土矩形柱	$10m^3$	7.0744	6299.02	44561.79	10082.93
2	4-39	钢筋混凝土有梁板	$10m^3$	32.694	5598.05	183022.65	25023.33
3	4-51	钢筋混凝土楼梯	$10m^2$	4.36	1589.82	6931.62	1675.24
4	4-53	钢筋混凝土雨篷	$10m^3$	0.334	6592.83	2202.01	524.65
5	4-67	混凝土散水	$100m^2$	0.2904	4215.74	1224.25	412.78
6	4-69	混凝土坡道	$10m^3$	0.1539	5600.44	861.91	213.07
7	4-63	细石混凝土台阶	$100m^2$	0.5004	12100.37	6055.03	2321.48
8	3-9	砌砖墙	$10m^3$	11.759	5182.34	60939.14	14215.46
9	8-175	聚苯保温板	$10m^3$	4.012	7436.41	29834.88	5125.05
10	7-2	1∶3 水泥砂浆找平层	$100m^2$	7.019	1279.38	8979.97	3350.87
11	7-21	SBS 防水层	$100m^2$	6.685	5512.28	36849.59	1693.51
12	7-55	UPVC 雨水管	100m	0.4106	11297.15	4638.61	1014.88
13	7-5	陶土瓦屋面	$100m^2$	5.0025	2641.72	13215.20	1737.22
14	7-70	UPVC 弯头	10 个	0.4	731.03	292.41	40.35
15	7-63	UPVC 雨水斗	10 个	0.4	1227.09	490.84	96.71
本页小计						400099.87	67527.53
本表合计 [结转至施工图预(结)算计价汇总表]					400099.87		

5. 主体施工措施费(一)计价

主体施工措施费(一)计价表见表 5-10。

表 5-10　主体施工措施费(一)计价表

单位：元

序号	定额编号	措施费名称	计算基础	人工费	合　价
一		措施项目(一)计价		1857.19	12300.57
1		安全文明施工措施费	分部分项工程费中的人工费、材料费、机械费合计	1857.19	11607.43
2		冬雨季施工增加费			

续表

序号	定额编号	措施费名称	计算基础	人工费	合　价
3		夜间施工增加费			
4		非夜间施工照明费			
5		二次搬运措施费			
6		竣工验收存档资料编制费	分部分项工程费中的人工费、材料费、机械费和可计量措施项目费中的人工费、材料费、机械费		693.13

6. 主体基础施工措施费项目(二)计价

主体基础施工措施费项目(二)计价表如表 5-11 所示。

表 5-11　主体基础施工措施费项目(二)计价表

序号	定额编号	措施费名称	计算基础	人工费	合　价
	定额编号	措施项目(二)计价			
1		施工排水、降水措施费			
2		脚手架措施费		10259.93	17059.03
	12-9	搭拆多层建筑综合脚手架(框架结构，檐高 20m 以内)		10259.93	17059.03
3		混凝土模板及支架措施费		151526.04	288718.72
	13-18	矩形柱模板(周长 1.8m 以外)		15121.67	29496.92
	13-43	有梁板模板(10cm 以内)		92825.18	182765.36
	13-44	有梁板模板(10cm 以外)		17064.60	33565.38
	13-68	支拆现浇混凝土台阶模板(4-60)		1098.42	1936.88
	13-69	支拆现浇混凝土散水模板(4-64)		78.26	138.74
	13-70	支拆现浇混凝土坡道模板		50.96	89.74
	13-58	支拆现浇混凝土雨篷模板(4-58)		2088.30	4919.74
	13-56	支拆现浇混凝土直线形整体楼梯模板(4-48)		3568.70	7637.94
	13-191	浇制混凝土柱高度超过 3.3m 增价(每超高 1m)		408.55	593.47
	13-192	浇制混凝土梁高度超过 3.3m 增价(每超高 1m)		11080.03	16216.22
	13-194	浇制混凝土板高度超过 3.3m 增价(每超高 1m)		8141.37	11358.33
4		混凝土泵送费			13967.52
	14-5	混凝土泵送费(±0.00 以上、标高 70m 以下)		0	13967.52

续表

序号	定额编号	措施费名称	计算基础	人工费	合　价
5		垂直运输费			8686.78
	15-1	建筑物垂直运输(檐高 20m 以内)		0	8686.78
6		大型机械设备进出场及安拆费			
7		超高工程附加费			
合计：施工措施费(一)计价与施工措施费项目(二)计价合计					

7. 主体定额计价汇总

主体定额计价汇总如表 5-12 所示。

表 5-12　主体定额计价汇总

序号	费用名称	计算基础	计算式	金额/元
(1)	施工图预算子目计价合计	定额直接费	∑(工程量×编制期预算基价)	400099.87
(2)	其中：人工费	人工费	∑(工程量×编制期预算基价中人工费)	67527.53
(3)	施工措施费合计	施工措施项目费用合计	∑施工措施项目计价	340732.60
(4)	其中：人工费	人工费	∑施工措施项目计价中人工费合计	163643.16
(5)	小计	(1)+(3)	(1)+(3)	740832.47
(6)	其中：人工费小计		(2)+(4)	231170.69
(7)	规费	(2)+(4)	(6)×44.21%	102200.56
(8)	利润	(5)+(7)	[(5)+(7)]×7.5%	63227.48
(9)	税金	(5)+(7)+(8)	[(5)+(7)+(8)]×3.51%	31809.74
(10)	含税造价		(5)+(7)+(8)+(9)	938070.3

习　　题

5-1　图 5-60 所示为两层楼平面图，试计算主体工程量。

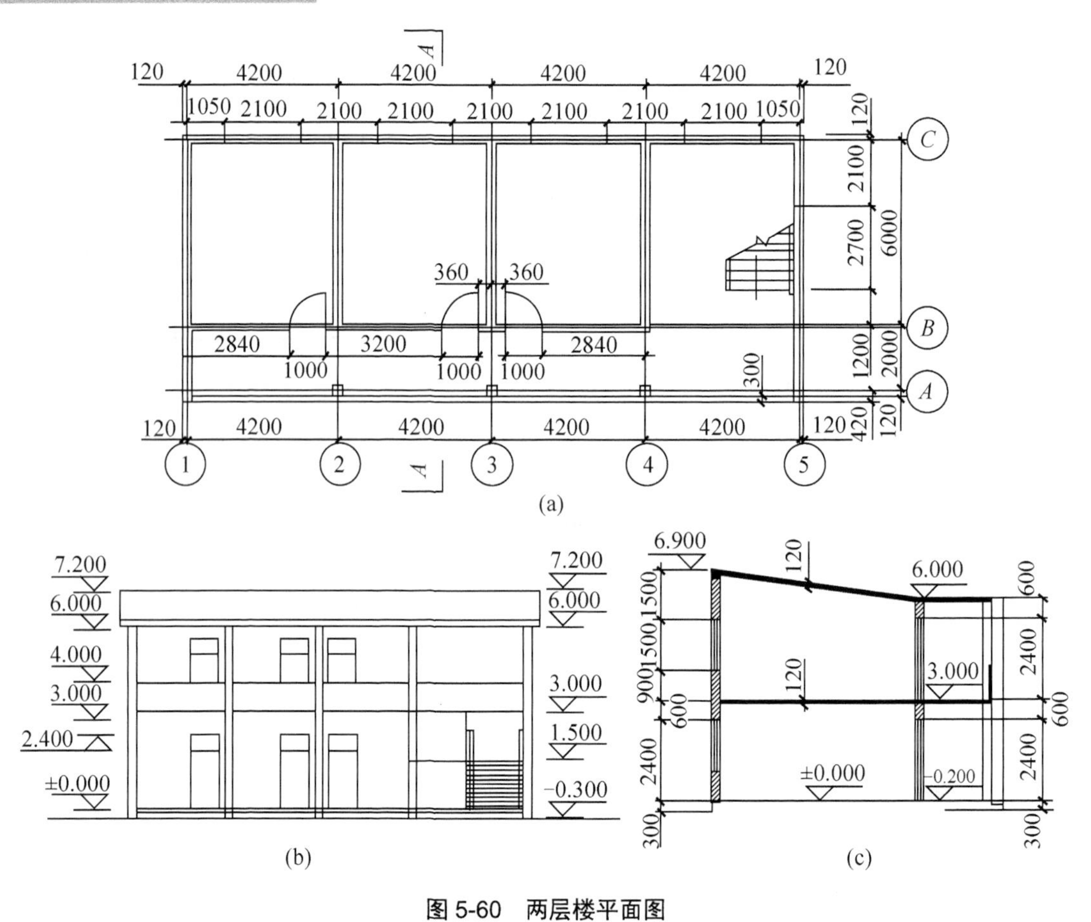

图 5-60　两层楼平面图

5-2　按照附录二“综合练习用图”、附录四“定额计价法实训手册”要求进行工程量项目列项、计算工程量，并进行工程计价。

学习情境6　装饰装修工程的定额计量与计价

情境描述	针对实际工程项目，从装饰装修工程的列项、工程量计算、分部分项工程计价、施工措施费计价、定额计价汇总并进行计算基础建筑工程计量与计价，完全以工作过程为导向
教学目标	(1) 了解装饰装修工程的施工流程； (2) 掌握装饰装修工程的工程量列项要求和工程量计算规则； (3) 掌握进行建筑工程基价计价的套用方式； (4) 掌握装饰装修工程施工措施费的工程量计算规则； (5) 掌握装饰装修工程各项费用的计算要求； (6) 能够按照计价程序计算装饰装修工程造价
主要教学内容	(1) 装饰装修施工图纸和说明要求等； (2) 装饰装修工程的施工流程； (3) 装饰装修工程的定额计价工程量列项； (4) 装饰装修工程工程量的计算规则要求； (5) 选用计价基价，计算分部分项工程费用； (6) 按照施工方案和要求、计量与计价基价确定措施项目费用； (7) 确定建筑工程规费、利润和税金； (8) 选用定额计价程序

任务6.1　装饰装修工程的工艺流程

一、装饰装修的构造做法

(一)楼地面的装饰

根据面层的材料和施工工艺不同，将楼地面分为现浇整体地面、块材镶铺地面、卷材类地面及木地面等，常见楼地面的构造见表6-1。

表 6-1　常见楼地面的构造表

<table>
<tr><th rowspan="2">类　别</th><th rowspan="2">名　称</th><th rowspan="2">简　图</th><th colspan="2">构　造</th></tr>
<tr><th>地　面</th><th>楼　面</th></tr>
<tr><td rowspan="3">现浇整体类</td><td>水泥砂浆地面</td><td></td><td colspan="2">(1) 20mm 厚 1∶2.5 水泥砂浆；
(2) 水泥砂浆一道(内掺建筑胶)</td></tr>
<tr><td rowspan="2">细石混凝土地面</td><td rowspan="2"></td><td colspan="2">(1) 40mm 厚 C20 细石混凝土地面；
(2) 刷水泥砂浆一道(内掺建筑胶)</td></tr>
<tr><td>(3) 60mm 厚 C15 混凝土垫层；
(4) 150mm 厚 5～32mm 卵石灌 M2.5 混合砂浆振捣密实或 3∶7 灰土；
(5) 素土夯实</td><td>(3) 60mm 厚 1∶6 水泥焦渣填充层；
(4) 现浇钢筋混凝土楼板或预制楼板上的现浇叠合层</td></tr>
<tr><td rowspan="4">块材镶铺类</td><td rowspan="2">地面砖地面</td><td rowspan="2"></td><td colspan="2">(1) 8～10mm 厚地面砖，干水泥擦缝；
(2) 20mm 厚 1∶3 干硬性水泥砂浆结合层表面撒水泥粉；
(3) 水泥砂浆一道(内掺建筑胶)</td></tr>
<tr><td>(4) 60mm 厚 C15 混凝土垫层；
(5) 素土夯实</td><td>(4) 现浇钢筋混凝土楼板或预制楼板上的现浇叠合层</td></tr>
<tr><td rowspan="2">石材板地面</td><td rowspan="2"></td><td colspan="2">(1) 20mm 厚板材干水泥擦缝；
(2) 20mm 厚 1∶3 干硬性水泥砂浆结合层表面撒水泥粉；
(3) 刷水泥砂浆一道(内掺建筑胶)</td></tr>
<tr><td>(4) 60mm 厚 C15 混凝土垫层；
(5) 素土夯实</td><td>(4) 现浇钢筋混凝土楼板或预制楼板上的现浇叠合层</td></tr>
<tr><td rowspan="4">卷材类</td><td rowspan="2">彩色石英塑料板地面</td><td rowspan="2"></td><td colspan="2">(1) 1.6～3.2mm 厚彩色石英塑料板，用专用胶粘剂粘贴；
(2) 20mm 厚 1∶2.5 水泥砂浆压实抹光；
(3) 水泥砂浆一道(内掺建筑胶)</td></tr>
<tr><td>(4) 60mm 厚 C15 混凝土垫层；
(5) 0.2mm 厚浮铺塑料薄膜一层；
(6) 素土夯实</td><td>(4) 现浇钢筋混凝土楼板或预制楼板上的现浇叠合层</td></tr>
<tr><td rowspan="2">地毯地面</td><td rowspan="2"></td><td colspan="2">(1) 5～10mm，8～10mm 厚地毯；
(2) 20mm 厚 1∶2.5 水泥砂浆压实抹光；
(3) 水泥砂浆一道(内掺建筑胶)</td></tr>
<tr><td>(4) 60mm 厚 C15 混凝土垫层；
(5) 0.2mm 厚浮铺塑料薄膜一层；
(6)素土夯实</td><td>(4) 现浇钢筋混凝土楼板或预制楼板上的现浇叠合层</td></tr>
</table>

续表

类　别	名 称	简　图	构　造	
			地　面	楼　面
木地板类	实铺木地面		(1) 地板漆两道； (2) 100mm×25mm 长条松木地板(背面满刷氟化钠防腐剂)； (3) 50mm×50mm 木龙骨 400 架空 20mm，表面刷防腐剂	
			(4) 60mm 厚 C15 混凝土垫层； (5) 素土夯实	(4) 现浇钢筋混凝土楼板或预制楼板上的现浇叠合层
	铺贴木地面		(1) 打腻子，涂清漆两道； (2) 10～14mm 厚粘贴硬木企口席纹拼花地板； (3) 20mm 厚 1∶2.5 水泥砂浆	
			(4) 60mm 厚 C15 混凝土垫层； (5) 0.2mm 厚浮铺塑料薄膜一层	(4) 现浇钢筋混凝土楼板或预制楼板上的现浇叠合层

踢脚：地面与墙面交接处的构造处理。常用的踢脚板有水泥砂浆、水磨石、釉面砖、木板等。

墙裙：在墙体的内墙面所做的保护处理。

(二)墙柱面的装饰

一般抹灰饰面：指用石灰砂浆、混合砂浆、聚合物水泥砂浆、麻刀灰、纸筋灰、石膏浆等对建筑物的面层抹灰。

为保证抹灰牢固、平整、颜色均匀和面层不开裂、脱落，施工时应分层操作，且每层不宜抹得太厚。分层构造一般分为底层、中层和面层(见图 6-1)。

装饰抹灰：在一般抹灰的基础上对抹灰表面进行装饰性加工，在使用工具和操作方法上与一般抹灰有一定的差别，比一般抹灰工程有更高的质量要求(见图 6-2)。

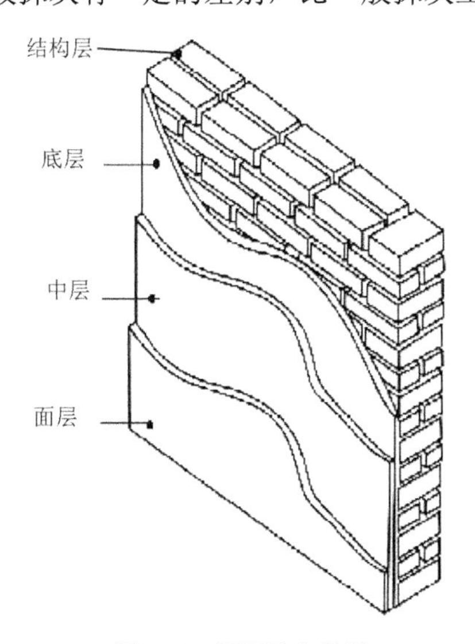

图 6-1　墙面抹灰构造

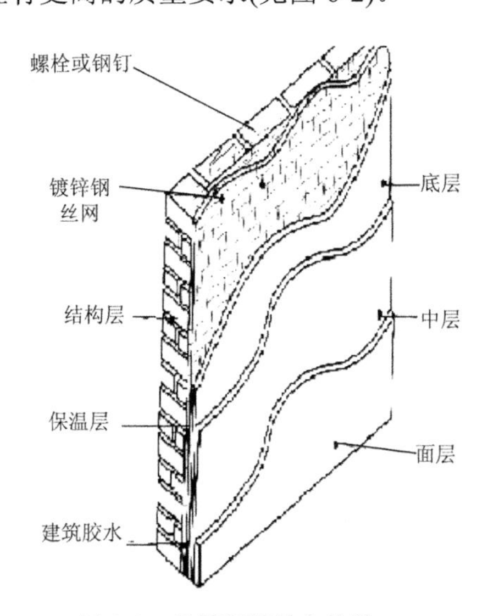

图 6-2　外墙保温抹灰构造

常用的一般抹灰和装饰抹灰名称、做法及适用范围见表 6-2。

表 6-2　常用的一般抹灰和装饰抹灰名称、做法及适用范围

抹灰名称	底层		面层		应用范围
	材料	厚度/mm	材料	厚度/mm	
混合砂浆抹灰	1∶1∶6 的混合砂浆	12	1∶1∶6 的混合砂浆	8	一般砖、石墙面均可选用
水泥砂浆抹灰	1∶3 的水泥砂浆	14	1∶2.5 的水泥砂浆	6	室外饰面及室内需防潮的房间及浴厕墙裙、建筑物阳角
纸筋、麻刀灰	1∶3 的石灰砂浆	13	纸筋灰或麻刀灰玻璃丝罩面	2	一般民用建筑砖、石内墙面
石灰膏罩面	1∶2～1∶3 的麻刀灰砂浆	13	石灰膏罩面	2～3	高级装修的室内顶棚和墙面抹灰的罩面
膨胀珍珠岩砂浆罩面	1∶2～1∶3 的麻刀灰砂浆	13	水泥∶石灰膏∶膨胀珍珠岩=100∶(10～20)∶(3～5)(质量比)罩面	2	保温、隔热要求较高的建筑物内墙抹灰
拉毛饰面	1∶0.5∶4 的水泥石灰浆打底，底子灰 6～7 成干时刷素水泥浆一道	13	1∶0.5∶1 的水泥石灰砂浆拉毛	视拉毛长度而定	用于对音响要求较高的建筑物内墙面
喷毛饰面	1∶1∶6 的混合砂浆	12	1∶1∶6 的水泥石灰膏混合砂浆，用喷枪喷两遍		常用于公共建筑外墙面
扒拉灰	1∶0.5∶3∶5 的混合砂浆或 1∶0.5∶4 的水泥白灰砂浆	12	1∶1 的水泥砂浆或 1∶0.3∶4 的水泥白灰砂浆罩面	10～12	常用于公共建筑外墙面
扒拉石	同上	12	1:1 水泥石渣浆	10～12	常用于公共建筑外墙面
假石砖饰面	(1) 1∶3 的水泥砂浆打底 (2) 1∶1 的水泥砂浆垫层	12 3	水泥∶石灰膏∶氧化铁黄∶氧化铁红:砂子=100∶20∶(6～8)∶2∶150(质量比)用铁钩及铁梳做出砖纹样	3～4	常用于民用建筑外墙面或内墙局部装饰
斩假石饰面	1∶3 的水泥砂浆刮素水泥浆一道	15	1∶1.25 的水泥石渣浆	10	常用于公共建筑重点装饰部位
拉假石饰面	1∶3 的水泥砂浆刮素水泥浆一道	15	1∶2 的水泥石屑浆(体积比)	8～10	用于中、低档公共建筑局部装饰
水刷石饰面	1∶3 的水泥浆	15	1∶(1～1.5) 的水泥石渣浆	石渣粒径的 2.5 倍	用于外墙重点装饰部位及勒脚装饰工程
干黏石饰面	1∶3 的水泥砂浆	7～8	水泥∶石灰膏∶砂子∶107 胶=100∶50∶200∶(5～15)	4～5	用于民用建筑及轻工业建筑外墙饰面，但外墙底层不能采用

(三)天棚的构造

直接式顶棚：在钢筋混凝土楼板下直接喷刷涂料、抹灰，或粘贴饰面材料的构造做法。多用于大量性的民用建筑中，常有以下几种做法。

(1)　直接喷刷涂料的顶棚，如抹灰顶棚(见图 6-3(a))、贴面顶棚(见图 6-3(b))。

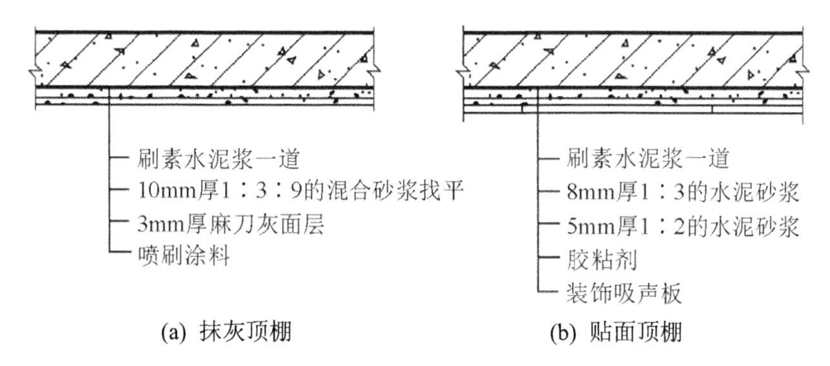

(a) 抹灰顶棚　　(b) 贴面顶棚

图 6-3　直接式顶棚构造

(2) 吊挂式顶棚，简称吊顶，是指顶棚的装修表面与屋面板或楼板之间留有一定距离，这段距离形成的空腔，可以将设备管线和结构隐藏起来，也可使顶棚在这段空间高度上产生变化，形成一定的立体感，增强装饰效果。

吊顶一般由吊杆、骨架和面层 3 部分组成(见图 6-4)。

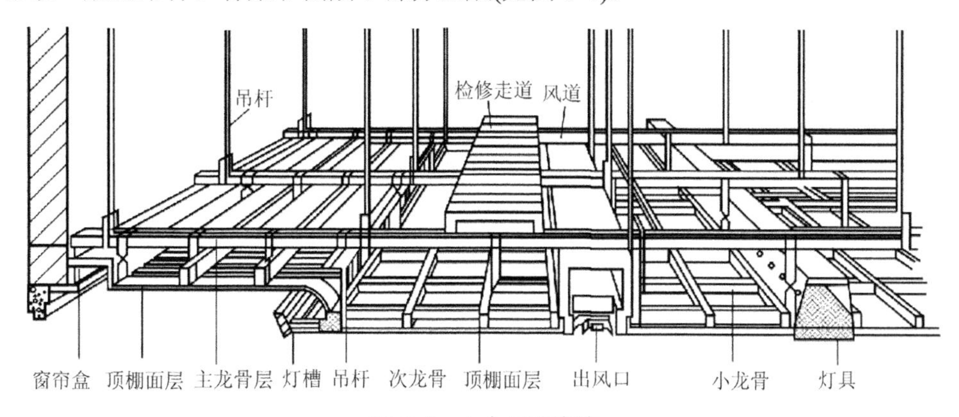

图 6-4　上人吊顶构造

(四)钢筋混凝土雨篷

当挑出长度较大时，雨篷由梁、板、柱组成，其构造与楼板相同；当挑出长度较小时，雨篷与凸阳台一样做成悬臂构件，一般由雨篷梁和雨篷板组成(见图 6-5)。

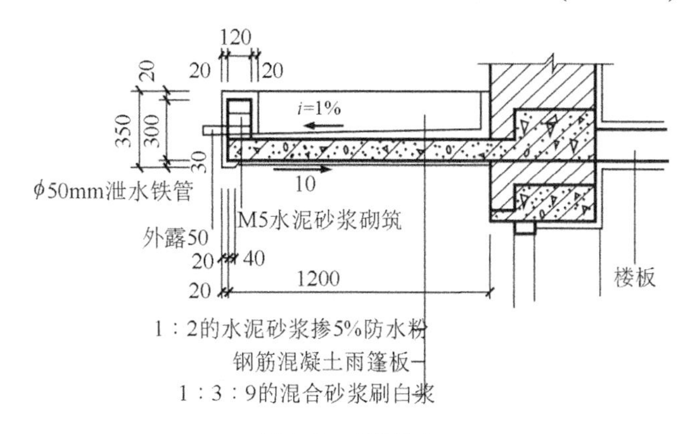

图 6-5　雨篷构造

(五)门窗

1. 窗的分类

(1) 按窗的框料材质划分，可分为铝合金窗、塑钢窗、彩板窗、木窗和钢窗等。

(2) 按窗的层数划分，可分为单层窗和双层窗。

(3) 按窗扇的开启方式划分，可分为固定窗、平开窗、悬窗、立转窗、推拉窗和百叶窗等(见图 6-6)。

窗的组成如图 6-7 所示。

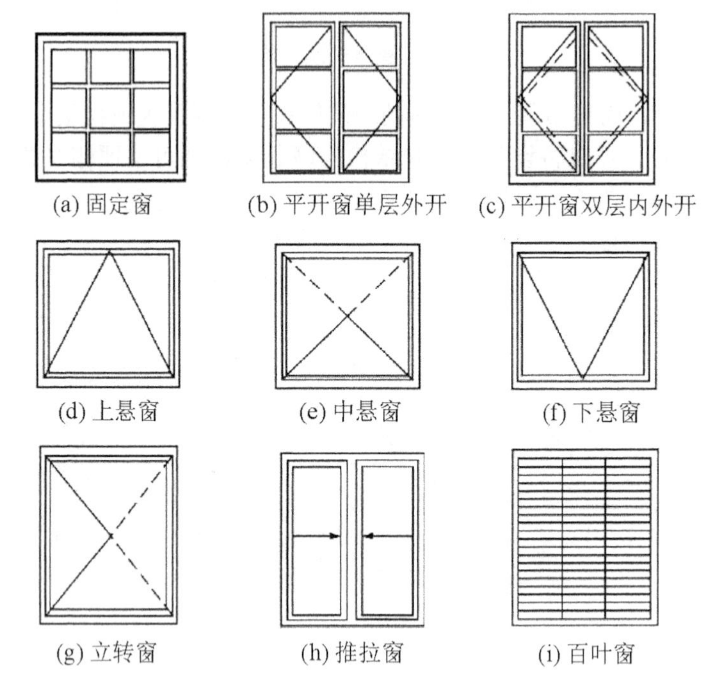

图 6-6　窗的开启方式

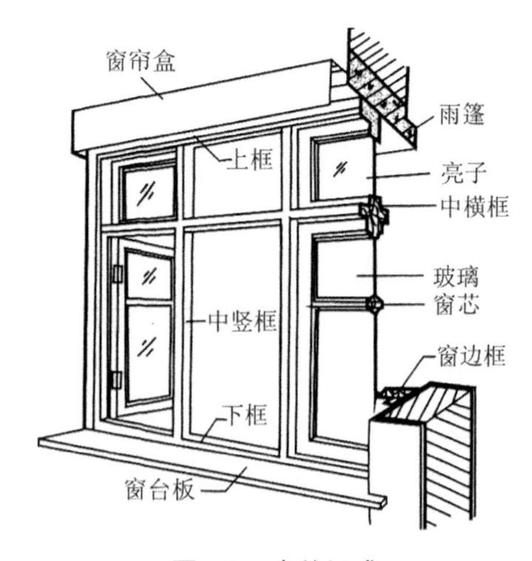

图 6-7　窗的组成

2. 门的分类

(1) 按门在建筑物中所处的位置划分，可分为内门和外门。

(2) 按门的使用功能划分，可分为一般门和特殊门。

(3) 按门的框料材质划分，可分为木门、铝合金门、塑钢门、彩板门、玻璃钢门和钢门等。

(4) 按门扇的开启方式划分，可分为平开门、弹簧门、推拉门、折叠门、旋转门、卷帘门和升降门等(见图 6-8)

门的组成如图 6-9 所示。各种门的构造如图 6-10～图 6-13 所示。

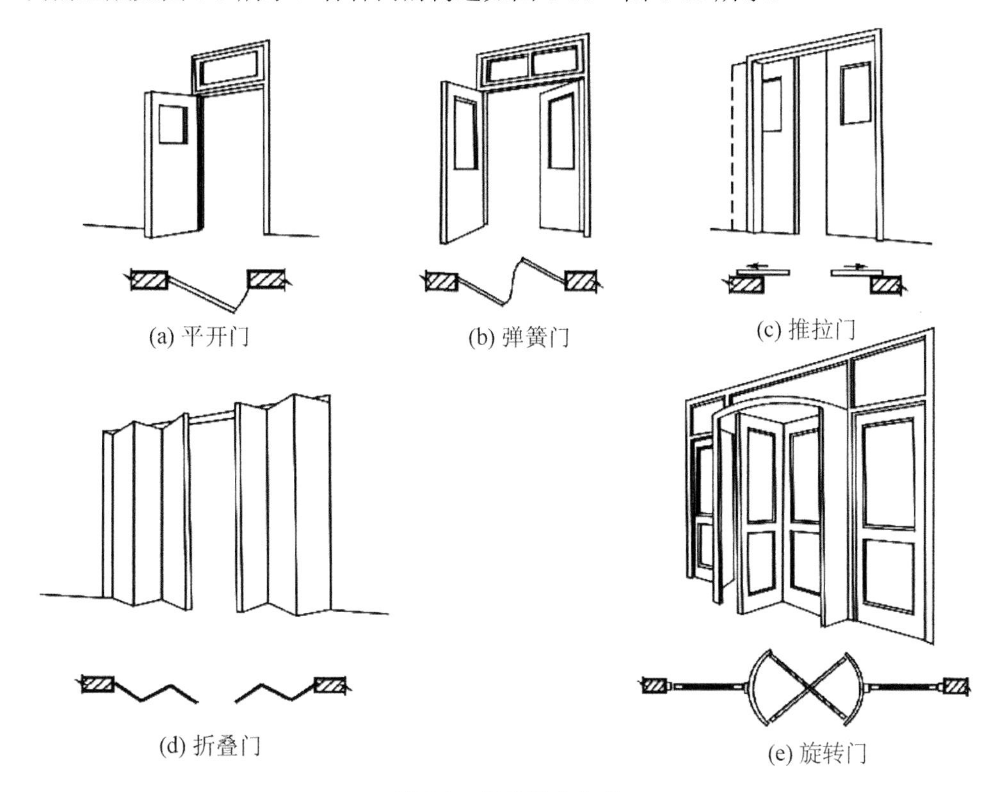

图 6-8　门的开启方式

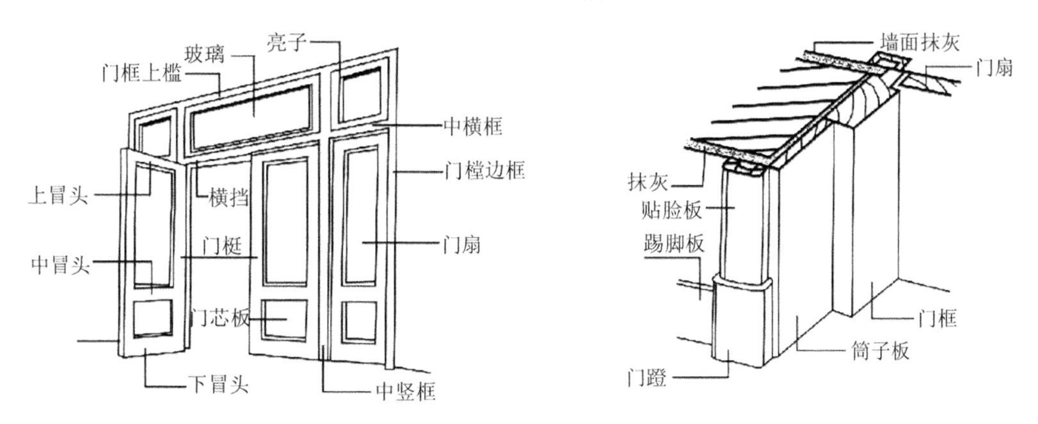

图 6-9　门的组成

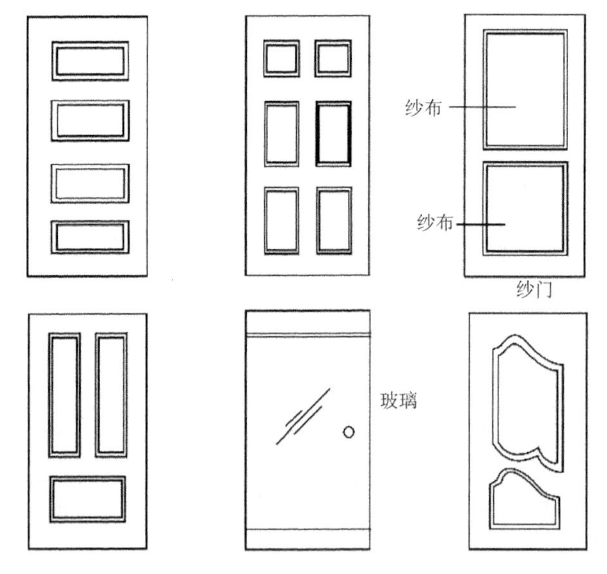

图 6-10　镶板门的构造

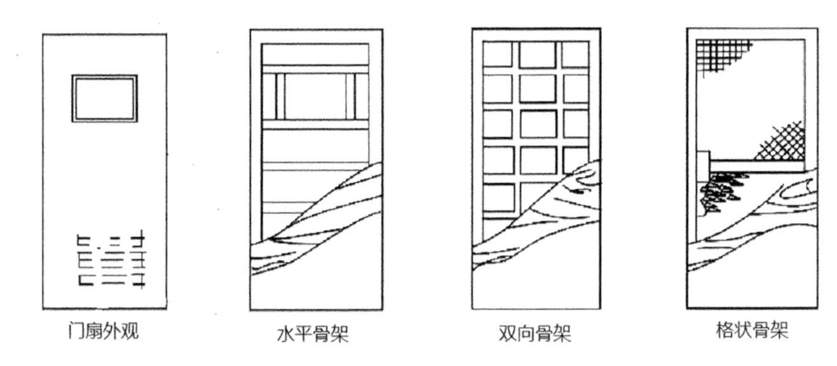

图 6-11　夹板门的构造

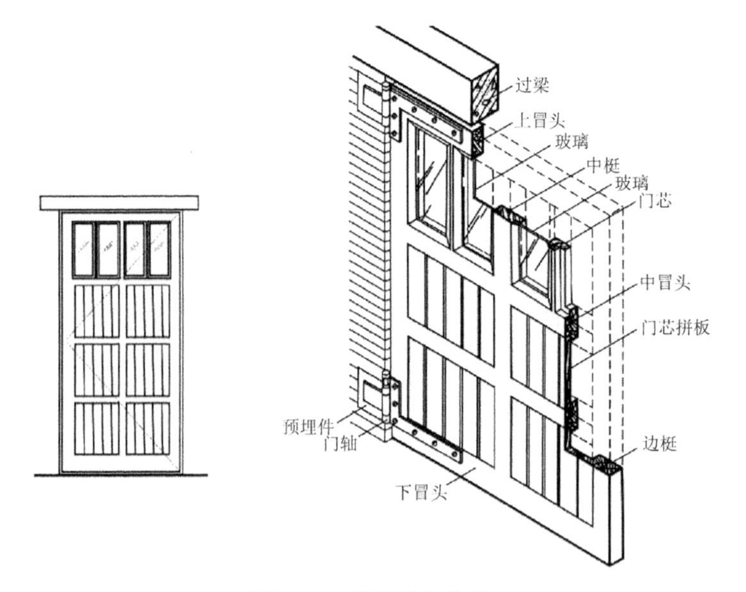

图 6-12　拼板门的构造

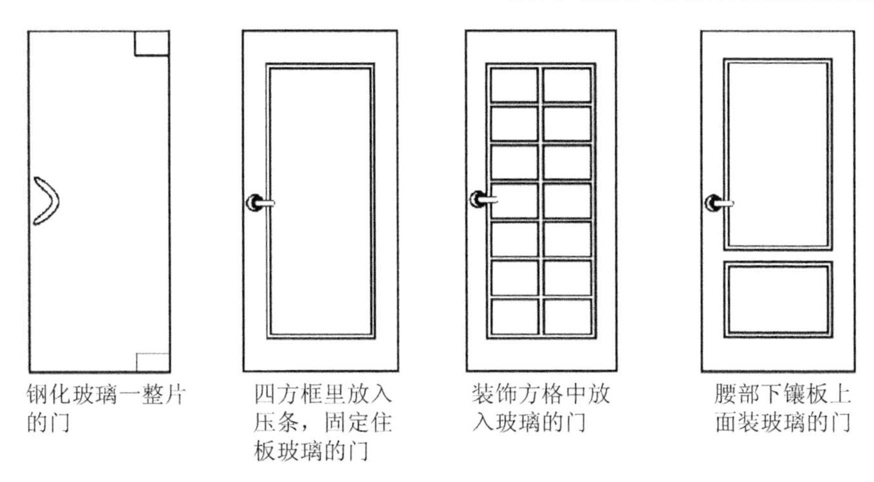

图6-13　玻璃门的构造

二、装饰装修工程的施工过程

1. 地面施工过程

房心填土按设计要求做垫层→有防水要求的地面做防水层→找平层→面层(包括整体地面和块料地面)→做踢脚线→室外台阶和坡道的装饰施工。

2. 楼面施工过程

按设计要求做垫层→有防水要求的地面(如卫生间、厨房)做防水层→找平层→面层(包括整体楼面和块料楼面)→做踢脚线。

3. 墙、柱面工程施工过程

基层处理→墙、柱面抹灰→批腻子刷涂料或油漆(或镶贴块料面层)→零星项目抹灰或镶贴块料(包括压顶、腰线、挑檐、天沟、阳台、雨篷等)。

4. 天棚工程施工过程

天棚抹灰(包括梁侧抹灰)→批腻子刷涂料或油漆(或制作天棚龙骨安装吊顶)。

5. 门窗工程及木做工程施工过程

丈量门窗洞口尺寸→包门窗套→设置立樘位置→安装门窗(金属门窗沿洞口侧壁应做密封处理)→安装锁具→门窗贴脸、窗帘盒(杆)窗台板等零星构件的制作安装。

三、楼地面工程的施工工艺流程

(一)缸砖、水泥砖的工艺流程

工艺流程：基层处理→找标高、弹线→抹找平层砂浆→弹铺砖控制线→铺砖→勾缝、擦缝→养护→踢脚板安装。

(1) 基层处理。将混凝土基层上的杂物清理掉，并用錾子剔掉砂浆落地灰，用钢丝刷刷净浮浆层。如基层有油污时，应用 10%火碱水刷净，并用清水及时将其上的碱液冲净。

(2) 找标高、弹线。根据墙上的+50cm 水平标高线，往下量测出面层标高，并弹在墙上。

(3) 抹找平层砂浆。

① 洒水湿润。在清理好的基层上，用喷壶将地面基层均匀地洒一遍水。

② 抹灰饼和标筋。从已弹好的面层水平线下量至找平层上皮的标高(面层标高减去砖厚及粘接层的厚度)，抹灰饼间距 1.5m，灰饼上平就是水泥砂浆找平层的标高，然后从房间一侧开始抹标筋(又称冲筋)。有地漏的房间，应由四周向地漏方向呈放射形抹标筋，并找好坡度。抹灰饼和标筋应使用干硬性砂浆，厚度不宜小于 2cm。

③ 装挡(即在标筋间装铺水泥砂浆)。清净抹标筋的剩余浆渣，涂刷一遍水泥浆(水灰比为 0.4～0.5)粘接层，要随涂刷随铺砂浆。然后根据标筋的标高，用小平锹或木抹子将已拌和的水泥砂浆(配合比为 1∶3～1∶4)铺装在标筋之间，用木抹子摊平、拍实，小木杠刮平，再用木抹子搓平，使其铺设的砂浆与标筋找平，并用大木杠横竖检查其平整度，同时检查其标高和泛水坡度是否正确，24 小时后浇水养护。

(4) 弹铺砖控制线。当找平层砂浆抗压强度达到 1.2MPa 时，开始上人弹砖的控制线。预先根据设计要求和砖板块规格尺寸，确定板块铺砌的缝隙宽度，当设计无规定时，紧密铺贴缝隙宽度不宜大于 1mm，虚缝铺贴缝隙宽度宜为 5～10mm。

在房间分中从纵、横两个方向排尺寸，当尺寸不足整砖倍数时，将非整砖用于边角处，横向平行于门口的第一排应为整砖，将非整砖排在靠墙位置，纵向(垂直门口)应在房间内分中，非整砖对称排放在两墙边处。根据已确定的砖数和缝宽，在地面上弹纵、横控制线(每隔 4 块砖弹一根控制线)。

(5) 铺砖。为了找好位置和标高，应从门口开始，纵向先铺 2～3 行砖，以此为标筋拉纵、横水平标高线，铺时应从里向外退着操作，人不得踏在刚铺好的砖面上，每块砖应跟线，操作程序如下。

① 铺砌前将砖板块放入半截水桶中浸水湿润，晾干后表面无明水时方可使用。

② 找平层上洒水湿润，均匀涂刷素水泥浆(水灰比为 0.4～0.5)，涂刷面积不要过大，铺多少刷多少。

③ 结合层的厚度。如采用水泥砂浆铺设时应为 10～15mm，采用沥青胶结料铺设时应为 2～5mm，采用胶结剂铺设时应为 2～3mm。

④ 结合层组合材料拌和。采用沥青胶结材料和胶粘剂时，除了按出厂说明书操作外，还应经试验后确定配合比，拌和时要拌均匀，不得形成团，一次拌和不得太多，并在要求的时间内用完。如使用水泥砂浆结合层时，配合比宜为 1∶2.5(水泥∶砂)干硬性砂浆。也应随拌随用，初凝前用完，防止影响粘接质量。

⑤ 铺砌时，砖的背面朝上抹粘接砂浆，铺砌到已刷好的水泥浆找平层上，砖上棱略高出水平标高线，找正、找直、找方后，砖上面垫木板，用橡皮锤拍实，顺序从内退着往外铺砌，做到面砖砂浆饱满、相接紧密、坚实，与地漏相接处，用砂轮锯将砖加工成与地漏相吻合。铺地砖时最好一次铺一间，大面积施工时，应采取分段、分部位铺砌。

⑥ 拨缝、修整。铺完 2～3 行，应随时拉线检查缝格的平直度，如超出规定应立即修

整，将缝拨直，并用橡皮锤拍实。此项工作应在结合层凝结之前完成。

(6)　勾缝擦缝。面层铺贴应在24小时内进行擦缝、勾缝工作，并应采用同品种、同标号、同颜色的水泥。

①　勾缝。用1∶1水泥细砂浆勾缝，缝内深度宜为砖厚的1/3，要求缝内砂浆密实、平整、光滑。在勾缝过程中随时将剩余的水泥砂浆清走、擦净。

②　擦缝。如设计要求不留缝隙或缝隙很小时，又要求接缝平直，在铺实修整好的砖面层上用浆壶往缝内浇水泥浆，然后用干水泥撒在缝上，再用棉纱团擦揉，将缝隙擦满。最后将面层上的水泥浆擦干净。

(7)　养护。铺完砖24小时后，洒水养护，时间不应少于7天。

(8)　镶贴踢脚板。踢脚板用砖一般采用与地面块材同品种、同规格、同颜色的材料，踢脚板的立缝应与地面缝对齐，铺设时应在房间墙面两端头阴角处各镶贴一块砖，出墙厚度和高度应符合设计要求，以此砖上棱为标准挂线，开始铺贴，砖背面朝上抹粘接砂浆(配合比为1∶2水泥砂浆)，使砂浆粘满整块砖为宜，及时粘贴在墙上，砖上棱要跟线并立即拍实，随之将挤出的砂浆刮掉，将面层清擦干净(在粘贴前，砖块材要浸水晾干，墙面刷水湿润)。

(二)地面贴瓷砖的工艺流程

工艺流程：基层处理→吊垂直、套方、找规矩→贴灰饼→抹底子灰→弹控制线→贴陶瓷锦砖→揭纸、调缝→擦缝。

1. 基层为混凝土墙面时的工艺流程说明

(1)　基层处理。首先将凸出墙面的混凝土剔平，对大钢模施工的混凝土墙面应凿毛，并用钢丝刷满刷一遍，再浇水湿润。如果基层混凝土很光滑，也可采用“毛化处理”的办法，即先将表面尘土、污垢清理干净，用10%火碱水将墙面的油污刷掉，随之用净水将碱液冲净、晾干。然后用1∶2.5水泥细砂浆内掺水的重量为20%的107胶，喷或用笤帚将砂浆甩到墙上，其甩点要均匀，终凝后浇水养护，直至水泥砂浆疙瘩全部粘到混凝土光面上，并具有较高的强度，用手掰不动为止。

(2)　吊垂直、套方、找规矩、贴灰饼。根据墙面结构平整度找出贴陶瓷锦砖的规矩，如果是高层建筑物在外墙面全部贴陶瓷锦砖时，应在四周大角和门窗口边用经纬仪打垂直线找直；如果是多层建筑时，可从顶层开始用特制的大线坠绷铁丝吊垂直，然后根据陶瓷锦砖的规格、尺寸分层设点，做灰饼。横线则以楼层为水平基线交圈控制，竖向线则以四周大角和层间贯通柱、垛子为基线控制。每层打底时则以此灰饼作为基准点进行冲筋，使其底层灰做到横平竖直、方正。同时要注意找好突出檐口、腰线、窗台、雨篷等饰面的流水坡度和滴水线(槽)。其深宽不小于10mm，并整齐一致，而且必须是整砖。

(3)　抹底子灰。底子灰一般分两次操作，先刷一道掺水的重量为15%的107胶水泥素浆，紧跟着抹头遍水泥砂浆，其配合比为1∶2.5或1∶3，并掺水的重量为20%的107胶，薄薄地抹一层，用抹子压实。第二次用相同配合比的砂浆按冲筋抹平，用短杠刮平，低凹处事先填平补齐，最后用木抹子搓出麻面。底子灰抹完后，隔天浇水养护。

(4)　弹控制线。贴陶瓷锦砖前应放出施工大样，根据具体高度弹出若干条水平控制线，在弹水平线时，应计算陶瓷锦砖的块数，使两线之间保持整砖数。如分格需按总高度均分，

可根据设计与陶瓷锦砖的品种、规格定出缝子宽度，再加工分格条。但要注意同一墙面不得有一排以上的非整砖，并应将其镶贴在较隐蔽的部位。

(5) 贴陶瓷锦砖。镶贴应自上而下进行。高层建筑采取措施后，可分段进行。在每一分段或分块内的陶瓷锦砖，均为自下而上镶贴。贴陶瓷锦砖时底灰要浇水润湿，并在弹好水平线的下口上，支一根垫尺，一般 3 人为一组进行操作。一人浇水润湿墙面，先刷上一道素水泥浆(内掺水泥重 10%的 107 胶)；再抹 2～3mm 厚的混合灰粘接层，其配合比为纸筋∶石灰膏∶水泥=1∶1∶2(先把纸筋与石灰膏搅匀过 3mm 筛子，再和水泥搅匀)，也可采用 1∶0.3 水泥纸筋灰，用靠尺板刮平，再用抹子抹平；另一人将陶瓷锦砖铺在木托板上(麻面朝上)，缝子里灌上 1∶1 水泥细砂子灰，用软毛刷子刷净麻面，再抹上薄薄一层灰浆。然后一张一张递给另一人，将四边灰刮掉，两手执住陶瓷锦砖上面，在已支好的垫尺上由下往上贴，缝子对齐，要注意按弹好的横竖线贴。如分格贴完一组，将米厘条放在上口线继续贴第二组。镶贴的高度应根据当时气温条件而定。

(6) 揭纸、调缝。贴完陶瓷锦砖的墙面，要一手拿拍板，靠在贴好的墙面上，一手拿锤子对拍板满敲一遍(敲实、敲平)，然后将陶瓷锦砖上的纸用刷子刷上水，等 20～30min 便可开始揭纸。揭开纸后检查缝子大小是否均匀，如出现歪斜、不正的缝子，应顺序拨正贴实，先横后竖、拨正拨直为止。

(7) 擦缝。在粘贴后 48 小时，先用抹子把近似陶瓷锦砖颜色的擦缝水泥浆摊放在需擦缝的陶瓷锦砖上，然后用刮板将水泥浆往缝子里刮满、刮实、刮严，再用麻丝和擦布将表面擦净。遗留在缝子里的浮砂可用潮湿干净的软毛刷轻轻带出，如需清洗饰面时，应待勾缝材料硬化后方可进行。起出米厘条的缝子要用 1∶1 的水泥砂浆勾严、勾平，再用擦布擦净。

2. 基层为砖墙墙面时的工艺流程说明

(1) 基层处理。抹灰前墙面必须清扫干净，检查窗台窗套和腰线等处，对损坏和松动的部分要处理好，然后浇水润湿墙面。

(2) 吊垂直、套方、找规矩。同基层为混凝土墙面的做法。

(3) 抹底子灰。底子灰一般分两次操作：第一次抹薄薄的一层，用抹子压实，水泥砂浆的配合比为 1∶3，并掺水的重量为 20%的 107 胶；第二次用相同配合比的砂浆按冲筋线抹平，用短杠刮平，低凹处事先填平补齐，最后用木抹子搓出麻面。底子灰抹完后，隔天浇水养护。

(4)～(7)项同基层为混凝土墙面的做法。

3. 基层为加气混凝土墙面时的工艺流程说明

基层为加气混凝土墙面时可酌情选用下述两种方法中的一种。

(1) 用水湿润加气混凝土表面，修补缺棱掉角处。修补前，先刷一道聚合物水泥浆，然后用水泥∶白灰膏∶砂子=1∶3∶9 的混合砂浆分层补平，隔天刷聚合物水泥浆，并抹 1∶1∶6 的混合砂浆打底，木抹子搓平，隔天浇水养护。

(2) 用水湿润加气混凝土表面，在缺棱掉角处刷聚合物水泥浆一道，用 1∶3∶9 的混合砂浆分层补平，待干燥后钉金属网一层并绷紧。在金属网上分层抹 1∶1∶6 的混合砂浆打底(最好采取机械喷射工艺)，砂浆与金属网应结合牢固，最后用木抹子轻轻搓平，隔天浇水养护。

其他做法同混凝土墙面。

(三)预制水磨石地面的操作工艺

工艺流程：基层处理→定线→基层洒水及刷水泥浆→水磨石板浸水→砂浆拌制→铺水泥砂浆结合层及预制水磨石板→养护灌缝→贴镶踢脚板→酸洗打蜡。

1. 基层处理

将粘接在基层上的砂浆(或洒落的混凝土)及浆皮砸掉刷净，并用扫帚将表面的浮土清扫干净。

2. 定基准线

根据设计图纸要求的地面标高，从墙面上已弹好的+50cm 线找出板面标高，在四周墙面上弹好板面水平线。然后从房间四周取中拉十字线以备铺标准块，与走道直接连通的房间应拉通线，房间内与走道如用不同颜色的水磨石板时，分色线应留在门口处。有图案的大厅，应根据房间长宽尺寸和水磨石板的规格、缝宽排列，确定各种水磨石板所需块数，绘制施工大样图。

3. 砂浆拌制

找平层应用 1∶3 的干硬性水泥砂浆，是保证地面平整度、密实度的一个重要技术措施(因为它具有水分少、强度高、密实度好、成型早以及凝结硬化过程中收缩率小等优点)，因此拌制时要注意控制加水量，拌好的砂浆以用手捏成团、颠后即散为宜，随铺随抹，不得拌制过多。

4. 基层洒水及刷水泥浆

将地面基层表面清扫干净后洒水湿润(不得有明水)。铺砂浆找平层之前应刷一层水灰比为 0.5 左右的素水泥浆。注意：不可刷得过早、量过大。刷完后立即铺砂浆找平层，避免水泥浆风干不起粘接作用。

5. 铺水泥砂浆结合层及预制水磨石板

(1) 确定标准块的位置。在已确定的十字线交叉处最中间的一块为标准块位置(如以十字线为中缝时，可在十字线交叉点对角安设两块标准块)，标准块作为整个房间的水平及经纬标准，铺砌时应用 90° 角尺及水平尺细致校正。确定标准块后，即可根据已拉好的十字基准线进行铺砌。

(2) 虚铺干硬性水泥砂浆结合层。检查已刷好的水泥浆无风干现象后，即可开始铺砂浆结合层(随铺随砌，不得铺得面积过大)，铺设厚度以 2.5～3cm 为宜，放上水磨石板时比地面标高线高出 3～4mm 为宜，先用刮杠刮平，再用铁抹子拍实抹平，然后进行预制水磨石板试铺，对好纵横缝，用橡皮锤敲击板中间，振实砂浆至铺设高度后，将试铺合适的预制水磨石板掀起移到一旁，检查砂浆上表面，如与水磨石板底相吻合后(如有空虚处，应用砂浆填补)，满浇一层水灰比为 0.5 左右的素水泥浆，再铺预制水磨石板，铺时要四角同时落下，用橡皮锤轻敲，随时用水平尺或直板尺找平。

(3) 标准块铺好后，应向两侧和后退方向按顺序逐块铺砌，板块间的缝隙宽度如设计

无要求时，不应大于 2mm，要拉通长线对缝的平直度进行控制，同时也要严格控制接缝高低差。安装好的预制水磨石板应整齐平稳、横竖缝对齐。

(4) 铺砌房间内预制水磨石板时，铺至四周墙边用非整板镶边时，应做到相互对称(定基准线在房间内拉十字线时，应根据水磨石板规格、尺寸计算出镶边的宽度)。凡是有地漏的部位，应注意铺砌时板面的坡度，铺砌在地漏周围的水磨石块，套割、弧度要与地漏相吻合。

6. 养护和填缝

预制水磨石板铺砌两昼夜，经检查表面无断裂、空鼓后，用稀水泥浆(1∶1=水泥∶细砂)填缝，并随时将溢出的水泥浆擦干净，灌 2/3 高度后，再用与水磨石板同颜色的水泥浆灌严(注意所用水泥的强度)。最后铺上锯末或其他材料覆盖保持湿润，养护时间不应少于 7 天且不能上人。

7. 贴镶踢脚板

安装前先设专人挑选，厚度须一致，并将踢脚板用水浸湿晾干。如设计要求在阳角处相交的踢脚板有割角时，在安装前应将踢脚板一端割成 45°。操作者可选用以下两种贴镶方法。

(1) 粘贴法。根据主墙结构构造形式确定踢脚板底灰厚度。

(2) 灌浆法。主墙是混凝土或砖墙基体时，墙面已抹完灰，下部踢脚线可不抹底灰，先立踢脚板后灌砂浆。

8. 酸洗、打蜡

(1) 酸洗。预制水磨石板在工厂内虽经磨光打蜡，但由于在安装过程中水泥浆灌缝污染面层及安装后成品保护不当，因此在单位工程竣工前应将面层进行处理，撒草酸粉及清水进行擦洗，再用清水洗净撒锯末扫干(如板块接缝高低差超过 0.5mm 时，宜用磨石机磨后再进行酸洗)。

(2) 打蜡。预制磨石面层清洗干净后(表面应晾干)，用布或干净麻丝沾稀糊状的蜡液，涂在磨石面上(要均匀)，再用磨石机压麻打第一遍蜡，用同样方法打第二遍蜡，达到表面光亮、图案清晰、色泽一致。

(3) 预制磨石踢脚板酸洗和打蜡方法与上述方法相同。

四、墙柱面工程的施工工艺流程

(一)抹水泥砂浆的工艺流程

工艺流程：门窗框四周堵缝(或外墙板竖横缝处理)→墙面清理→浇水润湿墙面→吊垂直、套方、抹灰饼、充筋→弹灰层控制线→基层处理→抹底层砂浆→弹线分格→粘分格条→抹罩面灰→起条、勾缝→养护。

1. 基层为混凝土外墙板的工艺流程说明

(1) 基层处理。若混凝土表面很光滑，应对其表面进行“毛化”处理。其方法有两种：

一种方法是将其光滑的表面用尖钻剔毛，剔去光面，使其表面粗糙不平，用水湿润基层；另一种方法是将光滑的表面清扫干净，用 10%火碱水除去混凝土表面的油污后，将碱液冲洗干净后晾干，采用机械喷涂或用笤帚甩上一层 1∶1 稀粥状水泥细砂浆(内掺水的重量为20%的 107 胶水拌制)，使其凝固在光滑的基层表面，用手掰不动为好。

(2) 吊垂直、套方找规矩。分别在门窗口角、垛、墙面等处吊垂直，套方抹灰饼，并按灰饼充筋后，在墙面上弹出抹灰灰层控制线。

(3) 抹底层砂浆。刷掺水量 10%的 107 胶水泥浆一道(水灰比为 0.4～0.5)，紧跟抹 1∶3 水泥砂浆，每遍厚度为 5～7mm，应分层与所充筋抹平，并用大杠刮平、找直，木抹子搓毛。

(4) 抹面层砂浆。底层砂浆抹好后，第二天即可抹面层砂浆，首先将墙面洇湿，按图纸尺寸弹线分格，粘分格条、滴水槽，抹面层砂浆。面层砂浆用配合比为 1∶2.5 的水泥砂浆或 1∶0.5∶3.5 的水泥混合砂浆，厚度为 5～8mm。先用水湿润，抹时先薄薄地刮一层素水泥膏，使其与底灰粘牢，紧跟着抹罩面灰与分格条抹平，并用杠横竖刮平，木抹子搓毛，铁抹子溜光、压实。待其表面无明水时，用软毛刷蘸水垂直于地面的同一方向轻刷一遍，以保证面层灰的颜色一致，避免和减少收缩裂缝。随后，将分格条起出，待灰层干后，用素水泥膏将缝子勾好。对于难起的分格条，则不应硬起，防止棱角损坏，应待灰层干透后补起，并补勾缝。

抹灰的施工程序：从上往下打底，底层砂浆抹完后将架子升上去，再从上往下抹面层砂浆。应注意在抹面层灰以前，应先检查底层砂浆有无空、裂现象，如有空、裂，应剔凿返修后再抹面层灰。另外，注意底层砂浆上的尘土、污垢等应先清净，浇水湿润后方可进行面层抹灰。

(5) 滴水线(槽)。在檐口、窗台、窗楣、雨篷、阳台、压顶和突出墙面等部位，上面应做出流水坡度，下面应做滴水线(槽)。流水坡度及滴水线(槽)距外表面不应小于 40mm，滴水线(又称鹰嘴)应保证其坡向正确。

(6) 养护。水泥砂浆抹灰层应喷水养护。

2. 基层为加气混凝土板的工艺流程说明

(1) 基层处理。用笤帚将板面上的粉尘扫净，浇水，将板洇透，使水浸入加气板达 10mm为宜。对缺棱掉角的板，或板的接缝处高差较大时，可用 1∶1∶6 的水泥混合砂浆掺水的重量为 20%的 107 胶水拌和均匀，分层衬平，每遍厚度为 5～7mm，待灰层凝固后，用水湿润，用上述同配合比的细砂浆(砂子应用纱绷筛去筛)，用机械喷或用笤帚甩在加气混凝土表面，第二天浇水养护，直至砂浆疙瘩凝固，用手掰不动为止。

(2) 吊垂直、套方找规矩。同基层为混凝土外墙板的做法。

(3) 抹底层砂浆。先刷掺水的重量为 10%的 107 胶水泥浆一道(水泥比为 0.4～0.5)，随刷随抹水泥混合砂浆，配合比为 1∶1∶6，分遍抹平，大杠刮平，木抹子搓毛，终凝后开始养护。若砂浆中掺入粉煤灰，则上述配合比可以改为 1∶0.5∶0.5∶6，即水泥∶石灰∶粉煤灰∶砂。

(4) 弹线、分格、粘分格条、滴水槽、抹面层砂浆。首先应按图纸上的要求弹线分格，粘分格条，注意粘竖条时应粘在所弹立线的同一侧，防止左右乱粘。条粘好后，当底灰五六成干时，即可抹面层砂浆。先刷掺水的重量为 10%的 107 胶水泥素浆一道，紧跟着抹面。

面层砂浆用配合比为1∶1∶5的水泥混合砂浆或为1∶0.5∶0.5∶5的水泥、粉煤灰混合砂浆，一般厚度5mm左右，分两次与分格条抹平，再用杠横竖刮平，木抹子搓毛，铁抹子压实、压光，待表面无明水后，再用刷子蘸水按垂直于地面方向轻刷一遍，使其面层颜色一致。做完面层后应喷水养护。

(5) 滴水线(槽)。做法及养护要求同基层为混凝土外墙板的做法。

3. 基层为砖墙的工艺流程说明

(1) 基层处理。将墙面上残存的砂浆、污垢、灰尘等清理干净，用水浇墙，将砖缝中的尘土冲掉，将墙面润湿。

(2) 吊垂直、套方找规矩，抹灰饼。同前。

(3) 充筋，抹底层砂浆。常温时可采用水泥混合砂浆，配合比为1∶0.5∶4，冬期施工，底灰的配合比为1∶3的水泥砂浆，应分层与所冲筋抹平，用大杠横竖刮平，木抹子搓毛，终凝后浇水养护。

(4) 弹线按图纸上的尺寸分块，粘分格条后抹面层砂浆。操作方法同前。面层砂浆的配合比，常温时可采用1∶0.5∶3.5的水泥混合砂浆，冬期施工应采用1∶2.5的水泥砂浆。

(5) 滴水线(槽)施工方法及灰层养护方法同基层为混凝土外墙板的情况。

(二)抹石灰砂浆的工艺流程

工艺流程：墙面浇水→吊垂直抹灰饼→抹水泥踢脚或墙裙→做护角→抹水泥窗台→墙面充筋→抹砂子灰→抹罩面灰。

(1) 墙面浇水。抹灰前一天，应用胶皮管自上而下浇水湿润。

(2) 一般抹灰按质量要求分为普通、中级和高级3级，室内砖墙抹灰层的平均总厚度，不得大于下列规定：普通抹灰为18mm；中级抹灰为20mm；高级抹灰为25mm。

(3) 抹水泥踢脚板(或水泥墙裙)。用清水将墙面洇透，将尘土、污物冲洗干净，根据已抹好的灰饼充筋(此筋应冲得宽一些，以8～10cm为宜，因为此筋既为抹踢脚或墙裙的依据，也是抹石灰砂浆墙面的依据)，填档子，抹底灰一般采用1∶3的水泥砂浆，抹好后用大杠刮平。木抹子搓毛，常温第二天便可抹面层砂浆。面层灰用1∶2.5的水泥砂浆压光。墙裙及踢脚抹好后，一般应凸出石灰墙面5～7mm，但也有的做法与石灰墙面一平或凹进石灰墙面的，应按设计要求施工(水泥砂浆墙裙同此做法)。

(4) 做水泥护角。室内墙面的阳角、柱面的阳角和门窗洞口的阳角，应用1∶3水泥砂浆打底与所抹灰饼找平，待砂浆稍干后，再用107胶素水泥膏抹成小圆角；或用1∶2的水泥细砂浆做明护角(比底灰高2mm，应与石灰罩面齐平)，其高度不应低于2m，每侧宽度不小于5cm。门窗口护角做完后，应及时用清水刷洗门窗框上的水泥浆。

(5) 抹水泥窗台板。先将窗台基层清理干净，松动的砖要重新砌筑好。砖缝划深，用水浇透，然后用1∶2∶3的豆石混凝土铺实，厚度大于2.5cm。次日，刷掺水的重量为10%的107胶素水泥浆一道，紧跟抹1∶2.5的水泥砂浆面层，待面层颜色开始变白时，浇水养护2～3天。窗台板下口抹灰要平直，不得有毛刺。

(6) 墙面冲筋。用与抹灰层相同砂浆冲筋，冲筋的根数应根据房间的宽度或高度决定，一般筋宽为5cm，可充横筋也可充立筋，根据施工操作习惯而定。

(7) 抹底灰。一般情况下，充完筋2小时左右就可以抹底灰，抹灰时先薄薄地刮一层，

接着分层装挡、找平，再用大杠垂直、水平刮找一遍，用木抹子搓毛。然后全面检查底子灰是否平整，阴阳角是否方正，管道处灰是否挤齐，墙与顶交接是否光滑平整，并用托线板检查墙面的垂直与平整情况。散热器后边的墙面抹灰，应在散热器安装前进行，抹灰面接槎应平顺。抹灰后应及时将散落的砂浆清理干净。

(8) 修抹预留孔洞、电气箱、槽、盒。当底灰抹平后，应即设专人把预留孔洞、电气箱、槽、盒周边5cm的石灰砂浆刮掉，改抹1∶1∶4的水泥混合砂浆，把洞、箱、槽、盒周边抹光滑、平整。

(9) 抹罩面灰。当底灰六七成干时，即可开始抹罩面灰(如底灰过干应浇水湿润)。罩面灰应两遍成活，厚度约2mm，最好两人同时操作，一人先薄薄刮一遍，另一人随即抹平。按先上后下顺序进行，再赶光压实，然后用铁抹子压一遍，最后用塑料抹子压光，随后用毛刷蘸水将罩面灰污染处清刷干净。

(三)墙面贴瓷砖的工艺流程

工艺流程：基层处理→吊垂直、套方、找规矩、贴灰饼→抹底子灰→弹控制线→贴陶瓷锦砖→揭纸、调缝→擦缝。

1. 基层为混凝土墙面时的工艺流程说明

(1) 基层处理。首先将凸出墙面的混凝土剔平，对大钢模施工的混凝土墙面应凿毛，并用钢丝刷满刷一遍，再浇水湿润。如果基层混凝土很光滑，也可采用“毛化处理”的办法，即先将表面尘土、污垢清理干净，用10%火碱水将墙面的油污刷掉，随之用净水将碱液冲净、晾干。然后用1∶2水泥细砂浆内掺水的重量20%的107胶，喷或用笤帚将砂浆甩到墙上，其甩点要均匀，终凝后浇水养护，直至水泥砂浆疙瘩全部粘到混凝土光面上，并具有较高的强度，直到用手掰不动为止。

(2) 吊垂直、套方、找规矩、贴灰饼。根据墙面结构平整度找出贴陶瓷锦砖的规矩，如果是高层建筑物在外墙面全部贴陶瓷锦砖时，应在四周大角和门窗口边用经纬仪打垂直线找直；如果是多层建筑时，可从顶层开始用特制的大线坠绷铁丝吊垂直，然后根据陶瓷锦砖的规格、尺寸分层设点、做灰饼。横线则以楼层为水平基线交圈控制，竖向线则以四周大角和层间贯通柱、垛子为基线控制。每层打底时则以此灰饼作为基准点进行冲筋，使其底层灰做到横平、竖直、方正。同时要注意找好突出檐口、腰线、窗台、雨篷等饰面的流水坡度和滴水线(槽)。其深宽不小于10mm，并整齐一致，而且必须是整砖。

(3) 抹底子灰。底子灰一般分两次操作，先刷一道掺水的重量为15%的107胶水泥素浆，紧跟着抹头遍水泥砂浆，其配合比为1∶2.5或1∶3，并掺20%水泥重量的107胶，薄薄的抹一层，用抹子压实。第二次用相同配合比的砂浆按冲筋抹平，用短杠刮平，低凹处事先填平补齐，最后用木抹子搓出麻面。底子灰抹完后，隔天浇水养护。

(4) 弹控制线。贴陶瓷锦砖前应放出施工大样，根据具体高度弹出若干条水平控制线，在弹水平线时，应计算陶瓷锦砖的块数，使两线之间保持整砖数。如分格需按总高度均分，可根据设计与陶瓷锦砖的品种、规格定出缝子宽度，再加工分格条。但要注意同一墙面不得有一排以上的非整砖，并应将其镶贴在较隐蔽的部位。

(5) 贴陶瓷锦砖。镶贴应自上而下进行。高层建筑采取措施后，可分段进行。在每一分段或分块内的陶瓷锦砖，均为自下向上镶贴。贴陶瓷锦砖时底灰要浇水润湿，并在弹好水平线的下口上支一根垫尺，一般 3 人为一组进行操作。一人浇水润湿墙面，先刷上一道素水泥浆(内掺水的重量 10%的 107 胶)；再抹 2～3mm 厚的混合灰粘接层，其配合比为纸筋：石灰膏：水泥=1：1：2(先把纸筋与石灰膏搅匀过 3mm 筛子，再和水泥搅匀)，也可采用 1：0.3 的水泥纸筋灰，用靠尺板刮平，再用抹子抹平；另一人将陶瓷锦砖铺在木托板上(麻面朝上)，缝子里灌上 1：1 的水泥细砂子灰，用软毛刷子刷净麻面，再抹上薄薄一层灰浆。然后一张一张递给另一人，将四边灰刮掉，两手执住陶瓷锦砖上面，在已支好的垫尺上由下往上贴，缝子对齐，要注意按弹好的横竖线贴。如分格贴完一组，将米厘条放在上口线继续贴第二组。镶贴的高度应根据当时气温条件而定。

(6) 揭纸、调缝。贴完陶瓷锦砖的墙面，要一手拿拍板，靠在贴好的墙面上，一手拿锤子对拍板满敲一遍(敲实、敲平)，然后将陶瓷锦砖上的纸用刷子刷上水，等 20～30min 便可开始揭纸。揭开纸后检查缝子大小是否均匀，如出现歪斜、不正的缝子，应按顺序拨正贴实，先横后竖、拨正拨直为止。

(7) 擦缝。在粘贴后 48 小时，先用抹子把近似陶瓷锦砖颜色的擦缝水泥浆摊放在需擦缝的陶瓷锦砖上，然后用刮板将水泥浆往缝子里刮满、刮实、刮严，再用麻丝和擦布将表面擦净。遗留在缝子里的浮砂可用潮湿干净的软毛刷轻轻带出，如需清洗饰面时，应待勾缝材料硬化后方可进行。起出米厘条的缝子要用 1：1 的水泥砂浆勾严、勾平，再用擦布擦净。

2. 基层为砖墙墙面时的工艺流程说明

(1) 基层处理。抹灰前墙面必须清扫干净，检查窗台、窗套和腰线等处，对损坏和松动的部分要处理好，然后浇水润湿墙面。

(2) 吊垂直、套方、找规矩。同基层为混凝土墙面做法。

(3) 抹底子灰。底子灰一般分两次操作，第一次抹薄薄的一层，用抹子压实，水泥砂浆的配合比为 1：3，并掺水的重量为 20%的 107 胶；第二次用相同配合比的砂浆按冲筋线抹平，用短杠刮平，低凹处事先填平补齐，最后用木抹子挂出麻面。底子灰抹完后，隔天浇水养护。

(4)～(7)项同基层为混凝土墙面的做法。

3. 基层为加气混凝土墙面时的工艺流程说明

基层为加气混凝土墙面时可酌情选用下述两种方法中的一种。

(1) 用水湿润加气混凝土表面，修补缺棱掉角处。修补前，先刷一道聚合物水泥浆，然后用水泥：白灰膏：砂子=1：3：9 的混合砂浆分层补平，隔天刷聚合物水泥浆，并抹 1：1：6 的混合砂浆打底，木抹子搓平，隔天浇水养护。

(2) 用水湿润加气混凝土表面，在缺棱掉角处刷聚合物水泥浆一道，用 1：3：9 的混合砂浆分层补平，待干燥后，钉金属网一层并绷紧。在金属网上分层抹 1：1：6 的混合砂浆打底(最好采取机械喷射工艺)，砂浆与金属网应结合牢固，最后用木抹子轻轻搓平，隔天浇水养护。

其他做法同混凝土墙面。

(四)大理石、花岗岩、水磨石的工艺流程

薄型小规格块材(边长小于 40mm)工艺流程：基层处理→吊垂直、套方、找规矩、贴灰

饼→抹底层砂浆→弹线分析→排块材→浸块材→镶贴块材→表面勾缝与擦缝。

大规格块材(边长大于 40mm)工艺流程：施工准备(钻孔、剔槽)→穿铜丝或镀锌丝与块材固定→绑扎、固定钢筋网→吊垂直、找规矩弹线→安装大理石、磨光花岗石或预制水磨石→分层灌浆→擦缝。

(1) 薄型小规格块材(一般厚度在 10mm 以下)。边长小于 40mm，可采用粘贴方法。

① 进行基层处理和吊垂直、套方、找规矩，其他可参见镶贴面砖施工要点有关部分。要注意同一墙面不得有一排以上的非整砖，并应将其镶贴在较隐蔽的部位。

② 在基层湿润的情况下，先刷 107 胶素水泥浆一道(内掺水的重量为 10%的 107 胶)，随刷随打底；底灰采用 1∶3 的水泥砂浆，厚度约 12mm，分两遍操作，第一遍约 5mm，第二遍约 7mm，待底灰压实刮平后，将底子灰表面划毛。

③ 待底子灰凝固后便可进行分块弹线，随即将已湿润的块材抹上厚度为 2～3mm 的素水泥浆，内掺水的重量为 20%的 107 胶进行镶贴(也可以用胶粉)，用木槌轻敲，用靠尺找平、找直。

(2) 大规格块材。边长大于 40mm，镶贴高度超过 1m 时可采用安装方法。

① 钻孔、剔槽。

② 穿钢丝或镀锌铅丝。把备好的铜丝或镀锌铅丝剪成长 20cm 左右，一端用木楔蘸环氧树脂将铜丝或镀锌铅丝模进孔内固定牢固，另一端将铜丝或镀锌铅丝顺孔槽弯曲并卧入槽内，使大理石或预制水磨石、磨光花网石板上、下端面没有铜丝或镀锌铅丝突出，以便和相邻石板接缝严密。

③ 绑扎钢筋网。首先剔出墙上的预埋筋，把墙面镶贴大理石或预制水磨石的部位清扫干净。先绑扎一道竖向ϕ6mm 的钢筋，并把绑好的竖筋用预埋筋弯压于墙面。横向钢筋为绑扎大理石或预制水磨石、磨光花岗石板材所用，如板材高度为 60cm 时，第一道横筋在地面以上 10cm 处与主筋绑牢，用作绑扎第一层板材的下口固定铜丝或镀锌铝丝。第二道横筋绑在 50cm 水平线上 7～8cm，比石板上口低 2～3cm 处，用于绑扎第一层石板上口固定铜丝或镀锌铅丝，再往上每 60cm 绑一道横筋即可。

④ 弹线。首先将大理石或预制水磨石、磨光花岗石的墙面、柱面和门窗套用大线坠从上至下找垂直(高层应用经纬仪找垂直)。应考虑大理石或预制水磨石、磨光花岗石板材厚度、灌注砂浆的空隙和钢筋网所占尺寸，一般大理石或预制水磨石、磨光花岗石外皮距结构面的厚度应以 5～7cm 为宜。找出垂直后，在地面上顺墙弹出大理石或预制水磨石板等外廓尺寸线(柱面和门窗套等同)。此线即为第一层大理石或预制水磨石等的安装基准线。编好号的大理石或预制水磨石板等在弹好的基准线上画出就位线，每块留 1mm 的缝隙(如设计要求拉开缝，则按设计规定留出缝隙)。

⑤ 安装大理石或预制水磨石、磨光花岗石。

⑥ 灌浆。

⑦ 擦缝。全部石板安装完毕后，清除所有石膏和余浆痕迹，用麻布擦洗干净，并按石板颜色调制色浆嵌缝，边嵌边擦干净，使缝隙密实、均匀、干净、颜色一致。

(3) 柱子贴面。安装柱面大理石或预制水磨石、磨光花岗石，其弹线、钻孔、绑钢筋和安装等工序与镶贴墙面方法相同，要注意灌浆前用木方子钉成槽形木卡子，双面卡住大理石板或预制水磨石板，以防止灌浆时大理石或预制水磨石、磨光花岗石板外胀。

(五)玻璃幕墙安装的工艺流程

工艺流程：安装各楼层紧固铁件→横、竖龙骨装配→安装竖向主龙骨→安装横向次龙骨→安装镀锌钢板→安装保温防火矿棉→安装玻璃→安装盖口条及装饰压条。

1. 安装各楼层紧固铁件

主体结构施工时埋件预埋形式及紧固铁件与埋件连接方法，均要按设计图纸要求进行操作，一般有以下两种方式。

(1) 在主体结构的每层现浇混凝土楼板或梁内预埋铁件，角钢连接件与预埋件焊接，然后用螺栓(镀锌)再与竖向龙骨连接。

(2) 主体结构的每层现浇混凝土楼板或架内预埋T形槽埋件，角钢连接件与T形槽通过镀锌螺栓连接，即把螺栓预先穿入T形槽内，再与角钢连接件连接。

紧固件的安装是玻璃幕墙安装过程中的主要环节，直接影响到幕墙与结构主体连接牢固和安全程度。安装时将紧固铁件在纵、横两个方向中心线进行对正，初拧螺栓，校正紧固件位置后再拧紧螺栓。紧固件安装时，也是先对正纵、横中心线后，再进行电焊焊接，焊缝长度、高度及电焊条的质量均按结构焊缝要求。

2. 横、竖龙骨装配

在龙骨安装就位之前，预先装配好以下连接件。

(1) 竖向主龙骨之间接头用的镀锌钢板内套筒连接件。

(2) 竖向主龙骨与紧固件之间的连接件。

(3) 横向次龙骨的连接件。

各节点的连接件的连接方法要符合设计图纸要求，连接必须牢固，横平、竖直。

3. 安装竖向主龙骨

主龙骨一般由下往上安装，每两层为一整根，每楼层通过连接紧固铁件与楼板连接。

(1) 先将主龙骨竖起，上、下两端的连接件对准紧固铁件的螺栓孔，初拧螺栓。

(2) 主龙骨可通过紧固铁件和连接件的长螺栓孔上、下、左、右进行调整，左、右方向应与弹在楼板上的位置线相吻合，上、下对准楼层标高，前、后(即Z轴方向)不得超出控制线，确保上下垂直、间距符合设计要求。

(3) 主龙骨通过内套管竖向接长，为防止铝材受温度影响而变形，接头处应留适当宽度的伸缩孔隙，具体尺寸根据设计要求，接头处上下龙骨中心线要对上。

(4) 安装到最顶层之后，再用经纬仪进行垂直度校正，检查无误后把所有竖向龙骨与结构连接的螺栓、螺母、垫圈拧紧、焊牢。所有焊缝重新加焊至设计要求，并将焊药皮砸掉，清理检查符合要求后，刷两道防锈漆。

4. 安装横向次龙骨

安好竖向龙骨后，进行垂直度、水平度、间距等项检查，符合要求后，便可进行水平龙骨的安装。

5. 安装楼层之间封闭镀锌钢板

由于幕墙挂在建筑外墙，各竖向龙骨之间的孔隙通向各楼层，为隔音、防火，应把矿

棉防火保温层镶铺在镀锌钢板上，将各楼层之间封闭。为使钢板与龙骨之间接缝严密，先将橡胶密封条套在钢板四周后，将钢板插入吊顶龙骨内(或用胀管螺栓钉在混凝土底板上)。在钢板与龙骨的接缝处再粘贴沥青密封带，并应敷贴平整。最后在钢板上焊钢钉，要焊牢固，钉距及规格符合设计要求。

6. 安装保温防火矿棉

镀锌钢板安完之后，安装保温防火矿棉。

将矿棉保温层用胶粘剂粘在钢板上。用已焊的钢钉及不锈钢片固定保温层，矿棉应铺放平整，拼缝处不留缝隙。

7. 安装玻璃

单、双层玻璃均由上向下，并从一个方向起连续安装，预先将玻璃用电梯运至各楼层的指定地点，立式存放，并派专人看管。

(1) 将框内污物清理干净，在下框内塞垫橡胶定位块，垫块支承玻璃的全部重量，要求有一定的硬度与耐久性。

(2) 将内侧橡胶条嵌入框格槽内(注意型号)，嵌胶条方法是先间隔分点嵌塞，然后再分边嵌塞。

(3) 抬运玻璃(大玻璃应用机械真空吸盘抬运)，先将玻璃表面灰尘、污物擦拭干净。往框内安装时，注意正确判断内、外面，将玻璃安嵌在框槽内，嵌入深度四周要一致。

(4) 将两侧橡胶垫块塞于竖向框两侧，然后固定玻璃，嵌入外密封橡胶条(也可用密三角进行封缝处理)，镶放要平整。

8. 安装盖口条和装饰压条

(1) 安装盖口条。玻璃外侧橡胶条(或密封膏)安装完之后，在玻璃与横框、水平框交接处均要进行盖口处理，室外一侧安装外扣板，室内一侧安装压条(均为铝合金材)，其规格形式要符合幕墙设计要求。

(2) 幕墙与屋面女儿墙顶交接处，应有铝合金压顶板，并有防水构造措施，防止雨水沿幕墙与女儿墙之间的空隙流入。操作时依据幕墙设计图。

9. 擦洗玻璃

幕墙玻璃各组装件安装完之后，在竣工验收前，利用擦窗机(或其他吊具)将玻璃擦洗一遍，使表面洁净、明亮。

(六)软包饰面的工艺流程

工艺流程：基层或底板处理→吊直、套方、找规矩、弹线→计算用料、套裁面料→粘贴面料→安装贴脸或装饰边线、刷镶边油漆→软包墙面。

原则上是房间内的地、顶内装修已基本完成，墙面和细木装修底板做完，开始做面层装修时插入软包墙面镶贴装饰和安装工程。

1. 基层或底板处理

凡做软包墙面装饰的房间基层，大都是事先在结构墙上预埋木砖、抹水泥砂浆找平层、

刷喷冷底子油。铺贴一毡二油防潮层、安装 50mm×50mm 木墙筋(中距为 450mm)、上铺 5 层胶合板。此基层或底板实际是该房间的标准做法。

2. 吊直、套方、找规矩、弹线

根据设计图纸要求，把该房间需要软包墙面的装饰尺寸、造型等通过吊直、套方、找规矩、弹线等工序，把实际设计的尺寸与造型落实到墙面上。

3. 计算用料、套裁填充料和面料

首先根据设计图纸的要求，确定软包墙面的具体做法。一般做法有两种：一种是直接铺贴法，此法操作比较简便，但对基层或底板的平整度要求较高；另一种是预制铺贴镶嵌法，此法有一定的难度，要求必须横平竖直、不得歪斜、尺寸必须准确等。故需要做定位标志以利于对号入座。然后按照设计要求进行用料计算和底衬(填充料)、面料套裁工作。应注意同一房间、同一图案与面料必须用同一卷材料和相同部位(含填充料)套裁面料。

4. 粘贴面料

如采取直接铺贴法施工时，应待墙面细木装修基本完成、边框油漆达到交活条件，方可粘贴面料；如果采取预制铺贴镶嵌法，则不受此限制，可事先进行粘贴面料工作。首先按照设计图纸和造型的要求先粘贴填充料(如泡沫塑料、聚苯板或矿棉、木条、五合板等)，按设计用料(粘接用胶、钉子、木螺钉、电化铝帽头钉、铜丝等)把填充垫层固定在预制铺贴镶嵌底板上，然后把面料按照定位标志找好横竖坐标上下摆正，首先把上部用木条加钉子临时固定，然后把下端和两侧位置找好后，便可按设计要求粘贴面料。

5. 安装贴脸或装饰边线

根据设计选择和加工好的贴脸或装饰边线，应按设计要求先把油漆刷好(达到交活条件)，便可把事先预制铺贴镶嵌的装饰板进行安装工作，首先经过试拼达到设计要求和效果后，便可与基层固定、安装贴脸或装饰边线，最后修刷镶边油漆成活。

6. 修整软包墙面

如软包墙面施工安排靠后，其修整软包墙面工作比较简单，如果施工插入较早，由于增加了成品保护膜，则修整工作量较大，如增加除尘清理、钉粘保护膜的钉眼和胶痕的处理等。

(七)木护墙板、木筒子板的工艺流程

工艺流程：找线定位→核查预埋件及洞口→铺涂防潮层→龙骨配制与安装→钉装面板。

1. 定位与划线

木护墙、木筒子板安装前，应根据设计图要求，先找好标高、平面位置、竖向尺寸，进行弹线。

2. 核查预埋件及洞口

弹线后检查预埋件、木砖是否符合设计及安装的要求，主要检查排列间距、尺寸、位置是否满足钉装龙骨的要求；测量门窗及其他洞口位置、尺寸是否放正、垂直，与设计要

求是否相符。

3. 铺涂防潮层

设计有防潮要求的木护墙、木筒子板，在钉装龙骨时应压铺防潮卷材，或在钉装龙骨前进行涂刷防潮层的施工。

4. 龙骨配制与安装

1) 木护墙龙骨的配制与安装

局部木护墙龙骨：根据房间大小和高度，可预制成龙骨架，整体或分块安装。

全高木护墙龙骨：首先量好房间尺寸，根据房间四角和上下龙骨的位置，将四框龙骨找位，钉装平直，然后按设计龙骨间距要求钉装横竖龙骨。

木护墙龙骨间距，当设计无要求时，一般横龙骨间距为400mm，竖龙骨间距为500mm。如面板厚度在15mm以上时，横龙骨间距可扩大到450mm。

木龙骨安装必须找方、找直，骨架与木砖间的空隙应垫以木垫，每块木垫至少用两个钉子钉牢，在装钉龙骨时预留出板面厚度。

2) 木筒子板龙骨的配制与安装

根据洞口实际尺寸，按设计规定骨架料断面规格，可将一侧筒子板骨架分 3 片预制，洞顶一片、两侧各一片。每片一般为两根立杆，当筒子板宽度大于 500mm，中间应适当增加立杆。横向龙骨间距不大于400mm；面板宽度为500mm时，横向龙骨间距不大于300mm。龙骨必须与固定件钉装牢固，表面应刨平，安装后必须平、正、直。防腐剂配制与涂刷方法应符合有关规范的规定。

5. 钉装面板

(1) 面板选色配纹。全部进场的面板材，使用前按同房间、邻近部位的用量进行挑选，使安装后从观感上木纹、颜色近似一致。

(2) 裁板配制。按龙骨排尺，在板上划线裁板，原木材板面应刨净；胶合板、贴面板的板面严禁刨光，小面皆须刮直。面板长向对接配置时，必须考虑接头位于横龙骨处。

原木材的面板背面应做卸力槽，一般卸力槽间距为100mm，槽宽为10mm，槽深为4～6mm，以防板面扭曲变形。

(3) 面板安装。面板安装前，对龙骨位置、平直度、钉设牢固情况、防潮构造要求等进行检查，合格后进行安装。面板配好后进行试装，面板尺寸、接缝、接头处构造完全合适，木纹方向、颜色的观感尚可的情况下，才能进行正式安装。面板接头处应涂胶与龙骨钉牢，钉固面板的钉子规格应适宜，钉长为面板厚度的2～2.5倍，钉距一般为100mm，钉帽应砸扁，并用尖冲子将针帽顺木纹方向冲入面板表面下1～2mm。

钉贴脸：贴脸料应进行挑选，花纹、颜色应与框料、面板近似。贴脸规格尺寸、宽窄、厚度应一致，接槎应顺平无错槎。

(八)清水墙勾缝的工艺流程

工艺流程：堵脚手眼→弹线找规矩→开缝、补缝→门窗四周塞缝→墙面浇水→勾缝→清扫墙面→找补漏缝→清理墙面。

1. 堵脚手眼

如采用单排外脚手架时，应随落架子随堵脚手眼，首先应将脚手眼内的砂浆、污物清理干净，并洒水湿润，再用与原砖墙相同颜色的砖，补砌脚手眼。

2. 弹线找规矩

从上往下顺其立缝吊垂直，并用粉线将垂直线弹在墙上，作为垂直线的规矩，水平缝则以砖的上下棱弹线控制，凡在线外的砖棱均用扁凿子剔去，对偏差较大的剔凿后应抹灰补齐。然后用砖面磨成的细粉加107胶拌和成浆，刷在修补的灰层上，使其颜色一致。

3. 门窗四周塞缝及补砌砖窗台

勾缝前将门窗四周塞缝作为一道工序，用1∶3水泥砂浆将缝堵严、塞实，深浅要一致。铝合金门窗框四周缝隙的处理，按设计要求的材料填塞，同时应将窗台上被碰坏、碰掉的砖补好，一起勾好缝。

4. 浇水

墙面勾缝前应浇水、润湿墙面。

5. 勾缝

(1) 拌和砂浆。勾缝用砂浆的配合比为1∶1或1∶1.5(水泥∶砂)，或2∶1∶3(水泥∶粉煤灰∶砂)，应注意随用随拌，不可使用过夜灰。

(2) 勾缝顺序应由上而下，先勾水平缝，后勾立缝。

勾水平缝时用长溜子，左手拿托灰板，右手拿溜子，将灰板顶在要勾的缝口下边，右手用溜子将砂浆塞入缝内，灰浆不能太稀，自右向左喂灰，随勾随移动托灰板，勾完一段后，用溜子在砖缝内左右拉推移动，使缝内的砂浆压实、压光，深浅一致。

勾立缝时用短溜子，可用溜子将灰从托灰板上刮起点入立缝中，也可将托灰板靠在墙边，用短溜子将砂浆送入缝中，使溜子在缝中上下移动，把缝内的砂浆压实，且注意与水平缝的深浅一致。如设计无要求时，一般勾凹缝深度为4～5mm。

(3) 墙面清扫。每步架勾完缝后，要用笤帚把墙面清扫干净，应顺缝清扫，先扫水平缝，后扫竖缝，并不断抖掸笤帚上的砂浆，减少污染。

(4) 墙面勾缝应做到横平竖直，深浅一致，十字缝搭接平整，压实、压光，不得有丢漏。墙面阳角水平转角要勾方正，阴角立缝应左右分明，窗台虎头砖要勾三面缝，转角处应勾方正。

(5) 防止丢漏缝，应重新复找一次，在视线遮挡的地方、不易操作的地方、容易忽略的地方，如有丢、漏缝，应给予找补、补勾。补勾后对局部墙面应重新清扫干净。

(6) 天气干燥时，对已勾好的缝浇水养护。

五、门窗工程的施工工艺流程

工艺流程：弹线找规矩→门窗洞口处理→门窗洞口内埋设连接铁件→铝合金门窗拆包检查→按图纸编号运至安装地点→检查铝合金保护膜→铝合金门窗安装→门窗口四周嵌

缝、填保温材料→清理→安装五金配件→安装门窗密封条→质量检验→纱扇安装。

(1) 弹线找规矩。在最高层找出门窗口边线，用大线坠将门窗口边线下引，并在每层门窗口处划线标记，对个别不直的口边应剔凿处理。高层建筑可用经纬仪找垂直线。

门窗口的水平位置应以楼层+50cm 水平线为准，往上反量出窗下皮标高，弹线找直，每层窗下皮(若标高相同)则应在同一水平线上。

(2) 墙厚方向的安装位置。根据外墙大样图及窗台板的宽度，确定铝合金门窗在墙厚方向的安装位置；如外墙厚度有偏差时，原则上应以同一房间窗台板外露尺寸一致为准，窗台板应以伸入铝合金窗的窗下 5mm 为宜。

(3) 安装铝合金窗披水。按设计要求将披水条固定在铝合金窗上，应保证安装位置正确、牢固。

(4) 防腐处理。

① 门窗框两侧的防腐处理应按设计要求进行。如设计无要求时，可涂刷防腐材料，如橡胶型防腐涂料或聚丙烯树脂保护装饰膜，也可粘贴塑料薄膜进行保护，避免填缝水泥砂浆直接与铝合金门窗表面接触，产生电化学反应，腐蚀铝合金门窗。

② 铝合金门窗安装时若采用连接铁件固定，铁件应进行防腐处理，连接件最好选用不锈钢件。

(5) 就位和临时固定。根据已放好的安装位置线安装，并将其吊正、找直，无问题后方可用木楔临时固定。

(6) 与墙体固定。铝合金门窗与墙体固定有 3 种方法。

① 沿窗框外墙用电锤打ϕ6mm 的孔(深 60mm)，并用ϕ6mm 的钢筋(40mm×60mm)粘107 胶水泥浆，打入孔中，待水泥浆终凝后，再将铁脚与预埋钢筋焊牢。

② 连接铁件与预埋钢板或剔出的结构箍筋焊牢。

③ 混凝土墙体可用射钉枪将铁脚与墙体固定。

不论采用哪种方法固定，铁脚至窗角的距离不应大于 180mm，铁脚间距应小于 600mm。

(7) 处理门窗框与墙体缝隙。铝合金门窗固定好后，应及时处理门窗框与墙体缝隙。如设计未规定填塞材料品种时，应采用矿棉或玻璃棉毡条填塞缝隙，外表面留 5～8mm 深槽口填嵌嵌缝膏，严禁用水泥砂浆填塞。在门窗框两侧进行防腐处理后，可填嵌设计指定的保温材料和密封材料。待铝合金窗和窗台板安装后，将窗框四周的缝隙同时填嵌，填嵌时用力不应过大，防止窗框受力后变形。

(8) 铝合金门框安装。

① 将预留门洞按铝合金门框尺寸提前修理好。

② 在门框的侧边固定好连接铁件(或木砖)。

③ 门框按位置立好，找好垂直度及几何尺寸后，用射钉或自攻螺钉将门框与墙体预埋件固定。

④ 用保温材料填嵌门框与砖墙(或混凝土墙)的缝隙。

⑤ 用密封膏填嵌墙体与门窗框边的缝隙。

(9) 地弹簧座的安装。根据地弹簧的安装位置，提前剔洞，将地弹簧放入剔好的洞内，用水泥砂浆固定。

地弹簧安装质量必须保证。地弹簧座的上皮一定与室内地坪一致；地弹簧的转轴轴线

一定要与门框横料的定位销轴心线一致。

(10) 铝合金门扇安装。门框扇的连接是用铝角码的固定方法，具体做法与门框安装相同。

(11) 安装五金配件。待浆活修理完，交活油刷完后方可安装门窗的五金配件，安装工艺要求详见产品说明，要求安装牢固、使用灵活。

(12) 安装铝合金纱门窗。

① 绷铁砂(或钢纱、铝纱)、裁纱、压条固定，其施工方法同钢纱门窗的绷砂。

② 挂纱扇。

③ 装五金配件。

六、天棚工程的施工工艺流程

工艺流程：顶板缝处理→搭脚手架→基层处理→弹线、套方、找规矩→抹底灰→抹中层灰→抹罩面灰。

(1) 顶板缝处理。剔除灌缝混凝土凸出部分及杂物，然后用刷子蘸水把表面残渣和浮尘清理干净，刷掺水的重量为10%的107胶水泥浆一道，紧跟着抹1∶0.3∶3的混合砂浆将顶缝抹平，过厚处应分层勾抹，每遍厚度宜为5～7mm。

(2) 搭脚手架。铺好脚手板后，距顶板高1.8m左右。

(3) 基层处理。首先将凸出的混凝土剔平，对钢模施工的混凝土顶应凿毛，并用钢丝刷满刷一遍，再浇水湿润。如果基层混凝土表面很光滑，也可采取以下的“毛化处理”办法，即先将表面尘土、污垢清扫干净，用10%火碱水将顶面的油污刷掉，随之用清水将碱液冲净、晾干。然后用1∶1的水泥细砂浆内掺水的重量为20%的107胶，喷或用笤帚将砂浆甩到顶上，其甩点要均匀，终凝后浇水养护，直至水泥砂浆疙瘩全部粘满混凝土光面，并有较高的强度(用手掰不动)为止。

(4) 弹线、套方、找规矩。根据50cm水平线找出靠近顶板四周的平线，作为顶板抹灰水平控制线。

(5) 抹底灰。在顶板混凝土湿润的情况下，先刷107胶素水泥浆一道(内掺水的重量为10%的107胶，水灰比为0.4～0.5)，随刷随打底；底灰采用1∶3的水泥砂浆(或1∶0.3∶3的混合砂浆)打底，厚度为5mm，操作时需用力压，以便将底灰挤入顶板细小孔隙中；用软刮尺刮抹顺平，用木抹子搓平搓毛。

(6) 抹罩面灰。待底灰约六七成干时，即可进行抹罩面灰；罩面灰采用1∶2.5的水泥砂浆或1∶0.3∶2.5的水泥混合砂浆，厚度为5mm。抹时先将顶面湿润，然后薄薄地刮一道使其与底层灰抓牢，紧跟抹第二遍，横竖均顺平，用铁抹子压光、压实。

七、油漆、喷涂、裱糊工程的施工工艺流程

(一)刷浆的工艺流程

工艺流程：基层处理→喷、刷胶水→填补缝隙、局部刮腻子→石膏墙面拼缝处理→满

刮腻子→刷、喷第一遍浆→复找腻子→刷、喷第二遍浆→刷、喷交活浆。

(1) 基层处理。混凝土墙表面的浮砂、灰尘、疙瘩等要清除干净，表面的隔离剂、油污等应用碱水(火碱∶水=1∶10)清刷干净，然后用清水冲洗掉墙面上的碱液等。

(2) 喷、刷胶水。刮腻子之前在混凝土墙面上先喷、刷一道胶水(重量比为水∶乳液=5∶1)。注意：喷、刷要均匀，不得有遗漏。

(3) 填补缝隙、局部刮腻子。用水石膏将墙面缝隙及坑洼不平处分遍找平，并将野腻子收净，待腻子干燥后用 1 号砂纸磨平，并把浮尘等扫净。

(4) 石膏板墙面拼缝处理。接缝处应用嵌缝腻子填塞满，上糊一层玻璃网格布或绸布条，用乳液将布条粘在拼缝上，粘条时应把布拉直、糊平，并刮石膏腻子一道。

(5) 满刮腻子。根据墙体基层的不同和浆活等级要求的不同，刮腻子的遍数和材料也不同。一般为 3 遍，腻子的配合比为重量比，有两种：一种是适用于室内的腻子，其配合比为聚醋酸乙烯乳液(即白乳胶)∶滑石粉或大白粉∶2%羧甲基纤维素溶液=1∶5∶3.5; 另一种是适用于外墙、厨房、厕所、浴室的腻子，其配合比为聚醋酸乙烯乳液∶水泥∶水=1∶5∶1。刮腻子时应横竖刮，并注意接槎和收头时腻子要刮净，每遍腻子干后应磨砂纸，将腻子磨平磨完后将浮尘清理干净。如面层要涂刷带颜色的浆料时，则腻子也要掺入适量与面层带颜色相协调的颜料。

(6) 刷、喷第一遍浆。刷喷浆前应先将门窗口圈用排笔刷好，如墙面和顶棚为两种颜色时应在分色线处用排笔齐线并刷 20cm 宽以利接槎，然后再大面积制喷浆。刷喷顺序应先顶棚后墙面，先上后下顺序进行。如喷浆时喷头距墙面宜为 20～30cm，移动速度要平稳，使涂层厚度均匀。如顶板为槽形板时，应先喷凹面四周的内角，再喷中间平面。

(7) 复找腻子。第一遍浆干后，对墙面上的麻点、坑洼、刮痕等用腻子重新复找刮平，干后用细砂纸轻磨，并把粉尘扫净，达到表面光滑平整。

(8) 刷、喷第二遍浆。方法同上。

(9) 刷喷交活浆。待第二遍浆干后，用细砂纸将粉尘、溅沫、喷点等轻轻磨去，并打扫干净，即可刷喷交活浆。交活浆应比第二遍浆的胶量适当增大一点儿，防止刷喷浆的涂层掉粉，这是必须做到和满足的保证项目。

(10) 刷喷内墙涂料和耐擦洗涂料等。其基层处理与喷刷浆相同，面层涂料使用建筑产品时，要注意外观检查，并参照产品使用说明书去处理和涂刷即可。

(11) 室外刷喷浆。

① 砖混结构的外窗台、碹脸、窗套、腰线等部位涂刷白水泥浆的施工方法。

需要涂刷的窗台、碹脸、窗套、腰线等部位在抹罩面灰时，应趁湿刮一层白水泥膏，使之与面层压实并结合在一起，将滴水线(槽)按规矩预先埋设好，并趁灰层未干，紧跟着涂刷第一遍白水泥浆(用白水泥加水的重量为 20%的 107 胶的水溶液拌匀成浆液)，涂刷时可用油刷或排笔，自上而下涂刷，要注意应少蘸勤刷，严防污染。

第一天要涂刷第二遍，达到涂层表面无花感且盖底为止。

② 预制混凝土阳台底板、阳台分户板、阳台栏板涂刷。

一般习惯做法：清理基层，刮水泥腻子 1～2 遍找平，磨砂纸，再复找水泥腻子，刷外墙涂料，以涂刷均匀且盖底为交活。

根据室外气候变化影响大的特点，应选用防潮及防水涂料施涂：清理基层，刮聚合物水泥腻子 1～2 遍(用水的重量为 20%的 107 胶水溶液拌和水泥，成为膏状物)，干后磨平，对塌陷处重新补平，干后磨砂纸。涂刷聚合物水泥浆(用水的重量为 20%的 107 胶水溶液拌水泥，辅以颜料后成为浆液)，或用防潮、防水涂料进行涂刷，应先刷边角，再刷大面，均匀地涂刷一遍，待干后再涂刷第二遍，直至交活为止。

(二)裱糊的工艺流程

原则上是先裱糊顶棚后裱糊墙面。

工艺流程：基层处理→吊直、套方、找规矩、弹线→计算用料、裁纸→粘贴壁纸→壁纸修整。

1. 裱糊顶棚壁纸

(1) 基层处理。清理混凝土顶面，满刮腻子：首先将混凝土顶土的灰渣、浆点、污物等清刮干净，并用笤帚将粉尘扫净，满刮腻子一道。腻子的体积配合比为聚醋酸乙烯乳液：石膏或滑石粉：2%羧甲基纤维素溶液=1：5：3.5。腻子干后磨砂纸，满刮第二遍腻子，待腻子干后用砂纸磨平、磨光。

(2) 吊直、套方、找规矩、弹线。首先应将顶子的对称中心线通过吊直、套方、找规矩的办法弹出中心线，以便从中间向两边对称控制。墙顶交接处的处理原则：凡有挂镜线的按挂镜线，没有挂镜线则按设计要求弹线。

(3) 计算用料、裁纸。根据设计要求决定壁纸的粘贴方向，然后计算用料、裁纸。应按所量尺寸每边留出 2～3cm 余量，如采用塑料壁纸，应在水槽内先浸泡 2～3min，拿出，抖去余水，将纸面用净毛巾蘸干。

(4) 刷胶、糊纸。在纸的背面和顶棚的粘贴部位刷胶，应注意按壁纸宽度刷胶，不宜过宽，铺贴时应从中间开始向两边铺粘。第一张一定要按已弹好的线找直粘牢，应注意纸的两边各甩出 1～2cm 不压死，以满足与第二张铺粘时的拼花压控对缝的要求。然后依上法铺粘第二张，两张纸搭接 1～2cm，用钢板尺比齐，两人将尺按紧，一人用壁纸刀裁切，随即将搭槎处两张纸条撕去，用刮板带胶将缝隙压实刮牢。随后将顶子两端阴角处用钢板尺比齐、拉直，用刮板及辊子压实，最后用湿温毛巾将接缝处辊压出的胶痕擦净，依次进行。

(5) 修整。壁纸粘贴完后，应检查是否有空鼓不实之处，接槎是否平顺，有无翘起现象，胶痕是否擦净，有无小包，表面是否平整，多余的胶是否清擦干净等，直至符合要求为止。

2. 被糊墙面壁纸

(1) 基层处理。如混凝土墙面可根据原基层质量的好坏，在清扫干净的墙面上满刮 1～2 道石膏腻子，干后用砂纸磨平、磨光；若为抹灰墙面，可满刮大白腻子 1～2 道找平、磨光，但不可磨破灰皮；石膏板墙用嵌缝腻子将缝堵实、堵严，粘贴玻璃网格布或丝绸条、绢条等，然后局部刮腻子补平。

(2) 吊垂直、套方、找规矩、弹线。首先应将房间四角的阴阳角通过吊垂直、套方、找规矩，并确定从哪个阴角开始按照壁纸的尺寸进行分块弹线控制(习惯做法是进门左阴角处开始铺贴第一张。有挂镜线的按挂镜线，没有挂镜线的按设计要求弹线控制。

(3) 计算用料、裁纸。按已量好的墙体高度放大 2～3cm，按此尺寸计算用料、裁纸，

一般应在案子上裁割，将裁好的纸用湿温毛巾擦后，折好待用。

(4) 刷胶、糊纸。应分别在纸上及墙上刷胶，其刷胶宽度应相吻合，墙上刷胶一次不应过宽。糊纸时从墙的阴角开始铺贴第一张，按已画好的垂直线吊直，并从上往下用手铺平，刮板刮实，并用小辊子将上、下阴角处压实。第一张粘好留1～2cm(应拐过阴角约2cm)，然后粘铺第二张，依同法压平、压实，与第一张搭槎1～2cm，要自上而下对缝，拼花要端正，用刮板刮平，用钢板尺在第一、二张搭槎处切割开，将纸边撕去，边槎处带胶压实，并及时将挤出的胶液用湿温毛巾擦净，然后用同法将接顶、接踢脚的边切割整齐，并带胶压实。墙面上遇有电门、插销盒时，应在其位置上破纸作为标记。在裱糊时，阳角不允许甩槎接缝，阴角处必须裁纸搭缝，不允许用整张纸铺贴，避免产生空鼓与皱褶。

3. 花纸拼接

(1) 纸的拼缝处花形要对接拼搭好。

(2) 铺贴前应注意花形及纸的颜色力求一致。

(3) 墙与顶壁纸的搭接应根据设计要求而定，一般有挂镜线的房间应以挂镜线为界，无挂镜线的房间则以弹线为准。

(4) 花形拼接如出现困难时，错槎应尽量甩到不显眼的阴角处，大面不应出现错槎和花形混乱的现象。

4. 壁纸修整

糊纸后应认真检查，对墙纸的翘边翘角、气泡、皱褶及胶痕未擦净等，应及时处理和修整，使之完善。

任务6.2　装饰装修工程的计量与计价项目列项

一、装饰装修工程计量与计价项目确定的依据和原则

(一)装饰装修工程计量计价项目确定的依据

(1) 施工图纸。建筑施工图、结构施工图及设计说明、工程营造做法，标准图集。

(2) 施工过程。只有熟悉装饰装修工程施工过程、工程量计算规则和定额项目，才能够准确确定工程量分部分项工程，因此，熟悉装饰装修工程分部工程施工工艺流程是准确确定建筑装饰装修工程分部分项项目的基础。

装饰施工程序一般为：门窗工程→楼地面工程→墙、柱面工程→天棚工程→油漆、涂料、裱糊工程→装饰脚手架工程→装饰其他工程项目。

(3) 装饰装修工程预算(定额)基价工程量计算规则。

(二)定额计量与计价项目划分的原则

(1) 门窗工程定额单价划分原则。根据门窗材质和不同的施工方法划分预算项目。

(2) 楼地面工程定额单价划分原则。根据楼地面的面层、垫层、找平层、防潮层、楼

梯装饰、台阶装饰及扶手、栏杆不同的施工做法分别列项。

(3) 墙、柱面工程定额单价划分原则。根据墙、柱面装饰做法分别列项。

(4) 天棚工程定额单价划分原则。根据天棚装饰做法分别列项。

(5) 油漆、涂料、裱糊工程定额单价划分原则。根据施工做法分别列项。

(6) 装饰脚手架工程定额单价划分原则。一般有内檐综合脚手架、装饰外脚手架、天棚装饰脚手架等项目。

(7) 装饰其他工程定额单价划分原则。根据施工内容分别列项。

二、装饰装修工程计量与计价项目的确定方法

装饰装修工程计量与计价项目的确定可参照表 6-3 所列的项目和说明要求进行。

表 6-3 装饰装修工程计量与计价项目列项参考表

序　号	分项工程名称	说　明
(一)	楼地面工程	
1	地面面层	(1) 按不同类型的面积做法分别列项，地面面层基价包括结合层； (2) 水泥砂浆地面、混凝土地面有带踢脚线基价，其他地面均不包括踢脚线
2	踢脚线	按不同材质、不同做法分别列项
3	地面垫层	按不同材质、不同做法分别列项
4	地面找平层	按不同材质、不同做法分别列项
5	素土夯实	按照室内回填土计算、列项
6	防潮层	按不同材质、不同做法、部位分别列项
7	楼梯装饰	(1) 水泥砂浆楼梯面层基价包括踢脚线、底面抹灰、刷浆； (2) 其他楼梯面层基价只包括楼梯面层，按不同材质、做法分别列项
8	栏杆、扶手	按不同材质、不同做法分别列项
9	扶手弯头	按不同材质、不同做法分别列项
10	变形缝	按不同材质、不同做法分别列项
11	楼梯防滑条	按不同材质、不同做法分别列项
12	酸洗打蜡	按不同材质、不同做法分别列项
13	散水、坡道	按不同材质、不同做法分别列项
14	台阶装饰	按不同材质、不同做法分别列项
(二)	墙、柱面工程	
1	墙面抹灰	按内墙面、外墙面及不同砂浆分别列项
2	柱梁面抹灰	按柱面、梁面及不同砂浆分别列项
3	墙面镶贴块料面层	按不同材质、不同做法分别列项
4	柱面镶贴块料面层	按不同材质、不同做法分别列项
5	挑檐天沟抹灰	按不同材质、不同做法分别列项
6	外檐装饰线抹灰	按不同材质、不同做法分别列项

续表

序　号	分项工程名称	说　明
7	室内窗台抹灰	按不同材质、不同做法分别列项
8	池槽抹灰	按不同材质、不同做法分别列项
9	遮阳板、挡板抹灰	按不同材质、不同做法分别列项
10	零星镶贴块料面层	按不同材质、不同做法分别列项
11	墙、柱装饰龙骨	按不同材质、不同做法分别列项
12	墙、柱装饰基层	按不同材质、不同做法分别列项
13	墙、柱装饰面层	按不同材质、不同做法分别列项
14	隔断墙	按不同材质、不同做法分别列项
15	幕墙	按不同材质、不同做法分别列项
(三)	天棚工程	
1	天棚抹灰	按不同做法、不同砂浆分别列项
2	楼梯底面抹灰	楼梯面层为水泥砂浆除外
3	阳台、雨篷抹灰	按不同做法、不同砂浆分别列项
4	天棚吊顶龙骨	按不同材质、不同做法分别列项
5	天棚吊顶基层	按不同做法分别列项
6	天棚吊顶面层	按不同做法分别列项
(四)	门窗工程	
1	实木门框制作安装	按不同材质、不同做法分别列项
2	实木门扇制作安装	(1) 按不同门扇分别列项； (2) 定额含玻璃、不包括油漆
3	铝合金门制作安装	(1) 按不同门扇及带亮子不带亮子分别列项； (2) 定额包括玻璃
4	铝合金门五金配件	自制铝合金门
5	成品铝合金门安装	(1) 按不同门扇分别列项； (2) 定额包括玻璃
6	成品塑钢门安装	(1) 按不同门扇及带亮子不带亮子分别列项； (2) 定额包括玻璃
7	铝合金卷闸门安装	按不同材质、不同做法分别列项
8	卷闸门电动装置	按不同材质、不同做法分别列项
9	卷闸门小门增加费	按不同材质、不同做法分别列项
10	防盗装饰门安装	按不同材质、不同做法分别列项
11	特殊五金安装	按不同材质、不同做法分别列项
12	电子感应自动门	按不同特殊五金分别列项
13	无框全玻门安装	按不同材质、不同做法分别列项
14	不锈钢板包门框	按不同材质、不同做法分别列项
15	铝合金窗制作安装	按不同开启形式、不同窗扇，按带亮子不带亮子分别列项
16	铝合金窗五金配件	自行制作铝合金窗
17	成品铝合金窗安装	按不同开启形式及窗扇分别列项
18	铝合金纱窗制作安装	按不同材质、不同做法分别列项

续表

序号	分项工程名称	说　明
19	成品塑钢窗安装	按带纱不带纱分别列项
20	护窗栏杆	按不同材质、不同做法分别列项
21	门窗套	按不同材质、不同做法分别列项
22	门窗贴脸	按贴脸不同宽度分别列项
23	筒子板	按不同做法分别列项
24	窗帘盒	按不同材质、不同做法分别列项
25	窗台板	按不同材质、不同做法分别列项
26	窗帘轨道	按不同材质、不同做法分别列项
(五)	油漆、涂料、裱糊工程	
1	内外檐刷涂料	按不同材质、不同做法分别列项
2	木地板刷油漆	按不同材质、不同做法分别列项
3	耐防火涂料	按不同材质、不同做法分别列项
4	金属面刷油漆	按不同材质、不同做法分别列项
5	抹灰面刷油漆	按不同材质、不同做法分别列项
6	木材面刷油漆	按不同材质、不同做法分别列项
7	地面刷涂料	按不同材质、不同做法分别列项
8	贴壁纸	按不同材质、不同做法分别列项
(六)	装饰其他工程	
1	招牌、灯箱	招牌、灯箱按不同形式分别列项，基层、面层分别列项
2	美术字安装	按粘贴部位、美术字的材质和大小分别列项
3	装饰线	按不同材质、不同规格分别列项
4	暖气罩	按不同材质、不同形式分别列项
5	盥洗室镜箱	按不同材质分别列项
6	旗杆	按不同材质、不同做法分别列项
7	旗杆基础	按施工做法分别列项
8	毛巾杆	按不同材质、不同做法分别列项
9	浴缸拉手	按不同材质、不同做法分别列项
10	卫生纸盒	按不同材质、不同做法分别列项
11	肥皂盒	按不同材质、不同做法分别列项
12	镜面玻璃	按不同材质、不同做法分别列项
13	大理石洗漱台	按不同材质、不同做法分别列项
(七)	装饰工程措施项目	
1	装饰外脚手架	按设计图示外墙长度乘以墙高以面积计算
2	内墙粉饰脚手架	按设计图示尺寸以内墙面垂直投影面积计算
3	活动脚手架	(1) 多层建筑室内净高超过 3.3m 的屋面板勾缝、油漆或喷浆的脚手架； (2) 无露明屋架者

续表

序　号	分项工程名称	说　明
4	悬空脚手架	(1) 多层建筑室内净高超过 3.3m 的屋面板勾缝、油漆或喷浆的脚手架； (2) 有露明屋架者
5	水平防护架	临街建筑物
6	垂直防护架	临街建筑物
7	挑脚手架	施工组织要求的列项
8	满堂脚手架	多层建筑室内超过 3.6m 的吊顶棚、顶棚抹灰的脚手架
9	吊篮脚手架	按不同设备材质分别列项
10	立挂式安全网	按实际发生列项
11	垂直运输费	按多层、单层建筑物及不同檐高分别列项
12	超高工程附加费	建筑物檐高超过 20m 时
13	楼地面成品保护	按不同材质、不同做法分别列项
14	楼梯、台阶成品保护	按不同材质、不同做法分别列项
15	独立柱成品保护	按不同材质、不同做法分别列项
16	内墙面成品保护	按不同材质、不同做法分别列项

任务 6.3　装饰装修工程的定额计量

一、楼地面工程的工程量计算规则

楼地面构造示意图如图 6-14 所示。

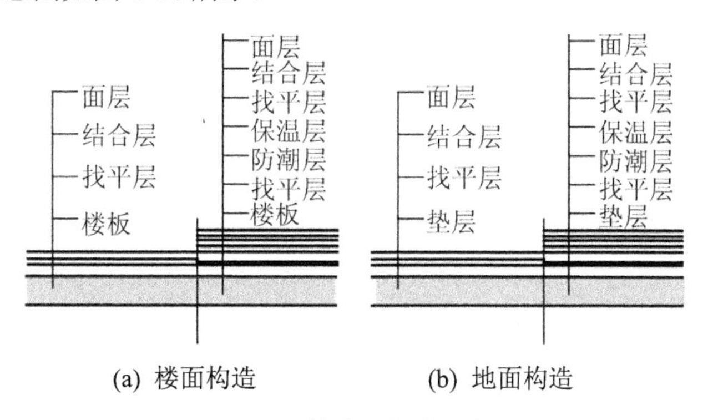

图 6-14　楼地面构造示意图

(一)说明

(1) 定额内容包括整体面层、块料面层、橡塑面层、其他材料面层、踢脚线、楼梯装饰、扶手/栏杆/栏板装饰、台阶装饰、垫层、防潮层、找平层、变形缝、其他等。

(2) 如砂浆配合比设计要求与基价不同时，允许调整，但人工费、砂浆消耗量、机械

费及管理费不变。设计要求水泥砂浆地面砂浆厚度与基价不同时，砂浆厚度每增减 1mm，每 $100m^2$ 水泥砂浆地面砂浆消耗量增减 $0.102m^3$，人工、机械、管理费不调整。

(3) 现浇水磨石基价已包括酸洗打蜡。块料面层不包括酸洗打蜡，如设计要求酸洗打蜡者，可套用相应子目计算。

(4) 水泥砂浆楼梯面基价内已包括踢脚线及底面抹灰、侧面抹灰刷浆工料。

(5) 楼地面面层除特殊标明外，均不包括抹踢脚线。设计如做踢脚线者，按相应子目执行。

(6) 踢脚线高度超过 30cm，按墙、柱面工程章节相应子目执行。

(7) 楼梯、台阶不包括防滑条，设计需做防滑条时，按相应子目计算。

(8) 楼梯面层除水泥砂浆楼梯面以外，均不包括踢脚线及底面抹灰、侧面抹灰刷浆工料，楼梯底面的单独抹灰、刷浆，其工程量按天棚相应子目执行，楼梯侧面装饰应按墙柱面零星抹灰项目计算。

(9) 水泥砂浆楼梯面基价内已包括踢脚线及底面抹灰、侧面抹灰刷浆工料。

(10) 螺旋形楼梯的装饰，按相应项目人工费、机械费和管理费乘以系数 1.20，材料用量乘以系数 1.10。整体面层、栏杆扶手材料用量乘以系数 1.05。

(11) 零星项目面层适用于楼梯侧面、小便池、蹲台、池槽以及面积在 $1m^2$ 以内少量分散的楼地面装饰项目。

(12) 大理石、花岗岩楼地面拼花按成品考虑。

(13) 块料点缀项目使用于镶拼面积小于 $0.015m^2$ 的点缀项目。

(14) 扶手、栏杆、栏板适用于楼梯、走廊、回廊及其他装饰性栏杆、栏板，其材料用量及材料规格设计与预算基价取定不同时，允许换算。扶手不包括弯头制作安装，另按弯头单项子目计算。

(15) 随打随抹地面适用于设计无厚度要求的随打随抹面层，基价中所列水泥砂浆，是作为混凝土表面嵌补平整使用，不增加制成量厚度。如设计有厚度要求时，应按水泥砂浆抹地面基价执行，其中 1∶2.5 水泥砂浆的用量可根据设计厚度按比例调整。

(16) 变形缝项目适用于楼地面、墙面及天棚等部位。

(二)工程量计算规则

1. 整体面层的计算规则

(1) 整体面层按主墙间净面积计算。应扣除凸出地面的构筑物、设备基础等所占面积。不扣除柱、垛、间壁墙及 $0.3m^2$ 以内的孔洞所占的面积。门洞、空圈、暖气包槽、壁龛的开口部分不增加面积。

楼地面找平层和整体面层工程量=主墙间净长度×主墙间净宽度-构筑物等所占面积

(2) 楼地面嵌金属分格条按图示尺寸以米计算。

2. 块料面层的计算规则

(1) 块料面层按图示尺寸以实铺面积计算。应扣除地面上各种建筑配件所占面层面积的工程量。门洞、空圈、暖气包槽、壁龛的开口部分的工程量并入相应的面层内计算。

楼地面块料面层工程量=净长度×净宽度-不做面层面积+增加其他开口部分面积

(2)　点缀按个计算。计算块料面层工程量时，不扣除点缀所占面积。

3. 橡塑面层的计算规则

橡塑面层按图示尺寸以实铺面积计算。应扣除地面上各种建筑配件所占面层面积的工程量。门洞、空圈、暖气包槽、壁龛的开口部分的工程量并入相应的面层内计算。

4. 其他材料面层的计算规则

其他材料面层按图示尺寸以实铺面积计算。应扣除地面上各种建筑配件所占面层面积的工程量。门洞、空圈、暖气包槽、壁龛的开口部分的工程量并入相应的面层内计算。

例 6-1　如图 6-15 所示，两小间为办公室，地面为水泥砂浆地面；一大间为会客室，地面为大理石地面，请计算两种地面的工程量。在图 6-15 中，墙厚为 240mm；门：M1 宽 900mm，M2 宽 1000mm。

解　水泥砂浆地面面积=(6−0.24)×(4.2−0.24)×2=45.62(m^2)

大理石块料地面面积= (6−0.24)×(8.4−0.24)+0.9×0.12×2+1.0×0.24=47.46(m^2)

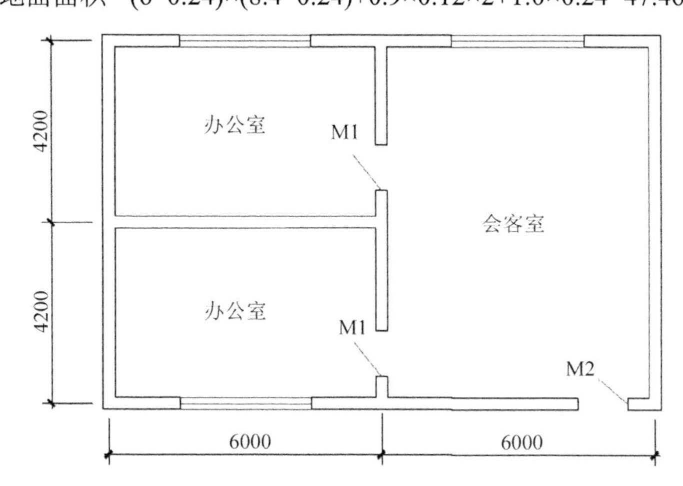

图 6-15　某办公室会客室平面图

5. 踢脚线的计算规则

(1)　水泥砂浆踢脚线按设计图示长度计算，不扣除门洞及空圈长度，但门洞空圈和垛的侧壁亦不增加。

(2)　石材踢脚线、块料踢脚线、现浇水磨石踢脚线、塑料板踢脚线、木质踢脚线、金属踢脚线、防静电踢脚线按设计图示长度乘高度以面积计算，扣除门口，增加门洞、空圈和垛的侧壁面积。其中成品踢脚线按设计图示长度计算，扣除门洞、空圈长度，增加门洞、空圈和垛的侧壁长度。

(3)　楼梯踢脚线的长度按其水平投影长度乘以系数 1.15 计算。

踢脚线工程量=踢脚线净长度×高度

6. 楼梯装饰的计算规则

(1)　楼梯面层以水平投影面积(包括踏步、休息平台及 500mm 以内的楼梯井)计算(见图 6-16)。楼梯与楼地面相连时，算至梯口梁内侧边沿；无梯口梁者，算至最上一层踏步边

沿加 300mm。

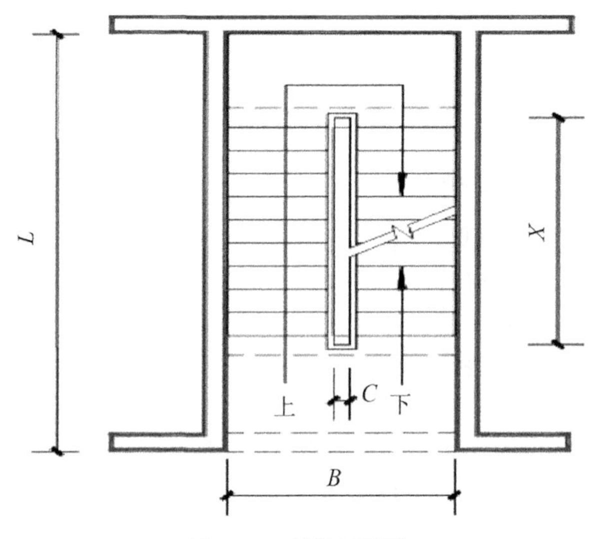

图 6-16　楼梯平面图

(2) 楼梯地毯压棍按设计图示数量以套计算，压板以 m 计算。

楼梯面层工程量= $LB\times(n-1)$　$C\leqslant500$mm 时

楼梯面层工程量=$[LB-(C-0.5)\times b]\times(n-1)$　$C>500$mm 时

式中：n——楼层数；

C——梯井宽度。

7. 扶手、栏杆、栏板装饰的计算规则

(1) 扶手、栏杆、栏板装饰按设计图示尺寸以扶手中心线长度(包括弯头长度)计算，斜长部分的长度可按其水平长度乘以系数 1.15 计算。

(2) 弯头按个计算。

8. 台阶装饰的计算规则

台阶装饰按设计图 6-17 所示尺寸以台阶(包括最上层踏步边沿加 300mm)水平投影面积计算，不包括翼墙、花池等。

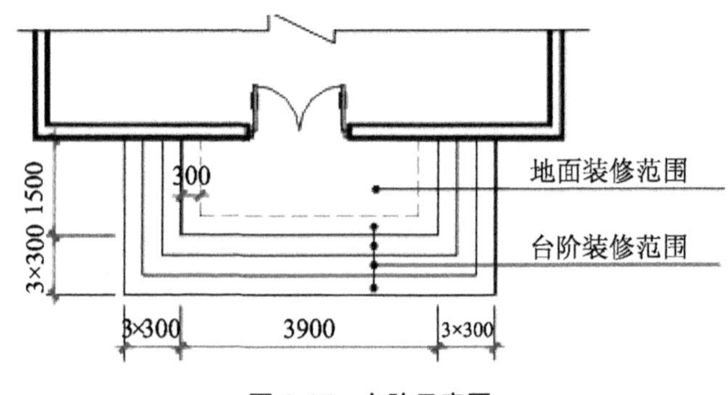

图 6-17　台阶示意图

9. 垫层的计算规则

地面垫层按设计图示尺寸以主墙间净面积乘以相应厚度以体积计算，应扣除凸出地面的构筑物、备基础所占体积，不扣除柱、垛、间壁墙及单个面积 $0.3m^2$ 以内空洞所占体积。

10. 防潮层的计算规则

(1) 地面防潮层按设计图示尺寸以主墙间净空面积计算。应扣除凸出地面的构筑物、设备基础等所占面积，不扣除柱、垛、间壁墙及单个面积 $0.3m^2$ 以内的孔洞所占的面积。门洞、空圈、暖气包槽、壁龛的开口部分不增加面积。

(2) 墙面防潮层按设计图示尺寸以面积计算，不扣除单个面积 $0.3m^2$ 以内的孔洞所占的面积。

(3) 墙面防潮层高度在 300mm 以内者，其面积并入地面防潮层工程量内；高度在 300mm 以外者，按墙面防潮层基价执行。

11. 找平层的计算规则

地面找平层按设计图示尺寸以主墙面净空面积计算。应扣除凸出地面的构筑物、设备基础等所占面积。不扣除柱、垛、间壁墙及单个面积 $0.3m^2$ 以内的孔洞所占的面积。门洞、空圈、暖气包槽、壁龛的开口部分不增加面积。

12. 变形缝的计算规则

变形缝按设计图示尺寸以长度计算。

13. 其他计算规则

(1) 石材底面刷养护液按底面面积计算。

(2) 防滑条按楼梯踏步两端距离减 300mm，以长度计算。

(3) 楼地面、楼梯、台阶面酸洗打蜡按设计图示的水平投影面积计算。

二、墙柱面工程的工程量计算规则

(一)说明

(1) 包括墙面抹灰、柱梁面抹灰、零星抹灰、墙面镶贴块料、柱面镶贴块料、零星镶贴块料以及墙、柱面装饰等。

(2) 砂浆配合比如与设计要求不同时，允许调整，但人工费、砂浆消耗量、机械费及管理费不变。

(3) 当主要材料品种与设计要求不同时，可按设计要求对主要材料进行补充、换算，但人工费、机械费及管理费不变。

(4) 如设计要求在水泥砂浆中掺防水粉时，可按设计比例增加防水粉，其他工料不变。

(5) 墙、柱面抹护角线的工、料已包括在相应基价内，不另行计算。

(6) 设计要求抹灰厚度与预算基价不同时，砂浆消耗量按 100 m^2 抹灰面积每增减 1mm 厚度增减砂浆消耗量，增加 0. 12 m^3 计算，人工费、机械费及管理费不变。

(二)工程量计算规则

1. 内墙面抹灰的计算规则

(1) 内墙面抹灰面积，扣除门、窗洞口和空圈所占的面积，不扣除踢脚板、挂镜线、$0.3m^2$ 以内的孔洞和墙与构件交接处的面积。洞口侧壁和顶面不增加，但垛的侧面抹灰应与内墙面抹灰工程量合并计算。

内墙面抹灰的长度以主墙间的净长计算，其高度确定如下。

① 抹灰高度不扣除踢脚板高度。

② 有墙裙者，其高度自墙裙顶点算至天棚底面另增加 10cm 计算。

③ 有吊顶者，其高度算至天棚下皮另加 10cm 计算。

(2) 墙中的梁、柱等的抹灰，按墙面抹灰子目计算，其突出墙面的梁、柱抹灰工程量按展开面积计算，并入墙面抹灰工程量内。

(3) 内墙裙抹灰面积以长度乘高度计算。扣除门窗洞口和空圈所占面积，并增加门窗洞口和空圈的侧壁面积，垛的侧壁面积并入墙裙内计算。

2. 外墙面抹灰的计算规则

(1) 外墙面抹灰，扣除门、窗洞口和空圈所占的面积，不扣除 $0.3m^2$ 以内的孔洞面积，门、窗洞口及空圈的侧壁(不带线者)、顶面积、垛的侧面抹灰均并入相应的墙面抹灰中计算。

(2) 外墙窗间墙抹灰，以展开面积按外墙抹灰相应子目计算。

(3) 外墙裙抹灰，按展开面积计算，门口和空圈所占面积应予扣除，侧壁并入相应项目计算。

3. 柱梁面抹灰的计算规则

(1) 柱面抹灰按结构设计断面尺寸以展开面积计算。但柱脚、柱帽抹线角者，另按装饰线子目计算。

(2) 单梁抹灰按结构设计断面尺寸以展开面积计算。

4. 零星抹灰的计算规则

(1) 零星一般抹灰。

① 零星项目抹灰按设计图示尺寸以展开面积计算。

② 挑檐、天沟按结构设计断面尺寸以展开面积计算。

③ 外檐装饰线以展开面积计算。外窗台抹灰长度如设计图纸无规定时，可按窗外围宽度两边共加 20cm 计算，窗台展开宽度按 36cm 计算，墙厚为 49cm 者宽度按 48cm 计算。

④ 阳台、雨篷抹灰应按天棚分部工程相应子目计算。当雨篷四周垂直混凝土檐总高度超过 40cm 者，整个垂直混凝土檐部分按展开面积套装饰线子目计算。

⑤ 阳台栏板、栏杆的双面抹灰按栏板、栏杆水平中心长度乘高度(由阳台面起至栏板、栏杆顶面)的单面积乘以系数 2.10 以平方米计算。有栏杆压顶者乘以系数 2.50 以平方米计算。

(2) 零星装饰抹灰按设计图示尺寸以展开面积计算。

(3) 装饰抹灰厚度增减及分格、嵌缝按装饰抹灰的面积计算。

5. 墙面镶贴块料的计算规则

(1)墙面镶贴块料面层，按设计图示饰面外围净长乘以净高以面积计算，应扣除门、窗洞口和单个面积 $0.3m^2$ 以外的孔洞所占的面积，增加门窗洞口侧壁和顶面面积。

(2)干挂石材钢骨架按设计图示尺寸以质量计算。

6. 柱面镶贴块料的计算规则

(1) 柱面镶贴块料面层，按外围饰面周长乘以高度以平方米计算。

(2) 挂贴大理石、花岗岩柱墩、柱帽按最大外径周长以米计算。

(3) 除基价已列有柱墩、柱帽的项目外，其他项目的柱墩、柱帽按设计图示尺寸以展开面积计算，并入相应柱面积内，柱墩、柱帽加工按个计算。

7. 零星镶贴块料的计算规则

(1) 零星镶贴块料按设计图示尺寸以展开面积计算。

(2) 柱面粘贴大理石、花岗岩按零星项目执行。

8. 墙、柱面装饰的计算规则

(1) 龙骨基层、夹板、卷材基层按设计图示尺寸以平方米计算，扣除门、窗洞口和单个 $0.3m^2$ 以外的孔洞所占的面积。

(2) 墙饰面按外围饰面净长乘以净高以平方米计算，扣除门、窗洞口和单个 $0.3m^2$ 以外的孔洞所占的面积，增加门、窗洞口侧壁面积。

(3) 柱饰面按外围饰面周长乘以高度以平方米计算。除基价已列有柱墩、柱帽的项目外，其他项目的柱墩、柱帽按设计图示尺寸以展开面积计算，并入相应柱面积内，柱墩、柱帽加工按个计算。

9. 隔断的计算规则

(1) 隔断按设计图示净长乘以净高以平方米计算，扣除门、窗洞口和单个 $0.3m^2$ 以外的孔洞所占的面积。

(2) 全玻隔断的不锈钢边框按边框展开面积计算。

(3) 全玻隔断如有加强肋，按展开面积计算。

10. 幕墙的计算规则

(1) 幕墙按框外围面积计算。

(2) 全玻幕墙如有加强肋，按展开面积计算。

例 6-2　某内墙面装饰工程贴浅色墙面砖，根据图 6-18 和图 6-19 所示，平面图中两横墙轴间距离为 6600mm，首层层高 3m，板厚 100mm，计算首层内墙抹灰及腰线、窗台线贴面砖的工程量。

解　① 根据内墙抹灰工程量计算规则，其首层内墙抹灰工程量 $=(3.3\times4-0.12\times2+6.6-0.12\times2)\times2\times(3-0.1)-1.8\times1.8\times7-1.8\times2.7=84.52(m^2)$

② 根据零星项目镶贴块料面层工程量计算规则，其腰线、窗台贴面砖工程量 $=(3.3-0.24)\times0.36\times23+(3.3-0.24-1.8)\times0.36=25.79(m^2)$

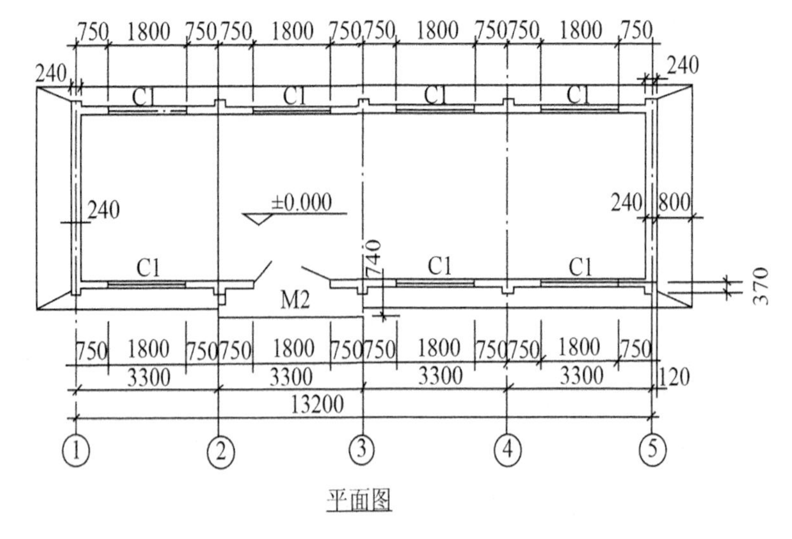

图 6-18　某建筑平面立面示意图

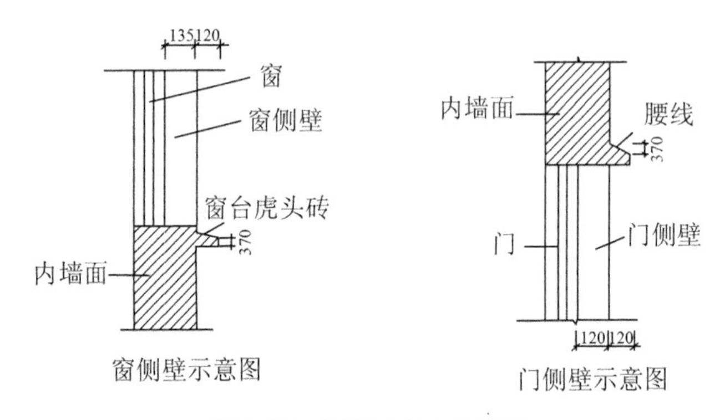

图 6-19　门窗侧立面示意图

三、天棚工程的工程量计算规则

(一)说明

(1) 包括天棚抹灰、平面/跌级天棚、艺术造型天棚、其他面层(龙骨和面层)及其他项目等。

(2) 基价子目中砂浆配合比如与设计要求与基价不同时，允许调整，当主要材料品种不同时，可按设计要求对主要材料进行补充、换算，但人工费、砂浆消耗量、机械费及管理费不变。

(二)工程量计算规则

1. 天棚抹灰的计算规则

(1) 天棚抹灰面积按主墙间净空面积计算，不扣除柱、垛、附墙烟囱、间壁墙检查洞和管道所占的面积。带有钢筋混凝土梁的天棚，梁的两侧抹灰面积应并入天棚抹灰工程量内计算，即

天棚抹灰工程量=主墙间的净长度×主墙间的净宽度+梁侧面面积

(2) 檐口天棚的抹灰并入相同的天棚抹灰工程量内计算。

(3) 有坡度及拱顶的天棚抹灰面积按展开面积计算。计算方法：按水平投影面积乘以表6-4所示的延长系数。

表6-4　拱顶延长系数表

拱高跨度	1∶2	1∶2.5	1∶3	1∶3.5	1∶4	1∶4.5	1∶5
延长系数	1.571	1.383	1.274	1.205	1.159	1.127	1.103
拱高跨度	1∶5.5	1∶6	1∶6.5	1∶7	1∶8	1∶9	1∶10
延长系数	1.086	1.073	1.062	1.054	1.041	1.033	1.026

注：此表即弓形弧长系数表。拱高即矢高，跨度即弦长。弧长等于弦长乘以系数。

2. 天棚装饰的计算规则

(1) 各种吊顶天棚龙骨按主墙间净空面积计算，不扣除间壁墙、检查口、附墙烟囱、柱、垛和管道所占面积，但天棚中的折线、跌落等圆弧形、高低吊灯槽等面积也不增加。

(2) 天棚基层按设计图示尺寸以展开面积计算。

(3) 天棚装饰面层按设计图示尺寸以主墙间实铺面积计算，不扣除间壁墙、检查口、附墙烟囱、附墙垛和管道所占面积，但应扣除0.3m^2以上的孔洞、独立柱、灯槽及与天棚相连的窗帘盒所占的面积。天棚中的折线、跌落等圆弧形、拱形、高低灯槽及其他艺术形式，天棚面层均按展开面积计算。

(4) 龙骨、基层、面层合并列项的子目按主墙间净空面积计算，不扣除间壁墙、检查口、附墙烟囱、柱、垛和管道所占面积，但天棚中的折线、跌落等圆弧形、高低吊灯槽等面积也不展开。

(5) 灯光槽按延长米计算。

(6) 保温层按实铺面积计算。

(7) 网架天棚按设计图示尺寸以水平投影面积计算。

(8) 嵌缝按设计图示长度计算。

(9) 送(回)风口安装按设计图示个数计算。

四、门窗工程的工程量计算规则

(一)说明

(1) 包括木门、金属门、其他门、金属窗、门窗套、门窗贴脸、门窗筒子板、窗帘盒、窗台板和窗帘轨道等。

(2) 凡由现场以外的加工厂制作的门窗应另增加场外运费，均按本章门窗场外运费子目执行。

(二)工程量计算规则

1. 木门的计算规则

(1) 实木门框制作安装按设计图示尺寸以长度计算。实木门扇制作安装及装饰门扇制作按设计图示尺寸以扇外围面积计算。装饰门扇安装按设计图示数量以扇计算。

(2) 木门扇皮制隔声面层和装饰板隔声面层按设计图示尺寸以单面面积计算。

(3) 木质防火门按设计图示尺寸以框外围面积计算。

2. 金属门的计算规则

(1) 铝合金门、塑钢门、断桥隔热铝合金门、彩板组角钢门按设计图示洞口尺寸以面积计算。

(2) 卷闸门安装按其安装高度乘以门的实际宽度以面积计算。安装高度算至滚筒顶点为准。带卷筒罩的按其展开面积计算，并入门的面积内。电动装置安装按设计图示数量以套计算。小门安装按设计图示数量以扇计算，小门面积不扣除。

(3) 钢质防火门、厂库房钢门按设计图示尺寸以框外围面积计算。

(4) 防火卷帘门按设计图示尺寸以楼(地)面算至端板顶点高度乘以宽度以面积计算。

(5) 防盗装饰门安装按设计图示尺寸以框外围面积计算。

(6) 全板钢门、半截百叶钢门、全百叶钢门、密闭钢门、铁栅门按设计图示尺寸以质量计算。

(7) 钢射线防护门、棋子门、钢管铁丝网门、普通钢门按设计图示尺寸以框外围面积计算。

3. 其他门的计算规则

(1) 电子感应自动门、转门、不锈钢电动伸缩门按设计图示数量以樘计算。

(2) 不锈钢包门框按设计图示尺寸以展开面积计算。

(3) 冷藏门按设计图示以质量计算。

(4) 冷藏门门樘框架及筒子板以筒子板面积计算。

(5) 保温隔声门、变电室门按设计图示尺寸以框外围面积计算。

4. 金属窗的计算规则

(1) 除钢百叶窗、成品钢窗、防盗窗按框外围面积计算外，其余金属窗均按设计图示

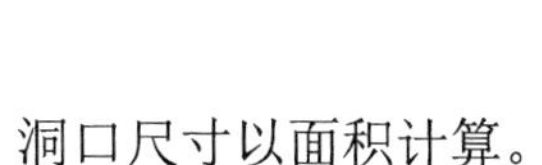

洞口尺寸以面积计算。

(2) 木材面包镀锌钢板按表 6-5 中展开系数以展开面积计算。

表 6-5　镀锌钢板展开系数

项目名称		展开系数	计算基数
门窗框		0.311	延长米
门窗扇	单面	1.440	框外围面积
	双面	2.190	框外围面积

5. 门窗套的计算规则

门窗套按设计图示尺寸以展开面积计算。

6. 门窗贴脸的计算规则

门窗贴脸按设计图示尺寸以长度计算。

7. 门窗筒子板的计算规则

门窗筒子板按设计图示尺寸以展开面积计算。

8. 窗帘盒的计算规则

窗帘盒按设计图示尺寸以长度计算。

9. 窗台板的计算规则

窗台板按设计图示尺寸以实铺面积计算。

10. 窗帘轨道的计算规则

窗帘轨道按设计图示尺寸以长度计算。

例 6-3　如图 6-20 所示，该住房安装实木镶板门及塑钢窗，M1 洞口尺寸为 1500mm×2700mm；M2 洞口尺寸为 1500mm×2700mm；M3 洞口尺寸为 900mm×2100mm；M4 洞口尺寸为 900mm×2100mm；C1 洞口尺寸为 1600mm×1500mm；C2 洞口尺寸为 2100mm×1500mm；C3 洞口尺寸为 1000mm×1000mm。求实木门制作安装及塑钢窗安装工程量。

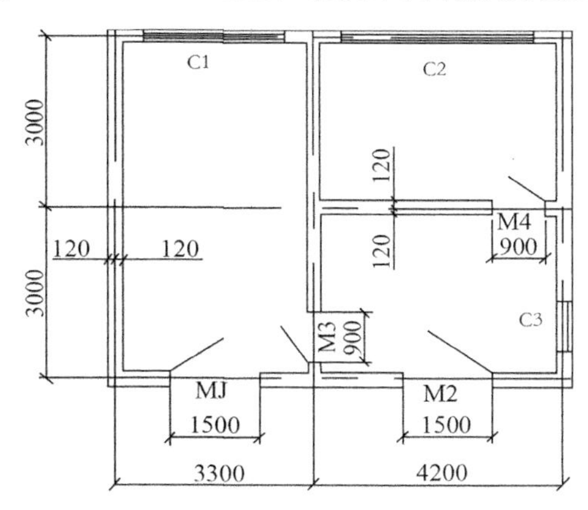

图 6-20　例 6-3 用图

解 (1) 实木门制作安装工程量：

M1 1.5×2.7=4.05(m^2)　　M2 1.5×2.7=4.05(m^2)

M3 0.9×2.1=1.89(m^2)　　M4 0.9×2.1=1.89(m^2)

合计：11.88(m^2)

(2) 塑钢窗安装工程量：

C1 1.6×1.5=2.4(m^2)　　C2 2.1×1.5=3.15(m^2)　　C3 1×1=1(m^2)

合计：6.55(m^2)

五、油漆、喷涂、裱糊工程的工程量计算规则

(一)说明

(1) 其包括木材面油漆、金属面油漆、抹灰面油漆、涂料/裱糊等。

(2) 本基价中刷涂、刷油采用手工操作，喷塑、喷涂、喷油采用机械操作，如采用操作方法不同时均按基价子目执行。

(3) 基价子目中当主要材料品种不同时，可按设计要求对主要材料进行补充、换算，但人工费、机械费及管理费不变。

(二)工程量计算规则

1. 木材面油漆的计算规则

(1) 木材面油漆、烫硬蜡按设计图示尺寸以面积计算。门洞、空圈、暖气包槽、壁龛的开口部分并入相应的工程量内。

(2) 基价中的隔墙、护壁、柱、天棚木龙骨及木地板中木龙骨带毛地板，刷防火涂料工程量计算规则如下。

① 隔墙、护壁木龙骨按其面层正立面投影面积计算。

② 柱木龙骨按其面层外围面积计算。

③ 天棚木龙骨按其水平投影面积计算。

④ 木地板中木龙骨及木龙骨带毛地板按地板面积计算。

(3) 隔墙、护壁、柱、天棚面层及木地板刷防火涂料，执行其他木材面刷防火涂料相应子目。

(4) 木楼梯(不包括底面)油漆，按水平投影面积乘以系数 2.30，执行木地板相应子目。

2. 金属面油漆的计算规则

金属构件油漆工程量按设计图示尺寸以构件质量计算。

3. 抹灰面油漆、涂料、裱糊的计算规则

抹灰面油漆、涂料、裱糊工程量分别按附表相应的计算规则计算。

4. 涂料、裱糊的计算规则

楼地面、天棚、墙、柱、梁面的油漆、喷(刷)涂料、裱糊工程按其表面为木材面或抹灰

面分别按木材面油漆和抹灰面油漆、涂料、裱糊的系数表 6-10 中相应的计算规则计算。

1)　木材面油漆

木材面油漆工程量系数表见表 6-6 至表 6-9。

表 6-6　执行木门基价工程量系数表

项目名称	系数	工程量计算方法	项目名称	系数	工程量计算方法
单层木门	1.00	按单面洞口面积计算	单层全玻门	0.83	按单面洞口面积计算
双层(一玻一纱)木门	1.36		木百叶门	1.25	
双层(单裁口)木门	2.00				

表 6-7　执行木窗基价工程量系数表

项目名称	系数	工程量计算方法	项目名称	系数	工程量计算方法
单层玻璃窗	1.00	按单面洞口面积计算	单层组合窗	0.83	按单面洞口面积计算
双层(一玻一纱)木窗	1.36		双层组合窗	1.13	
双层框扇(单裁口)木窗	2.00		木百叶窗	1.50	
双层枢 3 层(二玻一纱)木窗	2.60				

表 6-8　执行木扶手基价工程量系数表

<table>
<tr><th>项目名称</th><th>系数</th><th>工程量计算方法</th><th colspan="2">项目名称</th><th>系数</th><th>工程量计算方法</th></tr>
<tr><td>木扶手(不带托板)</td><td>1.00</td><td rowspan="3">按图示长度计算</td><td colspan="2">封檐板、顺水板</td><td>1.74</td><td rowspan="3">按图示长度计算</td></tr>
<tr><td>木扶手(带托板)</td><td>2.60</td><td rowspan="2">挂衣板、黑板框单独木线条</td><td>宽度在 100mm 以外</td><td>0.52</td></tr>
<tr><td>窗帘盒</td><td>2.04</td><td>宽度在 100mm 以内</td><td>0.35</td></tr>
</table>

表 6-9　执行其他木材面基价工程量系数表

<table>
<tr><th>项目名称</th><th>系数</th><th>工程量计算方法</th><th>项目名称</th><th>系数</th><th>工程量计算方法</th></tr>
<tr><td>木板、纤维板、胶合板天棚</td><td>1.00</td><td rowspan="5">长×宽</td><td>木间壁、木隔断</td><td>1.90</td><td rowspan="3">按单面外围面积计算</td></tr>
<tr><td>木护墙、木墙裙</td><td>1.00</td><td>玻璃间壁露明墙筋</td><td>1.65</td></tr>
<tr><td>窗台板、筒子板、盖板、门窗套、踢脚线</td><td>1.00</td><td>木栅栏、木栏杆(带扶手)</td><td>1.82</td></tr>
<tr><td>清水板条天棚、檐口</td><td>1.07</td><td>衣柜、壁柜</td><td>1.00</td><td rowspan="2">按实刷展开面积计算</td></tr>
<tr><td>木方格吊顶天棚</td><td>1.20</td><td>零星木装修</td><td>1.10</td></tr>
<tr><td>暖气罩</td><td>1.28</td><td></td><td></td><td></td><td></td></tr>
</table>

2)　抹灰面油漆、涂料、裱糊

抹灰面油漆、涂料、裱糊系数表见表 6-10。

表 6-10　抹灰面油漆、涂料、裱糊系数表

项目名称	系　数	工程量计算方法
楼地面、天棚、墙、柱、梁面	1.00	按展开面积计算
混凝土楼梯底(板式)	1.15	按水平投影面积计算
混凝土楼梯底(梁式)	1.00	按展开面积计算
混凝土花格窗、栏杆花饰	1.82	按单面外围面积计算

六、其他工程的工程量计算规则

(一)说明

(1) 内容包括招牌、灯箱，美术字安装，压条、装饰线，暖气罩，镜面玻璃，旗杆，其他等。

(2) 当主要材料品种与设计要求不同时，可按设计要求对主要材料进行补充、换算，但人工费、机械费及管理费不变。

(3) 铁件已包括刷防锈漆一遍，如设计需涂刷油漆、防火涂料，按学习情境 5 相应子目执行。

(4) 招牌基层。

① 平面招牌是指安装在门前墙面上者；箱体招牌、竖式标箱是指六面体固定在墙面上者；沿雨篷、檐口、阳台走向立式招牌，按平面招牌复杂项目执行。

② 一般招牌和矩形招牌是指正立面平整无凸面者；复杂招牌和异形招牌是指正立面有凹凸造型者。

③ 招牌的灯饰均未包括在基价内。

④ 招牌面层执行天棚面层项目，其人工费乘以系数 0.80，管理费乘以系数 0.80，其他不变。

(5) 美术字安装。

① 美术字安装均以成品安装固定为准。

② 美术字安装不分字体均执行本基价。

(6) 压条、装饰线条。

① 木装饰线、石膏装饰线基价均以成品安装为准，如采用现场制作，每 10m 增加 0.25 工日，管理费增加 1.72 元，其他不变。

② 石材装饰线条基价均以成品安装为准。石材装饰线条磨边、磨圆角均包括在成品的单价中，不再另计。

③ 石材磨边、磨斜边、磨半圆边及台面开孔子目均为现场磨制。

④ 装饰线条基价以墙面上安装直线条为准，如墙面上安装圆弧线条或天棚安装直线形、圆弧形线条或安装其他图案者，按以下规定计算。

a. 天棚面安装直线装饰线条者，人工费乘以系数 1.34，管理费乘以系数 1.34，其他不变。

b. 天棚面安装圆弧装饰线条者，人工费乘以系数 1.60，管理费乘以系数 1.60，材料费乘以系数 1.10，其他不变。

c. 墙面安装圆弧装饰线条者，人工费乘以系数 1.20，管理费乘以系数 1.20，材料费乘以系数 1.10，其他不变。

d. 装饰线条做艺术图案者，人工费乘以系数 1.80，管理费乘以系数 1.80，材料费乘以系数 1.10，其他不变。

(7) 挂板式暖气罩是指钩挂在暖气片上者；平墙式是指凹入墙内者；明式是指凸出墙面者；半凹半凸式按明式基价子目执行。

(二)工程量计算规则

1. 招牌、灯箱的计算规则

(1) 招牌基层。

① 平面招牌基层按设计图示尺寸以正立面边框外围面积计算，复杂型的凹凸造型部分不增加面积。

② 沿雨篷、檐口或阳台走向的立式招牌基层，按平面招牌复杂型执行时，按边框外围展开面积计算。

③ 箱体招牌和竖式标箱的基层，按设计图示尺寸以边框外围体积计算。突出箱外的灯饰、店徽及其他艺术装潢等均另行计算。

④ 广告牌钢骨架按设计图示尺寸以质量计算。

(2) 灯箱的面层按设计图示尺寸以面层的展开面积计算。

2. 美术字安装的计算规则

美术字安装按字的最大外围矩形面积划分，分别以设计图示个数计算。

3. 压条、装饰线的计算规则

压条、装饰线条均按设计图示长度计算。

4. 暖气罩的计算规则

暖气罩(包括脚的高度在内)按设计图示尺寸以边框外围垂直投影面积计算。

5. 镜面玻璃的计算规则

镜面玻璃安装、盥洗室木镜箱按设计图示尺寸以正立面面积计算。塑料镜箱按设计图示数量计算。

6. 旗杆的计算规则

(1) 不锈钢旗杆按设计图示长度计算。

(2) 旗杆基础。

① 人工挖地槽按体积计算：地槽长度按槽底中心线长度计算，槽宽按设计图示基础垫层底面尺寸加工作面的宽度计算，槽深按自然地坪标高至槽底标高计算。当需要放坡时，应将放坡的土方量合并于总土方量中。

② 地槽的放坡坡度及起始深度按表 6-11 规定执行。

表 6-11　放坡系数表

土　质	起始深度/m	人工挖土
一般土	1.40	1∶0.43
砂砾坚土	2.00	1∶0.25

③　挖地槽时应留出下一步施工工序必需的工作面，工作面的宽度应按施工组织设计所确定的宽度计算，如无施工组织设计按照土建基础部分数据计算。

④　挖地槽原土回填的工程量，可按地槽挖土工程量乘以系数 0.6 计算。

⑤　现浇混凝土零星构件按设计图示尺寸以体积计算。

⑥　砌砖台阶按设计图示尺寸以体积计算。

7. 其他计算规则

(1)　毛巾环、肥皂盒、金属帘子杆、浴缸拉手、毛巾杆安装按设计图示数量计算。

(2)　大理石洗漱台按设计图示尺寸以台面水平投影面积计算(不扣除孔洞面积)。

任务 6.4　装饰装修工程的定额计价

一、装饰装修工程分部分项工程费的计算

(1)　定额基价选用。与基础工程分部分项工程费计算方法相同。

(2)　分部分项工程计价。与基础工程分部分项工程费计算方法相同。

主体工程的分项工程计价=∑(分部分项工程量×选定相应定额单价)

分部分项工程计价表(预算子目)与基础工程计价表计算方法相同。

二、装饰装修工程措施费的计算

(一)施工措施费的计算规则

1. 脚手架工程的工程量计算规则

(1)　装饰装修外脚手架按设计图示外墙的外边线长乘以墙高以面积计算，不扣除门窗洞口的面积。同一建筑物各面墙的高度不同，且不在同一子目高度范围内时，应分别计算工程量。基价中所指的高度系指建筑物自设计室外地坪至外墙顶点或构筑物顶面的高度。

(2)　内墙面粉饰脚手架，按设计图示尺寸以内墙面垂直投影面积计算，不扣除门窗洞口所占面积。

(3)　吊篮脚手架按设计图示尺寸以外墙垂直投影面积计算，不扣除门窗洞口所占面积。

(4)　满堂脚手架按设计图示尺寸以室内主墙间净面积计算。其高度以室内地面至天棚底面(斜形天棚按平均高度计算)为准。凡天棚高度在 3.3～5m 之间者，计算满堂脚手架基本层；超过 5m 时，再计算增加层，每增加 1.2m 计算一个增加层；尾数超过 0.6m 时，可按一

个增加层计算。

(5) 活动脚手架和悬空脚手架按设计图示尺寸以室内地面净面积计算，不扣除垛、柱、间壁墙、烟囱所占的面积。

(6) 挑脚手架按搭设长度乘以层数以累计总长度计算。

(7) 水平防护架，按建筑物临街长度另加 10m，乘以搭设宽度，以面积计算。

(8) 垂直防护架，按建筑物临街长度乘以建筑物檐高以面积计算。

(9) 立挂式安全网按架网部分的实挂长度乘以实挂高度以面积计算；挑出式安全网按挑出的水平投影面积计算。

(10) 独立砖石柱装饰装修脚手架，按设计图示尺寸以柱截面的周长另加 3.6m 再乘以柱高以面积计算。

2. 垂直运输费的工程量计算规则

(1) 装饰装修楼层(包括该楼层所有装饰装修工程量)的垂直运输费，区别不同垂直运输高度(单层建筑物系檐口高度)按基价中人工工日分别计算。

(2) 地下部分垂直运输费计取：当地上有建筑物，且其地下层数超过二层或层高超过 3.3m 时，根据地上建筑物檐高，按相应垂直运输高度在 20m 以内基价乘以系数 0.5 计算。当地上无建筑物时，按多层建筑物檐高 20m 以内基价乘以系数 0.5 计算。

3. 超高工程附加费

装饰装修楼面(包括楼层装饰装修工程)区别于不同的垂直运输高度(单层建筑物按檐口高度)，以人工费和机械费之和乘以表 6-12 所列的降效系数按元分别计算。

表 6-12　超高工程增加费系数表

项　目			降效系数/%
单层建筑物	建筑物檐高以内/m	30	3.12
		40	4.68
		50	6.80
多层建筑物	垂直运输高度/m	20～40	9.35
		40～60	15.30
		60～80	21.25
		80～100	28.05
		100～120	34.85

4. 成品保护费的工程量计算规则

1) 楼地面成品保护

楼地饰面面积按饰面的净面积计算，不扣除 0.1m^2 以内的孔洞所占面积。

2) 楼梯、台阶成品保护

(1) 楼梯面积(包括踏步、休息平台、小于 500mm 宽的楼梯井)按水平投影面积计算。

(2) 台阶面层(包括踏步，最上一层踏步宽度按 300mm 计算)按水平投影面积计算。

3) 独立柱成品保护

独立柱按外围饰面周长乘以高度以面积计算。

4) 内墙面成品保护

(1) 内墙面保护面积按主墙间的净长乘以高度以面积计算。

应扣除门、窗洞口和空圈所占的面积，不扣除踢脚板、挂镜线、0.3m^{2}以内的孔洞和墙与构件交接处的面积。洞口侧壁和顶面不增加，但垛的侧面所做保护应与内墙面所做保护的工程量合并计算。

内墙面高度确定如下。

保护高度不扣除踢脚板高度；路、排水沟在雨季的维修费。

有墙裙者，其高度自墙裙顶点至天棚底面另增加 10cm 计算。

有吊顶者，其高度自楼地面至天棚下皮另加 10cm 计算。

(2) 内墙裙保护面积以长度乘以高度以面积计算。应扣除门、窗洞口和空圈所占的面积，并增加门、窗洞口和空圈的侧壁和顶面的面积、垛的侧面面积，并入墙裙内计算。

(二)组织措施费的计算规则

其包括安全文明施工措施费(含环境保护、文明施工、安全施工、临时设施)、冬雨季施工增加费、夜间施工增加费、非夜间施工照明费、室内空气污染测试费、竣工验收存档资料编制费等 6 项。

1. 安全文明施工措施费

$$安全文明施工措施费=计算基数\times 8.69\%$$

计算基数为分部分项工程费中的人工费合计，其中人工费占 16%。

2. 冬雨季施工增加费

$$冬雨季施工增加费=计算基数\times 0.9\%$$

计算基数为分部分项工程费中的人工费、材料费、机械费及可以计量的措施项目费中的人工费、材料费、机械费合计，其中人工费占 55%。

3. 夜间施工增加费

$$夜间施工增加费=\frac{工期定额工期-合同工期}{工日合计}\times 每工日夜间施工增加费$$

工日合计为分部分项工程费中的工日及可以计量的措施项目费中的工日合计。每工日夜间施工增加费按 29.81 元计算，其中人工费占 90%。

4. 非夜间施工照明费

$$非夜间施工照明费=封闭作业工日之和\times 80\%\times 13.81\ 元/工日$$

本项费用中人工费占 78%。

5. 室内空气污染测试费

按检测部门的收费标准计取。

6. 竣工验收存档资料编制费

$$竣工验收存档资料编制费=计算基数\times 0.1\%$$

计算基数为分部分项工程费中的人工费、材料费、机械费及可以计量的措施项目费中的人工费、材料费、机械费合计。

三、装饰装修工程其他费用的计算

按照主体施工阶段发生的专业工程暂估(结算)价、暂列金额项目、索赔及现场签证汇总、预算选用工料价格、结算工料机价格调整等费用的实际情况或招标文件的规定进行计算，表格形式按照基础工程其他费用计算中的表格形式使用。

四、装饰装修工程规费、利润、税金的计算

(一)规费

规费是指政府和有关权力部门规定必须缴纳的费用，包括社会保障费和住房公积金等。

1. 社会保障费

(1) 养老保险费，是指企业按照规定标准为职工缴纳的基本养老保险费。
(2) 失业保险费，是指企业按照规定标准为职工缴纳的失业保险费。
(3) 医疗保险费，是指企业按照规定标准为职工缴纳的基本医疗保险费。
(4) 工伤保险费，是指企业按照规定标准为职工缴纳的工伤保险费。
(5) 生育保险费，是指企业按照规定标准为职工缴纳的生育保险费。

2. 住房公积金

住房公积金是指企业按照规定标准为职工缴纳的住房公积金。
规费以直接费中的人工费合计为基数，费率按44.21%计算。

(二)利润

利润是指施工企业完成所承包工程获得的盈利。
利润中包含的施工装备费按表6-13所列的比例计提，投标报价时不参与报价竞争。

$$利润=人工费合计\times利润率$$

表6-13　装饰装修工程利润率

工程类别		一类	二类	三类	四类
划分标准	装饰装修直接工程费总额	2000万元以外	1000万元以外	50万元以外	50万元以内
	$1m^2$ 建筑面积装饰装修工程直接费	1200元以外	600元以外	200元以外	200元以内
利润率/%		35	29	24	20

注：1. 工程类别应按单位工程划分。
2. 各类建筑物的类别划分需同时具备表中两个条件。
3. 全部使用政府投资或政府投资为主的非营利建设工程，最高按三类执行。

(三)税金

税金是指国家税法规定的应计入建筑工程造价内的营业税、城市维护建设税、教育费附加及防洪工程维护费。

税金以税前总价为基数，工程项目所在地在市区的按 3.44%计算，工程项目所在地不在市区的按 3.38%计算。

五、装饰装修工程计价程序

工程价格计价程序见表 6-14。

表 6-14　工程价格计价程序(装饰工程)

序　号	费用项目名称	计算方法
(1)	施工图预算子目计价合计	∑(工程量×编制期预算基价)
(2)	其中：人工费	∑(工程量×编制期预算基价中人工费)
(3)	施工措施费合计	∑施工措施项目计价
(4)	其中：人工费	∑施工措施项目计价中人工费
(5)	小计	(1)+(3)
(6)	其中：人工费小计	(2)+(4)
(7)	规费	(6)×44.21%
(8)	利润	(6)×相应利润率
(9)	税金	[(5)+(7)+(8)]×相应税率
(10)	含税造价	(5)+(7)+(8)+(9)

六、装饰装修工程计量与计价案例

本案例按照附录一“综合楼图纸”进行计算。

1. 分部分项工程量表

分部分项工程量见表 6-15。

表 6-15　分部分项工程量计量与计价

序号	定额编号	项目名称	工程内容	单位	工程量计算式	计算结果
1	1-44	镶铺陶瓷地砖楼地面(周长 2400mm 以内)玻化砖	包括地面 1、楼面 1	m^2	首层消控室、监控室： [(7.8−2.1−0.1)×(7.3−0.1−0.25)−(7.8−2.4−0.1)×0.2]−0.4×0.2−0.15×0.25+1×0.1 =35.775−0.175=35.76 二层楼梯间、走廊、警卫室： (2.27+6.5−0.1)×3.15+(1.85+6.3−2.25)×1.7=37.34 三层楼梯间：3.15×1.6+0.15×0.1×2=5.07 合计：35.76+37.34+5.07=78.17	78.17
2	1-25	镶铺单色花岗岩楼地面(周长 3200mm 以内)	包括地面 2、楼面 2	m^2	首层办公室、接待室： (5.9×2+2.1−0.1)×(7.3+6.5−0.2×2)−(0.3×0.3×3+0.5×0.3×6−1.8×0.1×2−1.2×0.1) =188.94−0.15=188.79 首层楼梯间、活动室： [(6.3−0.35)×(6.5−0.1)+(6.3+1.85+1.8)×(7.3−0.1)−(7.3−0.15−0.1)×0.2]−(0.4×0.5×3+0.05×0.6−0.15×0.5−1.2×0.1×3)=108.31−0.345=107.97 二层图书馆、办公室： [(5.7×2−0.1−0.35)×(13.8−0.2)+(2.25+0.35)×(6.5+1.7+0.25)+(7.8−0.1−0.05)×(13.8−0.2)]−(0.6×0.5×2+0.5×0.25×2+0.2×0.2×4+0.4×0.5×3−1.5×0.1−1.8×0.1=276.29−0.75=275.55 三层办公室： [(30.8−0.1×2)×(13.8−0.1×2)−3.35×(7.3−0.1+0.05)]−(0.5×0.5×3+0.3×0.3×4+0.3×0.5×7+0.15×0.15+0.5×0.5−0.2×0.2+0.5×0.2−1.5×0.1×2)=391.87−2.49 =389.38 合计：188.79+107.97+275.55+389.38=961.69	961.69

续表

序号	定额编号	项目名称	工程内容	单位	工程量计算式	计算结果
3	1-41	镶铺陶瓷地砖楼地面(周长 1200mm以内)防滑地砖	包括地面3、楼面3	m^2	厕所、盥洗室： [(3.6+1.2+0.6+5.3−0.2×3+0.05)×(6.5−0.1×2)]−(0.4×0.5+0.4×0.25−1.2×0.1−1×0.2×2)=63.945+0.405=64.35 网络机房： [(1.85+2.2)×(7.3−1.7−0.25−0.2−0.1)]−(0.25×0.5−1×0.2)=20.45+0.08=20.53 合计：64.35+20.53=84.88	84.88
4	1-14	现浇细石混凝土楼地面(厚度 40mm)	包括楼面4、厕所盥洗室	m^2	市话、有线电视设备间： (1.85+6.3−2.25−0.2)×(6.5−0.1+0.05)+(6.3−2.2−0.2+0.15)×(7.3−1.7−0.1−0.2) =36.77+21.47=58.24 厕所盥洗室：63.95 合计：58.24+63.95=122.19	122.19
5	1-261换	现浇无筋混凝土垫层(厚度 100mm 以内)换为预拌混凝土 AC15	包括地面1、地面2	m^3	(35.78+188.94+108.31)×0.06=19.98	19.98
6	1-253	3∶7灰土垫层夯实	包括地面1、地面2、地面3	m^3	(35.78+188.94+108.31+63.95)×0.15=59.55	59.55
7	1-251	垫层素土夯实(包括150m运土)	包括地面1、地面2、地面3	m^3	35.76×(0.3−0.01−0.02−0.06−0.15)+(188.94+108.31)×(0.3−0.02−0.03−0.06−0.15)+63.95×(0.3−0.01−0.02−0.045−0.04−0.15)=16.28	16.28
8	1-289换	无筋细石混凝土硬基层上找平层(厚度 30mm) 实际厚度 45 mm	包括地面3、楼面3	m^2	平均厚 45mm 厕所、盥洗室、机房： 63.95+20.45=84.4	84.4

续表

序号	定额编号	项目名称	工程内容	单位	工程量计算式	计算结果
9	1-278	平面刷聚氨酯防水涂膜两遍(厚 1mm)	包括地面 3、楼面 3	m^2	厕所、盥洗室： 63.95+[(0.6+1.2+3.6+5.3−0.2×3+0.05)×2+(6.5−0.1+0.05)×6]×0.15=72.8 机房：20.45+[(1.85+2.2)×2+(7.3−1.7−0.25−0.2−0.1)×2]×0.15=23.18 合计：72.8+23.18=95.98	95.98
10	1-284	屋面、地面在混凝土或硬基层上抹 1∶3 水泥砂浆找平层(厚 2cm)	包括楼面 3	m^2	机房：20.45	20.45
11	1-257	干铺碎砖垫层	包括楼面 4	m^3	(36.77+21.47)×0.12=7	7
12	1-151	镶铺陶瓷地砖楼梯面层	玻化砖	m^2	(5.75−0.1−0.3)×(0.15+1+2)×2=33.71	33.71
13	1-131	镶铺陶瓷地砖踢脚线		m^2	监控室、消控室： [(0.6+1.2+3.6−0.2−0.1)×4+(7.3−0.25−0.2−0.1)×2−1−1.2+0.1×4]×0.12=3.85	3.85
14	1-121	水泥砂浆镶铺花岗岩直线形踢脚线		m^2	办公室： [(6.5−0.1−0.05+5.9×2+1.2×2−0.1)×2+0.25×8−1.2×3+0.1×6]×0.12=4.83 接待室： [(7.3−0.15−0.1+5.9×2+1.2×2−0.1)×2+0.1×4+0.3×4−1.8×2+0.1×4]×0.12=5.58 楼梯间： [(7.3−0.1+0.05+3.15)×2×2−1.2−1−1.5+0.1×6]×0.12=4.62 二层办公室： [(7.8−0.1+0.05+13.8−0.1×2+0.3×2+0.1×2−1.5+0.1×2)×0.12=5.06 三层办公室： [(30.8−0.1+0.05+13.8−0.1×2)×2+(7.3−0.1−0.05)×2+0.3×18+0.5×4×3−1.5×2+0.1×4]×0.12=13.42 合计：4.83+4.88+5.58+4.62+5.06+13.42=38.39	38.39

续表

序号	定额编号	项目名称	工程内容	单位	工程量计算式	计算结果
15	1-173	直线形不锈钢管栏杆(竖条式)制作安装		m	(3.82+3.08×3)×1.15+1.575+0.24×3=17.314	17.314
16	1-236	不锈钢扶手、栏杆、栏板装饰		m	(3.82+3.08×3+1.8)×1.15+0.3=17.39	17.39
17	4-47	钢质防火门(成品)安装	FM 甲 1、FM 乙 1、FM 丙 1	m^2	防火门 FM 甲 1(2 樘)：1.8×2.4×2=8.64 防火门 FM 乙 1(1 樘)：1.2×2.4=2.88 防火门 FM 丙 1(3 樘)：1×2.1×3=6.3 合计：17.82	17.82
18	4-4	实木全玻门制作安装(网格式)	M1224、M1521	m^2	M1224(10 樘)：1.2×2.4×10=28.8 M1521(4 樘)：1.5×2.1×4=12.6　　合计：41.4	41.4
19	门	胶合板门	M1021	m^2	M1021(4 樘)：1×2.1×4=8.4	8.4
20	窗	防火窗	FC 甲 1、FC 乙 1	m^2	防火窗 FC 甲 1(3 樘)：1.2×2.5×3=9 防火窗 FC 乙 1(1 樘)：1.2×2.5=3 合计：12	12
21	4-101	断桥隔热铝合金平开窗制作安装	C2725、C1225、C1020、C1017	m^2	C1225(13 樘)：1.2×2.5×13=39 C1020(32 樘)：1×2×32=64 异型窗 C2725(4 樘)：6.41×4=25.65 异型窗 C1017(32 樘)：1.625×32=52 合计：180.65	180.65
22	4-103	断桥隔热铝合金窗成品隐形纱窗扇安装	C2725、C1225、C1020、C1017	m^2	180.65m^2	180.65

续表

序号	定额编号	项目名称	工程内容	单位	工程量计算式	计算结果
23	2-17 换	空心砖内墙面抹1∶1∶6的混合砂浆及1∶1∶4的混合砂浆(7mm+13mm)：混合砂浆1∶1∶6的实际厚度为6mm，混合砂浆1∶1∶4的实际厚度为8mm，换为抹灰砂浆、混合砂浆1∶1∶6		m^2	首层办公室： [(6.5−0.1−0.05+5.9×2+1.2×2−0.1)×2]×(4.2−0.1)−1.2×2.4×3−1.2×2.5×4 =148.29 接待室： [(7.3−0.15−0.1+5.9×2+1.2×2−0.1)×2]×(4.2−0.1)−1.2×2.5×2−1.8×2.4×2−1.2×2.5×3=149.79 活动室： [(6.3+1.85+1.8+7.3+6.5−0.1×2)×2]×(4.2−0.1)−1.2×2.4×3−6.41×2−0.75×0.45×2=170.98 二层办公室： [(7.8−0.1+0.05+13.8−0.1×2)×2]×(3.6−0.1)−1×2×10−1.5×2.1−0.75×0.45 =123.86 图书馆： [(5.7×2+2.25−0.1+13.8−0.1×2)×2]×(3.6−0.1)−1.5×2.1−1×2×13−0.75×0.45 =160.56 警务室： (5.3−1.85−0.2−0.1+6.5−2−0.1×2)×2×(3.6−0.1)−1×1.2−1×2=48.05 三层办公室： [(30.8−0.1+0.05+13.8−0.1×2)×2+(7.3−0.1−0.05)×2]×(3.7−0.1)−1.625×31−1.5×2.1×2−0.75×0.45=313.79 合计：148.29+149.79+170.98+123.86+160.56+48.05+313.79=1115.32	1115.32
24	2-233	干粉型胶粘剂粘贴面砖(周长在1600mm以内)		m^2	厕所、盥洗室： [(0.6+1.2+3.6+5.3−0.2+0.05)×2+(6.5−0.1−0.05)×6+0.4×2]×(4.2−0.1)−1.2×2.4−1×2.1×2−1.2×2.5×2−0.75×0.45+(1.2+2.4×2)×0.1+(1.2+2.5)×0.1+(1+2.1×2)×0.2×2=236	236

续表

序号	定额编号	项目名称	工程内容	单位	工程量计算式	计算结果
25	2-16 HPB32 PB31	混凝土内墙面打底灰(素水泥浆 2mm、1∶1∶6 的混合砂浆 8mm) 换为抹灰砂浆、水泥砂浆 1∶2.5		m^2	设备间： [(1.85+6.3−2.25−0.2+6.5−0.1+0.05)×2]×(3.6−0.1)−1×2.1−1×2×3−0.55×0.65 =77.49 网络机房、有线机房： [(1.85+6.3+0.15)×2+(7.3−1.7−0.25−0.2−0.1)×4]×(3.6−0.1)−1×2.1×2−1×2×4− 0.55×0.65×2=115.89 合计：77.49+1115.89=193.38	193.38
26	2-120	矩形混凝土柱抹素水泥浆底水泥砂浆面(2mm+11mm+7mm)		m^2	(0.5+0.6)×2×4.1+0.5×4×3.5+0.5×4×3.6=23.22	23.22
27	2-60 换	混凝土外墙面抹素水泥浆底混合砂浆面(2mm+8mm+8mm)：混合砂浆1∶1∶6的实际厚度为 6mm，混合砂浆 1∶1∶4 的实际厚度为 6mm，素水泥浆的实际厚度为6mm， 换为抹灰砂浆、混合砂浆1∶0.5∶4 以及抹灰砂浆、水泥砂浆 1∶2.5		m^2	(7.8+5.3+6.3+5.7×2+0.1+0.25+13.8+0.1×2)×2×(11.4+0.3)+5.9×2×(5+0.3)+ (13.8+0.1×2)×0.8−40.32−192.65+23.3+(1.2×2.4+2.4×0.6)×4=937.86	937.86

续表

序号	定额编号	项目名称	工程内容	单位	工程量计算式	计算结果
28	2-177	墙面干挂花岗岩蘑菇石(密缝)		m^2	(42.96+14.4)×2×1.7+(2.05+1.2+0.35×2+2.2+1.2+0.15+2.25+2.7+0.75+1.5+1.5+0.75+2.7+2.25+0.15+2.25+3.6+1.2+0.3)×(5.6−1.7)−1.2×2.4×3−6.41×2−1.5×1.7×2−1.2×1.7×7−1.2×0.7×18−2.7×0.7×2+5.97=255.91	255.91
29	2-389	浴厕隔断(木龙骨基层榉木板面)		m^2	(1.4×12+4×3)×1.8=51.84	51.84
30	3-1 换	混凝土天棚抹素水泥浆底混合砂浆面(2mm+8mm+7.5mm)：混合砂浆 1∶1∶6 的实际厚度为 5mm，混合砂浆 1∶1∶4 的实际厚度为 5mm，换为抹灰砂浆、混合砂浆 1∶0.3∶2.5 以及抹灰砂浆、混合砂浆 1∶0.3∶3		m^2	35.775+37.34+5.07+188.79+276.29+391.87+20.45+58.24=1013.83	1013.83
31	3-104	塑料板天棚面层 PVC		m^2	63.95	63.95
32	3-126	吸声板天棚(矿棉吸声板)		m^2	108.31	108.31
33	3-33	吊在混凝土板下或梁下方木天棚龙骨(单层楞)		m^2	63.95+108.31=172.26	172.26
34	5-196	抹灰面刷乳胶漆3遍	包括内墙面 1、天棚	m^2	1115.32+ 1013.83=2129.15	2129.15
35	5-213	外墙刷涂料		m^2	同外墙抹灰减蘑菇石工程量 937.86−255.91=681.95	681.95

2. 分部分项工程计价(预算子目)

分部分项工程计价见表 6-16。

表 6-16　分部分项工程计价

专业工程名称：某办公楼装饰装修工程　　　　第　页　共　页

序号	定额编号	子目名称	单位	工程量	单价	合价	其中/元				工日合计
							人工费	材料费	机械费	管理费	
1	1-44	镶铺陶瓷地砖楼地面(周长 2400mm 以内) 玻化砖	100m^2	0.7817	12557.68	9816.34	1907.26	7755.17	27.22	126.69	21.817
2	1-25	镶铺单色花岗岩楼地面(周长 3200mm 以内)	100m^2	9.6169	40814.85	392512.33	21269.99	369330.6	490.37	1421.38	243.308
3	1-41	镶铺陶瓷地砖楼地面(周长 1200mm 以内) 防滑地砖	100m^2	0.8488	10421.14	8845.46	2119.95	6555.16	29.56	140.79	24.25
4	1-14	现浇细石混凝土楼地面(厚度 40mm)	100m^2	1.2219	3166.69	3869.38	1147.72	2616.37	10.46	94.83	16.41
5	1-261 换	现浇无筋混凝土垫层(厚度 100mm 以内) 换为预拌混凝土 AC15	10m^3	1.998	5046.31	10082.53	1577.66	8344.19	29.63	131.05	22.557
6	1-253	3：7 灰土垫层夯实	10m^3	5.955	2236.82	13320.26	3144.48	9843.08	70.92	261.78	44.96
7	1-251	垫层素土夯实(包括 150m 运土)	10m^3	1.628	1439.76	2343.93	498.71	1783.95	19.39	41.89	7.131
8	1-289 换	无筋细石混凝土硬基层上找平层(厚度 30mm) 实际厚度 45mm	100m^2	0.844	2666.61	2250.62	471.05	1738.6	2.14	38.82	6.735
9	1-278	平面刷聚氨酯防水涂膜两遍(厚 1mm)	100m^2	0.9598	4909.96	4712.58	1828.57	2733.67	0	150.33	26.145
10	1-284	屋面、地面在混凝土或硬基层上抹 1：3 水泥砂浆找平层(厚 2cm)	100m^2	0.2045	1271.11	259.94	88.68	158.97	4.78	7.51	1.268
11	1-257	干铺碎砖垫层	10m^3	0.7	2215.51	1550.86	252.14	1275.76	2.14	20.83	3.605
12	1-151	镶铺陶瓷地砖楼梯面层 玻化砖	100m^2	0.3371	15322.73	5165.29	1753.42	3280.12	15.7	116.05	59.5
13	1-131	镶铺陶瓷地砖踢脚线	100m^2	0.0385	10475.06	403.29	144.05	248.84	0.88	9.51	42.8
14	1-121	水泥砂浆镶铺花岗岩直线形踢脚线	100m^2	0.3839	41689.91	16004.76	1547.14	14345.72	9.69	102.21	17.698

续表

序号	定额编号	子目名称	单位	工程量	单价	合价	其中/元				工日合计
							人工费	材料费	机械费	管理费	
15	1-173	直线形不锈钢管栏杆(竖条式)制作安装	10m	1.7314	6122.58	10600.64	737.13	9759.45	53.15	50.9	8.432
16	1-236	不锈钢扶手、栏杆、栏板装饰	10m	1.739	2203.81	3832.43	953.2	2803.58	12.38	63.26	10.9
17	4-47	钢质防火门(成品)安装 FM 甲1、FM 乙1、FM 丙1	$100m^2$	0.1782	76883.45	13700.63	1464.35	12139.96	0	96.32	16.751
18	4-4	实木全玻门制作安装(网格式)M1224、M1521	$100m^2$	0.414	38496.64	15937.61	3257.27	12366.97	94.8	218.57	37.26
19	门	胶合板门 M1021	m^2	8.4	280	2352	470.4	1646.4	0	235.2	0.8
20	窗	防火窗	m^2	12	350	4200	840	2940	0	420	1.3
21	4-101	断桥隔热铝合金平开窗制作安装 C2725、C1225、C1020、C1017	$100m^2$	1.8065	106906.77	193127.08	25250.5	166215.74	0	1660.84	288.84
22	4-103	断桥隔热铝合金窗成品隐形纱窗扇安装 C2725、C1225、C1020、C1017	$100m^2$	1.8065	25967.82	46910.87	1849.3	44889.45	48.29	123.84	21.154
23	2-17换	空心砖内墙面抹 1∶1∶6 混合砂浆及 1∶1∶4 混合砂浆(7mm+13mm)：混合砂浆 1∶1∶6 的实际厚度为 6mm，混合砂浆 1∶1∶4 的实际厚度为 8mm， 换为抹灰砂浆、混合砂浆 1∶1∶6	$100m^2$	11.1532	1921.2	21427.53	12930.13	6258.06	1125.02	1114.32	184.875
24	2-233	干粉型胶粘剂粘贴面砖(周长在 1600mm 以内)	$100m^2$	2.36	16643.71	39279.16	9731.7	28846.94	57.8	642.72	111.32
25	2-16 HPB32 PB31	混凝土内墙面打底灰(素水泥浆 2mm、1∶6 混合砂浆 8mm) 换为抹灰砂浆、水泥砂浆 1∶2.5	$100m^2$	1.9338	1591.27	3077.2	1911.89	852.4	148.94	163.97	27.336

续表

序号	定额编号	子目名称	单位	工程量	单价	合价	其中/元				工日合计
							人工费	材料费	机械费	管理费	
26	2-120	矩形混凝土柱抹素水泥浆底水泥砂浆面(2mm+11mm+7mm)	100m^2	0.2322	2605.39	604.97	332.11	222.55	22	28.31	4.75
27	2-60 换	混凝土外墙面抹素水泥浆底混合砂浆面(2mm+8mm+8mm)：混合砂浆 1∶1∶6 的实际厚度为 6mm，混合砂浆 1∶1∶4 的实际厚度为 6mm，素水泥浆的实际厚度为 6mm，换为抹灰砂浆、混合砂浆 1∶0.5∶4 以及抹灰砂浆、水泥砂浆 1∶2.5	100m^2	9.3786	2399.85	22507.23	11918.42	8740.76	830.38	1017.67	170.41
28	2-177	墙面干挂花岗岩蘑菇石(密缝)	100m^2	2.5591	48744.75	124742.69	18968.92	104413.81	107.38	1252.58	216.99
29	2-389	浴厕隔断(木龙骨基层榉木板面)	100m^2	0.5184	19612.84	10167.3	2699.63	7241.69	46.31	179.68	30.881
30	3-1 换	混凝土天棚抹素水泥浆底混合砂浆面(2mm+8mm+7.5mm)：混合砂浆 1∶1∶6 的实际厚度为 5mm，混合砂浆 1∶1∶4 的实际厚度为 5mm，换为抹灰砂浆、混合砂浆 1∶0.3∶2.5 以及抹灰砂浆、混合砂浆 1∶0.3∶3	100m^2	10.1383	1988.84	20163.46	11912.5	6481.82	755.3	1013.83	170.32
31	3-104	塑料板天棚面层 PVC	100m^2	0.6395	5316.29	3399.77	670.86	2684.78	0	44.13	7.674
32	3-126	吸声板天棚(矿棉吸声板)	100m^2	1.0831	5208.44	5641.26	1420.27	4127.57	0	93.42	16.25
33	3-33	吊在混凝土板下或梁下方木天棚龙骨(单层楞)	100m^2	1.7226	4776.21	8227.5	1957.67	6133.04	7.68	129.11	22.39
34	5-196	抹灰面刷乳胶漆 3 遍	100m^2	21.2915	1642.14	34963.62	22707.81	10762.21	0	1493.6	259.76
35	5-213	外墙刷涂料	100m^2	6.8195	17754.96	121079.95	4828.96	115562.09	355.09	333.81	55.24
合计						1177080.47	174563.8	985099.5	4377.4	13039.75	2201.817

3. 施工图预(结)算计价表

施工图预(结)算计价表如表 6-17 所示。

表 6-17　施工图预(结)算计价表

序号	定额编号	子目名称	单　位	工程量	金额/元		
					单　价	合　价	其中：人工费
1	1-44	镶铺陶瓷地砖楼地面(周长 2400mm 以内)玻化砖	100m^2	0.7817	12557.68	9816.34	1907.26
2	1-25	镶铺单色花岗岩楼地面(周长 3200mm 以内)	100m^2	9.6169	40814.85	392512.33	21269.99
3	1-41	镶铺陶瓷地砖楼地面(周长 1200mm 以内)防滑地砖	100m^2	0.8488	10421.14	8845.46	2119.95
4	1-14	现浇细石混凝土楼地面(厚度 40mm)	100m^2	1.2219	3166.69	3869.38	1147.72
5	1-261 换	现浇无筋混凝土垫层(厚度 100mm 以内) 换为预拌混凝土 AC15	10m^3	1.998	5046.31	10082.53	1577.66
6	1-253	3∶7 灰土垫层夯实	10m^3	5.955	2236.82	13320.26	3144.48
7	1-251	垫层素土夯实(包括 150m 运土)	10m^3	1.628	1439.76	2343.93	498.71
8	1-289 换	无筋细石混凝土硬基层上找平层(厚度 30mm)的实际厚度为 45mm	100m^2	0.844	2666.61	2250.62	471.05
9	1-278	平面刷聚氨酯防水涂膜两遍(厚 1mm)	100m^2	0.9598	4909.96	4712.58	1828.57
10	1-284	屋面、地面在混凝土或硬基层上抹 1∶3 水泥砂浆找平层(厚 2cm)	100m^2	0.2045	1271.11	259.94	88.68
11	1-257	干铺碎砖垫层	10m^3	0.7	2215.51	1550.86	252.14
12	1-151	镶铺陶瓷地砖楼梯面层 玻化砖	100m^2	0.3371	15322.73	5165.29	1753.42
13	1-131	镶铺陶瓷地砖踢脚线	100m^2	0.0385	10475.06	403.29	144.05
14	1-121	水泥砂浆镶铺花岗岩直线形踢脚线	100m^2	0.3839	41689.91	16004.76	1547.14
15	1-173	直线形不锈钢管栏杆(竖条式)制作安装	10m	1.7314	6122.58	10600.64	737.13

续表

序号	定额编号	子目名称	单位	工程量	金额/元		
					单价	合价	其中：人工费
16	1-236	不锈钢扶手、栏杆、栏板装饰	10m	1.739	2203.81	3832.43	953.2
17	4-47	钢质防火门(成品)安装 FM 甲 1、FM 乙 1、FM 丙 1	100m^2	0.1782	76883.45	13700.63	1464.35
18	4-4	实木全玻门制作安装(网格式)M1224、M1521	100m^2	0.414	38496.64	15937.61	3257.27
19	门	胶合板门 M1021	m^2	8.4	280	2352	470.4
20	窗	防火窗	m^2	12	350	4200	840
21	4-101	断桥隔热铝合金平开窗制作安装 C2725、C1225、C1020、C1017	100m^2	1.8065	106906.77	193127.08	25250.5
22	4-103	断桥隔热铝合金窗成品隐形纱窗扇安装 C2725、C1225、C1020、C1017	100m^2	1.8065	25967.82	46910.87	1849.3
23	2-17 换	空心砖内墙面抹 1：1：6 混合砂浆及 1：1：4 混合砂浆(7mm+13mm)：混合砂浆 1：1：6 的实际厚度为 6mm，混合砂浆 1：1：4 的实际厚度为 8mm，换为抹灰砂浆，混合砂浆 1：1：6	100m^2	11.1532	1921.2	21427.53	12930.13
24	2-233	干粉型胶粘剂粘贴面砖(周长在 1600mm 以内)	100m^2	2.36	16643.71	39279.16	9731.7
25	2-16 HPB32 PB31	混凝土内墙面打底灰(素水泥浆 2mm、1：1：6 混合砂浆 8mm)换为抹灰砂浆、水泥砂浆 1：2.5	100m^2	1.9338	1591.27	3077.2	1911.89
26	2-120	矩形混凝土柱抹素水泥浆底水泥砂浆面(2mm+11mm+7mm)	100m^2	0.2322	2605.39	604.97	332.11

续表

序号	定额编号	子目名称	单位	工程量	金额/元		
					单价	合价	其中：人工费
27	2-60 换	混凝土外墙面抹素水泥浆底混合砂浆面(2mm+8mm+8mm)：混合砂浆 1∶1∶6 的实际厚度为 6mm，混合砂浆 1∶1∶4 的实际厚度为 6mm，素水泥浆实际厚度为 6mm，换为抹灰砂浆、混合砂浆 1∶0.5∶4 以及抹灰砂浆、水泥砂浆 1∶2.5	$100m^2$	9.3786	2399.85	22507.23	11918.42
28	2-177	墙面干挂花岗岩蘑菇石(密缝)	$100m^2$	2.5591	48744.75	124742.69	18968.92
29	2-389	浴厕隔断(木龙骨基层榉木板面)	$100m^2$	0.5184	19612.84	10167.3	2699.63
30	3-1 换	混凝土天棚抹素水泥浆底混合砂浆面(2mm+8mm+7.5mm)：混合砂浆 1∶1∶6 的实际厚度为 5mm，混合砂浆 1∶1∶4 的实际厚度为 5mm，换为抹灰砂浆、混合砂浆 1∶0.3∶2.5 以及抹灰砂浆、混合砂浆 1∶0.3∶3	$100m^2$	10.1383	1988.84	20163.46	11912.5
31	3-104	塑料板天棚面层 PVC	$100m^2$	0.6395	5316.29	3399.77	670.86
32	3-126	吸声板天棚(矿棉吸声板)	$100m^2$	1.0831	5208.44	5641.26	1420.27
33	3-33	吊在混凝土板下或梁下方木天棚龙骨(单层楞)	$100m^2$	1.7226	4776.21	8227.5	1957.67
34	5-196	抹灰面刷乳胶漆 3 遍	$100m^2$	21.2915	1642.14	34963.62	22707.81
35	5-213	外墙刷涂料	$100m^2$	6.8195	17754.96	121079.95	4828.96
合计						1181148.47	174563.84

4. 施工措施费计价表

施工措施费计价表见表6-18。

表6-18　施工措施费计价表

序　号	定额编号	措施费名称	计算基础	人工费/元	合价/元
一		措施项目预算计价(一)合计		2427.14	16334.3
1		安全文明施工费(环境保护、文明施工、安全施工、临时设施)	以直接工程费中人工费合计为基数乘以系数8.69%计算	2427.14	15169.6
2		冬雨季施工增加费			
3		非夜间施工照明费	按封闭作业工日之和×80%×9.07元/工日计算		
4		室内空气污染测试	按检测部门的收费标准计取		
5		竣工验收存档资料编制	以直接工程费合计为基数乘以系数计算(参考系数0.1%)		1164.7
二		措施项目预算计价(二)合计		11112.92	32161.64
1		脚手架措施费		10181.15	15780.92
	7-8	多层框架结构装饰脚手架		7758.09	10898.99
	7-9	装饰装修单排外脚手架(含独立柱抹灰)		2423.06	4881.93
2		垂直运输费			7462.31
	8-1	多层建筑物檐高20m内			7462.31
3		超高工程附加费			
4		成品保护费		931.77	8918.41
	10-1	楼地面成品保护		872.1	8720.65
	10-2	楼梯、台阶成品保护		39.37	107.87
	10-3	独立柱成品保护		20.3	89.89
合计				13540.06	48495.94

5. 施工图预算计价汇总表

施工图预算计价汇总见表 6-19。

表 6-19　施工图预算计价汇总表

序　号	费用名称	计算基础	计算式	金额/元
(1)	施工图预算子目计价合计	定额直接费	∑(工程量×编制期预算基价)	1177080.46
(2)	其中：人工费	人工费	∑(工程量×编制期预算基价中人工费)	174563.84
(3)	施工措施费合计	施工措施项目费用合计	∑施工措施项目计价	16334.3
(4)	其中：人工费	人工费	∑施工措施项目计价中人工费合计	2427.14
(5)	小计	(1)+(3)	(1)+(3)	32161.65
(6)	其中：人工费小计		(2)+(4)	11112.92
(7)	规费	(2)+(4)	(6)×44.21%	83160.73
(8)	利润	(2)+(4)	(6)×24%	45144.94
(9)	税金	(5)+(7)+(8)	[(5)+(7)+(8)]×3.51%	47521.26
(10)	含税造价		(5)+(7)+(8)+(9)	1401403.34

习　　题

6-1　楼地面装饰面层工程量计算时应考虑哪些因素？

6-2　怎样计算栏杆、栏板、扶手工程量？

6-3　怎样计算外墙面装饰面抹灰面积？

6-4　怎样计算柱饰面面积？

6-5　怎样计算吊顶龙骨工程量？

6-6　怎样计算顶棚装饰面层工程量？

6-7　怎样计算塑钢门窗安装工程量？

6-8　怎样计算卷闸门安装工程量？

6-9　怎样计算实木门框、扇制作、安装工程量？

6-10　怎样计算抹灰面油漆、木材面油漆工程量？

6-11　怎样计算招牌、灯箱工程量？

6-12　怎样计算装饰装修外脚手架？

6-13　怎样计算项目成品保护费？

6-14　怎样计算垂直运输工程量？

6-15　怎样计算超高增加费工程量？

6-16　按照附录二“综合练习用图”、附录四“定额计价法实训手册”要求进行工程量项目列项、计算工程量，并进行工程计价。

学习情境 7　建设工程工程量清单计价规范介绍

情境描述	针对目前建设工程中的工程量清单及清单计价的实施，介绍建设工程量清单计价规范的要求
教学目标	(1) 熟悉建设工程量清单涉及的术语； (2) 掌握分部分项工程量清单、措施项目清单、其他项目清单、规费项目清单、税金项目清单的编制要求； (3) 掌握工程量清单计价中的招标控制价、投标价、工程合同价款的确定方法； (4) 理解工程计量与价款支付、索赔与现场签证要求； (5) 熟悉工程价款调整、竣工结算、工程计价争议处理
主要教学内容	(1) 建设工程量清单涉及的术语； (2) 分部分项工程量清单、措施项目清单、其他项目清单、规费项目清单、税金项目清单编制； (3) 工程量清单计价中的招标控制价、投标价、工程合同价款的确定； (4) 工程计量与价款支付、索赔与现场签证； (5) 工程价款调整、竣工结算、工程计价争议处理

任务 7.1　建设工程工程量清单计价规范总则术语

一、建设工程工程量清单计价规范编制概述

2012 年 12 月 25 日，中华人民共和国住房和城乡建设部以及中华人民共和国国家质量监督检验检疫总局联合发布《建设工程工程量计价清单规范》(GB 50500—2013)(以下有时简称《13 规范》)，从 2013 年 4 月 1 日起实施。《13 规范》的实施，对巩固工程量清单计价改革的成果，进一步规范工程量清单计价行为具有十分重要的意义。

(一)建设工程工程量清单计价规范编制的指导思想与原则

(1) 体现并遵循了国家有关法律法规的要求，充分考虑了建筑法、合同法、招投标法以及相关规章制度实施的要求，在现有的法规框架下，补充和完善工程量清单计价规范的

内容，按照招投标法近年来实施的情况，扩大了规范实施的范围和力度。在规范有关合同价款确定的内容中，也体现了合同法和高法对施工合同司法解释的精神。

(2) 总结了各地、各部门推行工程量清单改革的成果。包括规范设置了招标控制价有关规定，对安全文明施工费和规费做了强制性的规定，将竣工结算和工程计价争议等内容纳入了规范。

(3) 强化了工程实施阶段全过程计价行为的管理。建立解决工程计价诸多问题长效机制的要求，规范作为参与建设各方计价行为的准则，对于规范建设市场的计价活动将产生长远的影响。

(4) 充分考虑到我国建设市场的实际情况，体现国情。按照“政府宏观调控，企业自主报价，市场形成价格，加强市场监督”的改革思路，在发展和完善社会主义市场经济体制的要求下，对工程建设领域中施工阶段发、承包双方的计价，适宜采用市场定价的充分放开，政府监管不越位、不缺位，并且切实做好。因此，《13 规范》规定了对安全文明施工费、规费，不允许竞价；在应对物价波动对工程造价的影响上，较为公平地提出了发、承包双方共担风险的规定。避免了招标人凭借工程发包中的有利地位无限制地转嫁风险的情况，同时遏制了施工企业以牺牲职工切身利益为代价作为市场竞争中降价的利益驱动。

(5) 充分注意工程建设计价的难点，条文规定具有可操作性。对工程施工建设各阶段、各步骤计价的具体做法和要求都作出了具体而详尽的规定，使条文更具可操作性。增加和修订了相关的工程造价计价的具体操作条款，并完善了工程量清单计价表格。同时，从我国工程造价管理的实际出发，既考虑全国工程造价计价管理的统一性，又考虑各地方和行业计价管理的特点，允许地方和行业根据地区、本行业工程造价计价特点，对规范中的计价表格进行补充，更加贴近工程造价管理的需要。

(6) 建设工程工程量清单计价规范反映了当前工程造价计价管理的水平和现状，同时对今后加强工程造价管理具有引导性和前瞻性，是一部内容丰富、可操作性强的计价规范。

(二)建设工程工程量清单计价规范的编制目的

宏观上是为了规范工程造价计价行为，统一建设工程工程量清单的编制和计价方法。微观上不论采用任何计价方式的建设项目，除工程量清单专门性条文规定外，均应执行建设工程工程量清单计价规范的有关条文。具体有工程合同价款约定、工程计量与价款支付、索赔与现场签证、工程价款调整、竣工结算、工程计价争议处理等条款。

(三)建设工程工程量清单计价规范编制的法律依据

(1) 《中华人民共和国建筑法》。

(2) 《中华人民共和国合同法》。

(3) 《中华人民共和国招标投标法》。

(4) 《中华人民共和国仲裁法》。

(5) 《最高人民法院关于审理建设工程施工合同纠纷案件适用法律问题的解释》(法释〔2004〕14 号)。

(6) 《建筑工程施工发包与承包计价管理办法》(原建设部第 107 号令)。

(7) 《标准施工招标文件》(国家发展和改革委员会、财政部、原建设部等九部第 56

号令)。

(8) 《建设工程价款结算暂行办法》(财政部、原建设部财建[2004]369 号)。

(9) 《建筑安装工程费用项目组成》(原建设部建标[2013]44 号)。

(10) 《建筑工程安全防护、文明施工措施费用及使用管理规定》(原建设部建办[2005] 89 号)。

(四)建设工程工程量清单计价规范的适用范围

适用于建设工程工程量清单计价活动。所指的工程量清单计价活动包括工程量清单编制、招标控制、价编制、投标报价编制、工程合同价款的约定、竣工结算的办理以及工程施工过程中工程计量工程价款的支付、索赔与现场签证、工程价款的调整和工程计价纠纷处理等活动。

适用于建设工程，包括房屋建筑与装饰工程、仿古建筑工程、通用安装工程、市政工程、园林绿化工程、构筑物工程、矿山工程、城市轨道交通工程和爆破工程等专业。

(五)体现了对建设工程计价活动的基本要求

建设工程计价活动的结果既是工程建设投资的价值表现，同时又是工程建设交易活动的价值表现。因此，建设工程造价计价活动不仅要客观反映工程建设的投资，还应遵循“客观、公平、公正”原则，这即是计价活动的基本要求。要求工程发、承包双方及其委托的工程造价咨询企业在工程计价活动中应遵循上述原则。

(六)全部使用国有资金投资或国有资金投资为主(以下二者简称“国有资金投资”)的工程建设项目必须采用工程量清单计价

国有资金投资的工程建设项目，不分规模大小，均必须采用清单计价。

1. 使用国有资金投资项目的范围

(1) 使用各级财政预算资金的项目。

(2) 使用纳入财政管理的各种政府性专项建设基金的项目。

(3) 使用国有企事业单位自有资金，并且国有资产投资者实际拥有控制权的项目。

2. 国家融资项目的范围

(1) 使用国家发行债券所筹资金的项目。

(2) 使用国家对外借款或者担保所筹资金的项目。

(3) 使用国家政策性贷款的项目。

(4) 国家授权投资主体融资的项目。

(5) 国家特许的融资项目。

国有资金(含国家融资资金)为主的工程建设项目是指国有资金占投资总额 50%以上，或虽不足 50%，但国有投资者实质上拥有控股权的工程建设项目。

3. 非国有资金投资的工程建设项目可采用工程量清单计价

(1) 对于非国有资金投资的工程建设项目，是否采用工程量清单方式计价由项目业主自主确定。

(2) 当确定采用工程量清单计价时，则应执行本规范。

(3) 对于确定不采用工程量清单方式计价的非国有投资工程建设项目，除不执行工程量清单计价的专门性规定外，仍应执行本规范规定的工程价款调整、工程计量和价款支付、索赔与现场签证、竣工结算以及工程造价争议处理等内容。

(七)工程造价文件的编制及责任

工程量清单、招标控制价、投标报价、工程价款结算等工程造价文件的编制与核对应由具有资格的工程造价专业人员承担。规定了从事建设工程工程量清单计价活动的主体。

按照《注册造价工程师管理办法》(原建设部 150 号令)的规定，注册造价工程师应当在本人承担的工程造价成果文件上签字并盖章，按照《全国建设工程造价人员管理暂行办法》(中价协[2006]013 号)的规定，造价员应在本人承担的工程造价业务文件上签字并加盖专用章，承担相应的岗位责任。

(八)建设工程工程量清单相关计量规范

(1) 《房屋建筑与装饰工程计量规范》(GB 50854—2013)。

(2) 《仿古建筑工程计量规范》(GB 50855—2013)。

(3) 《通用安装工程计量规范》(GB 50856—2013)。

(4) 《市政工程计量规范》(GB 50857—2013)。

(5) 《园林绿化工程计量规范》(GB 50858—2013)。

(6) 《矿山工程计量规范》(GB 50859—2013)。

(7) 《构筑物工程计量规范》(GB 50860—2013)。

(8) 《城市轨道交通工程计量规范》(GB 50861—2013)

(9) 《爆破工程计量规范》(GB 50862—2013)。

(九)建设工程工程量清单计价活动遵循的原则

除应遵守建设工程工程量清单计价规范以外，尚应符合国家现行有关标准的规定。即建设工程计价活动中应遵守的专业性条款，在工程造价计价活动中，除应遵守专业性条款外，还应遵守国家的有关法律、法规、标准、规范的相关规定。

二、建设工程工程量清单计价规范的术语

1. 工程量清单

工程量清单是指建设工程的分部分项工程项目、措施项目、其他项目、规费项目和税金项目的名称和相应数量等的明细清单。

2. 招标工程量清单

招标工程量清单是指招标人依据国家标准、招标文件、设计文件以及施工现场实际情况编制的，随招标文件发布供投标报价的工程量清单。

3. 已标价工程量清单

已标价工程量清单是指构成合同文件组成部分的投标文件中已标明价格，经算术性错误修正(如有)且承包人已确认的工程量清单，包括对其的说明和表格。

4. 综合单价

综合单价是指完成一个规定计量单位的分部分项工程和措施清单项目所需的人工费、材料和工程设备费、施工机具使用费和企业管理费、利润以及一定范围内的风险费用。

5. 工程量偏差

工程量偏差是指承包人按照合同签订时图纸(含经发包人批准由承包人提供的图纸)实施，完成合同工程应予计量的实际工程量与招标工程量清单列出的工程量之间的偏差。

6. 暂列金额

暂列金额是指招标人在工程量清单中暂定并包括在合同价款中的一笔款项。用于施工合同签订时尚未确定或者不可预见的所需材料、设备、服务的采购，施工中可能发生的工程变更、合同约定调整因素出现时的工程价款调整以及发生的索赔、现场签证确认等的费用。

7. 暂估价

暂估价是指招标人在工程量清单中提供的用于支付必然发生但暂时不能确定价格的材料、工程设备的单价以及专业工程的金额。

8. 计日工

计日工是指在施工过程中承包人完成发包人提出的施工图纸以外的零星项目或工作，按合同中约定的综合单价计价的一种方式。

9. 总承包服务费

总承包服务费是指总承包人为配合协调发包人进行的专业工程分包，发包人自行采购的设备、材料等进行保管以及施工现场管理、竣工资料汇总整理等服务所需的费用。

10. 安全文明施工费

安全文明施工费是指承包人按照国家法律、法规等规定，在合同履行中为保证安全施工、文明施工、保护现场内外环境等所采取的措施发生的费用。

11. 施工索赔

施工索赔是指在工程合同履行过程中，合同当事人一方因非己方的原因而遭受损失，按合同约定或法规规定应由对方承担责任，从而向对方提出补偿的要求。

12. 现场签证

现场签证是指发包人现场代表与承包人现场代表就施工过程中涉及的责任事件所作的签认证明。

13. 提前竣工(赶工)费

提前竣工(赶工)费是指承包人应发包人的要求，采取加快工程进度的措施，使合同工程工期缩短产生的，应由发包人支付的费用。

14. 误期赔偿费

误期赔偿费是指承包人未按照合同工程的计划进度施工，导致实际工期大于合同工期与发包人批准的延长工期之和，承包人应向发包人赔偿损失发生的费用。

15. 企业定额

企业定额是指施工企业根据本企业的施工技术和管理水平而编制的人工、材料和施工机械台班等的消耗标准。

16. 规费

规费是指根据省级政府或省级有关权力部门规定必须缴纳的，应计入建筑安装工程造价的费用。

17. 税金

税金是指国家税法规定的应计入建筑安装工程造价内的营业税、城市维护建设税及教育费附加等。

18. 发包人

发包人是指具有工程发包主体资格和支付工程价款能力的当事人以及取得该当事人资格的合法继承人。

19. 承包人

承包人是指被发包人接受的具有工程施工承包主体资格的当事人以及取得该当事人资格的合法继承人。

20. 工程造价咨询人

工程造价咨询人是指取得工程造价咨询资质等级证书，接受委托从事建设工程造价咨询活动的当事人以及取得该当事人资格的合法继承人。

21. 招标代理人

招标代理人是指取得工程招标代理资质等级证书，接受委托从事建设工程招标代理活动的当事人以及取得该当事人资格的合法继承人。

22. 造价工程师

造价工程师是指取得《造价工程师注册证书》，在一个单位注册从事建设工程造价活动的专业人员。

23. 造价员

造价员是指取得《全国建设工程造价员资格证书》，在一个单位注册从事建设工程造价活动的专业人员。

24. 招标控制价

招标控制价是指招标人根据国家或省级、行业建设主管部门颁发的有关计价依据和办法，以及拟定的招标文件和招标工程量清单，编制的招标工程的最高限价。

25. 投标价

投标价是指投标人投标时报出的工程合同价。

26. 签约合同价

签约合同价是指发、承包双方在施工合同中约定的，包括了暂列金额、暂估价、计日工的合同总金额。

27. 竣工结算价(合同价格)

竣工结算价(合同价格)是指发、承包双方依据国家有关法律、法规和标准规定，按照合同约定确定的，包括在履行合同过程中按合同约定进行的工程变更、索赔和价款调整，是承包人按合同约定完成了全部承包工作后，发包人应付给承包人的合同总金额。

任务 7.2　建设工程工程量清单的编制

一、一般要求

(1) 招标工程量清单应由具有编制能力的招标人或受其委托，具有相应资质的工程造价咨询人或招标代理人编制。

(2) 招标工程量清单必须作为招标文件的组成部分，其准确性和完整性由招标人负责。

(3) 招标工程量清单是工程量清单计价的基础，应作为编制招标控制价、投标报价、计算工程量、工程索赔等的依据之一。

(4) 工程量清单应由分部分项工程量清单、措施项目清单、其他项目清单、规费项目清单和税金项目清单组成。

二、分部分项工程量清单的编制要求

(1) 分部分项工程量清单应包括项目编码、项目名称、项目特征、计量单位和工程量。这 5 个要件在分部分项工程量清单的组成中缺一不可。

(2) 分部分项工程量清单应根据计量规范规定的项目编码、项目名称、项目特征、计量单位和工程量计算规则进行编制。

(3) 分部分项工程量清单的项目编码，应采用 12 位阿拉伯数字表示。1～9 位应按计量规范的规定设置，10～12 位应根据拟建工程的工程量清单项目名称设置。同一招标工程的项目编码不得有重码。

(4) 分部分项工程量清单的项目名称应按计量规范的项目名称结合拟建工程的实际确定。

(5) 分部分项工程量清单中所列工程量应按计量规范中规定的工程量计算规则计算。

(6) 分部分项工程量清单的计量单位应按计量规范中规定的计量单位确定。

(7) 分部分项工程量清单项目特征应按计量规范中规定的项目特征，结合拟建工程项目的实际予以描述。在描述工程量清单项目特征时应按以下原则进行。

① 项目特征描述的内容按照计量规范规定的内容，项目特征的表述按拟建工程的实际要求，能满足确定综合单价的需要。

② 若采用标准图集或施工图纸能够全部或部分满足项目特征描述的要求，项目特征描述可直接采用详见××图集或××图号的方式。对不能满足项目特征描述要求的部分，仍应用文字描述。

(8) 编制工程量清单出现计量规范中未包括的项目，编制人应作补充，并报省级或行业工程造价管理机构备案，省级或行业工程造价管理机构应汇总报住房和城乡建设部标准定额研究所。

补充项目的编码由计量规范的顺序码与 B 和 3 位阿拉伯数字组成，并应从×B001 起按顺序编制，同一招标工程的项目不得重码。工程量清单中需附有补充项目的名称、项目特征、计量单位、工程量计算规则、工程内容。编制人在编制补充项目时应注意以下 3 点。

① 补充项目的编码必须按照计量规范的规定进行。

② 在工程量清单中应附补充项目的项目名称、项目特征、计量单位、工程量计算规则和工作内容。

③ 将编制的补充项目报省级或行业工程造价管理机构备案。

三、措施项目清单的编制要求

(1) 措施项目清单应根据拟建工程的实际情况列项。通用措施项目可按表 7-1 选择列项，专业工程的措施项目可按计量规范中规定的项目选择列项。若出现本规范未列的项目，可根据工程实际情况补充。

表 7-1 通用措施项目一览表

序 号	项目编码	项目名称
1	011701001	安全文明施工(含环境保护、文明施工、安全施工、临时设施)
2	011701002	夜间施工增加费
3	011701003	非夜间施工照明费
4	011701004	二次搬运费
5	011701005	冬雨季施工增加费
6	011701006	大型机械设备进出场及安拆
7	011701007	施工排水费
8	011701008	施工降水费
9	011701009	地上、地下设施、建筑物的临时保护设施费
10	011701010	已完工程及设备保护费

(2) 措施项目中可以计算工程量的项目清单宜采用分部分项工程量清单的方式编制，列出项目编码、项目名称、项目特征、计量单位和工程量计算规则；不能计算工程量的项目清单，以“项”为计量单位。

措施项目为非实体性项目。非实体性项目，一般来说，其费用的发生和金额的大小与使用时间、施工方法或者两个以上工序相关，与实际完成的实体工程量的多少关系不大，典型的是大中型施工机械、文明施工和安全防护、临时设施等。但有的非实体性项目，则是可以精确计量的项目，典型的是混凝土浇筑的模板工程，用分部分项工程量清单的方式，采用综合单价更有利于措施费的确定和调整。

四、其他项目清单的编制要求

其他项目清单宜按照下列内容列项。

1. 暂列金额

暂列金额在术语中已经定义是招标人暂定并包括在合同中的一笔款项。不管采用何种合同形式，其理想的标准是，一份合同的价格就是其最终的竣工结算价格，或者至少两者应尽可能接近，我国规定对政府投资工程实行概算管理，经项目审批部门批复的设计概算是工程投资控制的刚性指标，即使商业性开发项目也有成本的预先控制问题；否则，无法相对准确预测投资的收益和科学合理地进行投资控制。而工程建设自身的特性决定了工程的设计需要根据工程进展不断地进行优化和调整，业主需求可能会随工程建设进展出现变化，工程建设过程还会存在其他一些不能预见、不能确定的因素。消化这些因素必然会影响合同价格的调整，暂列金额正是为这类不可避免的价格调整而设立，以便达到合理确定和有效控制工程造价的目标。

2. 暂估价

暂估价包括材料暂估单价、专业工程暂估价。

暂估价是指招标阶段直至签订合同协议时，招标人在招标文件中给定的用于支付必然要发生但暂时不能确定价格的材料以及专业工程的金额。暂估价类似于 FIDIC 合同条款中的主要成本项目(Prime Cost Items)，在招标阶段预见肯定要发生，只是因为标准不明确或者需要由专业承包人完成，暂时无法确定价格。暂估价数量和拟用项目应当结合“工程量清单”的“暂估价表”予以补充说明。

专业工程的暂估价一般应是综合暂估价，应当包括除规费和税金以外的管理费、利润等取费。总承包招标时，专业工程设计深度往往是不够的，一般需要交由专业设计人设计。国际上，出于提高可建造性考虑，一般由专业承包人负责设计，以发挥其专业技能和专业施工经验的优势。这类专业工程交由专业分包人完成是国际工程的良好实践，目前在我国工程建设领域也已经比较普遍。公开、透明、合理地确定这类暂估价的实际开支金额的最佳途径就是通过建设项目招标人与施工总承包人共同组织的招标。

3. 计日工

计日工是为了解决现场发生的对零星工作的计价而设立的。国际上常见的标准合同条款中，大多都设立了计日工(Daywork)计价机制。计日工对完成零星工作所消耗的人工工时、材料数量、机械台班进行计量，并按照计日工表中填报的适用项目的单价进行计价支付。计日工适用的零星工作一般是指合同约定之外的或因变更而产生的、工程量清单中没有相应项目的额外工作，尤其是那些时间不允许事先商定价格的额外工作。

4. 总承包服务费

总承包服务费是为了解决招标人在法律、法规允许的条件下进行专业工程发包以及自行供应材料、设备，并需要总承包人对发包的专业工程提供协调和配合服务(如分包人使用总包人的脚手架、水电接剥等)；对供应的材料、设备提供收发和保管服务以及对施工现场进行统一管理；对竣工资料进行统一汇总整理等发生并向总承包人支付的费用。招标人应当预计该项费用并按投标人的投标报价向投标人支付该项费用。

出现上述未列的项目，可根据工程实际情况补充。

五、规费清单的编制要求

规费作为政府和有关权力部门规定必须缴纳的费用，政府和有关权力部门可根据形势发展的需要，对规费项目进行调整。因此，编制人对《建筑安装工程费用项目组成》未包括的规费项目，在编制规费项目清单时应根据省级政府或省级有关权力部门的规定列项。

规费项目清单应按照下列内容列项。

(1) 工程排污费。

(2) 工程定额测定费。

(3) 社会保障费，包括养老保险费、失业保险费、医疗保险费。

(4) 住房公积金。

(5) 危险作业意外伤害保险。

出现上述未列的项目，应根据省级政府或省级有关权力部门的规定列项。

六、税金项目清单的编制要求

目前我国税法规定应计入工程造价内的税种包括营业税、城市建设维护税及教育费附加。如国家税法发生变化，税务部门依据职权增加了税种，应对税金项目清单进行补充。

税金项目清单应包括下列内容。

(1) 营业税。

(2) 城市建设维护税。

(3) 教育费附加。

出现上述未列的项目，应根据省级税务部门的规定列项。

任务 7.3　建设工程工程量清单计价

一、工程量清单计价的一般规定

(1) 采用工程量清单计价，建设工程造价由分部分项工程费、措施项目费、其他项目费、规费和税金组成。

(2) 分部分项工程量清单应采用综合单价计价。

(3) 招标文件中的工程量清单标明的工程量是投标人投标报价的共同基础，竣工结算的工程量按发、承包双方在合同中约定应予计量且实际完成的工程量确定。

(4) 措施项目清单计价应根据拟建工程的施工组织设计，可以计算工程量的措施项目，应按分部分项工程量清单的方式采用综合单价计价；其余的措施项目可以“项”为单位的方式计价，应包括除规费、税金外的全部费用。

(5) 措施项目清单中的安全文明施工费应按照国家或省级、行业建设主管部门的规定计价，不得作为竞争性费用。

(6) 其他项目清单应根据工程特点和规范的规定计价。

(7) 招标人在工程量清单中提供了暂估价的材料和专业工程属于依法必须招标的，由承包人和招标人共同通过招标确定材料单价与专业工程分包价。

若材料不属于依法必须招标的，经发、承包双方协商确认单价后计价。

若专业工程不属于依法必须招标的，由发包人、总承包人与分包人按有关计价依据进计价。

(8) 规费和税金应按国家或省级、行业建设主管部门的规定计算，不得作为竞争性费用。

(9) 采用工程量清单计价的工程，应在招标文件或合同中明确风险内容及其范围(幅度)，不得采用无限风险、所有风险或类似语句规定风险内容及其范围(幅度)。

根据我国工程建设特点，投标人应完全承担的风险是技术风险和管理风险，如管理费和利润；应有限度承担的是市场风险，如材料价格、施工机械使用费等的风险；应完全不承担的是法律、法规、规章和政策变化的风险。

计价规范定义的风险是综合单价包含的内容。根据我国目前工程建设的实际情况，各省、市建设行政主管部门均根据当地劳动行政主管部门的有关规定发布人工成本信息，对此关系职工切身利益的人工费不宜纳入风险，材料价格的风险宜控制在 5%以内，施工机械使用费的风险可控制在 10%以内，超过者予以调整，管理费和利润的风险由投标人全部承担。

二、招标控制价的编制要求

(一) 一般规定

(1) 国有资金投资的工程建设项目应实行工程量清单招标，招标人应编制招标控制价。

(2) 招标控制价超过批准的概算时，招标人应将其报原概算审批部门审核。

(3) 投标人的投标报价高于招标控制价的，其投标应予以拒绝。

(4) 招标控制价应由具有编制能力的招标人或受其委托具有相应资质的工程造价咨询人编制和复核。

(5) 招标控制价应在招标时公布，不应上调或下浮，招标人应将招标控制价及有关资料报送工程所在地工程造价管理机构备查。

(二)编制与复核

1. 招标控制价的编制与复核

(1) 计价规范。

(2) 国家或省级、行业建设主管部门颁发的计价定额和计价办法。

(3) 建设工程设计文件及相关资料。

(4) 拟定的招标文件及招标工程量清单。

(5) 与建设项目相关的标准、规范、技术资料。

(6) 施工现场情况、工程特点及常规施工方案。

(7) 工程造价管理机构发布的工程造价信息；工程造价信息没有发布的，参照市场价。

(8) 其他的相关资料。

2. 分部分项工程费

其应根据拟定的招标文件中的分部分项工程量清单项目的特征描述及有关要求计价，并应符合下列规定：

(1) 综合单价中应包括拟定的招标文件中要求投标人承担的风险费用。拟定的招标文件没有明确的，应提请招标人明确。

(2) 拟定的招标文件提供了暂估单价的材料和工程设备，按暂估的单价计入综合单价。

3. 措施项目费

应根据拟定的招标文件中的措施项目清单按本规范第 3.1.2 和 3.1.4 条的规定计价。

4. 其他项目费计价

(1) 暂列金额应按招标工程量清单中列出的金额填写。

(2) 暂估价中的材料、工程设备单价应按招标工程量清单中列出的单价计入综合单价。

(3) 暂估价中的专业工程金额应按招标工程量清单中列出的金额填写。

(4) 计日工应按招标工程量清单中列出的项目根据工程特点和有关计价依据确定综合单价计算。

(5) 总承包服务费应根据招标工程量清单列出的内容和要求估算。

5. 规费和税金

应按本规范第 3.1.5 条的规定计算。

(三)投诉与处理

(1) 投标人经复核认为招标人公布的招标控制价未按照本规范的规定进行编制的，应

当在招标控制价公布后 5 天内向招投标监督机构和工程造价管理机构投诉。

(2) 投诉人投诉时，应当提交书面投诉书，包括以下内容。

① 投诉人与被投诉人的名称、地址及有效联系方式。

② 投诉的招标工程名称、具体事项及理由。

③ 相关请求和主张及证明材料。

投诉书必须由单位盖章和法定代表人或其委托人签名或盖章。

(3) 投诉人不得进行虚假、恶意投诉，阻碍投标活动的正常进行。

(4) 工程造价管理机构在接到投诉书后应在二个工作日内进行审查，对有下列情况之一的，不予受理。

① 投诉人不是所投诉招标工程的投标人。

② 投诉书提交的时间不符合规定的。

③ 投诉书不符合规定的。

(5) 工程造价管理机构决定受理投诉后，应在不迟于次日将受理情况书面通知投诉人、被投诉人以及负责该工程招投标监督的招投标管理机构。

(6) 工程造价管理机构受理投诉后，应立即对招标控制价进行复查，组织投诉人、被投诉人或其委托的招标控制价编制人等单位人员对投诉问题逐一核对。有关当事人应当予以配合，并保证所提供资料的真实性。

(7) 工程造价管理机构应当在受理投诉的 10 天内完成复查(特殊情况下可适当延长)，并作出书面结论通知投诉人、被投诉人及负责该工程招投标监督的招投标管理机构。

(8) 当招标控制价复查结论与原公布的招标控制价误差大于±3%的，应当责成招标人改正。

(9) 招标人根据招标控制价复查结论，需要修改公布的招标控制价的，且最终招标控制价的发布时间至投标截止时间不足 15 天的，应当延长投标文件的截止时间。

三、投标价的编制要求

(一)一般要求

(1) 投标价应由投标人或受其委托具有相应资质的工程造价咨询人编制。

(2) 除本规范强制性规定外，投标人应依据招标文件及其招标工程量清单自主确定报价成本。

(3) 投标报价不得低于工程成本。

(4) 投标人应按招标工程量清单填报价格。项目编码、项目名称、项目特征、计量单位、工程量必须与招标工程量清单一致。

(5) 投标人可根据工程实际情况结合施工组织设计，对招标人所列的措施项目进行增补。

(二)编制与复核

1. 投标报价的编制和复核

(1) 计价规范。

(2) 国家或省级、行业建设主管部门颁发的计价办法。

(3) 企业定额，国家或省级、行业建设主管部门颁发的计价定额。

(4) 招标文件、工程量清单及其补充通知、答疑纪要。

(5) 建设工程设计文件及相关资料。

(6) 施工现场情况、工程特点及拟定的投标施工组织设计或施工方案。

(7) 与建设项目相关的标准、规范等技术资料。

(8) 市场价格信息或工程造价管理机构发布的工程造价信息。

(9) 其他的相关资料。

2. 分部分项工程费

分部分项工程费应依据招标文件及其招标工程量清单中分部分项工程量清单项目的特征描述确定综合单价计算，并应符合下列规定。

(1) 综合单价中应考虑招标文件中要求投标人承担的风险费用。

(2) 招标工程量清单中提供了暂估单价的材料和工程设备，按暂估的单价计入综合单价。

3. 措施项目费

措施项目费应根据招标文件中的措施项目清单及投标时拟定的施工组织设计或施工方案按本规范第3.1.2 条的规定自主确定。其中安全文明施工费应按照本规范第3.1.4 条的规定确定。

4. 其他项目费的报价

(1) 暂列金额应按招标工程量清单中列出的金额填写。

(2) 材料、工程设备暂估价应按招标工程量清单中列出的单价计入综合单价。

(3) 专业工程暂估价应按招标工程量清单中列出的金额填写。

(4) 计日工应按招标工程量清单中列出的项目和数量，自主确定综合单价并计算计日工总额。

(5) 总承包服务费应根据招标工程量清单中列出的内容和提出的要求自主确定。

5. 规费和税金

规费和税金应按本规范第3.1.5 条的规定确定。

6. 其他事宜

招标工程量清单与计价表中列明的所有需要填写的单价和合价的项目，投标人均应填写且只允许有一个报价。未填写单价和合价的项目，视为此项费用已包含在已标价工程量清单中其他项目的单价和合价之中。竣工结算时，此项目不得重新组价予以调整。投标总价应当与分部分项工程费、措施项目费、其他项目费和规费、税金的合计金额一致。

四、工程合同价款的约定编制要求

(一)一般规定

(1) 实行招标的工程合同价款应在中标通知书发出之日起30天内，由发承包双方依据

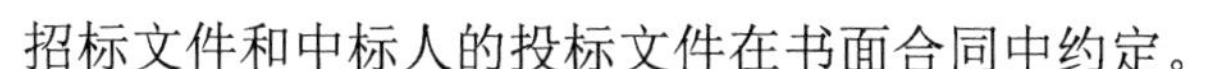

招标文件和中标人的投标文件在书面合同中约定。

合同约定不得违背招、投标文件中关于工期、造价、质量等方面的实质性内容。招标文件与中标人投标文件不一致的地方，以投标文件为准。

(2) 不实行招标的工程合同价款，在发、承包双方认可的工程价款基础上，由发承包双方在合同中约定。

(3) 实行工程量清单计价的工程，应当采用单价合同。合同工期较短、建设规模较小、技术难度较低且施工图设计已审查完备的建设工程可以采用总价合同；紧急抢险、救灾以及施工技术特别复杂的建设工程可以采用成本加酬金合同。

(二)约定内容

(1) 发承包双方应在合同条款中对下列事项进行约定。

① 预付工程款的数额、支付时间及抵扣方式。

② 安全文明施工措施的支付计划，使用要求等。

③ 工程计量与支付工程进度款的方式、数额及时间。

④ 工程价款的调整因素、方法、程序、支付及时间。

⑤ 施工索赔与现场签证的程序、金额确认与支付时间。

⑥ 承担计价风险的内容、范围以及超出约定内容、范围的调整办法。

⑦ 工程竣工价款结算编制与核对、支付及时间。

⑧ 工程质量保证(保修)金的数额、预扣方式及时间。

⑨ 违约责任以及发生工程价款争议的解决方法及时间。

⑩ 与履行合同、支付价款有关的其他事项等。

(2) 合同中没有按照上述的要求约定或约定不明的，若发承包双方在合同履行中发生争议，由双方协商确定；协商不能达成一致的，按本规范的规定执行。

五、工程计量与价款支付的要求

(一)一般规定

(1) 工程量应当按照相关工程的现行国家计量规范规定的工程量计算规则计算。

(2) 工程计量可选择按月或按工程形象进度分段计量，具体计量周期在合同中约定。

(3) 因承包人原因造成的超范围施工或返工的工程量，发包人不予计量。

(二)单价合同的计量

(1) 工程计量时，若发现招标工程量清单中出现缺项、工程量偏差，或因工程变更引起工程量的增减，应按承包人在履行合同过程中实际完成的工程量计算。

(2) 承包人应当按照合同约定的计量周期和时间，向发包人提交当期已完工程量报告。发包人应在收到报告后 7 天内核实，并将核实计量结果通知承包人。发包人未在约定时间内进行核实的，则承包人提交的计量报告中所列的工程量视为承包人实际完成的工程量。

(3) 发包人认为需要进行现场计量核实时，应在计量前 24 小时通知承包人，承包人应为计量提供便利条件并派人参加。双方均同意核实结果时，则双方应在上述记录上签字确认。承包人收到通知后不派人参加计量，视为认可发包人的计量核实结果。发包人不按照约定时间通知承包人，致使承包人未能派人参加计量，计量核实结果无效。

(4) 如承包人认为发包人的计量结果有误，应在收到计量结果通知后的 7 天内向发包人提出书面意见，并附上其认为正确的计量结果和详细的计算资料。发包人收到书面意见后，应对承包人的计量结果进行复核后通知承包人。承包人对复核计量结果仍有异议的，按照合同约定的争议解决办法处理。

(5) 承包人完成已标价工程量清单中每个项目的工程量后，发包人应要求承包人派员共同对每个项目的历次计量报表进行汇总，以核实最终结算工程量。发、承包双方应在汇总表上签字确认。

(三)总价合同的计量

(1) 总价合同项目的计量和支付应以总价为基础，发承包双方应在合同中约定工程计量的形象目标或时间节点。承包人实际完成的工程量，是进行工程目标管理和控制进度支付的依据。

(2) 承包人应在合同约定的每个计量周期内，对已完成的工程进行计量，并向发包人提交达到工程形象目标完成的工程量和有关计量资料的报告。

(3) 发包人应在收到报告后 7 天内对承包人提交的上述资料进行复核，以确定实际完成的工程量和工程形象目标。对其有异议的，应通知承包人进行共同复核。

(4) 除按照发包人工程变更规定引起的工程量增减外，总价合同各项目的工程量是承包人用于结算的最终工程量。

(四)合同价款中期支付

1. 预付款

(1) 预付款用于承包人为合同工程施工购置材料、工程设备，购置或租赁施工设备、修建临时设施以及组织施工队伍进场等所需的款项。

预付款的支付比例不宜高于合同价款的 30%。承包人对预付款必须专用于合同工程。

(2) 承包人应在签订合同或向发包人提供与预付款等额的预付款保函(如有)后向发包人提交预付款支付申请。

发包人应对在收到支付申请的 7 天内进行核实后向承包人发出预付款支付证书，并在签发支付证书后的 7 天内向承包人支付预付款。

(3) 发包人没有按时支付预付款的，承包人可催告发包人支付；发包人在付款期满后的 7 天内仍未支付的，承包人可在付款期满后的第 8 天起暂停施工。发包人应承担由此增加的费用和(或)延误的工期，并向承包人支付合理利润。

(4) 预付款应从每支付期应支付给承包人的工程进度款中扣回，直到扣回的金额达到合同约定的预付款金额为止。

(5) 承包人的预付款保函(如有)的担保金额根据预付款扣回的数额相应递减，但在预付款全部扣回之前一直保持有效。发包人应在预付款扣完后的 14 天内将预付款保函退还给承包人。

2. 安全文明施工费

(1) 安全文明施工费的内容和范围，应以国家和工程所在地省级建设行政主管部门的规定为准。

(2) 发包人应在工程开工后的 28 天内预付不低于当年的安全文明施工费总额的 50%，其余部分与进度款同期支付。

(3) 发包人没有按时支付安全文明施工费的，承包人可催告发包人支付；发包人在付款期满后的 7 天内仍未支付的，若发生安全事故的，发包人应承担连带责任。

(4) 承包人应对安全文明施工费专款专用，在财务账目中单独列项备查，不得挪作他用，否则发包人有权要求其限期改正；逾期未改正的，造成的损失和(或)延误的工期由承包人承担。

3. 总承包服务费

(1) 发包人应在工程开工后的 28 天内向承包人预付总承包服务费的 20%，分包进场后，其余部分与进度款同期支付。

(2) 发包人未给合同约定向承包人支付总承包服务费，承包人可不履行总包服务义务，由此造成的损失(如有)由发包人承担。

4. 进度款

(1) 进度款支付周期，应与合同约定的工程计量周期一致。

(2) 承包人应在每个计量周期到期后的 7 天内向发包人提交已完工程进度款支付申请一式四份，详细说明此周期自己认为有权得到的款额，包括分包人已完工程的价款。支付申请的内容包括以下几项。

① 累计已完成工程的工程价款。

② 累计已实际支付的工程价款。

③ 本期间完成的工程价款。

④ 本期间已完成的计日工价款。

⑤ 应支付的调整工程价款。

⑥ 本期间应扣回的预付款。

⑦ 本期间应支付的安全文明施工费。

⑧ 本期间应支付的总承包服务费。

⑨ 本期间应扣留的质量保证金。

⑩ 本期间应支付的、应扣除的索赔金额。

⑪ 本期间应支付或扣留(扣回)的其他款项。

⑫ 本期间实际应支付的工程价款。

(3) 发包人应在收到承包人进度款支付申请后的 14 天内根据计量结果和合同约定对申请内容予以核实。确认后向承包人出具进度款支付证书。

(4) 发包人应在签发进度款支付证书后的 14 天内，按照支付证书列明的金额向承包人支付进度款。

(5) 若发包人逾期未签发进度款支付证书，则视为承包人提交的进度款支付申请已被

发包人认可，承包人可向发包人发出催告付款的通知。发包人应在收到通知后的 14 天内，按照承包人支付申请阐明的金额向承包人支付进度款。

(6) 发包人未按照本规范第 10.4.4、10.4.5 条规定支付进度款的，承包人可催告发包人支付，并有权获得延迟支付的利息；发包人在付款期满后的 7 天内仍未支付的，承包人可在付款期满后的第 8 天起暂停施工。发包人应承担由此增加的费用和(或)延误的工期，向承包人支付合理利润，并承担违约责任。

(7) 发现已签发的任何支付证书有错、漏或重复的数额，发包人有权予以修正，承包人也有权提出修正申请。经发、承包双方复核同意修正的，应在本次到期的进度款中支付或扣除。

例 7-1 某施工单位承包某内资工程项目，甲、乙双方签订关于工程价款的合同内容如下。

(1) 建筑安装工程造价 660 万元，主要材料费占施工产值的比例为 60%。

(2) 预付备料款为建筑安装工程造价的 20%。

(3) 工程进度款逐月计算，不考虑调价。

(4) 工程保修金为建筑安装工程造价的 5%，保修期半年。

工程各月实际完成产值如表 7-2 所示。

表 7-2　工程各月实际完成产值

月份	2	3	4	5	6
完成产值/万元	55	110	165	220	110

问题

(1) 通常工程竣工结算的前提是什么？

(2) 该工程的预付备料款、起扣点为多少？

(3) 该工程在 2—5 月，每月拨付工程款为多少？累计工程款为多少？

(4) 6 月份办理工程竣工结算，甲方应付工程尾款为多少？

解

(1) 工程竣工结算的前提是竣工验收报告被批准。

(2) 预付备料款：660 万元×20%=132 万元

起扣点：660 万元-132 万元÷60%=440 万元

(3) 2 月：工程款 55 万元，累计工程款 55 万元

3 月：工程款 110 万元，累计工程款 165 万元

4 月：工程款 165 万元，累计工程款 330 万元

5 月：预付备料款扣回：(330+220-440)×60%=66(万元)

工程款 220 万元-66 万元=154 万元，累计工程款 484 万元。

保修金：660 万元×5%=33 万元

(4) 甲方应付工程尾款：660-484-132-33=11(万元)

例 7-2 某项工程，业主与承包商签订了建筑安装工程总包施工合同，承包施工范围包括土建工程和水、电、风等建筑设备安装工程，合同总价为 4800 万元。工期为两年，第一

年已完成合同总价的 2600 万元，第二年应完成合同总价的 2200 万元。承包合同规定：

(1) 业主应向承包商支付当年合同价 25%的预付备料款。

(2) 预付备料款应从未施工工程尚需的主要材料及购配件的价值相当于预付备料款额时起扣，每月以抵充工程款的方式陆续扣回。主要材料费占总费用比例可按 62.5%考虑。

(3) 工程竣工验收前，工程结算款不应超过承包合同总价的 95%，经双方协商，业主从每月承包商的工程款中按 5%的比例扣留，作工程款尾数，待竣工验收后进行结算。

(4) 当承包商每月实际完成的建安工作量少于计划完成建安工作量的 10%以上(含 10%)时，业主可按 5%的比例扣留工程款。

(5) 除设计变更和其他不可抗力因素外，合同总价不作调整。

(6) 由业主直供的材料和设备应在发生当月的工程款中扣回其费用。

施工单位计划和实际完成的建安工作量以及业主直供的材料设备的价值见表 7-3。

表 7-3 建安工作量及直供材料设备价值

月份	1—6	7	8	9	10	11	12
计划完成工作量/万元	1100	200	200	200	190	190	120
实际完成工作量/万元	1110	180	210	205	195	180	120
业主供应材料设备费/万元	90.5	35.5	24.4	10.5	21	1.5	5.5

问题

(1) 预付备料款是多少？

(2) 预付备料款从什么时候扣？

(3) 1—6 月份以及各月工程师应签的工程款是多少？实际签发的付款凭证是多少？

解

(1) 预付备料款：2200×25%=550(万元)

(2) 起扣点：2200−550÷62.5%=1320(万元)

(3) 1—6 月应签工程款：1110×0.95=1054.5(万元)

实签付款凭证：1054.5−90.5=964(万元)

7 月应签工程款 180×0.95−180×5%=162(万元) (实际工作量少于计划工作量 10%)

实签付款凭证：162−35.5=126.5(万元)

8 月应扣备料款：(1110+180+210−1320)×62.5%=112.5(万元)

应签工程款：210×0.95−112.5=87(万元)

实签付款凭证：87−24.4=62.6(万元)

9 月应签工程款：205×0.95−205×62.5%=66.625(万元)

实签付款凭证：66.625−10.5=56.125(万元)

10 月应签工程款：195×0.95−195×62.5%=63.375(万元)

实签付款凭证：63.375−21=42.375(万元)

11 月应签工程款：180×0.95−180×62.5%=58.5(万元)

实签付款凭证：58.5−1.5=57(万元)

12 月应签工程款：120×0.95−120×62.5%=39(万元)

实签付款凭证：39-5.5=33.5(万元)

六、索赔与现场签证的编制要求

(一)施工索赔

(1) 合同一方向另一方提出索赔时，应有正当的索赔理由和有效证据，并应符合合同的相关约定。

(2) 根据合同约定，承包人认为非承包人原因发生的事件造成了承包人的损失，应按以下程序向发包人提出索赔。

① 承包人应在索赔事件发生后 28 天内，向发包人提交索赔意向通知书，说明发生索赔事件的事由。

承包人逾期未发出索赔意向通知书的，丧失索赔的权利。

② 承包人应在发出索赔意向通知书后 28 天内，向发包人正式提交索赔通知书。索赔通知书应详细说明索赔理由和要求，并附必要的记录和证明材料。

③ 索赔事件具有连续影响的，承包人应继续提交延续索赔通知，说明连续影响的实际情况和记录。

④ 在索赔事件影响结束后的 28 天内，承包人应向发包人提交最终索赔通知书，说明最终索赔要求，并附必要的记录和证明材料。

(3) 承包人索赔应按下列程序处理。

① 发包人收到承包人的索赔通知书后，应及时查验承包人的记录和证明材料。

② 发包人应在收到索赔通知书或有关索赔的进一步证明材料后的 28 天内，将索赔处理结果答复承包人，如果发包人逾期未作出答复，视为承包人索赔要求已经发包人认可。

③ 承包人接受索赔处理结果的，索赔款项在当期进度款中进行支付；承包人不接受索赔处理结果的，按合同约定的争议解决方式办理。

(4) 承包人要求赔偿时，可以选择以下一项或几项方式获得赔偿：

① 延长工期。

② 要求发包人支付实际发生的额外费用。

③ 要求发包人支付合理的预期利润。

④ 要求发包人按合同的约定支付违约金。

(5) 若承包人的费用索赔与工期索赔要求相关联时，发包人在作出费用索赔的批准决定时，应结合工程延期，综合作出费用赔偿和工程延期的决定。

(6) 发、承包双方在按合同约定办理了竣工结算后，应被认为承包人已无权再提出竣工结算前所发生的任何索赔。承包人在提交的最终结清申请中，只限于提出竣工结算后的索赔，提出索赔的期限自发承包双方最终结清时终止。

(7) 根据合同约定，发包人认为由于承包人的原因造成发包人的损失，应参照承包人索赔的程序进行索赔。

(8) 发包人要求赔偿时，可以选择以下一项或几项方式获得赔偿。

① 延长质量缺陷修复期限。

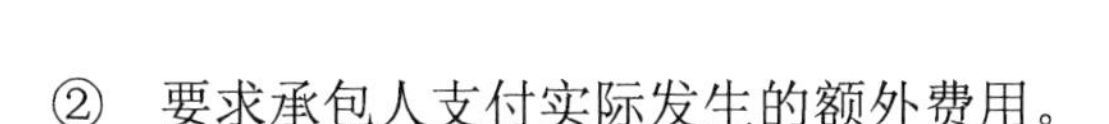

② 要求承包人支付实际发生的额外费用。

③ 要求承包人按合同的约定支付违约金。

(9) 承包人应付给发包人的索赔金额可从拟支付给承包人的合同价款中扣除，或由承包人以其他方式支付给发包人。

(二)现场签证

(1) 承包人应发包人要求完成合同以外的零星项目、非承包人责任事件等工作的，发包人应及时以书面形式向承包人发出指令，提供所需的相关资料；承包人在收到指令后，应及时向发包人提出现场签证要求。

(2) 承包人应在收到发包人指令后的 7 天内，向发包人提交现场签证报告，报告中应写明所需的人工、材料和施工机械台班的消耗量等内容。发包人应在收到现场签证报告后的 48 小时内对报告内容进行核实，予以确认或提出修改意见。发包人在收到承包人现场签证报告后的 48 小时内未确认也未提出修改意见的，视为承包人提交的现场签证报告已被发包人认可。

(3) 现场签证的工作如已有相应的计日工单价，则现场签证中应列明完成该类项目所需的人工、材料、工程设备和施工机械台班的数量。

如现场签证的工作没有相应的计日工单价，应在现场签证报告中列明完成该签证工作所需的人工、材料设备和施工机械台班的数量及其单价。

(4) 合同工程发生现场签证事项，未经发包人签证确认，承包人便擅自施工的，除非征得发包人同意，否则发生的费用由承包人承担。

(5) 现场签证工作完成后的 7 天内，承包人应按照现场签证内容计算价款，报送发包人确认后，作为追加合同价款，与工程进度款同期支付。

七、工程价款调整的编制要求

(1) 当发生以下事项(但不限于)，发、承包双方应当按照合同约定调整合同价款：

① 法律法规变化；

② 工程变更；

③ 项目特征描述不符；

④ 工程量清单缺项；

⑤ 工程量偏差；

⑥ 物价变化；

⑦ 暂估价；

⑧ 计日工；

⑨ 现场签证；

⑩ 不可抗力；

⑪ 提前竣工(赶工补偿)；

⑫ 误期赔偿；

⑬ 施工索赔；

⑭ 暂列金额；

⑮ 发、承包双方约定的其他调整事项。

(2) 出现合同价款调增事项(不含工程量偏差、计日工、现场签证、施工索赔)后的 14 天内，承包人应向发包人提交合同价款调增报告并附上相关资料，若承包人在 14 天内未提交合同价款调增报告的，视为承包人对该事项不存在调整价款。

(3) 发包人应在收到承包人合同价款调增报告及相关资料之日起 14 天内对其核实，予以确认的应书面通知承包人。如有疑问，应向承包人提出协商意见。发包人在收到合同价款调增报告之日起 14 天内未确认也未提出协商意见的，视为承包人提交的合同价款调增报告已被发包人认可。发包人提出协商意见的，承包人应在收到协商意见后的 14 天内对其核实，予以确认的应书面通知发包人。如承包人在收到发包人的协商意见后 14 天内既不确认也未提出不同意见的，视为发包人提出的意见已被承包人认可。

(4) 如发包人与承包人对不同意见不能达成一致的，只要不实质影响发、承包双方履约的，双方应实施该结果，直到其按照合同争议的解决被改变为止。

(5) 出现合同价款调减事项(不含工程量偏差、施工索赔)后的 14 天内，发包人应向承包人提交合同价款调减报告并附相关资料，若发包人在 14 天内未提交合同价款调减报告的，视为发包人对该事项不存在调整价款。

(6) 经发承包双方确认调整的合同价款，作为追加(减)合同价款，与工程进度款或结算款同期支付。

八、竣工结算的编制要求

1. 竣工结算

(1) 合同工程完工后，承包人应在提交竣工验收申请前编制完成竣工结算文件，并在提交竣工验收申请的同时向发包人提交竣工结算文件。承包人未在规定的时间内提交竣工结算文件，经发包人催促后 14 天内仍未提交或没有明确答复，发包人有权根据已有资料编制竣工结算文件，作为办理竣工结算和支付结算款的依据，承包人应予以认可。

(2) 发包人应在收到承包人提交的竣工结算文件后的 28 天内审核完毕。发包人经核实，认为承包人还应进一步补充资料和修改结算文件，应在上述时限内向承包人提出核实意见，承包人在收到核实意见后的 14 天内按照发包人提出的合理要求补充资料，修改竣工结算文件，并再次提交给发包人复核后批准。

(3) 发包人应在收到承包人再次提交的竣工结算文件后的 28 天内予以复核，并将复核结果通知承包人。

① 发包人、承包人对复核结果无异议的，应在 7 天内在竣工结算文件上签字确认，竣工结算办理完毕。

② 发包人或承包人对复核结果认为有误的，无异议部分按照本条第 1 款规定办理不完全竣工结算；有异议部分由发、承包双方协商解决，协商不成的，按照合同约定的争议解决方式处理。

(4) 发包人在收到承包人竣工结算文件后的 28 天内，不审核竣工结算或未提出审核意

见的，视为承包人提交的竣工结算文件已被发包人认可，竣工结算办理完毕。

承包人在收到发包人提出的核实意见后的 28 天内，不确认也未提出异议的，视为发包人提出的核实意见已被承包人认可，竣工结算办理完毕。

(5) 发包人委托造价咨询人审核竣工结算的，工程造价咨询人应在 28 天内审核完毕，审核结论与承包人竣工结算文件不一致的，应提交给承包人复核，承包人应在 14 天内将同意审核结论或不同意见的说明提交工程造价咨询人。工程造价咨询人收到承包人提出的异议后，应再次复核，复核无异议的，按本规范第 11.1.3 条 1 款规定办理，复核后仍有异议的，按本规范第 11.1.3 条 2 款规定办理。

承包人逾期未提出书面异议，视为工程造价咨询人审核的竣工结算文件已经承包人认可。

(6) 对发包人或造价咨询人指派的专业人员与承包人经审核后无异议的竣工结算文件，除非发包人能提出具体、详细的不同意见，发包人应在竣工结算文件上签名确认，拒不签认的，承包人可不交付竣工工程。承包人并有权拒绝与发包人或其上级部门委托的工程造价咨询人重新核对竣工结算文件。

承包人未及时提交竣工结算文件的，发包人要求交付竣工工程，承包人应当交付；发包人不要求交付竣工工程，承包人承担照管所建工程的责任。

(7) 发、承包双方或一方对工程造价咨询人出具的竣工结算文件有异议时，可向当地工程造价管理机构投诉，申请对其进行执业质量鉴定。

(8) 工程造价管理机构受理投诉后，应当组织专家对投诉的竣工结算文件进行质量鉴定，并给出鉴定意见。

(9) 竣工结算办理完毕，发包人应将竣工结算书报送工程所在地(或有该工程管辖权的行业主管部门)工程造价管理机构备案，竣工结算书作为工程竣工验收备案、交付使用的必备文件。

2. 结算款支付

(1) 承包人应根据办理的竣工结算文件，向发包人提交竣工结算款支付申请。该申请应包括下列内容。

① 竣工结算总额。

② 已支付的合同价款。

③ 应扣留的质量保证金。

④ 应支付的竣工付款金额。

(2) 发包人应在收到承包人提交竣工结算款支付申请后 7 天内予以核实，向承包人签发竣工结算支付证书。

(3) 发包人签发竣工结算支付证书后的 14 天内，按照竣工结算支付证书列明的金额向承包人支付结算款。

(4) 发包人未按照本规范第 12.2.3 条规定支付竣工结算款的，承包人可催告发包人支付，并有权获得延迟支付的利息。竣工结算支付证书签发后 56 天内仍未支付的，除法律另有规定外，承包人可与发包人协商将该工程折价，也可直接向人民法院申请将该工程依法拍卖。承包人就该工程折价或拍卖的价款优先受偿。

3. 质量保证(修)金

(1) 承包人未按照法律法规有关规定和合同约定履行质量保修义务的，发包人有权从质量保证金中扣留用于质量保修的各项支出。

(2) 发包人应按照合同约定的质量保修金比例从每支付期应支付给承包人的进度款或结算款中扣留，直到扣留的金额达到质量保证金的金额为止。

(3) 在保修责任期终止后的 14 天内，发包人应将剩余的质量保证金返还给承包人。剩余质量保证金的返还，并不能免除承包人按照合同约定应承担的质量保修责任和应履行的质量保修义务。

4. 最终结清

(1) 发、承包双方应在合同中约定最终结清款的支付时限。承包人应按照合同约定的期限向发包人提交最终结清支付申请。发包人对最终结清支付申请有异议的，有权要求承包人进行修正和提供补充资料。承包人修正后，应再次向发包人提交修正后的最终结清支付申请。

(2) 发包人应在收到最终结清支付申请后的 14 天内予以核实，向承包人签发最终结清证书。

(3) 发包人应在签发最终结清支付证书后的 14 天内，按照最终结清支付证书列明的金额向承包人支付最终结清款。

(4) 若发包人未在约定的时间内核实，又未提出具体意见的，视为承包人提交的最终结清支付申请已被发包人认可。

(5) 发包人未按期最终结清支付的，承包人可催告发包人支付，并有权获得延迟支付的利息。

(6) 承包人对发包人支付的最终结清款有异议的，按照合同约定的争议解决方式处理。

九、工程计价争议处理的要求

(1) 监理或造价工程师暂定。

(2) 管理机构的解释或认定。

(3) 友好协商。

(4) 调解。

(5) 仲裁、诉讼。

(6) 造价鉴定。

① 在合同纠纷案件处理中，需作工程造价鉴定的，应委托具有相应资质的工程造价咨询人进行。

② 工程造价鉴定应根据合同约定作出，如合同条款约定出现矛盾或约定不明确，应根据本规范的规定，结合工程的实际情况作出专业判断，形成鉴定结论。

习　题

7-1　何谓工程量清单？

7-2　工程量清单的编制依据是什么？

7-3　招标控制价编制依据是什么？

7-4　投标报价编制依据是什么？

7-5　竣工决算编制依据是什么？

学习情境 8　基础工程的清单计量与计价

情境描述	针对实际工程项目，从基础工程的列项、工程量计算、分部分项工程计价、施工措施费计价定额计价汇总，并进行计算基础建筑工程计量与计价，完全以工作过程为导向
教学目标	(1) 了解基础工程的施工流程； (2) 掌握基础工程的工程量清单列项要求和工程量清单计算规则； (3) 掌握建筑工程综合单价确定方法； (4) 掌握建筑工程施工措施费清单等的计算； (5) 掌握规费、利润和税金清单计价； (6) 能够进行清单计价汇总
主要教学内容	(1) 基础施工图纸和说明要求等； (2) 基础工程的施工流程； (3) 进行基础工程的工程量清单列项； (4) 应用基础工程工程量清单的计算规则要求； (5) 确定综合单价，计算分部分项工程清单计价费用； (6) 按照施工方案和要求确定措施项目等清单计价费用； (7) 确定建筑工程规费、利润和税金清单计价； (8) 进行清单计价汇总

任务 8.1　基础工程分部分项工程量清单的编制

一、基础工程分部分项工程量清单的项目设置

工程量清单是工程量清单计价的基础，应作为编制招标控制价、投标报价、计算工程量、支付工程款、调整合同价款、办理竣工结算及工程索赔等的依据之一。工程量清单应由具有编制能力的招标人或受其委托，具有相应资质的工程造价咨询人编制。采用工程量清单方式招标，工程量清单必须作为招标文件的组成部分，其准确性和完整性由招标人

负责。

工程量清单应由分部分项工程量清单、措施项目清单、其他项目清单、规费项目清单、税金项目清单组成。

1. 编制工程量清单的依据

(1) 《房屋建筑与装饰工程计量规范》(GB 50854—2013)及相关计量规范。

(2) 国家或省级、行业建设主管部门颁发的计价依据和办法。

(3) 建设工程设计文件。

(4) 与建设工程项目有关的标准、规范、技术资料。

(5) 招标文件及其补充通知、答疑纪要。

(6) 施工现场情况、工程特点及常规施工方案。

(7) 其他相关资料。

2. 分部分项工程量清单的编制规定

(1) 分部分项工程量清单应包括项目编码、项目名称、项目特征、计量单位和工程量。

(2) 分部分项工程量清单应根据计量规范规定的项目编码、项目名称、项目特征、计量单位和工程量计算规则进行编制。

(3) 分部分项工程量清单的项目编码，应采用 12 位阿拉伯数字表示。1～9 位应按计量规范的规定设置，10～12 位应根据拟建工程的工程量清单项目名称设置。同一招标工程的项目编码不得有重码。

(4) 分部分项工程量清单的项目名称应按计量规范的项目名称结合拟建工程的实际确定。

(5) 分部分项工程量清单中所列工程量应按计量规范中规定的工程量计算规则计算。

(6) 分部分项工程量清单的计量单位应按计量规范中规定的计量单位确定。

(7) 分部分项工程量清单项目特征应按计量规范中规定的项目特征，结合拟建工程项目的实际予以描述。

(8) 编制工程量清单出现计量规范中未包括的项目，编制人应作补充，并报省级或行业工程造价管理机构备案，省级或行业工程造价管理机构应汇总报住房和城乡建设部标准定额研究所。

补充项目的编码由计量规范的顺序码与 B 和 3 位阿拉伯数字组成，并应从×B001 起按顺序编制，同一招标工程的项目不得重码。工程量清单中需附有补充项目的名称、项目特征、计量单位、工程量计算规则和工程内容。

3. 列项依据

(1) 施工图纸。基础结构施工图、建筑施工图及设计说明。

(2) 施工过程。平整场地→挖土→槽底钎探→混凝土垫层→钢筋混凝土基础→砖基础→防潮层→回填土。

(3) 工程量清单项目划分原则。符合《房屋建筑与装饰工程计量规范》(GB 50854—2013)的计算规则要求。

4. 一般基础分部分项工程工程量清单列项

分部分项工程量清单列项见表 8-1。

表 8-1 分部分项工程量清单列项参考表

<table>
<tr><th>序号</th><th>项目编码</th><th>项目名称</th><th>项目特征描述</th><th>计量单位</th></tr>
<tr><td>1</td><td>010101001</td><td>平整场地</td><td>①土壤类别；
②弃土运距；
③取土运距</td><td>m^2</td></tr>
<tr><td>2</td><td>010101002</td><td>挖一般土方</td><td>①土壤类别；
②挖土深度</td><td>m^3</td></tr>
<tr><td>3</td><td>010101003</td><td>挖沟槽土方</td><td rowspan="2">①土壤类别；
②挖土深度</td><td rowspan="2">m^3</td></tr>
<tr><td>4</td><td>010101004</td><td>挖基坑土方</td></tr>
<tr><td>5</td><td>010501001</td><td>垫层</td><td rowspan="5">①混凝土类别；
②混凝土强度等级</td><td rowspan="5">m^3</td></tr>
<tr><td>6</td><td>010501002</td><td>带形基础</td></tr>
<tr><td>7</td><td>010501003</td><td>独立基础</td></tr>
<tr><td>8</td><td>010501004</td><td>满堂基础</td></tr>
<tr><td>9</td><td>010501005</td><td>桩承台基础</td></tr>
<tr><td>10</td><td>010501006</td><td>设备基础</td><td>①混凝土类别；
②混凝土强度等级；
③灌浆材料、灌浆材料强度等级</td><td>m^3</td></tr>
<tr><td>11</td><td>010103001</td><td>回填方</td><td>①密实度要求；
②填方材料品种；
③填方粒径要求；
④填方来源、运距</td><td>m^3</td></tr>
<tr><td>12</td><td>010301001</td><td>预制钢筋混凝土方桩</td><td>①地层情况；
②送桩深度、桩长；
③桩截面；
④桩倾斜度；
⑤混凝土强度等级</td><td rowspan="2">m/根</td></tr>
<tr><td>13</td><td>010301002</td><td>预制钢筋混凝土管桩</td><td>①地层情况；
②送桩深度、桩长；
③桩外径、壁厚；
④桩倾斜度；
⑤混凝土强度等级；
⑥填充材料种类；
⑦防护材料种类</td></tr>
</table>

续表

序号	项目编码	项目名称	项目特征描述	计量单位
14	010301003	钢管桩	①地层情况； ②送桩深度、桩长； ③材质； ④管径、壁厚； ⑤桩倾斜度； ⑥填充材料种类； ⑦防护材料种类	①t ②根
15	010301004	截(凿)桩头	①桩头截面、高度； ②混凝土强度等级； ③有无钢筋	①m^3 ②根
16	010302001	泥浆护壁成孔灌注桩	①地层情况； ②空桩长度、桩长； ③桩径； ④成孔方法； ⑤护筒类型、长度； ⑥混凝土类别、强度等级	①m ②m^3 ③根
17	010302002	沉管灌注桩	①地层情况；②空桩长度、桩长； ③复打长度；④桩径； ⑤沉管方法；⑥桩尖类型； ⑦混凝土类别、强度等级	①m ②m^3 ③根
18	010401001	砖基础	①砖品种、规格、强度等级； ②基础类型；③基础深度； ④砂浆强度等级	m^3
19	010503001	基础梁	①混凝土类别； ②混凝土强度等级	m^3
20	010201004	强夯地基	①夯击能量；②夯击遍数； ③地耐力要求；④夯填材料种类	m^2
21	010201009	深层搅拌桩	①地层情况； ②空桩长度、桩长； ③桩截面尺寸； ④水泥强度等级、掺量	m
22	010201010	粉喷桩	①地层情况； ②空桩长度、桩长； ③桩径； ④粉体种类、掺量； ⑤水泥强度等级、石灰粉要求	m

续表

序号	项目编码	项目名称	项目特征描述	计量单位
23	011702003	里脚手架		
24	011703001	垫层模板支承	基础形状	m^2
25	011703002	带形基础模板支承	基础形状	m^2
26	011703003	独立基础模板支承	基础形状	m^2
27	011703004	满堂基础模板支承	基础形状	m^2
28	011703005	设备基础模板支承	基础形状	m^2
29	011703006	桩承台基础模板支承	基础形状	m^2
30	011704001	垂直运输	①建筑物建筑类型及结构形式； ②地下室建筑面积； ③建筑物檐口高度、层数	①m^2 ②d

二、基础工程分部分项工程量清单的计算规则

(一)场地平整的工程量计算规则

指厚度在±30cm 以内的就地挖填找平，按设计图示尺寸以建筑物首层建筑面积计算。

工程内容：土方挖填；场地找平；运输。

(二)挖土的工程量计算规则

(1) 挖土方。按设计图示尺寸以体积计算。

(2) 挖基础土方。按设计尺寸以基础垫层底面积乘以挖土深度计算。

示例：试计算图 8-1 所示独立基础的清单工程量。垫层为 C10 的素混凝土，独立基础为 C40 的钢筋混凝土(基础双向尺寸相同)，土质为一般土。

工程内容：排地表水；土方开挖；挡土板支拆；截桩头；基底钎探；运输。

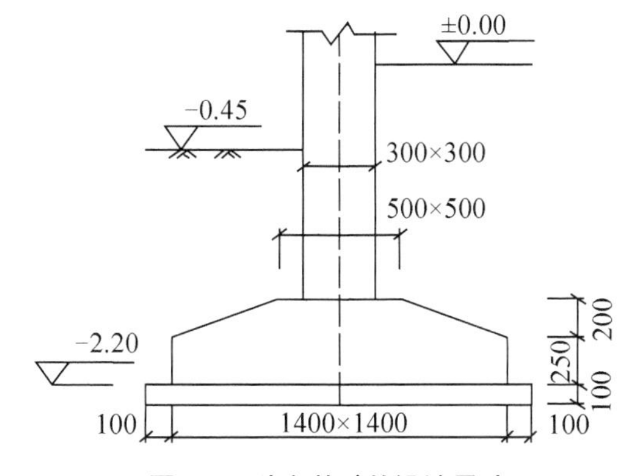

图 8-1　独立基础的设计尺寸

人工挖土方工程量：$1.6^2 \times 1.85 = 4.736(m^3)$，与定额计价中的工程量有明显不同。

挖地槽、土方定额和清单的计算规则是不同的。定额计算时要考虑土质，区别是否放

坡(或支挡土板)和留工作面考虑，而清单计算则是按图8-1所示尺寸以基础垫层底面积乘以挖土深度计算。

(三)钢筋混凝土基础的计算规则

1. 带形基础

(1) 无梁式(见图8-2)带形基础计算方法。

无梁式带形基础工程量=基础长×截面面积

式中：基础长——外墙基础取外墙基础中心线，内墙基础取内墙基础净长；

截面面积=$Bh_1+(B+b)h_2\div2$

(2) 有梁式带形基础计算方法。

同有梁式(见图8-3)。

截面面积= $Bh_1+(B+b)h_2\div2+bh_3$

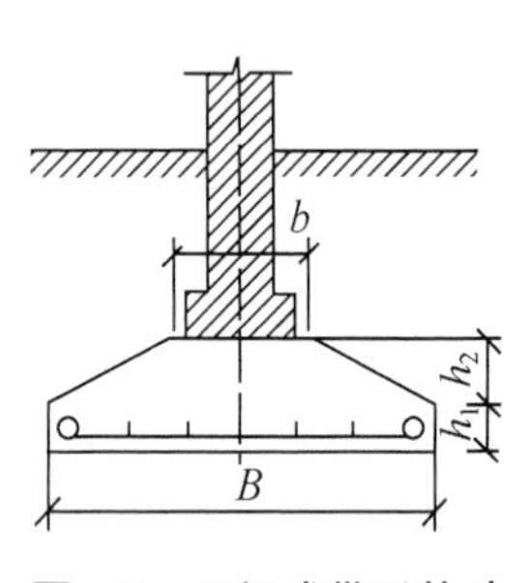

图8-2 无梁式带形基础

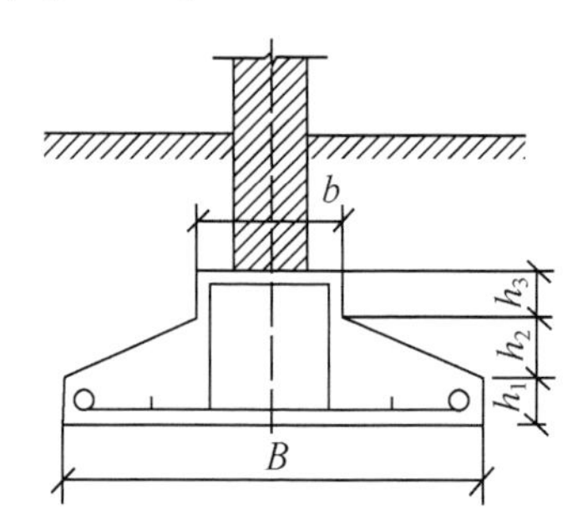

图8-3 有梁式带形基础

基础的T形连接部位如图8-4所示。

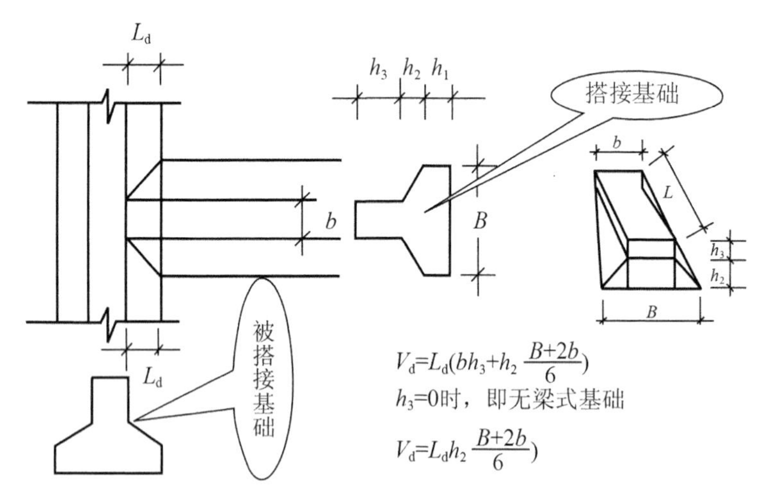

图8-4 基础的T形连接部分

$$V_T=V_1+V_2$$

$$V_1=LbH$$

$$V_2=\frac{1}{6}HL\times(2h+B)$$

2. 独立基础

(1) 矩形基础，有

$$V=长\times宽\times高$$

(2) 阶梯形基础，有

$$V=\sum 各阶(长\times宽\times高)$$

3. 满堂基础

对于满堂基础，有

有梁式满堂基础体积=(基础板面积×板厚)+(梁截面面积× 梁长)

对于无梁式满堂基础，有

无梁式满堂基础体积=底板长×底板宽×板厚

4. 桩承台基础

桩承台基础截面形式多种多样，其工程量按设计图示尺寸以实体积计算。

5. 垫层

按设计图示尺寸以体积计算。不扣除构件内钢筋、预埋铁件和伸入承台基础的桩头所占体积。

工程内容：混凝土制作、运输、浇筑、振捣、养护；地脚螺栓二次灌浆。

6. 设备基础

按设计图示尺寸以体积计算。不扣除构件内钢筋、预埋铁件和伸入承台基础的桩头所占体积。

(四)砖基础的工程量计算规则

按设计图示尺寸以体积计算。包括附墙垛基础宽出部分体积，扣除地梁(圈梁)、构造柱所占体积，不扣除基础大放脚 T 形接头处的重叠部分及嵌入基础内的钢筋、铁件、管道、基础砂浆防潮层和单个面积 0.3m^2 以内的孔洞所占体积，靠墙暖气沟的挑檐不增加。

工程内容：砂浆制作、运输；砌砖；防潮层铺设；材料运输。

工程量=(基础墙面积+大放脚面积)×基础墙长

式中：基础墙长——外墙按中心线长度计算，内墙按净长计算。

基础墙面积=实砌高度×理论厚度

大放脚面积=方格数×方格面积

图示尺寸以 62.5×126 为一个方格，方格面积=0.0625×0.126=0.007875。

三、基础工程分部分项其他工程量清单的确定

(1) 回填土。按设计图示尺寸以体积计算，分为 3 种情况。

① 场地回填。回填面积乘以平均回填厚度。

② 室内回填。主墙间净面积乘以回填厚度。

③ 基础回填。挖方体积减去设计室外地坪以下埋设的基础体积(包括基础垫层及其他构筑物)。

工程内容：挖土方；装卸、运输；回填；分层碾压、夯实。

(2) 地基强夯。按设计图示尺寸以面积计算。

工程内容：铺夯填材料；强夯；夯填材料运输。

(3) 振冲灌注碎石。按设计图示孔深乘以孔截面积以体积计算。

工程内容：成孔；碎石运输；灌注、振实。

(4) 地下连续墙。按设计图示墙中心线长乘以厚度乘以槽深以体积计算。

工程内容：挖土成槽、余土运输；导墙制作、安装；锁口管吊拔；浇注混凝土连续墙；材料运输。

(5) 基础防水。基础防水用在有地下室的工程中，其工程量按图示尺寸以面积计算。

工程内容：基层处理；抹找平层；刷粘接剂；铺防水卷材；铺保护层；接缝、嵌缝。

(6) 基础脚手架。满堂基础及高度(指垫层上皮至基础顶面)超过 1.2m 的混凝土或钢筋混凝土基础的脚手架按槽底面积计算，套用钢筋混凝土基础脚手架基价。

(7) 锚杆支护。按设计图示尺寸以支护面积计算。

工程内容：钻孔；浆液制作、运输、压浆；张拉锚固；混凝土制作、运输、喷射、养护；砂浆制作、运输、喷射、养护。

(8) 土钉支护。按设计图示尺寸以支护面积计算。

工程内容：钉土钉；挂网；混凝土制作、运输、喷射、养护；砂浆制作、运输、喷射、养护。

四、基础工程分部分项工程量清单的编制方法

清单工程量计算：按照清单计算规则依表 8-2 所列内容进行计算。

表 8-2 分部分项工程量计算表

工程名称： 第 页 共 页

序 号	项目编码	项目名称	计量单位	工程量计算公式	工程量

任务 8.2 基础工程措施项目清单的编制

一、基础工程措施项目的设置

措施项目清单应根据拟建工程的实际情况列项。通用措施项目可按表 8-3 选择列项，专

业工程的措施项目可按工程量清单计量规范中规定的项目选择列项。若出现规范未列的项目，可根据工程实际情况补充。

表 8-3　通用措施项目一览表

序号	项目编码	项目名称
1	011701001	安全文明施工(含环境保护、文明施工、安全施工、临时设施)
2	011701002	夜间施工增加费
3	011701003	非夜间施工照明费
4	011701004	二次搬运费
5	011701005	冬雨季施工增加费
6	011701006	大型机械设备进出场及安拆费
7	011701007	施工排水费
8	011701008	施工降水费
9	011701009	地上、地下设施、建筑物的临时保护设施费
10	011701010	已完工程及设备保护费

二、基础工程措施项目工程量清单编制的规定

措施项目中可以计算工程量的项目清单宜采用分部分项工程量清单的方式编制，列出项目编码、项目名称、项目特征、计量单位和工程量计算规则；不能计算工程量的项目清单以“项”为计量单位。

1. 措施项目清单(一)

主要计算组织措施费(见表 8-4)。

表 8-4　措施项目清单与计价表(一)

专业工程名称：________________

序号	项目编码	项目名称	计算基础	费率/%	金额/元	其中：规费
1	011701001	安全文明施工	分部分项工程费中人工费、材料费、机械费合计人工费占 16%	系数		
2	011701002	夜间施工增加费	每工日夜间施工增加费按 29.81 元计算。其中人工费占 90%	—		
3	011701003	非夜间施工照明费	封闭作业工日之和×80%×13.81 元/工日人工费占 78%	—		
4	011701004	二次搬运费	基价材料费合计	系数		
5	011701005	冬雨季施工增加费	分部分项工程费中人工费、材料费、机械费及可以计量的措施项目费，其中人工费、材料费、机械费合计	0.9		

续表

序　号	项目编码	项目名称	计算基础	费率/%	金额/元	其中：规费
6						
7						
8						
9						
合计						
本表合计(结转至工程量清单计价汇总表)						

注：本表适用于以“费率”计价的措施项目。

2. 措施项目清单(二)

主要计算通过工程量计算清单确定的措施费(见表 8-5)。

表 8-5　措施项目清单与计价表(二)

专业工程名称：＿＿＿＿＿＿＿＿＿＿

序号	项目编码	项目名称	项目特征描述	计量单位	工程量	金额/元		
						综合单价	合价	其中：规费
1	011702003	里脚手架						
2	011703001	垫层模板支承						
3	011703002	带形基础模板支承						
4	011703003	独立基础模板支承						
5	011703004	满堂基础模板支承						
6	011703005	设备基础模板支承						
7	011703006	桩承台基础模板支承						
8	011704001	垂直运输						
9	0117B001	项目增加的项目						
本页合计								
本表合计(结转至工程量清单计价汇总表)								

注：本表适用于以综合单价形式计价的措施项目。要求列出数量的措施项目细项的定额编号、定额项目名称、定额单位、工程量按现行消耗量定额的规定列出。

任务 8.3　基础工程其他项目、规费、税金项目清单的编制

一、基础工程其他项目清单的编制

1. 暂列金额

暂列金额是招标人在工程量清单中暂定并包括在合同价款中的一笔款项。用于施工合同签订时尚未确定或者不可预见的所需材料、设备、服务的采购，施工中可能发生的工程变更、合同约定调整因素出现时的工程价款调整以及发生的索赔、现场签证确认等的费用。

暂列金额应按招标人在其他项目清单中列出的金额填写，不得变动，投标人只需要直接将工程量清单中所列的暂列金额纳入投标总价，并且不需要在工程量清单中所列的暂列金额以外再考虑任何其他费用。暂列金额尽管包含在投标总价中(所以也将包含在中标人的合同总价中)，但并不属于承包人所有和支配，是否属于承包人所有受合同约定的开支程序的制约。

编制招标控制价时，暂列金额的计价原则：为保证工程施工建设的顺利实施，应对施工过程中可能出现的各种不确定因素对工程造价的影响，在招标控制价中需估算一笔暂列金额。暂列金额可根据工程的复杂程度、设计深度、工程环境条件(包括地质、水文、气候条件等)进行估算，一般可按分部分项工程费的 10%～15%作为参考(见表 8-6)。

表 8-6　暂列金额明细表

工程名称：　　　　　　　　　　　　标段：　　　　　　　　　　　　第　页共　页

序号	项目名称	计量单位	暂定金额/元	备注
1				
2				
3				
合　计				

注：此表由招标人填写，如不能详列，也可只列暂定金额总额，投标人应将上述暂列金额计入投标总价。

2. 暂估价

暂估价是招标人在工程量清单中提供的用于支付必然发生但暂时不能确定价格的材料的单价以及专业工程的金额，包括材料暂估单价、专业工程暂估价。

暂估价是在招标阶段预见肯定要发生，只是因为标准不明确或者需要由专业承包人完成，暂时无法确定具体价格。招标人针对每一类暂估价给出相应的拟用项目，即按照材料设备的名称分别给出，这样的材料设备暂估价能够纳入到项目综合单价中。

材料暂估价应按招标人在项目清单中列出的单价计入综合单价；专业工程暂估价是指分包人实施专业分包工程的含税金后的完整价(即包含了该分包工程中所有供应、安装、完工、调试、修复缺陷等全部工作)，除了合同约定的承包人应承担的总包管理、协调、配合

和服务责任所对应的总承包服务费用以外，承包人为履行其总包管理、配合、协调和服务等所需发生的费用应该包括在投标价格中，专业工程暂估价应按招标人在其他项目清单中列出的金额填写。

编制招标控制价时暂估价的计价原则：暂估价包括材料暂估价和专业工程暂估价。编制招标控制价时，材料暂估单价(见表 8-7)应按工程造价管理机构发布的工程造价信息中的材料单价计算，工程造价信息未发布的材料单价，其单价参考市场价格估算。专业工程暂估价(见表 8-8)应分不同的专业，按有关计价规定进行估算。

表 8-7　材料暂估单价表

工程名称：　　　　　　　　　　　　　　　标段：　　　　　　　　　　　　　　　第　页 共　页

序号	材料名称、规格、型号	计量单位	单价/元	备注

注：1. 此表由招标人填写，并在备注栏说明暂估价的材料拟用在哪些清单项目上，投标人应将上述材料暂估单价计入工程量清单综合单价报价中。

2. 材料包括原材料、燃料、构配件以及按规定应计入建筑安装工程造价的设备。

表 8-8　专业工程暂估价表

工程名称：　　　　　　　　　　　　　　　标段：　　　　　　　　　　　　　　　第　页 共　页

序号	工程名称	工程内容	金额/元	备注
合　计				

注：此表由招标人填写，投标人应将上述专业工程暂估价计入投标总价中。

3. 计日工

计日工是在施工过程中，完成发包人提出的施工图纸以外的零星项目或工作，按合同中约定的综合单价计价。

计日工按招标人在其他项目清单中列出的项目和数量，编制投标报价时，人工、材料、机械台班单价由投标人自主确定，按已给暂估数量计算合价计入投标总价中。

编制招标控制价时计日工的计价原则：计日工包括计日工人工、材料和施工机械。在编制招标控制价时，对计日工中的人工单价和施工机械台班单价应按省级、行业建设主管部门或其授权的工程造价管理机构公布的单价计算；材料应按工程造价管理机构发布的工程造价信息中的材料单价计算，工程造价信息未发布材料单价的材料，其价格应按市场调查确定的单价计算。

计日工单价应为综合单价。人工综合单价包括人工工日单价、其他人工费、企业管理费、规费、利润和税金；材料综合单价包括材料单价、其他材料费和税金；施工机械台班综合单价包括施工机械台班单价和税金。计日工(见表 8-9)综合单价按招标文件列出的项目和数量自主确定。

表 8-9　计日工表

工程名称：　　　　　　　　　　　　标段：　　　　　　　　　　　　第　页 共 页

编　号	项目名称	单　位	暂定数量	综合单价	合　价
一	人工				
1					
2					
3					
人工小计					
二	材料				
1					
2					
3					
材料小计					
三	施工机械				
1					
2					
3					
施工机械小计					
总计					

注：此表项目名称、数量由招标人填写，编制招标控制价时，单价由招标人按有关计价规定确定；投标时，单价由投标人自主报价，计入投标总价中。

4. 总承包服务费

总承包服务费是总承包人为配合协调发包人进行的工程分包自行采购的设备、材料等进行管理、服务以及施工现场管理、竣工资料汇总整理等服务所需的费用。

总承包服务费应依据招标人在招标文件中列出的分包专业工程内容和供应材料、设备情况，按照招标人提出的协调、配合与服务要求和施工现场管理需要自主确定编制投标报价时，由投标人根据工程量清单中的总承包服务内容，自主决定报价。

编制招标控制价时总承包服务费的计价原则：编制招标控制价时，总承包服务费应按照省级或行业建设主管部门的规定计算(见表 8-10)，本规范在条文说明中列出的标准仅供参考：招标人仅要求对分包的专业工程进行总承包管理和协调时，按分包的专业工程估算造价的 1.5%计算；招标人要求对分包的专业工程进行总承包管理和协调，并同时要求提供配合服务时，根据招标文件列出的配合服务内容和提出的要求，按分包的专业工程估算造价的 3%～5%计算；招标人自行供应材料的，按招标人供应材料价值的 1%计算。

5. 索赔事件产生的费用

索赔事件产生的费用在办理竣工结算时应在其他项目费中反映(见表 8-11)。索赔费用的金额应依据发、承包双方确认的索赔事项和金额计算。

6. 现场签证发生的费用

现场签证发生的费用在办理竣工结算时应在其他项目费中反映。现场签证费用金额依据发、承包双方签证确认的金额计算。

7. 合同价款中暂列金额的余额

合同价款中的暂列金额在用于各项价款调整、索赔与现场签证后，若有余额，则余额归发包人，若出现差额，则由发包人补足并反映在相应项目的工程价款中。

表 8-10　总承包服务费计价表

工程名称：　　　　　　　　　　标段：　　　　　　　　　　第　页 共　页

序　号	项目名称	项目价值/元	服务内容	费率/%	金额/元
1	发包人发包专业工程				
2	发包人供应材料				
合　计					

表 8-11　其他项目清单与计价汇总表

序　号	项目名称	计量单位	金额/元	备　注
1	暂列金额			
2	暂估价			
2.1	材料暂估价			
2.2	专业工程暂估价			
3	计日工			
4	总承包服务费			
5	其他			
合计				

注：材料暂估单价进入清单项目综合单价，此处不汇总。

二、基础工程规费、税金项目清单的编制

规费和税金应按国家或省级、行业建设主管部门的规定计算，不得作为竞争性费用(见表 8-12)。

规费是国家或省级政府和有关权力部门规定必须缴纳的费用。税金是国家按照税法预先规定的标准，强制地、无偿地要求纳税人缴纳的费用。它们都是工程造价的组成部分，

但是其费用内容和计取标准都不是发、承包人能自主确定的，更不是由市场竞争决定的。

表 8-12　规费、税金项目清单与计价表

序号	项目名称	计算基础	费率/%	金额/元
1	规费			
1.1	工程排污费	按工程所在地环保部门规定按实计算		
1.2	社会保障费			
(1)	养老保险费			
(2)	失业保险费			
(3)	医疗保险费			
1.3	住房公积金			
1.4	工伤保险			
1.5	工程定额测定费			
2	税金	分部分项工程费+措施项目费+其他项目费+规费		
合计				

(一)规费项目清单的内容列项

1. 工程排污费

《中华人民共和国水污染防治法》第二十四条规定：直接向水体排放污染物的企业事业单位和个体工商户，应当按照排放水污染物的种类、数量和排污费征收标准缴纳排污费。

2. 社会保障费

社会保障费包括养老保险费、失业保险费、医疗保险费。

(1)　养老保险费。《中华人民共和国劳动法》第七十二条规定：用人单位和劳动者必须依法参加社会保险，缴纳社会保险费。为此，国务院《关于建立统一的企业职工基本养老保险制度的决定》(国发[1997]26 号)第三条规定：企业缴纳基本养老保险费(以下简称企业缴费)的比例，一般不得超过企业工资总额的 20%(包括划入个人账户的部分)，具体比例由省、自治区、直辖市人民政府确定。

少数省、自治区、直辖市因为离退休人数较多，养老保险负担过重，确需超过企业工资总额的 20%的，应报劳动部、财政部审批。个人缴纳基本养老保险费(以下简称个人缴费)的比例，1997 年不得低于本人缴费工资的 4%，1998 年起每两年提高 1%，最终达到本人缴费工资的 8%。有条件的地区和工资增加较快的年份，个人缴费比例提高的速度应适当加快。

(2)　失业保险费。《失业保险条例》(国务院第 258 号令)第六条规定：城镇企业事业单位按照本单位工资总额的 2%缴纳失业保险费。城镇企业事业单位职工按照本人工资的 1%缴纳失业保险费。城镇企业事业单位招用的农民合同制工人本人不缴纳失业保险费。

(3)　医疗保险费。国务院《关于建立城镇职工基本医疗保险制度的决定》(国发[1998]44 号)第二条规定：基本医疗保险费由用人单位和职工个人共同缴纳。用人单位缴费应控制在职工工资总额的 6%左右，职工一般为本人工资收入的 2%。随着经济的发展，用人单位和职工缴费率可作相应调整。

3. 住房公积金

《住房公积金管理条例》(国务院第 262 号令)第十八条规定：职工和单位住房公积金的缴存比例均不得低于职工上一年度月平均工资的 5%；有条件的城市，可以适当提高缴存比例。具体缴存比例由住房公积金管理委员会拟订，经本级人民政府审核后，报省、自治区、直辖市人民政府批准。

4. 危险作业意外伤害保险

《中华人民共和国建筑法》第四十八条规定：建筑施工企业必须为从事危险作业的职工办理意外伤害保险，支付保险费。

(二)税金项目清单内容

税金是由国家或省级、行业建设行政主管部门依据国家税法和有关法律、法规以及省级政府或省级有关权力部门的规定确定。因此，本条规定了在工程造价计价时，税金应按国家或省级、行业建设行政主管部门的有关规定计算，并不得作为竞争性费用。其包括以下内容。

(1) 营业税。

(2) 城市维护建设税。

(3) 教育费附加。

(4) 地方教育费附加。

任务 8.4　基础工程分部分项工程量清单的计价

一、基础分部分项工程量清单计价中的分部分项综合单价的确定

(一)综合单价的确定

综合单价是指为完成一个规定计量单位的分部分项工程量清单项目或措施清单项目所需的人工费、材料费、施工机械使用费和企业管理费与利润，以及一定范围内的风险费用。

在我国目前建筑市场情况下，税金和规费等为不可竞争的费用。采用综合单价法进行工程量清单计价时，综合单价包括除规费和税金以外的全部费用。

工程量清单计价应根据拟建工程的施工组织设计，可以计算工程量的措施项目，应按分部分项工程量清单的方式采用综合单价计价；其余的措施项目可以“项”为单位的方式计价，应包括除规费、税金外的全部费用。

1. 综合单价确定的意义

它是工程量清单计价的核心内容，是投标人能否中标的基础，决定了投标人中标后是否盈亏，是投标企业整体实力和投标策略的真实反映。

2. 综合单价的确定依据

综合单价的确定依据有工程量清单、消耗量定额、工料单价、费用及利润标准、施工组织设计、招标文件、施工图纸及图纸答疑、现场踏勘情况和计价规范等。

1)　工程量清单

它是由招标人提供的工程数量清单，综合单价应根据工程量清单中提供的项目名称，及该项目所包括的工程内容来确定。清单中提供相应清单项目所包含的施工过程，它是组价的内容。

2)　预算基价定额或企业定额

预算基价定额是由建设行政主管部门根据合理的施工组织技术，按照正常施工条件下制定的，生产一个规定计量单位工程合格产品所需人工、材料、机械台班的社会平均消耗量的定额。消耗量定额是在编制招标控制价时确定综合单价的依据。

企业定额是根据本企业的施工技术和管理水平，以及有关工程造价资料制定的，供本企业使用的人工、材料、机械台班消耗量的定额。企业定额是在编制投标报价时确定综合单价的依据。若投标企业没有企业定额时可参照预算基价定额确定综合单价。

3)　工料单价

工料单价是指人工单价、材料单价(即材料预算价格)、机械台班价格。综合单价中的人工费、材料费、机械费，是由定额中工料消耗量乘以相应的工料单价计算得到。

4)　管理费费率、利润率

除人工费、材料费、机械费外的管理费及利润，是根据管理费费率和利润率乘以其基价计算的。

5)　计价规范

分部分项工程费的综合单价所包括的范围，应符合计价规范中项目特征及工程内容中规定的要求。

6)　招标文件

综合单价包括的内容应满足招标文件的要求，如工程招标范围、甲方供应材料的方式等。例如，某工程招标文件中要求钢材、水泥实行政府采购，由招标方组织供应到工程现场。在综合单价中就不能包括钢材、水泥的价；否则综合单价无实际意义。

7)　施工图纸及图纸答疑

在确定综合单价时，分部分项工程包括的内容除满足工程量清单中给出的内容外，还应注意施工图纸及图纸答疑的具体内容，才能有效地确定综合单价。

8)　现场踏勘情况

施工组织设计及施工方案现场踏勘情况，是计算措施费的资料。

3. 分部分项工程项目综合单价的确定步骤

1)　确定依据

确定分部分项工程量清单项目综合单价的最重要依据之一是该清单项目的特征描述，投标人投标报价时应依据招标文件中分部分项工程量清单项目的特征描述确定清单项目的综合单价。在招投标过程中，当出现招标文件中分部分项工程量清单特征描述与设计图纸不符时，投标人应以分部分项工程量清单的项目特征描述为准，确定投标报价的综合单价。

当施工中施工图纸或设计变更与工程量清单项目特征描述不一致时，发、承包双方应按实际施工的项目特征，依据合同约定重新确定综合单价。

2) 确认材料暂估价

依据招标文件中提供的暂估单价的材料，按暂估的单价计入综合单价。

3) 确定风险费用

招标文件中要求投标人承担的风险费用，投标人应考虑计入综合单价。在施工过程中，当出现的风险内容及其范围(幅度)在招标文件规定的范围(幅度)内时，综合单价不得变动，工程价款不作调整。

综合单价=人工费+材料费+机械费+管理费+利润+由投标人承担的风险费用
+其他项目清单中的材料暂估价

由投标人承担的风险费用：根据我国工程建设特点，投标人应完全承担的风险是技术风险和管理风险，如管理费和利润；应有限度承担的是市场风险，如材料价格、施工机械使用费等的风险，应完全不承担的是法律、法规、规章和政策变化的风险。所以综合单价中不包含规费和税金。

其他项目清单中的材料暂估价：材料价格的风险宜控制在 5%以内，施工机械使用费的风险可控制在 10%以内，超过者予以调整。

4) 计算工程量

(1) 按照清单计价规范计算规则和内容计算工程量。

(2) 依据施工方案按照定额基价计算规则计算工程量。

5) 进行确定综合单价

(1) 即按照项目特征及工程内容选定定额项目进行合计计算总价(合价)，然后除以清单工程量得到综合单价。

(2) 按照企业定额直接确定综合单价，计算总价(合价)。

(二)综合单价确定中的相关规定

若施工中出现施工图纸(含设计变更)与工程量清单项目特征描述不符的，发、承包双方应按新的项目特征确定相应工程量清单项目的综合单价(见表 8-13)。因分部分项工程量清单漏项或非承包人原因的工程变更，造成增加新的工程量清单项目，其对应的综合单价按下列方法确定。

(1) 合同中已有适用的综合单价，按合同中已有的综合单价确定(前提：其采用的材料、施工工艺和方法相同，也因此增加关键线路上工程的施工时间)。

(2) 合同中有类似的综合单价，参照类似的综合单价确定(前提：其采用的材料、施工工艺和方法基本相似，不增加关键线路上工程的施工时间，可仅就其变更后的差异部分调整)。

(3) 合同中没有适用或类似的综合单价，由承包人提出综合单价，经发包人确认后执行(前提：无法找到适用和类似的项目单价时，应采用招投标时的基础资料，按成本加利润的原则，双方协商新的综合单价)。

因分部分项工程量清单漏项或非承包人原因的工程变更，引起措施项目发生变化，造成施工组织设计或施工方案变更，原措施费中已有的措施项目，按原措施费的组价方法调

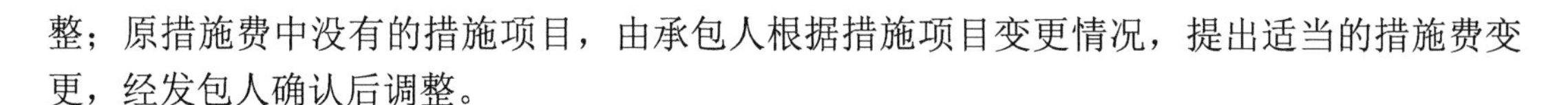

整；原措施费中没有的措施项目，由承包人根据措施项目变更情况，提出适当的措施费变更，经发包人确认后调整。

表 8-13　工程量清单综合单价分析表

工程名称：　　　　　　　　　　　　　　　　　　　　　　　　　　第　页 共　页

项目编码				项目名称				计量单位			
清单综合单价组成明细											
定额编号	定额名称	定额单位	数量	单价				合价			
				人工费	材料费	机械费	管理费和利润	人工费	材料费	机械费	管理费和利润
人工单价		小　计									
元/工日		未计价材料费									
清单项目综合单价											
材料费明细	主要材料名称、规格、型号				单位	数量		单价/元	合价/元	暂估单价/元	暂估合价/元
	其他材料费							—		—	
	材料费小计							—		—	

注：1. 如不使用省级或行业建设主管部门发布的计价依据，可不填定额项目、编号等。

2. 招标文件提供了暂估单价的材料，按暂估的单价填入表内“暂估单价”栏及“暂估合价”栏。

(三)基础工程分部分项工程计价

分部分项工程量清单与计价表见表 8-14。

$$基础工程的分项工程计价=\sum(分部分项工程量\times确定相应综合单价)$$

表 8-14　分部分项工程量清单与计价表

工程名称：　　　　　　　　　　　　　　　　　　　　　　　　　　第　页 共　页

序　号	项目编码	项目名称	项目特征描述	计量单位	工程量	金额/元		
						综合单价	合价	其中：规费
本页小计								
合　计								

注：根据建设部、财政部发布的《建筑安装工程费用组成》(建标〔2013〕44 号)的规定，为计取规费等的使用，可在表中增设“直接费”、“人工费”或“人工费+机械费”。

(四)基础工程综合单价的确定案例

例 8-1 某多层砖混住宅土方工程。土壤类别为一般土；基础为砖大放脚带形基础；垫层宽度为 920mm；由于条件限制采用人工开挖，挖土深度为 1.8m；弃土运距为 4km。基础总长度为 1590.6m。

(1) 根据清单计价规范工程量计算规则计算：按设计图示尺寸以基础垫层底面积乘以挖土深度(见表 8-15)。

基础挖土截面积为：$0.92\text{m}\times1.8\text{m}=1.656\text{m}^2$。

基础总长度为：1590.6m。

土方挖方总量为：2634m^3。

(2) 经投标人根据地质资料和施工方案计算定额中的一般土。基础施工所需工作面宽度，砖基础每边各增加工作面宽度 200mm。放坡系数：一般土 1∶0.43。

① 基础挖土截面为：$(0.92+2\times0.2+0.43\times1.8)\times1.8=3.770(\text{m}^2)$

基础总长度为：1590.6m。

土方挖方总量为：5996.6m^3。

② 采用人工挖土方量为 5996.6m^3，根据施工方案除沟边堆土外，现场堆土 4786.6m^3、运距 50m，采用人工运输。装载机装土，自卸汽车运土，运距 4km，土方量 1210m^3。

③ 人工挖土、运土(50m 内)。人工运土方执行双轮车运土方子目，运距超过 400m 者，执行机械运土子目。

表 8-15 土方工程工程量计算

工程名称：某多层砖混住宅工程　　　　标段：　　　　第　页 共　页

项目编码	010101003001	项目名称	挖基础土方	计量单位	m^3

清单综合单价组成明细

定额编号	定额名称	定额单位	数量	单价/元				合价/元			
				人工费	材料费	机械费	管理费和利润	人工费	材料费	机械费	管理费和利润
1-19	人工挖沟槽(一般土 2m 以内)	100m^3	0.023	1314.85			189.58 152.89	30.24			4.36 3.52
1-36	双轮车运土方(50m)	100m^3	0.018	1105.53	13.56		159.40 128.55	19.90	0.24		2.87 2.31
1-46 换	装载机自卸汽运土方(4km)	1000m^3	0.0005	227.90	34.83	11106.17	222.88 215.21	0.11	0.02	5.55	0.11 0.11
人工单价		小　计						50.25	0.26	5.55	13.28
元/工日		未计价材料费						无			
清单项目综合单价								69.34 元/m^3			

二、基础工程分部分项工程量清单项目与定额项目的对应关系

基础工程分部分项工程量清单项目与定额项目的对应关系见表 8-16。

表 8-16　基础工程分部分项工程量清单项目与定额项目对应关系

序号	定额项目名称	定额计算规则	清单项目名称	清单计算规则
1	平整场地	按建筑物的首层建筑面积计算	平整场地	按设计图示尺寸以建筑物首层面积计算
2	挖土方	(1) 按照土质，区别是否放坡和留工作面或者支挡土板等考虑，以立方米计算； (2) 计算槽底钎探	挖基础土方	按设计图示尺寸以基础垫层底面积乘以挖土深度计算
3	混凝土垫层	按设计图示尺寸以体积计算	现浇混凝土基础	按设计图示尺寸以体积计算。不扣除构件内钢筋、预埋铁件和伸入承台基础的桩头所占体积
4	现浇混凝土基础	现浇混凝土基础按设计图示尺寸以体积计算。不扣除构件内钢筋、预埋铁件和伸入承台基础的桩头所占体积		
5	基础梁	按照图示尺寸以体积计算	基础梁	按设计图示尺寸以体积计算
6	回填土	按设计图示尺寸以体积计算	回填土	按设计图示尺寸以体积计算

三、基础工程分部分项工程量清单计价方法及案例

1. 基础分部分项工程量实例计算(见表 8-17)

表 8-17　基础分部分项工程量计算

序号	项目编码	项目名称	单位	工程量计算式	计算结果
1	010101001001	平整场地	m^2	(42.6+0.1)×(13.8+0.1)=593.53	593.53
2	010101002001	挖一般土方	m^3	V=(42.8+0.85+0.108+0.4+0.025+2×0.1)×(14+0.8+0.8+2×0.1) ×1.5=1051.88	1051.88
3	010501001001	C10 混凝土垫层	m^3	1-1：(0.8+0.2)×(0.8+0.2)×0.1×4=0.4 2-2：(2.2+0.2)×(0.8+0.2)×0.1×4=0.96 3-3：[1/2×(0.462+0.2+2.2+0.2) ×(1.505+0.1)+(2.2+0.2)×(0.508+0.1)] ×0.1×9=3.52 4-4: (2.2+0.2)×(2.2+0.2)×0.1×3=1.728； 5-5: (2.2+0.2)×(3.224+0.2)×0.1×2=1.64 6-6: (3.6+0.2)×(2.2+0.2)×0.1×2=1.824 地梁垫层： [(11.9−0.2×2)+(10.5−0.2×2)+(7.865−0.2×2)+(8.89−0.2×2)+(7.865−0.2×2)+(8.4−0.2×2)] ×0.45×0.1+(9−0.2×2) ×0.45×0.1+0.45×0.24/2×0.1×2=4.91 (29.8−0.2×7) ×0.5×0.1+0.5×0.27/2×0.1×8=1.47 (25.4−0.2×7) ×0.5×0.1=1.2；(51.59−0.2×9) ×0.5×0.1=2.49	20.14
4	010501005001	桩承台基础	m^3	CT1：0.8×0.8×0.6×4=1.536；　CT2：2.2×0.8×0.6×4=4.224 CT3：[1/2×(0.462+2.2) ×(1.105+0.4)+2.2×0.508] ×0.65×9=18.24 CT4：2.2×2.2×0.65×3=9.438；　CT5：2.2×3.224×0.65×2=9.22 CT6：3.6×2.2×0.65×2=10.296；　合计：52.95	52.95

续表

序号	项目编码	项目名称	单位	工程量计算式	计算结果
5	010401001001	砖基础	m^3	L=(42.8−0.5×8)×3+(14−0.5×3)×3+(14−0.6×3)×5+(13.8−0.15×2+0.06×2−0.24)×3+(1.55+0.2+1.65+0.2+1.6−0.15−0.05+0.03×2)=259.38 V=0.24×0.88×259.38=54.78 应扣除的构造柱：0.2×0.2×0.88×43+0.2×0.5×0.88×8=1.86 54.78−1.86=52.92	52.92
6	010503001001	基础梁	m^3	DL1：[(6.5−0.55−0.4)+(7.3−0.4−0.55)] ×0.25×0.55=1.64 （①轴） [(6.5−0.55−1.1)+(7.3−1.1−0.55)] ×0.25×0.55=1.44 （②轴） [13.8−(1.505−0.15)×2−3.225] ×0.25×0.55=1.08 （③轴） (13.8−1.3−1.3−2.2)×0.25×0.55+0.25×0.144/2×2=1.26 （⑧轴） [13.8−(1.505−0.15)×2−2.2] ×0.25×0.55=1.22 （⑦轴） [13.8−(1.505−0.15)×2−3.225] ×0.25×0.55=1.08 （⑥轴） [(6.5−1.3−1.8)+(1.55+0.2+1.65+0.2+1.6+0.1−0.15×2)] ×0.25×0.55=1.155 DL2:[(42.8−0.1−0.55−0.8−2.2×4−2.2−0.55) ×0.3×0.55+0.3×0.173/2×8] ×2=10.25 Dl3: [42.8−1.25−0.8−2.2×5−(5.3−1.1×2)−1.505+0.025] ×0.3×0.55=4.19 DL4:[(13.8−0.15×2−0.3)×2+(5.3−2.2)+(7.3−0.15×2)+(14+0.05−1.505−3.6+0.05−1.505)+(13.8−1.3×2−3.6)] ×0.3×0.55=8.51 合计：31.83	31.83
7	010103001001	回填方	m^3	1051.88−20.14−52.95−0.24×0.8×259.38−31.83−0.5×0.5×(1.1−0.3)×6−0.5×0.5×(1.05−0.3)×3−0.5×0.6×(1.05−0.3)×15=892.02	892.02

2. 基础综合单价确定(见表 8-18)

表 8-18　基础分部分项工程量清单综合单价分析表

序号	项目编码	项目名称	计量单位	工程量	合计		其中					
							人工费	材料费	机械费	管理费	规费	利润
1	010101001001	平整场地	m^2	593.53	单价	7.88	4.81			0.39	2.13	0.55
					合价	4674.62	2856.60			228.98	1262.90	326.14
	1-1	人工平整场地	$100m^2$	5.9353	单价	787.60	481.29			38.58	212.78	54.95
					合价	4674.62	2856.60			228.98	1262.90	326.14
2	010101002001	挖一般土方	m^3	1051.88	单价	9.73	3.54		3.41	0.53	1.57	0.68
					合价	10238.53	3728.46		3585.70	561.69	1648.35	714.32
	1-21	挖土机挖一般土	$1000m^3$	1.1668	单价	5126.94	966.24		3073.11	302.72	427.17	357.69
					合价	5982.11	1127.41		3585.70	353.21	498.43	417.36
	1-11	槽底钎探	$100m^2$	7.3772	单价	576.97	352.58			28.26	155.88	40.25
					合价	4256.42	2601.05			208.48	1149.93	296.96
3	010501001001	C10 混凝土垫层	m^3	20.14	单价	696.01	133.70	437.16	2.85	14.63	59.11	48.56
					合价	14017.58	2692.80	8804.38	57.32	294.63	1190.49	977.97
	1-71	混凝土垫层(厚度在 10cm 以内)	$10m^3$	2.014	单价	5688.10	797.27	4059.53	16.83	65.15	352.47	396.84
					合价	11455.83	1605.70	8175.89	33.90	131.21	709.88	799.24
	13-1	垫层模板	$10m^3$	2.014	单价	1271.97	539.77	312.06	11.63	81.14	238.63	88.74
					合价	2561.76	1087.10	628.49	23.42	163.42	480.61	178.73

续表

序号	项目名称		计量单位	工程量	合计		其中					
							人工费	材料费	机械费	管理费	规　费	利　润
4	010501005001	桩承台基础	m^3	52.95	单价	918.01	208.75	516.59	4.36	31.97	92.29	64.05
					合价	48608.47	11053.15	27353.65	230.76	1693.02	4886.60	3391.29
	4-9	桩承台基础	$10m^3$	5.295	单价	7644.12	1536.15	4655.15	4.89	235.49	679.13	533.31
					合价	40475.63	8133.91	24649.02	25.89	1246.92	3596.00	2823.88
	13-12	桩承台基础模板(独立)	$10m^3$	5.295	单价	1535.95	551.32	510.79	38.69	84.25	243.74	107.16
					合价	8132.84	2919.24	2704.63	204.86	446.10	1290.60	567.41
5	010401001001	砖基础	m^3	52.92	单价	552.15	93.79	362.39	5.18	10.81	41.46	38.52
					合价	29219.83	4963.16	19177.89	274.13	571.85	2194.21	2038.59
	3-1	砖基础	$10m^3$	5.292	单价	5521.51	937.86	3623.94	51.80	108.06	414.63	385.22
					合价	29219.83	4963.16	19177.89	274.13	571.85	2194.21	2038.59
6	010503001001	基础梁	m^3	31.83	单价	1203.09	289.21	641.22	16.47	44.40	127.86	83.94
					合价	38294.29	9205.62	20409.87	524.14	1413.16	4069.80	2671.69
	4-24	现浇混凝土基础梁	$10m^3$	3.183	单价	6381.25	786.17	4672.66	7.94	121.71	347.57	445.20
					合价	20311.52	2502.38	14873.08	25.27	387.40	1106.30	1417.08
	13-22	基础梁、地圈梁、基础加筋带模板	$10m^3$	3.183	单价	5649.63	2105.95	1739.49	156.73	322.26	931.04	394.16
					合价	17982.77	6703.24	5536.80	498.87	1025.75	2963.50	1254.61
7	010103001001	回填方	m^3	892.02	单价	26.54	15.15		1.51	1.34	6.70	1.85
					合价	23673.77	13509.65		1343.92	1195.94	5972.61	1651.66
	1-49	回填土	$10m^3$	100.668	单价	235.17	134.20		13.35	11.88	59.33	16.41
					合价	23673.77	13509.65		1343.92	1195.94	5972.61	1651.66

3. 措施项目清单计价(见表 8-19)

表 8-19　措施项目清单

序号	项目编码	子目名称	单位	工程量	单价/元	合价/元	其中/元					
							人工费	材料费	机械费	管理费	规　费	利　润
1	013103001001	混凝土垫层模板	m^3	20.14	93.69	1886.94	682.89	612.48	21.37	136.65	301.91	131.65
2	013103001001	桩承台基础模板	m^3	52.95	116.22	6153.77	1833.82	2518.83	188.13	372.93	810.73	429.33
3	013103003001	基础梁模板	m^3	31.83	432.62	13770.16	4210.85	5427.62	452.15	857.21	1861.62	960.71
合计						21810.53						

4. 基础工程量清单与计价表(见表 8-20)

表 8-20　基础工程量清单与计价表

工程名称：　　　　标段：　　　　第　页 共　页

序号	项目编码	项目名称	计量单位	工程量	金额/元		
					综合单价	合价	其中：规费
1	010101001001	场地平整	m^2	593.53	7.88	4674.62	1262.90
2	010101002001	挖一般土方	m^3	1051.88	9.73	10238.53	1648.35
3	010501001001	C10 混凝土垫层	m^3	20.14	696.01	14017.58	1190.49
4	010501005001	桩承台基础	m^3	52.95	918.01	48608.47	4886.60
5	010401001001	砖基础	m^3	52.92	552.15	29219.83	2194.21
6	010503001001	基础梁	m^3	31.83	1203.09	38294.29	4069.80
7	010103001001	土(石)方回填	m^3	892.02	26.54	23673.77	5972.61
合计						168727.09	21224.96

5. 基础清单措施费计算(见表 8-21)

表 8-21　基础清单措施费

序号	项目编码	项目名称	计 算 基 础	费率/%	金额/元	其中：规费/元
	措施一					
1	011707001001	安全文明施工措施费	分部分项工程费中的人工费、材料费、机械费合计	2.97	3251.10	229.97
2	011707001005	冬雨季施工增加费				
3	011707001004	二次搬运措施费				
4	01B001	竣工验收存档资料编制费	分部分项工程费和可计量措施项目费中的人工费、材料费、机械费	0.1	129.77	
合计					3380.87	229.97
	措施二					
	011702001	综合脚手架	没发生			
	011702003	里脚手架	没发生			
	011703001	垫层模板及支架	分部工程清单综合单价组价中包括			
	011703006	桩承台基础模板及支架	分部工程清单综合单价组价中包括			
	011703002	带形基础模板及支架	分部工程清单综合单价组价中包括			
	011703010	基础梁模板及支架	分部工程清单综合单价组价中包括			
	011704001	垂直运输模板及支架	分部工程清单综合单价组价中包括			
合计						

6. 基础工程量清单计价汇总表(见表 8-22)

表 8-22　基础工程量清单计价汇总表

序号	费用项目名称	计算基础	费率/%	费用金额/元
(1)	分部分项工程量清单计价合计	∑(工程量×综合单价)		103793.313
(2)	其中：规费	∑(工程量×综合单价中规费)		10444.92
(3)	措施项目预算计价合计	∑措施项目金额		23599.19
(4)	其中：规费	∑措施项目金额中规费		3078.71
(5)	规费	(2)+(4)		13523.6
(6)	税金	[(1)+(3)]×相应税率	3.44	4382.3
(7)	含税总价	(1)+(3)+(6)		131774.8

7. 单位工程招标控制价/投标报价汇总(见表 8-23)

表 8-23　单位工程招标控制价/投标报价汇总表

工程名称：　　　　　　　　　　　　　　　　　　　　　　第　页 共　页

序　号	汇总内容	金额/元	其中：暂估价/元
1	分部分项工程	103793.313	
1.1	基础脚手架		
1.2	模板支承		
1.3	垂直运输		
2	措施项目	23599.19	
2.1	安全文明施工费		
2.2	夜间施工费		
2.3	二次搬运费		
2.4	冬季、雨季施工		
2.5	大型机械设备进出场及安拆费		
2.6	施工排水		
2.7	施工降水		
2.8	地上、地下设施、建筑物的临时保护设施		
2.9	已完工程及设备保护		
2.10	各专业工程的措施项目		
3	其他项目		
3.1	暂列金额		
3.2	专业工程暂估价		
3.3	计日工		
3.4	总承包服务费		
4	规费	13523.6	
5	税金	4382.3	
招标控制价合计=1+2+3+4+5		131774.8	

注：本表适用于单位工程招标控制价或投标报价的汇总，如无单位工程划分，单项工程也使用本表汇总。

习　　题

8-1　基础工程中，定额计价与清单计价工程量计算规则有哪些不同？

8-2　根据《建设工程工程量清单计价规范》，哪些项目属于措施项目？

8-3　措施项目的计算规则分别是什么？

8-4　如何确定综合单价？

8-5　试计算图 8-5 所示土方工程的综合基价费。已知地坪标高为±0.000，地下水位标高为-4.0m，图 8-5 所示尺寸均为底部尺寸，土壤为砂砾坚土，采用人工开挖(计算工程量时可以分别计算，不考虑相交重算部分体积)。

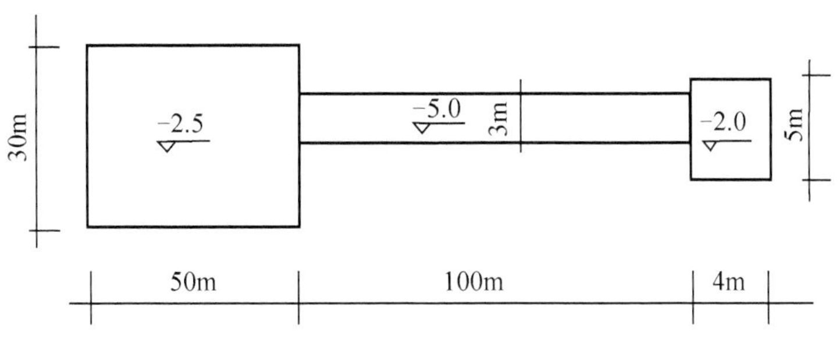

图 8-5　习题 8-5 用图

8-6　按照附录二“综合练习用图”、附录五“清单计价法实训手册”要求进行工程量项目列项、计算工程量清单，并进行工程计价。

学习情境9　主体工程的清单计量与计价

情境描述	针对实际工程项目，从主体工程的分部分项工程量清单列项、分部分项工程量清单计算、确定清单计价综合单价、措施项目等清单计价计算、清单计价汇总计算主体建筑工程计量与计价，完全以工作过程为导向
教学目标	(1) 了解主体工程的施工流程； (2) 掌握主体工程的工程量清单列项要求和工程量清单计算规则； (3) 掌握建筑工程综合单价确定方法； (4) 掌握建筑工程施工措施费清单等的计算； (5) 掌握规费、利润和税金清单计价； (6) 能够进行清单计价汇总
主要教学内容	(1) 主体施工图纸和说明要求等； (2) 主体工程的施工流程； (3) 进行主体工程的工程量清单列项； (4) 应用主体工程工程量清单的计算规则要求； (5) 确定综合单价，计算分部分项工程清单计价费用； (6) 按照施工方案和要求确定措施项目等清单计价费用； (7) 确定建筑工程规费、利润和税金清单计价； (8) 进行清单计价汇总

任务9.1　主体工程清单分部分项工程量清单的编制

一、主体工程清单分部分项工程量清单项目的设置

工程量清单是工程量清单计价的基础，应作为编制招标控制价、投标报价、计算工程量、支付工程款、调整合同价款、办理竣工结算及工程索赔等的依据之一。工程量清单应由具有编制能力的招标人或受其委托，具有相应资质的工程造价咨询人编制。采用工程量清单方式招标，工程量清单必须作为招标文件的组成部分，其准确性和完整性由招标人

负责。

工程量清单应由分部分项工程量清单、措施项目清单、其他项目清单、规费项目清单和税金项目清单组成。

(1) 编制分部分项工程量清单的依据同基础工程清单计量与计价。

(2) 分部分项工程量清单编制规定同基础工程清单计量与计价。

(3) 列项依据。

① 施工图纸。其包括主体各层结构平面图、剖面图、屋顶平面图、局部详图及设计说明。

② 施工过程：施工方案。

一般砖混结构工程的项目，施工程序为：砌墙→构造柱→圈梁→钢筋混凝土梁板→钢筋混凝土楼梯→阳台雨篷等→屋面保温防水→其他项目。

一般钢筋混凝土框架结构工程的项目，施工程序为：柱→梁→钢筋混凝土板→钢筋混凝土楼梯→阳台雨篷等→砌维护墙→屋面保温防水→其他项目。

一般钢筋混凝土框剪结构工程的项目，施工程序为：剪力墙→柱→梁→钢筋混凝土板→钢筋混凝土楼梯→阳台雨篷等→顶层板→砌维护墙→屋面保温防水→其他项目。

③ 工程量清单项目划分原则。符合《建设工程工程量清单计价规范》(GB 50500—2008)的计量规范 B 中计算规则和规范要求。

(4) 清单计价项目划分原则。主体分部分项计量计价项目基本与施工过程项目相同。

二、主体工程清单计量与计价项目的确定方法

主体工程清单计量与计价项目的确定可参照表 9-1 所列的项目和说明要求进行。

表 9-1 主体工程分部分项工程量清单列项参考表

序号	项目编码	项目名称	项目特征描述内容	计量单位
1	010401003	实心砖墙	①砖品种、规格、强度等级； ②墙体类型； ③砂浆强度等级、配合比	m^3
2	010401004	多孔砖墙		
3	010401005	空心砖墙		
4	010401006	空斗墙	①砖品种、规格、强度等级； ②墙体类型； ③砂浆强度等级、配合比	
5	010401007	空花墙		
6	010401008	填充墙		
7	010401009	实心砖柱	①砖品种、规格、强度等级； ②柱类型； ③砂浆强度等级、配合比	
8	010401010	多孔砖柱		
9	010401013	零星砌砖	①零星砌砖名称、部位； ②砂浆强度等级、配合比	①m^3 ②m^2 ③m ④个

续表

序号	项目编码	项目名称	项目特征描述内容	计量单位
10	010402001	砌块墙	①砌块品种、规格、强度等级；②墙体类型；③砂浆强度等级	m^3
11	010502001	矩形柱	①混凝土类别 ②混凝土强度等级	m^3
12	010502002	构造柱	①柱形状；②混凝土类别；③混凝土强度等级	m^3
13	010502003	异形柱		
14	010503002	矩形梁	①混凝土类别；②混凝土强度等级	m^3
15	010503003	异形梁	①混凝土类别；②混凝土强度等级	m^3
16	010503004	圈梁	①混凝土类别；②混凝土强度等级	m^3
17	010503005	过梁	①混凝土类别；②混凝土强度等级	m^3
18	010503006	弧形、拱形梁	①混凝土类别；②混凝土强度等级	m^3
19	010504001	直形墙	①混凝土类别；②混凝土强度等级	m^3
20	010504002	弧形墙	①混凝土类别；②混凝土强度等级	m^3
21	010504003	短肢剪力墙	①混凝土类别；②混凝土强度等级	m^3
22	010505001	有梁板	①混凝土类别；②混凝土强度等级	m^3
23	010505002	无梁板	①混凝土类别；②混凝土强度等级	m^3
24	010505003	平板	①混凝土类别；②混凝土强度等级	m^3
25	010505004	拱板	①混凝土类别；②混凝土强度等级	m^3
26	010505005	薄壳板	①混凝土类别；②混凝土强度等级	m^3
27	010505006	栏板	①混凝土类别；②混凝土强度等级	m^3
28	010505007	天沟、挑檐板	①混凝土类别；②混凝土强度等级	m^3
29	010505008	雨篷、悬挑板阳台板	①混凝土类别；②混凝土强度等级	m^3
30	010505009	其他板	①混凝土类别；②混凝土强度等级	m^3
31	010506001	直形楼梯	①混凝土类别；②混凝土强度等级	m^3
32	010506002	弧形楼梯	①混凝土类别；②混凝土强度等级	m^3
33	010507001	散水、坡道	①垫层材料种类、厚度；②面层厚度；③混凝土类别；④混凝土强度等级；⑤变形缝填塞材料种类	m^2
34	010507001	散水、坡道		.m^2
35	010507002	电缆沟、地沟	①土壤类别；②沟截面净空尺寸；③垫层材料种类、厚度；④混凝土类别；⑤混凝土强度等级；⑥防护材料种类	m
36	010507003	台阶	① 踏步高宽比；②混凝土类别；③混凝土强度等级	①m^2 ②m^3
37	010507004	扶手、压顶	①断面尺寸；②混凝土类别；③混凝土强度等级	①m ②m^3
38	010507011	其他构件	①构件的类型；②构件规格；③部位；④混凝土类别；⑤混凝土强度等级	m^3

续表

序号	项目编码	项目名称	项目特征描述内容	计量单位
39	010509001	矩形柱	①图代号；②单件体积；③安装高度；④混凝土强度等级；⑤砂浆强度等级、配合比	m^3 (根)
40	010509002	异形柱		
41	010510001	矩形梁	①图代号；②单件体积；③安装高度；④混凝土强度等级；⑤砂浆强度等级、配合比	m^3 (根)
42	010510002	异形梁		
43	010510003	过梁		
44	010510004	拱形梁		
45	010515001	现浇混凝土钢筋	钢筋种类、规格	t
46	010515002	钢筋网片		
47	010515003	钢筋笼		
48	010702004	木楼梯	①楼梯形式；②木材种类；③刨光要求；④防护材料种类	m^2
49	010801001	木质门		
50	010801002	木质门带套	①门代号及洞口尺寸；②镶嵌玻璃品种、厚度	①樘 ②m^2
51	010801003	木质连窗门		
52	010801004	木质防火门	①门代号及洞口尺寸；②框截面尺寸；③防护材料种类	
53	010801005	木门框		个
54	010801006	门锁安装	①锁品种；②锁规格	(套)
55	010802001	金属(塑钢)门	①门代号及洞口尺寸；②门框或扇外围尺寸；③门框、扇材质；④玻璃品种、厚度	①樘 ②m^2
56	010802002	彩板门	①门代号及洞口尺寸；②门框或扇外围尺寸；	
57	010802003	钢质防火门	①门代号及洞口尺寸；②门框或扇外围尺寸；③门框、扇材质	
58	010702004	防盗门	①门代号及洞口尺寸；②门框或扇外围尺寸；③门框、扇材质	
59	010803001	金属卷帘(闸)门	①门代号及洞口尺寸；②门材质；③启动装置品种、规格	①樘 ②m^2
60	010803002	防火卷(闸)门		
61	010805005	全玻自由门	①门代号及洞口尺寸；②门框或扇外围尺寸；③框材质；④玻璃品种、厚度	①樘 ②m^2
62	010806001	木质窗	①窗代号及洞口尺寸；②玻璃品种、厚度；③防护材料种类	
63	010806002	木橱窗	①窗代号；②框截面及外围展开面积；③玻璃品种、厚度；④防护材料种类	①樘 ②m^2
64	010806003	木飘(凸)窗		
65	010806004	木质成品窗	①窗代号及洞口尺寸；②玻璃品种、厚度	
66	010807001	金属(塑钢、断桥)窗	①窗代号及洞口尺寸；②框、扇材质；③玻璃品种、厚度	①樘 ②m^2
67	010807006	金属(塑钢、断桥)橱窗	①窗代号；②框外围展开面积；③框、扇材质；④玻璃品种、厚度；⑤防护材料种类	

续表

序号	项目编码	项目名称	项目特征描述内容	计量单位
68	010807007	金属(塑钢、断桥)飘(凸)窗	①窗代号；②框外围展开面积；③框、扇材质；④玻璃品种、厚度	①樘 ② m^2
69	010808001	木门窗套	①窗代号及洞口尺寸；②门窗套展开宽度；③基层材料种类；④面层材料品种、规格；⑤线条品种、规格；⑥防护材料种类	①樘 ② m^2
70	010808002	木筒子板	①筒子板宽度；②基层材料种类；③面层材料品种、规格；④线条品种、规格；⑤防护材料种类	①樘 ② m^2 ③m
71	010808003	饰面夹板筒子板	①筒子板宽度；②基层材料种类；③面层材料品种、规格；④线条品种、规格； ⑤防护材料种类	①樘 ② m^2 ③m
72	010809001	木窗台板	①基层材料种类；②窗台面板材质、规格、颜色；③防护材料种类	①樘 ② m^2 ③m
73	010809004	石材窗台板	①黏结层厚度、砂浆配合比；②窗台板材质、规格、颜色	
74	010901001	瓦屋面	①瓦品种、规格；②黏结层砂浆的配合比	m^2
75	010901002	型材屋面	①型材品种、规格；②金属檩条材料品种、规格；③接缝、嵌缝材料种类	m^2
76	010902001	屋面卷材防水	①卷材品种、规格、厚度；②防水层数；③防水层做法	m^2
77	010902002	屋面涂膜防水	①防水膜品种；②涂膜厚度、遍数；③增强材料种类；	m^2
78	010902003	屋面刚性层	①刚性层厚度；②混凝土强度等级；③嵌缝材料种类；④钢筋规格、型号	m^2
79	010902004	屋面排水管	①排水管品种、规格；②雨水斗、山墙出水口品种、规格；③接缝、嵌缝材料种类；④油漆品种、刷漆遍数	m^2
80	010902005	屋面排(透)气管	①排(透)气管品种、规格；②接缝、嵌缝材料种类；③油漆品种、刷漆遍数	m
81	010902002	屋面涂膜防水	①防水膜品种；②涂膜厚度、遍数；③增强材料种类；④基层处理；⑤刷基层处理剂；⑥铺布、喷涂防水层	m^2
82	010902003	屋面刚性层	①刚性层厚度；②混凝土强度等级；③嵌缝材料种类；④钢筋规格、型号	m^2
83	010902006	屋面(廊、阳台)吐水管	①吐水管品种、规格；②接缝、嵌缝材料种类；③吐水管长度；④油漆品种、刷漆遍数	个
84	010902007	屋面天沟、檐沟防水	①材料品种、规格；②接缝、嵌缝材料种类	m^2
85	010902008	屋面变形缝	①嵌缝材料种类；②止水带材料种类；③盖缝材料；④防护材料种类	m

续表

序号	项目编码	项目名称	项目特征描述内容	计量单位
86	010903001	墙面卷材防水	①卷材品种、规格、厚度；②防水层数；③防水层做法	m^2
87	010903002	墙面涂膜防水	①防水膜品种；②涂膜厚度、遍数；③增强材料种类	m^2
88	010903003	墙面砂浆防水(防潮)	①防水层做法；②砂浆厚度、配合比；③钢丝网规格；	m^2
89	010904002	楼(地)面涂膜防水	①防水膜品种；②涂膜厚度、遍数；③增强材料种类；④基层处理；⑤刷基层处理剂；⑥铺布、喷涂防水层	m^2
90	010904003	楼(地)面砂浆防水(防潮)	①防水层做法；②砂浆厚度、配合比	m^2
91	010904004	楼(地)面变形缝	①嵌缝材料种类；②止水带材料种类；③盖缝材料；④防护材料种类	m^2
92	011001001	保温隔热屋面	①保温隔热部位；②保温隔热方式；③踢脚线、勒脚线保温做法；④龙骨材料品种、规格；⑤保温隔热面层材料品种、规格、性能；⑥保温隔热材料品种、规格及厚度；⑦增强网及抗裂防水砂浆种类；⑧粘接材料种类及做法；⑩防护材料种类及做法	m^2
93	011001003	保温隔热墙面		m^2

三、主体工程分部分项工程量清单计算规则

1. 实心砖墙的工程量计算规则

按设计图示尺寸以体积计算。扣除门窗洞口、过人洞、空圈、嵌入墙内的钢筋混凝土柱、梁、圈梁、挑梁、过梁及凹进墙内的壁龛、管槽、暖气槽、消火栓箱所占体积。不扣除梁头、板头、擦头、垫木、木楞头、沿椽木、木砖、门窗走头、砖墙内加固钢筋、木筋、铁件、钢管及单个面积 0.3m^2 以内的孔洞所占体积。凸出墙面的腰线、挑檐、压顶、窗台线、虎头砖、门窗套的体积亦不增加。凸出墙面的砖垛并入墙体体积内计算。

(1) 墙长度。外墙按中心线计算，内墙按净长计算。

(2) 墙高度。

① 外墙。斜(坡)屋面无檐口天棚者算至屋面板底；有屋架且室内外均有天棚者算至屋架下弦底另加 200mm；无天棚者算至屋架下弦底另加 300mm，出檐宽度超过 600mm 时按实砌高度计算；平屋面算至钢筋混凝土板底。

② 内墙。位于屋架下弦者算至屋架下弦底；无屋架者算至天棚底另加 100mm；有钢筋混凝土楼板隔层者算至楼板顶；有框架梁时算至梁底。

③ 女儿墙。从屋面板上表面算至女儿墙顶面(如有混凝土压顶时算至压顶下表面)。

④　内、外山墙。按其平均高度计算。

(3)　围墙。高度算至压顶上表面(如有混凝土压顶时算至压顶下表面)，围墙柱并入围墙体积内。

工程内容：①砂浆制作、运输；②砌砖；③刮缝；④砖压顶砌筑；⑤材料运输。

2. 空斗墙的工程量计算规则

按设计图示尺寸以空斗墙外形体积计算，墙角、内外墙交接处、门窗洞口立边、窗台砖、屋檐处的实砌部分体积并入空斗墙体积内。

工程内容：①砂浆制作、运输；②砌砖；刮缝；③砖压顶砌筑；④材料运输。

3. 空花墙的工程量计算规则

按设计图示尺寸以空花部分外形体积计算，不扣除空洞部分体积。

工程内容：①砂浆制作、运输；②砌砖；③刮缝；④砖压顶砌筑；⑤材料运输。

4. 填充墙的工程量计算规则

按设计图示尺寸以填充墙外形体积计算。

工程内容：①砂浆制作、运输；②砌砖；③刮缝；④砖压顶砌筑；⑤材料运输。

5. 实心砖柱、零星砌砖的工程量计算规则

按设计图示尺寸以体积计算。扣除混凝土及钢筋混凝土梁垫、梁头、板头所占体积。

工程内容：①砂浆制作、运输；②砌砖；③刮缝；④材料运输。

6. 砖窨井、检查井、砖水池、化粪池的工程量计算规则

按设计图示数量计算。

工程内容：①土方挖运；②砂浆制作、运输；③铺设垫层；④底板混凝土的制作、运输、浇筑、振捣、养护；⑤砌砖；⑥勾缝；⑦井池底、壁抹灰；⑧抹防潮层；⑨回填；⑩材料运输。

7. 空心砖墙、砌块墙的工程量计算规则

按设计图示尺寸以体积计算。扣除门窗洞口、过人洞、空圈、嵌入墙内的钢筋混凝土柱、梁、圈梁、挑梁、过梁及凹进墙内的壁龛、管槽、暖气槽、消火栓箱所占体积，不扣除梁头、板头、檩头、垫木、木楞头、沿椽木、木砖、门窗走头、砖墙内加固钢筋、木筋、铁件、钢管及单个面积 $0.3m^2$ 以内的孔洞所占体积，凸出墙面的腰线、挑檐、压顶、窗台线、虎头砖、门窗套的体积不增加，凸出墙面的砖垛并入墙体体积内。

墙长度：外墙按中心线计算，内墙按净长计算。

墙高度：

(1)　外墙。斜(坡)屋面无檐口天棚者算至屋面板底；有屋架且室内外均有天棚者算至屋架下弦底另加 200mm；无天棚者算至屋架下弦底另加 300mm，出檐宽度超过 600mm 时按实砌高度计算；平屋面算至钢筋混凝土板底。

(2)　内墙。位于屋架下弦者，算至屋架下弦底；无屋架者算至天棚底另加 100mm；有钢筋混凝土楼板隔层者算至楼板顶；有框架梁时算至梁底。

(3)　女儿墙。从屋面板上表面算至女儿墙顶面(如有压顶时算至压顶下表面)。

(4) 内、外山墙。按其平均高度计算。

(5) 围墙。高度算至压顶上表面(如有混凝土压顶时算至压顶下表面)，围墙柱并入围墙体积内。

工程内容：①砂浆制作、运输；②砌砖、砌块；③勾缝；④材料运输。

8. 空心砖柱、砌块柱的工程量计算规则

按设计图示尺寸以体积计算。扣除混凝土及钢筋混凝土梁垫、梁头、板头所占体积。

工程内容：①砂浆制作、运输；②砌砖、砌块；③勾缝；④材料运输。

9. 石基础的工程量计算规则

按设计图示尺寸以体积计算。包括附墙垛基础宽出部分体积，不扣除基础砂浆防潮层及单个面积 0.3m^2 以内的孔洞所占体积，靠墙暖气沟的挑檐不增加体积。

基础长度：外墙按中心线计算，内墙按净长计算。

工程内容：①砂浆制作、运输；②砌石；③防潮层铺设；④材料运输。

10. 石勒脚的工程量计算规则

按设计图示尺寸以体积计算。扣除单个 0.3m^2 以外的孔洞所占的体积。

工程内容：①砂浆制作、运输；②砌石；③石表面加工；④勾缝；⑤材料运输。

11. 石墙的工程量计算规则

按设计图示尺寸以体积计算。扣除门窗洞口、过人洞、空圈、嵌入墙内的钢筋混凝土柱、梁、圈梁、挑梁、过梁及凹进墙内的壁龛、管槽、暖气槽、消火栓箱所占体积，不扣除梁头、板头、檩头、垫木、木楞头、沿椽木、木砖、门窗走头、砖墙内加固钢筋、木筋、铁件、钢管及单个面积 0.3m^2 以内的孔洞所占体积，凸出墙面的腰线、挑檐、压顶、窗台线、虎头砖、门窗套不增加体积，凸出墙面的砖垛并入墙体体积内。

墙长度：外墙按中心线计算，内墙按净长计算。

墙高度：

(1) 外墙。斜(坡)屋面无檐口天棚者算至屋面板底；有屋架且室内外均有天棚者算至屋架下弦底另加 200mm；无天棚者算至屋架下弦底另加 300mm，出檐宽度超过 600mm 时按实砌高度计算；平屋面算至钢筋混凝土板底。

(2) 内墙。位于屋架下弦者，算至屋架下弦底；无屋架者算至天棚底另加 100mm；有钢筋混凝土楼板隔层者算至楼板顶；有框架梁时算至梁底。

(3) 女儿墙。从屋面板上表面算至女儿墙顶面(如有压顶时算至压顶下表面)。

(4) 内、外山墙。按其平均高度计算。

(5) 围墙。高度算至压顶上表面(如有混凝土压顶时算至压顶下表面)，围墙柱、砖压顶并入围墙体积内。

工程内容：①砂浆制作、运输；②砌石；③石表面加工；④勾缝；⑤材料运输。

12. 砖散水、地坪的工程量计算规则

按设计图示尺寸以面积计算。

工程内容；①地基找平、夯实；②铺设垫层；③砌砖散水、地坪；④抹砂浆面层。

13. 砖地沟、明沟的工程量计算规则

按设计图示以中心线长度计算。

工程内容：①挖运土石；②铺设垫层；③底板混凝土的制作、运输、浇筑、振捣、养护；④砌砖；⑤勾缝、抹灰；⑥材料运输。

台阶、台阶挡墙、梯带、锅台、炉灶、蹲台、池槽、池槽腿、花台、花池、楼梯栏板、阳台栏板、地垄墙、屋面隔热板下的砖墩、0.3m^2孔洞填塞等，应按零星砌砖项目编码列项。砖砌锅台与炉灶可按外形尺寸以个计算，砖砌台阶可按水平投影面积以平方米计算，小便槽、地垄墙可按长度计算，其他工程量按平方米计算。

14. 矩形柱、异形柱的工程量计算规则

按设计图示尺寸以体积计算。不扣除构件内钢筋、预埋铁件所占体积。

柱高：

有梁板的柱高，应自柱基上表面(或楼板上表面)至上一层楼板上表面之间的高度计算。

无梁板的柱高，应自柱基上表面(或楼板上表面)至柱帽下表面之间的高度计算。

框架柱的柱高，应自柱基上表面至柱顶高度计算。

构造柱按全高计算，嵌接墙体部分并入柱身体积。

依附柱上的牛腿和升板的柱帽，并入柱身体积计算。

工程内容：混凝土的制作、运输、浇筑、振捣、养护。

15. 矩形梁、异形梁、圈梁、过梁、弧形、拱形梁的工程量计算规则

按设计图示尺寸以体积计算。不扣除构件内钢筋、预埋铁件所占体积，扣除门窗洞口及单个面积0.3m^2以外的孔洞所占体积，墙垛及突出墙面部分并入墙体体积内计算。

工程内容：混凝土的制作、运输、浇筑、振捣、养护。

例 9-1　某现浇钢筋混凝土单层厂房，屋面板顶面标高5.0m，柱基础顶面标高为−0.5m。柱截面尺寸：Z_1=300mm×400mm，Z_2=400mm×500mm，Z_3=300mm×400mm，如图9-1所示(注：柱中心线与轴线重合)。用现场搅拌机拌C20混凝土(石子粒径20mm)，求柱、有梁板子目的现浇混凝土工程量清单项目。

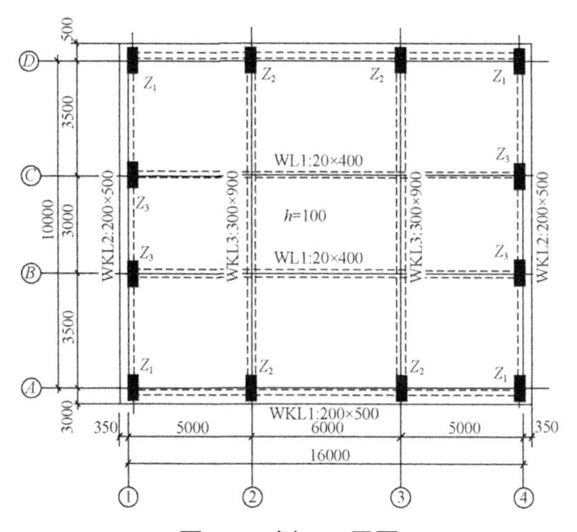

图 9-1　例 9-1 用图

解 现浇柱：

Z_1：0.3×0.4×5.5×4=2.64(m^3)

Z_2：0.4×0.5×5.5×4=4.40(m^3)

Z_3：0.3×0.4×5.5×4=2.64(m^3)

小计：9.68m^3

现浇有梁板：

WKL1：(16−0.15×2−0.4×2)×0.2×(0.5−0.1)×2=2.38(m^3)

WL1： (16−0.15×2−0.3×2)×0.2×(0.4−0.1)×2=0.91(m^3)

(16−0.2×2−0.3×2)×0.2×(0.4−0.1)×1=0.9(m^3)

WKL2：(10−0.2×2−0.4−0.5)×0.2×(0.5−0.1)×2=1.41(m^3)

WKL3：(10−0.25×2)×0.3×(0.9−0.1)×2=4.56(m^3)

板：

[(10+0.2×2)×(16+0.15×2)−(0.3×0.4×8+0.4×0.5×4)]×0.1=16.77(m^3)

小计：26.94 m^3

工程量清单见表9-2。

表9-2 工程量清单

序号	项目编码	项目名称	项目特征描述	计量单位	工程量	金额/元		
						综合单价	合价	暂估价
		A.4 混凝土及钢筋混凝土工程						
1	010502001001	现浇矩形柱	柱高度5.0m；柱截面尺寸1.8 m以内；C20混凝土20mm；现场机拌	m^3	9.68			
2	010505001001	现浇有梁板	板底标高 4.9m；板厚100mm；C20 混凝土20mm；现场机拌	m^3	26.94			
		分部小计						

16. 直形墙、弧形墙的工程量计算规则

按设计图示尺寸以体积计算。不扣除构件内钢筋、预埋铁件所占体积，扣除门窗洞口及单个面积0.3m^{2}以外的孔洞所占体积，墙垛及突出墙面部分并入墙体体积内计算。

工程内容：混凝土的制作、运输、浇筑、振捣、养护。

17. 有梁板、无梁板、平板、拱板、薄壳板、栏板的工程量计算规则

按设计图示尺寸以体积计算。不扣除构件内钢筋、预埋铁件及单个面积0.3m^{2}以内的孔洞所占体积。有梁板(包括主、次梁与板)按梁、板体积之和计算，无梁板按板和柱帽体积之和计算，各类板伸入墙内的板头并入板体积内计算，薄壳板的肋、基梁并入薄壳体积内计算。

工程内容：混凝土的制作、运输、浇筑、振捣、养护。

18. 天沟、挑檐板的工程量计算规则

按设计图示尺寸以体积计算。

工程内容：混凝土的制作、运输、浇筑、振捣、养护。

19. 雨篷、阳台板的工程量计算规则

按设计图示尺寸以墙外部分体积计算，包括伸出墙外的牛腿和雨篷反挑檐的体积。

工程内容：混凝土的制作、运输、浇筑、振捣、养护。

20. 其他板的工程量计算规则

按设计图示尺寸以体积计算。

工程内容：混凝土的制作、运输、浇筑、振捣、养护。

21. 直形楼梯、弧形楼梯的工程量计算规则

按设计图示尺寸以水平投影面积计算。不扣除宽度小于 500mm 的楼梯井，伸入墙内部分不计算。

工程内容：混凝土的制作、运输、浇筑、振捣、养护。

22. 其他构件的工程量计算规则

按设计图示尺寸以体积计算。不扣除构件内钢筋、预埋铁件所占体积。

工程内容：混凝土的制作、运输、浇筑、振捣、养护。

23. 散水、坡道的工程量计算规则

按设计图示尺寸以面积计算。不扣除单个 $0.3m^2$ 以内的孔洞所占面积。

工程内容：①地基夯实；②铺设垫层；③混凝土的制作、运输、浇筑、振捣、养护；④变形缝填塞。

24. 电缆沟、地沟的工程量计算规则

按设计图示以中心线长度计算。

工程内容：①挖运土石；②铺设垫层；③混凝土的制作、运输、浇筑、振捣、养护；④刷防护材料。

25. 后浇带的工程量计算规则

按设计图示尺寸以体积计算。

工程内容：混凝土的制作、运输、浇筑、振捣、养护。

26. 现浇混凝土钢筋、预制构件钢筋、钢筋网片、钢筋笼的工程量计算规则

按设计图示钢筋(网)长度(面积)乘以单位理论质量计算。

工程内容：①钢筋(网、笼)的制作、运输；②钢筋(网、笼)的安装。

27. 木板大门、钢木大门、全钢板大门、特种门、围墙铁丝门的工程量计算规则

按设计图示数量或设计图示洞口尺寸以面积计算。

工程内容：①门(骨架)制作、运输；②门、五金配件安装；③刷防护材料、油漆。

28. 木楼梯的工程量计算规则

按设计图示尺寸以水平投影面积计算。不扣除宽度小于 300mm 的楼梯井，伸入墙内部分不计算。

工程内容：①木楼梯的制作；②运输；③安装；④刷防护材料、油漆。

29. 钢屋架的工程量计算规则

按设计图示尺寸以质量计算。不扣除孔眼、切边、切肢的质量，焊条、铆钉、螺栓等不另增加质量，不规则或多边形钢板以其外接矩形面积乘以厚度乘以单位理论质量计算。

工程内容：①钢屋架的制作；②运输；③拼装；④安装；⑤探伤；⑥刷油漆。

30. 瓦屋面、型材屋面的工程量计算规则

按设计图示尺寸以斜面积计算。不扣除房上烟囱、风帽底座、风道、小气窗、斜沟等所占面积，小气窗的出檐部分不增加面积。

工程内容：①檩条、椽子的安装；②基层铺设；③铺防水层；④安顺水条和挂瓦条；⑤安瓦；⑥刷防护材料。

31. 膜结构屋面的工程量计算规则

按设计图示尺寸以需要覆盖的水平面积计算。

工程内容：①膜布热压胶接；②支柱(网架)的制作、安装；③膜布安装；④穿钢丝绳、锚头锚固；⑤刷油漆。

32. 屋面卷材防水的工程量计算规则

按设计图示尺寸以面积计算。

斜屋顶(不包括平屋顶找坡)按斜面积计算，平屋顶按水平投影面积计算。

不扣除房上烟囱、风帽底座、风道、屋面小气窗和斜沟所占面积。

屋面的女儿墙、伸缩缝和天窗等处的弯起部分，并入屋面工程量内计算。

工程内容：①基层处理；②抹找平层；③刷底油；④铺油毡卷材、接缝、嵌缝；⑤铺保护层。

33. 屋面涂膜防水的工程量计算规则

按设计图示尺寸以面积计算。

斜屋顶(不包括平屋顶找坡)按斜面积计算，平屋顶按水平投影面积计算。

不扣除房上烟囱、风帽底座、风道、屋面小气窗和斜沟所占面积。

屋面的女儿墙、伸缩缝和天窗等处的弯起部分并入屋面工程量内计算。

工程内容：①基层处理；②抹找平层；③涂防水膜；④铺保护层。

34. 屋面刚性防水的工程量计算规则

按设计图示尺寸以面积计算。不扣除房上烟囱、风帽底座、风道等所占面积。

工程内容：①基层处理；②混凝土的制作、运输、铺筑、养护。

35. 屋面排水管的工程量计算规则

按设计图示尺寸以长度计算。如设计未标注尺寸，以檐口至设计室外散水上表面垂直距离计算。

工程内容：①排水管及配件安装、固定；②雨水斗、雨水管子安装；③接缝、嵌缝。

36. 屋面天沟、沿沟的工程量计算规则

按设计图示尺寸以面积计算。铁皮和卷材天沟按展开面积计算。

工程内容：①砂浆制作、运输；②砂浆找坡、养护；③天沟材料铺设；④天沟配件安装；接缝、嵌缝；刷防护材料。

37. 墙、地面卷材防水的工程量计算规则

按设计图示尺寸以面积计算。

地面防水按主墙间净空面积计算，扣除凸出地面的构筑物、设备基础等所占面积，不扣除间壁墙及单个 $0.3m^2$ 以内的柱、垛、烟囱和孔洞所占面积。

墙基防水外墙按中心线计算，内墙按净长乘以宽度计算。

工程内容：①基层处理；②抹找平层；③刷粘接剂；④铺防水卷材；⑤铺保护层；⑥接缝、嵌缝。

38. 墙、地面涂膜防水的工程量计算规则

按设计图示尺寸以面积计算。

地面防水：按主墙间净空面积计算，扣除凸出地面的构筑物、设备基础等所占面积，不扣除间壁墙及单个 $0.3m^2$ 以内的柱、垛、烟囱和孔洞所占面积。

墙基防水：外墙按中心线计算，内墙按净长乘以宽度计算。

工程内容：①基层处理；②抹找平层；③刷基层处理剂；④铺涂膜防水层；⑤铺保护层。

39. 墙、地面砂浆防水(潮)的工程量计算规则

按设计图示尺寸以面积计算。

地面防水按主墙间净空面积计算，扣除凸出地面的构筑物、设备基础等所占面积，不扣除间壁墙及单个 $0.3m^2$ 以内的柱、垛、烟囱和孔洞所占面积。

墙基防水：外墙按中心线计算，内墙按净长乘以宽度计算。

工程内容：①基层处理；②挂钢丝网片；③设置分格缝；④砂浆的制作、运输、摊铺、养护。

40. 墙、地面变形缝的工程量计算规则

按设计图示以长度计算。

工程内容：①清缝；②填塞防水材料；③止水带安装；④盖板制作；⑤刷防护材料。

41. 保温隔热屋面、保温隔热天棚的工程量计算规则

按设计图示尺寸以面积计算。不扣除柱、垛所占面积。

工程内容：①基层清理；②铺粘保温层；③刷防护材料。

42. 保温隔热墙的工程量计算规则

按设计图示尺寸以面积计算。扣除门、窗洞口所占面积；门、窗洞口侧壁需做保温时并入保温墙体工程量内。

工程内容：①基层清理；②底层抹灰；③粘贴龙骨；④填贴保温材料；⑤粘贴面层；⑥嵌缝；⑦刷防护材料。

43. 保温柱的工程量计算规则

按设计图示以保温层中心线展开长度乘以保温层高度计算。

工程内容：①基层清理；②底层抹灰；③粘贴龙骨；④填贴保温材料；⑤粘贴面层；⑥嵌缝；⑦防护材料。

44. 隔热楼地面的工程量计算规则

按设计图示尺寸以面积计算。不扣除柱、垛所占面积。

工程内容：①基层清理；②铺设粘贴材料；③铺贴保温层；④刷防护材料。

四、基础工程分部分项工程量清单编制方法

与基础工程工程量清单确定方法一样。

清单工程量计算按照清单计算规则计算表9-3所列内容。

表9-3　分部分项工程量计算表

工程名称：　　　　　　　　　　　　　　　　　　第　页共　页

序号	项目编码	项目名称	计量单位	工程量式	工程量

任务9.2　主体工程措施项目清单的编制

一、主体工程措施项目的设置

其与基础工程工程量清单确定方法一样。

措施项目清单应根据拟建工程的实际情况列项。通用措施项目可按表 9-4 选择列项，专业工程的措施项目可按工程量清单计量规范中规定的项目选择列项。若出现规范未列的项目，则可根据工程实际情况补充。

表 9-4　通用措施项目一览表

序号	项目编码	项目名称
1	011701001	安全文明施工(含环境保护、文明施工、安全施工、临时设施)
2	011701002	夜间施工增加费
3	011701003	非夜间施工照明费
4	011701004	二次搬运费
5	011701005	冬雨季施工增加费
6	011701006	大型机械设备进出场及安拆费
7	011701007	施工排水费
8	011701008	施工降水费
9	011701009	地上、地下设施，建筑物的临时保护设施费
10	011701010	已完工程及设备保护费

二、主体工程措施项目工程量清单编制的规定

其与基础工程工程量清单确定方法一样。

措施项目中可以计算工程量的项目清单宜采用分部分项工程量清单的方式编制，列出项目编码、项目名称、项目特征、计量单位和工程量计算规则；不能计算工程量的项目清单以“项”为计量单位。

1. 措施项目清单(一)

本措施项目清单主要计算组织措施费(见表 9-5)。

表 9-5　措施项目清单与计价表(一)

专业工程名称：

序号	项目编码	项目名称	计算基础	费率/%	金额/元	其中：规费
1	011701001001	安全文明施工	分部分项工程费中人工费、材料费、机械费合计人工费占 16%	系数		
2	011701002001	夜间施工增加费	每工日夜间施工增加费按 29.81 元计算。其中人工费占 90%	—		
3	011701003001	非夜间施工照明费	封闭作业工日之和×80%×13.81 元/工日人工费占 78%	—		
4	011701001004	二次搬运费	基价材料费合计	系数		

续表

序号	项目编码	项目名称	计算基础	费率/%	金额/元	其中：规费
5	011701005001	冬雨季施工增加费	分部分项工程费中人工费、材料费、机械费及可以计量的措施项目费中人工费、材料费、机械费合计	0.9		
本页合计						
本表合计(结转至工程量清单计价汇总表)						

注：本表适用于以“费率”计价的措施项目。

2. 措施项目清单(二)

本措施项目清单主要计算通过工程量计算清单确定的措施费(见表 9-6)。

表 9-6　措施项目清单与计价表(二)

专业工程名称：____________

序号	项目编码	项目名称	项目特征描述	计量单位	工程量	金额/元		
						综合单价	合价	其中：规费
1		施工排水、降水措施费						
2		脚手架措施费						
3		混凝土模板及支架措施费						
4		混凝土泵送费						
5		垂直运输费						
		增加的项目						
本页合计								
本表合计(结转至工程量清单计价汇总表)								

注：本表适用于以综合单价形式计价的措施项目。要求列出数量的措施项目细项的定额编号、定额项目名称、定额单位、工程量，按现行消耗量定额的规定列出。

任务 9.3　主体工程其他项目、规费、税金项目清单的编制

一、主体工程其他项目清单的编制

其与基础工程工程量清单确定方法一样。

1. 暂列金额(见表 9-7)

表 9-7　暂列金额明细表

工程名称：　　　　　　　　　　标段：　　　　　　　　　　第　页 共　页

序　号	项目名称	计量单位	暂定金额/元	备　注
1				
2				
3				
合　计				

注：此表由招标人填写，如不能详列，也可只列暂定金额总额，投标人应将上述暂列金额计入投标总价。

2. 暂估价(见表 9-8 和表 9-9)

表 9-8　材料暂估单价表

工程名称：　　　　　　　　　　标段：　　　　　　　　　　第　页 共　页

序　号	材料名称、规格、型号	计量单位	单价/元	备　注

注：1. 此表由招标人填写，并在备注栏说明暂估价的材料拟用在哪些清单项目上，投标人应将上述材料暂估单价计入工程量清单综合单价报价中。

2. 材料包括原材料、燃料、构配件以及按规定应计入建筑安装工程造价的设备。

表 9-9　专业工程暂估价表

工程名称：　　　　　　　　　　标段：　　　　　　　　　　第　页 共　页

序　号	工程名称	工程内容	金额/元	备　注
合　计				

注：此表由招标人填写，投标人应将上述专业工程暂估价计入投标总价中。

3. 计日工(见表 9-10)

表 9-10 计日工表

工程名称: 标段: 第 页 共 页

编 号	项目名称	单 位	暂定数量	综合单价	合 价
一	人工				
1					
2					
3					
人工小计					
二	材料				
1					
2					
3					
材料小计					
三	施工机械				
1					
2					
施工机械小计					
总 计					

注：此表项目名称、数量由招标人填写，编制招标控制价时，单价由招标人按有关计价规定确定；投标时单价由投标人自主报价，计入投标总价中。

4. 总承包服务费(见表 9-11、表 9-12)

表 9-11 总承包服务费计价表

工程名称: 标段: 第 页 共 页

序 号	项目名称	项目价值/元	服务内容	费率/%	金额/元
1	发包人发包专业工程				
2	发包人供应材料				
合 计					

表 9-12 其他项目清单与计价汇总表

序 号	项目名称	计量单位	金额/元	备 注
1	暂列金额			
2	暂估价			

续表

序　号	项目名称	计量单位	金额/元	备　注
2.1	材料暂估价			
2.2	专业工程暂估价			
3	计日工			
4	总承包服务费			
5	其他			
合计				—

注：材料暂估单价进入清单项目综合单价，此处不汇总。

二、主体工程规费、税金项目清单的编制

其与基础工程工程量清单确定方法一样。

规费和税金应按国家或省级、行业建设主管部门的规定计算，不得作为竞争性费用。

规费是国家或省级政府和有关权力部门规定必须缴纳的费用。税金是国家按照税法预先规定的标准，强制地、无偿地要求纳税人缴纳的费用。它们都是工程造价的组成部分，但是其费用内容和计取标准都不是发、承包人能自主确定的，更不是由市场竞争决定的。

三、主体税金项目清单

其与基础工程工程量清单确定方法一样。

任务 9.4　主体工程分部分项工程量清单计价

一、主体分部分项工程量清单计价中的分部分项综合单价的确定

1. 综合单价的确定

主体工程分部分项工程量清单计价中的分部分项综合单价的确定与基础工程工程量清单综合单价确定方法一样。

综合单价指为完成一个规定计量单位的分部分项工程量清单项目或措施清单项目所需的人工费、材料费、施工机械使用费和企业管理费与利润以及一定范围内的风险费用。

在我国目前建筑市场情况下，税金和规费等为不可竞争的费用。采用综合单价法进行工程量清单计价时，综合单价包括除规费和税金以外的全部费用。

措施项目清单计价应根据拟建工程的施工组织设计，可以计算工程量的措施项目，应按分部分项工程量清单的方式采用综合单价计价；其余的措施项目可以“项”为单位的方式计价，应包括除规费、税金以外的全部费用。

(1) 综合单价确定的意义(见学习情境 8)。

(2) 综合单价的确定依据(见学习情境 8)。

(3) 分部分项工程项目综合单价的确定步骤，与基础工程工程量清单综合单价确定步骤一样。

(4) 计算工程量。

(5) 确定综合单价。

2. 主体综合单价的确定中的相关规定

主体综合单价的确定与基础工程工程量清单确定方法一样。

若施工中出现施工图纸(含设计变更)与工程量清单项目特征描述不符的，发、承包双方应按新的项目特征确定相应工程量清单项目的综合单价。因分部分项工程量清单漏项或非承包人原因的工程变更，造成增加新的工程量清单项目，其对应的综合单价按下列方法确定。

(1) 合同中已有适用的综合单价，按合同中已有的综合单价确定(见表 9-13)(前提：其采用的材料、施工工艺和方法相同，也因此增加关键线路上工程的施工时间)。

(2) 合同中有类似的综合单价，参照类似的综合单价确定(前提：其采用的材料、施工工艺和方法基本相似，不增加关键线路上工程的施工时间，可仅就其变更后的差异部分调整)。

(3) 合同中没有适用或类似的综合单价，由承包人提出综合单价，经发包人确认后执行(前提：无法找到适用和类似的项目单价时，应采用招投标时的基础资料，按成本加利润的原则，双方协商新的综合单价)。

因分部分项工程量清单漏项或非承包人原因的工程变更，引起措施项目发生变化，造成施工组织设计或施工方案变更，原措施费中已有的措施项目，按原措施费的组价方法调整；原措施费中没有的措施项目，由承包人根据措施项目变更情况，提出适当的措施费变更，经发包人确认后调整。

表 9-13 工程量清单综合单价分析表

工程名称：　　　　　　　　　　　　　　　　　　　　　　　　第　页共　页

项目编码				项目名称				计量单位			
清单综合单价组成明细											
定额编号	定额名称	定额单位	数量	单价				合价			
				人工费	材料费	机械费	管理费和利润	人工费	材料费	机械费	管理费和利润
人工单价		小　计									
元/工日		未计价材料费									
清单项目综合单价											

续表

	主要材料名称、规格、型号	单位	数量	单价/元	合价/元	暂估单价/元	暂估合价/元
材料费明细							
	其他材料费	—		—			
	材料费小计	—		—			

注：1. 如不使用省级或行业建设主管部门发布的计价依据，可不填定额项目、编号等。

2. 招标文件提供了暂估单价的材料，按暂估的单价填入表内“暂估单价”栏及“暂估合价”栏。

3. 主体分部分项工程工程量清单计价(见表 9-14)

$$主体工程的分项工程计价=\sum(分部分项工程量\times 确定相应综合单价)$$

表 9-14　主体分部分项工程量清单与计价表

工程名称：　　　　　　　　　　　　　　　　　　　　第　页 共　页

序　号	项目编码	项目名称	项目特征描述	计量单位	工程量	金额/元		
						综合单价	合　价	其中：暂估价
本页小计								
合　　计								

注：根据建设部、财政部发布的《建筑安装工程费用组成》(建标〔2003〕206 号)的规定，为计取规费等的使用，可在表中增设 “直接费”、“人工费”或“人工费+机械费”。

二、主体工程分部分项工程量清单项目与定额项目的对应关系

主体工程的分部分项工程清单项目与定额主体分部分项工程计算规则基本一样。

三、主体工程工程量清单计价方法及案例

1. 主体分部分项工程量清单实例计算

实例计算见表 9-15。

表 9-15　主体分部分项工程量清单计算

序号	项目编号	项目名称	单　位	工程量计算式	计算结果
1	010402001001	钢筋混凝土矩形柱	m^3	①-1.2～4.1m KZ1：0.5×0.5×5.3×2=2.65；KZ2：0.5×0.5×5.3×4=5.3； KZ3：0.5×0.5×5.3×2=2.65；KZ3a：0.5×0.5×5.3×1=1.325； KZ4：0.5×0.5×5.3×3=3.975；KZ4a：0.5×0.5×5.3×1=1.325； KZ5：0.5×0.5×5.3×1=1.325；KZ6：0.5×0.5×5.3×4=5.3； KZ7：0.5×0.5×5.3×2=2.65；KZ8：0.5×0.5×5.3×2=2.65； KZ9：0.5×0.5×5.3×2=2.65；小计：31.8 ②4.1～7.7m KZ1：0.5×0.5×3.6×4=3.6；KZ2：0.5×0.5×3.6×2=1.8； KZ3：0.5×0.5×3.6×7=6.3；KZ3a：0.5×0.5×3.6×1=0.9； KZ4：0.5×0.5×3.6×1=0.9；KZ5：0.5×0.5×3.6×2=1.8； KZ6：0.5×0.5×3.6×1=0.9；小计：16.2 ③7.1～11.4m KZ1：0.5×0.5×4.3×4=4.3；KZ1a：0.5×0.5×4.3×1=1.075； KZ2：0.5×0.5×4.3×3=3.225；KZ3：0.5×0.5×4.3×8=8.6； KZ4：0.5×0.5×4.3×2=2.15；小计：19.35 ④11.4～11.45m KZ1：0.5×0.5×0.05×12=0.15；KZ2：0.5×0.5×0.05×1=0.0125；小计：0.1625 ⑤11.4～11.525m KZ2：0.5×0.5×0.125×1=0.0313；小计：0.0313 ⑥11.4～14.3m KZ2：0.5×0.5×2.9×1=0.725；小计：0.725 ⑦11.4～14.7m KZ1：0.5×0.5×3.3×1=0.825；KZ2：0.5×0.5×3.3×2=1.65；小计：2.475 合计：70.744	70.744

续表

序号	项目编号	项目名称	单位	工程量计算式	计算结果
2	010405001001	钢筋混凝土有梁板	m^3	梁体积： ①4.1m 梁的工程量 WKLY1：0.25×0.6×(13.8−0.4×2−0.5)=1.875；WKLY2：0.25×0.6×(13.8−0.4×2−0.5)=1.875； KLY1：0.25×0.8×(13.8−0.4×2−0.5)=2.5；KLY2：0.25×0.8×(13.8−0.5×2−0.6)=2.44； KLY3：0.25×0.8×(13.8−0.5×2−0.6)=2.44；KLY4：0.25×0.8×(13.8−0.5×2−0.6)=2.44； KLY5：0.25×0.8×(13.8−0.5×2−0.6)=2.44；KLY6：0.25×0.8×(13.8−0.5×2−0.6)=2.44； KLX7：0.25×0.6×(5.9×2−0.4−0.5−0.25)+0.3×0.7×(7.8+5.3+6.3+5.7×2−0.4−0.5×4−0.25)=6.186； KLX8：0.25×0.6×(5.9×2−0.4−0.5−0.25)+0.3×0.7×(7.8+5.3+6.3+5.7×2−0.4−0.5×4−0.25)=6.186； KL7：0.25×0.6×(5.9×2−0.4−0.5−0.25)+0.3×0.7×(7.8+5.3+6.3+5.7×2−0.4−0.5×4−0.25)=6.186； LX1：0.2×0.4×(3.25−0.125)=0.25；LX3：0.25×0.4×(3.25−0.125)=0.3125； LX4：0.2×0.4×(6.3−0.125−0.25+0.15+1.8−0.125)=0.62；LY1：0.25×0.6×(13.8−0.2×2−0.3)×2=3.93； LY2：0.25×0.7×(13.8−0.2×2−0.3)=2.2925； LY3：0.25×0.7×(13.8−0.2×2−0.3)=2.2925；LY4：0.25×0.7×(7.3−0.2−0.25)=1.1988； LY5：0.25×0.7×(6.5−0.2−0.05)=1.0938；LY6：0.25×0.7×(13.8−0.2×2−0.3)×2=4.585； 小计：53.58 ②7.7m 梁的工程量 KLY1：0.25×0.7×(13.8−0.4×2−0.5)=2.1875；KLY2：0.25×0.7×(13.8−0.4×2−0.5)=2.1875； KLY3：0.25×0.7×(13.8−0.4×2−0.5)=2.1875；KLY4：0.25×0.7×(13.8−0.4×2−0.5)=2.1875； KLY5：0.25×0.7×(13.8−0.4×2−0.5)=2.1875；KLY6：0.25×0.7×(13.8−0.4×2−0.5)=2.1875； KLX1：0.25×0.6×(30.8−0.25−0.4−0.5×4)=4.2225； KLX2：0.25×0.6×(30.8−0.25−0.4−0.5×4)=4.2225； KLX3：0.25×0.6×(30.8−0.25−0.4−0.5×4)=4.2225； LX1：0.25×0.4×(3.25−0.1−0.25)=0.29；LY1：0.25×0.6×(13.8−0.15×2−0.25)=1.9875； LY2：0.25×0.6×(13.8−0.15×2−0.25)=1.9875；LY3：0.25×0.6×(13.8−0.15×2−0.25)=1.9875； LY4：0.25×0.6×(13.8−0.15×2−0.25)×2=3.975； 小计：36.02 ③11.4m 梁的工程量 WKLY1：0.25×0.6×(13.8−0.4×2−0.5)=1.875；KLY1：0.25×0.6×(13.8−0.4×2−0.5)=1.875； KLY2：0.25×0.6×(13.8−0.4×2−0.5)×3=5.625；WKLY2：0.25×0.6×(13.8−0.4×2−0.5)=1.875； WKLX1：0.25×0.5×(30.8−0.25−0.4−0.5×4)=3.5188；	326.74

续表

序号	项目编号	项目名称	单位	工程量计算式	计算结果
2	010405001001	钢筋混凝土有梁板	m³	KLX1：0.25×0.5×(30.8−0.25−0.4−0.5×4)=3.5188； WKLX2：0.25×0.5×(30.8−0.25−0.4−0.5×4)=3.5188； LY1：0.25×0.5×(13.8−0.15×2−0.25)=1.6563；LY2：0.25×0.5×(13.8−0.15×2−0.25)=1.6563； LY3：0.25×0.5×(13.8−0.15×2−0.25)=1.6563；LY4：0.25×0.5×(13.8−0.15×2−0.25)×2=3.3125； 小计：30.09 ④顶层处： WKLY1：0.25×0.5×(13.8−0.4×2−0.5)×4×1.118=6.99； WKLX1：0.25×0.5×(30.8−0.25−0.4−0.5×4)×1.118=3.93； LY1：0.25×0.5×(13.8−0.15×2−0.25)×1.118=1.85； LY2：0.25×0.5×(13.8−0.15×2−0.25)×2×1.118=3.7； LY3：0.25×0.5×(13.8−0.15×2−0.25)×1.118=1.85； LY4：0.25×0.5×(13.8−0.15×2−0.25)×1.118=1.85； LX1：0.25×0.4×(4.8−0.5)×2×1.118=0.96；LX2：0.25×0.4×(4.5−0.25)×2×1.118=0.95； 小计：22.08 **板体积**： ①4.1m板的工程量 1轴至3轴—*A*轴至*C*轴 [(2.825−0.15)×(6.5−0.15)+(2.825−0.125)×(6.5−0.15)； +(2.825−0.15)×(7.3−0.25−0.15)+(2.825−0.125)×(7.3−0.25−0.15)+(2.825−0.125)×(6.5−0.15)+(2.825−0.125)×(6.5−0.15)+(2.825−0.125)×(7.3−0.25−0.15)+(2.825−0.125)×(7.3−0.25−0.15)−0.25×0.25×3−0.25×0.125×6]×0.1=14.24 3轴至4轴—*A*轴至*C*轴 [4.975×(6.5−0.2−0.05)+4.975×(7.3−0.25−0.2)−0.2×0.25×3]×0.13+[(2.575−0.15)×(6.5−0.2−0.05)+(2.575−0.15)×(7.3−0.25−0.2)−0.3×0.1×3]×0.1=11.62； 4轴至5轴—*A*轴至*C*轴 [(3.25−0.1)×(6.5−0.2−0.2−0.05)+(1.8−0.1)×(6.5−0.2−0.05)+(2.27−0.25)×(3.25−0.1)+(7.3−0.25−0.2−0.2)×(1.8−0.1)−0.2×0.15×5]×0.1=4.72； 5轴至6轴—*B*轴至*C*轴 [(6.3−0.1−0.15−0.25)×(6.5−0.05−0.2)−0.2×0.1×2−0.05×0.2×2]×0.1=3.62；	326.94

续表

序号	项目编号	项目名称	单位	工程量计算式	计算结果
2	010405001001	钢筋混凝土有梁板	m^3	5 轴至 6 轴—*A* 轴至 *B* 轴 [(1.95−0.25)×(6.3−0.15−0.1−0.25)+(7.3−1.95−0.2−0.2)×(2.175−0.15)−0.2×0.1]×0.1+[(6.3−2.175−0.25−0.1)×(7.3−1.95−0.2−0.2)−0.2×0.15]×0.11=4.04； 6 轴至 8 轴—*A* 轴至 *C* 轴 [(5.7×2−0.25−0.25×3−0.15)×(13.8−0.2−0.3−0.2)−0.2×0.25×5−0.2×0.125×6]×0.1=13.39 小计：51.63 ②7.7m 板的工程量 3 轴至 4 轴—*A* 轴至 *C* 轴 [(7.8−0.25−0.15)×(13.8−0.15−0.25−0.15)−0.25×0.25×3−0.25×0.1×3]×0.1=9.78 4 轴至 8 轴—*B* 轴至 *C* 轴 [(5.3+6.3+5.7×2−0.1−0.25×7−0.15)×(6.5−0.15)−0.25×0.15×2−0.25×0.125×8−0.2×0.25×2−0.05×0.25×2−0.25×0.25×2]×0.1=13.28 4 轴至 8 轴—*A* 轴至 *B* 轴 [(1.8+6.3+5.7×2−0.25×6−0.15)×(7.3−0.15−0.25)+(3.25−0.1)×(2.27−0.25)−0.25×0.125×4−0.25×0.25−0.2×0.25−0.05×0.25]×0.1=12.93；小计：35.99 ③11.4m 板的工程量 [(30.8−0.25×9−0.15)×(13.8−0.15×2−0.25)−0.25×0.25×6−0.25×0.1×3−0.25×0.15×3−0.25×0.125×12−0.25×0.05×3−0.25×0.2×3]×0.1=37.52；小计：37.52 ④顶层板的工程量 {[(30.8+0.2+0.5)×(13.8+0.2+0.5)−4.8×0.5×2−4.5×0.5×2−4.8×2.1−4.5×2.1]×1.118+2.2361×2.4/2×2×2.1+(2.2361×2.4/2+2.2361×2.1/2)×2.1}×0.12=60.03；小计：60.03 有梁板的工程量 53.58+36.02+30.09+22.08+51.63+35.99+37.52+60.03=326.94	326.94
3	010406001001	钢筋混凝土楼梯	m^2	首层：(1.575×2)×5.75−1.575×(5.75−1.8−0.3)=12.36； 二层：(1.575×2)×(1.6+3.06+0.3)=15.62；三层：(1.575×2)×(1.6+3.06+0.3)=15.62	43.6

续表

序号	项目编号	项目名称	单位	工程量计算式	计算结果
4	010405008001	钢筋混凝土雨篷	m^3	C25 混凝土雨篷： (2.2×1.35×2+3.8×1.35+1.9×1.35+1.7×1.35+1.9×1.35+1.9×1.35+1.7×1.35+1.85×1.35+1.9×1.35×2+1.9×1.25)×0.1=3.34	3.34
5	010407002001	混凝土散水	m^2	(14.4+0.3×2+2.1×2)×0.6+(14.4+0.3×2+7.1×2)×0.6=29.04	29.04
6	010407001001	细石混凝土台阶	m^2	(42.96−0.18×2+0.1−1)×0.6×2=50.04	50.04
7	010407002002	混凝土坡道	m^3	(1+2.6)×1.5×0.1425×2=1.539	1.539
8	010302001001	砌砖墙	m^3	首层： 外墙炉渣混凝土空心砌块墙 *A* 轴—①至③轴、*C* 轴—①至③轴：(5.9−0.4−0.25+5.9−0.25×2) ×0.2×(4.1−0.6)×2=14.91 *A* 轴—③至⑧轴、*C* 轴—③至⑧轴 (7.8−0.25×2+5.3−0.25×2+6.3−0.25×2+5.7−0.25×2+5.7−0.25−0.4) × 0.2×(4.1−0.7)× 2=38.284 ⑧轴—*A* 至 *C* 轴：(7.3−0.5−0.25+6.5−0.35−0.5)× 0.2× (4.1−0.8)=8.052 ③轴—*A* 至 *C* 轴：(7.3−0.4−0.25+6.5−0.25−0.4)× 0.2× (4.1−0.6)=8.75 扣除门窗洞口构造柱所占体积 FM 甲 1：1.8×2.4×2=8.64；FM 乙 1：1.2×2.4×1=2.88；M1224：1.2×2.4×10=28.8 FC 甲 1：1.2×2.5×3=9；FC 乙 1：1.2×2.5×1=3；C2725：2.7×2.5×4=27 C1225：1.2×2.5×14=42；洞 2：0.55×0.65×0.16=0.0572；洞 3：0.75×0.45×0.14=0.0473 构造柱：(外墙)：(0.2+0.06) ×(0.2+0.06) ×3.4×35 =8.044 首层外墙的工程量 14.91+38.284+8.052+8.75−(8.64+2.88+28.8+9+3+27+42)×0.2−0.0572−0.0473−8.044=37.58 二层外墙炉渣混凝土空心砌块墙 *A* 轴—③至⑧轴、*C* 轴—③至⑧轴 (7.8−0.25−0.25+5.3−0.25−0.25+6.3−0.25−0.15+5.7×2−0.35−0.5−0.4) ×0.2×(3.6−0.6) ×2=33.78 ③轴—*A* 至 *C* 轴、⑧轴—*A* 至 *C* 轴：(13.8−0.4−0.5) ×0.2×(3.6−0.7) ×2=18.06 扣除门窗洞口所占体积：C1020=1.0×2.0×32=64×0.2=12.8	117.59

续表

序号	项目编号	项目名称	单　位	工程量计算式	计算结果
8	010302001001	砌砖墙	m^3	二层外墙的工程量=33.79+18.06−12.8=39.05 三层外墙炉渣混凝土空心砌块墙 *A* 轴—③到⑧轴、*C* 轴—③至⑧轴 (7.8−0.25−0.25+5.3−0.25−0.25+6.3−0.25−0.15+5.7×2−0.35−0.5−0.4) ×0.2×(3.6−0.6) ×2=33.78 ③轴—*A* 至 *C* 轴、⑧轴—*A* 至 *C* 轴：(13.8−0.4−0.5) ×0.2×(3.6−0.7) ×2=18.06 扣除门窗洞口所占体积 C1017=1.0×1.7×32=54.4 X 0.2=10.88 3 层外墙工程量=33.79+18.06−10.88=40.96 外墙工程量=37.58+39.05+40.96=117.59	
9	010803001001	聚苯保温板	m^3	屋面 1：{[(30.8+0.2+0.5)×(13.8+0.2+0.5)−4.8×0.5×2−4.5×0.5×2−4.8×2.1−4.5×2.1]×1.118+2.2361×2.4/2×2×2.1+(2.2361×2.4/2+2.2361×2.1/2)×2.1}×0.06=30.02 屋面 2：[(5.9×2−0.25−0.1)×(13.8−0.1×2)+(5.9×2−0.25−0.1+13.8−0.1×2)×2×0.25]×0.06=10.1	40.12
11	010702001001	SBS 防水层	m^2	屋面 1：[(30.8+0.2+0.5)×(13.8+0.2+0.5)−4.8×0.5×2−4.5×0.5×2−4.8×2.1−4.5×2.1]×1.118+2.2361×2.4/2×2×2.1+(2.2361×2.4/2+2.2361×2.1/2)×2.1=500.25 屋面 2：(5.9×2−0.25−0.1)×(13.8−0.1×2)+(5.9×2−0.25−0.1+13.8−0.1×2)×2×0.25=168.25	668.5
12	010701001001	陶土瓦屋面	m^2	屋面 1：[(30.8+0.2+0.5)×(13.8+0.2+0.5)−4.8×0.5×2−4.5×0.5×2−4.8×2.1−4.5×2.1]×1.118+2.2361×2.4/2×2×2.1+(2.2361×2.4/2+2.2361×2.1/2)×2.1=500.25	500.25
13	010702004001	UPVC 雨水管	m	(4.2+0.015+2.45)×2+(11.4+0.015+2.45)×2=41.06	41.06

2. 分项工程工程量清单综合单价分析表(见表 9-16)

表 9-16　工程量清单综合单价分析表

单位：元

工程名称：　　　　标段：　　　　第　页 共　页

序号	项目名称		计量单位	工程量	合计		其中					
							人工费	材料费	机械费	管理费	规费	利润
1	010502001001	矩形柱	m^3	70.744	单价	1306.46	362.05	618.79	18.79	55.60	160.06	91.15
					合价	92423.93	25613.15	43776.03	1329.56	3933.44	11323.57	6448.18
	4-20	现浇混凝土矩形柱	$10m^3$	7.0744	单价	7448.82	1425.27	4646.57	7.94	219.24	630.11	519.68
					合价	52695.90	10082.93	32871.69	56.17	1550.99	4457.66	3676.46
	13-18	矩形柱模板(周长 1.8m 以外)	$10m^3$	7.0744	单价	5498.12	2137.52	1525.62	178.32	328.07	945.00	383.59
					合价	38895.88	15121.67	10792.85	1261.51	2320.90	6685.29	2713.67
	13-191	浇制混凝土柱高度超过 3.3m 增价(每超高 1m)	$10m^3$	7.0744	单价	117.63	57.75	15.76	1.68	8.70	25.53	8.21
					合价	832.15	408.55	111.49	11.88	61.55	180.62	58.06
2	010505001001	有梁板	m^3	326.94	单价	1627.83	471.45	713.48	47.72	73.19	208.43	113.57
					合价	532202.35	154134.51	233266.47	15600.86	23927.24	68142.87	37130.40
	4-39	现浇混凝土有梁板	$10m^3$	32.694	单价	6381.66	765.38	4706.11	8.00	118.56	338.37	445.23
					合价	208641.87	25023.33	153861.56	261.55	3876.20	11062.82	14556.41
	13-43	有梁板模板(10cm 以内)	$10m^3$	26.287	单价	9152.38	3531.22	2470.33	403.59	547.55	1561.15	638.54
					合价	240588.63	92825.18	64937.56	10609.17	14393.45	41038.01	16785.25
	13-44	有梁板模板(10cm 以外)	$10m^3$	6.407	单价	6897.78	2663.43	1862.29	300.35	412.97	1177.50	481.24
					合价	44194.10	17064.60	11931.69	1924.34	2645.90	7544.26	3083.31
	13-192	浇制混凝土梁高度超过 3.3m 增价(每超高 1m)	$10m^3$	14.177	单价	1601.07	781.55	77.07	160.40	124.82	345.52	111.70
					合价	22698.31	11080.03	1092.62	2273.99	1769.57	4898.48	1583.60
	13-194	浇制混凝土板高度增价	$10m^3$	18.517	单价	868.36	439.67	77.93	28.72	67.08	194.38	60.58
					合价	16079.45	8141.37	1443.03	531.81	1242.12	3599.30	1121.82
3	010506001001	直形楼梯	m^2	43.6	单价	189.17	38.42	114.32	0.31	5.93	16.99	13.20
					合价	8247.66	1675.24	4984.18	13.56	258.64	740.62	575.42

续表

序号	项目名称		计量单位	工程量	合计		其中					
							人工费	材料费	机械费	管理费	规费	利润
	4-51	现浇混凝土直形整体楼梯	$10m^2$	4.36	单价	1891.66	384.23	1143.16	3.11	59.32	169.87	131.98
					合价	8247.66	1675.24	4984.18	13.56	258.64	740.62	575.42
4	010505008001	雨蓬	m^3	3.34	单价	2663.98	782.32	1186.99	43.33	119.62	345.86	185.86
					合价	8897.70	2612.95	3964.54	144.73	399.52	1155.18	620.77
	4-53	现浇混凝土雨篷	$10m^3$	0.334	单价	7833.83	1570.80	4772.64	7.94	241.45	694.45	546.55
					合价	2616.50	524.65	1594.06	2.65	80.64	231.95	182.55
	13-58	支拆现浇混凝土雨蓬模板	$10m^3$	0.334	单价	18805.98	6252.40	7097.23	425.39	954.73	2764.19	1312.05
					合价	6281.20	2088.30	2370.47	142.08	318.88	923.24	438.22
5	010507001001	散水	m^2	29.04	单价	52.07	14.21	25.35	0.35	2.25	6.28	3.63
					合价	1512.25	412.78	736.11	10.14	65.22	182.49	105.51
	4-67	60mm现浇混凝土散水(随打随抹面层)	$100m^2$	0.2904	单价	5207.46	1421.42	2534.82	34.91	224.59	628.41	363.31
					合价	1512.25	412.78	736.11	10.14	65.22	182.49	105.51
6	010507001002	坡道	m^2	10.8	单价	106.34	24.45	59.59	0.34	3.73	10.81	7.42
					合价	1148.50	264.02	643.59	3.72	40.31	116.73	80.13
	4-69	混凝土坡道	$10m^3$	0.1539	单价	6678.45	1384.46	4004.71		211.27	612.07	465.94
					合价	1027.81	213.07	616.32	0.00	32.51	94.20	71.71
	13-70	支拆现浇混凝土坡道模板	$10m^3$	0.1539	单价	784.19	331.1	177.18	24.18	50.64	146.38	54.71
					合价	120.69	50.96	27.27	3.72	7.79	22.53	8.42
7	010507004001	台阶	m^2	50.04	单价	152.13	46.39	66.88	0.54	7.20	20.51	10.61
					合价	7612.42	2321.48	3346.59	26.78	360.15	1026.33	531.10
	4-63	现浇混凝土台阶	$100m^2$	0.5004	单价	15212.66	4639.25	6687.82	53.51	719.72	2051.01	1061.35
					合价	7612.42	2321.48	3346.59	26.78	360.15	1026.33	531.10
8	010401003001	实心砖墙	m^3	117.59	单价	614.56	120.89	373.88	9.30	14.17	53.45	42.88
					合价	72265.57	14215.46	43964.78	1093.23	1665.66	6284.65	5041.78
	3-9	砌页岩标砖墙(现场搅拌砂浆)	$10m^3$	11.759	单价	6145.55	1208.90	3738.82	92.97	141.65	534.45	428.76
					合价	72265.57	14215.46	43964.78	1093.23	1665.66	6284.65	5041.78
9	011001001001	保温隔热屋面	m^2	668.5	单价	51.62	7.67	35.82	0.00	1.14	3.39	3.60
					合价	34508.21	5125.05	23945.06	0.00	764.77	2265.78	2407.55

续表

序号	项目编码	项目名称	计量单位	工程量	合计		其中					
							人工费	材料费	机械费	管理费	规费	利润
	8-175	屋面聚苯保温板	$10m^3$	4.012	单价	8601.25	1277.43	5968.36		190.62	564.75	600.09
					合价	34508.21	5125.05	23945.06	0.00	764.77	2265.78	2407.55
10	010902001001	屋面卷材防水	m^2	668.5	单价	77.28	7.55	60.05	0.36	0.60	3.34	5.39
					合价	51664.16	5044.38	40142.57	242.37	400.24	2230.12	3604.48
	7-2	屋面抹1:3水泥砂浆找平层(在混凝土基层上厚2cm)	$100m^2$	7.019	单价	1602.22	477.40	728.98	34.53	38.47	211.06	111.78
					合价	11245.99	3350.87	5116.71	242.37	270.02	1481.42	784.60
	7-21	屋面铺SBS改性沥青防水卷材	$100m^2$	6.685	单价	6046.10	253.33	5239.47		19.48	112.00	421.82
					合价	40418.17	1693.51	35025.86	0.00	130.22	748.70	2819.87
11	010901001001	瓦屋面	m^2	500.25	单价	30.05	3.47	22.68	0.00	0.27	1.54	2.10
					合价	15031.97	1737.22	11344.42	0.00	133.57	768.02	1048.74
	7-5	陶土瓦屋面	$100m^2$	5.0025	单价	3004.89	347.27	2267.75		26.70	153.53	209.64
					合价	15031.97	1737.22	11344.42	0.00	133.57	768.02	1048.74
12	010902004001	屋面排水管	m	41.06	单价	155.28	28.06	101.84	0.00	2.16	12.40	10.83
					合价	6375.97	1151.94	4181.35	0.00	88.57	509.27	444.83
	7-55	UPVC 雨水管直径160mm	100m	0.4106	单价	13319.13	2471.70	8635.42		190.03	1092.74	929.24
					合价	5468.83	1014.88	3545.70	0.00	78.03	448.68	381.55
	7-70	UPVC 弯头	10个	0.4	单价	833.80	100.87	622.40		7.76	44.59	58.17
					合价	333.52	40.35	248.96	0.00	3.10	17.84	23.27
	7-63	UPVC 雨水斗	10个	0.4	单价	1434.03	241.78	966.72		18.59	106.89	100.05
					合价	573.61	96.71	386.69	0.00	7.44	42.76	40.02

注：如不使用省级或行业建设主管部门发布的计价依据，可不填定额项目、编号等。

3. 主体分部分项工程计价(见表 9-17)

表 9-17　主体分部分项工程量清单与计价表

序号	项目编码	项目名称	项目特征描述	计量单位	工程量	金额/元		
						综合单价	合价	其中：规费
1	010502001001	矩形柱	C25 钢筋混凝土矩形柱	m^3	70.744	1306.46	92423.93	11323.57
2	010505001001	有梁板	C25 钢筋混凝土有梁板，板厚 100mm、110mm 或 120mm	m^3	326.94	1627.83	532202.35	68142.87
3	010506001001	直形楼梯	C25 钢筋混凝土楼梯	m^2	43.6	189.17	8247.66	740.62
4	010505008001	雨篷	C25 钢筋混凝土雨篷	m^3	3.34	2663.98	8897.70	1155.18
5	010507001001	散水	60 厚 C15 混凝土，随打随抹；60 厚中砂铺垫，素土夯实	m^2	29.04	52.07	1512.25	182.49
6	010507001002	坡道		m^2	10.8	106.34	1148.50	116.73
7	010507004001	台阶	40 厚 C20 细石混凝土，随打随抹；150 厚卵石灌浆	m^2	50.04	152.13	7612.42	1026.33
8	010302001001	实心砖墙	M5 水泥砂浆砌标准砖	m^3	117.59	614.56	72265.57	6284.65
9	010803001001	保温隔热屋面	60mm 厚聚苯保温板	m^2	668.5	51.62	34508.21	2265.78
10	010702001001	屋面卷材防水	3 厚 SBS 防水层；20 厚 1：3 水泥砂浆找平层	m^2	668.5	77.28	51664.16	2230.12
11	010701001001	瓦屋面	陶土平瓦	m^2	500.25	30.05	15031.97	768.02
12	010702004001	屋面排水管	UPVC 雨水管；UPVC 弯头；UPVC 雨水斗	m	41.06	155.28	6375.97	509.27
本页小计								
合　计							831890.69	94745.63

4. 主体措施项目(一)(见表 9-18)

表 9-18　清单措施费计算(一)

单位：元

序号	定额编号	措施费名称	计算基础	人工费	合价
一		措施项目(一)计价		1857.19	12300.57
1	011707001001	安全文明施工措施费	分部分项工程费中的人工费、材料费、机械费合计	1857.19	11607.43
2	011707001005	冬雨季施工增加费			
3	011707001002	夜间施工增加费			
4	011707001003	非夜间施工照明费			
5	011707001004	二次搬运措施费			
6	01B001	竣工验收存档资料编制费	分部分项工程费中的人工费、材料费、机械费和可计量措施项目费中的人工费、材料费、机械费		693.13
合计				1857.19	12300.57

5. 措施项目清单费用(二)(见表 9-19)

表 9-19　清单措施费计算(二)

序号	项目编码	项目名称	计量单位	工程量	金额/元		
					综合单价	合价	其中：规费
1	011701001001	综合脚手架	m^2	1480.51	15.68	23214.57	4535.92
2	011702027001	现浇混凝土台阶模板	m^2	50.04	52.43	2623.54	485.61
3	011702029001	现浇混凝土散水模板	m^2	29.04	6.42	186.34	34.60
4	011702024001	现浇混凝土直形整体楼梯模板	m^2	43.6	227.22	9906.83	1577.72
5	01B002	混凝土泵送费	m^3	421	35.67	15015.08	0
6	011703001001	垂直运输	m^2	1780.59	5.24	9338.29	0
合计						60284.65	6633.85

6. 主体工程量清单计价汇总表(见表 9-20)

表 9-20　主体工程量清单计价汇总表

序号	费用项目名称	计算基础	费率/%	费用金额/元
(1)	分部分项工程量清单计价合计	∑(工程量×综合单价)		831890.69
(2)	其中：规费	∑(工程量×综合单价中规费)		94745.63
(3)	措施项目预算计价(一)合计	∑措施项目(一)金额		12300.57
(4)	其中：规费	∑措施项目(一)金额中规费		821.06
(5)	措施项目预算计价(二)合计	∑措施项目(二)金额		60284.65
(6)	其中：规费	∑措施项目(二)金额中规费		6633.85
(7)	规费	(2)+(4)+(6)		102200.54
(8)	税金	[(1)+(3)+(5)]×相应税率	3.51	31747.10
(9)	含税总价	(1)+(3)+(5)+(7)+(8)		1038423.55

7. 单位工程招标控制价/投标报价汇总(见表 9-21)

表 9-21　单位工程招标控制价/投标报价汇总表

工程名称：　　　　　　　　　　　　　　　　　　　　　　　　第　页共　页

序号	汇总内容	金额/元	其中：暂估价/元
1	分部分项工程		
1.1	模板支承垂直运输等		
2	措施项目		
2.1	安全文明施工费		
2.2	夜间施工费		
2.3	二次搬运费		
2.4	冬雨季施工		
2.5	大型机械设备进出场及安拆费		
2.6	施工排水		
2.7	施工降水		
2.8	地上、地下设施，建筑物的临时保护设施		
2.9	已完工程及设备保护		
2.10	各专业工程的措施项目		
3	其他项目		
3.1	暂列金额		
3.2	专业工程暂估价		
3.3	计日工		
3.4	总承包服务费		
4	规费		
5	税金		
招标控制价合计=1+2+3+4+5			

注：本表适用于单位工程招标控制价或投标报价的汇总，如无单位工程划分，单项工程也使用本表汇总。

习　　题

9-1　针对图 9-1 确定其综合单价。

9-2　按照附录二“综合练习用图”、附录五“清单计价法实训手册”要求进行工程量清单项目列项、计算清单工程量，并进行清单工程计价。

学习情境10　装饰装修工程清单计量与计价

情境描述	针对实际工程项目，从装饰装修工程的分部分项工程量清单列项、分部分项工程量清单计算、确定清单计价综合单价、措施项目等清单计价计算、清单计价汇总计算装饰装修建筑工程计量与计价，完全以工作过程为导向
教学目标	(1) 了解装饰装修工程的施工流程； (2) 掌握装饰装修工程的工程量清单列项要求和工程量清单计算规则； (3) 掌握建筑工程综合单价确定方法； (4) 掌握建筑工程施工措施费清单等的计算； (5) 掌握规费、利润和税金清单计价； (6) 能够进行清单计价汇总
主要教学内容	(1) 装饰装修施工图纸和说明要求等； (2) 装饰装修工程的施工流程； (3) 进行装饰装修工程的工程量清单列项； (4) 应用装饰装修工程工程量清单的计算规则要求； (5) 确定综合单价，计算分部分项工程清单计价费用； (6) 根据施工方案和要求确定措施项目等清单计价费用； (7) 确定建筑工程规费、利润和税金清单计价； (8) 进行清单计价汇总

任务10.1　装饰装修工程分部分项工程量清单的编制

一、装饰装修工程分部分项工程量清单的项目设置

工程量清单是工程量清单计价的基础，应作为编制招标控制价、投标报价、计算工程量、支付工程款、调整合同价款、办理竣工结算及工程索赔等的依据之一。工程量清单应由具有编制能力的招标人或受其委托，具有相应资质的工程造价咨询人编制。采用工程量

清单方式招标，工程量清单必须作为招标文件的组成部分，其准确性和完整性由招标人负责。

工程量清单应由分部分项工程量清单、措施项目清单、其他项目清单、规费项目清单和税金项目清单组成。

(1) 编制分部分项工程量清单的依据，同基础工程清单计量与计价。

(2) 分部分项工程量清单编制规定，同基础工程清单计量与计价。

(3) 列项依据。

① 施工图纸。其包括主体各层建筑平面图、剖面图、屋顶平面图、局部详图及设计说明。

② 施工过程：施工方案。

③ 工程量清单项目划分原则。符合《房屋建筑与装饰工程工程量计算规范》(GB 50854—2013)中附录 L、M、N、P 中计算规则和规范要求。

(4) 清单计价项目划分原则。装饰装修工程主体部分分项计量计价项目基本与施工结果项目相同。

(5) 一般装饰装修工程分部分项工程工程量清单列项如表 10-1 所示。

表 10-1 装饰装修工程分部分项工程量清单列项参考表

序号	项目编码	项目名称	项目特征描述内容	计量单位
1	011101001	水泥砂浆楼地面	①找平层厚度、砂浆配合比；②素水泥浆遍数；③面层厚度、砂浆配合比；④面层做法要求	m^2
2	011101002	现浇水磨石楼地面	①找平层厚度、砂浆配合比；②面层厚度、水泥石子浆配合比；③嵌条材料种类、规格；④石子种类、规格、颜色；⑤颜料种类、颜色；⑥图案要求；⑦磨光、酸洗、打蜡要求	m^2
3	011101003	细石混凝土地面	①找平层厚度、砂浆配合比；②面层厚度、混凝土强度等级	
4	011101004	菱苦土楼地面	①找平层厚度、砂浆配合比；②面层厚度；③打蜡要求	m^2
5	011101005	自流坪楼地面	①找平层厚度、砂浆配合比；②界面剂材料种类；③中层漆材料种类、厚度；④面漆材料种类、厚度；⑤面层材料种类	m^2
6	011101006	平面砂浆找平层	①找平层砂浆配合比、厚度；②界面剂材料种类；③中层漆材料种类、厚度；④面漆材料种类、厚度；⑤面层材料种类	m^2
7	011102001	石材楼地面	①找平层厚度、砂浆配合比；②结合层厚度、砂浆配合比；③面层材料品种、规格、颜色；④嵌缝材料种类；⑤防护层材料种类；⑥酸洗、打蜡要求	
8	011102002	碎石材楼地面		

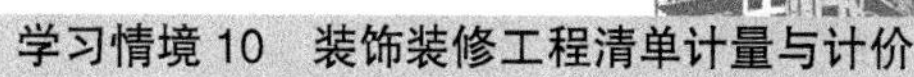

续表

序号	项目编码	项目名称	项目特征描述内容	计量单位
9	0111020031	块料楼地面	①找平层厚度、砂浆配合比；②结合层厚度、砂浆配合比；③面层材料品种、规格、颜色；④嵌缝材料种类；⑤防护层材料种类；⑥酸洗、打蜡要求	m^2
10	011103001	橡胶板楼地面	①粘接层厚度、材料种类；②面层材料品种、规格、颜色；③压线条种类	m^2
11	011103002	橡胶板卷材楼地面		
12	011103003	塑料板楼地面		
13	011103004	塑料卷材楼地面		m^2
14	011104001	地毯楼地面	①面层材料品种、规格、颜色；②防护材料种类；③粘接材料种类；④压线条种类	m^2
15	011104002	竹、木(复合)地板	①龙骨材料种类、规格、铺设间距；②基层材料种类、规格；③面层材料品种、规格、颜色；④防护材料种类	
16	011104003	金属复合地板		
17	011104004	防静电活动地板	①支架高度、材料种类；②面层材料品种、规格、颜色；③防护材料种类	
18	011105001	水泥砂浆踢脚线	①踢脚线高度；②底层厚度、砂浆配合比；③面层厚度、砂浆配合比	①m^2 ②m
19	011105002	石材踢脚线	①踢脚线高度；②粘贴层厚度、材料种类；③面层材料品种、规格、颜色；④防护材料种类	
20	011105003	块料踢脚线		
21	011105004	塑料板踢脚线	①踢脚线高度；②粘接层厚度、材料种类；③面层材料种类、规格、颜色	
22	011105005	木质踢脚线	①踢脚线高度；②基层材料种类、规格；③面层材料品种、规格、颜色	
23	011105006	金属踢脚线		
24	011105007	防静电踢脚线		
25	011106001	石材楼梯面层	①找平层厚度、砂浆配合比；②粘接层厚度、材料种类 ③面层材料品种、规格、颜色；④防滑条材料种类、规格；⑤勾缝材料种类；⑥防护层材料种类；⑦酸洗、打蜡要求	m^2
26	011106002	块料楼梯面层		
27	011106003	拼碎块料面层		
28	011106004	水泥砂浆楼梯面层	①找平层厚度、砂浆配合比；②面层厚度、砂浆配合比 ③防滑条材料种类、规格	m^2
29	011106005	现浇水磨石楼梯面层	①找平层厚度、砂浆配合比；②面层厚度、水泥石子浆配合比；③防滑条材料种类、规格；④石子种类、规格、颜色；⑤颜料种类、颜色；⑥磨光、酸洗打蜡要求	m^2

续表

序号	项目编码	项目名称	项目特征描述内容	计量单位
30	011106006	地毯楼梯面层	①基层种类；②面层材料品种、规格、颜色；③防护材料种类；④粘接材料种类；⑤固定配件材料种类、规格	m^2
31	011106007	木板楼梯面层	①基层材料种类、规格；②面层材料品种、规格、颜色；③粘接材料种类；④防护材料种类	m^2
32	011106008	橡胶板楼梯面层	①粘接层厚度、材料种类；②面层材料品种、规格、颜色；③压线条种类	m^2
33	011106009	塑料板楼梯面层		
34	011107001	石材台阶面	①找平层厚度、砂浆配合比；②粘接层材料种类③面层材料品种、规格、颜色；④勾缝材料种类；⑤防滑条材料种类、规格；⑥防护材料种类	m^2
35	011107002	块料台阶面		
36	011107003	拼碎块料台阶面		
37	011107004	水泥砂浆台阶面	①垫层材料种类、厚度；②找平层厚度、砂浆配合比；③面层厚度、砂浆配合比；④防滑条材料种类	
38	011107005	现浇水磨石台阶面	①垫层材料种类、厚度；②找平层厚度、砂浆配合比；③面层厚度、水泥石子浆配合比；④防滑条材料种类、规格 ⑤石子种类、规格、颜色；⑥颜料种类、颜色；⑦磨光、酸洗、打蜡要求	
39	011107006	剁假石台阶面	①找平层厚度、砂浆配合比；② 面层厚度、砂浆配合比；③剁假石要求	
40	011108001	石材零星项目	①工程部位；②找平层厚度、砂浆配合比；③结合层厚度、材料种类；④面层材料品种、规格、品牌、颜色；⑤勾缝材料种类；⑥防护材料种类；⑦酸洗、打蜡要求	m^2
41	011108002	碎拼石材零星项目		
42	011108003	块料零星项目		
43	011108004	水泥砂浆零星项目	①工程部位；②找平层厚度、砂浆配合比；③面层厚度、砂浆厚度	
44	011201001	墙面一般抹灰	①墙体类型；②底层厚度、砂浆配合比；③面层厚度、砂浆配合比；④装饰面材料种类；⑤分格缝宽度、材料种类	m^2
45	011201002	墙面装饰抹灰		
46	011201003	墙面勾缝	①勾缝类型；②勾缝材料种类	
47	011201004	立面砂浆找平层	①基层类型；②找平层砂浆厚度、配合比	
48	011202001	柱、梁面一般抹灰	①柱体类型；②底层厚度、砂浆配合比；③面层厚度、砂浆配合比；④装饰面材料种类；⑤分格缝宽度、材料种类	m^2

续表

序号	项目编码	项目名称	项目特征描述内容	计量单位
49	011202002	柱、梁面装饰抹灰		
50	011202003	柱、梁面砂浆找平	①柱(梁)体类型；②找平层砂浆厚度、配合比	
51	011202004	柱面勾缝	①勾缝类型；②勾缝材料种类	
52	011203001	零星项目一般抹灰	①基层类型、部位；②底层厚度、砂浆配合比；③面层厚度、砂浆配合比；④装饰面材料种类；⑤分格缝宽度、材料种类	m^2
53	011203002	零星项目装饰抹灰		
54	011203003	零星项目砂浆找平	①基层类型、部位；②找平层砂浆厚度、配合比	
55	011204001	石材墙面	①墙体类型；②安装方式；③面层材料品种、规格、颜色；④缝宽、嵌缝材料种类；⑤防护材料种类；⑥磨光、酸洗、打蜡要求	m^2
56	011204002	碎拼石材墙面		
57	011204003	块料墙面		
58	011204004	干挂石材钢骨架	①骨架种类、规格；②防锈漆品种遍数	t
59	011205001	石材柱面	①柱截面类型、尺寸；②安装方式 ；③面层材料品种、规格、颜色；④缝宽、嵌缝材料种类；⑤防护材料种类；⑥磨光、酸洗、打蜡要求	m^2
60	011205002	块料柱面		
61	011205003	拼碎块柱面		
62	011205004	石材梁面	①安装方式；②面层材料品种、规格、颜色；③缝宽、嵌缝材料种类；④防护材料种类；⑤磨光、酸洗、打蜡要求	
63	011205005	块料梁面		
64	011206001	石材零星项目	①基层类型、部位；②安装方式；③面层材料品种、规格、颜色；④缝宽、嵌缝材料种类；⑤防护材料种类；⑥磨光、酸洗、打蜡要求	m^2
65	011206002	块料零星项目		
66	011206003	拼碎块零星项目		
67	011207001	墙面装饰板	①龙骨材料种类、规格、中距；②隔离层材料种类、规格；③基层材料种类、规格；④面层材料品种、规格、颜色；⑤压条材料种类、规格	m^2
68	011207002	墙面装饰浮雕	①基层类型；②浮雕材料种类；③浮雕样式	
69	011208001	柱(梁)面装饰	①.龙骨材料种类、规格、中距；②隔离层材料种类；③基层材料种类、规格；④面层材料品种、规格、颜色；⑤压条材料种类、规格	m^2
70	011208002	成品装饰柱	①柱截面、高度尺寸；②柱材质	①根 ②m
71	011209001	带骨架幕墙	①骨架材料种类、规格、中距；②面层材料品种、规格、颜色；③面层固定方式；④隔离带、框边封闭材料种类、规格；④嵌缝、塞口材料种类	m^2

续表

序号	项目编码	项目名称	项目特征描述内容	计量单位
72	011209002	全玻(无框)幕墙	①玻璃品种、规格、颜色；②粘接塞口材料种类；③固定方式	m^2
73	011210001	木隔断	①骨架、边框材料种类、规格；②隔板材料品种、规格、颜色；③嵌缝、塞口材料品种；④压条材料种类	m^2
74	011210002	金属隔断	①骨架、边框材料种类、规格；②隔板材料品种、规格、颜色；③嵌缝、塞口材料品种	
75	011210003	玻璃隔断	①边框材料种类、规格；②玻璃品种、规格、颜色；③嵌缝、塞口材料品种	
76	011210004	塑料隔断	①边框材料种类、规格；②隔板材料品种、规格、颜色；③嵌缝、塞口材料品种	
77	011210005	成品隔断	①隔断材料品种、规格、颜色；②配件品种、规格	① m^2 ②间
78	011210006	其他隔断	①骨架、边框材料种类、规格；②隔板材料品种、规格、颜色；③嵌缝、塞口材料品种	m^2
79	011301001	天棚抹灰	①基层类型；②抹灰厚度、材料种类；③砂浆配合比	m^2
80	011302001	吊顶天棚	①吊顶形式、吊杆规格、高度；②龙骨材料种类、规格、中距；③基层材料种类、规格；④面层材料品种、规格；；⑤压条材料种类、规格；⑥嵌缝材料种类；⑦防护材料种类	m^2
81	011302002	格栅吊顶	①龙骨材料种类、规格、中距；②基层材料种类、规格；③面层材料品种、规格；④防护材料种类	m^2
82	011302003	吊筒吊顶	①吊筒形状、规格；②吊筒材料种类；③防护材料种类	
83	011302004	藤条造型悬挂吊顶	①骨架材料种类、规格；②面层材料品种、规格	
84	011302005	织物软雕吊顶		
85	011302006	装饰网架吊顶	网架材料品种、规格	m^2
86	011303001	采光天棚	①骨架类型；②固定类型、固定材料品种、规格；③面层材料品种、规格；④嵌缝、塞口材料种类	m^2
87	011304001	灯带(槽)	①灯带形式、尺寸；②格栅片材料品种、规格；③安装固定方式	m^2

续表

序号	项目编码	项目名称	项目特征描述内容	计量单位
88	011304002	送风口、回风口	①风口材料品种、规格；②安装固定方式；③防护材料种类	个
89	010801001	木质门	①门代号及洞口尺寸；②镶嵌玻璃品种、厚度	①樘 ②m^2
90	010801002	木质门带套		
91	010801003	木质连窗门		
92	010801004	木质防火门		
93	010801005	木门框	①门代号及洞口尺寸；②框截面尺寸；③防护材料种类	①樘 ②m
94	010801006	门锁安装	①锁品种；②锁规格	个(套)
95	010802001	金属(塑钢)门	①门代号及洞口尺寸；②门框或扇外围尺寸 ③门框、扇材质；④玻璃品种、厚度	①樘 ②m^2
96	010802002	彩板门	①门代号及洞口尺寸；②门框或扇外围尺寸	①樘 ②m^2
97	010802003	钢质防火门	①门代号及洞口尺寸；②门框或扇外围尺寸 ③门框、扇材质；	
98	010802004	防盗门		
99	010803001	金属卷帘(闸)门	①门代号及洞口尺寸；②门材质；③启动装置品种、规格	
100	010803002	防火卷帘(闸)门		
101	010804001	木板大门	①门代号及洞口尺寸；②门框或扇外围尺寸；③门框、扇材质；④五金种类、规格；⑤防护材料种类	①樘 ②m^2
102	010804002	钢木大门		
103	010804003	全钢板大门		
104	010804004	防护铁丝门		
105	010804005	金属格栅门	①门代号及洞口尺寸；②门框或扇外围尺寸；③门框、扇材质；④启动装置的品种、规格	
106	010804006	钢质花饰大门	①门代号及洞口尺寸；②门框或扇外围尺寸；③门框、扇材质	
107	010804007	特种门		
108	010805001	电子感应门	①门代号及洞口尺寸；②门框或扇外围尺寸；③门框、扇材质；④玻璃品种、厚度；⑤启动装置的品种、规格；⑥电子配件品种、规格	①樘 ②m^2
109	010805002	旋转门		
110	010805003	电子对讲门	①门代号及洞口尺寸；②门框或扇外围尺寸；③门材质；④玻璃品种、厚度；⑤启动装置的品种、规格；⑥电子配件品种、规格	
111	010805004	电动伸缩门		
112	010805005	全玻自由门	①门代号及洞口尺寸；②门框或扇外围尺寸；③框材质；④ 玻璃品种、厚度	
113	010805006	镜面不锈钢饰面门	①门代号及洞口尺寸；②门框或扇外围尺寸；③框、扇材质；④玻璃品种、厚度	

续表

序号	项目编码	项目名称	项目特征描述内容	计量单位
114	010805007	复合材料门		
115	010806001	木质窗	①窗代号及洞口尺寸；②玻璃品种、厚度	①樘 ②m^2
116	010806002	木飘(凸)窗		
117	010806003	木橱窗	①窗代号；②框截面及外围展开面积；③玻璃品种、厚度；④防护材料种类	
118	010806004	木纱窗	①窗代号及框的外围尺寸；②窗纱材料品种、规格	
119	010807001	金属(塑钢、断桥)窗	①窗代号及洞口尺寸；②框、扇材质；③玻璃品种、厚度	①樘 ②m^2
120	010807002	金属防火窗		
121	010807003	金属百叶窗		
122	010807004	金属纱窗	①窗代号及框的外围尺寸；②框材质；③窗纱材料品种、规格	
123	010807005	金属格栅窗	①窗代号及洞口尺寸；②框外围尺寸；③框、扇材质	
124	010807006	金属(塑钢、断桥)橱窗	①窗代号；②框外围展开面积；③框、扇材质；④玻璃品种、厚度；⑤防护材料种类	
125	010807007	金属(塑钢、断桥)飘(凸)窗	①窗代号；②框外围展开面积；③框、扇材质；④玻璃品种、厚度	
126	010807008	彩板窗	①窗代号及洞口尺寸；②框外围尺寸；③框、扇材质；④玻璃品种、厚度	
127	010807009	复合材料窗		
128	010808001	木门窗套	①窗代号及洞口尺寸；②门窗套展开宽度；③基层材料种类；④面层材料品种、规格；⑤线条品种、规格；⑥防护材料种类	①樘 ②m^2 ③m
129	010808002	木筒子板	①筒子板宽度；②基层材料种类；③面层材料品种、规格；④线条品种、规格；⑤防护材料种类	
130	010808003	饰面夹板筒子板		
131	010808004	金属门窗套	①窗代号及洞口尺寸；②门窗套展开宽度；③基层材料种类；④面层材料品种、规格；⑤防护材料种类	
132	010808005	石材门窗套	①窗代号及洞口尺寸；②门窗套展开宽度；③底层厚度、砂浆配合比；④面层材料品种、规格；⑤线条品种、规格	
133	010808006	门窗木贴脸	①门窗代号及洞口尺寸；②贴脸板宽度；③防护材料种类	

续表

序号	项目编码	项目名称	项目特征描述内容	计量单位
134	010808007	成品木门窗套	①窗代号及洞口尺寸；②门窗套展开宽度；③门窗套材料品种、规格	
135	010809001	木窗台板	①基层材料种类；②窗台面板材质、规格、颜色；③防护材料种类	m^2
136	010809002	铝塑窗台板		
137	010809003	金属窗台板		
138	010809004	石材窗台板	①粘接层厚度、砂浆配合比；②窗台板材质、规格、颜色	
139	010810001	窗帘	①窗帘材质；②窗帘高度、宽度；③窗帘层数；④带幔要求	①m^2 ②m
140	010810002	木窗帘盒	①窗帘盒材质、规格；②防护材料种类	m
141	010810003	饰面夹板、塑料窗帘盒		
142	010810004	铝合金窗帘盒		
143	010810005	窗帘轨	①窗帘轨材质、规格；②轨的数量；③防护材料种类	
144	011401001	木门油漆	①门类型；②门代号及洞口尺寸；③腻子种类；④刮腻子遍数；⑤防护材料种类；⑥油漆品种、刷漆遍数	①樘 ②m^2
145	011401002	金属门油漆		
146	011402001	木窗油漆	①窗类型；②窗代号及洞口尺寸；③腻子种类；④刮腻子遍数；⑤防护材料种类；⑥油漆品种、刷漆遍数	①樘 ②m^2
147	011402002	金属窗油漆		
148	011403001	木扶手油漆	①断面尺寸；②腻子种类；③刮腻子遍数；④防护材料种类；⑤油漆品种、刷漆遍数	m
149	011403002	窗帘盒油漆		
150	011403003	封檐板、顺水板油漆		
151	011403004	挂衣板、黑板框油漆		
152	011403005	挂镜线、窗帘棍、单独木线油漆		
153	011404001	木护墙、木墙裙油漆	①腻子种类；②刮腻子遍数；③防护材料种类；④油漆品种、刷漆遍数	m^2
154	011404002	窗台板、筒子板、盖板、门窗套、踢脚线油漆	①腻子种类；②刮腻子遍数；③防护材料种类；④油漆品种、刷漆遍数	m^2
155	011404003	清水板条天棚、檐口油漆		

续表

序号	项目编码	项目名称	项目特征描述内容	计量单位
156	011404004	木方格吊顶天棚油漆	①腻子种类；②刮腻子遍数；③防护材料种类；④油漆品种、刷漆遍数	m^2
157	011404005	吸音板墙面、天棚面油漆		
158	011404006	暖气罩油漆		
159	011404007	其他木材面		
160	011404008	木间壁、木隔断油漆	①腻子种类；②刮腻子遍数；③防护材料种类；④油漆品种、刷漆遍数	
161	011404009	玻璃间壁露明墙筋油漆		
162	011404010	木栅栏、木栏杆(带扶手)油漆		
163	011404011	衣柜、壁柜油漆		
164	011404012	梁柱饰面油漆		
165	011404013	零星木装修油漆		
166	011404014	木地板油漆		
167	011404015	木地板烫硬蜡面	①硬蜡品种；②面层处理要求	
168	011405001	金属面油漆	①构件名称；②腻子种类；③刮腻子要求；④防护材料种类；⑤油漆品种、刷漆遍数	①t ②m^2
169	011406001	抹灰面油漆	①基层类型；②腻子种类；③刮腻子要求；④防护材料种类；⑤油漆品种、刷漆遍数	m^2
170	011406002	抹灰线条油漆	①线条宽度、道数；②腻子种类；③刮腻子遍数；④防护材料种类；⑤油漆品种、刷漆遍数	m
171	011406003	满刮腻子	①基层类型；②腻子种类；③刮腻子遍数	m^2
172	011407001	墙面喷刷涂料	①基层类型；②喷刷涂料部位；③腻子种类；④刮腻子要求；⑤涂料品种、喷刷遍数	m^2
173	011407002	天棚喷刷涂料		
174	011407003	空花格、栏杆刷涂料	①腻子种类；②刮腻子遍数；③涂料品种、刷喷遍数	
175	011407004	线条刷涂料	①基层清理；②线条宽度；③刮腻子遍数；④刷防护材料、油漆	m
176	011407005	金属构件刷防火涂料	①喷刷防火涂料构件名称；②防火等级要求；③涂料品种、喷刷遍数	①m^2 ②t
177	011407006	木材构件喷刷防火涂料		m^2

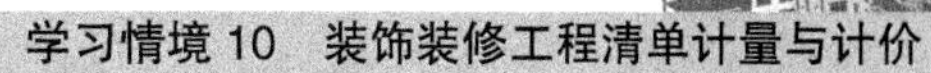

续表

序号	项目编码	项目名称	项目特征描述内容	计量单位
178	011408001	墙纸裱糊	①基层类型；②裱糊部位；③腻子种类；④刮腻子遍数；⑤粘接材料种类；⑥防护材料种类；⑦面层材料品种、规格、颜色	m^2
179	011408002	织锦缎裱糊		
180	011501001	柜台	①台柜规格； ②材料种类、规格； ③五金种类、规格； ④防护材料种类； ⑤油漆品种、刷漆遍数	①个 ②m ③m^3
181	011501002	酒柜		
182	011501003	衣柜		
183	011501004	存包柜		
184	011501005	鞋柜		
185	011501006	书柜		
186	011501007	厨房壁柜		
187	011501008	木壁柜		
188	011501009	厨房地柜		
189	011501010	厨房吊柜		
190	011501011	矮柜		
191	011501012	吧台背柜		
192	011501013	酒吧吊柜		
193	011501014	酒吧台		
194	011501015	展台		
195	011501016	收银台		
196	011501017	试衣间		
197	011501018	货架		
198	011501019	书架		
199	011501020	服务台		
100	011502001	金属装饰线	①基层类型；②线条材料品种、规格、颜色；③防护材料种类	m
101	011502002	木质装饰线		
102	011502003	石材装饰线		
103	011502004	石膏装饰线		
104	011502005	镜面玻璃线	①基层类型；②线条材料品种、规格、颜色；③防护材料种类	
105	011502006	铝塑装饰线		
106	011502007	塑料装饰线		
107	011502008	GRC 装饰线条	①基层类型；②线条规格；③线条安装部位；④填充材料种类	
108	011503001	金属扶手、栏杆、栏板	①扶手材料种类、规格；②栏杆材料种类、规格；③栏板材料种类、规格、颜色；④固定配件种类；⑤防护材料种类	m

续表

序号	项目编码	项目名称	项目特征描述内容	计量单位
109	011503002	硬木扶手、栏杆、栏板	①扶手材料种类、规格；②栏杆材料种类、规格；③栏板材料种类、规格、颜色；④固定配件种类；⑤防护材料种类	m
110	011503003	塑料扶手、栏杆、栏板		
111	011503004	GRC 栏杆、扶手	①栏杆的规格；②安装间距；③扶手类型规格；④填充材料种类	
112	011503005	金属靠墙扶手	①扶手材料种类、规格；②固定配件种类；③防护材料种类	
113	011503006	硬木靠墙扶手		
114	011503007	塑料靠墙扶手		
115	011503008	玻璃栏板	①栏杆玻璃的种类、规格、颜色；②固定方式；③固定配件种类	
116	011504001	饰面板暖气罩	①暖气罩材质；②防护材料种类	m^2
117	011504002	塑料板暖气罩		
118	011504003	金属暖气罩		
119	011505001	洗漱台	①材料种类、规格、颜色；②支架、配件品种、规格	①m^2 ②个
120	011505002	晒衣架		个
121	011505003	帘子杆		
122	011505004	浴缸拉手		
123	011505005	卫生间扶手		
124	011505006	毛巾杆(架)		套
125	011505007	毛巾环		副
126	011505008	卫生纸盒		个
127	011505009	肥皂盒		
128	011505010	镜面玻璃	①镜面玻璃品种、规格；②框材质、断面尺寸③基层材料种类；④防护材料种类	m^2
129	011505011	镜箱	①箱体材质、规格；②玻璃品种、规格③基层材料种类；④防护材料种类⑤油漆品种、刷漆遍数	个
130	011506001	雨篷吊挂饰面	①基层类型；②龙骨材料种类、规格、中距；③面层材料品种、规格；④吊顶(天棚)材料、品种、规格；⑤嵌缝材料种类；⑥防护材料种类	m^2
131	011506002	金属旗杆	①旗杆材料、种类、规格；②旗杆高度；③基础材料种类；④基座材料种类；⑤基座面层材料、种类、规格	根

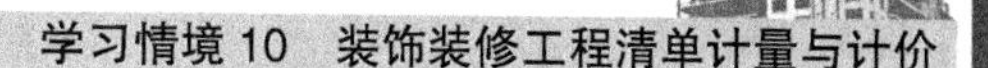

续表

序号	项目编码	项目名称	项目特征描述内容	计量单位
132	011506003	玻璃雨篷	①玻璃雨篷固定方式；②龙骨材料种类、规格、中距；③玻璃材料品种、规格；④嵌缝材料种类；⑤防护材料种类	m^2
133	011507001	平面、箱式招牌	①箱体规格；②基层材料种类；③面层材料种类；④防护材料种类	m^2
134	011507002	竖式标箱		个
135	011507003	灯箱		
136	011508001	泡沫塑料字	①基层类型； ②镌字材料品种、颜色； ③字体规格； ④固定方式； ⑤油漆品种、刷漆遍数	个
137	011508002	有机玻璃字		
138	011508003	木质字		
139	011508004	金属字		
140	011508005	吸塑字		
141	011601001	砖砌体拆除	①砌体名称；②砌体材质；③拆除高度；④拆除砌体的截面尺寸；⑤砌体表面的附着物种类	①m^3 ②m
142	011604001	平面抹灰层拆除	① 拆除部位； ② 抹灰层种类	m^2
143	011604002	立面抹灰层拆除		
144	011604003	天棚抹灰面拆除		
145	011610001	木门窗拆除	①室内高度；②门窗洞口尺寸	①m^2 ②樘
146	011610002	金属门窗拆除		

二、装饰装修工程分部分项工程量清单的计算规则

根据《房屋建筑与装饰工程工程量计算规范》(GB 50854—2013)，装饰装修工程工程量计算规则如下。

1. 水泥砂浆楼地面、现浇水磨石楼地面、细石混凝土楼地面的工程量计算规则

按设计图示尺寸以面积计算。扣除凸出地面构筑物、设备基础、室内铁道、地沟等所占面积，不扣除间壁墙和 $0.3m^2$ 以内的柱、垛、附墙烟囱及孔洞所占面积。门洞、空圈、暖气包槽、壁龛的开口部分不增加面积。

水泥砂浆楼地面工程内容：①基层清理；②垫层铺设；③抹找平层；④防水层铺设；⑤抹面层；⑥材料运输。

例 10-1　如图 10-1 所示，若建筑物室内做水泥砂浆地面，1∶3 水泥砂浆找平层，厚 20mm；1∶2 水泥砂浆面层，厚 10mm。求房间水泥砂浆地面工程量。

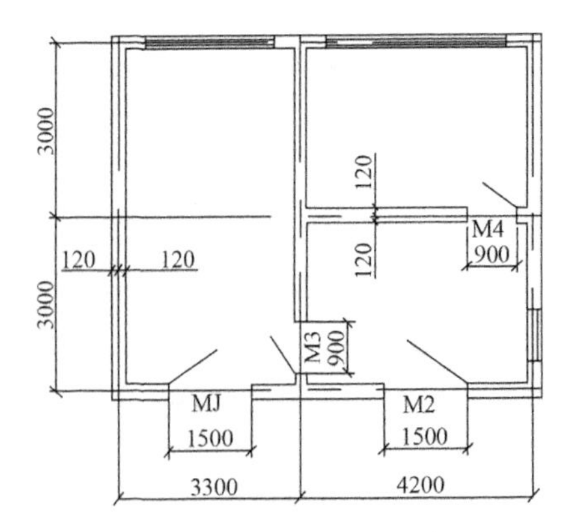

图 10-1　房间设计尺寸

解　水泥砂浆地面工程量=(4.2−0.24)×(3−0.24)×2+(3.3−0.24)×(6−0.24)=39.49(m²)

现浇水磨石楼地面工程内容：①基层清理；②垫层铺设；③抹找平层；④防水层铺设；⑤面层铺设嵌缝条安装；⑥磨光、酸洗、打蜡；⑦材料运输。

细石混凝土地面工程内容：①基层清理；②垫层铺设；③抹找平层；④防水层铺设；⑤面层铺设；⑥材料运输。

2. 石材楼地面、块料楼地面的工程量计算规则

按设计图示尺寸以面积计算。扣除凸出地面构筑物、设备基础、室内铁道、地沟等所占面积，不扣除间壁墙和 0.3m² 以内的柱、垛、附墙烟囱及孔洞所占面积。门洞、空圈、暖气包槽、壁龛的开口部分不增加面积。

工程内容：①基层清理、铺设垫层、抹找平层；②防水层铺设、填充层；③面层铺设；④嵌缝；⑤刷防护材料；⑥酸洗、打蜡；⑦材料运输。

例 10-2　如图 10-1 所示，若建筑物室内地面镶贴马赛克面层，试求马赛克面层工程量。

解　马赛克地面工程量=(4.2−0.24)×(3−0.24)×2+(3.3−0.24)×(6−0.24)=39.49(m²)

3. 橡胶板楼地面的工程量计算规则

按设计图示尺寸以面积计算。门洞、空圈、暖气包槽、壁龛的开口部分并入相应的工程量内。

工程内容：①基层清理、抹找平层；②铺设填充层；③面层铺贴；④压缝条装钉；⑤材料运输。

4. 楼地面地毯的工程量计算规则

按设计图示尺寸以面积计算。门洞、空圈、暖气包槽、壁龛的开口部分并入相应的工程量内。

工程内容：①基层清理、抹找平层；②铺设填充层；③铺贴面层；④刷防护材料；⑤装钉压条；⑥材料运输。

例 10-3　如图 10-1 所示，若建筑物室内铺地毯，试求地毯地面工程量。

解　地毯工程量=(4.2−0.24)×(3−0.24)×2+(3.3−0.24)×(6−0.24)+(1.5+1.5+0.9+0.9)×0.24
=40.64(m²)

5. 水泥砂浆踢脚线、石材踢脚线、块料踢脚线、现浇水磨石踢脚线、塑料板踢脚线的工程量计算规则

按设计图示长度乘以高度以面积计算。

工程内容：①基层清理；②底层抹灰；③面层铺贴；④勾缝；⑤磨光、酸洗、打蜡；⑥刷防护材料；⑦材料运输。

例 10-4　如图 10-1 所示，水泥砂浆踢脚线高度为 120mm，试求水泥砂浆踢脚线工程量。

解　$(6-0.24)\times0.12\times2-0.9\times0.12+0.24\times0.12\times2+(3.3-0.24)\times0.12\times2-1.5\times0.12+(4.2-0.24)\times0.12\times4-1.5\times0.12-0.9\times0.12\times2+(3-0.24)\times0.12\times2\times2-0.9\times0.12+0.24\times0.12\times4=4.7232(\text{m}^2)$

6. 木质踢脚线的工程量计算规则

按设计图示长度乘以高度以面积计算。

工程内容：①基层清理；②底层抹灰；③基层铺贴；④面层铺贴；⑤刷防护材料；⑥刷油漆；⑦材料运输。

7. 石材楼梯面层、块料楼梯面层、水泥砂浆楼梯面、现浇水磨石楼梯面、地毯楼梯面、木板楼梯面的工程量计算规则

按设计图示尺寸以楼梯(包括踏步、休息平台及 500mm 以内的楼梯井)水平投影面积计算。楼梯与楼地面相连时，算至梯口梁内侧边沿；无梯口梁者，算至最上一层踏步边沿加 300mm 石材楼梯面层、块料楼梯面层。

工程内容：①基层清理；②抹找平层；③面层铺贴；④贴嵌防滑条；⑤勾缝；⑥刷防护材料；⑦酸洗、打蜡；⑧材料运输。

例 10-5　图 10-2 所示为某 5 层房屋楼梯设计图，楼梯饰面用陶瓷砖水泥砂浆(1∶3)铺贴，计算该建筑楼梯饰面工程量。

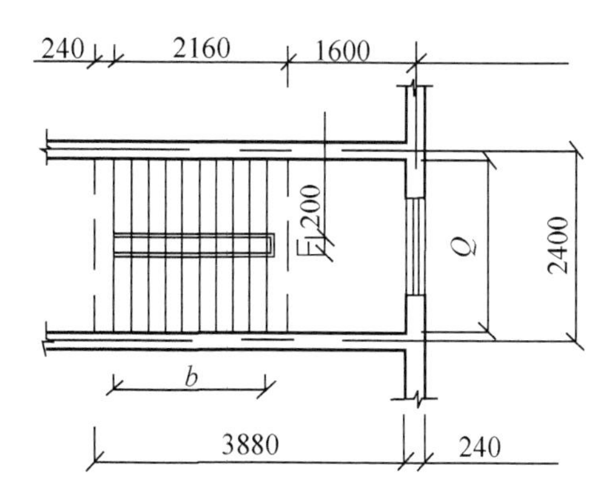

图 10-2　5 层房屋楼梯设计尺寸

分析　铺贴楼梯面层工程量 $S=(a\times1-b\times c)\times(n-1)$。

当楼梯井宽度 $c<500\text{mm}$ 时，$S=a\times1\times(n-1)$。

解　$S=(2.4-0.24)\times(0.24+2.16+1.6-0.12)\times(6-1)\times2=83.81(\text{m}^2)$

水泥砂浆楼梯面工程内容：①基层清理；②抹找平层；③抹面层；④抹防滑条；⑤材料运输。

现浇水磨石楼梯面工程内容：①基层清理；②抹找平层；③抹面层；④贴嵌防滑条；⑤磨光、酸洗、打蜡；⑥材料运输。

地毯楼梯面工程内容：①基层清理；②抹找平层；③铺贴面层；④固定配件安装；⑤刷防护材料；⑥材料运输

木板楼梯面工作内容：①基层清理；②抹找平层；③基层铺贴；④面层铺贴；⑤刷防护材料、油漆；材料运输。

8. 金属扶手带栏杆、栏板的工程量计算规则

按设计图纸尺寸以扶手中心线长度(包括弯头长度)计算。

工程内容：制作；运输；安装；刷防护材料；刷油漆。

例 10-6 如图 10-2 所示，试计算该 5 层建筑楼梯木扶手带铁栏杆的工程量(该建筑有一个单元，每个梯段为 9 步，踏步板宽 270mm，踏步板高度 160mm)。

分析 楼梯扶手(栏杆)工程量均按中心线延长米计算。

扶手工程量 L=[2×(每段水平投影长×系数+每个井宽)×(n−1)+顶层水平扶手长度]×单元数

解 梯踏步斜长系数$=\dfrac{\sqrt{0.27^2+0.16^2}}{0.27}=1.16$

$L=[2\times(0.27\times9\times1.16+0.2)\times(5-1)+(2.4-0.24-0.2)/2]\times1=25.13(\mathrm{m})$

9. 石材台阶面、块料台阶面、水泥砂浆台阶面、现浇水磨石台阶面、剁假石台阶面的工程量计算规则

按设计图示尺寸以台阶(包括最上层踏步边沿加 300mm)水平投影面积计算。

石材台阶面工程内容：①基层清理；②铺设垫层；③抹找平层；④面层铺贴；⑤贴嵌防滑条；⑥勾缝；⑦刷防护材料；⑧材料运输。

块料台阶面工程内容：①清理基层；②铺设垫层；③抹找平层；④抹面层；⑤抹防滑条；⑥材料运输。

水泥砂浆台阶面工程内容：①清理基层；②铺设垫层；③抹找平层；④抹面层；⑤贴嵌防滑条；⑥打磨、酸洗、打蜡；⑦材料运输。

现浇水磨石台阶面工程内容：①垫层材料种类、厚度；②找平层厚度、砂浆配合比；③面层厚度、水泥石子浆配合比；④防滑条材料种类、规格；⑤石子种类、规格、颜色；⑥颜料种类、颜色；⑦磨光、酸洗、打蜡要求。

剁假石台阶面工程内容：①清理基层；②铺设垫层；③抹找平层；④抹面层；⑤剁假石；⑥材料运输。

例 10-7 试求图 10-3 所示台阶面层装修工程量。图 10-4 所示为台阶面尺寸。

解 台阶面层装修工程量$=5.7\times2.4-3.3\times1.2=9.72(\mathrm{m}^2)$

10. 石材零星项目、碎拼石材零星项目、块料零星项目的工程量计算规则

按设计图示尺寸以面积计算。

工程内容：①清理基层；②抹找平层；③面层铺贴；④勾缝；⑤刷防护材料；⑥酸洗、打蜡；⑦材料运输。

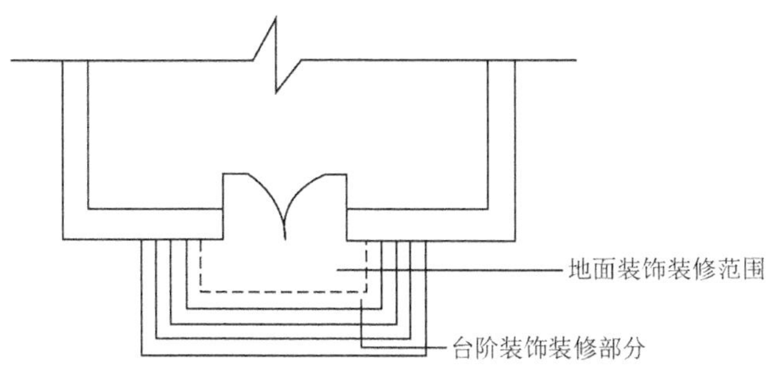

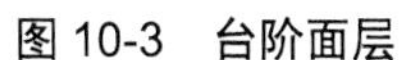
图 10-3　台阶面层

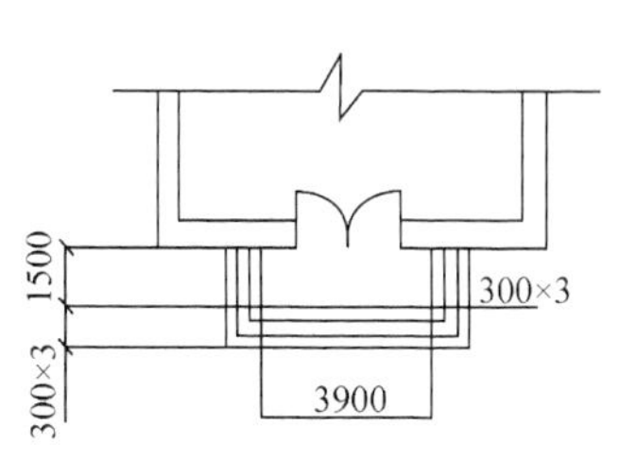

图 10-4　台阶面层尺寸

11. 水泥砂浆零星项目的工程量计算规则

按设计图示尺寸以面积计算。

工程内容：①清理基层；②抹找平层；③抹面层；④材料运输。

12. 墙面一般抹灰、装饰抹灰、墙面勾缝的工程量计算规则

按设计图示尺寸以面积计算。扣除墙裙、门窗洞口及单个 0.3m^2 以外的孔洞面积，不扣除踢脚线、挂镜线和墙与构件交接处的面积，门窗洞口和孔洞的侧壁及顶面不增加面积。附墙柱、梁、垛、烟囱侧壁并入相应的墙面面积内计算。

(1) 外墙抹灰面积按外墙垂直投影面积计算(见图 10-5)。

(2) 外墙裙抹灰面积按其长度乘以高度计算。

(3) 内墙抹灰面积按主墙间的净长乘以高度计算。

① 无墙裙的，高度按室内楼地面至天棚底面计算。

② 有墙裙的，高度按墙裙顶至天棚底面计算。

(4) 内墙裙抹灰面按内墙净长乘以高度计算。

工程内容：①基层清理；②砂浆制作、运输；③底层抹灰；④抹面层；⑤抹装饰面；⑥勾分格缝。

墙面勾缝工程内容：①基层清理；①砂浆制作、运输；③勾缝。

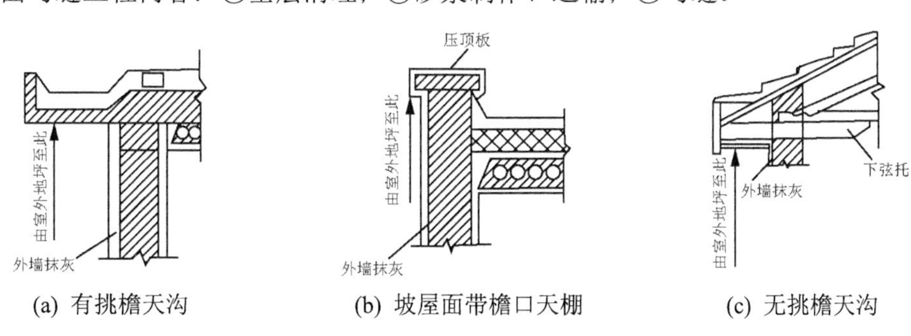

(a) 有挑檐天沟　(b) 坡屋面带檐口天棚　(c) 无挑檐天沟

图 10-5　外墙抹灰

例 10-8　某工程如图 10-6 所示，内墙面抹 1∶2 水泥砂浆底，1∶3 石灰砂浆找平层，麻刀石灰浆面层，共 20mm 厚。内墙裙采用 1∶3 水泥砂浆打底(19 厚)，1∶2.5 水泥砂浆面层(6mm 厚)。计算内墙面、内墙裙抹灰工程量。

M：1000mm×2700mm，共 3 个

C：1500mm×1800mm，共 4 个

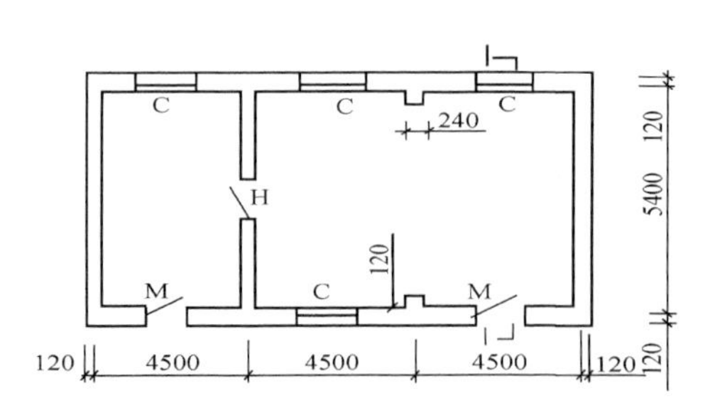

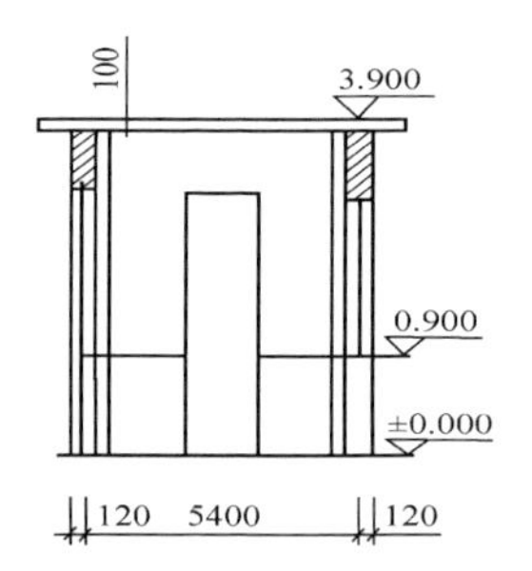

图 10-6　某工程尺寸图

解

(1)　内墙面抹灰工程量=[(4.50×3−0.24×2+0.12×2)×2+(5.40−0.24)×4]×(3.90−0.10−0.90+ 0.1)−1.00×(2.70−0.90)×4−1.50×1.80×4=123.48(m^2)。

(2)　内墙裙工程量=[(4.50×3−0.24×2+0.12×4)×2+(5.40−0.24)×4+0.12×2×2−1.00×4]×0.90 =39.71(m^2)。

13. 柱面一般抹灰、柱面装饰抹灰的工程量计算规则

按设计图示柱断面周长乘以高度以面积计算。

工程内容：①基层清理；②砂浆制作、运输；③底层抹灰；④抹面层；⑤抹装饰面；⑥勾分格缝。

柱面勾缝工程内容：①基层清理；③砂浆制作、运输；③勾缝。

14. 零星一般抹灰、零星装饰抹灰的工程量计算规则

按设计图示尺寸以面积计算。

工程内容：①基层清理；②砂浆制作、运输；③底层抹灰；④抹面层；⑤抹装饰面；⑥勾分格缝。

15. 石材墙面、碎拼石材、块料墙面的工程量计算规则

按设计图示尺寸以镶贴面积计算。

工程内容：①基层清理；②砂浆制作、运输；③底层抹灰；④结合层铺贴；⑤面层铺贴；⑥面层挂贴；⑦面层干挂；⑧嵌缝；⑨刷防护材料；⑩磨光、酸洗、打蜡。

16. 石材柱面、拼碎石材柱面、块料柱面的工程量计算规则

按设计图示尺寸以镶贴面积计算。

工程内容：①基层清理；②砂浆制作、运输；③底层抹灰；④结合层铺贴；⑤面层铺贴；⑥面层挂贴；⑦面层干挂；⑧嵌缝；⑨刷防护材料；⑩磨光、酸洗、打蜡。

17. 石材梁面、块料梁面的工程量计算规则

按设计图示尺寸以镶贴面积计算。

工程内容：①基层清理；②砂浆制作、运输；③底层抹灰；④结合层铺贴；⑤面层铺贴；⑥面层挂贴；⑦嵌缝；⑧刷防护材料；⑨磨光、酸洗、打蜡。

18. 装饰板墙面的工程量计算规则

按设计图示墙净长乘以净高以面积计算。扣除门、窗洞口及单个 $0.3m^2$ 以上的孔洞所占面积。

工程内容：①基层清理；②砂浆制作、运输；③底层抹灰；④龙骨制作、运输、安装；⑤钉隔离层；⑥基层铺钉；⑦面层铺贴；⑧刷防护材料、油漆。

19. 柱(梁)面装饰的工程量计算规则

按设计图示饰面外围尺寸以面积计算。柱帽、柱墩并入相应柱饰面工程量内。

工程内容：①清理基层；②砂浆制作、运输；③底层抹灰；④龙骨制作、运输、安装；⑤钉隔离层；⑥基层铺钉；⑦面层铺贴；⑧刷防护材料、油漆。

20. 隔断的工程量计算规则

按设计图示框外围尺寸以面积计算。扣除单个 $0.3m^2$ 以上的孔洞所占面积；浴厕门的材质与隔断相同时，门的面积并入隔断面积内。

工程内容：①骨架及边框制作、运输、安装；②隔板制作、运输、安装；③嵌缝、塞口；④装钉压条；⑤刷防护材料、油漆。

21. 带骨架幕墙的工程量计算规则

按设计图示框外围尺寸以面积计算。与幕墙同种材质的窗所占面积不扣除。

工程内容：①骨架制作、运输、安装；②面层安装；③嵌缝、塞口；④清洗。

22. 全玻幕墙的工程量计算规则

按设计图示尺寸以面积计算，带肋全玻幕墙按展开面积计算。

工程内容：①幕墙安装；②嵌缝、塞口；③清洗。

23. 天棚抹灰的工程量计算规则

按设计图示尺寸以水平投影面积计算。不扣除间壁墙、垛、柱、附墙烟囱、检查口和管道所占的面积，带梁天棚、梁两侧抹灰面积并入天棚面积内，板式楼梯底面抹灰按斜面积计算，锯齿形楼梯底板抹灰按展开面积计算。

工程内容：①基层清理；②底层抹灰；③抹面层；④抹装饰线条。

24. 天棚吊顶的工程量计算规则

按设计图示尺寸以水平投影面积计算。天棚面中的灯槽及跌级、锯齿形、吊挂式、藻井式天棚面积不展开计算。不扣除间壁墙、检查口、附墙烟囱、柱垛和管道所占面积，扣除单个 $0.3m^2$ 以外的孔洞、独立柱及与天棚相连的窗帘盒所占的面积。

工程内容：①基层清理；②龙骨安装；③基层板铺贴；④面层铺贴；⑤嵌缝；⑥刷防护材料、油漆。

25. 格栅吊顶、吊筒吊顶、藤条造型、悬挂吊顶、组物软雕吊顶、网架(装饰)吊顶的工程量计算规则

按设计图示尺寸以水平投影面积计算。

格栅吊顶工程内容：①基层清理；②底层抹灰；③安装龙骨；④基层板铺贴；⑤面层铺贴；⑥刷防护材料、油漆。

吊筒吊顶工程内容：①基层清理；②底层抹灰；③吊筒安装；④刷防护材料、油漆。

藤条造型、悬挂吊顶 、组物软雕吊顶工程内容：①基层清理；②底层抹灰；③龙骨安装；④铺贴面层；⑤刷防护材料、油漆。

网架(装饰)吊顶工程内容：①基层清理；②底面抹灰；③面层安装；④刷防护材料、油漆。

26. 灯带的工程量计算规则

按设计图示尺寸以框外围面积计算。

工程内容：①安装；②固定。

27. 镶板木门、企口木板门、实木装饰门、胶合板门、夹板装饰门、木质防火门、木纱门、连窗门的工程量计算规则

按设计图示数量或设计图示洞口尺寸面积计算。

工程内容：①门制作、运输、安装；②五金、玻璃安装；③刷防护材料、油漆。

28. 金属平开门、金属推拉门、金属地弹门、彩板门、塑钢门、防盗门、钢质防火门的工程量计算规则

按设计图示数量或设计图示洞口尺寸面积计算。

工程内容：①门制作、运输、安装；②五金、玻璃安装；③刷防护材料、油漆。

29. 电子感应门、转门、电子对讲门、电动伸缩门的工程量计算规则

按设计图示数量或设计图示洞口尺寸面积计算。

工程内容：①门制作、运输、安装；②五金、电子配件安装；③刷防护材料、油漆。

30. 全玻门带扇框、全玻自由门、(无扇框)、半玻门带扇框的工程量计算规则

按设计图示数量或设计图示洞口尺寸面积计算。

工程内容：①门制作、运输、安装；②五金安装；③刷防护材料、油漆。

31. 镜面不锈钢饰面门的工程量计算规则

按设计图示数量或设计图示洞口尺寸面积计算。

工程内容：①门扇骨架及基层制作、运输、安装；②包面层；③五金安装；④刷防护材料。

32. 金属推拉窗、金属平开窗、彩板窗、塑钢窗、金属防盗窗、金属格栅窗的工程量计算规则

按设计图示数量或设计图示洞口尺寸面积计算。

工程内容：①窗制作、运输、安装；②五金、玻璃安装；③刷防护材料、油漆。

例 10-9 如图 10-7 所示，该住房安装实木镶板门及塑钢窗，M1 洞口尺寸 1500mm×2700mm；M2 洞口尺寸 1500mm×2700mm；M3 洞口尺寸 900mm×2100mm；M4 洞口尺寸 900mm×2100mm；C1 洞口尺寸 1600mm×1500mm；C2 洞口尺寸 2100mm×1500mm；C3 洞口尺寸 1000mm×1000mm。求门、窗工程量。

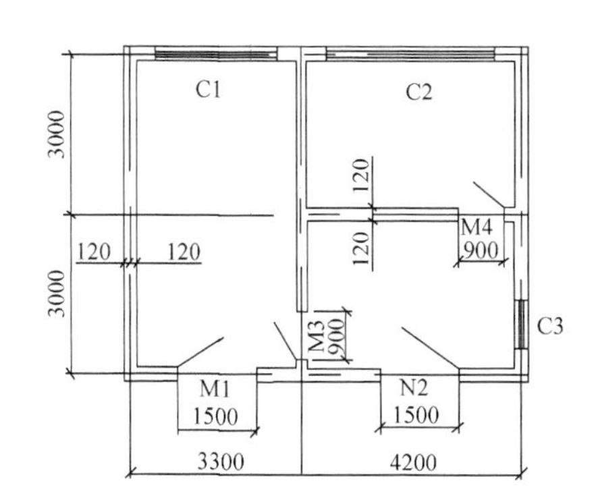

图 10-7　例 10-9 用图

解　实木门工程量。

M1　1 樘或 $1.5\times2.7=4.05(\mathrm{m}^2)$　　M2　1 樘或 $1.5\times2.7=4.05(\mathrm{m}^2)$

M3　1 樘或 $0.9\times2.1=1.89(\mathrm{m}^2)$　　M4　1 樘或 $0.9\times2.1=1.89(\mathrm{m}^2)$

塑钢窗工程量。

C1　1 樘或 $1.6\times1.5=2.4(\mathrm{m}^2)$　　C2　1 樘或 $2.1\times1.5=3.15(\mathrm{m}^2)$

C3　1 樘或 $1\times1=1(\mathrm{m}^2)$

33. 特殊五金的工程量计算规则

按设计图示数量计算。

工程内容：①五金安装；②刷防护材料、油漆。

34. 木门窗套、金属门窗套、石材门窗套、门窗木贴脸、硬木筒子板、饰面夹板筒子的板工程量计算规则

按设计图示尺寸以展开面积计算。

工程内容：①清理基层；②底层抹灰；③立筋制作、安装；④基层板安装；⑤面层铺贴；⑥刷防护材料、油漆。

例 10-10　某房间一侧立面如图 10-8 所示，其窗做贴脸板、筒子板及窗台板，其窗台板宽 150mm，筒子板宽 120mm。试求其工程量。

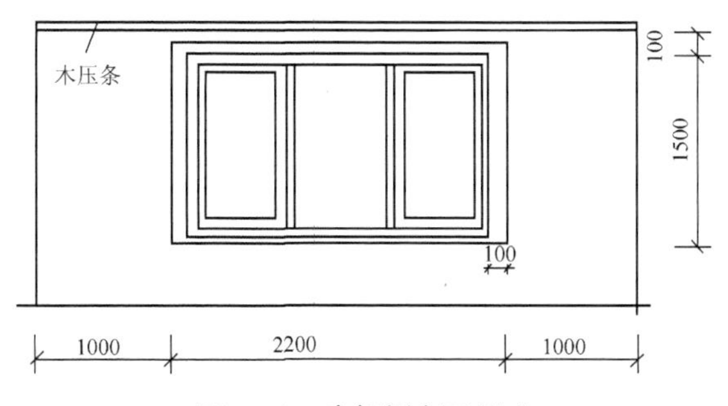

图 10-8　房间侧立面尺寸

解　贴脸板的工程量=$[(1.5+0.1\times2)\times2+2.2+0.1\times2]\times0.1=0.58(\mathrm{m}^2)$

筒子板的工程量=$(2.2+1.5\times2)\times0.12=0.624(\mathrm{m}^2)$

窗台板的工程量=$2.2\times0.15=0.33(\mathrm{m}^2)$

35. 木窗帘盒、饰面夹板、塑料窗帘盒、金属窗帘盒、窗帘轨的工程量计算规则

按设计图示尺寸以长度计算。

工程内容：①制作、运输、安装；②刷防护材料、油漆。

36. 木窗台板、铝塑窗台板、石材窗台板、金属窗台板的工程量计算规则

按设计图示尺寸以长度计算。

工程内容：①基层清理；②抹找平层；③窗台板制作、安装；④刷防护材料、油漆。

37. 门油漆的工程量计算规则

按设计图示数量或设计图示单面洞口面积计算。

工程内容：①基层清理；②刮腻子；③刷防护材料、油漆。

38. 窗油漆的工程量计算规则

按设计图示数量或设计图示单面洞口面积计算。

工程内容：①基层清理；②刮腻子；③刷防护材料、油漆。

39. 挂镜线、窗帘棍、单独木线油漆工程量计算规则

按设计图示尺寸以长度计算。

工程内容：①基层清理；②刮腻子；③刷防护材料、油漆。

40. 几种板、墙等油漆的工程量计算规则

木板、纤维板、胶合板油漆，木护墙、木墙裙油漆，窗台板、筒子板、盖板、门窗套、踢脚线油漆，清水板条天棚、檐口油漆，木方格吊顶、天棚油漆，吸音板墙面、天棚面油漆以及暖气罩油漆的工程量计算规则是按设计图示尺寸以面积计算。

工程内容：①基层清理；②刮腻子；③刷防护材料、油漆。

41. 木间壁、木、隔断油漆、玻璃间壁露明墙筋油漆，木栅栏、木栏杆(带扶手)油漆的工程量计算规则

按设计图示尺寸以单面外围面积计算。

工程内容：①基层清理；②刮腻子；③刷防护材料、油漆。

42. 衣柜、壁柜油漆、梁柱饰面油漆、零星木装修油漆的工程量计算规则

按设计图示尺寸以油漆部分展开面积计算。

工程内容：①基层清理；②刮腻子；③刷防护材料、油漆。

43. 木地板油漆、木地板烫硬蜡面的工程量计算规则

按设计图示尺寸以面积计算。空洞、空圈、暖气包槽、壁龛的开口部分并入相应的工程量内。

工程内容：①基层清理；②刮腻子；③刷防护材料、油漆(烫蜡)。

44. 金属面油漆的工程量计算规则

按设计图示尺寸以质量计算。

工程内容：①基层清理；②刮腻子；③刷防护材料、油漆。

45. 抹灰面油漆的工程量计算规则

按设计图示尺寸以面积计算。

工程内容：①基层清理；②刮腻子；③刷防护材料、油漆。

46. 抹灰线条油漆的工程量计算规则

按设计图示尺寸以长度计算。

工程内容：①基层清理；②刮腻子；③刷防护材料、油漆。

例 10-11　如图 10-9 所示，已知墙裙高 1.5m，窗台高 1.0m，窗洞侧油漆宽 100mm。求房间内墙裙油漆的工程量。

解　$S=[(5.34-0.24\times2)\times2+(3.24-0.24\times2)\times2]\times1.5-[1.5\times(1.5-1.0)+0.9\times1.5]+(1.5-1)\times0.1\times2$
$=20.86\text{m}^2$

47. 刷喷涂料的工程量计算规则

按设计图示尺寸以面积计算。

工程内容：①基层清理；②刮腻子；③刷、喷涂料。

48. 墙纸裱糊的工程量计算规则

按设计图示尺寸以面积计算。

工程内容：①基层清理；②刮腻子；③面层铺粘；④刷防护材料。

例 10-12　如图 10-10 所示，墙面贴金属壁纸，3 个窗的尺寸均为 2.1m×1.5m，门的尺寸为 2.1m×2.4m，门、窗侧壁贴壁纸宽度为 120mm，不做窗帘盒，墙做木踢脚，高 15cm，天棚底面至楼面的高度为 5.5m。试求墙面贴金属壁纸的工程量。

解　$S=(10-0.12\times2)\times(5.5-0.15)\times2-2.1\times1.5\times3-2.1\times2.4+(1.5\times2+2.1)\times0.12\times3+(2.4\times2+2.1)\times0.12+(8-0.12\times2)\times(5.5-0.15)\times2=175.64(\text{m}^2)$

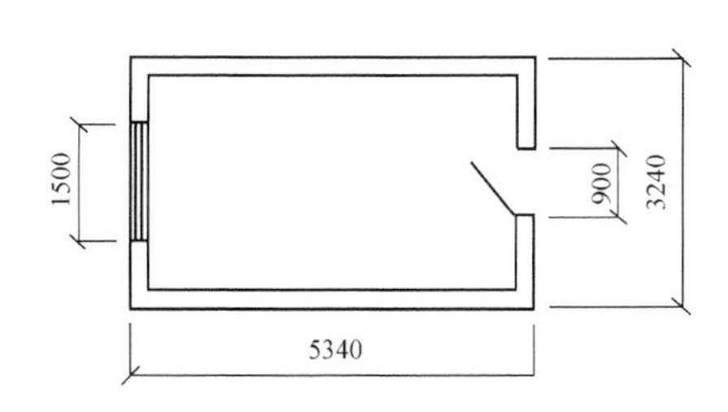

图 10-9　例 10-11 用图

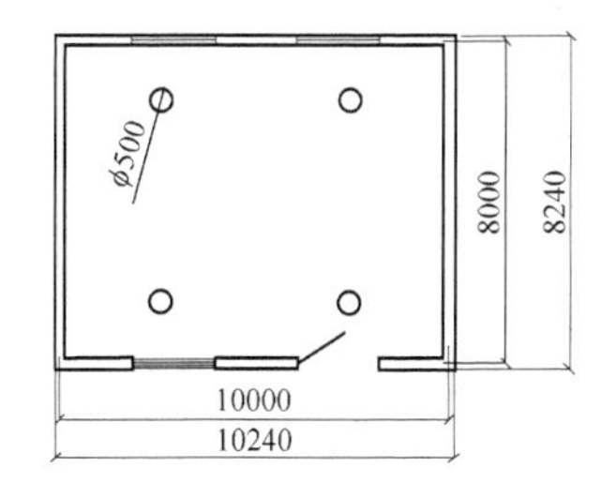

图 10-10　例 10-12 用图

49. 饰面板暖气罩、塑料板暖气罩、金属暖气罩的工程量计算规则

按设计图示尺寸以垂直投影面积(不展开)计算。

工程内容：①暖气罩制作、运输、安装；②刷防护材料、油漆。

50. 洗漱台的工程量计算规则

按设计图示尺寸以台面外接矩形面积计算。不扣除孔洞、挖弯、削角所占面积，挡板、吊沿板面积并入台面面积内。

工程内容：①台面及支架制作、运输、安装；②杆、环、盒、配件安装；③刷油漆。

51. 晒衣架、帘子杆、浴缸拉手、毛巾杆(架)、毛巾环、卫生纸盒、肥皂盒的工程量计算规则

按设计图示数量计算。

工程内容：①台面及支架制作、运输、安装；②杆、环、盒、配件安装；③刷油漆。

52. 金属装饰线、木质装饰线、石材装饰线、石膏装饰线、镜面玻璃线、铝塑装饰线、塑料装饰线的工程量计算规则

按设计图示尺寸以长度计算。

工程内容：①线条制作、安装；②刷防护材料、油漆。

53. 雨篷吊挂饰面的工程量计算规则

按设计图示尺寸以水平投影面积计算。

工程内容：①底层抹灰；②龙骨基层安装；③面层安装；④刷防护材料、油漆。

54. 金属旗杆的工程量计算规则

按设计图示数量计算。

工程内容：①土石挖填；②基础混凝土浇注；③旗杆制作、安装；④旗杆台座制作、饰面。

三、装饰装修工程分部分项工程量清单的编制方法

装饰装修工程分部分项工程量清单的编制与确定方法和基础工程工程量清单的编制方法一样。

清单工程量计算按照表 10-2 所列内容进行计算。

表 10-2 分部分项工程量清单计算表

工程名称：　　　　　　　　　　　　　　　　　　　　　　第　页 共　页

序号	项目编码	项目名称	计量单位	工程量式	工程量

四、装饰装修工程分部分项工程量清单的编制方法及案例

例 10-13 某砖混结构平面图及剖面图如图 10-11 至图 10-13 所示，具体做法如下。

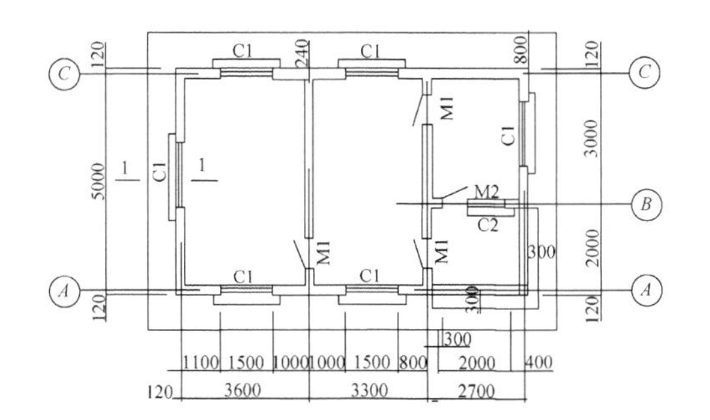

图 10-11 平面图

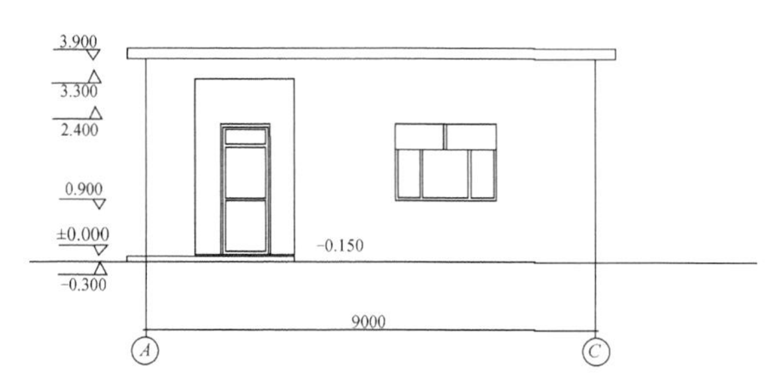

图 10-12 正立面图

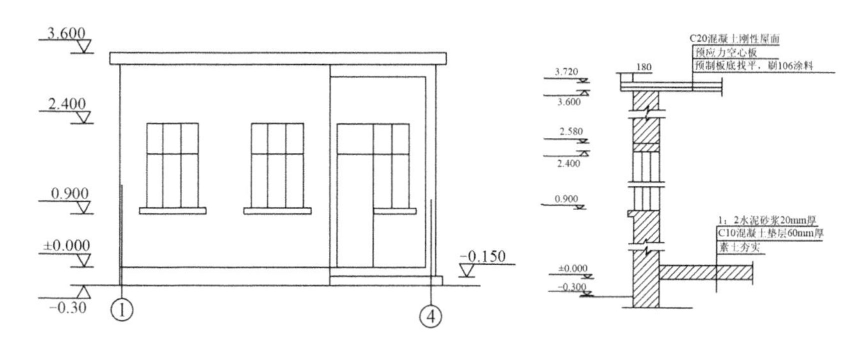

图 10-13 侧立面、外檐详图

墙：M5 混合砂浆砌砖墙，墙厚 240mm。

柱：M5 混合砂浆砖柱，砖柱截面尺寸 240mm×240mm。

地面：C10 混凝土地面垫层 80mm 厚，面铺 400mm×400mm×10mm 浅色地砖，1∶2 水泥砂浆粘接层 20mm 厚，1∶2 水泥砂浆 20mm 厚贴瓷砖踢脚线，150mm 高。

台阶：C10 混凝土基层，面层同地面。

内墙抹灰：1∶0.3∶3 混合砂浆打底 18mm 厚，1∶0.3∶3 混合砂浆抹面 8mm 厚，面层满刮腻子两遍、刷乳胶漆两遍。

顶棚抹灰：1∶0.3∶3 混合砂浆打底 12mm 厚，1∶0.3∶3 混合砂浆面层 5mm 厚，面层满刮腻子两遍、刷乳胶漆两遍。

外墙面、柱面水刷石：1∶2.5 水泥砂浆打底 15mm 厚，1∶2 水泥白石子浆 10mm 厚。

门、窗：实木装饰门 M1、M2 洞口尺寸均为 900mm×2400mm，塑钢推拉窗 C1 洞口尺寸 1500mm×1500mm，C2 洞口尺寸 1100mm×1500mm，门窗框宽均按 100mm。

编制该装饰工程工程量清单，如表 10-3 所列。

表 10-3　分部分项工程量清单计算表

专业工程名称：　装饰装修工程　　　　　　　　　　　　　　第　　页　共　　页

序号	项目编号	项目名称	项目特征	计量单位	计算公式	工程量
1	011102003001	块料楼地面	C10 混凝土地面垫层 80mm 厚，1∶2 水泥砂浆结合层 20mm 厚，面层铺 400mm×400mm×10mm 浅色地砖	m^2	S=(3.6−0.24)×(5−0.24)+(3.3−0.24)×(5−0.24)+(2.7−0.24)×(3−0.24)+(2.7−0.3)×(2−0.3)=41.43	41.43
2	011105003001	块料踢脚线	踢脚线高 150mm，粘贴层 1∶2 水泥砂浆 20mm 厚，面层贴瓷砖	m^2	S=((5−0.24+3.6−0.24)×2−0.9+0.07×2+(5−0.24+3.3−0.24)×2−(0.9−0.07×2)×3+(3−0.24+2.7−0.24)×2−(0.9−0.07×2)+(2+2.7−0.9×2+0.07×2×2)+0.24×4)×0.15=6.41	6.41
3	011107005001	现浇水磨石台阶面	C10 混凝土基层，1∶2 水泥白石子浆 15mm 厚水磨石台阶面	m^2	S=(2.7+0.3)×(2+0.3)−(2.7−0.3)×(2−0.3)−0.24×0.24=2.76	2.76
4	011201001001	墙面一般抹灰	240 砖墙面，内墙，1∶0.3∶3 混合砂浆打底 18mm 厚，1∶0.3∶3 混合砂浆抹面 8mm 厚	m^2	S=((5−0.24+3.6−0.24)×2+(5−0.24+3.3−0.24)×2+(2.7−0.24+3−0.24)×2+2+2.7)×3.6−1.5×1.5×6−1.1×1.5−0.9×2.4×8=136.84	136.84
5	011201002001	墙面装饰抹灰	240 砖墙面，外墙，1∶2.5 水泥砂浆打底 15mm 厚，1∶2 水泥白石子浆 10mm 厚	m^2	S=(29.2+0.96−2.7−2)×(3.6+3)−1.5×1.5×6+1.5×4×0.07×6=157.06	157.06
6	011202002001	柱面装饰抹灰	砖柱面，1∶2.5 水泥砂浆打底 15mm 厚，1∶2 水泥白石子浆 10mm 厚	m^2	S=0.24×4×3.3=3.17	3.17
7	011301001001	天棚抹灰	预应力 C30 混凝土空心板基层，1∶0.3∶3 混合砂浆打底 12mm 厚，1∶0.3∶3 混合砂浆面层 5mm 厚	m^2	S=(3.6−0.24)×(5−0.24)+(3.3−0.24)×(5−0.24)+(3−0.24)×(2.7−0.24)=37.35	37.35
8	010801001001	木质门	实木装饰门 M1、M2 洞口尺寸均为 900mm×2400mm	樘	实木装饰门工程量：4 樘	4
9	010807001001	塑钢窗 C1	塑钢推拉窗 C1 洞口尺寸 1500mm×1500mm	樘	塑钢窗 C1 工程量：6 樘	6
10	010807001002	塑钢窗 C2	塑钢推拉窗 C2 洞口尺寸 1100mm×1500mm	樘	塑钢窗 C2 工程量：1 樘	1
11	011407001001	内墙面、天棚面乳胶漆	混合砂浆内墙面，面层满刮腻子两遍、刷乳胶漆两遍；混合砂浆天棚面，满刮腻子两遍，刷乳胶漆两遍	m^2	S=136.84+37.35+1.5×4×0.07×6+(1.1×2+1.5)×0.14+(0.9+2.4×2)×0.14×3+(2.4+0.9+2.4−1.5)×0.14=180.21	180.21

任务 10.2　装饰装修工程措施项目清单的编制

一、装饰装修工程措施项目的设置

装饰装修工程措施项目的设置与基础工程工程量清单的设置方法一样。

措施项目清单应根据拟建工程的实际情况列项。通用措施项目可按表 10-4 选择列项，专业工程的措施项目可按工程量清单计量规范中规定的项目选择列项。若出现规范未列的项目，可根据工程实际情况补充。

表 10-4　通用措施项目一览表

序号	项目编码	项目名称
1	011701001	安全文明施工(含环境保护、文明施工、安全施工、临时设施)
2	011701002	夜间施工增加费
3	011701003	非夜间施工照明费
4	011701004	二次搬运费
5	011701005	冬雨季施工增加费
6	011701006	大型机械设备进出场及安拆
7	011701007	施工排水费
8	011701008	施工降水费
9	011701009	地上、地下设施，建筑物的临时保护设施费
10	011701010	已完工程及设备保护费

二、装饰装修工程措施项目工程量清单的编制规定

装饰装修工程措施项目工程量清单的编制规定与基础工程工程量清单的编制规定一样。

措施项目中可以计算工程量的项目清单宜采用分部分项工程量清单的方式编制，列出项目编码、项目名称、项目特征、计量单位和工程量计算规则；不能计算工程量的项目清单以“项”为计量单位。

(一)措施项目清单(一)

其主要计算组织措施费(见表 10-5)。

表 10-5　措施项目清单与计价表(一)

专业工程名称：＿＿＿＿＿＿＿＿＿＿＿＿

序号	项目编码	项目名称	计算基础	费率/%	金额/元	其中：规费
1	011701001	安全文明施工费	以直接工程费中人工费合计为基数乘以系数 8.69%计算			
2	011701002	夜间施工				

续表

序号	项目编码	项目名称	计算基础	费率/%	金额/元	其中：规费
3	011701003	非夜间施工照明				
4	011701004	二次搬运				
5	011701005	冬雨季施工				
6		室内空气污染测试	按检测部门的收费标准计取			
7		竣工验收存档资料编制	以直接工程费合计为基数乘以系数计算(参考系数 0.1%)			
8						
9						
本页合计						
本表合计(结转至工程量清单计价汇总表)						

注：本表适用于以“费率”计价的措施项目。

(二)措施项目清单(二)

其主要计算通过工程量计算清单确定的措施费(见表 10-6)。

表 10-6　措施项目清单与计价表(二)

专业工程名称：________________

序号	项目编码	项目名称	项目特征描述	计量单位	工程量	金额/元		
						综合单价	合价	其中：规费
1		脚手架措施费						
2		多层框架结构装饰脚手架						
3		装饰装修单排外脚手架(含独立柱抹灰)						
4		垂直运输费						
5		超高工程附加费						
		成品保护费						
本页合计								
本表合计(结转至工程量清单计价汇总表)								

注：本表适用于以综合单价形式计价的措施项目。要求列出数量的措施项目细项的定额编号、定额项目名称、定额单位、工程量按现行消耗量定额的规定列出。

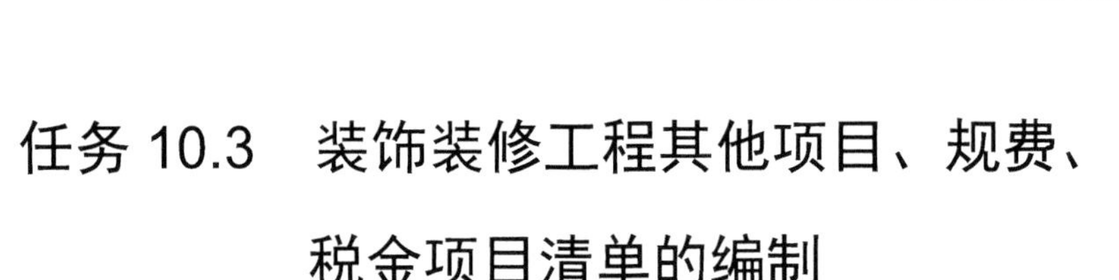

任务 10.3　装饰装修工程其他项目、规费、税金项目清单的编制

一、装饰装修工程其他项目清单的编制

其与基础工程工程量清单确定方法一样。

1. 暂列金额(见表 10-7)

表 10-7　暂列金额明细表

工程名称：　　　　　　　　　　　　标段：　　　　　　　　　　　　第　页共　页

序　号	项目名称	计量单位	暂定金额/元	备　注
1				
2				
3				
合　计				

注：此表由招标人填写，如不能详列，也可只列暂定金额总额，投标人应将上述暂列金额计入投标总价。

2. 暂估价(见表 10-8、表 10-9)

表 10-8　材料暂估单价表

工程名称：　　　　　　　　　　　　标段：　　　　　　　　　　　　第　页共　页

序　号	材料名称、规格、型号	计量单位	单价/元	备　注

注：1. 此表由招标人填写，并在“备注”栏说明暂估价的材料拟用在哪些清单项目上，投标人应将上述材料暂估单价计入工程量清单综合单价报价中。

2. 材料包括原材料、燃料、构配件以及按规定应计入建筑安装工程造价的设备。

表 10-9　专业工程暂估价表

工程名称：　　　　　　　　　　　　标段：　　　　　　　　　　　　第　页共　页

序　号	工程名称	工程内容	金额/元	备　注
合　计				

注：此表由招标人填写，投标人应将上述专业工程暂估价计入投标总价中。

3. 计日工(表 10-10)

表 10-10　计日工表

工程名称：　　　　　　　　　　　标段：　　　　　　　　　　　　　　第　页 共　页

编　号	项目名称	单　位	暂定数量	综合单价	合　价
一	人工				
1					
2					
人工小计					
二	材料				
1					
2					
3					
材料小计					
三	施工机械				
1					
2					
3					
施工机械小计					
总　　计					

注：此表项目名称、数量由招标人填写，编制招标控制价时，单价由招标人按有关计价规定确定；投标时，单价由投标人自主报价，计入投标总价中。

4. 总承包服务费(见表 10-11、表 10-12)

表 10-11　总承包服务费计价表

工程名称：　　　　　　　　　　　标段：　　　　　　　　　　　　　　第　页 共　页

序　号	项目名称	项目价值/元	服务内容	费率/%	金额/元
1	发包人发包专业工程				
2	发包人供应材料				
合　　计					

表 10-12　其他项目清单与计价汇总表

序　号	项目名称	计量单位	金额/元	备　注
1	暂列金额			
2	暂估价			
2.1	材料暂估价			

续表

序　号	项目名称	计量单位	金额/元	备　注
2.2	专业工程暂估价			
3	计日工			
4	总承包服务费			
5	其他			
合计				—

注：材料暂估单价进入清单项目综合单价，此处不汇总。

二、装饰装修工程规费、税金项目清单的编制

装饰装修工程规费、税金项目清单编制与基础工程工程量清单确定的方法一样。

规费和税金应按国家或省级、行业建设主管部门的规定计算，不得作为竞争性费用。

规费是国家或省级政府和有关权力部门规定必须缴纳的费用。税金是国家按照税法预先规定的标准，强制地、无偿地要求纳税人缴纳的费用。它们都是工程造价的组成部分，但是其费用内容和计取标准都不是发、承包人能自主确定的，更不是由市场竞争决定的。

1. 规费项目清单内容列项(见表 10-13)

(1) 工程排污费。

(2) 社会保障费。其包括养老保险费、失业保险费、医疗保险费。

(3) 住房公积金。

(4) 危险作业意外伤害保险。

表 10-13　规费、税金项目清单与计价表

序号	项目名称	计算基础	费率/%	金额/元
1	规费			
1.1	工程排污费	按工程所在地环保部门规定按实计算		
1.2	社会保障费			
(1)	养老保险费			
(2)	失业保险费			
(3)	医疗保险费			
1.3	住房公积金			
1.4	危险作业意外伤害保险			
1.5	工程定额测定费			
2	税金	分部分项工程费+措施项目费+其他项目费+规费		
合计				

2. 装饰装修税金项目清单

其与基础工程工程量清单确定方法一样。

任务 10.4　装饰装修工程分部分项工程量清单的计价

一、装饰装修工程分部分项工程量清单计价中的分部分项综合单价的确定

1. 综合单价的确定

装饰装修工程分部分项工程量清单计价中的分部分项综合单价的确定与基础工程工程量清单综合单价的确定方法一样。

综合单价：为完成一个规定计量单位的分部分项工程量清单项目或措施清单项目所需的人工费、材料费、施工机械使用费和企业管理费与利润，以及一定范围内的风险费用。

在我国目前建筑市场情况下，税金和规费等为不可竞争的费用。采用综合单价法进行工程量清单计价时，综合单价包括除规费和税金以外的全部费用。

措施项目清单计价应根据拟建工程的施工组织设计，可以计算工程量的措施项目，应按分部分项工程量清单的方式采用综合单价计价；其余的措施项目可以“项”为单位的方式计价，应包括除规费、税金外的全部费用。

(1) 综合单价确定的意义。

(2) 综合单价确定的依据。

(3) 分部分项工程项目综合单价的确定步骤：①确定依据；②确认材料暂估价；③确定风险费用；④计算工程量；⑤确定综合单价。

2. 主体综合单价的确定中相关规定

其与基础工程工程量清单确定方法一样。

若施工中出现施工图纸(含设计变更)与工程量清单项目特征描述不符的，发、承包双方应按新的项目特征确定相应工程量清单项目的综合单价。因分部分项工程量清单漏项或非承包人原因的工程变更，造成增加新的工程量清单项目，其对应的综合单价按下列方法确定。

(1) 合同中已有适用的综合单价，按合同中已有的综合单价确定(见表 10-14)(前提：其采用的材料、施工工艺和方法相同，亦因此增加关键线路上工程的施工时间)。

(2) 合同中有类似的综合单价，参照类似的综合单价确定(前提：其采用的材料、施工工艺和方法基本相似，不增加关键线路上工程的施工时间，可仅就其变更后的差异部分调整)。

(3) 合同中没有适用或类似的综合单价，由承包人提出综合单价，经发包人确认后执行(前提：无法找到适用和类似的项目单价时，应采用招投标时的基础资料，按成本加利润的原则，双方协商新的综合单价)。

因分部分项工程量清单漏项或非承包人原因的工程变更，引起措施项目发生变化，造成施工组织设计或施工方案变更，原措施费中已有的措施项目，按原措施费的组价方法调整；原措施费中没有的措施项目，由承包人根据措施项目变更情况，提出适当的措施费变更，经发包人确认后调整。

表 10-14　工程量清单综合单价分析表

工程名称：　　　　　　　　　　　　　　　　　　　　　　　　　　第　页 共　页

项目编码		项目名称				计量单位					
清单综合单价组成明细											
定额编号	定额名称	定额单位	数量	单　价				合　价			
				人工费	材料费	机械费	管理费和利润	人工费	材料费	机械费	管理费和利润
人工单价	小　计										
元/工日	未计价材料费										
清单项目综合单价											
材料费明细	主要材料名称、规格、型号				单　位	数　量		单价/元	合价/元	暂估单价/元	暂估合价/元
	其他材料费							—		—	
	材料费小计							—		—	

注：1. 如不使用省级或行业建设主管部门发布的计价依据，可不填定额项目、编号等；

2. 招标文件提供了暂估单价的材料，按暂估的单价填入表内“暂估单价”栏及“暂估合价”栏。

3. 主体分部分项工程工程量清单计价(见表 10-15)

装饰装修工程的分项工程计价=$\sum$(分部分项工程量×确定相应综合单价)

表 10-15　分部分项工程量清单与计价表

工程名称：　　　　　　　　　　　　　　　　　　　　　　　　　　第　页 共　页

序号	项目编码	项目名称	项目特征描述	计量单位	工程量	金额/元		
						综合单价	合　价	其中：规费
本页小计								
合　计								

注：根据建设部、财政部发布的《建筑安装工程费用组成》(建标〔2003〕206 号)的规定，为计取规费等的使用，可在表中增设“直接费”、“人工费”或“人工费+机械费”。

4. 综合单价的确定案例

例 10-14 如图 10-14 所示的楼地面、台阶处做法：12mm 厚 1∶2 水泥石子浆磨光；素水泥浆结合层一道；18mm 厚 1∶3 水泥砂浆找平层；素水泥浆结合层一道；60mm 厚 C10 混凝土；素土夯实。请计算楼地面工程工程量清单并计价，结果填入表 10-16 中。

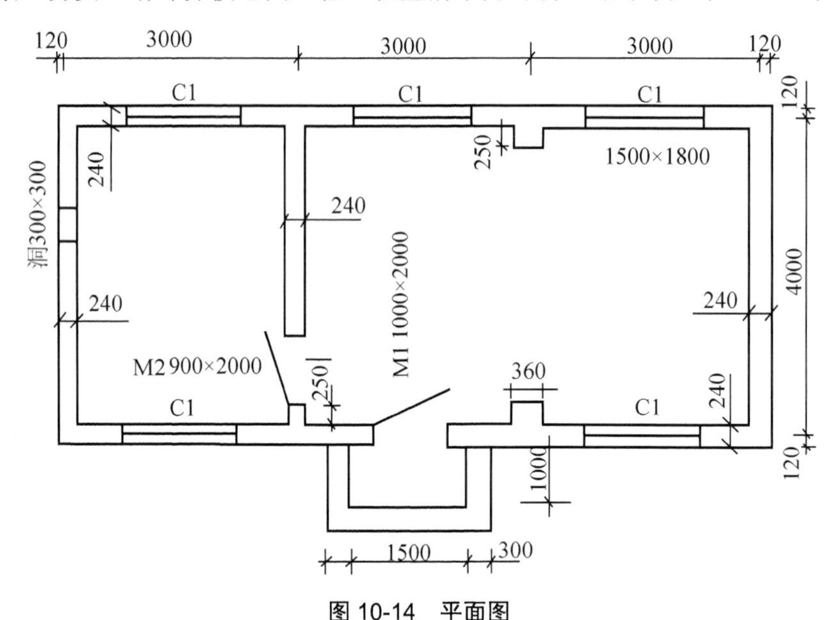

图 10-14　平面图

工程量清单计算：

(1)　水磨石地面(见表 10-17)

面积=9.24m×4.24m−(9m+4m+4m−0.24m)×0.24m=35.16m^2

(2)　水磨石台阶(见表 10-18)

总面积=(1m+0.3m)×(1.5m+0.6m)=2.73m^2

平台面积=(1m−0.3m)×(1.5m−0.6m)= 0.63m^2

台阶面积=2.73m−0.63m=2.1m^2

(3)　水磨石地面(见表 10-19)

水磨石地面面积=35.16m^2+0.63m^2=35.79m^2

水磨石台阶面积=2.1m^2

定额工程量的计算：

(1)　水磨石地面。

垫层=35.16m^2×0.06m=2.11m^3

面层=35.79m^2

(2)　水磨石台阶。

原土打夯=2.73m^2

垫层=2.73m^2×0.06m=0.16m^3

面层=2.1m^2

表 10-16　工程量清单表

序号	项目编码	项目名称	项目特征	计量单位	工程量	金额/元		
						综合单价	合价	其中：暂估价/元
		B.1 楼地面工程						
1	011101002001	水磨石楼地面	素土夯实，C10 混凝土，水泥浆结合层，水泥砂浆找平层，素水泥浆，水泥石子浆磨光	m^2	35.79			
2	011107005001	水磨石台阶	素土夯实，C10 混凝土，水泥浆结合层，水泥砂浆找平层，素水泥浆，水泥石子浆磨光	m^2	2.1			

表 10-17　综合单价清单表(一)

工程名称：某楼地面工程　　　　标段：　　　　第　页共　页

项目编码	011101002001			项目名称	水磨石楼地面			计量单位/m^2			
清单综合单价组成明细											
定额编号	定额名称	定额单位/m^2	数量	单价/元				合价/元			
				人工费	材料费	机械费	管理费和利润	人工费	材料费	机械费	管理费和利润
1-152	混凝土地面垫层	10	0.21	408.50	1603.12	8.38	260.3	85.79	336.66	1.76	54.66
1-11	水磨石楼地面	100	0.36	2019.28	1181.13	302.91	1294.65	726.94	425.21	109.05	466.07
综合单价合计(35.79m^2)								812.73	761.87	110.81	520.73
综合单价								2206.14/35.79=61.64			

表 10-18　综合单价清单表(二)

项目编码	011107005001			项目名称	水磨石台阶			计量单位		m^2	
清单综合单价组成明细											
定额编号	定额名称	定额单位/m^2	数量	单价/元				合价/元			
				人工费	材料费	机械费	管理费和利润	人工费	材料费	机械费	管理费和利润
1-128	原土打夯	100	0.027	41.28		7.11	13.73	11.15		0.19	0.37
1-152	混凝土地面垫层	10	0.016	408.50	1603.12	8.38	260.3	6.54	25.65	0.13	4.16
1-130	水磨石台阶	100	0.021	9414.42	1670.07	29.06	6011.83	197.70	35.07	0.62	126.25
综合单价合计(2.1m^2)								215.39	60.72	0.94	130.78
综合单价								407.83/2.1=194.20			

表 10-19　工程量清单计价表

序号	项目编码	项目名称	项目特征	计量单位	工程量	金额/元		
						综合单价	合价	其中：暂估价
		B.1 楼地面工程						
1	011101002001	水磨石楼地面	素土夯实，C10 混凝土，水泥浆结合层，水泥砂浆找平层，素水泥浆，水泥石子浆磨光	m^2	35.79	61.64	2206.1	
2	011107005001	水磨石台阶	素土夯实，C10 混凝土，水泥浆结合层，水泥砂浆找平层，素水泥浆，水泥石子浆磨光	m^2	2.1	194.2	407.82	
合　计							2613.92	

例 10-15　如图 10-15 所示，室内地面做法为：80mm 厚 C10 混凝土垫层，20mm 厚 1∶2 水泥砂浆找平层，单色花岗岩板面层。M1 洞口宽为 1.80m，M1 外台阶挑出宽度为 0.9m，M2 洞口宽为 1.00m，根据表 10-20 给出的某地“计价定额”单位估价表，根据当地规定的计价办法，楼地面工程的管理费以人机费之和为计算基础，管理费率取 10%，利润以人工、材料、机械费之和为计算基础，利润率取 8%。

计算花岗岩地面清单分项的综合单价。

表 10-20　某地“计价定额”单位估价表节录

定额编号		8-12	8-20	10-8
项目		混凝土地坪垫层/$10m^3$	水泥砂浆找平层/$100m^2$	单色花岗岩楼地面/m^2
基价/元		1782.54	661.26	198.29
其中	人工费/元	330.41	194.29	9.94
	材料费/元	1364.92	446.57	188.09
	机械费/元	87.21	20.40	0.26

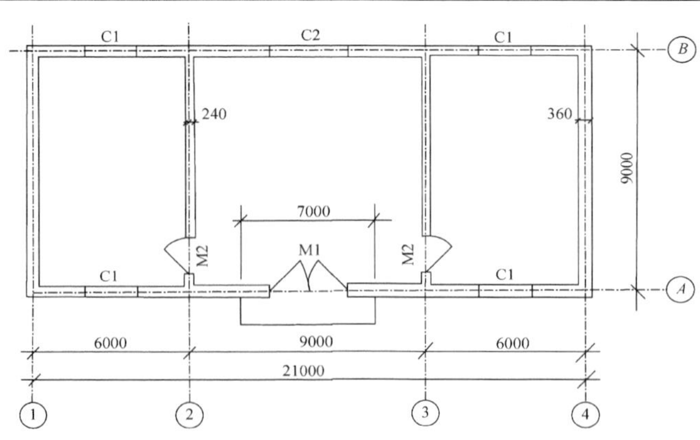

图 10-15　建筑平面图

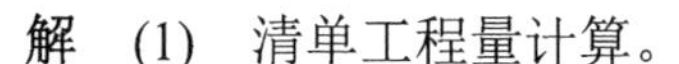

解　(1)　清单工程量计算。

清单工程量=(9−0.36)×(21−0.36−0.24×2)+(7−0.3×2)×(0.9−0.3)=178.02(m^2)

(2)　定额工程量计算。

花岗岩面层工程量

=(9−0.36)×(21−0.36−0.24×2)+(7−0.3×2)×(0.9−0.3)+1.8×0.36+1×0.24×2=179.15(m^2)

找平层工程量=(9−0.36)×(21−0.36−0.24×2)+(7−0.3×2)×(0.9−0.3)=178.02(m^2)

垫层工程量=178.02×0.08=14.24(m^3)

(3)　花岗岩地面清单分项综合单价计算。

8-12 混凝土地坪垫层

人工费=1.424×330.41=470.50(元)；材料费=1.424×1364.92=1943.65(元)；机械费=1.42487.21=124.19(元)；管理费=(470.5+124.19)×10%=59.47(元)；利润=(470.50+1943.6+124.19)×8%=203.06(元)

合价=2800.87 元

8-20 水泥砂浆找平层

人工费=1.78×194.29=345.84(元)；材料费=1.78×446.57=794.9(元)；机械费=1.78×20.4=36.31(元)

管理费=(345.84+36.3)×10%=38.21(元)；利润=(345.84+794.9+36.31)×8%=94.16(元)

合价=1309.42 元

10-8 单色花岗岩楼地面

人工费=179.15×9.94=1780.75(元)；材料费=179.15×188.09=33696.32(元)；机械费=179.15×0.26=46.58(元)

管理费=(1780.75+46.58)×10%=182.73(元)；利润=(1780.75+33696.32+46.58)×8%=2841.89(元)

合价=38548.27 元

小计=42658.56 元

则，综合单价=42658.56/178.02=239.63(元)

二、装饰装修工程分部分项工程量清单项目与定额项目的对应关系

装饰装修工程分部分项工程量清单项目与定额项目的对应关系如表 10-21 所示。

表 10-21　工程量清单与定额项目的对应关系

项目名称	计量单位		计算规则区别	
	清单	定额	清　单	定　额
整体面层	m^2	m^2	相同	
石材、块料面层	m^2	m^2	门洞、空圈、暖气包槽的开口部分不增加	门洞、空圈、暖气包槽的开口部分并入相应面层
橡塑面层	m^2	m^2	相同	

续表

项目名称	计量单位		计算规则区别	
	清单	定额	清　单	定　额
其他材料面层	m^2	m^2	相同	
整体面层踢脚线	m^2	m	设计图示尺寸以面积计算	主墙间周长以延长米计算
成品块料踢脚线	m^2	m	设计图示尺寸以面积计算	按实贴长度以延长米计算
非成品块料踢脚、楼梯、台阶	m^2	m^2	设计图示尺寸以面积计算	
清单中楼地面下的所有垫层、找平层、结合层不单独列项，防水、防潮层可单独列项；定额都要对垫层、防水、防潮层分别计算				
扶手、栏杆、栏板	m	m	相同	
墙、柱面抹灰	相同			
清单中墙、柱梁面的找平层、结合层不单独列项，油漆可单独列也可不单列，定额对油漆分别计算				
零星抹灰	m^2	—	设计图示尺寸以展开面积计算	窗台线、门窗套、挑檐、腰线、遮阳板等展开宽度在 300mm 以内者，按装饰线以延长米计；如展开宽度超过 300mm 以上时，按图示尺寸以展开面积计算
天棚抹灰、天棚吊顶	m^2	m^2	设计图示尺寸以面积计算	
门、窗	樘/ m^2	m^2	樘或设计洞口尺寸以面积计算	设计图示洞口尺寸以面积计算
窗台板	m	m^2	设计图示尺寸以延长米计算	实铺面积计算
门窗油漆	樘/ m^2	m^2	设计图示数量或设计单面洞口面积	设计单面洞口面积计算

三、装饰装修工程工程量清单计价方法及案例

按照附录一“综合楼建筑结构施工图”计算。

1. 装饰装修工程工程量清单实例计算(见表 10-22)

表 10-22　工程量清单工程量计算书

专业工程名称：综合楼装饰装修工程　　　　第　页　共　页

序号	项目编码	项目名称	项目特征	单位	计算公式	数量
1	011101003001	细石混凝土楼地面	设备间： ①40 厚 C20 细石混凝土随打随抹平； ②填碎砖 120 厚	m^2	[(0.6+1.2+3.6+5.3−0.2×3)×(6.5−0.1×2)]−(1.4×0.8×8+(1.1+0.9+0.6+0.3+0.85+3.6+0.55)×0.6−(0.5+3+0.6+0.2+0.7)×1.6) =41.93	41.93
2	011102001001	石材地面	办公室、接待室、活动室、楼梯间： ①60 厚 C15 混凝土垫层； ②150 厚 3∶7 灰土垫层； ③30 厚 1∶4 干硬性水泥砂浆结合层； ④素土夯实； ⑤铺 18～20 厚花岗岩，干水泥擦缝	m^2	(5.9×2+2.4−0.1)×(7.3+6.5−0.2×2−0.3)+[(6.3−0.35)×(6.5−0.1)+(6.3+5.3+1.8−0.1−0.2)×(7.3−0.1)]=317.11	317.11
3	011102001002	石材楼面	办公室、图书馆： ①18～20 厚花岗岩铺面，灌稀水泥浆擦缝； ②30 厚 1∶4 干硬性水泥砂浆结合层	m^2	(7.8−0.1−0.05)×(7.3+6.5−0.2)+(5.7×2−0.1−0.35)×(13.8−0.2)+(2.25+0.35)×(6.5+1.7+0.25)+(30.8−0.1×2)×(13.8−0.1×2)−3.35×(7.3−0.1+0.05)=666.802	666.802
4	011102003001	块料地面	厕所、盥洗室： ①8～10 厚防滑地砖，干水泥擦缝； ②20 厚 1∶4 干硬性水泥砂浆结合层； ③60 厚(最高处)C20 细石混凝土从门口处向地漏找坡，最低处不小于 30 厚； ④聚氨酯涂膜防水涂层不小于 3 遍 2 厚，防水层周边卷起高 150	m^2	[(0.6+1.2+3.6+5.3−0.2×3)×(6.5−0.1×2)]−1.4×0.8×8−(1.1+0.9+0.6+0.3+0.85+3.6+0.55)×0.6−(0.5+3+0.6+0.2+0.7)×1.6=41.93	41.93
5	011102003002	块料地面	消控室、监控室： ①铺 8～10 厚玻化砖，干水泥擦缝； ②20 厚 1∶4 干硬性水泥砂浆结合层； ③60 厚 C15 混凝土垫层； ④150 厚 3∶7 灰土垫层； ⑤素土夯实	m^2	(7.8−2.4−0.1−0.2)×(7.3−0.1−0.25−0.2)=34.425	34.425

续表

序号	项目编码	项目名称	项目特征	单位	计算公式	数量
6	011102003003	块料楼面	机房： ①8～10 厚防滑底地砖，干水泥擦缝； ②20 厚 1∶4 干硬性水泥砂浆结合层； ③60 厚 C20 细石混凝土从门口处向地漏找坡，最薄处不小于 30 厚； ④聚氨酯涂膜防水涂层不小于 3 遍 2 厚，防水层周边卷起高 150； ⑤20 厚 1∶3 水泥砂浆找平层	m²	(1.85+2.2)×(7.3−1.7−0.2−0.25−0.1)=20.45	20.45
7	011102003004	块料楼面	楼梯间、走廊、警卫室： ①铺 8～10 厚玻化砖，干水泥擦缝； ②20 厚 1∶4 干硬性水泥砂浆结合层； ③20 厚 1∶3 水泥砂浆找平层	m²	(2.27+6.5−0.1)×3.15+(1.85+6.3−2.25)×1.7+3.15×1.6=42.38	42.38
8	011105003001	块料踢脚	消控室、监控室： ①8～10 厚地砖踢脚板，稀水泥擦缝； ②5 厚 1∶1 水泥细砂浆结合层； ③12 厚 1∶3 水泥细砂浆打底扫毛	m²	[(7.8−2.4−0.2−0.1)×4+(7.3−0.25−0.2−0.1)×2−1−1.2+0.1×4]×0.12=3.85	3.85
9	011105003002	块料踢脚	办公室、接待室、活动室、楼梯间： ①18～20 厚花岗石稀水泥擦缝； ②20 厚 1∶2 水泥砂浆打底灌贴	m²	[(6.5−0.1−0.05+5.9×2+1.2×2−0.1)×2+0.25×8−1.2×3+0.1×6]×0.12+[(7.3−0.15−0.1+5.9×2+1.2×2−0.1)×2+0.1×4+0.3×4−1.8×2+0.1×4]×0.12+[(7.3−0.1+0.05+3.15)×2×2−1.2−1−1.5+0.1×6]×0.12+[(7.8−0.1+0.05+13.8−0.1×2+0.3×2+0.1×2−1.5+0.1×2]×0.12+[(30.8−0.1+0.05+13.8−0.1×2)×2+(7.3−0.1−0.05)×2+0.3×18+0.5×4×3−1.5×2+0.1×4]×0.12=38.39	38.39
10	011201001001	墙面一般抹灰	设备间、机房： 内墙：8 厚 1∶2.5 水泥砂浆抹面	m²	[(1.85+6.3−2.25−0.2+6.5−0.1+0.05)×2]×(3.6−0.1)−1×2.1−1×2×3−0.55×0.65+[(1.85+6.3+0.15)×2+(7.3−1.7−0.25−0.2−0.1)×4]×(3.6−0.1)−1×2.1×2−1×2×4−0.55×0.65×2=193.38	193.38

续表

序号	项目编码	项目名称	项目特征	单位	计算公式	数量
11	011204001001	石材墙面	外墙：①1∶1 水泥细砂浆勾缝压实；②60 宽缝隙用 C20 细石混凝土填实；③花岗岩蘑菇石厚 100，上、下侧面刻槽打孔用 $\phi8$ 挂钩与横向 $\phi12$ 钢筋钩牢，料石下缝做 1∶2 水泥砂浆；④墙身欲埋 $\phi10$ 锚固筋双向@500 与纵向 $\phi12$ 钢筋焊牢，按料石高度尺寸在竖筋与墙面之间设横向 $\phi12$ 钢筋与纵筋绑扎	m^2	(42.96+14.4)×2×1.7+(2.05+1.2+0.35×2+2.2+1.2+0.15+2.25+2.7+0.75+1.5+1.5+0.75+2.7+2.25+0.15+2.25+3.6+1.2+0.3)×(5.6−1.7)−1.2×2.4×3−6.41×2−1.5×1.7×2−1.2×1.7×7−1.2×0.7×18−2.7×0.7×2+5.97=255.91m^2	255.91
12	011204004001	块料墙面	厕所、盥洗室内墙：①贴 5～8 厚釉面砖；②8 厚 1∶0.5∶2.5 水泥石灰膏砂浆；③8 厚 1∶0.5∶4 水泥石灰膏砂浆打底	m^2	[(0.6+1.2+3.6+5.3−0.2+0.05)×2+(6.5−0.1−0.05)×6+0.4×2]×(4.2−0.1)−1.2×2.4−1×2.1×2−1.2×2.5×2−0.75×0.45+(1.2+2.4×2)×0.1+(1.2+2.5)×0.1+(1+2.1×2)×0.2×2=236m^2	236
13	011302001001	天棚吊顶	厕所、盥洗室：①PVC 条板；②$\phi6$ 螺栓吊杆，双向吊点中距 900～1200 一个；③大龙骨 60×30×1.5(吊点附吊挂)中距 1200	m^2	同厕所、盥洗室块料地面	41.93
14	011302001002	天棚吊顶	活动室：龙骨档内填 50 厚保温岩棉	m^2	(6.3−0.35)×(6.5−0.1)+(6.3+1.85+1.8)×(7.3−0.1)=109.72 m^2	109.72
15	010802003001	钢质防火门	FM 丙 1 1000mm×2100mm	樘/m^2	3 樘/6.3 m^2	3/6.3
16	010801001001	实木装饰门	M1521 1500mm×2100mm	樘/m^2	4 樘/12.6 m^2	4/12.6
17	010801001002	胶合板门	M1021 1000mm×2100mm	樘/m^2	4 樘/4.8 m^2	4/4.8

续表

序号	项目编码	项目名称	项目特征	单位	计算公式	数量
18	010807002001	防火窗门	防火窗 FC 甲 1 1200mm×2500mm	樘/m^2	3 樘/9 m^2	3/9
19	010807002002	防火窗门	防火窗 FC 乙 1 1200mm×2500mm	樘/m^2	1 樘/3 m^2	1/3
20	010807001001	金属推拉窗	异型窗 C2725	樘/m^2	4 樘/25.65 m^2	4/25.65
21	010807001002	金属推拉窗	C1225 1200mm×2500mm	樘/m^2	13 樘/39 m^2	13/39
22	010807001003	金属推拉窗	C1020 1000mm×2000mm	樘/m^2	32 樘/64 m^2	32/64
23	010807001004	金属推拉窗	异型窗 C1017	樘/m^2	32 樘/52 m^2	32/52
24	011407001001	刷喷涂料	内墙： ①刷白色内墙涂料； ②6 厚 1∶1∶6 水泥石灰膏砂浆抹面； ③刷混凝土界面处理剂一道	m^2	同内墙抹灰工程量	1115.32
25	011407002001	刷喷涂料	顶棚 ①刷乳胶漆； ②5 厚 1∶0.3∶2.5 水泥石灰膏砂浆抹面； ③刷素水泥砂浆一道	m^2	同天棚抹灰工程量	1139.40
26	011407001002	刷喷涂料	外墙 喷(刷)外墙涂料 6 厚 1∶2.5 水泥砂浆找平层 刷加气混凝土界面处理剂一遍	m^2	(7.8+5.3+6.3+5.7×2+0.1+0.25+13.8+0.1×2)×2×(11.4+0.3)+5.9×2×(5+0.3)+(13.8+0.1×2)×0.8−40.32−192.65+23.3+(1.2×2.4+2.4×0.6)×4−255.91=681.95m^2	681.95

2. 装饰装修工程工程量清单综合单价分析表(见表 10-23)

表 10-23　分部分项工程量清单综合单价分析表

专业工程名称：综合楼装饰装修工程

序号	项目名称		计量单位	工程量	合计		其中					
							人工费	材料费	机械费	管理费	规费	利润
1	011101003001	细石混凝土楼地面	m^2	41.93	单价	70.51	13.18	46.60	0.17	1.57	5.83	3.16
					合价	2956.68	552.71	1953.82	7.12	66.03	244.35	132.65
	1-14	细石混凝土楼地面(厚40mm)	$100m^2$	0.5824	单价	2843.72	649.61	1664.84	8.56	77.61	287.19	155.91
					合价	1656.18	378.33	969.60	4.99	45.20	167.26	90.80
	1-257	碎石(干铺)	$10m^3$	0.7	单价	1857.85	249.11	1406.02	3.05	29.75	110.13	59.79
					合价	1300.49	174.38	984.21	2.14	20.83	77.09	41.85
2	011102001001	石材地面	m^2	317.11	单价	389.09	23.29	346.67	0.77	2.47	10.30	5.59
					合价	123385.86	7386.85	109933.21	245.03	782.20	3265.72	1772.84
	1-25	花岗岩楼地面(周长 3200mm以内	$100m^2$	2.9676	单价	35373.35	1527.36	32605.39	50.99	147.80	675.25	366.57
					合价	104973.96	4532.59	96759.76	151.32	438.61	2003.86	1087.82
	1-261 换	混凝土无筋	$10m^3$	1.7835	单价	4451.48	546.10	3452.47	14.83	65.59	241.43	131.06
					合价	7939.22	973.97	6157.48	26.45	116.98	430.59	233.75
	1-253	灰土夯实(3:7)	$10m^3$	4.459	单价	1952.10	365.19	1281.94	11.91	43.96	161.45	87.65
					合价	8704.40	1628.38	5716.17	53.11	196.02	719.91	390.81
	1-251	素土夯实	$10m^3$	1.189	单价	1487.20	211.86	1093.19	11.91	25.73	93.66	50.85
					合价	1768.28	251.90	1299.80	14.16	30.59	111.37	60.46
3	011102001002	石材楼面	m^2	666.802	单价	352.74	15.23	325.14	0.51	1.47	6.73	3.66
					合价	235208.03	10155.87	216803.02	339.05	982.77	4489.91	2437.41
	1-25	花岗岩楼地面(周长 3200mm以内	$100m^2$	6.6493	单价	35373.35	1527.36	32605.39	50.99	147.80	675.25	366.57
					合价	235208.03	10155.87	216803.02	339.05	982.77	4489.91	2437.41

续表

序号	项目名称		计量单位	工程量	合计		其中					
							人工费	材料费	机械费	管理费	规费	利润
4	011102003001	块料地面	m^2	41.93	单价	349.68	68.74	225.47	1.00	7.59	30.39	16.50
					合价	14662.22	2882.20	9453.78	41.97	318.32	1274.22	691.73
	1-41	陶瓷地砖楼地面(1200以内)	100	0.6435	单价	10622.42	1724.77	7520.49	34.82	165.87	762.52	413.94
					合价	6835.52	1109.89	4839.44	22.41	106.74	490.68	266.37
	1-253	灰土夯实(3:7)	10m3	0.959	单价	1952.10	365.19	1281.94	11.91	43.96	161.45	87.65
					合价	1872.06	350.22	1229.38	11.42	42.16	154.83	84.05
	1-14	细石混凝土楼地面(厚40mm)	$100m^2$	0.6395	单价	2843.72	649.61	1664.84	8.56	77.61	287.19	155.91
					合价	1818.56	415.43	1064.67	5.47	49.63	183.66	99.70
	1-251	素土夯实	$10m^3$	0.224	单价	1487.20	211.86	1093.19	11.91	25.73	93.66	50.85
					合价	333.13	47.46	244.87	2.67	5.76	20.98	11.39
	1-278	聚氨酯防水涂膜刷涂膜两遍1mm厚平面	$100m^2$	0.728	单价	5223.82	1317.60	2850.86		156.63	582.51	316.22
					合价	3802.94	959.21	2075.43	0.00	114.03	424.07	230.21
5	011102003002	块料地面	m^2	34.425	单价	232.56	47.74	146.58	0.84	4.83	21.11	11.46
					合价	8005.98	1643.57	5046.19	28.80	166.34	726.62	394.46
	1-151	陶瓷地砖楼梯面层	$100m^2$	0.3576	单价	15886.16	3592.01	9453.21	46.58	344.25	1588.03	862.08
					合价	5680.89	1284.50	3380.47	16.66	123.10	567.88	308.28
	1-261换	混凝土无筋	$10m^3$	0.215	单价	4451.48	546.10	3452.47	14.83	65.59	241.43	131.06
					合价	957.07	117.41	742.28	3.19	14.10	51.91	28.18
	1-253	灰土夯实(3:7)	$10m^3$	0.537	单价	1952.10	365.19	1281.94	11.91	43.96	161.45	87.65
					合价	1048.28	196.11	688.40	6.40	23.61	86.70	47.07
	1-251	素土夯实	$10m^3$	0.215	单价	1487.20	211.86	1093.19	11.91	25.73	93.66	50.85
					合价	319.75	45.55	235.04	2.56	5.53	20.14	10.93

续表

序号	项目名称		计量单位	工程量	合计		其中					
							人工费	材料费	机械费	管理费	规费	利润
6	011102003003	块料楼面	m^2	20.45	单价	205.81	41.75	130.34	0.67	4.58	18.46	10.02
					合价	4208.90	853.69	2665.49	13.68	93.74	377.42	204.89
	1-41	陶瓷地砖楼地面(1200 以内)	$100m^2$	0.2053	单价	10622.42	1724.77	7520.49	34.82	165.87	762.52	413.94
					合价	2180.78	354.10	1543.96	7.15	34.05	156.55	84.98
	1-14	细石混凝土楼地面(厚 40mm)	$100m^2$	0.2045	单价	2843.72	649.61	1664.84	8.56	77.61	287.19	155.91
					合价	581.54	132.85	340.46	1.75	15.87	58.73	31.88
	1-278	聚氨酯防水涂膜刷涂膜两遍 1mm 厚平面	$100m^2$	0.2318	单价	5223.82	1317.60	2850.86		156.63	582.51	316.22
					合价	1210.88	305.42	660.83	0.00	36.31	135.03	73.30
	1-284	1∶3 水泥砂浆在混凝土或硬基层上厚 20mm	$100m^2$	0.2045	单价	1152.56	299.89	588.01	23.39	36.72	132.58	71.97
					合价	235.70	61.33	120.25	4.78	7.51	27.11	14.72
7	011102003004	块料楼面	m^2	42.38	单价	158.97	35.95	94.60	0.47	3.44	15.89	8.63
					合价	6737.32	1523.37	4009.11	19.75	146.00	673.48	365.61
	1-151	陶瓷地砖面层	$100m^2$	0.4241	单价	15886.16	3592.01	9453.21	46.58	344.25	1588.03	862.08
					合价	6737.32	1523.37	4009.11	19.75	146.00	673.48	365.61
8	011105003001	块料踢脚	m^2	3.85	单价	109.47	25.84	63.31	0.23	2.47	11.42	6.20
					合价	421.48	99.48	243.75	0.88	9.51	43.98	23.87
	1-131	陶瓷地砖踢脚线	$100m^2$	0.0385	单价	10947.47	2583.84	6331.18	22.87	247.14	1142.32	620.12
					合价	421.48	99.48	243.75	0.88	9.51	43.98	23.87
9	011105003002	块料踢脚	m^2	38.39	单价	130.20	27.83	80.48	0.25	2.66	12.30	6.68
					合价	4998.54	1068.42	3089.46	9.69	102.21	472.35	256.42
	1-121	直线形花岗岩踢脚线	$100m^2$	0.3839	单价	13020.42	2783.06	8047.56	25.24	266.23	1230.39	667.93
					合价	4998.54	1068.42	3089.46	9.69	102.21	472.35	256.42

续表

序号	项目名称		计量单位	工程量	合计		其中					
							人工费	材料费	机械费	管理费	规费	利润
10	011201001001	墙面一般抹灰	m^2	193.38	单价	16.36	6.84	3.23	0.77	0.85	3.02	1.64
					合价	3162.84	1322.72	624.62	148.90	164.37	584.77	317.45
	2-16	混凝土内墙面打底灰	$100m^2$	1.9338	单价	1636	684	323	77	85	302	164
					合价	3162.84	1322.72	624.62	148.90	164.37	584.77	317.45
11	011204001001	石材墙面	m^2	255.91	单价	557.69	51.19	466.27	0.42	4.89	22.63	12.29
					合价	142717.50	13100.03	119323.16	107.38	1251.40	5791.52	3144.01
	2-177	墙面干挂花岗岩蘑菇石(密缝)	$100m^2$	2.5591	单价	55769	5119	46627	42	489	2263	1229
					合价	142717.50	13100.03	119323.16	107.38	1251.40	5791.52	3144.01
12	011204004001	块料墙面	m^2	236	单价	21.52	8.02	6.02	1.01	1.00	3.55	1.92
					合价	5078.82	1892.72	1420.72	238.36	236.00	836.77	454.25
	2-233	干粉型胶粘剂粘贴面砖(周长在1600mm 以内)	$100m^2$	2.36	单价	2152	802	602	101	100	355	192
					合价	5078.82	1892.72	1420.72	238.36	236.00	836.77	454.25
13	011302001001	天棚吊顶	m^2	41.93	单价	154.81	23.02	113.83	0.07	2.20	10.18	5.52
					合价	6491.28	965.17	4772.86	2.85	92.06	426.70	231.64
	3-104	塑料板天棚面层PVC	$100m^2$	0.6395	单价	5187.63	724.44	3900.05		69.00	320.27	173.87
					合价	3317.49	463.28	2494.08	0.00	44.13	204.82	111.19
	3-33	吊在混凝土板下方木天棚龙骨	$100m^2$	0.6395	单价	4962.92	784.81	3563.38	4.46	74.95	346.96	188.35
					合价	3173.79	501.89	2278.78	2.85	47.93	221.88	120.45
14	011302001002	天棚吊顶	m^2	109.72	单价	97.11	16.69	67.41	0.04	1.59	7.38	4.00
					合价	10654.76	1830.83	7395.70	4.83	174.60	809.41	439.40
	3-33	吊在混凝土板下或梁下方木天棚龙骨(单层楞)	$100m^2$	1.0831	单价	4962.92	784.81	3563.38	4.46	74.95	346.96	188.35
					合价	5375.34	850.03	3859.50	4.83	81.18	375.80	204.01
	3-126	吸声板天棚(矿棉吸声板)	$100m^2$	1.0831	单价	4874.37	905.55	3264.89		86.25	400.34	217.33
					合价	5279.43	980.80	3536.20	0.00	93.42	433.61	235.39

续表

序号	项目名称		计量单位	工程量	合计		其中					
							人工费	材料费	机械费	管理费	规费	利润
15	010802003001	钢质防火门	m^2	6.3	单价	782.12	56.75	681.25		5.41	25.09	13.62
					合价	4927.35	357.53	4291.88		34.08	158.06	85.81
	4-47	钢质防火门(成品)安装	$100m^2$	0.0063	单价	78211.52	5674.78	68125.47		540.50	2508.82	1361.95
					合价	492.73	35.75	429.19		3.41	15.81	8.58
16	010801001001	实木装饰门	m^2	12.6	单价	396.51	54.33	297.55	2.29	5.28	24.02	13.04
					合价	4996.01	684.56	3749.13	28.85	66.53	302.64	164.29
	4-4	实木全玻门制作安装(网格式)	$100m^2$	0.126	单价	39651.01	5433.30	29754.73	228.99	527.94	2402.06	1303.99
					合价	4996.03	684.60	3749.10	28.85	66.52	302.66	164.30
17	010807001001	金属推拉窗	m^2	25.65	单价	1091.66	96.53	920.10		9.19	42.68	23.17
					合价	28001.16	2475.99	23600.57		235.72	1094.64	594.24
	4-101	断桥隔热铝合金平开窗制作安装	$100m^2$	0.2565	单价	109165.76	9652.56	92009.82		919.37	4267.40	2316.61
					合价	28001.02	2475.88	23600.52		235.82	1094.59	594.21
18	010807001002	金属推拉窗	m^2	39	单价	1091.66	96.53	920.10		9.19	42.68	23.17
					合价	42574.86	3764.67	35883.90		358.41	1664.36	903.52
	4-101	断桥隔热铝合金平开窗制作安装	$100m^2$	0.39	单价	109165.76	9652.56	92009.82		919.37	4267.40	2316.61
					合价	42574.65	3764.50	35883.83		358.55	1664.28	903.48
19	010807001003	金属推拉窗	m^2	64	单价	1091.66	96.53	920.10		9.19	42.68	23.17
					合价	69866.44	6177.92	58886.40		588.16	2731.26	1482.70
	4-101	断桥隔热铝合金平开窗制作安装	$100m^2$	0.64	单价	109165.76	9652.56	92009.82		919.37	4267.40	2316.61
					合价	69866.09	6177.64	58886.28		588.40	2731.13	1482.63
20	010807001004	金属推拉窗	m^2	52	单价	1091.66	96.53	920.10		9.19	42.68	23.17
					合价	56766.48	5019.56	47845.20		477.88	2219.15	1204.69
	4-101	断桥隔热铝合金平开窗制作安装	$100m^2$	0.52	单价	109165.76	9652.56	92009.82		919.37	4267.40	2316.61

续表

序号	项目名称		计量单位	工程量	合计		其中					
							人工费	材料费	机械费	管理费	规费	利润
21	011407001001	刷喷涂料	m^2	1115.32	单价	39.55	15.38	10.96	1.01	1.70	6.80	3.69
					合价	44106.75	17156.86	12225.47	1125.02	1896.71	7585.05	4117.65
	5-196	抹灰面刷乳胶漆3遍	$100m^2$	11.1532	单价	1813.75	736.51	504.72		70.15	325.61	176.76
					合价	20229.16	8214.44	5629.24		782.40	3631.61	1971.47
	2-17 换	空心砖内墙面抹1：1：6 混合砂浆、1：1：4 混合砂浆	$100m^2$	11.1532	单价	2140.87	801.78	591.42	100.87	99.91	354.47	192.43
					合价	23877.60	8942.41	6596.23	1125.02	1114.32	3953.44	2146.18
22	011407002001	刷喷涂料	m^2	1139.4	单价	34.90	13.78	9.53	0.66	1.51	6.09	3.31
					合价	39760.50	15705.54	10861.87	755.30	1725.03	6943.42	3769.33
	5-196	抹灰面刷乳胶漆3遍	$100m^2$	10.1383	单价	1813.75	736.51	504.72		70.15	325.61	176.76
					合价	18388.38	7466.96	5117.00	0.00	711.20	3301.14	1792.07
	3-1 换	混凝土天棚抹素水泥浆底混合砂浆面	$100m^2$	10.1383	单价	2108.06	812.62	566.65	74.50	100.00	359.26	195.03
					合价	21372.13	8238.59	5744.87	755.30	1013.83	3642.28	1977.26
23	011407001002	刷喷涂料	m^2	681.95	单价	208.83	16.98	176.55	1.74	1.98	7.51	4.07
					合价	142411.74	11577.40	120400.44	1185.47	1351.49	5118.37	2778.58
	5-213	外墙刷涂料	$100m^2$	6.8195	单价	17847.40	489.00	16923.83	52.07	48.95	216.19	117.36
					合价	121710.32	3334.74	115412.06	355.09	333.81	1474.29	800.34
	2-60 换	混凝土外墙面抹素水泥浆底混合砂浆面	$100m^2$	9.3786	单价	2207.30	878.88	531.89	88.54	108.51	388.55	210.93
					合价	20701.42	8242.66	4988.38	830.38	1017.67	3644.08	1978.24

3. 装饰装修工程工程量清单计价(见表 10-24)

表 10-24　分部分项工程量清单与计价表

专业工程名称：综合楼装饰装修工程

序号	项目编码	项目名称	项目特征描述	计量单位	工程量	金额(元)		
						综合单价	合价	其中：规费
1	011101003001	细石混凝土楼地面	设备间： ①40 厚 C20 细石混凝土随打随抹平；②填碎砖 120 厚	m^2	41.93	70.51	2956.68	
2	011102001001	石材地面	办公室、接待室、活动室、楼梯间： ①60 厚 C15 混凝土垫层； ②150 厚 3∶7 灰土垫层； ③30 厚 1∶4 干硬性水泥砂浆结合层； ④素土夯实； ⑤铺 18～20 厚花岗岩，干水泥擦缝	m^2	317.11	389.09	123385.86	
3	011102001002	石材楼面	办公室、图书馆： ①18～20 厚花岗岩铺面，灌稀水泥浆擦缝； ②30 厚 1∶4 干硬性水泥砂浆结合层	m^2	666.802	352.74	235208.03	
4	011102003001	块料地面	厕所、盥洗室： ①8～10 厚防滑地砖，干水泥擦缝； ②20 厚 1∶4 干硬性水泥砂浆结合层； ③60 厚(最高处)C20 细石混凝土从门口处向地漏找坡，最低处不小于 30 厚； ④聚氨酯涂膜防水涂层不小于 3 遍 2 厚，防水层周边卷起高 150	m^2	41.93	349.68	14662.22	
5	011102003002	块料地面	消控室、监控室： ①铺 8～10 厚玻化砖，干水泥擦缝； ②20 厚 1∶4 干硬性水泥砂浆结合层； ③60 厚 C15 混凝土垫层； ④150 厚 3∶7 灰土垫层； ⑤素土夯实	m^2	34.425	232.56	8005.98	
6	011102003003	块料楼面	机房：①8～10 厚防滑底地砖，干水泥擦缝； ②20 厚 1∶4 干硬性水泥砂浆结合层； ③60 厚 C20 细石混凝土从门口处向地漏找坡，最薄处不小于 30 厚； ④聚氨酯涂膜防水涂层不小于三遍 2 厚，防水层周边卷起高 150； ⑤20 厚 1∶3 水泥砂浆找平层	m^2	20.45	205.81	4208.90	
本页合计							388427.67	
本表合计[结转至工程量清单计价汇总表]							1002102.00	

续表

序号	项目编码	项目名称	项目特征描述	计量单位	工程量	金额/元		
						综合单价	合　价	其中：规费
7	011102003004	块料楼面	楼梯间、走廊、警卫室： ①铺 8～10 厚玻化砖，干水泥擦缝； ②20 厚 1∶4 干硬性水泥砂浆结合层； ③20 厚 1∶3 水泥砂浆找平层	m^2	42.38	158.97	6737.32	
8	011105003001	块料踢脚	消控室、监控室： ①8～10 厚地砖踢脚板，稀水泥擦缝； ②5 厚 1∶1 水泥细砂浆结合层； ③12 厚 1∶3 水泥细砂浆打底扫毛	m^2	3.85	109.47	421.48	
9	011105003002	块料踢脚	办公室、接待室、活动室、楼梯间： ①18～20 厚花岗石稀水泥擦缝； ②20 厚 1∶2 水泥砂浆打底灌贴	m^2	38.39	130.20	4998.54	
10	011201001001	墙面一般抹灰	设备间、机房： 内墙：8 厚 1∶2.5 水泥砂浆抹面	m^2	193.38	16.36	3162.84	
11	011204001001	石材墙面	外墙： ①1∶1 水泥细砂浆勾缝压实； ②60 宽缝隙用 C20 细石混凝土填实； ③花岗岩蘑菇石厚 100，上、下侧面刻槽打孔用ϕ8 挂钩与横向ϕ12 钢筋钩牢，料石下缝做 1∶2 水泥砂浆； ④墙身欲埋ϕ10 锚固筋双向@500 与纵向ϕ12 钢筋焊牢，按料石高度尺寸在竖筋与墙面之间设横向ϕ12 钢筋与纵筋绑扎	m^2	255.91	557.69	142717.50	
12	011204004001	块料墙面	厕所、盥洗室内墙： ①贴 5～8 厚釉面砖； ②8 厚 1∶0.5∶2.5 水泥石灰膏砂浆； ③8 厚 1∶0.5∶4 水泥石灰膏砂浆打底	m^2	236	21.52	5078.82	
13	011302001001	天棚吊顶	厕所、盥洗室： ①PVC 条板； ②ϕ6 螺栓吊杆，双向吊点中距 900～1200 一个； ③大龙骨 60*30*1.5(吊点附吊挂)中距 1200	m^2	41.93	154.81	6491.28	
14	011302001002	天棚吊顶	活动室： 龙骨档内填 50 厚保温岩棉	m^2	109.72	97.11	10654.76	
本页合计							180262.5	
本表合计(结转至工程量清单计价汇总表)								

续表

序号	项目编码	项目名称	项目特征描述	计量单位	工程量	金额/元		
						综合单价	合　价	其中：规费
15	010802003001	钢质防火门	FM 丙 1 1000mm×2100mm	樘/ m^2	3/6.3	782.12	4927.35	
16	010801001001	实木装饰门	M1521 1500mm×2100mm	樘/ m^2	4/12.6	396.51	4996.01	
17	010807001001	金属推拉窗	异型窗 C2725	樘/m^2	4/25.65	1091.66	28001.16	
18	010807001002	金属推拉窗	C1225 1200mm×2500mm	樘/m^2	13/39	1091.66	42574.86	
19	010807001003	金属推拉窗	C1020 1000mm×2000mm	樘/m^2	32/64	1091.66	69866.44	
20	010807001004	金属推拉窗	异型窗 C1017	樘/m^2	32/52	1091.66	56766.48	
21	011407001001	刷喷涂料	内墙： ①刷白色内墙涂料； ②6 厚 1：1：6 水泥石灰膏砂浆抹面； ③刷混凝土界面处理剂一道	m^2	1115.32	39.55	44106.75	
22	011407002001	刷喷涂料	顶棚 ①刷乳胶漆； ②5 厚 1：0.3：2.5 水泥石灰膏砂浆抹面； ③刷素水泥砂浆一道	m^2	1139.40	34.90	39760.50	
23	011407001002	刷喷涂料	外墙 ①喷(刷)外墙涂料； ②6 厚 1：2.5 水泥砂浆找平层； ③刷加气混凝土界面处理剂一遍	m^2	681.95	208.83	142411.74	
本页合计							433411.3	
本表合计(结转至工程量清单计价汇总表)							1002102.00	

4. 装饰装修工程清单措施费计算(见表 10-25、表 10-26)

表 10-25　措施项目清单与计价表(一)

专业工程名称：综合楼装饰装修工程

序号	项目编码	项目名称	计算基础	费率/%	金额/元	其中：规费
1	011701001001	安全文明施工	人工费	8.69	9402.38	
2	011701002001	夜间施工				
3	011701003001	非夜间施工照明				
4	011701004001	二次搬运				
5	011701005001	冬雨季施工				
6	0117B001	室内空气污染测试费				
7	0117B002	竣工验收存档资料编制费	人工费+材料费+机械费	0.1	916.98	
本页合计					10319.36	
本表合计[结转至工程量清单计价汇总表]					10319.36	

注：本表适用于以“费率”计价的措施项目。

表 10-26　措施项目清单与计价表(二)

专业工程名称：　综合楼装饰装修工程

序号	项目编码	项目名称	项目特征描述	计量单位	工程量	金额/元		
						综合单价	合　价	其中：规费
1	011702001001	综合脚手架						
2	011704001001	垂直运输						
3	011705001001	超高施工增加						
4	011701010001	已完工程及设备保护					8918.41	
		楼地面成品保护					8720.65	
		楼梯、台阶成品保护					107.87	
		独立柱成品保护					89.89	
本页合计							8918.41	
本表合计(结转至工程量清单计价汇总表)							8918.41	

注：本表适用于以综合单价形式计价的措施项目。要求列出数量的措施项目细项的定额编号、定额项目名称、定额单位、工程量，按现行消耗量定额的规定列出。

5. 装饰装修工程量清单计价汇总表(见表 10-27)

表 10-27 工程量清单计价汇总表

专业工程名称：综合楼装饰装修工程

序号	费用项目名称	计算公式	金额/元
(1)	分部分项工程量清单计价合计	∑(工程量×综合单价)	1002102
(2)	其中：规费	∑(工程量×综合单价中规费)	47834.19
(3)	措施项目清单计价(一)合计	∑措施项目(一)金额	10319.36
(4)	其中：规费	∑措施项目(一)金额中规费	4586.19
(5)	措施项目清单计价(二)合计	∑(工程量×综合单价)	8918.41
(6)	其中：规费	∑(工程量×综合单价中规费)	3942.83
(7)	规费	(2)+(4)+(6)	56363.2
(8)	税金	[(1)+(3)+(5)] ×相应费率	35849.03
(9)	含税总计[转至工程量清单总价汇总表]	(1)+(3)+(5)+(8)	1057188.80

注：本表适用于单位工程造价汇总，如无单位工程划分，单项工程也可使用本表汇总。

6. 单位工程招标控制价/投标报价汇总(见表 10-28)

表 10-28 单位工程招标控制价/投标报价汇总表

工程名称：综合楼装饰装修工程　　　　第　页 共　页

序号	汇总内容	金额/元	其中：暂估价/元
1	分部分项工程	1002102	
1.1			
2	措施项目	10319.36	
2.1	安全文明施工费		
2.2	夜间施工费		
2.3	二次搬运费		
2.4	已完工程及设备保护		
2.10	各专业工程的措施项目	8918.41	
3	其他项目		
3.1	暂列金额		
3.2	专业工程暂估价		
3.3	计日工		
3.4	总承包服务费		
4	规费	56363.2	
5	税金	35849.03	
招标控制价合计=1+2+3+4+5		1057188.80	

注：本表适用于单位工程招标控制价或投标报价的汇总，如无单位工程划分，单项工程也使用本表汇总。

习 题

按照附录二“综合练习用图”、附录五“清单计价法实训手册”要求进行工程量清单项目列项、计算清单工程量，并进行清单工程计价。

附录一　综合楼建筑结构施工图

工程计量与计价教材建筑施工图

序号	图　纸　名　称	图　号	实际张数	备　注
1	目录	目录—1	1	
2	设计说明	说-1	1	
3	营造做法	说-2	1	
4	首层平面图	建施—1	1	
5	二层平面图	建施—2	1	
6	三层平面图	建施—3	1	
7	屋顶平面图	建施—4	1	
8	①-⑧,⑧-①立面图	建施—5	1	
9	Ⓐ-Ⓒ,Ⓒ-Ⓐ立面图,1-1剖面图	建施—6	1	
10	楼梯、卫生间详图	建施—7	1	
11	外檐详图	建施—8	1	
12	桩定位图	结施—1	1	
13	基础平面图	结施—2	1	
14	基础详图	结施—3	1	
15	基础~4.100层柱配筋图	结施—4	1	
16	4.100~7.700层柱配筋图	结施—5	1	
17	7.100~11.400层柱配筋图	结施—6	1	
18	11.400~顶层柱配筋图	结施—7	1	
19	4.100层结构平面图	结施—8	1	
20	7.700层结构平面图	结施—9	1	
21	11.400层结构平面图	结施—10	1	
22	顶层结构平面图	结施—11	1	
23	4.100层梁配筋图	结施—12	1	
24	7.700层梁配筋图	结施—13	1	
25	11.400层梁配筋图	结施—14	1	
26	顶层梁配筋图	结施—15	1	

施工图设计说明

1　通用说明

1.1 本说明为建筑施工图设计说明，本说明与施工图互为补充。
1.2 有关施工质量、操作规程、验收标准，均以国家委、部和本市颁发的有关验收规范为准。
1.3 施工单位应事先熟悉图纸，经我院各专业负责人向施工单位进行技术交底后方能施工。当图纸有不明或作法不当之处应报请与我院联系解决，不得自行变更作法。

2　设计依据

2.1 民用建筑设计通则 GB 50352-2005
2.2 建筑设计防火规范 GBJ16-87　(2001版)
2.3 建筑内部装修设计防火规范 GB50222-95
2.4 屋面工程质量验收规范 DB50207-2002
2.5 甲方提供的有关资料
2.6 办公建筑设计规范 JGJ67-89

3　工程概况说明

3.1 本工程一层室内地面 ±0.000
3.2 本工程地震设计烈度为七度（0.15g）

4　砖砌体、混凝土工程

4.1 按总平面规定的位置放线，经有关单位核对无误后方能开始砌墙。
4.2 内外墙体采用轻集料混凝土小型空心砌块。页岩砖强度等级为 MU7.5，砌筑砂浆强度等级为 M5。
4.3 房心土、还槽土除注明者外，可用筛除其中掺杂的垃圾、草根、杂物的原槽土或粘土逐步填垫夯实。
4.4 砌体墙上的孔洞应在砌筑时预留，不准事后剔凿。
4.5 木门窗洞口木砖应距洞口上下各四皮砖、中间距离不大于 700mm 位置留置。其它材质门窗洞口按图示位置预留埋卡，或参照有关产品样本。
4.6 通风道及附墙烟囱应按图纸排列施工，并采用市建委批准的标准图集。其接口周围要求灌浆严密，施工后应按1989建质管 736号文的规定逐个进行试烟。

5　地面工程

5.1 凡厕所地面的标高均应低于相邻房间地面 20mm，并向地漏处找泛水。按1990建质管131号文的要求做地面蓄水试验，经检查无渗漏、无积水为合格。
5.2 踢脚板除图中注明处外，建筑踢脚板高度为 120mm。

6　室内外装饰工程

6.1 室内外装饰工程施工的环境温度应符合下列规定：
6.1.1 刷浆、饰面和高级抹灰，及其混色油漆工程不应低于 5℃。
6.1.2 中级和普通抹灰，及其混色油漆工程以及玻璃工程不应低于 0℃。
6.1.3 用胶粘剂粘贴的罩面板工程不应低于 10℃。
6.1.4 涂刷清漆不应低于 8℃。
6.2 室内砌体墙阳角处均做1:2.5水泥砂浆 20厚护角，做于洞口时抹过墙角各 120mm，做于门窗口时一侧抹过 120mm另一面压入框料灰口线内。其高度在门窗处为门窗的高度，在洞口、楼梯间阳角处为通高。
6.3 未注明的室内水泥砂浆窗台板其 1:2.5水泥砂浆抹面突出内墙面10mm、高30mm、探出窗口两侧 30mm。
6.4 窗台、腰水、台阶、女儿墙压顶按流水方向必须做到内高外低、内平外坡（女儿墙压顶的流水方向为朝向屋面），做到不积水、杜绝倒水现象。
6.5 室外窗套、压顶、腰线等凡突出墙面 60mm 以下者，板上面做流水坡度，下面必须做滴水线。雨罩、挑檐、遮阳板、窗楣等凡突出墙面 60mm 以上者，板上面按图纸要求抹出流水坡度，板下按规定位置做滴水槽。
6.6 外墙抹灰、涂料、板材的颜色，应由施工单位按照设计的要求事先提供样板或样品，经设计人与基建单位共同确定。
6.7 外墙粉刷涂料的施工，应满足涂料规定的水泥抹面基层干燥时间，不应雨中施工。
6.8 外墙所有装饰线角、门窗套口、柱饰、山花等均采用 GRC 系列成品，并根据建筑施工图的位置要求由二次装修选用，粉饰颜色同墙面。

7　屋面工程

7.1 坡屋面选用红色陶土瓦，坡度详见设计图纸
7.2 屋面应按《屋面工程技术规范》GB50345-2004 施工。平屋面排水坡度≥2%，靠近檐沟、天沟 500mm 范围内坡度加大为15%。
7.3 檐沟、天沟最小坡度：卷材平屋面檐沟、天沟≥10‰；砂浆或块石面层檐沟≥5‰。
7.4 屋面采用焦渣找坡必须经过筛分，粒径控制在 5mm-40mm，其中不应含有有机物、石块、土块、矿渣块和未燃尽煤块。
7.5 屋面突出部位及转角处的找平层必须抹成平缓的半弧形，半径控制在 100mm-120mm，弧度要求一致。
7.6 泛水处混凝土护坡均采用 C20细石混凝土，并与水平面成60°角。
7.7 卷材天沟在防水层下面加铺卷材一层，雨水口周围加铺卷材二层。

8　门窗油漆及玻璃工程

8.1 油漆：
8.1.1 油漆工程混凝土和抹灰基层的含水率不得大于 8%。
8.1.2 冬季施工室内油漆工程应在采暖条件下进行，室温保持均衡不得突然变化。
8.1.3 凡预留木砖和木活隐蔽靠墙处均刷（煮）沥青二道防腐。
8.1.4 门窗及露明木活等木装修均刷底子油一道，调和漆二道（中等做法）。
8.1.5 金属材料必须除锈并刷防锈漆一道，调和漆二道。
8.1.6 所有油漆颜色由设计人员提出。
8.2
8.2.1 开启的窗扇每块玻璃面积≤0.35平方米、固定窗每块玻璃面积≤0.45平方米时，可采用3mm厚玻璃。超过上述规定应采用 5mm玻璃。
8.2.2 外墙玻璃均采用茶片玻璃。
8.3 门窗：
8.3.1 木门采用红白松，油漆为中等做法。
8.3.2 门窗樘口尺寸按洞口尺寸每侧所预留15mm空隙是按一般工程 20mm外墙刷饰面考虑的，凡20mm以上外饰面（如镶贴水磨石预制板或大理石贴面时）应相应调整樘口尺寸。有吊顶处之门应结合吊顶标高及节点情况确定门樘口尺寸的高度和立框构造。
8.3.3 门窗上的五金均采用国产优质品，由建设单位与设计人协商决定。
8.3.5 外墙窗采用气密性良好的门窗，气密性等级应在 4 级以上，$1.5m^3/(m.h) > q l < 0.5m^3/(m.h)$。
8.3.6 所有内外墙门窗均须要现场实测洞口尺寸，按立面示意的分格制做。

10　杂项工程：

10.1 外墙雨水管采用ø100 UPVC 圆形雨水管颜色为白色。出水管处设 UPVC 天漏罩，安装时应注意与屋面防水层交接严密避免渗漏现象。雨水管安装应弹立线做到垂直、牢固，雨水管的卡箍可用钻孔埋设或膨胀螺栓固定，不得用木楔直接顶入砖缝。
10.2 楼梯栏杆扶手参照98JB-37-2，材质为不锈钢，楼梯栏杆水平长度超过 500mm 时，高度为 1100mm。
10.3 室外散水选用 98J9-69-3
10.4 强、弱电设备箱暗装位置，建筑图未注明尺寸详电气专业图纸。
10.5 洗手间、淋浴间排气道平面尺寸为240X320 选用详 04SJ108。
10.6 地面、楼面暖管沟槽位置尺寸做法详暖通专业图纸。
10.7 卫生间地面的标高应低于相邻房间 20mm 配电间楼地面的标高于相邻房间 160mm。
10.8 外墙空调机管留洞为 DN80 洞中距侧墙为 150，采用壁挂室内机时洞中距楼地面为2100，采用落地柜机时洞
10.9 中距楼地面为200 洞中距侧面墙为 200 并应与电源插座设在房间的同一侧，洞口应内高外低，高差为 20mm。
10.10 滴水线除注明者外，参照 98J3(一)-6-C、98J3(一)-14-C。
10.11 无雨水管处的空调安装冷凝水竖管，采用 UPVC 冷凝水竖管 ø50。
所有坡屋顶钢筋混凝土结构板上预留钢子筋双向 ø6@200高 50。

图名 TITLE	设计说明

工程营造做法表

位置	名称	工程做法	厚度	适用范围	说明
地面1	玻化砖（规格500X500）	1. 铺8~10厚玻化砖，干水泥擦缝 2. 撒素水泥面（洒适量清水） 3. 20厚1:4干硬性水泥砂浆结合层 4. 刷素水泥浆结合层一道 5. 60厚C15混凝土垫层 6. 150厚3:7灰土垫层 7. 素土夯实		消控室 监控室 健身房 变电站	
地面2	磨光花岗岩面砖（规格600X600）	1. 铺8~20厚花岗岩，干水泥擦缝 2. 撒素水泥面（洒适量清水） 3. 30厚1:4干硬性水泥砂浆结合层 4. 刷素水泥浆结合层一道 5. 60厚C15混凝土垫层 6. 150厚3:7灰土垫层 7. 素土夯实		办公室 接待室 活动室 楼梯间	
地面3	防滑地砖（规格300X300）	1. 8-10厚防滑地砖，干水泥擦缝 2. 撒素水泥面（撒适量清水） 3. 20厚1:4干硬性水泥砂浆结合层 4. 素水泥浆结合层一道 5. 60厚（最高处）C20细石混凝土（内掺有机防水剂配比详见产品说明书）从门口处向地漏找坡，最低处不小于30厚。 6. 聚氨酯涂膜防水涂层不小于三遍2厚，防水层周边卷起高150 7. 40厚C20细石混凝土随打随抹平，四周抹小八字角 8. 150厚3:7灰土 9. 素土夯实		厕所 盥洗室	
楼面1	玻化砖（规格500X500）	1. 铺8~10厚玻化砖，干水泥擦缝 2. 撒素水泥面（洒适量清水） 3. 20厚1:4干硬性水泥砂浆结合层 4. 20厚1:3水泥砂浆找平层 5. 现浇钢筋混凝土楼板		楼梯间 走廊	
楼面2	磨光花岗岩面砖（规格600X600）	1. 18-20厚花岗岩铺面，灌稀水泥浆擦缝，花岗岩颜色待定 2. 撒素水泥面（洒适量清水） 3. 30厚1:4干硬性水泥砂浆结合层 4. 撒素水泥浆一道 5. 现浇钢筋混凝土楼板		办公室 图使馆	
楼面3	防滑地砖（规格300X300）	1. 8-10厚防滑底地砖，干水泥擦缝，颜色待定。 2. 撒素水泥面（撒适量清水） 3. 20厚1:4干硬性水泥砂浆结合层 4. 60厚C20细石混凝土向地漏处找坡，最薄处不小30厚 5. 聚氨酯涂膜防水涂层不小于三遍2厚，防水层周边卷起高150 6. 20厚1:3水泥砂浆找平层，四周抹小八字角 7. 现浇钢筋混凝土楼板		机房	
楼面4	细石混凝土抹平	1. 40厚C20细石混凝土随打随抹平 2. 填砌砖120厚 3. 现浇钢筋混凝土楼板		设备间	
内墙1	乳胶漆	1. 刷白色内墙涂料 2. 6厚1:1:6水泥石灰膏砂浆抹面 3. 8厚1:1:6水泥石灰膏砂浆打底扫毛 4. 刷混凝土界面处理剂一道（随刷随抹底灰）		办公室 接待室 图书馆 警务室 活动室	

工程营造做法表

位置	名称	工程做法	厚度	适用范围	说明
内墙2	釉面瓷砖墙面（规格200X300）	1. 白水泥擦缝 2. 贴5-8厚釉面砖（在釉面砖粘贴面上随粘随刷一遍混凝土界面处理剂，增强粘结力或在面砖上涂抹专用粘结剂然后粘贴） 3. 8厚1:0.5:2.5水泥石灰膏砂浆 4. 8厚1:0.5:4水泥石灰膏砂浆打底 5. 刷界面剂一道		厕所 盥洗室	
内墙3	水泥砂浆墙面	1. 8厚1:2.5水泥砂浆抹面 2. 刷混凝土界面处理剂一道（随刷随抹底灰）		设备间	机房
顶棚1	乳胶漆面	1. 刷乳胶漆 2. 5厚1:0.5:2.5水泥石灰膏砂浆抹面 3. 5厚1:0.3:3水泥石灰膏砂浆打底扫毛 4. 刷素水泥沙浆一道 5. 钢筋混凝土楼板		办公室 接待室 楼梯间 消控室 监控室	变电站 机房 走廊
顶棚2	PVC条板吊顶	1. PVC条板，规格颜色选样 2. ϕ6螺栓吊杆，双向吊点中距900-1200一个 3. 大龙骨C60x30x1.5（吊点附吊挂）中距1200 4. 条板龙骨 5. 钢筋混凝土板内预留ϕ6铁环，双向吊点中距900-1200		厕所 盥洗室	
顶棚3	矿棉吸音板吊顶	1. 龙骨档内填50厚保温岩棉，用玻璃丝布包好 2. 参照98J7（三）—33		活动室	
踢脚1	地砖踢脚	1. 8~10厚地砖踢脚板稀水泥擦缝 2. 5厚1:1水泥细砂浆结合层 3. 12厚1:3水泥细砂浆打底扫毛 4. 刷界面处理剂一道		消控室 监控室 健身房 变电站	
踢脚2	花岗石踢脚	1. 稀水泥擦缝 2. 18-20厚花岗石稀水泥擦缝 3. 20厚1:2水泥砂浆打底灌贴 4. 刷界面处理剂一道		办公室 接待室 活动室 楼梯间	
外墙1	喷（刷）外墙涂料	1. 喷（刷）外墙涂料 2. 6厚1:2.5水泥砂浆找平层 3. 6厚1:1:6水泥砂浆刮平扫毛 4. 6厚1:0.5:4水泥砂浆打底扫毛 5. 刷加气混凝土界面处理剂一道			
外墙2	GRC外檐饰线	1. 选用成品GRC产品，由二次装修选样			
外墙3	蘑菇石	1. 1:1水泥细砂浆勾缝压实（憎缝做法不勾缝设计时说明） 2. 60宽缝隙用C20细石混凝土填实（每层 ≤1000 高） 3. 花岗岩蘑菇石厚100，上、下侧面剔槽打孔用ϕ8挂钩与横向ϕ12钢筋钩牢，料石下缝座1:2水泥砂浆 4. 墙身预埋ϕ10锚固筋（长210，入墙180）双向ϕ600与纵向ϕ12钢筋焊牢，按料石高度尺寸，在竖筋与墙面之之间设横向ϕ12钢筋与纵筋绑扎			
屋面1	陶瓦坡屋面（有保温）	1. 陶土平瓦 2. 20X25挂瓦条，8X30顺水条中距500，水泥钉固定 3. 30厚C20细石混凝土随打随抹平 4. SBS防水层一道，厚度不小于3mm 5. 冷底子油一道 6. 20厚1:3水泥砂浆找平层 7. 60厚挤塑聚苯保温板（XPS） 8. 钢筋混凝土屋面板		坡屋面	防水等级三级

工程营造做法表

位置	名称	工程做法	厚度	适用范围	说明
屋面2	SBS防水屋面（有保温）	1. 刷着色涂料保护层 2. SBS防水层一道，厚度不小于3mm 3. 20厚1:3水泥砂浆找平层 4. 60厚挤塑型聚苯保温板（XPS） 5. 钢筋混凝土层面板		气窗屋面	防水等级三级
屋面3	防水不保温屋面	1. 刷着色涂料保护层 2. 2厚聚氨酯防水涂膜 3. 20厚1:3水泥砂浆找平层向进水孔处找2%泛水 4. 钢筋混凝土板	22MM	雨蓬顶面	

图名　3程营造做法表

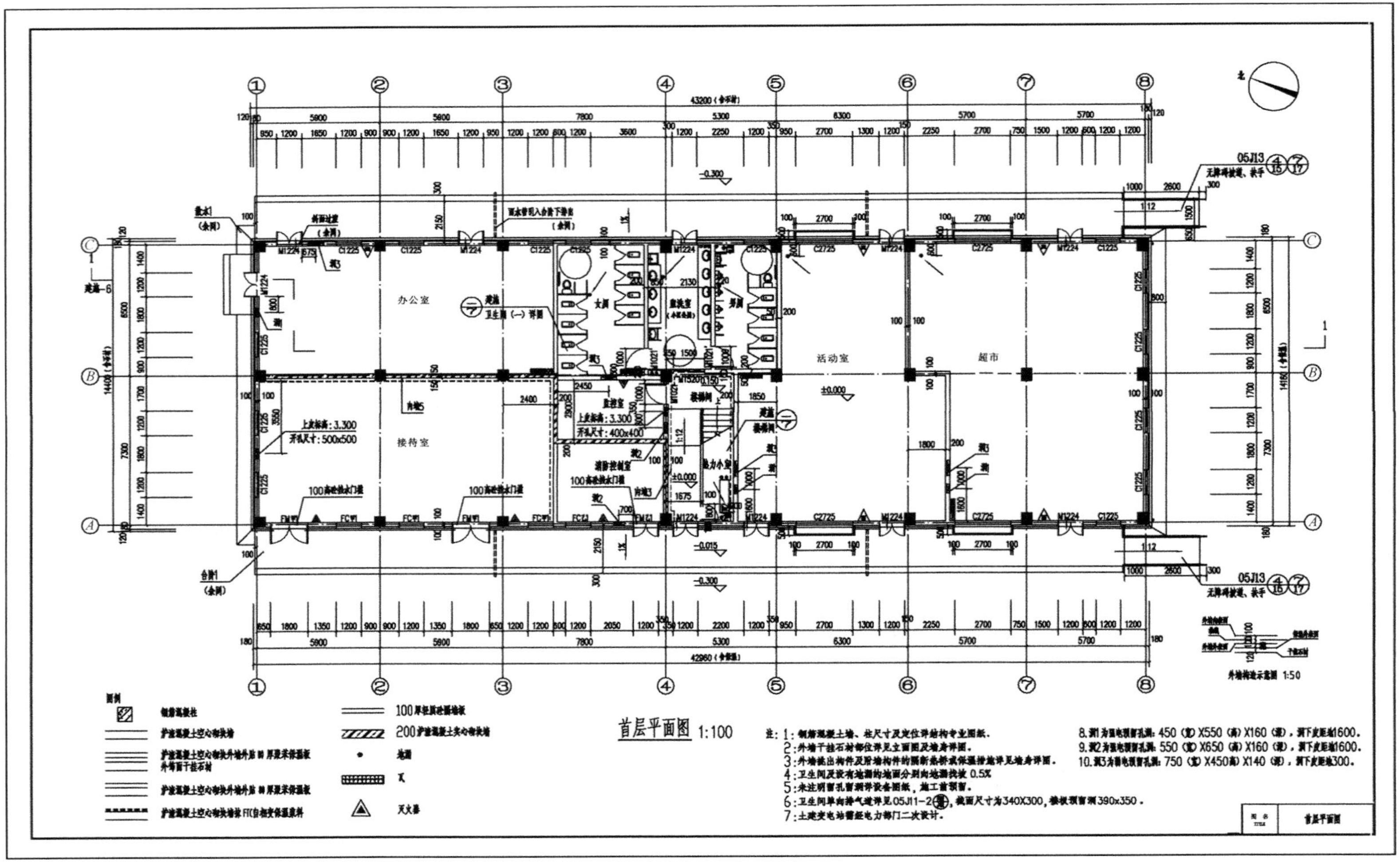
首层平面图 1:100
办公室
接待室
活动室
超市
女厕
男厕
楼梯间
消防控制室
外墙构造示意图 1:50
注：1：钢筋混凝土墙、柱尺寸及定位详结构专业图纸。
2：外墙干挂石材部位详见立面图及墙身详图。
4：卫生间及设有地漏的地面分别向地漏找坡 0.5%
5：未注明留孔留洞详设备图纸，施工前预留。
6：卫生间单向排气道详见05J11-2，截面尺寸为340X300，楼板预留洞390x350。
7：土建变电站需经电力部门二次设计。
8.洞1为强电预留孔洞：450（宽）X550（高）X160（深），洞下皮距地1600。
9.洞2为强电预留孔洞：550（宽）X650（高）X160（深），洞下皮距地1600。
10.洞3为弱电预留孔洞：750（宽）X450（高）X140（深），洞下皮距地300。
首层平面图

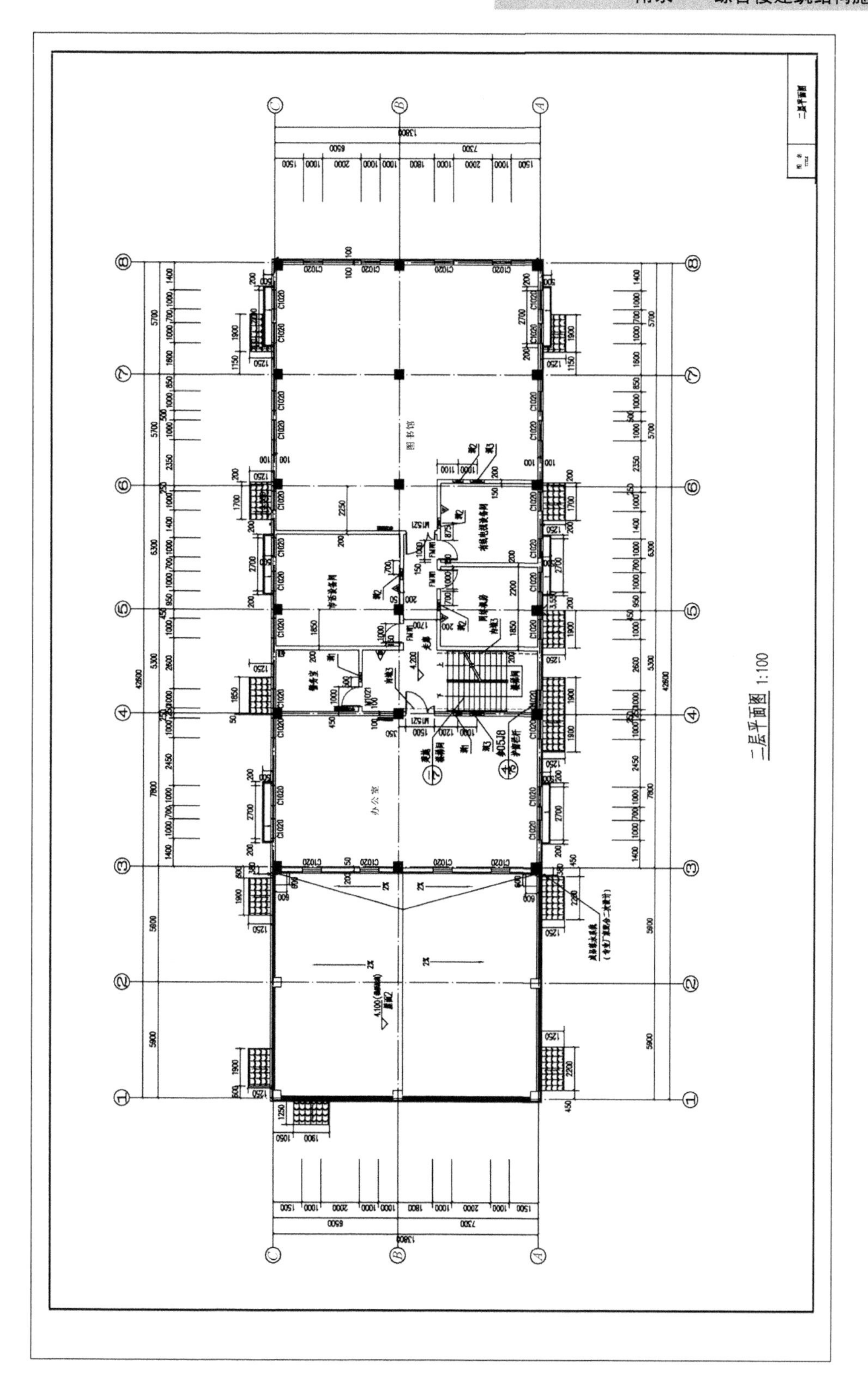
二层平面图 1:100

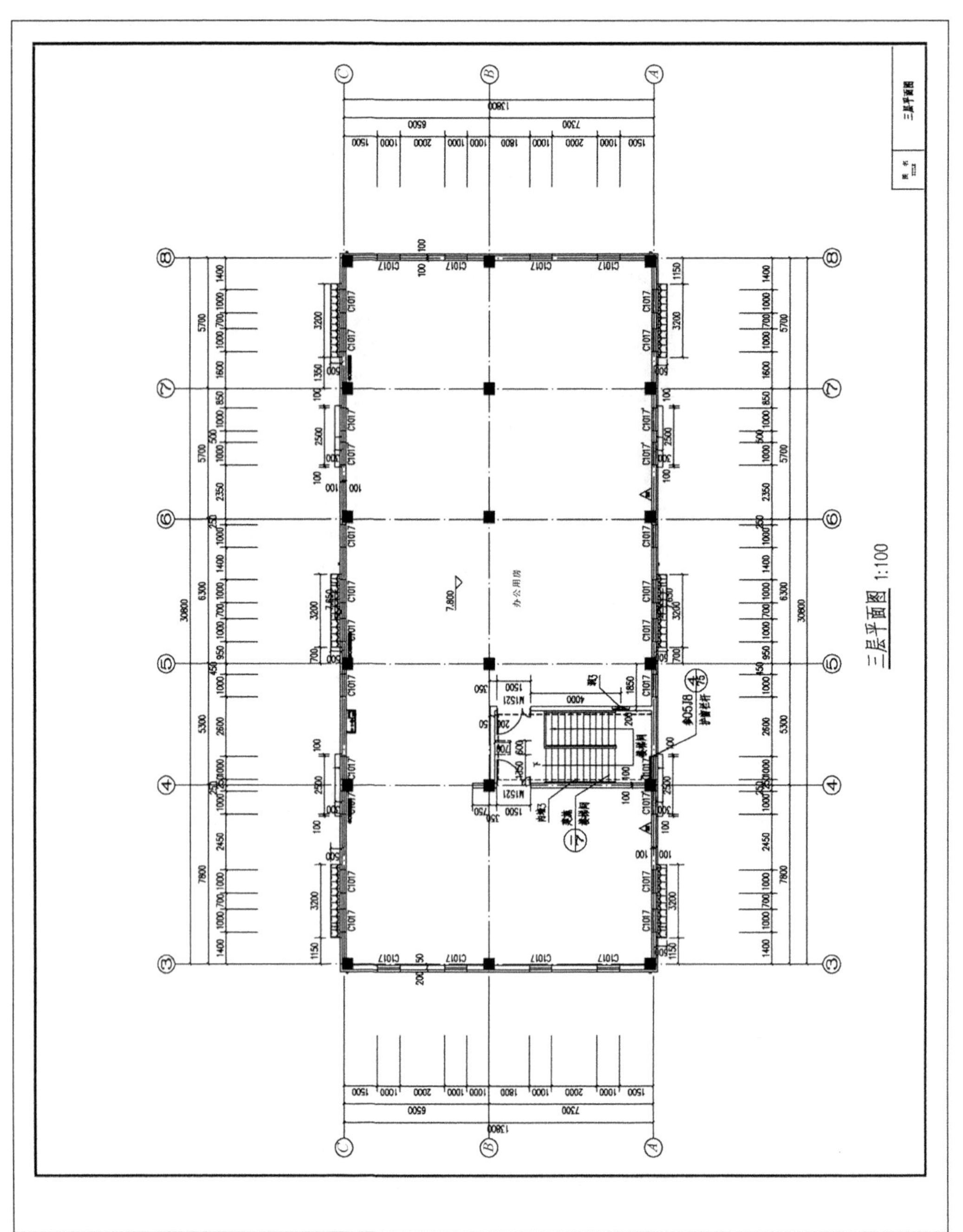
三层平面图 1:100
办公用房
7.800
30800
13800
6500
7300

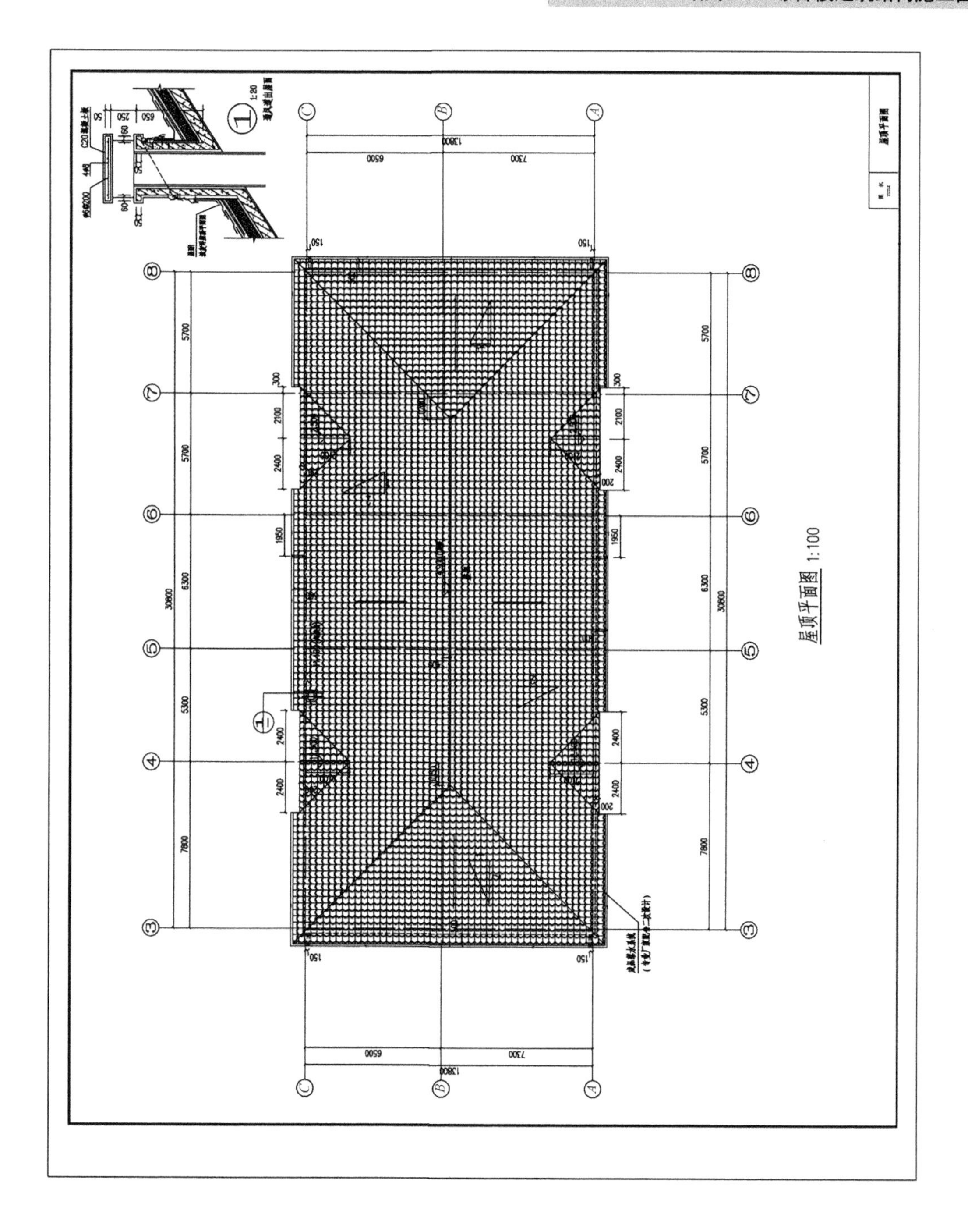
屋顶平面图 1:100
13800
6500
7300
30800
5700
5300
6300
7800
2400
2100
1950
300
200
150
1:20

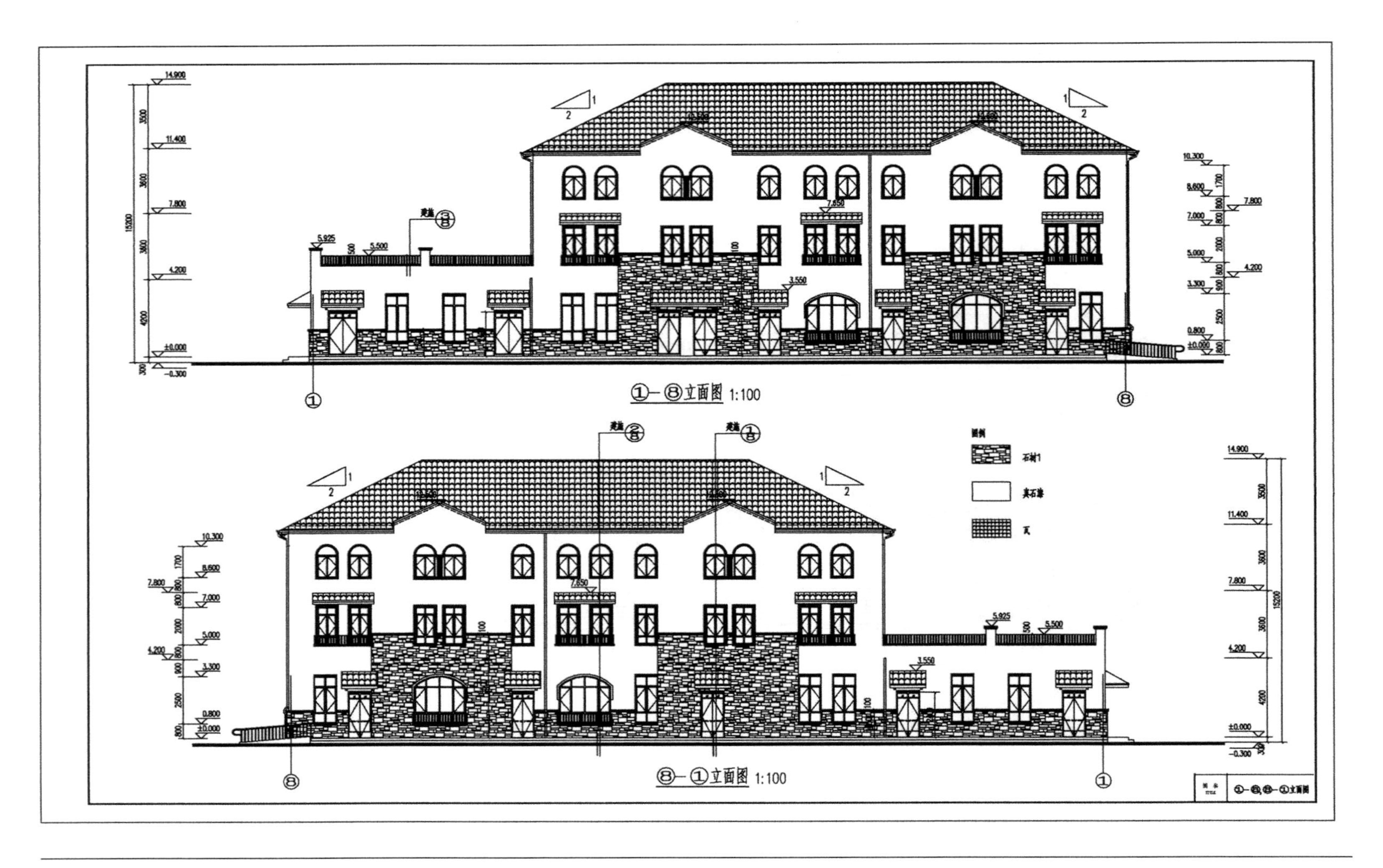

①—⑧立面图 1:100
图例
石材1
真石漆
瓦
⑧—①立面图 1:100

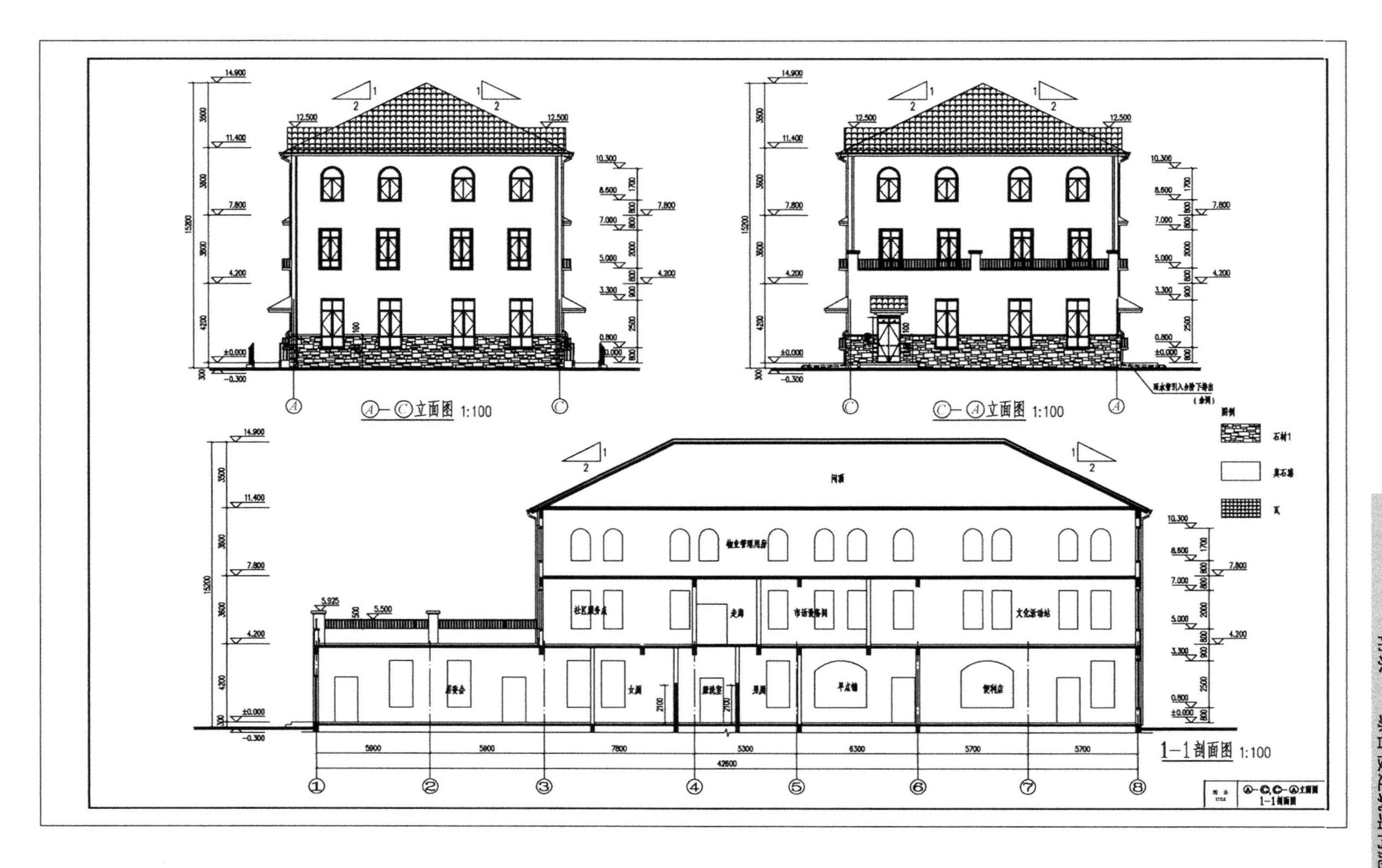
Ⓐ—Ⓒ立面图 1:100
Ⓒ—Ⓐ立面图 1:100
1—1剖面图 1:100
图例
石材1
真石漆
瓦
阁楼
物业管理用房
社区服务点
走廊
市话设备间
文化活动站
居委会
女厕
盥洗室
男厕
早点铺
便利店
5900
5900
7800
5300
6300
5700
5700
42600
14.900
11.400
7.800
4.200
±0.000
-0.300
12.500
10.300
8.600
7.000
5.000
3.300
0.800
15200

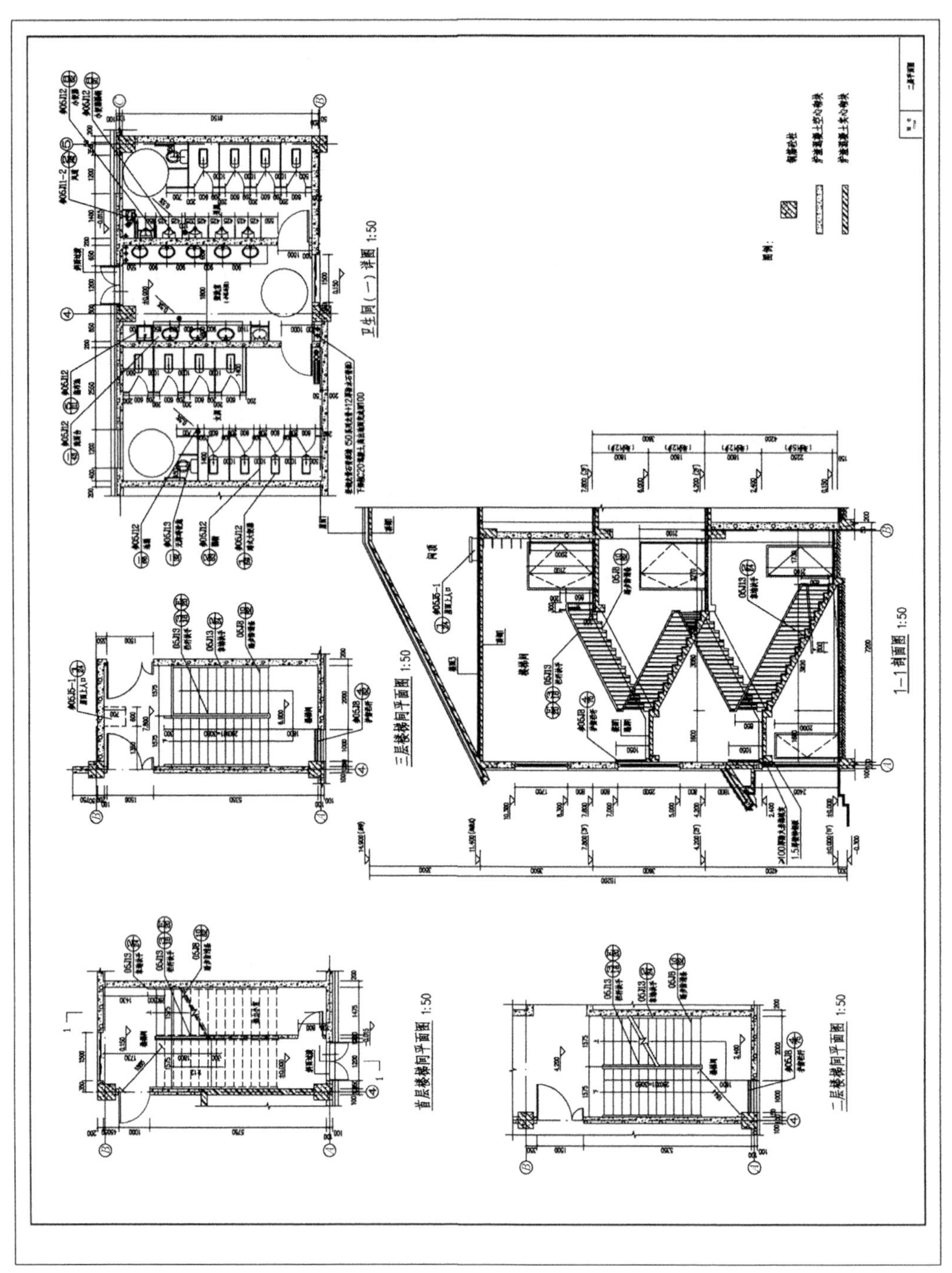

卫生间(一)详图 1:50
1—1剖面图 1:50
三层楼梯间平面图 1:50
首层楼梯间平面图 1:50
二层楼梯间平面图 1:50

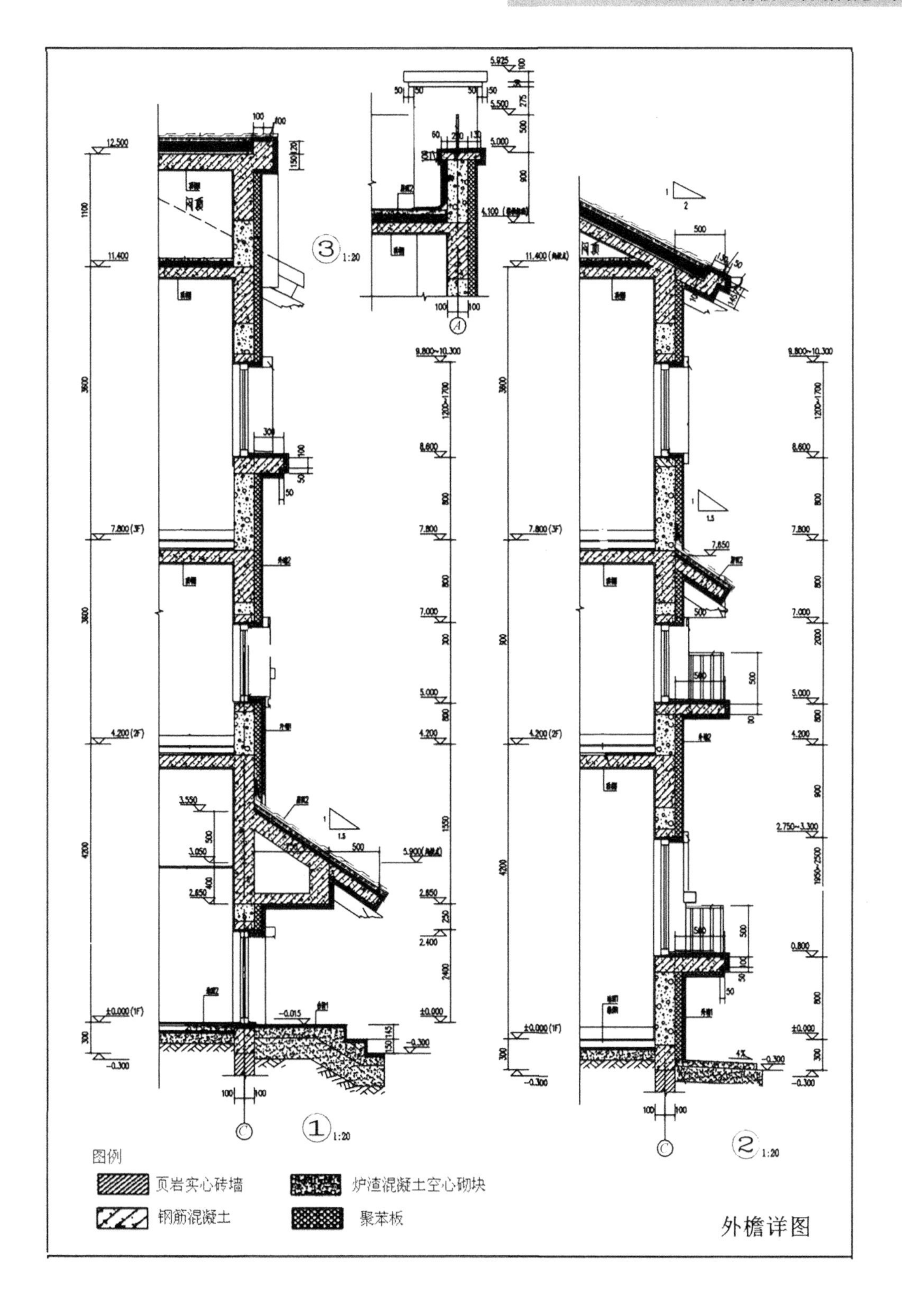

外檐详图

工程计量与计价教材结构施工图

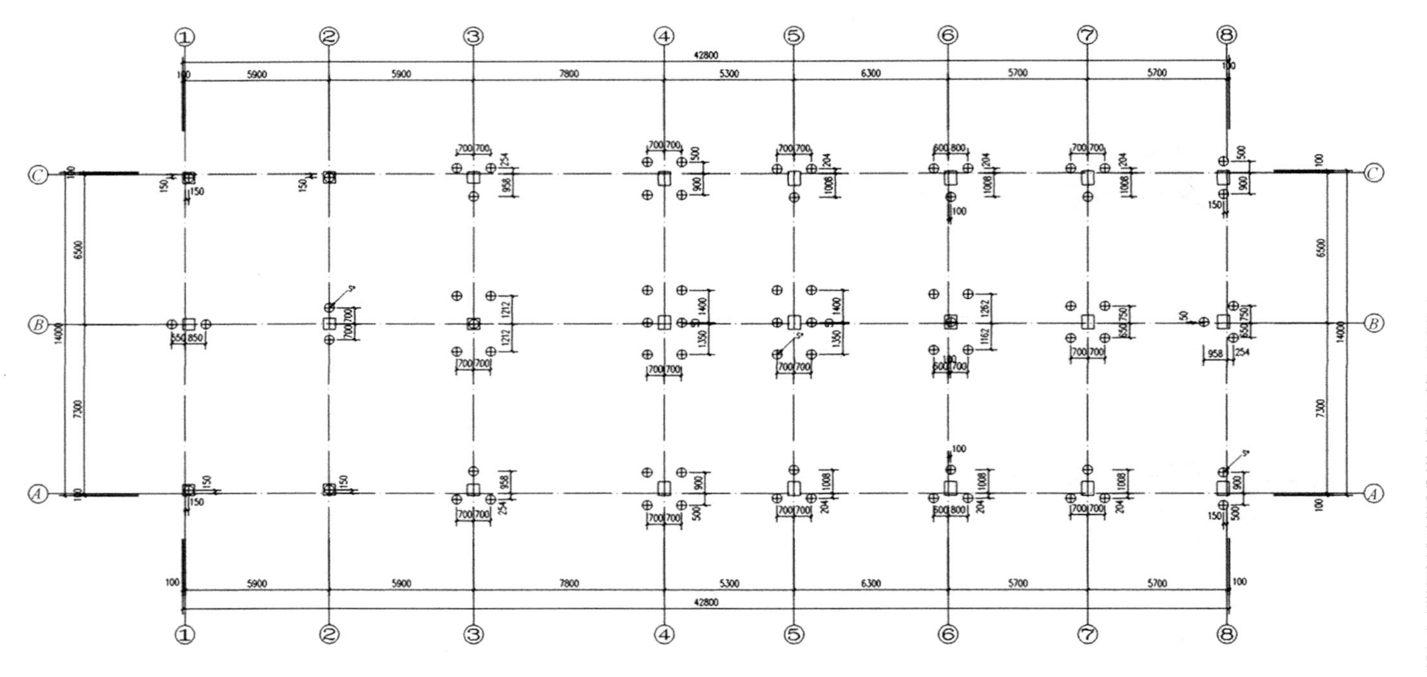

桩位平面图 1:100

说明：1.图中所注工程桩⊕总数为73根。

2.本工程±0.000相当于大沽高程3.700m;

3.图中未注明的工程桩桩顶标高为−1.650(相对)。

4.图中所注工程桩S*为试桩，桩端标高同工程桩，试桩桩顶和现场地坪平。工程桩检测用非破坏原位静载及动载检测，取3根工程桩进行静载荷试验.

桩位平面图

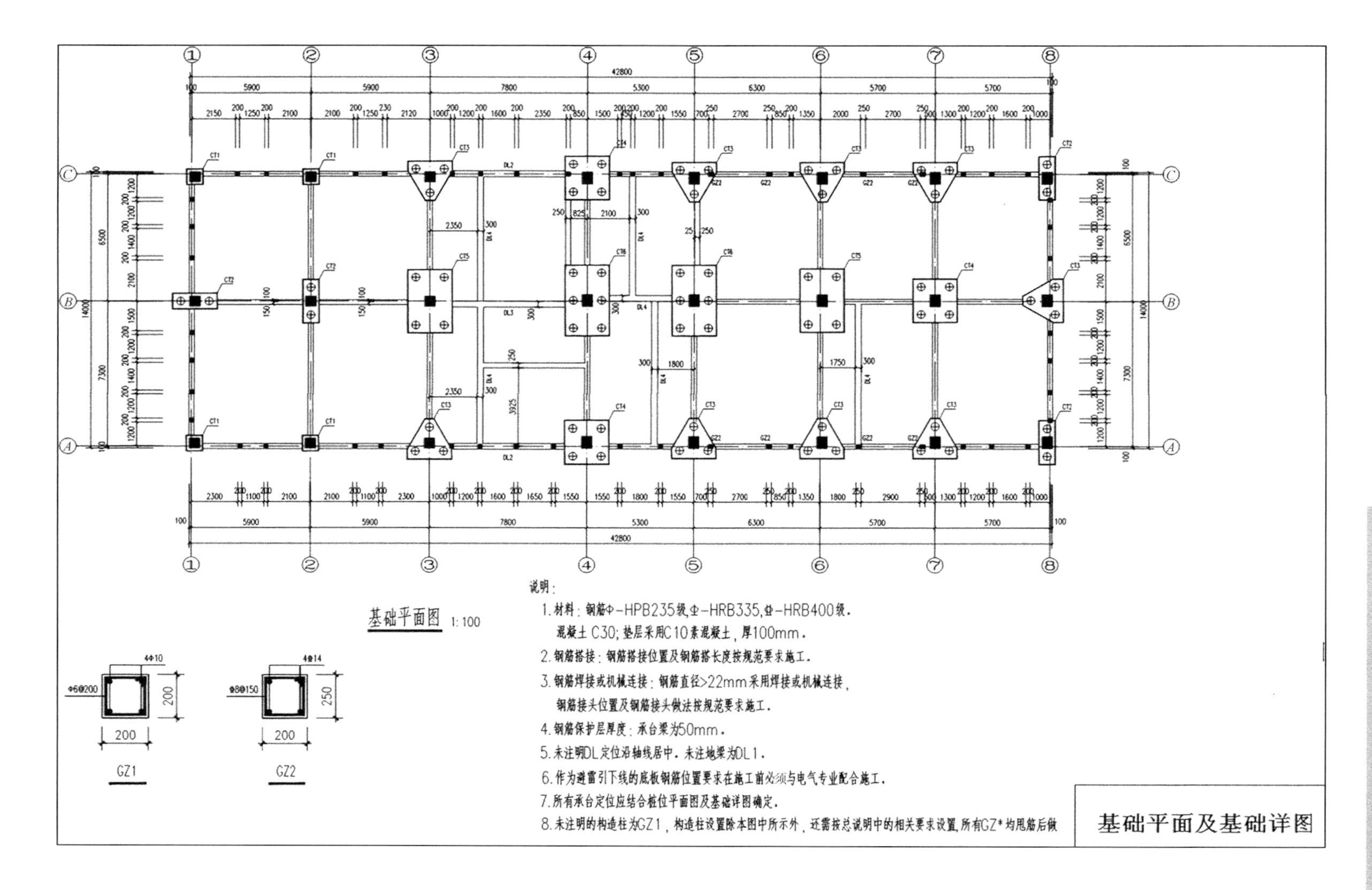
基础平面及基础详图
基础平面图 1:100
说明：
1.材料：钢筋Φ-HPB235级,Φ-HRB335,Φ-HRB400级。
混凝土C30;垫层采用C10素混凝土，厚100mm。
2.钢筋搭接：钢筋搭接位置及钢筋搭长度按规范要求施工。
3.钢筋焊接或机械连接：钢筋直径>22mm采用焊接或机械连接，
钢筋接头位置及钢筋接头做法按规范要求施工。
4.钢筋保护层厚度：承台梁为50mm。
5.未注明DL定位沿轴线居中。未注地梁为DL1。
6.作为避雷引下线的底板钢筋位置要求在施工前必须与电气专业配合施工。
7.所有承台定位应结合桩位平面图及基础详图确定。
8.未注明的构造柱为GZ1，构造柱设置除本图中所示外，还需按总说明中的相关要求设置,所有GZ*均甩筋后做
GZ1
GZ2
4Φ10
Φ6@200
4Φ14
Φ8@150
200
250
42800
14000

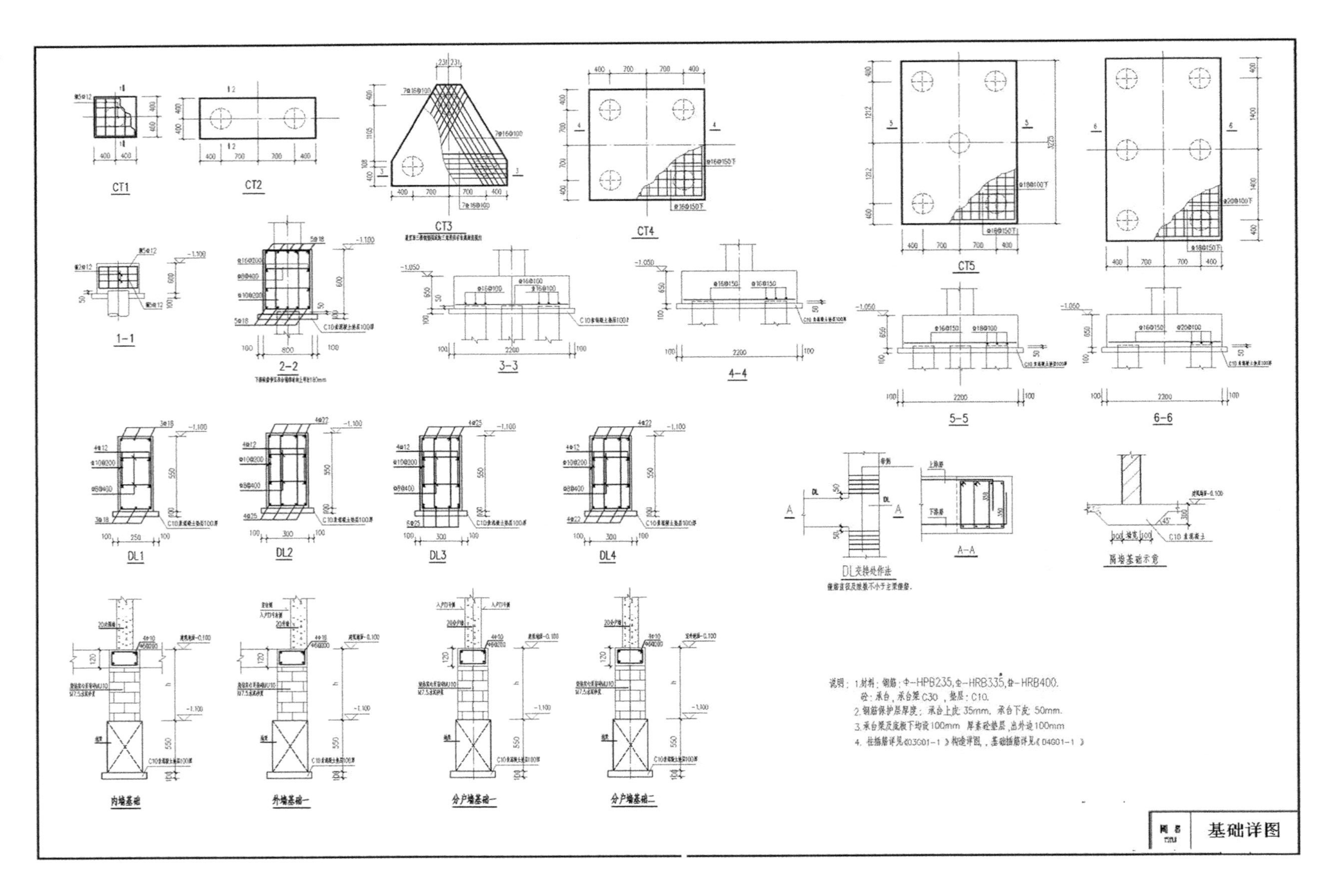
CT1
CT2
CT3
CT4
CT5
1-1
2-2
3-3
4-4
5-5
6-6
DL1
DL2
DL3
DL4
DL支接处作法
A-A
隔墙基础示意
内墙基础
外墙基础一
分户墙基础一
分户墙基础二
说明：1.材料：钢筋：Φ-HPB235,Φ-HRB335,Φ-HRB400.
砼：承台，承台梁 C30，垫层：C10.
2.钢筋保护层厚度：承台上皮：35mm，承台下皮：50mm.
3.承台梁及底板下均设100mm 厚素砼垫层，出外边100mm
4.柱插筋详见《03G01-1》构造详图，基础插筋详见《04G01-1》
基础详图

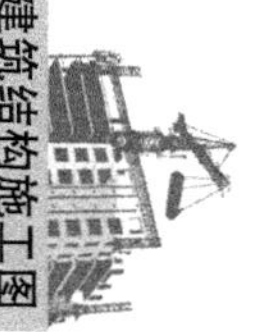

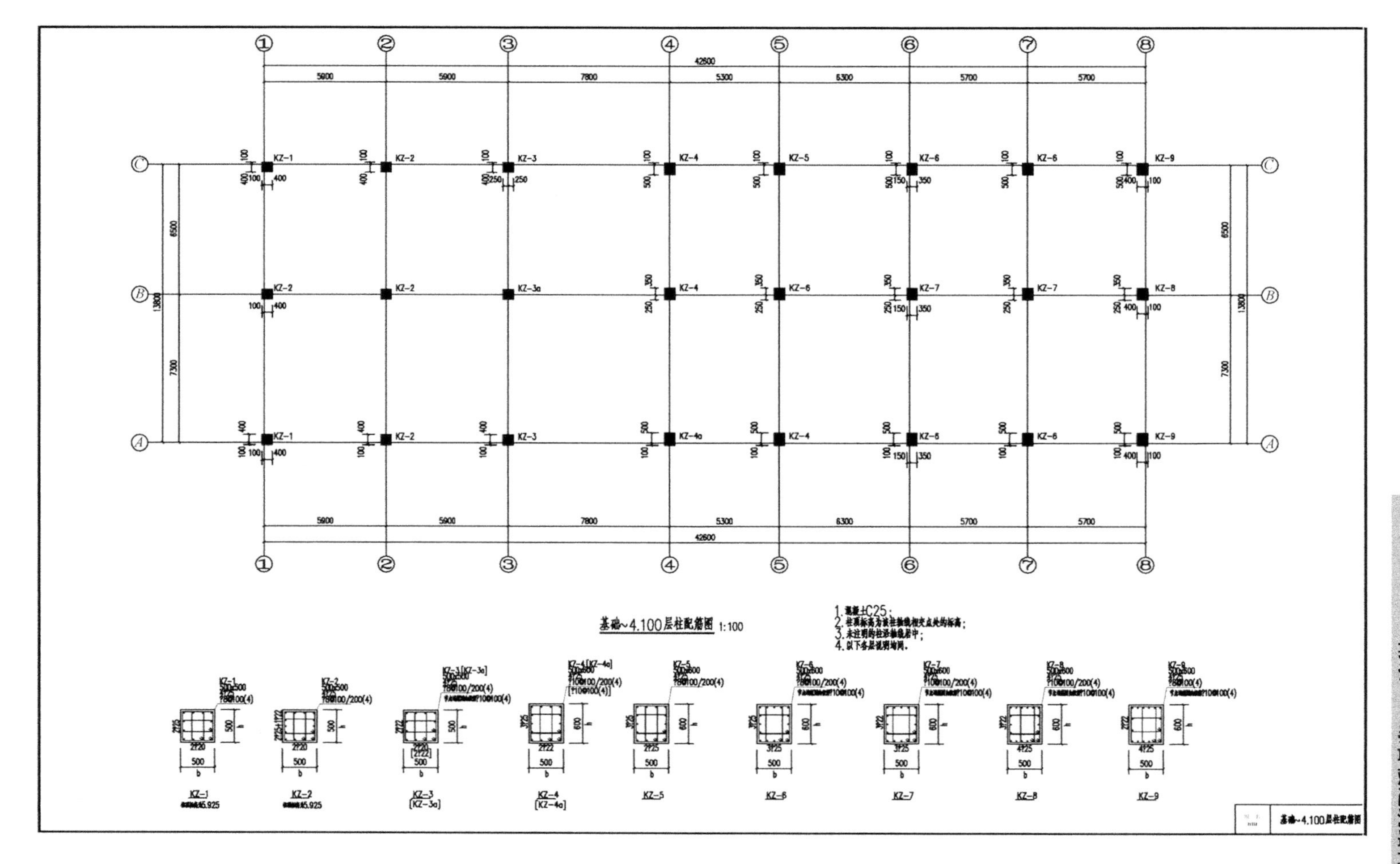
基础~4.100层柱配筋图 1:100
1. 混凝土C25;
2. 柱顶标高为该柱轴线相交点处的标高;
3. 未注明的柱沿轴线居中;
4. 以下各层说明相同。
KZ-1
KZ-2
KZ-3
[KZ-3a]
KZ-4
[KZ-4a]
KZ-5
KZ-6
KZ-7
KZ-8
KZ-9
42600
13800
5900
7800
5300
6300
5700
6500
7300
基础~4.100层柱配筋图

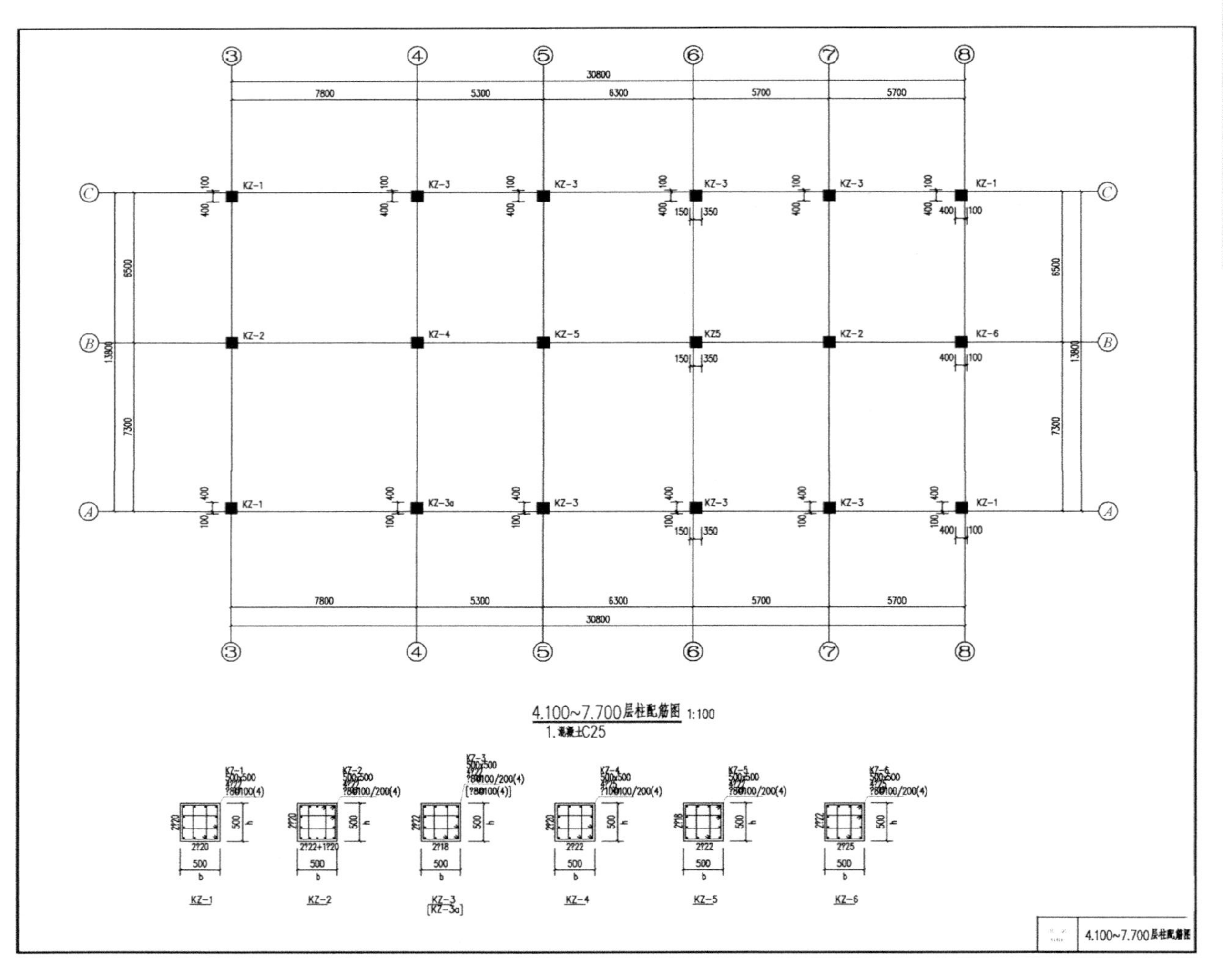
4.100~7.700层柱配筋图 1:100
1.混凝土C25
4.100~7.700层柱配筋图
KZ-1
KZ-2
KZ-3
KZ-3a
KZ-4
KZ-5
KZ-6
13800
6500
7300
30800
7800
5300
6300
5700

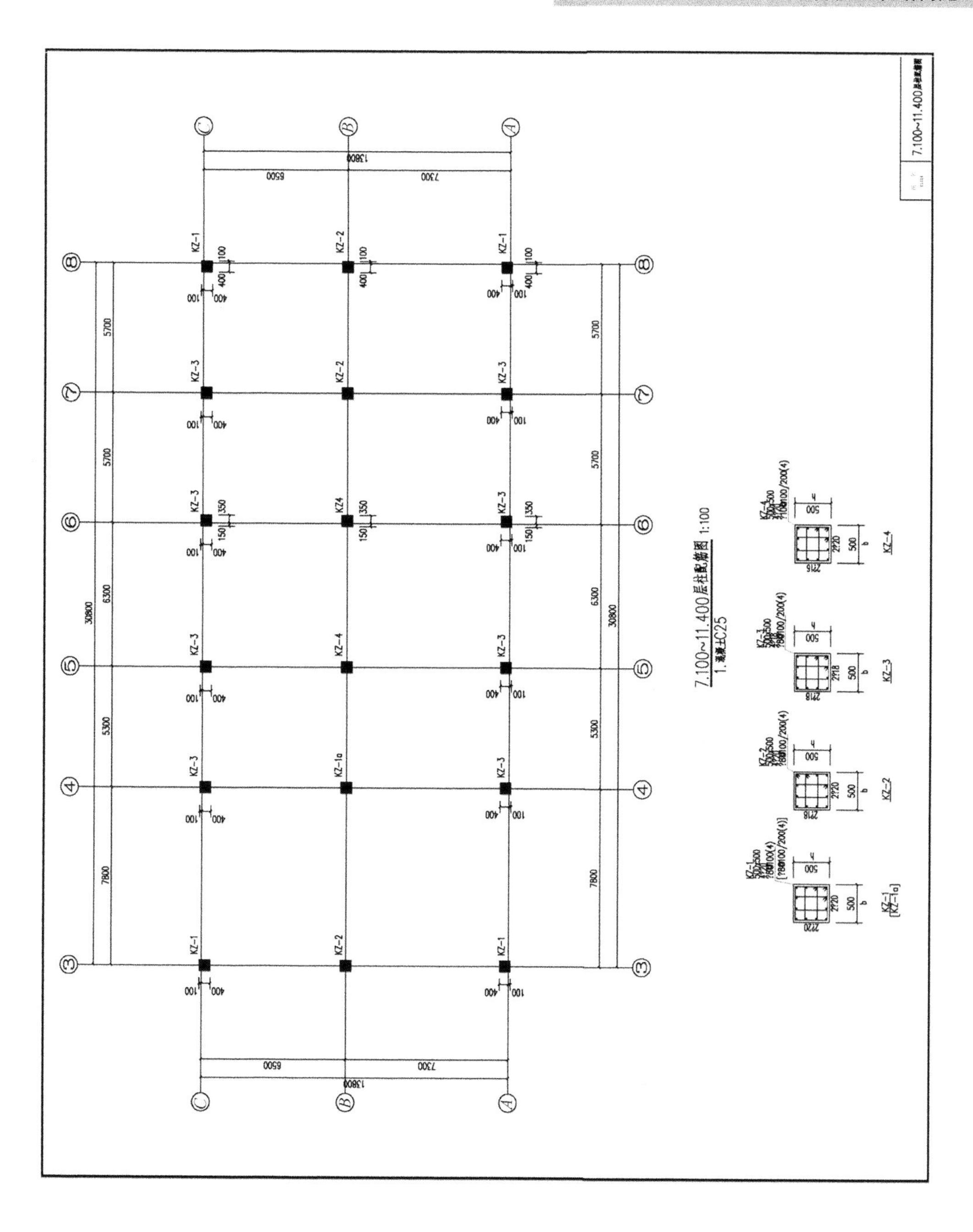
7.100~11.400层柱配筋图 1:100
1.混凝土C25
7.100~11.400层柱配筋图
13800
6500
7300
30800
5700
5700
6300
5300
7800
KZ-1
KZ-2
KZ-3
KZ4
KZ-4
KZ-1a
KZ-1
[KZ-1a]
KZ-2
KZ-3
KZ-4

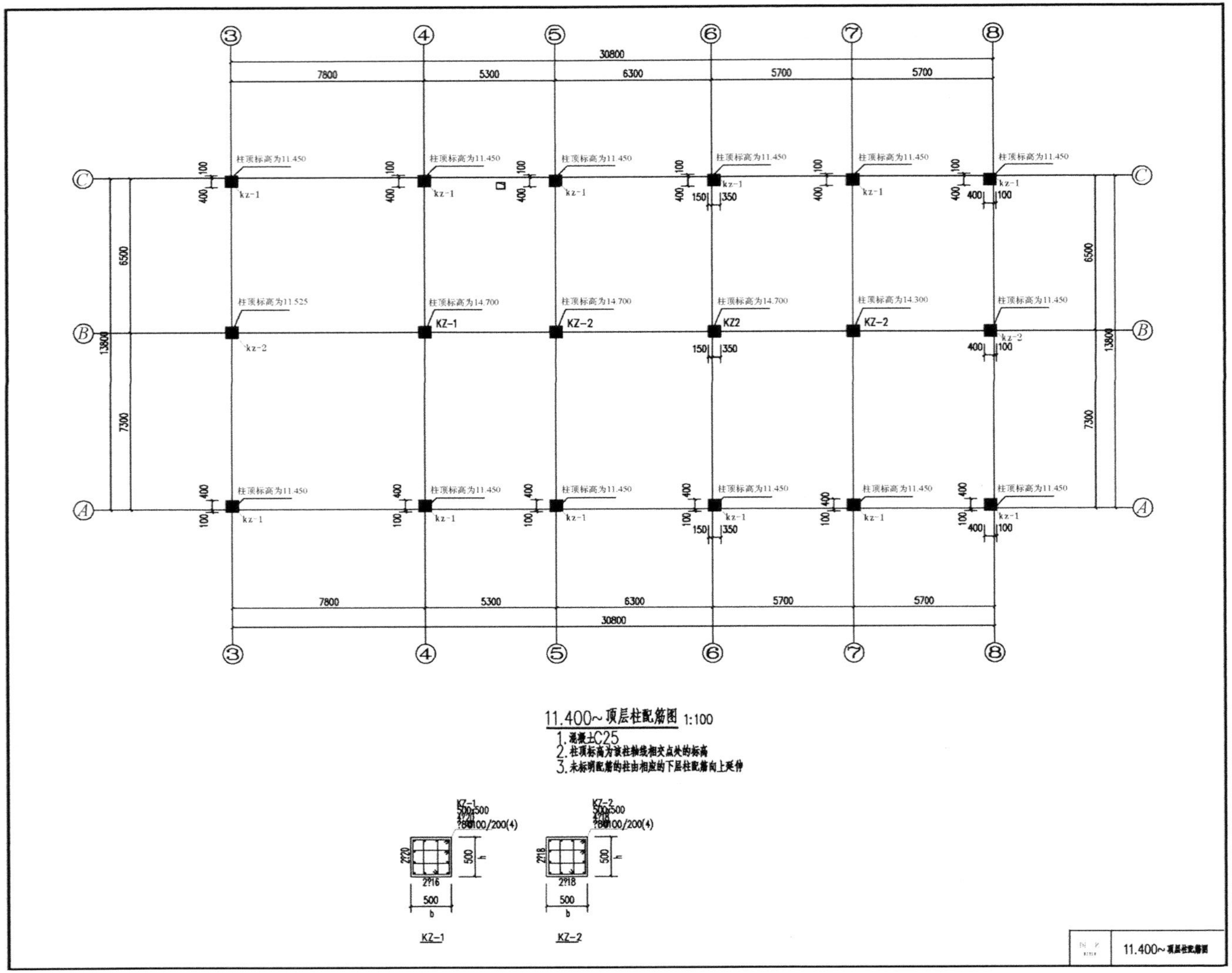
柱顶标高为11.450
柱顶标高为11.525
柱顶标高为14.700
柱顶标高为14.300
kz-1
kz-2
KZ-1
KZ-2
KZ2
30800
7800
5300
6300
5700
13800
6500
7300
11.400~顶层柱配筋图 1:100
1. 混凝土C25
2. 柱顶标高为该柱轴线相交点处的标高
3. 未标明配筋的柱由相应的下层柱配筋向上延伸
KZ-1
500x500
KZ-2
500x500
100/200(4)
500
KZ-1
KZ-2
11.400~顶层柱配筋图

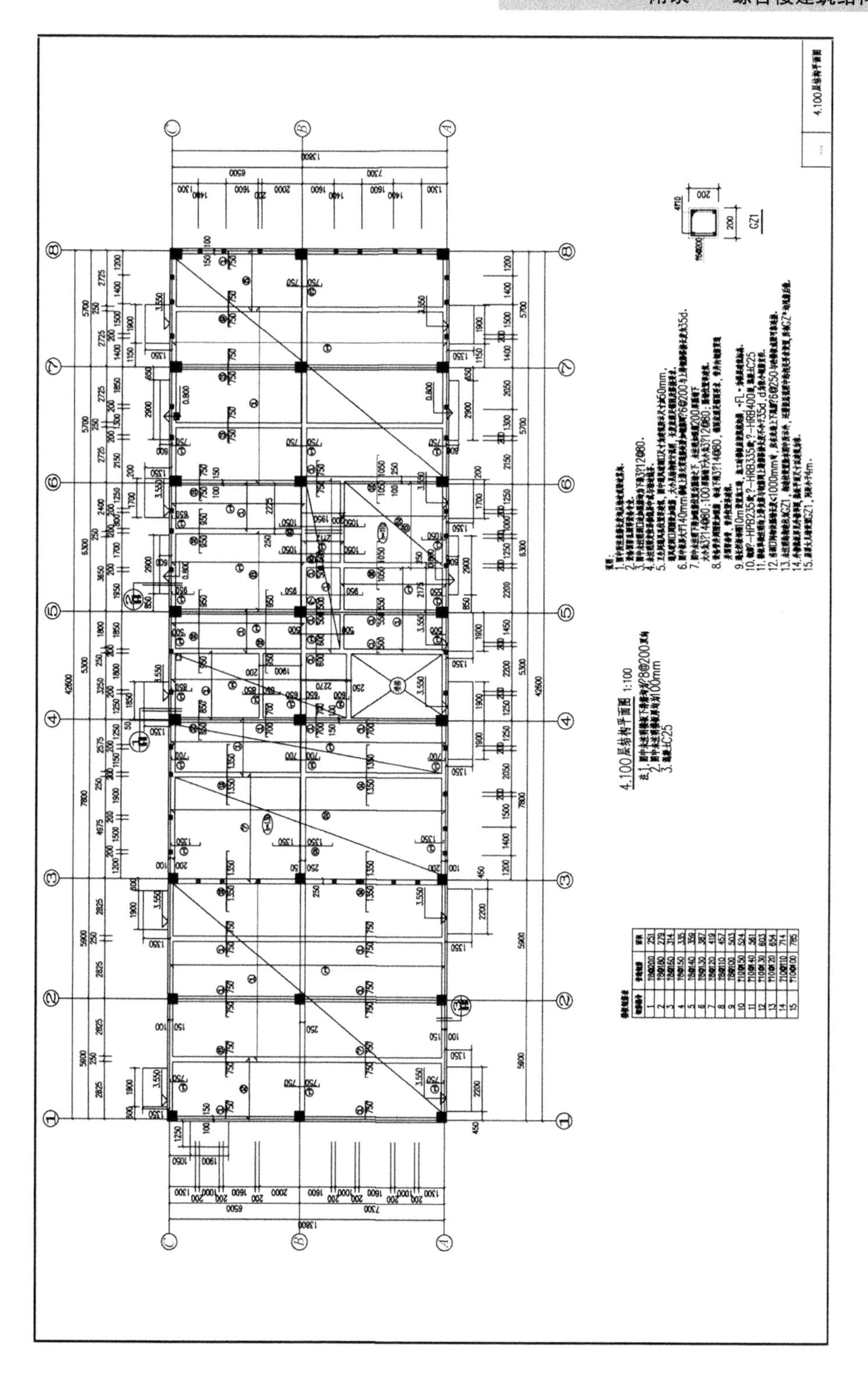

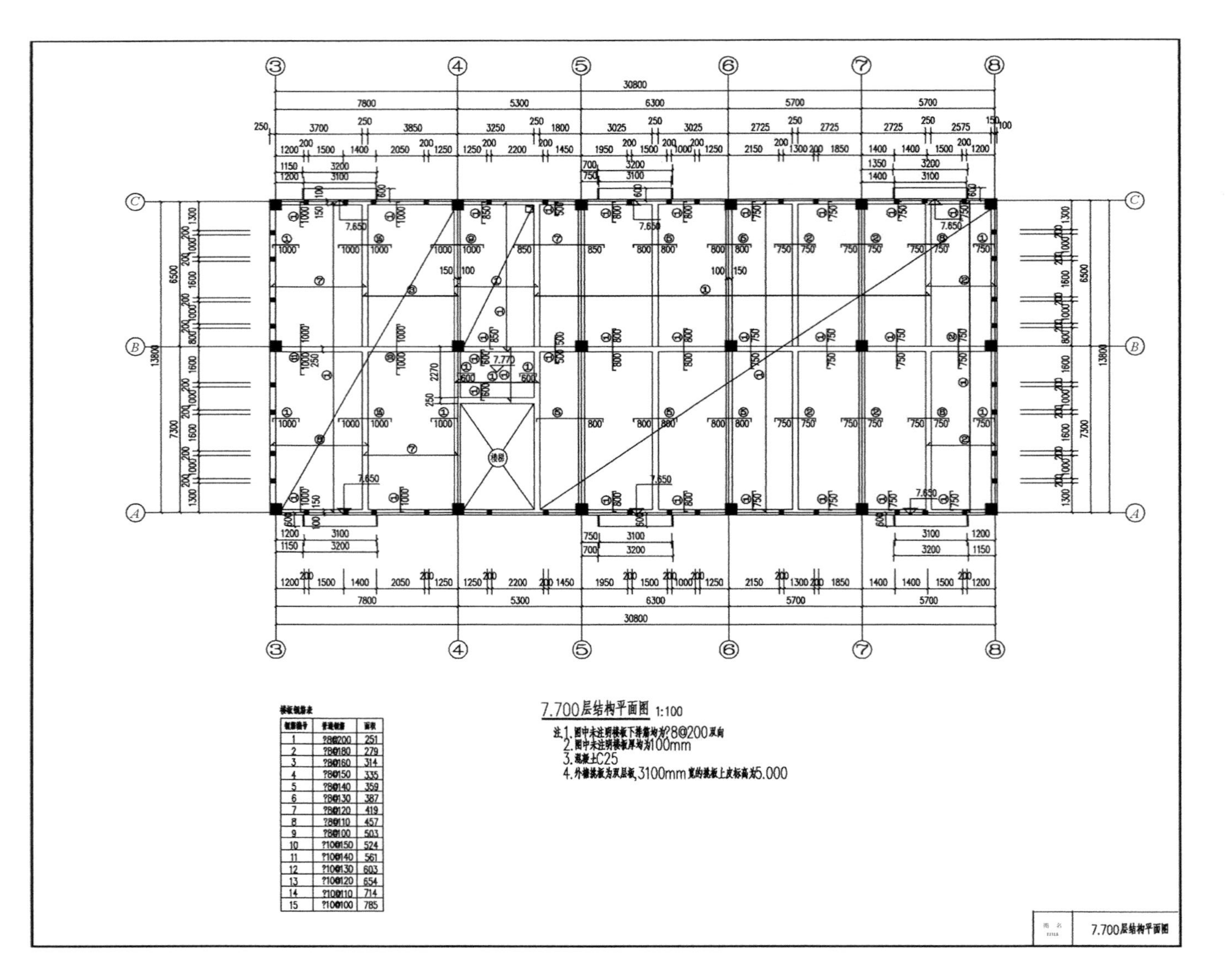
7.700层结构平面图
7.700层结构平面图 1:100
注:1.图中未注明楼板下部筋均为?8@200双向
2.图中未注明楼板厚均为100mm
3.混凝土C25
4.外墙楼板为双层板,3100mm宽的楼板上皮标高为5.000
1 ?8@200 251
2 ?8@180 279
3 ?8@160 314
4 ?8@150 335
5 ?8@140 359
6 ?8@130 387
7 ?8@120 419
8 ?8@110 457
9 ?8@100 503
10 ?10@150 524
11 ?10@140 561
12 ?10@130 603
13 ?10@120 654
14 ?10@110 714
15 ?10@100 785
30800
7800
5300
6300
5700
5700
13800
6500
7300

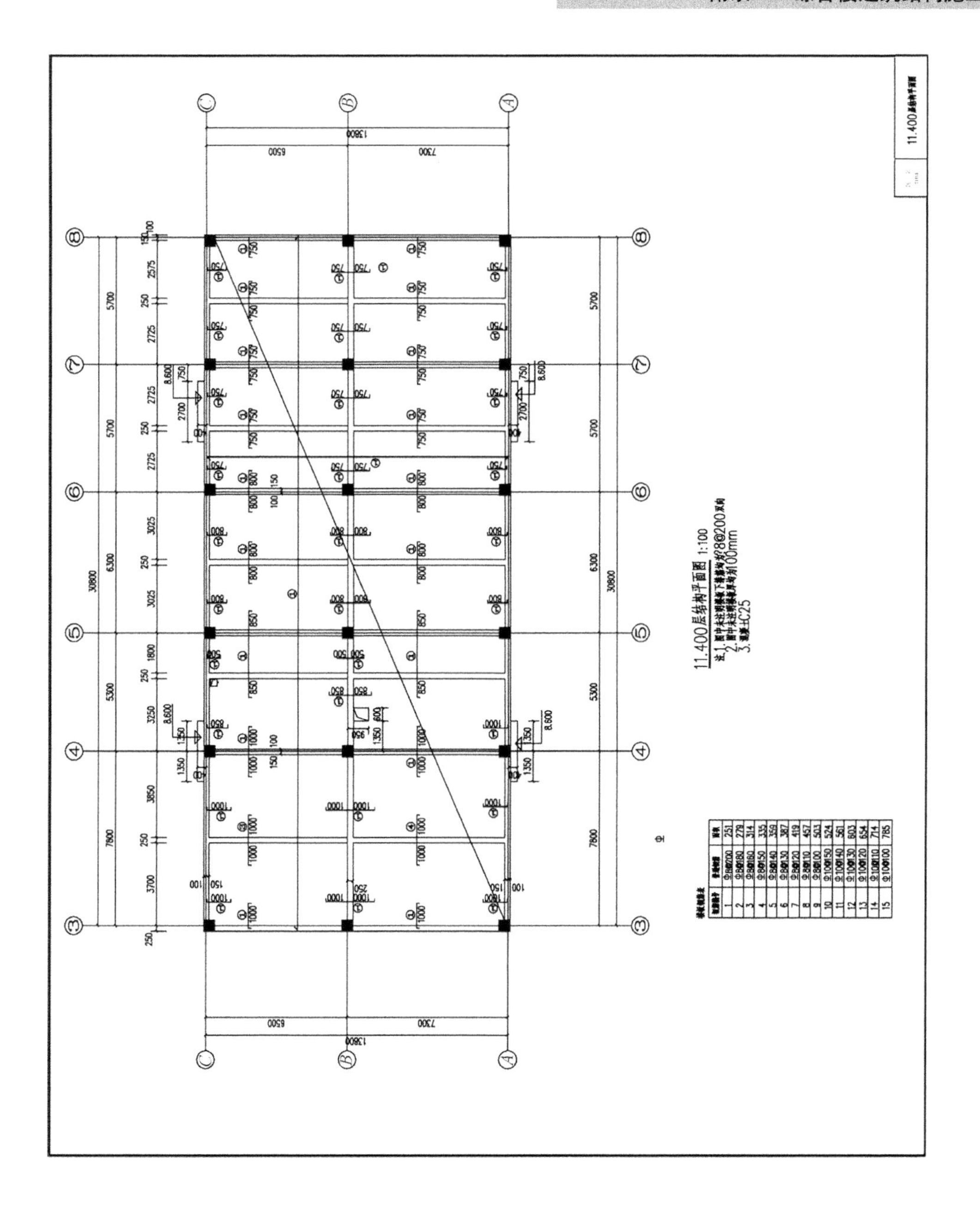

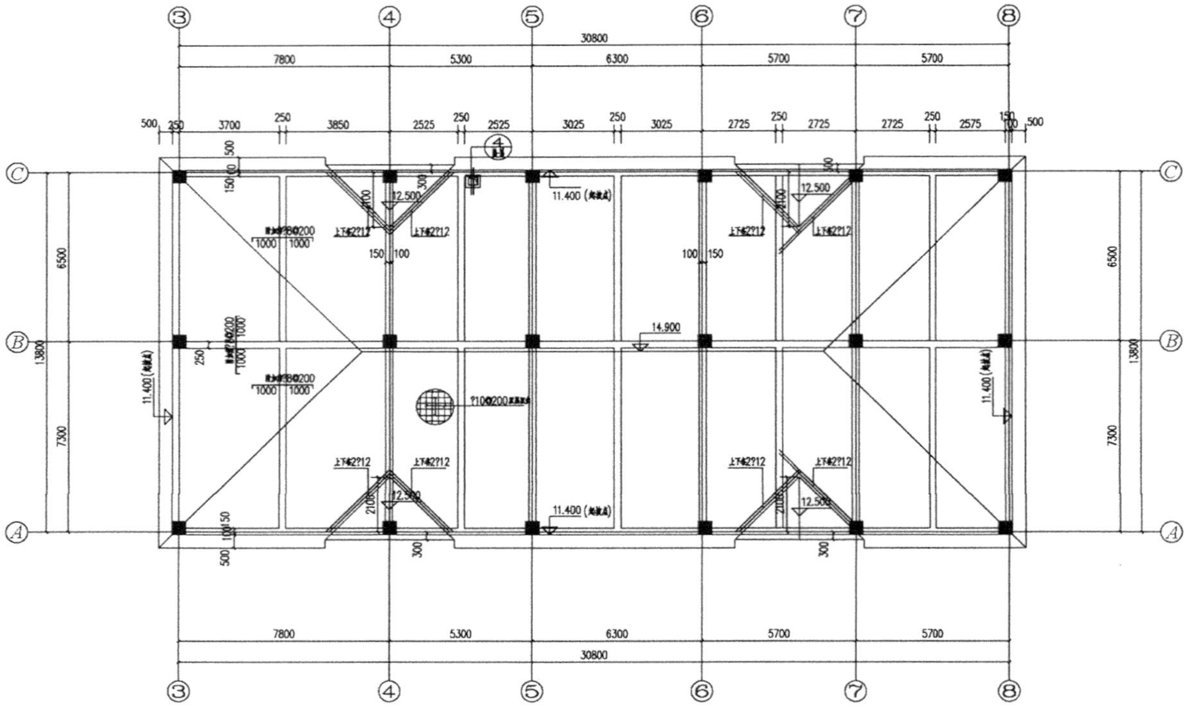

顶层结构平面图 1:100

注 1. 图中未注明楼板厚均为120mm
2. 混凝土C25
3. 坡屋面范围所注尺寸均为水平投影长度。

顶层结构平面图

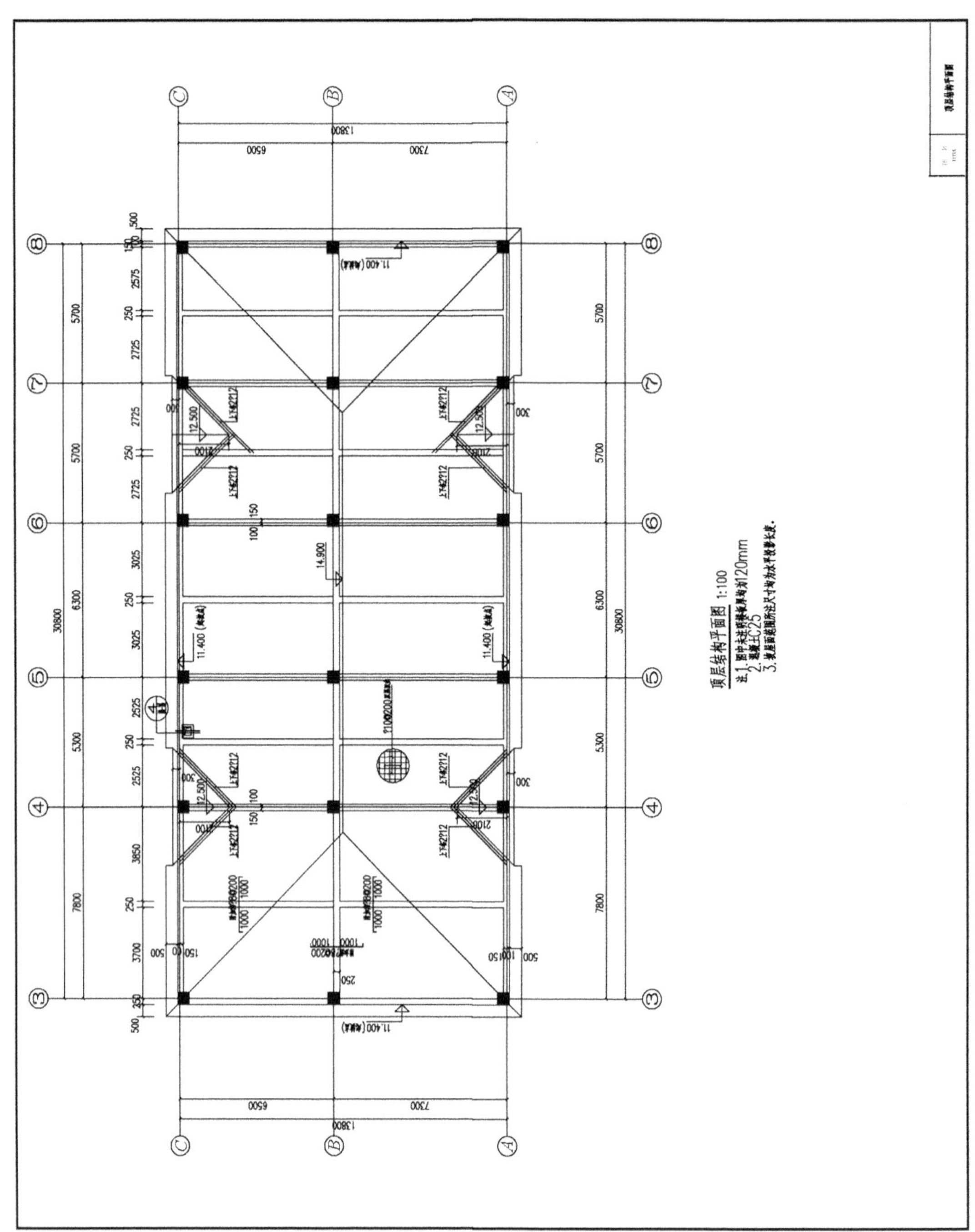

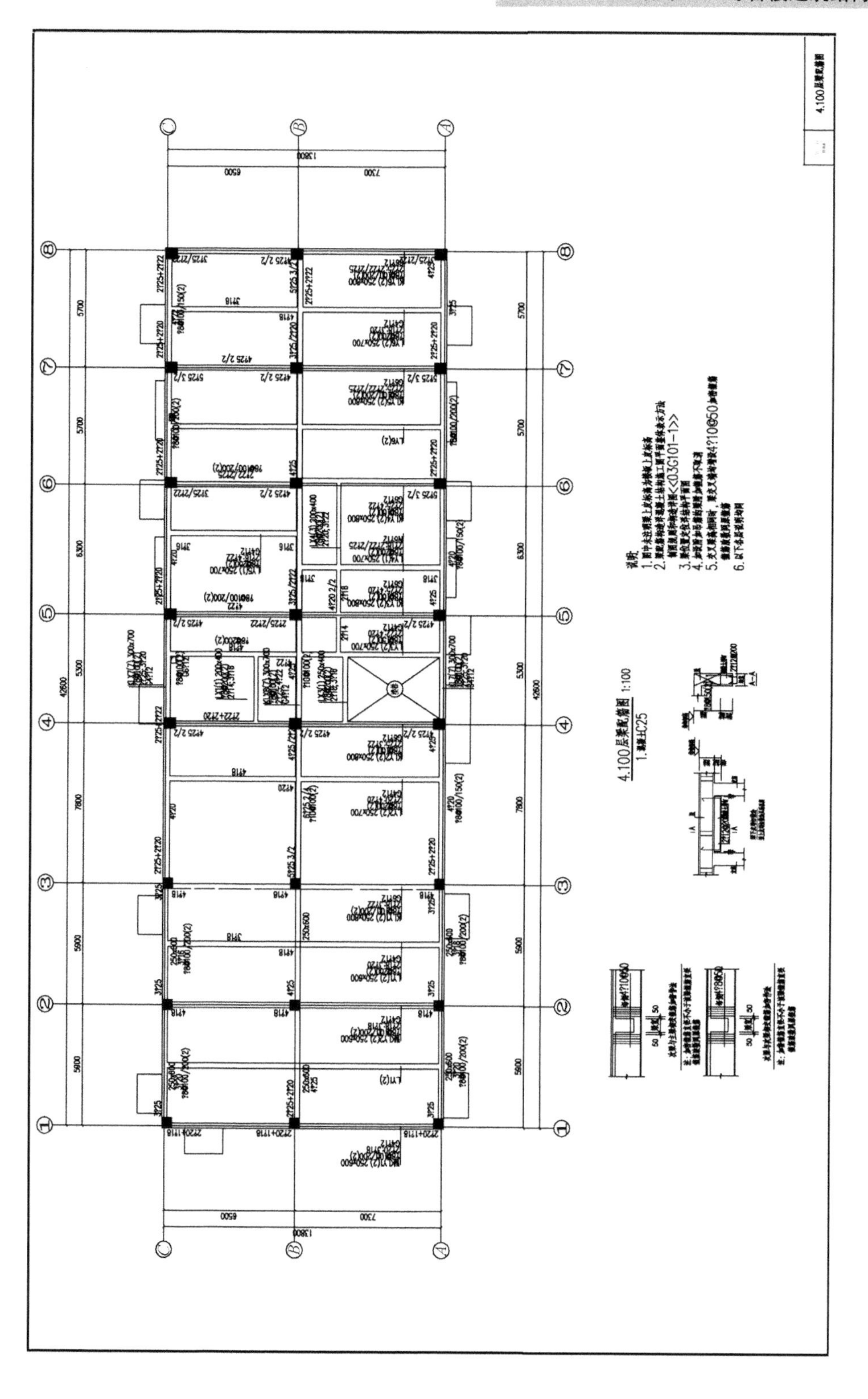

7.700层梁配筋图 1:100

1. 混凝土C25
2. 阴影范围为梁增打，增打至上皮标高为7.770，梁上皮增打做法见总说明

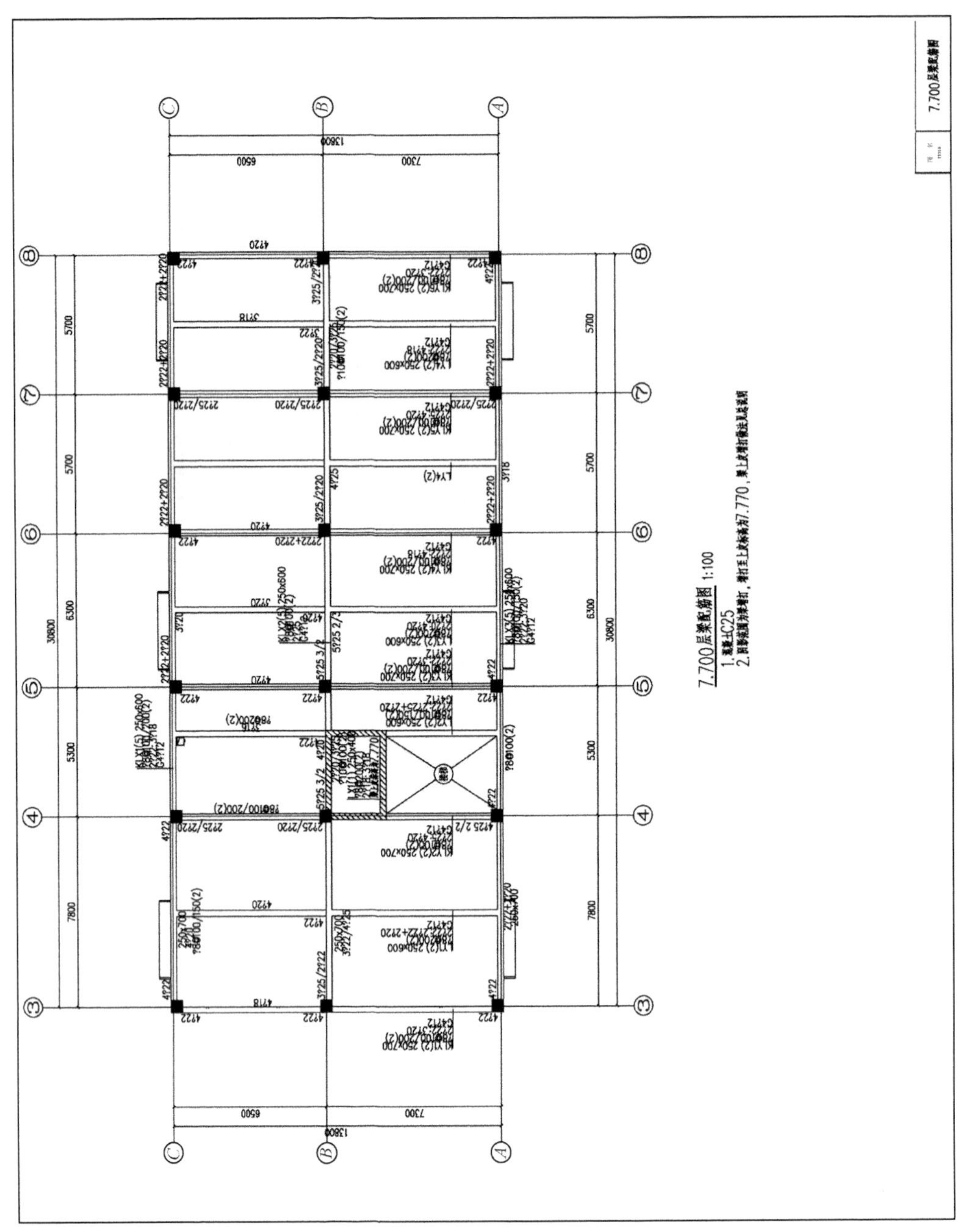

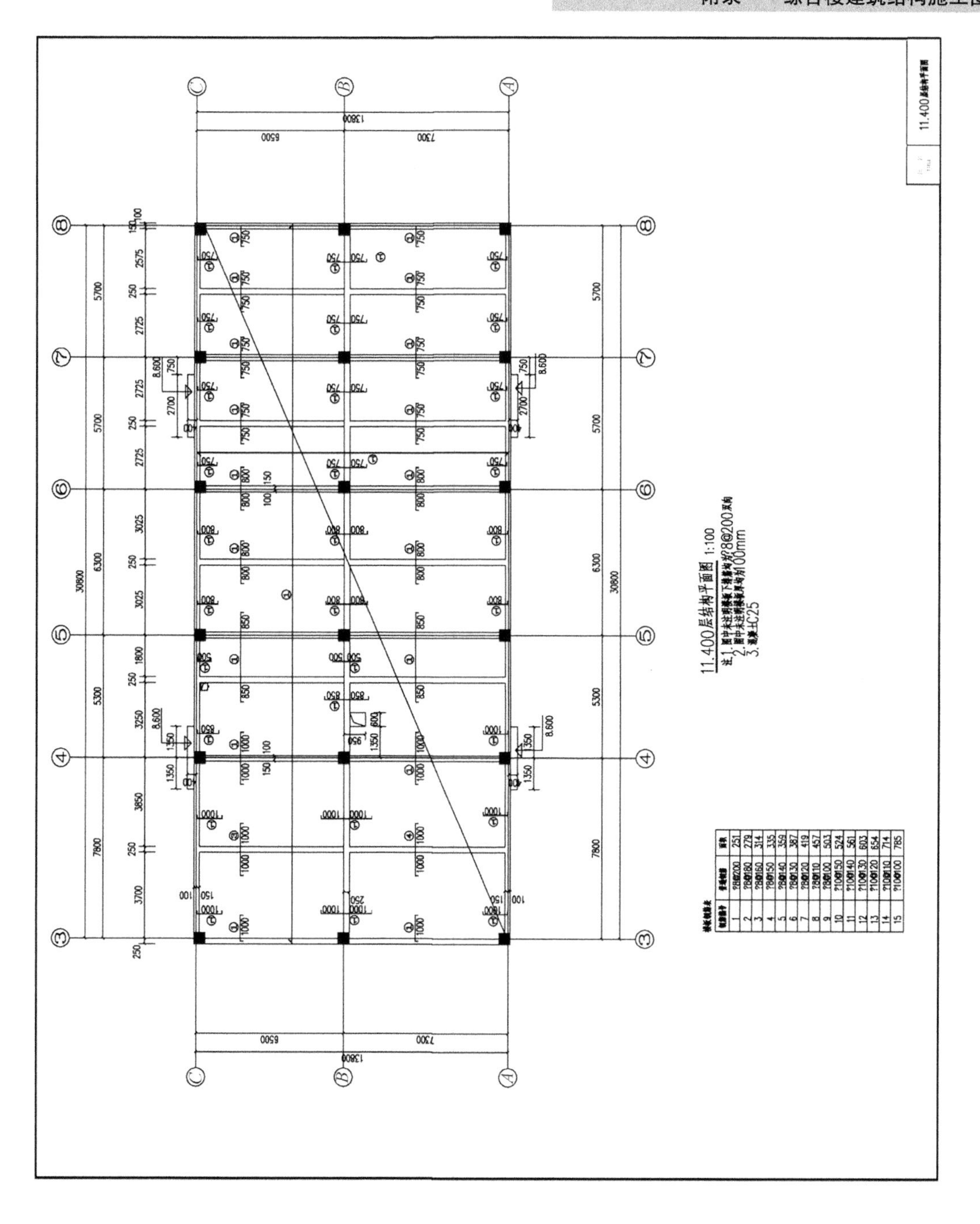
11.400层结构平面图 1:100
3. 混凝土C25
A
B
C
3
4
5
6
7
8

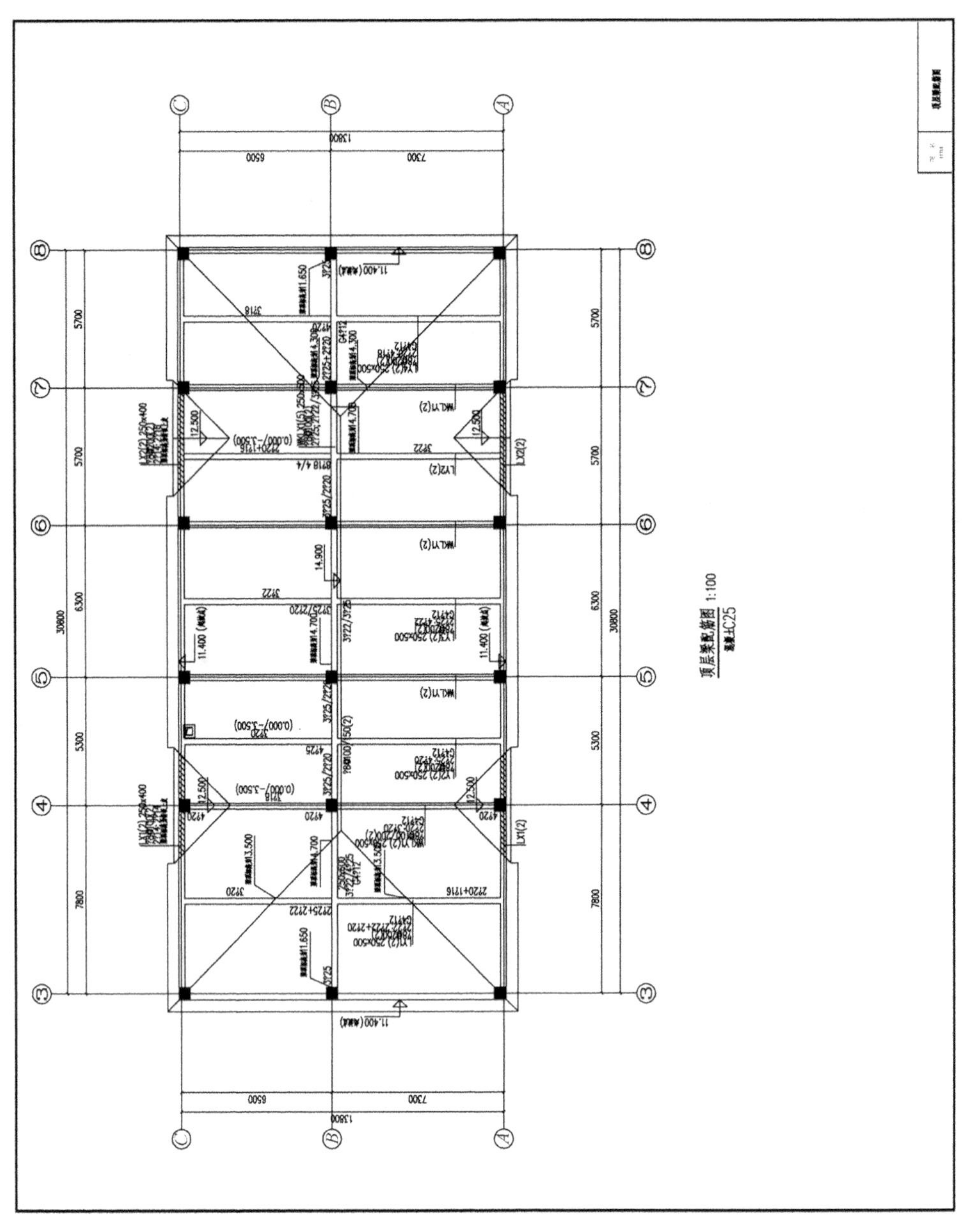

附录二　综合练习用图

建筑设计说明及营造做法

一、设计依据

(1) 甲方签发的使用要求及委托书。
(2) 国家现行的有关法规规范通则及规定。

二、建筑概况及规模

本工程为办公室和库房，为单层建筑，耐火等级二级，框架结构。土壤为一般土。
建筑室内外高差为30cm。内、外墙体为240砖墙，使用M7.5水泥砂浆砌筑。
梁板柱混凝土标号均为C30。

三、工程做法

(一)屋面

(1) 4mm厚SBS改性沥青防水卷材。
(2) 刷基层处理剂一道。
(3) 20mm厚1∶3水泥砂浆找平层。
(4) 15mm厚聚苯板保温层。
(5) 20mm厚1∶6水泥加气混凝土找坡2%。
(6) 钢筋混凝土楼板。

(二)楼地面

1. 地面1(办公室)

(1) 20mm厚大理石面层。
(2) 30mm厚1∶3水泥砂浆结合层。
(3) 1.5mm厚聚氨酯防水层。
(4) 20mm厚水泥砂浆找平层。
(5) 60mm厚C15混凝土垫层。
(6) 素土夯实。

2. 地面 2(库房)

(1) 12mm 厚 1∶2.5 水泥彩色石子水磨石地面。
(2) 20mm 厚 1∶3 水泥砂浆结合层。
(3) 1.5mm 厚聚氨酯防水层。
(4) 20mm 厚水泥砂浆找平层。
(5) 60mm 厚 C15 混凝土垫层。
(6) 素土夯实。

(三)踢脚

1. 踢脚 1(办公室)

(1) 10mm 厚大理石面，150mm 高。
(2) 12mm 厚水泥砂浆结合层。
(3) 素水泥浆一道。

2. 踢脚 2(库房)

(1) 10mm 厚 1∶2.5 水磨石面层 150mm 高。
(2) 8mm 厚水泥砂浆打底。
(3) 素水泥浆一道。

(四)内墙面

1. 墙面 1

(1) 内墙乳胶漆两遍。
(2) 5mm 厚水泥砂浆抹平。
(3) 10mm 厚水泥砂浆打底。
(4) 素水泥浆一道。

2. 墙面 2

(1) 内墙乳胶漆两遍。
(2) 水泥砂浆打底。
(3) 素水泥浆一道。

(五)外墙面

(1) 外墙乳胶漆两遍。
(2) 水泥砂浆打底。

(六)天棚

(1) 内墙乳胶漆两遍。
(2) 8mm 厚 1∶0.5∶3 混合砂浆找平。
(3) 素水泥浆一道。

(七)其他

1. 散水

(1) 5mm 厚 1∶1 水泥砂浆面层。
(2) 60mm 厚 C15 混凝土垫层。
(3) 60mm 厚砂垫层。
(4) 素土夯实。

2. 室外台阶坡道

(1) 5mm 厚 1∶1 水泥砂浆面层。
(2) 60mm 厚 C15 混凝土垫层。
(3) 素土夯实。

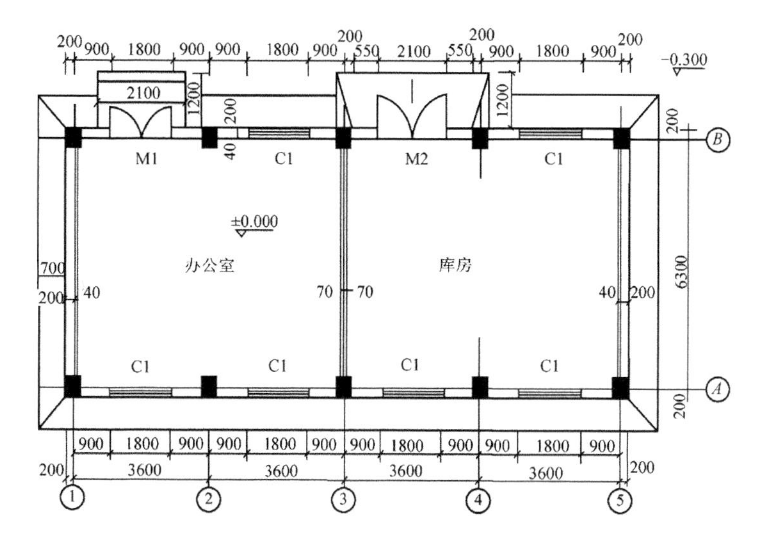

图练-1　平面图

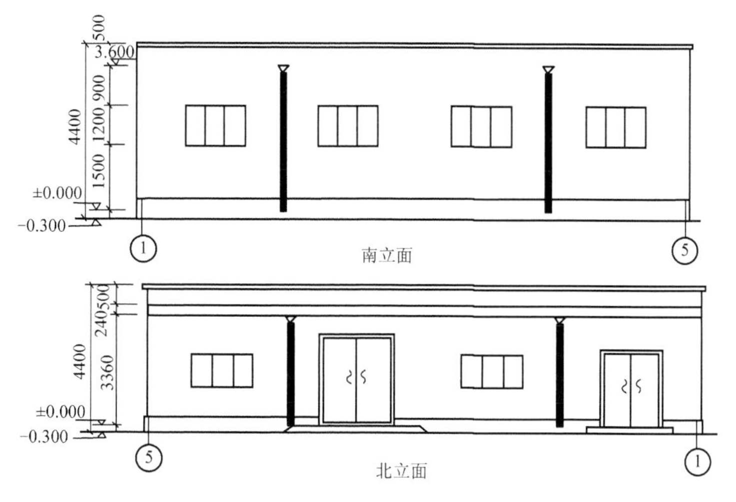

图练-2　立面图

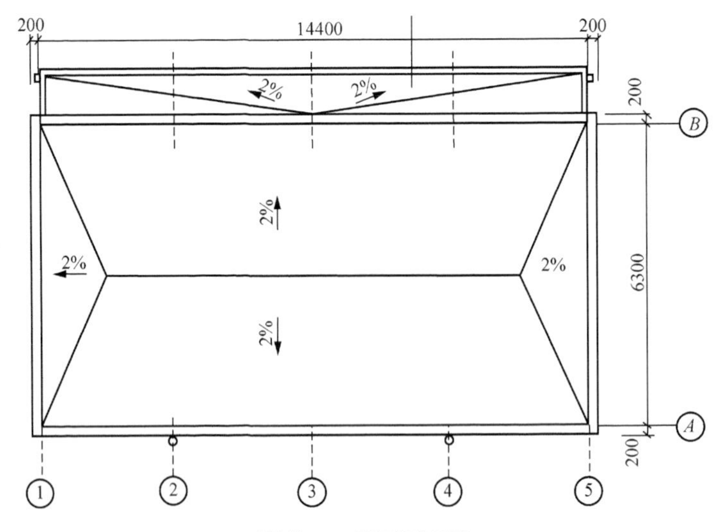

图练-3　屋面平面图

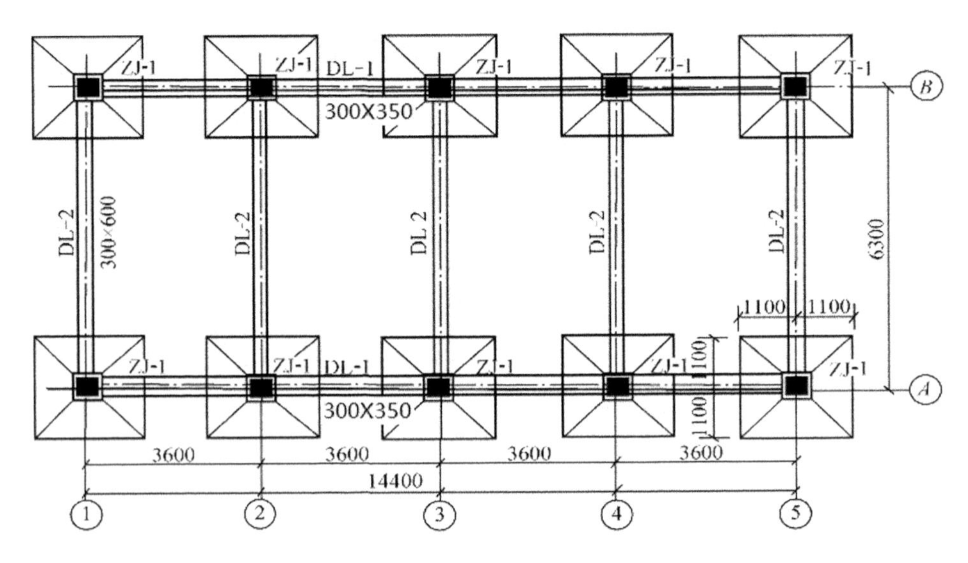

图练-4　基础平面图

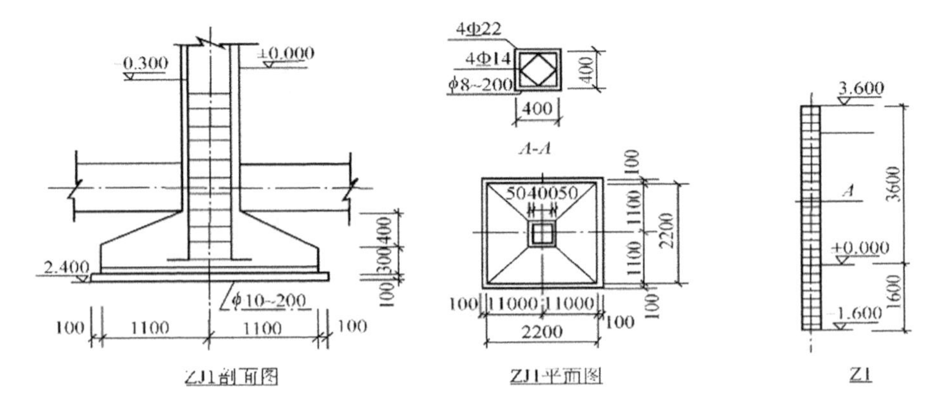

图练-5　基础详图

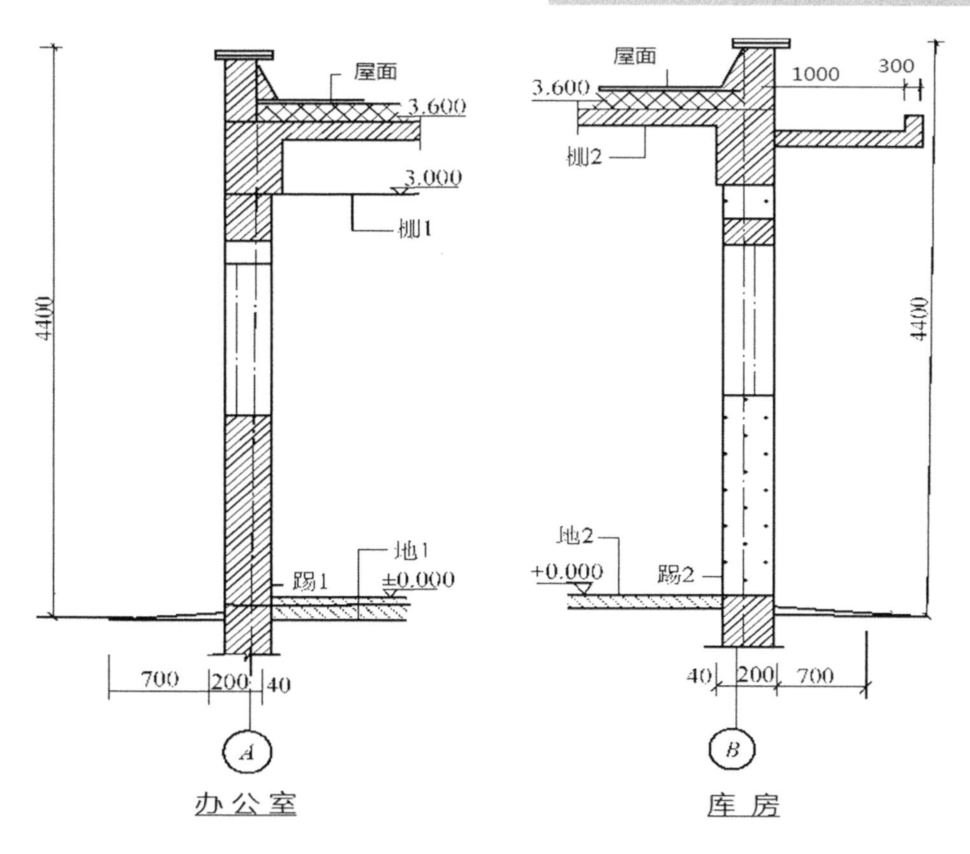

图练-6　墙体详图

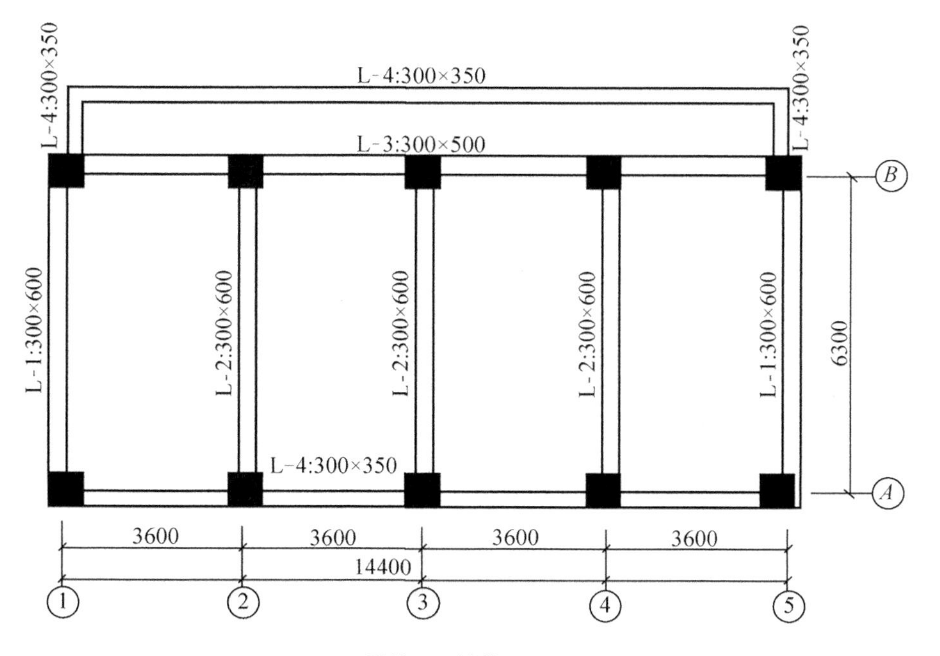

图练-7　结构平面图

附录三　常用建筑工程预算基价及装饰装修工程预算基价表

附表 1　基础分部分项工程基础定额基价表

单位：元

序号	定额编号	项目名称	单位	工程量	总价	人工费	材料费	机械费	管理费	综合用工
1	1-1	人工平整场地	$100m^2$		519.87	481.29			38.58	(7.89)
2	1-2	人工挖土方(一般土)	$10m^3$		286.62	265.35			21.27	(4.35)
3	1-4	人工挖地槽	$10m^3$		345.26	319.64			25.62	(5.24)
4	1-10	原土打夯	$100m^2$		126.71	94.55		22.90	9.26	(1.55)
5	1-11	槽底钎探	$100m^2$		380.84	352.58			28.26	(5.78)
6	1-21	挖土机挖土(一般土)	$1000m^3$		4342.07	966.24		3073.11	302.72	(15.84)
7	4-5	现浇钢筋混凝土独立基础	$10m^3$		5325.02	573.65	4657.87	4.89	88.61	(7.45)
8	1-14	推土机推一般土(运距 20m 以内)	$1000m^3$		3982.84	206.18		3503.34	273.32	(3.38)
9	3-1	砌页岩标砖基础(现场搅拌砂浆)	$10m^3$		4722.46	937.86	3623.94	51.80	108.06	(12.18)
10	3-8	砌页岩标砖基础上抹预拌砂浆防潮层(湿拌抹灰砂浆)	$100m^2$		1818.78	581.35	1171.59		65.84	(7.55)
11	1-71	混凝土基础垫层(厚度在 10cm 以内)	$10m^3$		4938.78	797.27	4059.53	16.83	65.15	(13.07)
12	4-3	现浇混凝土无梁式带形基础	$10m^3$		5231.27	495.11	4654.64	4.89	76.63	(6.43)
13	4-9	桩承台基础	$10m^3$		6431.68	1536.15	4655.15	4.89	235.49	(19.95)
14	4-24	现浇混凝土基础梁、地圈梁、基础加筋带	$10m^3$		5588.48	786.17	4672.66	7.94	121.71	10.21
15	1-49	回填土	$10m^3$		161.43	134.20		13.35	11.88	(2.20)
16	12-40	里脚手架 4.5m 以内	$100m^2$		367.83	266.42	51.48	9.68	40.25	3.46
17	13-1	垫层模板措施费	$10m^3$		934.60	539.77	312.06	11.63	81.14	(7.01)
18	13-3	带型基础(无筋)模板措施费	$10m^3$		1650.46	696.08	774.57	72.25	107.56	(9.04)
19	13-5	带型钢筋混凝土基础(无梁式)模板措施费	$10m^3$		507.69	241.01	190.05	38.69	37.94	(3.13)
20	13-8	独立钢筋混凝土基础模板措施费	$10m^3$		952.41	358.82	503.86	34.48	55.31	(4.66)
21	13-12	桩承台基础模板	$10m^3$		1185.05	551.32	510.79	38.69	84.25	(7.16)
22	13-22	基础梁、地圈梁、基础加筋带模板	$10m^3$		4324.43	2105.95	1739.49	156.73	322.26	27.35

附表 2 主体分项工程工程定额基价表

单位：元

序号	定额编号	项目名称	单位	工程量	总价	人工费	材料费	机械费	管理费	综合用工
1	3-9	砌页岩标砖墙(现场搅拌砂浆)	$10m^3$		5182.34	1208.9	3738.82	92.97	141.65	15.7
2	3-24	砌 1/2 页岩标砖墙(现场搅拌砂浆)	$10m^3$		5299.83	1194.27	3872.59	92.97	140.00	15.51
3	3-120	砖墙勾缝 M5	$100m^2$		406.33	313.39	54.94	2.39	35.61	4.07
4	4-20	现浇混凝土矩形柱	$10m^3$		6299.02	1425.27	4646.57	7.94	219.24	18.51
5	4-21	现浇混凝土构造柱	$10m^3$		6962.40	2002.00	4645.21	7.94	307.25	26.00
6	4-25	现浇混凝土矩形梁(单梁、连续梁)	$10m^3$		5781.99	953.26	4673.58	7.94	147.21	12.38
7	4-28	现浇混凝土圈梁	$10m^3$		6548.85	1614.69	4678.08	7.94	248.14	20.97
8	4-29	现浇混凝土过梁	$10m^3$		6789.25	1768.69	4740.98	7.94	271.64	22.97
9	4-32	直行墙 20cm 以内	$10m^3$		6239.31	1340.57	4678.68	12.70	207.36	17.41
10	4-39	现浇混凝土有梁板	$10m^3$		5598.05	765.38	4706.11	8.00	118.56	9.94
11	4-41	现浇混凝土平板	$10m^3$		5654.93	799.26	4724.02	7.94	123.71	10.38
12	4-51	现浇混凝土整体楼梯(直形)	$10m^3$		1589.82	384.23	1143.16	3.11	59.32	4.99
13	4-59	现浇混凝土压顶	$10m^3$		6957.14	1797.95	4869.33	12.70	277.16	23.35
14	4-58	现浇混凝土挑檐天沟	$10m^3$		6689.67	1674.75	4743.86	12.70	258.36	21.75
15	4-53	现浇混凝土雨篷、阳台板	$10m^3$		6592.83	1570.80	4772.64	7.94	241.45	20.40
16	4-67	60mm 现浇混凝土散水(随打随抹面层)	$100m^2$		4215.74	1421.42	2534.82	34.91	224.59	(18.46)
17	4-63	现浇混凝土台阶	$100m^2$		12100.37	4639.25	6687.82	53.51	719.72	(60.25)
18	4-69	现浇混凝土坡道	$10m^3$		5600.44	1384.46	4004.71		211.27	(17.98)
19	7-2	屋面抹 1:3 水泥砂浆找平层(在混凝土或硬基层上 厚 2cm)	$100m^2$		1279.38	477.40	728.98	34.53	38.47	6.20
20	7-5	在屋面板或挂瓦条上铺设黏土瓦屋面	$100m^2$		2641.72	347.27	2267.75		26.7	4.51
21	7-21	屋面铺 SBS 改性沥青防水卷材	$100m^2$		5512.28	253.33	5239.47		19.48	3.29
22	7-55	UPVC 雨水管(直径 160mm)	100m		11297.15	2471.70	8635.42		190.03	32.10
23	7-70	UPVC 弯头	10 个		731.03	100.87	622.40		7.76	1.31
24	7-63	UPVC 雨水斗	10 个		1227.09	241.78	966.72		18.59	3.14
25	7-73	阳台出水口	10 个		93.29	61.60	26.95		4.74	0.80
26	8-165	屋面加气混凝土块保温隔热	$10m^3$		4576.20	366.52	4154.99		54.69	4.76
27	8-175	聚苯乙烯泡沫塑料板	$10m^3$		7436.41	1277.43	5968.36		190.62	16.59
28	8-177	屋面干铺炉渣	$10m^3$		1518.82	214.83	1271.93		32.06	2.76
29	8-179	CS 屋面保温板	$100m^2$		13230.15	908.60	12164.38	20.54	136.63	11.80

附表3　措施项目(二)计价

单位：元

序号	定额编号	项目名称	单位	工程量	总价	人工费	材料费	机械费	管理费	综合用工
1	11-1	集水井(4m)以内砖砌	座		2319.93	860.71	1215.53	77.60	166.09	(14.11)
2	12-9	多层建筑综合脚手架混合结构20m以内	$100m^2$		1152.24	693.00	310.04	43.56	105.64	9.00
3	12-7	多层建筑综合脚手架框架结构20m以内	$100m^2$		2401.52	1263.57	756.08	183.92	197.95	16.41
4	13-16	支拆现浇混凝土矩形柱模板(断面周长1.2m以内)	$10m^3$		9064.72	4646.95	3318.99	385.65	713.13	60.35
5	13-17	支拆现浇混凝土矩形柱模板(断面周长1.8m以内)	$10m^3$		5732.44	2936.01	2097.35	248.28	450.80	38.13
6	13-18	支拆现浇混凝土矩形柱模板(断面周长1.8m以外)	$10m^3$		4169.53	2137.52	1525.62	178.32	328.07	27.76
7	13-22	支拆现浇混凝土基础梁、地圈梁、基础加筋带模板	$10m^3$		4324.43	2105.95	1739.49	156.73	322.26	27.35
8	13-23	支拆现浇混凝土矩形单梁、连续梁模板	10m3		6034.94	3315.62	1949.23	261.95	508.14	43.06
9	13-27	支拆现浇混凝土圈梁模板(直行)	$10m^3$		3834.87	2171.40	1208.32	124.76	330.39	28.20
10	13-43	支拆现浇混凝土有梁板模板(板厚10cm以内)	$10m^3$		6952.69	3531.22	2470.33	403.59	547.55	45.86
11	13-44	支拆现浇混凝土有梁板模板(板厚10cm以外)	$10m^3$		5238.86	2663.43	1862.29	300.35	412.97	34.59

续表

序号	定额编号	项目名称	单位	工程量	总价	人工费	材料费	机械费	管理费	综合用工
12	13-46	支拆现浇混凝土平板模板(板厚10cm以内)	$10m^3$		6568.74	3361.05	2318.12	369.17	520.40	43.65
13	13-56	支拆现浇混凝土直形整体楼梯模板	$10m^2$		1751.82	818.51	770.83	38.38	124.10	10.63
14	13-58	支拆现浇混凝土雨棚阳台模板	$10m^3$		14729.75	6252.40	7097.23	425.39	954.73	81.20
15	13-59	支拆现浇混凝土栏板模板	$10m^3$		20460.46	5831.21	13451.26	292.89	885.10	75.73
16	13-64	支拆现浇混凝土压顶模板	$10m^3$		7968.32	4162.62	3085.26	94.46	625.98	54.06
17	13-68	支拆现浇混凝土台阶模板	$100m^2$		3870.66	2195.08	1217.44	163.60	330.54	28.04
18	13-69	支拆现浇混凝土散水模板	$100m^2$		477.74	269.50	144.11	22.75	41.38	3.50
19	13-70	支拆现浇混凝土坡道模板	$100m^2$		583.10	331.10	177.18	24.18	50.64	4.3
20	13-191	浇筑混凝土柱高度超过3.3m增价(每超高1m)	$10m^3$		83.89	57.75	15.76	1.68	8.7	0.75
21	13-192	浇筑混凝土梁高度超过3.3m增价(每超高1m)	$10m^3$		1143.84	781.55	77.07	160.40	124.82	10.15
22	13-194	浇筑混凝土板高度超过3.3m增价(每超高1m)	$10m^3$		613.40	439.67	77.93	28.72	67.08	5.71
23	14-5	混凝土泵送费(±0.00以上、标高70m以下)	$10m^3$		331.77			315.64	16.13	
24	15-1	建筑物垂直运输(檐高20m以内)	工日		3.93			3.74	0.19	
25	15-2	建筑物垂直运输(檐高40m以内)	工日		6.44			6.13	0.31	
26	16-1	塔式起重机固定基础	座		8157.90	2079.00	5768.67		310.23	(27.00)
27	16-3	塔式起重机固定基础2~6t	台次		9558.22	2902.20	69.68	5747.65	838.69	(60.00)

附表4　建筑工程施工措施费计价

序号	定额编号	措施费名称	计算基础	人工费	合　价
一		措施项目(一)计价			
1		安全文明施工措施费	分部分项工程费中的人工费、材料费、机械费合计		
2		冬雨季施工增加费			
3		夜间施工增加费			
4		非夜间施工照明费			
5		二次搬运措施费	以材料费为计算基础		
6		竣工验收存档资料编制费	分部分项工程费中的人工费、材料费、机械费和可计量措施项目费中的人工费、材料费、机械费		
二		措施项目预算计价(二)合计			
		脚手架措施费			
		混凝土基础模板措施费			
		垂直运输			
		浇制混凝土板高度超过 3.3m 增价(每超高 1m)			
		混凝土泵送费			

附表 5　装饰装修分项工程工程定额基价表

单位：元

序号	定额编号	项目名称	单　位	工程量	总　价	人工费	材料费	机械费	管理费	综合用工
1	4-1	实木门框制作安装	100m		1799.45	603.70	1053.09	81.45	61.21	10.00
2	4-2	实木镶板门扇制作安装	$100m^2$		29421.66	5433.30	23124.10	331.64	532.62	90.00
3	4-3	实木镶板半玻璃门扇制作安装	$100m^2$		29682.46	4950.34	23951.51	295.63	484.98	82.00
4	B:1	单层玻璃窗	$100m^2$		39219.2	6025.53	28463.92	43.83	575.91	85.00
5	4-23	铝合金单扇平开门带亮子	$100m^2$		37938.88	5887.76	31316.99	59.56	573.57	99.35
6	4-32	铝合金单扇平开门安装	$100m^2$		43813.24	3018.50	40468.75	36.81	289.18	50.00
7	4-33	铝合金推拉门(成品)安装	$100m^2$		40312.63	3441.09	36525.39	17.6	328.55	57.00
8	4-43	防盗门安装	$100m^2$		125051.40	2294.06	122538.84		218.5	38.00
9	4-77	铝合金双扇推拉窗制作安装(不带亮)	$100m^2$		40909.32	5922.9	34358.19	61.3	566.93	98
10	4-79	铝合金三扇推拉窗制作安装(不带亮)	$100m^2$		35109.19	6025.53	28463.92	43.83	575.91	99.81
11	4-80	铝合金三扇推拉窗制作安装(带亮)	$100m^2$		33453.31	5933.77	26917.43	35.33	566.78	98.29
12	4-82	铝合金四扇推拉窗制作安装(带亮)	$100m^2$		35376.47	5933.77	28840.59	35.33	566.78	98.29
13	4-100	塑钢窗	$100m^2$		48586.91	4346.64	43800.07	25.06	415.14	72.00
14	1-2	水泥砂浆地面不带踢脚线	$100m^2$		1796.17	480.32	1226.77	30.59	58.49	9.93
15	1-6	随打随抹不带踢脚线	$100m^2$		671.19	364.23	255.19	8.10	43.67	7.53
16	1-10	现浇带嵌条彩色镜面水磨石楼地面(厚度 20mm)	$100m^2$		10691.76	5940.41	3467.99	686.27	597.09	98.40
17	1-18	镶铺单色大理石楼地面(周长 3200mm 以内)	$100m^2$		26444.79	1503.21	24746.18	49.95	145.45	24.9
18	1-42	陶瓷地砖楼地面	$100m^2$		9723.79	1596.18	7939.17	34.82	153.62	26.44
19	1-131	瓷砖踢脚线	$100m^2$		9185.03	2583.84	6331.18	22.87	247.14	42.80

续表

序号	定额编号	项目名称	单位	工程量	总价	人工费	材料费	机械费	管理费	综合用工
20	1-118	水泥砂浆踢脚线	100m		386.09	237.01	120.90		28.18	4.90
21	1-134	现浇水磨石踢脚线	100m^2		18803.06	15408.84	1893.38	31.76	1469.08	255.24
22	1-119	水泥砂浆镶铺大理石直线形踢脚线	m^2		31370.14	2674.39	28415.72	24.2	255.83	44.30
23	1-146	大理石楼梯	100m^2		42283.97	389.86	37954.91	61.52	373.68	64.50
24	1-154	水泥砂浆楼梯抹面层(带防滑条)	100m^2		8471.05	5462.91	2293.81	62.09	652.24	112.94
25	1-155	现浇水磨石楼梯面层(不分色)	100m^2		17585.24	13646.04	2575.74	60.95	1302.51	226.04
26	1-173	楼梯不锈钢栏杆扶手	10m		6820.82	294	6466.72	30.7	29.4	4.87
27	1-202	走廊不锈钢扶手	10m		496.34	65.81	404.73	18.68	7.12	1.09
28	1-237	大理石台阶	100m^2		44571.06	3084.91	41123.41	65.91	296.83	51.10
29	1-249	水泥砂浆台阶	100m^2		3118.27	1687.15	1191.99	36.89	202.24	34.88
30	1-261	C15 混凝土垫层	10m^3		4078.99	546.1	3452.47	14.83	65.59	11.29
31	1-251	素土夯实	10m^3		1342.69	211.86	1093.19	11.91	25.73	4.38
32	1-253	3∶7 灰土垫层夯实	10m^3		1703.00	365.19	1281.94	11.91	43.96	7.55
33	1-278	平面刷聚氨酯防水涂膜两遍(厚 1mm)	100m^2		4325.09	1317.60	2850.86		156.63	27.24
34	1-284	屋面、地面在混凝土或硬基层上抹 1∶3 水泥砂浆找平层(厚 2cm)	100m^2		948.01	299.89	588.01	23.39	36.72	6.20
35	1-289	无筋细石混凝土硬基层上找平层(厚度 30mm)	100m^2		1419.25	291.68	1091.12	1.7	34.75	6.03
36	1-327	水泥砂浆抹坡道姜蹉	100m^2		3312.00	2042.67	991.70	33.29	244.34	42.23
37	2-1	砖内墙面抹 1∶3 水泥砂浆 1∶2.5 水泥砂浆(13mm+7mm)	100m^2		1710.95	853.05	673.23	79.63	105.04	17.636
38	2-37	内墙裙抹灰	100m^2		1860.96	883.72	781.94	76.75	108.55	18.27

续表

序号	定额编号	项目名称	单　位	工程量	总　价	人工费	材料费	机械费	管理费	综合用工
39	2-49	砖外墙面抹 1∶3 水泥砂浆 1∶2.5 水泥砂浆(13mm+7mm)	100m^2		1736.92	876.46	673.01	79.63	107.82	18.12
40	2-81	外墙裙抹灰	100m^2		2045.70	1017.71	791.94	110.05	118.97	21.04
41	2-188	陶瓷锦砖墙面	100m^2		9223.56	4079.2	4731.64	23.18	389.58	67.57
42	2-389	浴厕隔断(木龙骨基层榉木板面)	100m^2		18047.67	3596.24	14015.5	89.33	346.6	59.57
43	3-1	混凝土天棚抹素水泥浆底混合砂浆面(2mm+8mm+7.5mm)	100m^2		1553.77	812.62	566.65	74.5	100	16.80
44	3-16	楼梯底面抹灰及刷浆	100m^2		1805.40	1215.05	445.91		144.44	25.12
45	3-17	阳台雨篷抹灰	100m^2		8589.79	6231.02	1477.12	134.79	746.86	128.82
46	5-196	抹灰面刷乳胶漆 3 遍	100m^2		1311.38	736.51	504.72		70.15	12.20
47	5-276	水泥砂浆混合砂浆墙面刮腻子两遍	100m^2		356.28	265.63	65.35		25.3	4.40
48	5-244	抹灰外墙刷 AC-97 弹性涂料	100m^2		3008.10	241.48	2740.32	3.16	23.14	4.0

附表 6　措施项目(二)计价

单位：元

序号	定额编号	项目名称	单位	工程量	总价	人工费	材料费	机械费	管理费	综合用工
1	7-7	多层装饰脚手架	100m^2		740.48	464.35	152.57	29.94	93.62	9.60
2	7-23	满堂脚手架基本层(室内净高 3.6～5.2m)	100m^2		927.16	454.68	350.84	29.94	91.70	9.40
3	8-1	多层建筑物檐高 20m 内垂直运输	百工日		327.58			313.29	14.29	
4	10-1	楼地面成品保护	100m^2		676.97	48.37	622.85		5.75	1.00
5	10-2	楼梯、台阶成品保护	100m^2		283.95	80.77	193.58		9.60	1.67
6	10-4	内墙面成品保护	100m^2		200.06	80.77	109.69		9.6	1.67

附表 7　装饰装修施工措施费计价

序号	定额编号	措施费名称	计算基础	人工费	合　价
一		措施项目预算计价(一)合计			
1		安全文明施工措施费	以直接工程费中人工费合计为基数乘以系数 8.69%计算		
2		冬雨季施工增加费			
3		夜间施工增加费			
4		非夜间施工照明费			
5		室内空气污染测试	按检测部门的收费标准计取(按照一次 5000 元计算)		
6		竣工验收存档资料编制	以直接工程费合计为基数乘以系数计算(参考系数 0.1%)		
二		措施项目预算计价(二)合计			
1		脚手架措施费			
		满堂脚手架基本层(室内净高 3.6～5.2m)			
		装饰脚手架			
2		垂直运输费			
3		超高工程附加费			
4		成品保护费			
		楼地面成品保护			
		楼梯、台阶成品保护			
		内墙面成品保护			
合计					

附录四　定额计价法实训手册

《建筑工程计量与计价》实训手册

(定额计价)

学　　号：
班级名称：
姓　　名：
系　　属：
指导教师：

编制日期：20　年　月　日

施工图预算书

工程项目名称______________________________

建筑面积：________________________________

结算造价(小写)：__________________________

(大写)：__________________________

施工单位：________________________________

法定代表人________________________________

造价工程师：______________________________

编制时间：　　　年　　月　　日

建设单位：________________________________

法定代表人：______________________________

编制时间：　　　年　　月　　日

审核单位：________________________________

法定代表人：______________________________

造价工程师：______________________________

编制时间：　　　年　　月　　日

编　制　说　明

工程名称：

一、工程概况

1. 建筑面积：

2. 结构形式：

3. 地下层数：　　地上层数：　　层高：　　檐高：

4. 土壤类别：　　地下水位标高：

5. 基础类型：　　开挖方式：

6. 施工现场场地面积：

7. 垂直运输方式：

8. 其他：

二、施工图预算编制依据(包括施工图、工程设计变更图的名称及编号，招标项目招标文件的编号及发包方提供的其他资料)

三、编制预算时所选用的人工、材料、施工机械台班价格的来源(包括价格采集的年、月、日)和种类、规格、单价等

四、施工图预算中采用暂估价格的项目，应说明暂估价原因和结算时的调整内容及方法

五、其他需要说明的情况

第　页共　页

施工图预(结)算总价汇总表

工程项目名称：________________________________ 金额单位：元

序号	专业工程名称	施工图预(结)算计价合计	措施项目预(结)算计价(一)合计	措施项目预(结)算计价(二)合计	含税总计
A 各专业工程预(结)算计价汇总					
B 总承包服务费：专业工程合同价款×(1+相应税率)					
C 专业工程暂估价(结算)合计					
D 暂列金额项目合计					
E 索赔及现场签证合计					
预(结)算总价(*A*+*B*+*C*+*D*+*E*)：大写					

注：索赔及现场签证合计仅结算时填列，暂列金额项目合计结算时不填列。

第　页共　页

专业工程暂估(结算)价表

工程项目名称：________________________　　金额单位：元

序　号	工程名称	工程内容	暂估(结算)价格	备注
本表合计(结转至施工图预(结)算总价汇总表)				

注：暂估(结算)价格应为全费用含税价格，按实际发生确定。

暂列金额项目表

工程项目名称：________________________　　金额单位：元

序　号	项目名称	计量单位	暂列金额	备　注
本表合计(结转至施工图预(结)算总价汇总表)				

注：暂列金额应为全费用含税金额，本表结算时不使用。

索赔及现场签证汇总表

工程项目名称：________________________　　金额单位：元

序号	索赔及签证编号	内容摘要	金　额	备　注
本表合计(结转至施工图预(结)算总价汇总表)				

注：金额应为全费含税金额，本表仅结算时使用。

预算选用工料价格表

专业工程名称：____________　　金额单位：元

专业	类别	编号	名　称	规格型号	单　位	单　价

结算工料机价格调整表

专业工程名称：______________ 金额单位：元

专 业	类 别	编 号	名 称	规格型号	单 位	预算单价	结算单价

施工图预(结)算计价汇总表

专业工程名称：______________

序号	费用项目名称	计算公式	金额/元
(1)	施工图预(结)算计价合计	∑(工程量×编制期预算基价)	
(2)	其中：人工费	∑(工程量×编制期预算基价中人工费)	
(3)	措施项目预算计价(一)合计	∑措施项目(一)金额	
(4)	其中：人工费	∑措施项目(一)金额中人工费	
(5)	措施项目清单计价(二)合计	∑(工程量×编制期预算基价)	
(6)	其中：人工费	∑(工程量×编制期预算基价中人工费)	
(7)	规费	(2)+(4)+(6)×相应费率	
(8)	利润	按各专业预算基价规定执行	
(9)	其中：施工装备费	按各专业预算基价规定执行	
(10)	税金	[(1)+(3)+(5)+(7)+(8)]×相应费率	
	含税总计(转至施工图预(结)算总价汇总表)	(1)+(3)+(5)+(7)+(8)+(10)	

施工图预(结)算计价表

专业工程名称：________________

序 号	编 码	项目名称	计量单位	工程量	金额/元		
					单 价	合 价	其中：人工费
本页小计							
本表合计（结转至施工图预(结)算计价汇总表)							

措施项目预(结)算计价表(一)

专业工程名称：________________

序 号	项目名称	计算基础	费率/%	金额/元	其中：人工费/元
1					
2					
3					
4					
5					
6					
7					
8					
9					
10					
本页小计					
本表合计(结转至施工图预(结)算计价汇总表)					

注：本表适用于以“费率”计价的措施项目。

措施项目预(结)算计价表(二)

专业工程名称：________________________

序　号	项目编码	项目名称	计量单位	工程量	金额/元		
					单　价	合　价	其中：人工费
本页小计							
本表合计(结转至施工图预(结)算计价汇总表)							

工程量计算书

专业工程名称：　　　　　　　　　　　　　　　　　　　　　　　　第　页共　页

序　号	定额号	分项工程名称	工程量		计算公式
			单位	数量	

分部分项工程计价(预算子目)

专业工程名称：______________________ 第　页共　页

序号	定额编号	子目名称	单位	工程量	单价	合价	其中/元				工日合计
							人工费	材料费	机械费	管理费	
本页合计											

附录五　清单计价法实训手册

《建筑工程计量与计价》实训手册

(清单计价)

学　　号：

班级名称：

姓　　名：

系　　属：

指导教师：

编制日期：20　　年　　月　　日

工 程 量 清 单

工程项目名称________________________________

招 标 人：______________________(单位盖章)

法定代表人：____________________(签字或盖章)

编制单位：______________________(单位盖章或资质专用章)

法定代表人：____________________(签字或盖章)

编制人：________________________(造价人员签字盖专用章)

复核人：________________________(造价工程师签字盖专用章)

编制时间：　　　年　　月　　日

工程量清单招标控制价

工程项目名称________________________

招标控制价(小写)：________________________

(大写)：________________________

招　标　人：________________________(全称)

法定代表人：________________________(签字或盖章)

编制单位：________________________(全称、盖章)

法定代表人：________________________(签字或盖章)

编　制　人：________________________(造价人员签字盖专用章)

审　核　人：________________________(造价工程师签字盖专用章)

编制时间：　　　年　　月　　日

工程量清单投标报价

工程项目名称______________________________

招标控制价(小写)：______________________________

(大写)：______________________________

建设单位：______________________________(全称)

投 标 人：______________________________(全称、盖章)

法定代表人：______________________________(签字或盖章)

编 制 人：______________________________(造价人员签字盖专用章)

审 核 人：______________________________(造价工程师签字盖专用章)

编制时间： 年 月 日

工程量清单竣工结算价

工程项目名称________________________________

结 算 价(小写)：________________________________

(大写)：________________________________

承 包 人：________________________________(全称、盖章)

法定代表人：______________________________(签字或盖章)

造价工程师：______________________________(签字盖专用章)

编制时间：　　年　　月　　日

发 包 人：________________________________(全称、盖章)

法定代表人：______________________________(签字或盖章)

编制时间：　　年　　月　　日

审核单位：________________________________(全称、盖章)

法定代表人：______________________________(签字或盖章)

造价工程师：______________________________(造价工程师签字盖专用章)

编制时间：　　年　　月　　日

编 制 说 明

工程名称：　　　　　　　　　　　　　　　　　　　　　　　　第　页共　页

一、工程概况

1. 建筑面积：

2. 结构形式：

3. 地下层数：　　　地上层数：　　　　　层高：　　　　　檐高：

4. 土壤类别：　　　　　地下水位标高：

5. 基础类型：　　　　　开挖方式：

6. 施工现场场地面积：

7. 垂直运输方式：

8. 其他：

二、工程量清单编制依据(包括施工图、工程设计变更图的名称及编号，招标项目招标文件的编号及发包方提供的其他资料)

三、编制预算时所选用的人工、材料、施工机械台班价格的来源(包括价格采集的年、月、日)和种类、规格、单价等

四、工程发包范围和分包范围

五、工程质量、材料设备、施工等特殊要求

六、安全文明施工的要求

七、其他需要说明的情况

工程量清单总价汇总表

工程项目名称：________________　　　　金额单位：元

序号	专业工程名称	分部分项工程量清单计价合计	措施项目清单计价(一)合计	措施项目清单计价(二)合计	含税总计
A 各专业工程量清单计价汇总					
B 总承包服务费：专业工程合同价款×(1+相应税率)					
C 专业工程暂估价(结算)合计					
D 暂列金额项目合计					
E 计日工计价合计					
F 索赔及现场签证合计					
招标控制价：(投标/结算)总价($A+B+C+D+E+F$)					

注：1. “索赔及现场签证合计”仅结算时填列，暂列金额项目合计结算时不填列。

2. 仅结算总价中包括计日工计价合计。

专业工程暂估(结算)价表

工程项目名称：________________　　　　金额单位：元

序号	工程名称	工程内容	暂估(结算)价格	备　注
本表合计(结转至工程量清单总价汇总表)				

注：暂估价由工程量清单确定，结算价格应为全费用含税价格按实际发生确定。

暂列金额项目表

工程项目名称：________________　　　　金额单位：元

序号	项目名称	计量单位	暂列金额	备　注
本表合计(结转至工程量清单总价汇总表)				

注：暂列金额由工程量清单确定，本表结算时不使用。

计日工计价表

工程项目名称：________________　　　　金额单位：元

序　号	名　称	规格型号	单　位	暂定(结算)数量	综合单价	备　注
本页小计						
本表合计[结转至工程量清单总价汇总表]						

注：综合单价应为全费用含税价格，结算数量按实际发生确定。

索赔及现场签证汇总表

工程项目名称：________________　　　　金额单位：元

序　号	索赔及签证编号	内容摘要	金　额	备　注
本表合计(结转至工程量清单总价汇总表)				

注：金额应为全费含税金额，本表仅结算时使用。

工程量清单计价汇总表

专业工程名称：________________　　　　金额单位：元

序　号	费用项目名称	计算公式	金额/元
(1)	分部分项工程量清单计价合计	∑(工程量×综合单价)	
(2)	其中：规费	∑(工程量×综合单价中规费)	
(3)	措施项目清单计价(一)合计	∑措施项目(一)金额	
(4)	其中：规费	∑措施项目(一)金额中规费	
(5)	措施项目清单计价(二)合计	∑(工程量×综合单价)	
(6)	其中：规费	∑(工程量×综合单价中规费)	
(7)	规费	(2)+(4)+(6)	
(8)	税金	((1)+(3)+(5))×相应费率	
	含税总计(转至工程量清单总价汇总表)	(1)+(3)+(5)+(8)	

注：本表适用于单位工程造价汇总，如无单位工程划分，单项工程也可使用本表汇总。

第　页共　页

分部分项工程量清单与计价表

专业工程名称：＿＿＿＿＿＿＿＿＿＿＿＿＿＿　　　　金额单位：元

序号	项目编码	项目名称	项目特征描述	计量单位	工程量	金额/元		
						综合单价	合价	其中：规费
本页合计								
本表合计(结转至工程量清单计价汇总表)								

措施项目清单与计价表(一)

专业工程名称：________________　　　　　　　　　　金额单位：元

序　号	项目名称	计算基础	费率/%	金额/元	其中：规费
1					
2					
3					
4					
5					
6					
7					
8					
9					
10					
…					
本页合计					
本表合计(结转至工程量清单计价汇总表)					

注：本表适用于以“费率”计价的措施项目。

措施项目清单与计价表(二)

专业工程名称：＿＿＿＿＿＿＿＿＿＿　　　　　　　　金额单位：元

序号	项目编码	项目名称	项目特征描述	计量单位	工程量	金额/元		
						综合单价	合　价	其中：规费
本页合计								
本表合计(结转至工程量清单计价汇总表)								

注：本表适用于以综合单价形式计价的措施项目。要求列出数量的措施项目细项的定额编号、定额项目名称、定额单位、工程量按现行消耗量定额的规定列出。

工程量计算书

专业工程名称：____________________　　　　第　页共　页

序　号	项目编码	项目名称	项目特征	工程量		计算公式
				单　位	数　量	

分部分项工程量清单综合单价分析表

专业工程名称：

序号	项目名称		计量单位	工程量	合　计		其　中					
							人工费	材料费	机械费	管理费	规　费	利　润
					单价							
					合价							
					单价							
					合价							
					单价							
					合价							
					单价							
					合价							
					单价							
					合价							
					单价							
					合价							
					单价							
					合价							
					单价							
					合价							
					单价							
					合价							
					单价							
					合价							

<table>
<tr><td colspan="2">实训小结</td></tr>
<tr><td>实
训
体
会</td><td></td></tr>
<tr><td>评
语</td><td></td></tr>
<tr><td>成
绩</td><td></td></tr>
<tr><td>指导教师(签字)</td><td></td></tr>
</table>

参 考 文 献

[1] 中华人民共和国住房和城乡建设部. 建设工程工程量清单计价规范(GB 50500—2013)[S]. 北京：中国计划出版社，2013.

[2] 中华人民共和国住房和城乡建设部. 房屋建筑与装饰工程计量规范(GB 50854—2013)[S]. 北京：中国计划出版社，2013.

[3] 中华人民共和国住房和城乡建设部. 通用安装工程计量规范(GB 50856—2013)[S]. 北京：中国计划出版社，2013.

[4] 中华人民共和国住房和城乡建设部. 建筑工程建筑面积计算规范(GB/T 50353—2013)[S]. 北京：中国计划出版社，2013.

[5] 中华人民共和国住房和城乡建设部. 建筑施工组织设计规范(GB/T 50502—2009)[S]. 北京：中国建筑工业出版社，2008.

[6] 天津市城乡建设管理委员会. 天津市建筑工程预算基价(DBD29-101—2012)[S]. 北京：中国建筑工业出版社，2012.

[7] 天津市城乡建设管理委员会. 天津市装饰装修工程预算基价(DBD29-201—2012)[S]. 北京：中国建筑工业出版社，2012.

[8] 天津市城乡建设管理委员会. 天津市安装工程预算基价(DBD29-301—2012)[S]. 北京：中国建筑工业出版社，2012.

[9] 王永正. 建筑工程造价和施工组织管理实训[M]. 北京：化学工业出版社，2010.

[10] 张国栋. 建设工程工程量清单计价规范与全国统一建筑工程预算工程量计算规则的异同(装饰装修部分)[M]. 郑州：河南科学技术出版社，2010.

[11] 翟丽旻. 建筑与装饰装修工程工程量清单[M]. 北京：北京大学出版社，2010.

[12] 刘启利. 建筑工程计量计价实例详解[M]. 北京：中国电力出版社，2010.

[13] 全国造价工程师执业资格考试培训教材编审委员会. 工程造价计价与控制[M]. 北京：中国计划出版社，2009.

[14] 中华人民共和国住房和城乡建设部　中华人民共和国财政部关于印发《建筑安装工程费用项目组成》的通知 (建标〔2013〕44 号)